原子

原子モデル

分子

DNA模型

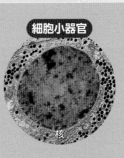

細胞小器官

核

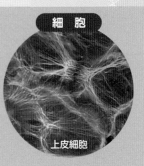

細胞

上皮細胞

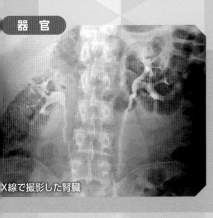

器官

X線で撮影した腎臓

個体

オランウータン

生態系

熱帯多雨林

生165

チャート式® シリーズ

新 生物

東京工業大学名誉教授
本川　達雄
東京大学名誉教授
鷲谷いづみ

生物基礎・生物

CONTENTS

　本書は「生物基礎」と「生物」の内容からなり，それぞれの各項目において，科目名を次のようなアイコンで示してあります。
　「生物基礎」の内容 … 生物基礎 基 ，「生物」の内容 … 生 物 生

1 **基礎からの積み上げ学習にも，受験準備にも最適な参考書です。**

　複雑な生物の内容を基礎からじっくりと解きほぐしながら導入してありますので，理解がしやすくなっています。さらに，教科書では扱っていない内容でも，知っていると理解が深まる内容や入試に出題される可能性のある内容も扱ってあります。

　また，高等学校の生物は，「生物基礎」と「生物」に分かれていますが，本書ではこれらをまとめて扱い，総合的な理解ができるように構成しました。

2 **視覚的な理解を重視し，独創的な図版と実物写真を多く入れました。**

　目では見ることのできない複雑なしくみや幅広く関連した内容は，図に工夫をしたほうがはるかに理解しやすくなります。本書では，図だけでも理解できるように，フルカラーを駆使して，見やすくわかりやすい奥行きのある立体的な図を追求しました。

　また，普段あまり見ることのできない生物の写真も豊富に掲載しましたので，関連事項の理解が深まるとともに，楽しみながら学力の向上が図れます。

3 **「チャート」や「重要」によって，理解すべきポイントをしっかりと身につけることができます。**

　生物の内容は，相互に関連しあっているだけでなく，個々の内容でも出てくる用語が多く，それらがからみあって複雑です。そのため，何が重要でどれを覚えておかないといけないのかがわからないとどうにもなりません。

　本書では，理解すべきポイント・覚えておくべき事項を「チャート」や「重要」でまとめています。さらに，試験への出題されやすさを「頻出度マーク」として項目ごとに付していますので，効率よく学習できます。

4 **調べたいことがすぐに引き出せるように，索引を充実させました。**

　参考書の活用方法は，状況によって変わってきます。いろいろなケースを想定して充実した索引をつくりました。

　索引では，約 3000 個の用語をあげましたので，本書を辞書的に活用する際に便利です。人名は色文字にしてありますので，参照しやすくなっています。

　また，Laboratory や問題学習の索引 (p.10)，発展や Column の索引 (p.11) などもありますので，状況に応じた使い方ができます。

▶▶▶ 本書の構成

CHART

解法のポイントを覚えやすい表現に工夫した重要事項のまとめです。語呂で表現したものもあり，何度か口ずさむうちに自然と記憶できるようになっています。

重要
必ず記憶・理解しなければならないものです。 CHART に次ぐ重要度です。

★★★：頻出度マーク 試験への出やすさを，3つ星で表示しました。星の数が多いほど，重要な項目であることを示しています。

📖 問題学習

計算問題を中心に，代表的な問題を取り上げました。

🧪 Laboratory

入試で問われやすい実験を扱いました。

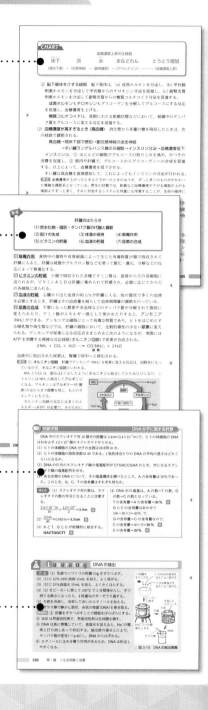

発展

最新の研究やトピックなど，やや難しいけれども興味深い
内容を取り上げました。

Column

学習内容の理解を助ける身近でわかりやすい話題を取
り上げています。また，生物学史，研究者のエピソー
ドなども扱っています。

Photo Column

本文に関連のある内容を豊富な写真で
紹介しています。

1 生物学と生命の探究

A 生物学を学ぶ意義

1 自分を知るための必修科目　生物学とは生物に関する学問である。さあこれから，生物について学んでいこう。「なんでそんな勉強をしなきゃならないの？」と思うかもしれないが，答えは簡単である。私たち自身が生物，だから自分自身を知るためには，生物学が必修科目なのである。

　自分自身だけではなく，私たちのまわりを理解するためにも，生物学は必修科目である。私たちは生物に囲まれて生きている。そもそも他の生物がいなければ生きていけない。なぜなら，食べ物は米も肉も野菜も，すべて生物である。酸素ですら，もとをただせば植物が光合成でつくり出したものなのである。

　生物がすんでいるのは，地球の表面のごく近くだけである。そこに百万種以上もの生物がすんでいる。ここを生物圏という。私たちも，他の生物たちとともにそこで暮らしている。私たちにもっとも関係の深いまわりの世界とは生物圏なのである。

　自分自身を知ること，また，自分自身が暮らしているまわりの世界（＝生物圏）を知ることは，とても大切である。どちらを知るにも生物学が必要不可欠である。だから，まず学ぶべきものが生物学なのである。

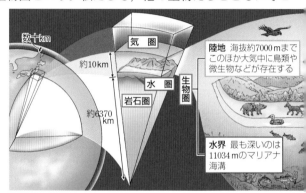

▲ 図 序 -1　生物圏

2 生物学は最先端　新聞を見ると，クローン生物，遺伝子組換え，ヒトゲノムプロジェクト，iPS 細胞など，生物学を勉強しなければまともに読めないものばかりである。

　そんなに新聞に登場するのは，生物学が脚光をあびているからである。21 世紀は生物学の時代だといわれている。バイオテクノロジーによる食物の増産，遺伝子治療，再生医療，脳の研究等々，最先端といわれている学問や技術に，生物学が深く関わっている。そしてそれは，私たちの日常生活に深く入りこんできている。だからこそ，生物学は現代人の必修科目なのである。

3 地球の豊かさを実感しよう　それにしても生物は覚えることがたくさんあって，気乗りのしない人もいるだろう。

　それも当然である。世界には百万種以上の生物がおり，こんなのもいる，あんな

のもいる，と名前をつけるのが生物学だからである。

　これはアオイ，これはユウガオ，こっちはムラサキシキブと，みんな違っていて，それぞれが素晴らしい名前をもっているからこそ，この世界はおもしろくなる。覚えるのがたいへんだと悩むくらいに，地球にはいろいろ違った生物がいる。それが地球の豊かさというものである。苦労して覚えることは，地球の豊かさを身をもって実感することなのである。

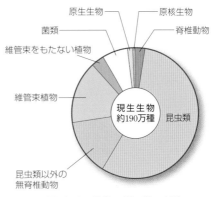

▲ 図序-2　生物の種の数の割合

4 **生命について学ぶ**　生物はたくさんいる，生物は複雑だ，という点を強調してきた。つまり生物は多様なのである。その違いを詳細に記述するのが生物学の行ってきたことの1つである。

　ところが，科学にはもう1つの面がある。いろいろと違うものを比較して，共通点をみつけだすというのも科学である。

　生物に共通する特性をひとまとめにして「生命」とよぶ。生物は生命をもった存在だと考え，生命とは何かを追求していく，これが生物学の大きな目的である。

　本書では，多様性と共通性という視点を軸に，細胞・分子から生態系までの幅広い階層にわたって生物学を学んでいく。生物はすべて細胞でできており，そこでは生命活動に必要なエネルギーが生み出されている（1，2章）。生物はすべて，親から子へと遺伝情報を伝えていき，その情報をもとにからだがつくられる（3～5章）。生物は，外界からの刺激に反応するとともに，体内の状態を一定に保つ（6～8章）。生物はすべて，地球という1つの環境の上でバランスをとりながら共存している（9～11章）。そして，こうした生物の特徴はすべて進化の結果である（12，13章）。

　高校の生物は「生物基礎」と「生物」に分かれているが，「生物基礎」では生物学の基礎を学び，「生物」では，「生物基礎」で学んだ内容を基盤に，さらに深く詳しく生物学を学ぶことになる。

5 **生物学は歴史を扱う**　物理学の教科書や参考書を見ると，そこに書いてある法則は，いつでもどこでも成り立つ（普遍性のある）もの，何度やっても同じ結果になる（再現性のある）ものばかりである。普遍性・再現性をもつのが物理の法則である。そして，科学とはこのような法則を発見するものだと，よくいわれる。

　生物学も科学だから，このような面もおおいにある。ただし，それだけではすまないのが生物学である。それは，生物は歴史をもっているからである。

　歴史は再現性のあるものではない。クレオパトラの鼻がもうちょっと低かったら，まったく違った歴史になっただろうといわれている。それと同じで，たまたま地球

に巨大隕石がぶつかったから，こうしてわれわれ哺乳類は大きな顔をしていられるわけで，もしそれがなければ，今の私たちがあったかどうかもわからない。

生物の歴史を記述することも，生物学の大きな役割である。その歴史には偶然が入りこむ。1つの法則さえ覚えておけば，あとはいつもその法則から予想されるとおりの結果になるという，物理学の世界とはちがう。謙虚に現実を見て，それを覚えるしかない，という面が生物学にはある。

6 命のかけがえのなさ 歴史を記載するとは，物語を語ることである。歴史上の，個々のささいな挿話が，物語をいろどってくれる。そして，その歴史は現在の自分へとつながっている。40億年の生命の歴史を知れば（覚えれば），私たちが今ここに生きている意味の理解が，ぐんと深まる。

歴史はたった1回切りであり，再現性はない。だからこそ，今ここで私たちが生きていることが，かけがえのないものになるのだ。何度でもくり返し同じ自分が生まれてくるなら，今の自分は，それほどありがたみもなくなってくるだろう。生物学を学ぶことは，命はかけがえのない存在だ，ということを認識することにつながる。その認識があるから，命のかけがえのなさ，この地球のかけがえのなさが理解できる。自分を大切にし，他の命を大切にし，この地球を大切にするという考え方を，生物学を学ぶことにより，身につけてほしい。

B 科学の方法

1 科学は観察にもとづく 科学は，現実に存在する自然を対象とする。だから自然を観察することから科学がはじまる。観察の「観」には，見るという字が入っている。われわれ人間は五感で外界を感じているが，五感中，目の役割が一番大きい。ヒトにおいて，感覚器官から脳へともたらされる感覚情報の7～8割が視覚情報だといわれている。だからじっと見ることが科学の第一歩である。

見る力を増強する道具（光学顕微鏡や電子顕微鏡→ p.24）が，生物学の進歩に，きわめて大きな役割をはたしてきた。

2 科学は言葉で定義する 生物学，英語では biology（bio＋logy）という。前半はギリシャ語 bios ビオスからきており，生命を意味する。後半もギリシャ語の logos ロゴスであり，これは言葉・論理・理性的法則を意味する。生命についての言葉，生命の論理，生命の法則が生物学ということになる。

科学は言葉である。言葉を用いて自然を定義するのが，科学がまずやるべきことである。名前をつけるということは，そのはじめの一歩である。

教科書を見ると，「○○を××とよぶ」という定義ばかり書いてあり，とても読みづらいだろう。しかし，これが科学なのである。

3 科学は数式を好む 定義は誰が読んでも間違いなくわかるように書かれていなければならない。誰が読んでもわかる言葉とは，どんな言葉だろうか。

共通であいまいさのない言語，これが数式である。だから科学は数式を愛用するのである。物理学では普遍性を求める。だから，普遍的な真理は1つの数式で書き表せるべきだと考えるのである。

生物学では，そう単純には考えない。そもそも生物学の分野では，そう簡単に数字で表すことができないものが多い。本書では，メンデルの遺伝の法則について扱っている（→ p.220）。数字にすると普遍的な法則（メンデルの法則）が導きだされるのだと，数式の威力に感動してほしい。

4 科学的探究の流れ (1) **仮説** 科学は論理（ロゴス）である。「こうだから，その論理的帰結としてこうなる」と考えを進めていくのが科学。論理を使えば「もしこうだとしたら，こうなるだろう」という予測も立つ。この予測が**仮説**である。

(2) **実験** 仮説はどのようにしたら，正しいかどうかを確かめることができるだろうか（仮説を確かめることを，**仮説の検証**という）。「もしこうだとしたら」という状況を人為的につくってやって，予想どおりになるかどうかを確かめてみればよい。それが**実験**である。

(3) **法則** 実験の結果，正しいとされた仮説は，「**説**」とよばれるようになる。もし，その説がすべてのものに例外なくあてはまるならば，それは「**法則**」や「**原理**」とよばれる。

C 科学的探究の実例 ★

あなたたちは，目の前にいる生物は，その親から生まれたものだと，信じて疑わないだろう。ところが昔はそうではなかった。土などから自然に生物が生まれることもあると信じられていた。これが生物の**自然発生説（偶然発生説）**である。アリストテレスは，ミミズは湿った土から生じると考えた。16世紀になっても，ネズミは小麦とよごれたシャツから生じたという記録がある。

生物が自然発生するか否かは，長い論争の歴史をもち，決着がついたのは，目に見える大きな生物については17世紀の**レディ**，微生物については19世紀の**パスツール**の実験によってである。彼らがどんな実験を行って，この論争を解決していったのかは，科学的探究の実例として興味深い。

1 レディの実験 イタリアの医者**フランチェスコ・レディ**（1626 ～ 1697）は，「腐った肉からウジ（という生命）が自然に発生する」という，当時の人々が信じていた**自然発生説**に疑問をいだいた。

（観察） 彼は肉片をびんに入れ観察した。3日目にウジがわき，38日目にハエが飛び出した。そのハエは，ウジがわく前に肉にたかっていたハエと同じ種類のものであった。

（仮説） そこでレディは「ハエが肉に卵を産みつけたので，ウジがわいた」という仮説を立てた。この仮説は，肉にハエがたからないようにして，その結果，ウジ

がわからなければ，検証されたことになる。

（実験1）　同じびんを2個用意し，同じように肉片を入れ，一方はふたをし，もう一方はふたをせず，びんの口は開けたままにしておいた。

（結果）　開けたままのびんにはウジがわいた。一方，ふたをしたほうには，ウジがわからなかった。

　このように，レディはふたの有無以外は，まったく同じものを組にして実験を行った。これは実験を行う上で重要な技法である。もしふたをしたものだけで実験を行って，ウジがわからなかったという結果を得ても，それがふたのせいだと結論することはむずかしい。なぜなら，そのとき使った肉片が，たまたま毒を含んでいたとか，そのときの温度では，たまたま発生が起こらなかったのだ，など，いろいろな可能性が考えられるからである。ふたのあるなし以外はまったく同じ条件で同時に実験し，ふたのないほうでのみウジがわいたから，わからないのはふたのせいだと結論できたのである。

　このように，実験的に処理をするもの（この場合はふたをする）と，比較のために処理しないもの（ふたをしないもの）を用意するのが，科学実験の常道である。処理しない実験を**対照実験**（コントロール実験）とよぶ。処理をしたほうを**実験群・実験区**，しないものを**対照群・対照区**などというよび方もする。

　レディはさらに念入りに実験をした。ふたをしたものは，外から空気が入ってこないだろう。それが原因でウジが発生できなかった可能性がある。そこで今度は，ふたのかわりに，びんの口をガーゼでおおってみた。

（実験2）　同じびんを2個用意し，同じように肉片を入れ，一方はガーゼで口をおおい，片方は口をおおわず開けたままにしておいた。これらを数組用意した。

（結果）　対照群（開けっぱなしのほう）にはウジがわいたが，ガーゼでおおったほう（実験群）では，ウジはわからなかった。

　この実験によって，レディは自然発生説を否定した。

▲ 図 序-3　ウジの自然発生を否定したレディの実験

① フラスコの首を熱してS字状に曲げる。　② 煮沸して殺菌する。　③ そのまま放置すると，微生物は発生しない。

酵母のしぼり汁と糖

空気の出入りはできるが，微生物は途中に引っかかり中まで達しない

▲ 図序-4　パスツールの白鳥の首フラスコによる実験

2 パスツールの実験　レディ以後，自然発生するのはウジのような大きな動物ではなく，細菌のような微生物であると人々は考えるようになった。

イタリアの**スパランツァーニ**（1729〜1799）は肉汁を煮沸し，びんの口をすぐ密封したものと（**実験群**），口をあけたまま放置したもの（**対照群**）をつくって実験した。対照群の肉汁は腐敗してにごり，にごりを顕微鏡で見ると微生物がたくさん観察されたが，密封したもの（実験群）では肉汁が腐敗せずにごらなかった。しかし密封したために微生物が死んだのだといって，人々は反論した。

フランスの細菌学者**ルイ・パスツール**（1822〜1895）は，スパランツァーニの考えを実証するためには，密封せずに細菌の侵入を防げばよいと考え，「白鳥の首」とよばれるフラスコを考案して実験した。

（仮説）　空気が出入りできても，細菌が侵入できない状態であれば，微生物は発生しない。

（実験）　図序-4のような，首の細長くて曲がったフラスコをつくって実験した。このフラスコは，空気は自由に出入りできるが，空中からの細菌は細いフラスコの首の途中にひっかかる。

（結果）　糖を加えた酵母のしぼり汁はいつまでもにごらなかった。その後，フラスコの首を折りとると[1]，数時間で腐敗がはじまった。

　この結果により仮説は検証され，細菌のような微生物も自然発生しないという説が確立された。

Column　自然発生説否定のパスツール

Louis Pasteur, 1822〜1895，フランスの細菌学者・生化学者。酒石酸の物理的な性質という基礎的な研究と同時に，ブドウ酒の酸敗（腐って酢っぱくなること），牛乳の品質を落とさない殺菌法，狂犬病ワクチンの創製など数々の応用的研究を行い，人類に大きく貢献した。彼の考え出した低温殺菌法（英語ではpasteurization：パスツーライゼイションという）は現在でも広く用いられている。自然発生説否定の実験は彼の数多くのすぐれた研究の1つである。

1）首を折りとるのは，対照実験の一種である。このようにすると，フラスコの首の長いものと（実験群）と短いもの（対照群）とを同時に用意して実験するのと同様な効果が得られる。

A 光学顕微鏡の原理 ★★

1 拡大と分解能 顕微鏡は物を拡大して見るものであるが，拡大に伴ってより細かいところまで見えるようにならなければ意味がない。拡大に応じてどのくらい細かく見分けられるかという能力を**分解能**または**解像力**という。

2 光学顕微鏡の原理 光学顕微鏡は，2枚の凸レンズを組み合わせてつくられている。

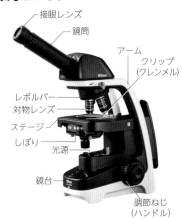

接眼レンズ
鏡筒
アーム
クリップ（クレンメル）
レボルバー
対物レンズ
ステージ
しぼり
光源
鏡台
調節ねじ（ハンドル）

(a) 凸レンズでは，焦点の外側に物体をおくと，実像（倒立）が物体と反対の側にできる。

(b) 凸レンズでは，焦点の内側に物体をおくと，虚像（正立）が物体と同じ側にできる。虫めがね（ルーペ）で拡大して見るときは，この原理を応用している。

(c) 光学顕微鏡は，上の(a)と(b)の原理を組み合わせたもので，対物レンズで拡大した**実像**をつくり，この実像を再び接眼レンズで拡大してできる虚像を見るしかけになっている。

▲ 図序-5 光学顕微鏡の一例

光学顕微鏡の倍率＝接眼レンズの倍率×対物レンズの倍率

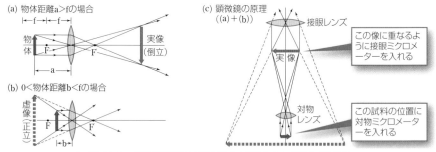

(a) 物体距離a>fの場合

物体　F　F'　実像（倒立）
a

(b) 0<物体距離b<fの場合

虚像（正立）　F　F'
b

(c) 顕微鏡の原理（(a)＋(b)）

接眼レンズ
この像に重なるように接眼ミクロメーターを入れる
実像
対物レンズ
この試料の位置に対物ミクロメーターを入れる

▲ 図序-6 光学顕微鏡の原理（F と F' は焦点，f は焦点距離）

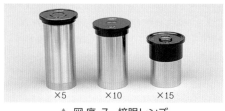

×5　×10　×15

▲ 図序-7 接眼レンズ

×4　×10　×40

▲ 図序-8 対物レンズ

3 ミクロメーター　光学顕微
鏡で試料の大きさ（長さ）を測定
するときにはミクロメーターを
用いる。対物レンズによる実像
のできる位置に接眼ミクロメー
ターを入れると、試料の実像と
接眼ミクロメーターの目盛りが
重なるので、接眼レンズで同時
にこれを拡大して見ることがで
きる。

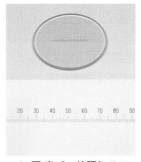

▲ 図序-9　接眼ミクロ
メーター（下は目盛り）

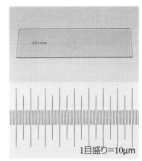

1目盛り＝10μm

▲ 図序-10　対物ミクロ
メーター（下は目盛り）

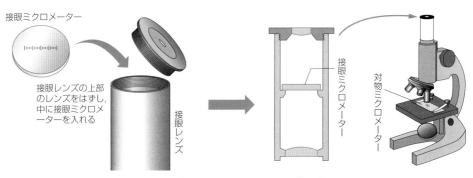

接眼ミクロメーター

接眼レンズの上部
のレンズをはずし、
中に接眼ミクロメー
ターを入れる

接眼レンズ

接眼ミクロメーター

対物ミクロメーター

▲ 図序-11　ミクロメーターの使い方

📖 問題学習　　　　　　　　**ミクロメーターによる長さの測定**

(1) a図は、600倍で検鏡したときの接眼
　　ミクロメーターおよび対物ミクロメー
　　ター（1目盛り 10μm[1]）の目盛りを示す。
　　接眼ミクロメーターの1目盛りの長さ
　　は何μmに相当するか。
(2) b図は、同じ顕微鏡でのイカダモの
　　観察を示す。イカダモの長径は何μmか。

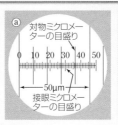

ⓐ 対物ミクロメーターの目盛り

0　10　20　30　40　50

50μm
接眼ミクロメーターの目盛り

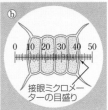

ⓑ 0　10　20　30　40　50

接眼ミクロメーターの目盛り

考え方　対物ミクロメーター1目盛りの長さ＝10μm

$$\frac{接眼ミクロメーターの}{1目盛りの長さ} = \frac{対物ミクロメーターの目盛りの数×10μm}{接眼ミクロメーターの目盛りの数}$$

解答 (1) 接眼ミクロメーターの46目盛りが対物ミクロメーターの5目盛り（実長50μm）
　　に相当しているから、接眼ミクロメーターの1目盛りは 50μm÷46≒**1.1μm** **答**
(2) イカダモの幅は接眼ミクロメーターの34目盛りであるから 1.1μm×34≒**37μm** **答**

---

1) 1μm（マイクロメートル）＝1/1000mm　　　1nm（ナノメートル）＝1/1000μm

B 光学顕微鏡の使い方 ★★

① **準備を整えてから** レンズやカバーガラスなどをふくためのチリ紙，スライドガラス，カバーガラス，柄付き針，ピンセット，スケッチのためのケント紙，鉛筆，消しゴム，染色液などをすべて準備してから検鏡に入る。

② **持ち運びは両手で** 顕微鏡には大切なレンズやフィルター，プレパラートがついている。持ち運ぶときは，一方の手でアーム（腕）をにぎり，他方の手を鏡台の下にそえて運ぶ。

③ **直射日光の当たらない場所で** 観察は，直射日光の当たらない明るい水平な場所で行う。

▲ 図序-12 持ち方　▲ 図序-13 置き方

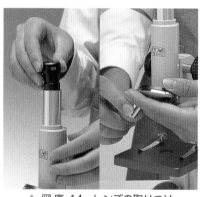

▲ 図序-14 レンズの取りつけ

④ **接眼レンズから取りつける** レンズを取りつけるときは，まず接眼レンズを取りつけ，そのあとで対物レンズを取りつける（はずすときは，対物レンズを先に）。

⑤ **レンズの着脱は両手で** 対物レンズを取りつけるときは，片方の手の人さし指と中指でレンズをはさみ，もう一方の手でまわしてつける。はずすときも同じ。

⑥ **検鏡は低倍率から** はじめは低倍率で検鏡する。必要に応じて倍率を上げる。

⑦ **照明の調節** 顕微鏡の分解能をよくするために照明は大切である。照明光の光軸を中心に合わせ，反射鏡としぼりをよく見えるように調節する。

 a 低倍率のレンズでは，反射鏡は**平面鏡**を使う。

 b 400倍以上の高倍率のレンズでは，**凹面鏡**を使う。

 c 集光器がついている場合には，いつでも平面鏡を使う。

 d しぼりは，低倍率のレンズではやや強くしぼりこむ。倍率が大きくなるほど開いて使う。しぼりすぎると，分解能はわるくなる。また，開きすぎても不必要な光が入ってよくない。

▲ 図序-15 反射鏡の調節

⑧ **ピント合わせ**　ピントを合わせるときは，まず横から見ながら対物レンズとプレパラートを近づけておき，次に接眼レンズをのぞきながら，対物レンズとプレパラートが遠ざかる向きに調節ねじをまわして行う。

▲ 図序-16　ピントを合わせる

⑨ **観察位置の調節**　観察しやすい像を探し，視野の中央に移動させる。像を動かしたい方向とは反対の方向にプレパラートを動かす。

⑩ **像の中のゴミ**　レンズやプレパラートについたゴミは，レンズやプレパラートを動かせば一緒に動くので，それとわかる。

⑪ **焦点深度**　ピントが合ってはっきりと見える範囲を**焦点深度**といい，同じ倍率でしぼりをしぼると深く（範囲が広く）なる。

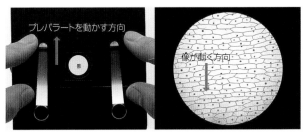

▲ 図序-17　観察位置の調節

C　細胞の固定と染色　★★★

1 固定　試料をすばやく殺し，固めることを**固定**とよぶ。生物のからだは，死ぬとしだいに変質して腐ってしまう。したがって，なるべく生きていたときに近い状態で観察するために，また，染色・脱水などの操作で試料の中身が溶け出しても困るので，細胞内の成分も生きていたときに近い状態で不溶性の物質に固めておく必要がある。卵をゆでると，卵は死に中身が固まる。つまり，卵は固定されたのである。

　固定の方法は，いろいろ考案されているが，次のような固定液がよく使われる。

(1) **ホルマリン**　最も手軽で，効果的な固定液。野外から採集してきたプランクトンや山からとってきたキノコなどは 10% ホルマリン[1]（市販のホルマリン 1 に対して水 9 の割合で混合した液）を加えて固定する。この固定法は，半永久的な保存がきく点でも優れている。

(2) **カルノア液**　エタノールとクロロホルムと酢酸の混合液（6：3：1）。しみこむ力も固める力も強く，核分裂や染色体の観察に適しているが，作用が強く，2 時間以上の固定では試料を劣化させるので，すぐに 70% アルコールで洗浄し，次の操作に移らなければならない。

----

1) **ホルマリン**　医薬用外劇物に指定されているので，薬局で購入するときは印鑑を持参し，ホルムアルデヒド（HCHO）30% 以上を含む局方ホルマリンを購入する。また，白濁したものは効果がない。

2 染色　無色透明な構造体などを特定の色素で染めて観察しやすくすることを**染色**という。生物学でいう染色とは，ただ染めるだけをさすのではなく，見ようとするものだけを染めることを意味しており，目的にあった染色液を用いる。

試　薬	染色部位と色
酢酸カーミン	核　→　赤色
酢酸オルセイン	核　→　赤色
メチレンブルー	核　→　青色
ヤヌスグリーンB	ミトコンドリア　→　青緑色
スダンⅢ	脂肪の粒子　→　黄色〜赤色，コルク質　→　赤色
中性赤 [1]	液　胞　→　赤色
エオシン	細胞質基質　→　赤色
ヘマトキシリン	核　→　青紫色
メチルグリーン・ピロニン染色液	メチルグリーンはDNAを含む部分(核)を青〜青緑色に，ピロニンはRNAを含む部分(細胞質)を赤桃色に
サフラニン液	木化した細胞壁　→　赤色
フロログルシン水溶液	木化した細胞壁　→　赤色

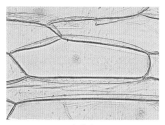

無染色

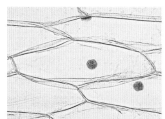

酢酸カーミンで染色

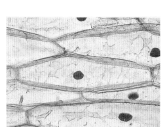

酢酸オルセインで染色

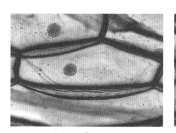

メチレンブルーで染色

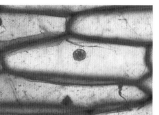

ヤヌスグリーンBで染色

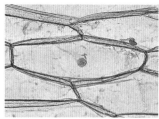

メチルグリーン・ピロニン染色液で染色

▲ **図 序-18**　いろいろな染色液で染色したタマネギのりん葉表皮細胞

1) 中性赤　指示薬でもあり，中性または酸性で赤色，アルカリ性で黄褐色を示す。**ナイル青**とともにイモリの胚発生の観察などにも用いられる。

Laboratory 　顕微鏡による身近な細胞の観察

1 タマネギのりん葉の表皮細胞

① タマネギのりん葉内側の表皮を 5 mm 角に切ったもの(図序 -19)をスライドガラスにとり, 酢酸カーミンまたは酢酸オルセインを 1 滴落としてカバーガラスをかけて, 検鏡する。

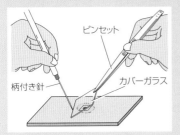

▲ 図序 -20　カバーガラスのかけ方

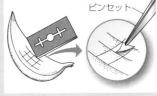

▲ 図序 -19　りん葉表皮のはぎとり

② 細胞壁と赤く染まった核が見える (図序 -18)。しかし, 葉緑体は見られない。

核 は オルセイン (カーミン) で 赤色 に

MARK タマネギのりん葉表皮の場合, 染色しないでも核は見えるが, これが確かに核だと確かめるためには核を染める色素(カーミンなど)で染色する。

2 ジャガイモの塊茎の切片

① ジャガイモのいも (塊茎) をかみそりの刃でできるだけ薄く切り, スライドガラスにとって水を 1 滴落としてカバーガラスをかけて検鏡する。

② 細胞の中に丸いものが見える。これはヨウ素溶液で染めると青紫色に染まるのでデンプンとわかる(図序 -21 上)。

デンプン は ヨウ素溶液 で 青紫色 に
---

3 オオカナダモの葉の細胞

① 水槽のオオカナダモや, 近くの小川からコカナダモをとってきて, 葉を 3 mm 角ほどに切って検鏡する。

② 緑色の丸い粒状の構造体が多数見られる。これは葉緑体である(図序 -21 中)。

4 ヒトのほおの上皮細胞

① 割りばしなどの先で軽くほおの内側をこすると, 粘膜がついてくる。これをスライドガラス上にこすりつけ, 水を 1 滴加えてからカバーガラスをかけて検鏡する。

② そのままでも細胞が見えるが, 色がないので酢酸オルセインやメチレンブルーで染めるとよく見える (図序 -21 下：メチレンブルーで染色)。

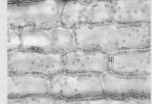
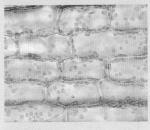

▲ 図序 -21　いろいろな細胞

MARK 動物細胞では, 植物細胞で見られた細胞壁や葉緑体が見られない。

一口に顕微鏡といっても目的に応じたいくつかの種類があり，1つの顕微鏡でも使い方によって異なった像が見られる。

1 光学顕微鏡（透過型）—明視野像　生物実験にふつうに使われる顕微鏡で，光源に太陽の光を使うと，自然そのままの色と姿が観察できる。

核のように色のないものや，水と屈折率の近い試料は区別がつきにくいので，染色したり，水以外の封入剤を使うなどの工夫が必要である（→ p.22）。

通常の光学顕微鏡像

ミドリムシ

2 光学顕微鏡—暗視野像　ふつうの顕微鏡で，集光器を暗視野用のものと取りかえると，バックが暗くなりその中に試料が光っている像が見られる。

暗視野用の集光器がなくても，ふつうの集光器の裏に適当な大きさの丸い黒紙をはりつけ，レンズの真ん中を通ってくる光をカットする方法で代用できる。

暗視野顕微鏡による像

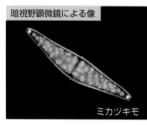

ミカヅキモ

3 位相差顕微鏡　試料の厚さおよび屈折率の違う部分を通った光に生じる波のずれ（位相差）を明暗の差にかえて識別する顕微鏡で，無色透明な試料を生きたままで観察したいときなどに使う。ふつうの顕微鏡の対物レンズと集光器を位相差用のものに取りかえるだけでよい。

染色などによって試料を殺さなくてすみ，細菌やプランクトンのような小さなものは，コントラストがついてよく見えるが，自然の色と異なるのが難点である。

位相差顕微鏡による像

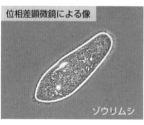

ゾウリムシ

4 微分干渉位相差（ノルマルスキー式）顕微鏡　新しいタイプの位相差顕微鏡で，高価なものではあるが，かなり厚い試料でもよく見え，色合いもいろいろに変えることができて，分解能もよいので，研究用に広く使われるようになってきた。また，ふつうの位相差顕微鏡では，物体のまわりにハロー（くまどり）が出て見づらく分解能も落ちるが，この方式では，くまどりは明暗と色調の変化におきかえられ，自然に近い色と姿で，しかも，立体的に見える点で優れている。

微分干渉顕微鏡による像

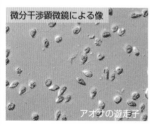

アオサの遊走子

5 蛍光顕微鏡　試料に強い紫外線を当てると，試料から蛍光（当てた光より長い波長の高熱を伴わない光）が出ることを利用する顕微鏡。葉緑体は赤く見え，DNAは青白く光って見えるというように，試料によって放出される色が異なるので，これが葉緑体である，ここにDNAがあるという確認を取るのに使われる。

蛍光顕微鏡による像

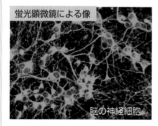

脳の神経細胞

▲ 図序-22　いろいろな顕微鏡像

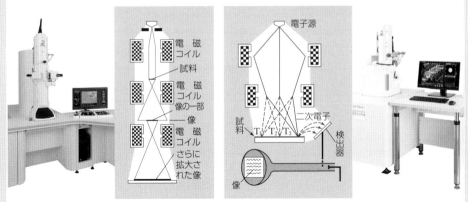

▲ 図序-23　電子顕微鏡とその原理(左：透過型，右：走査型)

6 **透過型電子顕微鏡 (TEM)**　ふつうの顕微鏡 (光学顕微鏡) では可視光線が使われているが，その波長から拡大率には限界がある。そこで，可視光線より波長の短い電子線を使った**電子顕微鏡**が考え出された。電子顕微鏡には光線のかわりに電子線が使われているので，レンズもガラス製ではなく**電磁コイル (磁界レンズ)** が使われ，拡大像も直接肉眼で観察することはできないので，蛍光塗料をぬったスクリーンに結像させて見るようになっている。

　電子顕微鏡のうち，電子線が試料を通り抜けて像を結ぶ方式になっているものを**透過型**という。電子線が試料を透過するためには，試料そのものが非常に薄くなければならない(50nm＝10万分の5mm以下)ので，樹脂に包みこんでダイヤモンドナイフなどで薄く切った切片が用いられる。

　拡大率は，ふつうの光学顕微鏡では1500倍程度 (分解能ではおおよそ **0.2μm** まで) であるが，TEMでは10万倍ぐらいまでは分解能を低下させることなく拡大できる(分解能は，おおよそ **0.2nm** 以下)。したがって，光学顕微鏡では見えなかった細胞の微細構造などが見られるようになって，生物学は大きく進歩した。

7 **走査型電子顕微鏡 (SEM)**　電子線が，テレビのブラウン管の上を走って絵を出すのと同じ原理で，試料の上を走査するので**走査型**とよばれる。電子線源から出た電子線は，磁界コイルで集められ，点となって試料に当たる。この点の当たる位置が試料面上を $T_1 \rightarrow T_2 \rightarrow T_3$ のように走査していくと，試料の表面の凸凹に応じてそこから強さの異なる二次電子が発生する。これを検出器に集めてブラウン管に像として再現するわけである。

　SEMの最も大きな特徴は，肉眼で物を見るように，立体的に見えることである。

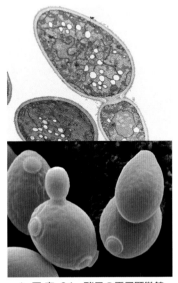

▲ 図序-24　酵母の電子顕微鏡写真(上：透過型，下：走査型)

1 **顕微鏡の研究**　19世紀の終わりごろ，ドイツにアッベ（E.Abbe）という物理学者がいた。アッベはイエナ大学の教授，天文台長兼気象台長などを勤め，最後は世界一流の光学器機会社カール・ツァイスの社長になったが，顕微鏡についても数々のすぐれた研究を行い，その理論を完成した。

アッベの理論によると，図に示したように対物レンズの開口数 A は　$A=n\sin\alpha$ ……① で表される（n は物体と対物レンズの間の媒質の屈折率，α は対物レンズに入射する光と光軸のなす最大角度）。また，見分けられる最短距離 E は

$$E=\frac{\lambda}{2A} \cdots\cdots\cdots ②$$

で表される（λ は照明光の波長）。これらの式から，光学顕微鏡ではどの程度まで物体を細かく分解して見ることができるか（分解能）を考えよう。

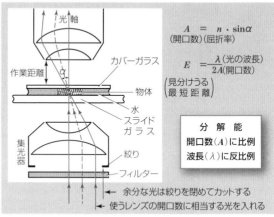

$$A = n\cdot\sin\alpha$$
（開口数）（屈折率）

$$E = \frac{\lambda（光の波長）}{2A（開口数）}$$
（見分けうる最短距離）

分　解　能
開口数（A）に比例
波長（λ）に反比例

▲ 図序-25　開口数と分解能

→ 余分な光は絞りを閉めてカット
→ 使うレンズの開口数に相当する光を入れる

まず，①式で n は空気なら1，ツェデル油のような油を使っても1.5ぐらいである。$\sin\alpha$ は，仮に $\alpha=90°$ になったとしても1であるから，A は空気の場合なら1，油の場合なら1.5より大きな値にはならない。

次に，見分けられる最短距離 E が小さければ小さいほど分解能がよいことになるから，E を小さくするためには，②式から $2A$ の値を大きく，λ をできるだけ小さくしなければならない。ところが，上に述べたように，A の値は1または1.5より大きくはできない。λ のほうも，可視光線を使うかぎり無限に小さくはできない。可視光線の波長は，380（紫）〜770nm（赤）であるから，380nm より短い波長の光を使うと見えなくなってしまう。

いま $\lambda=380$nm，$A=1.5$ として E を計算すると，$E=380\div(2\times1.5)=127$nm（$=0.127\mu$m）。つまり，理論的には 0.13μm の間隔の2本の線を区別（分解）するのが限度という答えが出る。実際には $\alpha=90°$ にはできないなどいろいろの制約があるので，せいぜい $0.2\sim0.3\mu$m ぐらいと考えてよい。いま，分解能が 0.3μm とすると，10μm 幅に，33本（$10\div0.3≒33.3$）の線を見分けることができるという計算になる。

2 **顕微鏡のレンズの良否の検査**　1900年代のはじめにはアッベの理論が完成していて，理論上では最高の分解能をもつ顕微鏡レンズもつくられていた。しかし，ここで問題なのは，どうしてそれを確かめるかである。

10μm（1/100mm）に線を30本引いた検査板をつくり，それを検鏡して，線が分解して見えるなら，分解能は 0.3μm といえる。しかし，人工的にそのような検査板をつくるのはとても難しいので，古くからケイ藻が用いられてきた。

第**1**編

生命現象と物質

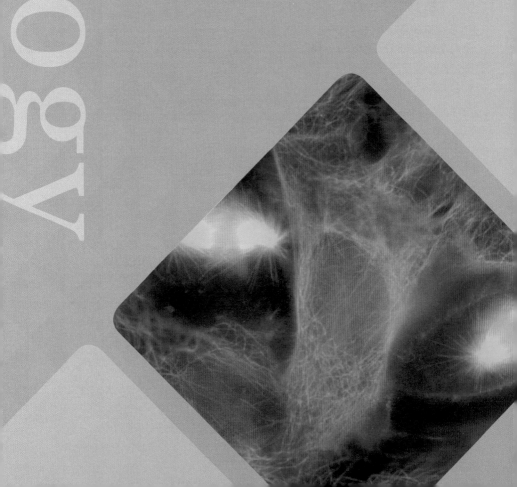

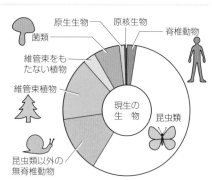

第 1 章

細胞と分子

1 生物の多様性と共通性
2 生物の基本単位－細胞－
3 細胞を構成する物質
4 細胞の構造とはたらき

5 細胞と物質の出入り
6 細胞の活動とタンパク質
7 動物のからだ
8 植物のからだ

森林の中のエゾリス

1 生物の多様性と共通性

 A 生物の多様性

1 多様な生物 現在の地球には，名前のついた生物だけでも約 190 万種[1]，未知のものまで含めると数千万種もの生物がいるといわれている。

世界中の生物種の 85% が陸上に生息しているといわれている。なかでも多様性のホットスポットといわれる熱帯多雨林では，1 万 m^2 当たり 475 種の樹木，2 万 5 千種の昆虫が生息している。これに比べて，海洋のサンゴ礁 1 万 m^2 には 600 種の魚と 200 種の藻類が生息しているにすぎない。

▲ 図 1-1 現生の生物種の内訳

（図中ラベル：原生生物，原核生物，脊椎動物，菌類，維管束をもたない植物，維管束植物，現生の生物，昆虫類，昆虫類以外の無脊椎動物）

一方，海洋生物の多様性と生態を解明する国際プロジェクト「海洋生物のセンサス（全数調査の意味）」では，世界の 25 の海域にすむ海洋生物を 10 年にわたって調査してきた。その 2010 年の発表によれば，オーストラリアと日本の海にはそれぞれ 3 万 3 千種もの海洋生物がいて，世界で多様性の最も高い海域であることがわかった。日本近海は全海洋容積のわずか 0.9% にすぎない。しかし全海洋生物の約 14.6% が分布しているため，まさに海洋生物のホットスポットである。

---

1) **種**とは，生物を共通性によってグループ分け（分類）する際の基本的な単位で，共通の形態的・生理的な特徴をもつ個体の集団である。種の定義にはさまざまなものがあるが，「互いに交配して子孫を残し，それは他のそのような集団から生殖的に隔離されている自然集団」とするマイア（アメリカ，1963 年）による定義が最も広く使われている。つまり，交配して子孫を残せる集団は，同じ種とされる（→ p.514）。

2 生物と環境　生物が生活していくには，栄養分が獲得できることのほか，適した温度や水分が必要である。現在の地球上の環境はさまざまで，年間の降水量が4000mmをこえる地域から，ほとんど雨の降らない乾燥地域があれば，年間平均気温が30℃をこえる地域から－10℃になる極地もある。こうした気候の違いは，それぞれの地域に生息する生物の種類に大きく影響する。砂漠や草原，森林，高山，海洋などさまざまな環境に生活する生物を見ると，それらはそれぞれの環境に適した形態や機能をもっている。

森林(ヌメリツバタケ)

極地(ホッキョクグマ)

水中(アマガエル)

高山(アルパカ)

砂漠(カメレオン)

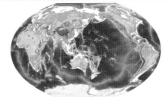

熱帯多雨林
(モルフォチョウ)

草原(キリン)

深海
(クシクラゲ)

極地(アデリーペンギン)

水中(カワウツボ)

▲ 図1-2　さまざまな環境と生物

Column ♈ ▶ 多様な自然環境

　緑が多いからといって自然環境が豊かとは限らない。例えば，林業の場であるスギやヒノキを育てる人工林では，手入れをして単一種が育つように環境を維持しており，そこで生育する生物の種類は少なくなる。自然林では，常緑広葉樹のシイ，カシ，落葉広葉樹のブナ，コナラ，針葉樹のモミ，ツガなど多くの樹種が入り混じっていて，春は新芽の色，秋は紅葉がある。また，果実をつくる樹種も多いため，それらを食物にする鳥類をはじめ，動物の種類数も多くなり，自然環境が多様で豊かである。

▲ 図1-3　人工林(手前)と
自然林(奥)

B 生物の共通性と連続性

　地球にはさまざまな種類の生物がいるが，それらをよく観察すると共通性も見られる。例えば，植物であれば「光合成を行う」こと，動物であれば「運動能力と感覚をもつ」ことなどがあげられる。

　また，動物のなかでも脊椎動物であれば「脊椎をもつ」ことがあげられ，そのうちの魚類と両生類の子は「えら呼吸」をし，両生類の親と，は虫類，鳥類，哺乳類は肺呼吸をする。さらに魚類，両生類，は虫類は変温動物であるが，鳥類と哺乳類は恒温動物である。このように，脊椎動物の形態や機能を比較してみると，魚類→両生類→は虫類→鳥類・哺乳類の順に陸上生活に適合している傾向が認められる。このように，生物には連続性も見られる。

▲ 図 1-4　生物の共通性と連続性

C 生物の多様性と共通性の由来 ★★

個々の生物種にはそれぞれ独自の特徴があるだけではなく，生物種の壁をこえて多くの生物に共通する特徴も見られる。これはなぜだろうか。

1 ダーウィンの発見　南米沖のガラパゴス諸島・ココ島の島々にのみ生息するダーウィンフィンチ類は，鳥類スズメ目フウキンチョウ科に属している。チャールズ・ダーウィンはビーグル号の航海の途中にガラパゴス諸島へ立ち寄った際，これらのフィンチの標本をイギリスへ持ち帰って観察した。すると，フィンチにはさまざまな違いがみつかった。そこで，生物の種とは当時信じられていたように不変なものではなく，変化しうるのではないかと考えるようになった。さらに，ガラパゴス諸島は南米大陸から隔離されたため，独自の進化を遂げた固有種が共通の祖先から派生したと考えたのである。

ダーウィンは「多様な生物も共通なものに由来している」と考え，共通の祖先が誕生し，そこからさまざまな生物が進化してきたとする**進化論**を提唱した。

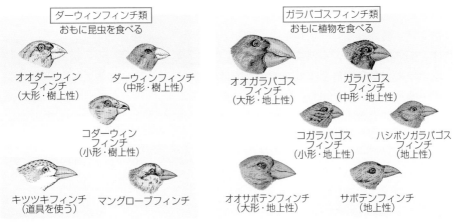

▲ 図1-5　フィンチ

2 進化と多様性・共通性　ダーウィンが発表した当初，進化論は受け入れられなかったが，その後の研究の結果，現在では広く受け入れられている。

地球上には姿・形の異なる生き物がたくさん見られる。しかし，親と子，さらにはその子孫を比べると，一定の形質が引き継がれている。この現象はその生物をつくるのに必要な情報（遺伝情報）が子孫に受け継がれるからにほかならない。しかし，世代を重ねて長い時間のスケールで見れば，遺伝情報の変化（突然変異）が起こり，子孫に伝わる形質にも低い確率ながら変化が起こる。こうした形質の変化が代々受け継がれていくことで進化が起こる。

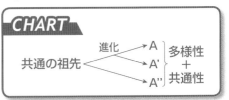

D 生物の共通性 ★ ★

20世紀後半に至って急速に発展した生物学では，多くの生物に共通する基本的な特徴を明らかにすることができた。それには次のようなものがある。

1 細胞の基本的構造 細菌や菌類，植物，動物，いろいろな生物を観察すると，どの生物のからだも細胞からできていることがわかる。細胞は細胞膜で外界と区切られているが，この構造はどの生物の細胞にも共通に見られる構造である。（→1章2節）

（復習）**菌類** キノコ，カビ，酵母とよばれる生物の総称。酵母とは単細胞で増殖するカビの一般名であるが，高校生物では，アルコール発酵をするパン酵母などの一群をさすことが多い。

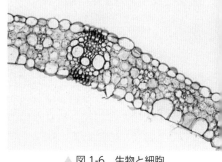

▲ 図1-6 生物と細胞

2 エネルギーの利用 生物はエネルギーを使いさまざまな活動を行っている。

例えば，植物は光のエネルギーを使って光合成（→ p.98）を行い，有機物を合成する。光合成でつくった有機物を呼吸（→ p.99）で分解してエネルギーを取り出し，このエネルギーでさまざまな生命活動を行う。動物は，他の生物を食べて得た有機物を呼吸によって分解して，エネルギーを得ている。生体内でのエネルギーの受けわたしでは，ATPとよばれる物質がその仲立ちをしている（→ p.87）。（→2章）

（復習）**有機物** 炭水化物やタンパク質などの炭素を含む物質。ただし，二酸化炭素や一酸化炭素などのように単純な化合物は含まれない。

▲ 図1-7 エネルギーの利用

3 DNA 生物の形質は，その生物がもつ遺伝情報が発現して，酵素などのタンパク質がつくられ，それらのはたらきによって決まる。この遺伝情報をになう本体はDNA（デオキシリボ核酸）という物質で，DNAの塩基配列に遺伝情報が刻まれている。すべての生物は，細胞の中にDNAをもっている。（→3章）

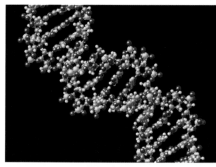

▲ 図1-8 DNA

4 生殖と成長　DNA は細胞分裂の際に複製されて新たにできる娘細胞へと分配される。有性生殖を行う生物では、減数分裂という過程を経て、生殖細胞に遺伝情報が伝わり、受精によって親から子へと受け継がれていく。そして、受精卵から体細胞分裂をくり返して個体が成長し、すべての細胞に遺伝情報が受け継がれる。(→ 4 章, 5 章)

5 体内環境の維持　単細胞で生活する生物では、外部の環境の変化を受容して、それに適応できるように細胞内の生理反応が応答する。多細胞動物では、体内の細胞は血液などの体液に包まれており、体液の状態(体内環境)を一定範囲内に保つしくみがある。(→ 6 章)

6 刺激への反応　細菌を含む単細胞生物では、細胞ごとに栄養源の情報を得てそれを求める行動を起こし、生存をおびやかす危険因子の情報を得れば、それを避けるような行動をとる。植物では、成長する方向を変えたり、あるいは病原菌で損傷した細胞や組織をあえて枯死させたりする。

このように、生物は環境からの刺激に反応する。(→ 7 章, 8 章)

7 進化　生物が生きている間に DNA は少しずつ変化する。一方で、変化した DNA を修理してもとにもどそうとするはたらきもまたすべての生物に共通に備わっている。しかし、修理が追いつかずに DNA の変化が残ってしまい、それが形質に変化を及ぼす場合がある。そうした DNA の変化が子孫に代々伝わり、形質の変わった子孫が一定の大きさの集団をつくるようになれば変種が誕生し、進化が成立する。(→ 12 章, 13 章)

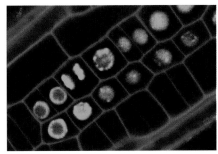

▲ 図1-9　生殖と成長

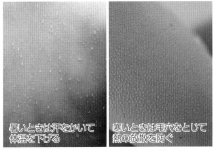

暑いときは汗をかいて体温を下げる　寒いときは毛穴をとじて熱の放散を防ぐ

▲ 図1-10　恒常性の維持

▲ 図1-11　刺激への反応

▲ 図1-12　進化
イルカが哺乳類でありながら水中での生活に適した形態をもつのは、進化による。

2 生物の基本単位－細胞－

A 細胞の発見と研究 ★

すべての生物は，からだが**細胞**からできているという共通性をもつ。このことはどのようにしてわかったのだろうか。

■ 細胞の発見 1590年ごろ，オランダのヤンセン父子が2枚の凸レンズを組み合わせて，顕微鏡の原型をつくった。これによって，いままで見ることができなかった微小なものが見えるようになり，当時の人々は，自分で工夫していろいろな顕微鏡をつくり，小さいものをみつけることに熱中した。

顕微鏡の発明からおおよそ75年後の1665年に，イギリスの**フック**(Robert Hooke, 1635〜1703)は，自らつくった顕微鏡でカ・ノミなどの昆虫やコルク・カビ・コケなどを調べ，その結果を「ミクログラフィア」という本にまとめて発表した。その中で，フックはコルク片が多数の小さな部屋で

▲ 図1-13 フックの顕微鏡とコルクのスケッチ

できていることから，この部屋を **cell** とよんだ。cell の訳語として**細胞**の語をはじめて用いたのは，江戸時代の蘭学者宇田川榕菴であるといわれている。

Column ❦ 細胞を発見したフック

フックはイギリスの物理学・数学・生物学者で，1665年オックスフォード大学の数学教授になった。物理学でなじみの深い，「ばねの弾性力の大きさはばねの伸びの長さに比例する」とする「フックの法則」(1660年) も，彼の業績である。フックがコルク片を観察したのは，コルクの弾性について調べるためであった。

細胞が物理学者によって発見されたことは皮肉なことであるが，現代の顕微鏡で写した図1-14のコルク切片の写真と，図1-13のフックのスケッチを比べてみると，当時の顕微鏡の解像度がそれほど高くなかったことがわかる。

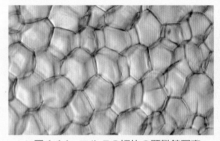

▲ 図1-14 コルクの切片の顕微鏡写真

フックは，死んで中身のない細胞の壁だけを見たわけであるが，同じころ，オランダの**レーウェンフック**（Anton van Leeuwenhoek, 1632 ～ 1723）は，自作の球形レンズでできた顕微鏡を用いて，口腔内の細菌や，水中の原生動物など，生きた多数の微生物を観察した。

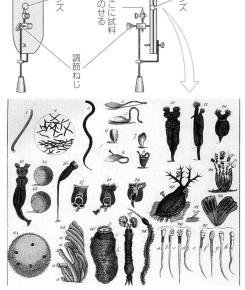

▲ 図 1-15　レーウェンフックの顕微鏡とスケッチ

2 **細胞は生物の基本単位**　ドイツの植物学者**シュライデン**は，1838 年に「生物のからだをつくっている基本単位は細胞である」と唱えた。

　その翌年の 1839 年には，ドイツの動物学者**シュワン**が，動物のからだも細胞を基本単位とすると唱えた。

▲ 図 1-17　シュライデン

　こうして，「細胞は生命の基本単位である」との**細胞説**が生み出された。

　さらに病理学者の**フィルヒョー**は，1858 年に「すべての細胞は細胞から（分裂によって生じる）」と提唱して，細胞説が広まっていった。

▲ 図 1-18　シュワン

1 細胞の大きさ 一般に細胞は肉眼では見えないほど小さいが，鳥の卵は大量の卵黄を蓄えているので非常に大きいし，神経細胞は非常に細長く，ヒトの座骨神経では 1 m 以上もある。また，浮遊生活をするプランクトンは表面積が大きく，浮きやすくできているので，中身の細胞質の量に比べて外形は大きい。また，大腸菌や乳酸菌などの細菌の細胞は，非常に簡単な構造をしており，小さい。

2 細胞の形 生物の種類やからだの部位によって，細胞はさまざまな形をしている。細胞の形は，細胞が伸長あるいは収縮することによって変化する。動物細胞の形は，おもに細胞内を縦横に走っている繊維構造（細胞骨格，→ *p*.69）と，隣り合う細胞との間に起こる接着（細胞接着，→ *p*.72）によって決まっている。一方，細菌や植物細胞の形は，おもに細胞壁によって決まっている。

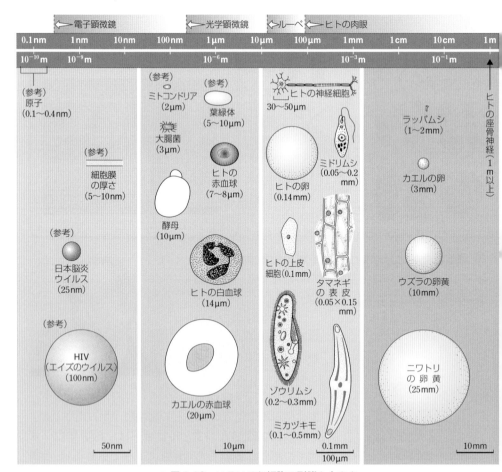

▲ 図 1-19 いろいろな細胞の形態と大きさ

Column ⊥ ▶ 細胞の大きさを規定する要因

　細胞の大きさを規定している要因にはどのようなものがあるだろうか。

　細胞は，栄養分や無機塩類，老廃物などを周囲とやり取りしているが，これらのやり取りは，細胞の表面に分布するタンパク質によって行われている。そのため，細胞の体積に対する表面積の割合が大きくなるほど，タンパク質が相対的に多くなり，周囲との物質のやり取りをスムーズに行うことができるようになる。

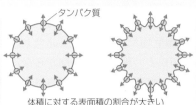

体積に対する表面積の割合が大きいほど, タンパク質が相対的に多くなる

▲ 図 1-20　表面積と物質のやり取り

　話を簡単にするため，細胞の大きさを1辺が a μm の立方体と仮定すると，図に示すように，1辺の長さが2倍になれば，表面積は4倍，体積は8倍になる。ここで，体積が8倍になっているにもかかわらず，表面積は4倍にしかなっていないことに注目しよう。つまり，細胞が大きくなった場合，体積が増加する割合に比べて表面積が増加する割合のほうが小さい。そのため，細胞が大きくなると，

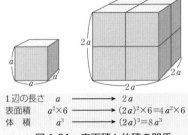

1辺の長さ	a	⟶	$2a$
表面積	$a^2 \times 6$	⟶	$(2a)^2 \times 6 = 4\,a^2 \times 6$
体　積	a^3	⟶	$(2a)^3 = 8\,a^3$

▲ 図 1-21　表面積と体積の関係

体積に対する表面積の割合が小さくなり，細胞表面のタンパク質が相対的に不足し，周囲との物質のやり取りが十分にできなくなってしまう。このことが，細胞の大きさが通常は直径 10 ～ 100μm の範囲になる理由の1つと考えられている。

　大腸菌は，長さ 2 ～ 4μm，直径 0.2μm 程度の小さな円筒形をしている。直径約 10μm の酵母などと比べると体積に対する表面積の割合が相対的に高くなっている。そのため，細胞の周囲との物質のやり取りが活発となり，約20分という短い時間で分裂増殖することが可能である。

　一方，カサノリやシャジクモのような藻類は，巨大な細胞でできている。ところが，これらの細胞内には液胞が発達しており，細胞質は液胞と細胞膜とにはさまれた狭い空間に存在している。この液胞は代謝によってできた老廃物や無機塩類，有機物を蓄積するほか，吸水によって細胞の体積を増大させている。そのため細胞が巨大化しても，実質的な細胞質の占める体積の割合は十分に低くなっているので，エネルギー供給や周囲と物質をやり取りするのに必要な表面積はまかなえているのである。

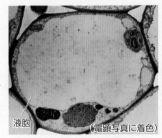

液胞　　　　　　　　　（電顕写真に着色）

▲ 図 1-22　液胞

C 生物のからだと細胞 ★★

　生物には，からだがただ１個の細胞からなるものと，からだが多数の細胞からなるものとがいる。

１ 単細胞生物　個体がただ１個の細胞からなる生物を単細胞生物という。
単細胞生物には，構造が非常に簡単で，核をもたない細胞からなる原核生物（→ p.51）と，核のある細胞からなる単細胞の真核生物（→ p.52）がある。どちらも生きていくための構造とはたらきをもち合わせているので，単細胞でも十分に生活していける。

例　大腸菌・納豆菌・コレラ菌・ユレモ・アオコなどの原核生物，アメーバ・ゾウリムシ・ミドリムシ・クロレラなどの真核生物

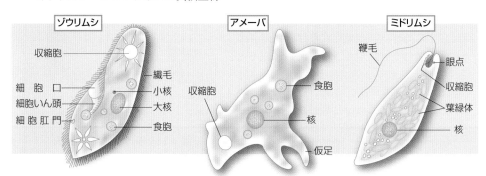

▲図 1-23　単細胞生物の細胞
細胞質が特殊に分化して，細胞口，食胞，細胞肛門などの細胞小器官をもつものがある。

２ 多細胞生物　地球上で目にふれる生物のほとんどが多細胞生物といってもよいほど栄えている。それは，単に細胞が多数集まってからだができているだけでなく，それぞれの細胞が共同して分業を行うように構造もはたらきも変化（分化）して，調和のとれた生命活動を能率よく行えるためである。

　多細胞生物において，同じ形とはたらきをもつ細胞が多数集まったものを**組織**という。また，いくつかの組織が集まり，共同して１つのはたらきをするようになったものを**器官**という。さらに，必要に応じて組織の上に**組織系**，器官の上に**器官系**を設けている。

　例えば，植物の葉では，図 1-24 左図に示したように，同じ形やはたらきをもつ細胞が集まってそれぞれ表皮・さく状組織・海綿状組織・木部・師部などの組織をつくり，いくつかの組織が集まって維管束系・基本組織系・表皮系などの組織系をつくり，これら全体で葉という器官をつくり上げている。また，図 1-24 右図に示した動物の口・食道・肝臓・すい臓・小腸・大腸などは，それぞれ上皮組織・結合組織・筋組織・神経組織が集まってできた器官であり，これらは協力して消化と吸収にはたらいているので，消化系という器官系にまとめられる。

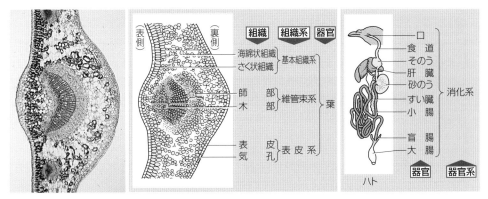

（表側）　（裏側）

| | 組織 | 組織系 | 器官 |

海綿状組織
さく状組織 ｝基本組織系

師　部
木　部 ｝維管束系 ｝葉

表　皮
気　孔 ｝表皮系

ハト

口
食　道
そのう
肝　臓
砂のう
すい臓
小　腸
盲　腸
大　腸 ｝消化系

| | 器官 | 器官系 |

▲ 図1-24　ツバキの葉（器官）の組織・組織系（左）と動物の消化系（右）

	共　通　点	相　違　点
単細胞生物	個体として生活	1個の細胞で生活のためのすべてのはたらきを営む
多細胞生物	個体として生活	分化した細胞が集まって組織，さらに器官をつくり，分業によって生活のためのはたらきを分担。細胞単独では生活不能

 重要

高等植物 … 細胞 ―（分化）→ 組織 → 組織系 → 器官 → 個体

高等動物 … 細胞 ―（分化）→ 組織 → 器官 → 器官系 → 個体

Column　ウイルスは生物か

　ウイルスは細胞からできておらず，核酸がタンパク質の殻に包まれた，きわめて簡単な構造をもつ。そして，細菌よりずっと小さい（0.02 ～ 0.3μm）ため，電子顕微鏡でなければ見えない。ウイルスはエネルギーを生み出すことができず，また，分裂で増殖することもない。しかし，生物に寄生し，宿主を利用してウイルス自身の核酸やタンパク質をつくらせ，宿主の体内で増えることができる。生きるうえで必要な装置の多くを備えていないため，ウイルスは生物ではないものとして扱われることが多い。

　例　インフルエンザウイルス，ヒト免疫不全ウイルス（HIV），タバコモザイクウイルス，アデノウイルスなど。

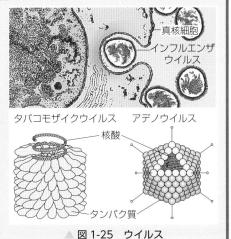

真核細胞
インフルエンザウイルス

タバコモザイクウイルス　　アデノウイルス

核酸

タンパク質

▲ 図1-25　ウイルス

Column 🜊 細胞群体

　一定数の細胞が集まって，一見個体のようなまとまりをもつものを**細胞群体（定数群体）**という。細胞群体は，単細胞生物とも多細胞生物ともつかない変わった生き物で，単細胞生物と多細胞生物中間の性質をもつ生物と考えられている。

(1) **クラミドモナスからボルボックスへ**　春になって水がぬるむと，池や沼の水が緑色になり，この水を調べると**図1-26**のような生物がみつかる。これらは，**クラミドモナス**のような2本の鞭毛をもった単細胞生物から進化したと考えられている。

　ユードリナは，クラミドモナスのような細胞が16～32個集まって細胞群体をつくり，**プレオドリナ（ヒゲマワリ）**は64～128個の細胞が，**ボルボックス（オオヒゲマワリ）**は512～1024個の細胞がそれぞれ集まって細胞群体をつくる。細胞が分裂しても離れないでいると，その数は2→4→8→16→32→64→128→256→512→1024というように倍増していくので，これらはより多くの細胞が集まって共同生活をするようになったと理解することができる。

(2) **細胞どうしのつながり**　細胞群体の細胞の集まり方には差があり，細胞をばらばらに離しても独立生活できるものと独立生活できないものがある。一般に細胞の数が増すにつれて細胞どうしのつながり合いが密接になっていくので興味深い。

　ユードリナは単に同形・同大の個体の集合体で，離しても独立して生きていくことができる。**プレオドリナ**では上半分の細胞は小さく，下半分の細胞は栄養分を蓄えていて大きく，形態のうえでも分化が起こっていて，細胞は離れては生活できにくくなっている。**ボルボックス**ではそれぞれの細胞が原形質の糸で連結し合っていて，ある細胞は無性生殖によって新しい細胞群体をつくり，ある細胞は卵や精子になって有性生殖を行うが，残りの細胞はもっぱら光合成を行って栄養分をつくるというように分化が進み，全体が1個体のように進化している。

> **補足** **細胞群体と群体**　単細胞生物がいくつか集まって1つの個体のような集合体となっているものを**細胞群体**という。一方，分裂や出芽（→ p.210）などで増殖した多細胞生物が集まって，共通のからだや組織として互いに連絡している集団を**群体**という。

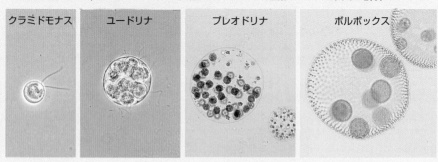

▲図1-26　クラミドモナス，ユードリナ，プレオドリナ，ボルボックス

A 細胞の構成成分 ★

生物は，細胞からできている。では，細胞はどのような物質でできているのだろうか。

1 生物体の構成元素 表 1-1 は，生物のからだをつくっているおもな元素の割合の一例を示したものである。生物体にとくに多く含まれる元素は，酸素 (O)・炭素 (C)・水素 (H)・窒素 (N) で，これらは互いに結合していろいろな化合物をつくっている。

補足 表 1-1 以外の微量な元素としては，Mo・Fe・Co・Cu・Zn・Mn・I・B などがある。

▼表 1-1　生物体のおもな元素(ヒト生重量%)

O	66.1	P	0.55
C	16.9	Na	0.23
H	9.5	K	0.19
N	4.5	Cl	0.16
Ca	1.2	Mg	0.04
S	0.56		

2 細胞の化学組成 いろいろな生物の細胞について調べてみると，最も多い化学成分は水である。次に多いのは，動物や細菌(例えば大腸菌)ではタンパク質であるが，植物では炭水化物である。植物で炭水化物が多いのは，光合成産物としてできるデンプンなどが細胞内に貯蔵されることと，細胞壁の主成分がセルロースなどの炭水化物であることによる。それ以外に脂質・核酸・無機塩類などが含まれている。細菌では，核酸[1]がタンパク質に次いで多くなっているのが特徴である。

重要

> 細胞の化学組成
> 最多は 水，
> 次が {
> 動物細胞…タンパク質
> 植物細胞…炭水化物
> 細菌細胞…タンパク質

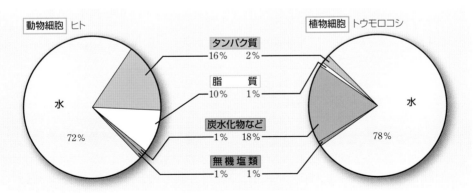

	動物細胞 ヒト	植物細胞 トウモロコシ
タンパク質	16%	2%
脂質	10%	1%
炭水化物など	1%	18%
無機塩類	1%	1%
水	72%	78%

▲ 図 1-27　細胞の化学組成

1)**核酸** DNA と RNA がある。詳しくは，第3章で学ぶ。

生物体にとって**水**（H_2O）は大切なものである。水は，少ない細胞でも約65％，多い細胞では約95％も含まれている。次のことから，なぜ水が生物体にとって大切かがわかるだろう。

1 物質は水に溶けて反応する　水はいろいろな物質を溶かす。酵素も水に溶けてはじめてはたらく。種子は乾燥時には休眠しているが，吸水すると酵素がはたらき始め，発芽してくる。

2 比熱が大　物質1gの温度を1℃上げるのに要する熱量を**比熱**といい，水の比熱は1cal/g・℃で，他の物質と比べて大きい。したがって，水は温まりにくく，冷めにくいので，細胞や血液の温度の急変を柔らげている。

3 ガス交換　光合成・呼吸などのためのガス（CO_2やO_2）は，水に溶けてから細胞へ出入りする。

4 緩衝作用　溶液の水素イオン濃度（pH；→ p.547）の急変を緩和するはたらきを**緩衝作用**という。細胞の内液や血液が急に酸性になったり，アルカリ性に変わったりしては困る。細胞内の水には，いろいろな塩類が溶けていて，pHの急変を防いでいる。

基生　**C　タンパク質　★★★**

1 タンパク質のはたらき　生物は細胞からできており，動物や細菌では，水を除くと，細胞質の主成分はタンパク質である（図1-27）。

　タンパク質は，細胞の生体膜（細胞膜・ミトコンドリアや小胞体などの膜）や筋肉などからだを構成する成分として重要である。また，生物体内でいろいろな化学反応がスムーズに進んでいくのは酵素が触媒としてはたらいている

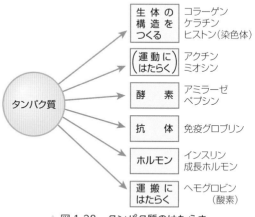

▲ 図1-28　タンパク質のはたらき

ためであるが（→ p.88），酵素の本体はタンパク質である。そのほか，抗体として免疫にはたらいたり（→ p.314），ホルモンとしてからだのさまざまな恒常性にはたらいたりしている。また，細胞に関わる運動や，物質の輸送などのはたらきも担っている（図1-28）。

　さらに，タンパク質はエネルギー源としてもはたらいている。

2 **アミノ酸**　タンパク質は，**アミノ酸**が多数結合してできた高分子化合物である。

アミノ酸は，アミノ基（–NH₂）とカルボキシ基（–COOH）をもつ化合物のことで，タンパク質を構成するアミノ酸には約20種類があり（図1-29），これらは，側鎖（図1-29の［＿＿］）の違いによって区別される。側鎖には，水に溶けやすい親水性を示すものや，水に溶けにくい疎水性を示すもの，電荷をもつものなど，性質の異なるものがある。

アミノ酸は，C（炭素），H（水素），O（酸素）のほかにN（窒素）を含んでいる。さらにシステインとメチオニンはS（硫黄）を含んでいる。

[補足] 側鎖にカルボキシ基（酸性の性質をもたらす）をもつアスパラギン酸とグルタミン酸は**酸性アミノ酸**，側鎖にアミノ基（塩基性の性質をもたらす）をもつリシン，ヒスチジン，アルギニンは**塩基性アミノ酸**に分類される。それ以外のアミノ酸は，アミノ基とカルボキシ基を同数もつので**中性アミノ酸**である。

[補足] タンパク質を塩酸に入れて，110℃で長時間加熱すると，大部分が構成するアミノ酸に分解する。

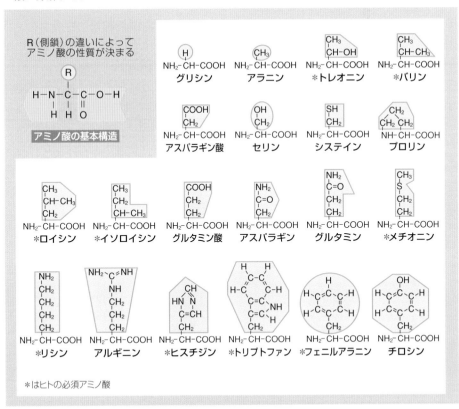

▲ 図1-29　アミノ酸の基本構造と種類

3 ペプチド結合　アミノ酸どうしの結合（–CO–NH–）を**ペプチド結合**といい，これは，2分子のアミノ酸の一方の**カルボキシ基**（–COOH）と他方の**アミノ基**（–NH₂）から1分子の水（H_2O）がはずれてできる（図1-30）。ペプチド結合によってアミノ酸が重合してできる分子を**ポリペプチド**[1]という。タンパク質には，1本のポリペプチドでできているものや，複数のポリペプチドからできているものがある。また，ポリペプチドのアミノ基がある末端を**アミノ末端（N末端）**，カルボキシ基がある末端を**カルボキシ末端（C末端）**という。

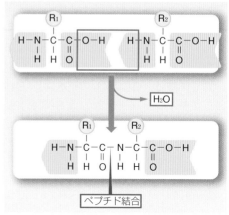

▲図1-30　ペプチド結合

　前ページで見たように，タンパク質を構成するアミノ酸は約20種類あり，これらのアミノ酸がどのように組み合わされるかによって10万種類にも及ぶタンパク質がつくられる。このポリペプチドのアミノ酸がどのような順序で配列するのかをタンパク質の**一次構造**といい，それを決めているのが**遺伝子**である。

4 二次構造　ポリペプチド中のC=O基のOとN–H基のHとの間には，**水素結合**とよばれる力がはたらき，くり返しのある規則的な構造である**らせん構造（αヘリックス）**や**ジグザグ構造（βシート）**ができる。らせん構造は，ポリペプチドが密にコイル状になる。一方，ジグザグ構造は，隣り合ったポリペプチドどうしがゆるく結合しあい，ポリペプチドが平行に並んで屏風のような構造をとる（図1-31）。こ

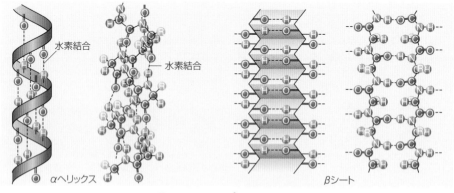

▲図1-31　タンパク質の二次構造

---

1) アミノ酸が2個つながったものを**ジペプチド**といい，3個つながったものを**トリペプチド**という。ジ（di），トリ（tri）はギリシャ語の数詞で，それぞれ2，3を表す。また，ポリペプチドのポリ（poly-）は英語で，「多くの…」という意味を表す。

のような，ポリペプチドの部分的な立体構造を**二次構造**という。例えば，絹の主成分であるフィブロインというタンパク質では，全体の約80％がジグザグ構造になっている。

⑤ 三次構造と四次構造　らせん構造やジグザグ構造を含むポリペプチドは，側鎖の間にはたらく相互作用によって折りたたまれて特有の立体構造をつくる。これをタンパク質の**三次構造**という。細胞質基質ではたらく酵素タンパク質などは，外側に親水性の側鎖が露出し，水と接しない内部に疎水性の側鎖が集まるように立体構造が決まる。また，硫黄（S）を含むアミノ酸どうしが近づいて**S–S結合**（ジスルフィド結合）を形成することによって，一次構造では互いに離れているアミノ酸どうしが近接するようになる。パーマ液は，髪の毛のタンパク質であるケラチンが形成するS–S結合を切って，髪の毛を柔らかくし，カールさせた状態で再結合させるための薬品である。

　タンパク質が，三次構造をもつ複数のポリペプチド（**サブユニット**）からなるとき，その全体の立体構造を**四次構造**という。ヘモグロビンは，α，β の2種類のポリペプチドが2つずつ，合計4つのサブユニットから構成されている（図1-32）。

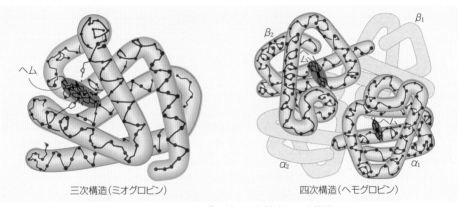

三次構造（ミオグロビン）　　　　四次構造（ヘモグロビン）

▲ 図1-32　タンパク質の三次構造と四次構造

⑥ タンパク質の変性　タンパク質のさまざまなはたらきは，その立体構造によるものである。そのため，熱や酸・アルカリなどによってタンパク質の立体構造が壊れるとそのはたらきを失う。このように，立体構造の変化によってタンパク質の性質が変化することをタンパク質の**変性**といい，変性によってタンパク質がはたらき（活性）を失うことを**失活**という。

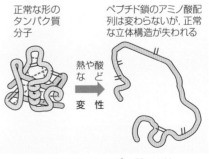

正常な形のタンパク質分子　　ペプチド鎖のアミノ酸配列は変わらないが，正常な立体構造が失われる

熱や酸など　変性

▲ 図1-33　タンパク質の変性

Column ぐ プリオン

プリオンはタンパク質そのものであり、変性したプリオンタンパク質（感染型プリオン）は病気の原因となる。ウシ海綿状脳症（いわゆる狂牛病）やヒトのクロイツフェルト・ヤコブ病の原因はプリオンである。感染型のプリオンタンパク質が脳や神経に蓄積すると、神経細胞が破壊され、脳が海綿状になり、やがて死に至る。

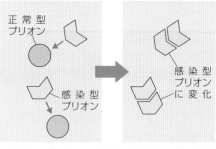

▲ 図1-34 感染型プリオンの増殖

プリオンタンパク質は細胞膜に存在し、正常なプリオンは何ら悪さをしない。ところが感染型プリオンが体内に入ったり、からだの中で折りたたみを間違えて感染型プリオンが生じたりすると、これが正常なプリオンの立体構造を感染型へと変換していく。全く同じタンパク質が構造を変えて感染型になり、それが病気の原因となるのである。

発展 分子シャペロン

「シャペロン」とは、若い女性が社交界にデビューする際に付き添う年上の女性を意味している。ポリペプチドが折りたたまれて正しい立体構造をとる（フォールディング）までに付き添いの役目をするタンパク質が知られており、これを**分子シャペロン**という。フォールディング後には離れてしまい、結合（つまり付き添い）の役目が一時的であることから、シャペロンの名前がつけられた。

細胞内のタンパク質の多くは親水性のアミノ酸がタンパク質分子の外側に露出している。しかし、熱変性などによって正常なフォールディングができずに疎水性のアミノ酸が露出してしまうと、タンパク質どうしが凝集を起こして、細胞にとって有害なものとなる。分子シャペロンには、このような凝集を取り除くことによって、タンパク質を再生するはたらきもある。

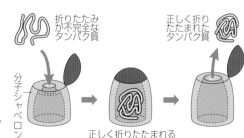

▲ 図1-35 分子シャペロンとタンパク質のフォールディング

　分子を放射線などの高エネルギーをもつレーザー光を当てて気体状のイオンにし，これに真空中で電場をかけて移動させると，イオンの質量と電荷比に応じて飛行時間に差ができる（これを**飛行時間型質量分析法**という）。このことを利用した分離・検出法は**質量分析**とよばれる。この方法を用いてある物質を解析すると，そこに含まれる分子の分子量や構造を明らかにすることができる。

　ところが，タンパク質のような高分子物質は，高エネルギーをかけると気化される前に分解されてしまうため，質量分析ができなかった。田中耕一氏は，グリセリンとコバルトの混合物[1]に解析しようとするタンパク質を混ぜ，これにレーザー光を当てることによってタンパク質を気化させることに世界ではじめて成功した。この方法は「ソフトレーザー脱離イオン化法」とよばれ，田中耕一氏は「生体高分子の同定および構造解析のための手法の開発」を理由に，2002年にノーベル化学賞を受賞した。

　同時期にドイツの化学者ヒーレンカンプとカラスは，田中氏の開発した技術に改良を加え，より高感度で試料を分析可能な MALDI[2]法という手法を発表した。これにより，分子量の大きいタンパク質，ペプチド，多糖などをイオン化して質量分析にかけることが比較的容易にできるようになり，世界中の研究室で急速に使用されるようになった。

　未知のタンパク質が微量でも得られた場合，トリプシンのようなタンパク質分解酵素でペプチドまで分解する。その後，試料を MALDI 法で気化・イオン化して質量分析にかける。すると，ペプチドがそれぞれ特有な時間差でピークを示す。どのようなピークが組み合わさっているかを調べることにより，ペプチドの正確な分子量がわかり，どのようなアミノ酸が含まれたタンパク質であるのかを調べることができるのである。この技術を用いると，ある生物がもつタンパク質の構造や機能を網羅的に解析することが可能になる。こうした研究分野は**プロテオミクス**（プロテオーム解析）とよばれている。

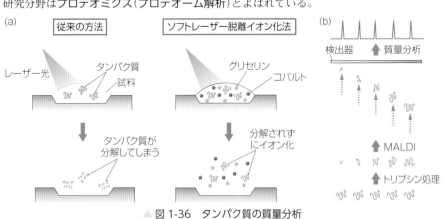

▲ 図 1-36　タンパク質の質量分析

1) このような，レーザーのエネルギーを吸収する緩衝材となる物質をマトリックスという。
2) マトリックス支援レーザー脱離イオン化（Matrix Assisted Laser Desorption / Ionization）の略。

D 炭水化物（糖質） ★

1 炭水化物 炭素，水素，酸素の3元素からなり，$C_n(H_2O)_m$ のように炭素と水を含む分子式で表されるために，**炭水化物**とよばれる。主要なエネルギー源，特に**グルコース**（ブドウ糖）は脳，神経系，赤血球などの唯一のエネルギー源となっている。

また，エネルギー源以外の役割として，植物の細胞

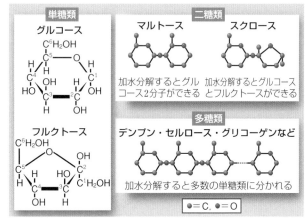

▲ 図 1-37　炭水化物の構造

壁の成分である**セルロース**，昆虫や甲殻類の骨格の成分である**キチン**などの成分として使われている。

2 炭水化物の分類 炭水化物（糖質）は，グルコース・フルクトース（果糖）などの**単糖類**と，単糖が2分子結合した形の**スクロース**（ショ糖）・**マルトース**（麦芽糖）などの**二糖類**と，単糖が多数結合した形の**多糖類**（デンプン，グリコーゲンなど）に分けられる。これらは，最小単位の単糖類に分解されてから，ヒトの体内に吸収される。

E 脂　質 ★

炭素，水素，酸素の3元素からなるが，炭水化物に比べて酸素が少なく，リンや窒素を含むものもある。脂質の本来の意味は，生物体から単離されて水に溶けない物質で，加水分解により脂肪酸が遊離される物質の総称である。エーテルやクロロホルム，ベンゼンなどの有機溶媒によく溶ける。脂質は，ホルモンや細胞膜などの構成成分として生物体内で利用され，さらにビタミンA・D・Eなどの脂溶性ビタミンの腸からの吸収を助けるはたらきをしている。

1 単純脂質 脂肪酸とグリセリンからなるエステル化合物。アルカリ処理や，すい臓由来の**リパーゼ**によって，脂肪（単純脂質）は**脂肪酸**と**モノグリセリド**に加水分解される。脂肪は，タンパク質や糖質に比べて，大きなエネルギーが生み出される非常に効率のよいエネルギー源である。

補足 ロウ 常温で固体であり，加熱すれば比較的低粘度の液体となる単純脂質で，**高級脂肪酸**（炭素数が11以上の脂肪酸）と**高級アルコール**（炭素数6以上のアルコール）からできている。植物の葉や昆虫の体表面などにあって，外からの水の侵入を防ぎ，体内からの水の流出を防いでいる。また，水生生物などではエネルギーの蓄積物質として体内に貯蔵される。

2 複合脂質 単純脂質にほかの成分が結合したもの。**リン脂質**，**糖脂質**などがある。

(1) **リン脂質** 脂肪酸，アルコール，リン酸，窒素化合物からなる。生体膜の成分である。

(2) **糖脂質** 脂肪酸，アルコール，糖，窒素化合物からなる。糖脂質のほとんどが，細胞膜と細胞小器官の膜構造に存在する。細胞間の認識，抗原，ウイルスや毒素に対する受容体，あるいは細胞の分化や増殖などに関与していることが知られている。糖鎖は生物種ごとに基本構造は維持されているがそれ以外の部位は生体によりあるいは生物種の集団ごとに異なる場合もある。例えば，ABO 式の血液型は，赤血球の細胞膜にある糖脂質の糖鎖の違いによって決定されている(→ p.322)。

(3) **非ケン化物** 酸やアルカリで加水分解されないような脂質。光合成の補助色素としてはたらくカロテノイドや，脂溶性ビタミン，およびホルモンとしてはたらくステロイドなどがある。

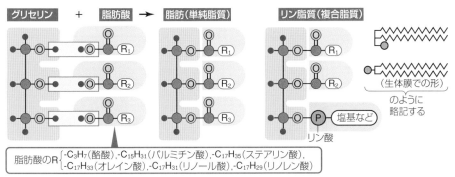

脂肪酸のR{-C₃H₇(酪酸),-C₁₅H₃₁(パルミチン酸),-C₁₇H₃₅(ステアリン酸),
-C₁₇H₃₃(オレイン酸),-C₁₇H₃₁(リノール酸),-C₁₇H₂₉(リノレン酸)}

▲ 図 1-38 脂質の構造

F 無機塩類 ★

1 無機塩類 生物体内に見られる Na・K・Ca・Mg・Cl・Fe・S・P などの無機塩類の多くは，水に溶けてイオンとして存在したり，生体物質の構成成分となっていろいろなはたらきをしている。

2 無機塩類の役割 ① **Na** 動物の体液の塩類濃度の調節 (→ p.284) や，神経細胞などの電気信号(興奮)の発生(→ p.340)にはたらく。

② **Cu・Zn・Co・Mn** 酵素の活性化にはたらく。

③ **Ca** リン酸と結合して(リン酸カルシウム)，骨の成分になる。

④ **Fe** 赤血球中の**ヘモグロビン**(→ p.278)や，呼吸にはたらく**シトクロム**(チトクローム)の成分になる。

⑤ **Mg** 植物の**クロロフィル**(→ p.121)の成分になる。

⑥ ヨウ素 **I** 甲状腺から分泌される**チロキシン**というホルモンの成分になる(→ p.298)。

基生 **A** **細胞の基本構造** ★★★

1 原核細胞と真核細胞 キュウリの浅漬けの汁を顕微鏡で観察すると，キュウリの細胞と，漬物をつくるのに利用された細菌の細胞が観察できる（図1-39）。2つの細胞を比べると，細菌の細胞はキュウリの細胞に比べて小さい。電子顕微鏡を用いて，細菌の細胞をさらに拡大して観察すると，核が見られないことがわかる（図1-40）。このように核が見られない細胞を**原核**

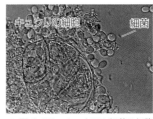

▲ 図1-39 キュウリと細菌の細胞

細胞といい，動物や植物の細胞のように核の見られる細胞を**真核細胞**という。真核細胞の内部には，核をはじめとして，ミトコンドリアや葉緑体などの膜で包まれた構造体が見られ，これらの構造体を**細胞小器官（オルガネラ）**という。

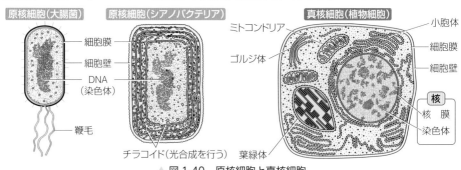

▲ 図1-40 原核細胞と真核細胞

2 細胞の構造の共通性 原核細胞と真核細胞では，DNAが核膜で包まれているかどうか，細胞小器官が見られるかどうかなどの違いもあるが，どちらも細胞膜で囲まれ，その中にDNAをもつという構造は共通している。

構造体＼細胞	真核細胞			原核細胞		
	ヒト（動物）	ツバキ（植物）	アオカビ（菌類）	メタン生成菌（古細菌）	大腸菌（細菌）	ユレモ（シアノバクテリア）
細胞膜	○	○	○	○	○	○
DNA	○	○	○	○	○	○
核膜	○	○	○	×	×	×
ミトコンドリア	○	○	○	×	×	×
葉緑体	×	○	×	×	×	×
細胞壁	×	○	○	○	○	○

B 原核細胞 ★★

1 原核細胞の構造　原核細胞の構造は非常に簡単で，遺伝情報をもった DNA を包む核膜がない。また，ユレモやアオコなどのシアノバクテリア（ラン藻，ラン細菌ともいう）では光合成を行うための膜構造（チラコイド）はあるが，膜で包まれた葉緑体やミトコンドリアのような細胞小器官がない。このような細胞を原始的な核をもつ細胞という意味で原核細胞といい，からだが原核細胞からなる生物を**原核生物**という。原核生物はこの地球上で最もはやくに出現した生物である。

2 原核生物の種類　原核生物は，細胞壁と細胞膜の成分の違いから，**アーキア**（古細菌，始原菌，後生細菌ともいう）と**細菌**（バクテリア，真正細菌ともいう）に分けられる。古細菌は，DNA 複製やタンパク質合成のしくみからみると，細菌よりも真核生物に近い（→ *p*.521）。

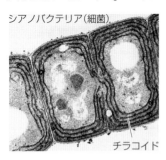

シアノバクテリア（細菌）

チラコイド

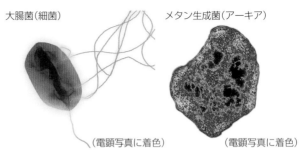

大腸菌（細菌）

（電顕写真に着色）

メタン生成菌（アーキア）

（電顕写真に着色）

▲ 図 1-41　原核生物

発展　**細菌の細胞壁とペニシリン**

　原核生物である細菌の細胞壁は，**ペプチドグリカン**とよばれる成分でできている。これは，アミノ酸のつながったペプチドが，炭水化物の繊維に橋をかけるようにしてつないでいる網目構造である。細菌が分裂によって増殖するときには，橋の役目をするペプチドが切られて新しくできた炭水化物の繊維とつながることによって，新しい細胞壁が形成されていく。抗生物質であるペニシリンが盛んに増殖している細菌に対して殺菌作用を示すのは，ペニシリンがこのペプチドによる網目構造の形成を阻害して細胞壁に穴があき，溶菌が起こるためである。

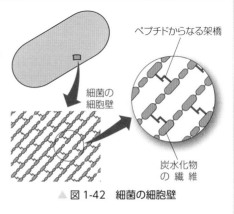

ペプチドからなる架橋

細菌の細胞壁

炭水化物の繊維

▲ 図 1-42　細菌の細胞壁

C 真核細胞 ★★★

1 真核細胞の基本構造 真核細胞からなる生物を**真核生物**という。アーキアと細菌以外の生物は，すべて真核生物である。

真核細胞の形と大きさは多様であるが，多くの細胞には共通する構造がある。細胞は，大きくは**核**と**細胞質**に分けられる。

(1) **核** 核は細胞を酢酸カーミンで染色すると赤く染まって見える構造体で，**染色体**[1] とそれを包む核膜と1～数個の**核小体**からなる。染色体はヒストンとよばれるタンパク質にDNAが巻きついた繊維状の構造をしていて，細胞分裂時には凝縮して太いひも状になる。

(2) **細胞質** 細胞の核以外の部分を**細胞質**といい，外側は**細胞膜**で包まれている。細胞膜は，厚さ約10 nmの薄い膜で，この膜を通って，細胞の中に水・養分（無機塩類）・栄養分などが出入りする。

細胞膜で囲まれた内側には，さまざまな細胞小器官が見られ，その間を**細胞質基質（サイトゾル）**が満たしている。細胞小器官のうち，ミトコンドリアでは呼吸の反応の一部が行われ，生命活動に必要なエネルギーが取り出されている。

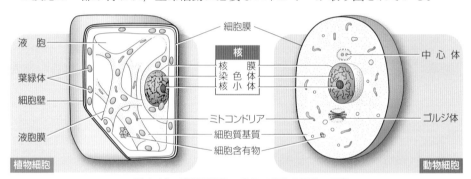

▲ 図1-43 光学顕微鏡で見える植物と動物の細胞

補足 原形質と後形質 従来，細胞の生きて生命活動を営んでいる核と細胞質を**原形質**とよび，原形質のはたらきでつくりだされた細胞壁や液胞・細胞含有物を**後形質**とよんでいたが，研究が進むにつれて区別は不明確になりつつある。したがって，最近は後形質はもちろん原形質という用語もあまり使われなくなっているが，原形質連絡（→ *p.*59）や原形質分離（→ *p.*63）などの用語としては今でも使われているので，覚えておこう。

(3) **植物細胞に特有の構造** 典型的な植物細胞には，動物細胞には見られない**細胞壁**と**葉緑体**などの色素体，および発達した**液胞**が見られる。葉緑体では光合成が行われ，有機物が合成されている。この有機物は呼吸に使われたり，からだをつくるのに利用されたりする。液胞は，不要物の貯蔵，分解，解毒や，細胞の形の保持などを行う。さらに，植物細胞では細胞膜の外側に細胞壁をもち，細胞壁は植物細胞の支持と保護に役立っている。

[補足] 動物細胞には，多くの植物の細胞では見られない**中心体**が見られる。**ゴルジ体**は，植物細胞にも広く存在するが，光学顕微鏡でははっきりと見えないことが多い。

2 真核細胞の微細構造 電子顕微鏡の発達に伴い，例えば光学顕微鏡では何もないように見えていた細胞質の部分にも**小胞体**や**リボソーム**などがあることがわかった。また，各構造体の微細構造も明らかになってきた。

[補足] **生体膜** 核・ミトコンドリア・葉緑体・細胞膜・ゴルジ体・小胞体・リソソーム・液胞は，いずれもよく似た構造の膜でできており，これらの膜を総称して**生体膜**という。

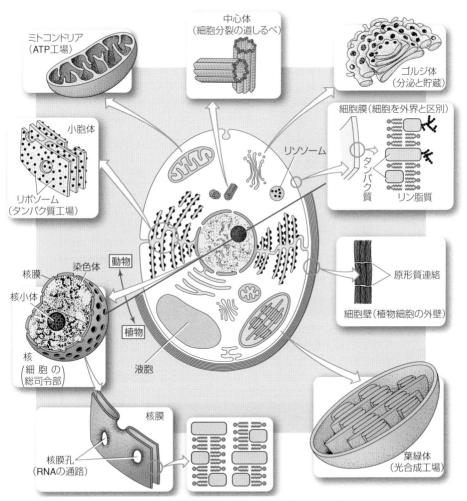

▲ 図 1-44 　電子顕微鏡で見た真核細胞の微細構造

---

1) **染色体・染色糸・染色質** 細胞分裂時に見られる太いひも状の染色体は，細い糸状の構造（染色糸ということがある）が何重にも折りたたまれたものである。また，分裂時以外では染色体は核の中に伸び広がっており，これを染色質ということがある。

3 核 核には遺伝子の本体である DNA が含まれている。細胞の生きるはたらきの総司令部として重要なだけでなく、物質の代謝や遺伝といった面でも重要なはたらきをしている。

構成要素	微 細 構 造	は た ら き
核 膜	・非常に薄い膜(生体膜)が2枚重なった膜で、核を包みこんでいる ・多数の小さな穴(核膜孔)がある ・外側の膜は小胞体と連続する	・核の中身(染色体・核小体・核液)を包んで保護する ・RNA 合成の材料や、中でつくられた RNA 類は核膜孔から出入りする
染色体	・DNA とタンパク質とからなり、分裂時以外の間期には伸び広がっている ・核分裂のときは凝縮して太いひも状の染色体として見える	・DNA の遺伝情報を伝令RNA(mRNA)へ転写し、その伝令 RNA を核膜孔から細胞質内のリボソームに出し、タンパク質合成を指令する(→ p.170) ・核分裂に先立って、DNA の複製を行い、もう1組の染色体をつくる
核小体	・直径 15nm ぐらいの粒子の集まり	・リボソーム RNA(rRNA)の合成の場で、つくられたリボソーム RNA はタンパク質と結合し、核膜孔を通って外へ出て、リボソームになる
核 液	・核の基質となっている液体で、中に核小体と染色体を浮かべている	・必要な物質を含み、いろいろな物質の代謝も行う

(図中ラベル: 染色体、核液、核小体、リボソーム、小胞体)

4 細胞膜 細胞と外界を仕切る境界の役目を果たすとともに、細胞内外の物質の出入りを調節している。

構成要素	微 細 構 造	は た ら き
細胞膜	・厚さ約 10nm の薄い膜で、高倍率で観察すると、2本の線でできた暗・明・暗の三層構造をしていることがわかる(図1-47)	・膜を通って、細胞の中に水・養分(無機塩類)・栄養分などが出入りする ・膜自身が積極的に吸収・排出するはたらき(能動輸送、→ p.67)もある

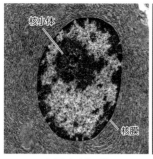

▲図1-45 核

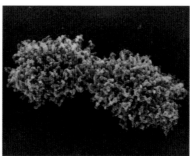

▲図1-46 染色体

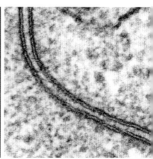

▲図1-47 細胞膜

5 リボソームと小胞体 リボソームでは，DNA の遺伝情報をもとにアミノ酸からタンパク質を合成する。リボソームでつくられたタンパク質は，小胞体によって輸送される。

構成要素	微 細 構 造	は た ら き
小胞体	・1枚の膜からなる構造 ・多量の酵素をつくる細胞では発達し，多数の長い袋が積み重なって見える	・細胞質での代謝の結果つくられた物質の輸送路になっている ・各種物質の合成と分解にもはたらく
リボソーム	小胞体の表面やその付近にある小さい粒子。タンパク質と RNA の結合したもので，大きさは 15nm×20nm ぐらいのダルマ形である	遺伝情報どおりにアミノ酸を並べてタンパク質をつくる。このタンパク質はすぐ小胞体を通って必要な場所へ送られる

6 ゴルジ体とリソソーム リボソームで合成されたタンパク質は，小胞体からゴルジ体に輸送され，ここからさらに他の細胞小器官や細胞外へ分泌されたりする。リソソームは加水分解酵素[1]をもち，細胞に取りこんだ物質の消化や，細胞内で生じた不要な物質を分解する。

構成要素	微 細 構 造	は た ら き
ゴルジ体	・へん平な袋が重なった形で，まわりに小胞がくっついている ・植物細胞にも広くみつかっている	分泌物質の合成と貯蔵 **注意** 動物の消化管の腺細胞など分泌と関係ある細胞では特に多い
リソソーム	・直径 0.4 ～数 μm の球形の袋 ・中に加水分解酵素が入っている	・アメーバやゾウリムシでは細胞に取りこんだ食物を消化(細胞内消化) ・細胞の不要になった物質を分解

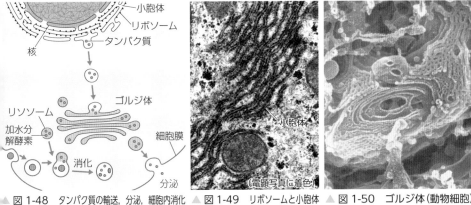

▲ 図 1-48　タンパク質の輸送，分泌，細胞内消化　▲ 図 1-49　リボソームと小胞体　▲ 図 1-50　ゴルジ体(動物細胞)

1) ある物質に水を加えて分解する反応(加水分解反応)を触媒する酵素(→ *p*.92)。

タンパク質はいったんつくられると，そのまま体内にあり続けるわけではない。細胞は常に自分自身を壊して新たにつくり直している。タンパク質も不要になれば壊されるし，さまざまな原因で異常になったものも取り除かれる。タンパク質の分解経路には2種類存在する。1つは**ユビキチン-プロテアソーム経路**で，これは核にも細胞質にもある。もう1つは**リソソーム経路**で，細胞質のリソソーム内でタンパク質の分解が起こる。

1 ユビキチン-プロテアソーム経路　異常なタンパク質や損傷を受けたタンパク質などを選択的に分解する。新たに合成されたポリペプチドのうちの1/3に欠陥があると，そのポリペプチドは分解されるといわれており，タンパク質の品質管理に欠かせない経路である。まず，不要なタンパク質に，ユビキチンという低分子量のタンパク質を複数，数珠状に結合させて印をつける。次に，印がついたタンパク質を，巨大なタンパク質複合体であるプロテアソームが認識する。プロテアソームには中央に円筒状のタンパク質分解酵素があり，印がついたタンパク質がその中に送りこまれ，分解される。

2 リソソーム経路　リソソームは内部に数十種類の分解酵素[1]を含む。タンパク質を分解するプロテアーゼ，核酸を分解するヌクレアーゼ，糖を分解するグリコシダーゼ，脂肪を分解するリパーゼなどがあり，リソソームはタンパク質だけを分解するわけではない。リソソーム内に分解すべきものが入るには，ⓐ細胞外からの経路（エンドサイトーシス，→p.68）とⓑ細胞内からの経路（オートファジー）とがある。どちらの場合もいったん膜に包まれた構造が形成され（ⓐではエンドソーム，ⓑではオートファゴソーム），これに一次リソソーム（消化酵素を含む）が融合して二次リソソームになり，その内部で分解が起こる。分解されてできたアミノ酸などはリソソームから細胞質基質へと出て行き，再利用される。

オートファジー（**自食作用**）の機構は，出芽酵母を用いて**大隅良典**により詳しく調べられた（大隅はこの研究で2016年にノーベル生理学・医学賞を受賞）。酵母は栄養欠乏状態になると，オートファジーが誘導される。これには，(1)自分自身を一部分解してその分解産物を栄養源として利用する，(2)貧栄養下で生き残るために細胞の活性を下げる，(3)貧栄養の環境に適応するように自らを再構築する，などの意味がある。オートファジーはわれわれ哺乳類をはじめ真核生物に広く見られる現象であり，飢餓対策のみではなく，細胞の新陳代謝や細胞に不要な物質の除去など，細胞質の成分を入れ替えて，細胞内部の品質を管理する役割を果たしている。オートファジーは現在さかんに研究されている分野であり，がん・アルツハイマー病・生活習慣病などの抑止や免疫にはたらいていることがわかりつつある。

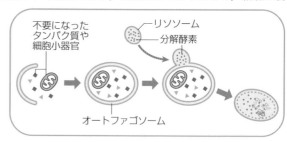

▲ 図1-51　オートファジーのしくみ

1) これらの酵素は酸性条件ではたらくものであり，リソソーム内はpH5程度に保たれている。細胞質基質のpHは約7.2なので，たとえこれらの酵素がリソソームから漏れ出しても影響はほとんどない。植物や酵母の液胞は，動物リソソームに相当する。

7 ミトコンドリア　ミトコンドリアは，呼吸にかかわる細胞小器官で，すべての真核細胞に見られる。

構成要素	微 細 構 造	は た ら き
ミトコンドリア	・内外2枚の膜からなる ・内部は内膜がひだになって伸び出している。ひだを**クリステ**，内膜に囲まれた部分を**マトリックス**という 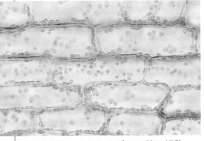	呼吸の反応は，①解糖系，②クエン酸回路，③電子伝達系の3つに分けられ，②と③の反応がここで行われる（→*p*.102） **注意** ①の解糖系はまわりの細胞質基質で行われる。不正確に呼吸を行う細胞小器官と理解しては間違いになる

8 葉緑体　葉緑体は，植物と藻類の細胞に見られる。光合成色素を含み，光エネルギーを取りこんで炭水化物を合成する光合成を行っている。

構成要素	微 細 構 造	は た ら き
葉 緑 体	外側は2枚の膜（包膜）が包み，中に大小ののし餅のような構造（**チラコイド**）が入っている。チラコイドの膜に**クロロフィル**（葉緑素）を含む粒が並ぶ。チラコイドが多数積み重なった部分を**グラナ**という	葉緑体は光合成の場で，**チラコイド**では光エネルギーの取りこみや水の分解が，**ストロマ**では二酸化炭素を取りこんで炭水化物の合成が起こる（→*p*.126） 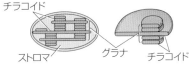 **注意** かつて光学顕微鏡では，葉緑体に暗い部分が見えたので，これに**グラナ**（粒状物）の名を与えた。コケ・シダ・種子植物など比較的高等な植物に見られる

▲ 図1-52　オオカナダモの葉の細胞

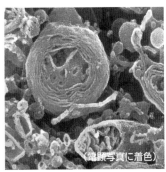

▲ 図1-53　リソソーム

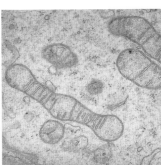

▲ 図1-54　ミトコンドリア

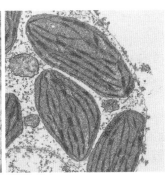

▲ 図1-55　葉緑体

9 細胞質基質と中心体　細胞小器官の間には，細胞質基質が満ちており，ここには酵素が存在し，各種の反応が起こっている。また，**細胞骨格**といわれる繊維が張り巡らされており，細胞の形をつくっている。細胞骨格は，ほかにも，細胞小器官の位置を固定したり，細胞小器官や細胞の運動にかかわったりしている。

　動物細胞に見られる中心体は，細胞骨格の1つである微小管を伸ばし，細胞が分裂する際の染色体の移動などにかかわっている。

構成要素	微　細　構　造	は　た　ら　き
細 胞 質 基 質	30万倍にも拡大できる超高圧電子顕微鏡で調べたところ，単なる液体と思われていた細胞質基質の部分には，網の目のように微細な繊維状の構造が張り巡らされていて，これが小胞体やリボソーム，ミトコンドリアなどの細胞小器官をつなぎ止めていることがわかった。この微細な繊維状の構造を**細胞骨格**といい，微小管，中間径フィラメント，アクチンフィラメントの3つに大別される細胞骨格の間の部分には酵素やいろいろな物質が溶けている	・各種の細胞小器官を連結する ・細胞質の形を保ち，**細胞質流動（原形質流動）**，細胞分裂，細胞小器官の細胞内での移動などに重要な役割を果たしている ・発酵など各種物質の代謝の場 小胞体　リボソーム 微　小　管 リボソーム ミトコンドリア アクチンフィラメント 細　胞　膜 中間径フィラメント ▲ 図1-56　細胞骨格
中 心 体	・細長い棒状の**中心小体（中心粒）**が2個互いに直角に位置して，核の近くにある ・繊維3本が1組になり，9組が円形に並ぶ	・動物細胞の分裂のとき，**紡錘体**と**星状体**形成の中心となる ・鞭毛の形成にも関係する

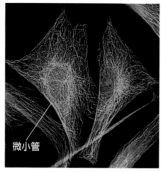

微小管

▲ 図1-57　細胞骨格

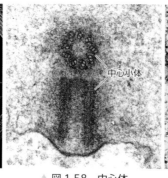

中心小体

▲ 図1-58　中心体

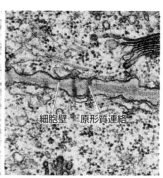

細胞壁　原形質連絡

▲ 図1-59　細胞壁

Ｌａｂｏｒａｔｏｒｙ　細胞質流動の観察

材料 ムラサキツユクサのおしべの毛，オオカナダモの葉の細胞，シャジクモの節間細胞，タマネギのりん葉の表皮

方法 生のまま切り取って検鏡する。

結果 ① ムラサキツユクサ・タマネギ：細胞の周辺にも，液胞の間の細胞質の帯にも見られ，方向はいろいろである。

② オオカナダモ・シャジクモ：周辺部の細胞質が一定の速度で巡回するのが見られる。緑色をした葉緑体も流動しているので，流動の状態がよくわかる。

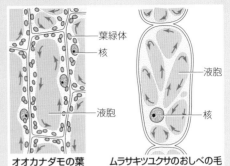

▲ 図 1-60　細胞質流動

MARK ① 実験によく使われる材料は決まっているから，覚えておくこと。

② 固定や染色を行うと，細胞が死んでしまうので，細胞質流動は見られなくなる。

10 液胞 発達した植物細胞で見られる液胞は，物質の貯蔵や分解，解毒など，各種のはたらきをもっている。

構成要素	微　細　構　造	は　た　ら　き
液　胞	・植物細胞で発達。よく成長した細胞では，体積の 90%以上を占める ・1 枚の液胞膜(生体膜)に包まれ，中には細胞液を蓄えている ・細胞液には，無機塩類・有機酸[1]・炭水化物・タンパク質・アミノ酸のほか，**アントシアン**(花びらや紅葉の色素)，アルカロイド[2]，加水分解酵素を含む	・不要物(代謝産物)の貯蔵，分解，解毒 ・膨圧(→ p.63)を発生させ植物体を強化する(サラダが美味しく食べられるのは膨圧のためで，しなびたサラダは美味しくない) ・古くは細胞のゴミ捨て場と考えられていたが，液胞は生きてはたらいている

11 細胞壁 植物細胞の細胞膜の外側にある丈夫な層を**細胞壁**という。主成分はセルロース (炭水化物の一種) で，リグニン[3]がたまると強固になる。植物細胞の支持と保護に役立っている。細胞壁どうしはペクチン[4]で接着しあっているが，原形質連絡とよばれる小さな穴が貫いており，これは，隣りあう細胞どうしの何らかの連絡に役立っていると考えられている。

---

1) **有機酸** 有機化合物に属する酸の総称。乳酸・シュウ酸・ピルビン酸・クエン酸など，−COOH (カルボキシ基)をもつものが多い。

2) **アルカロイド** タバコやケシなどの特定の植物の液胞にはニコチンやモルヒン(モルヒネ)とよばれる物質が含まれており，このような物質を**アルカロイド**という。

3) **リグニン** 木質素ともよばれ，材木中の量は 20 ～ 30%に達する。

4) **ペクチン** セルロースと類似の多糖類。

1 細胞壁の除去－植物細胞を裸にする実験 植物の細胞は細胞壁で包まれ，細胞壁どうしはペクチンで接着している。そこで，ツバキなどの葉の小片を，はじめにペクチン分解酵素 (ペクチナーゼ) で処理す

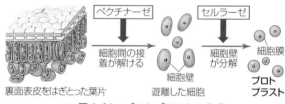

▲図1-61　プロトプラストの生成

ると，ペクチンが分解されて細胞どうしの接着が解け，細胞がばらばらに離れる。これを，次にセルロース分解酵素 (セルラーゼ) で処理すると，セルロースが分解されて，細胞壁のない裸の植物細胞が得られる。これを**プロトプラスト**という。植物細胞が裸になると，他の細胞と融合させたり，高分子物質やウイルスを取りこませたり，いろいろ高度な実験ができる。

2 細胞分画法 生きている細胞を壊し，細胞小器官を分け取って調べる方法を**細胞分画法**という。

① 細胞を低温にした適当な調整液中で**ホモジェナイザー**を使って機械的にすりつぶす。

補足 低温下で行うのは物質の化学変化を抑える[1]ためで，調整液は細胞と等張[2]にするが，これは低張

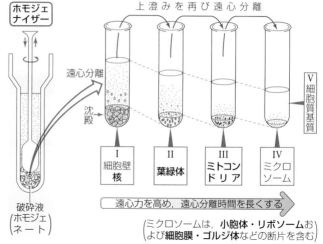

▲図1-62　細胞分画法 (分画遠心法)

液中では葉緑体などの膜が破裂して壊れるのを防ぐためである。また，緩衝液を加える場合があるが，これは液胞が壊れて出てくる有機酸などによってpH (水素イオン濃度) が変化するのを防ぐためである。

② 破砕液をガーゼなどでろ過し，未破砕物を除去して遠心分離機にかけると，細胞小器官がおもに**大きさと密度** (比重) の違いによって図1-62に示したような順に分け取られる。

③ このとき，遠心力と遠心時間を段階的に変えて沈殿を分け取る方法を**分画遠心法**といい，このほかに，スクロース (ショ糖) などで密度の異なる層を重ねた上に破砕液をおいて遠心分離する方法 (**密度勾配遠心法**) もある。

1) 低温にすると酵素がはたらかなくなるので，化学反応が抑えられる (→p.89)。
2) 細胞を浸したときに水の出入りが見られない液を等張液という (→p.62)。

細胞膜は，細胞と外界を仕切る境界の役目を果たすとともに，細胞内外の物質の出入りを調節している。

A 細胞への水の出入り ★

1 拡散 物質は濃度の高いほうから低いほうへと，**濃度勾配**にそって自然に移動していく。このような物質分子の移動を**拡散**という。

2 浸透 溶液中のある成分は通すが，ある成分は通さない膜の性質を**半透性**といい，そのような膜を**半透膜**という。濃度の異なるスクロース水溶液を，半透膜を介して接しておくと，スクロース分子は半透膜を通れないが，水分子は半透膜を通れるので，水分子が高濃度側に移動する。この現象を**浸透**という。

3 浸透圧 ① U字管を半透膜（セロハンなど）で仕切り，左側に水を，右側にスクロース水溶液を入れる（図1-64）。② 水としての濃度は図の右側のほうが低いので，水は同じ濃度になろうとして，半透膜を通って右側へ移動する。このように，水が溶液中へ浸透しようとする圧力を**浸透圧**という。一方，スクロース分子は

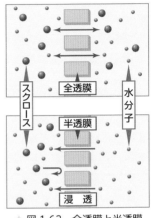

▲ 図1-63 全透膜と半透膜

同じ濃度になろうとしても，分子が大きいので，左側へは移動できない。そのため，右側の液面が上昇する。しかし，無限に上昇するわけではない。上昇するほど右側が重くなるので，やがて浸透は止まる。③ いま，右側に左右の液面が同じ高さになるようにおもりをのせたとすると，このおもりが液面に与える圧力（Q）が，スクロース水溶液の浸透圧（P）に相当する。

補足 図1-64で，左側の水の代わりに，右側のスクロース水溶液より濃度の低いスクロース水溶液を入れると，2液の浸透圧の差によって，水はやはり左側から右側へ浸透する。

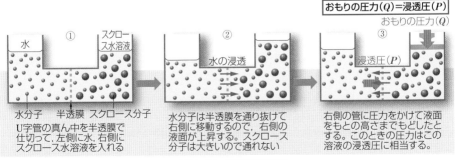

おもりの圧力（Q）＝浸透圧（P）

▲ 図1-64 浸透圧の説明

4 浸透圧の大きさ　一般に，溶液の濃度が高く，温度が高いほど，その溶液の浸透圧も高くなる。

> **補足** **ファントホッフの浸透圧の式**　オランダの物理化学者ファントホッフは，濃度の希薄な溶液では，浸透圧 (P) は溶液のモル濃度と絶対温度に比例することを発見した (1887 年，気体定数 $R=8.3\times10^3$)。

$$
\begin{array}{ccccccc}
\text{ファントホッフ} & P & = & R & \times & C & \times & T \\
\text{の浸透圧の公式} & \text{(浸透圧)} & & \text{(気体定数)} & & \text{(モル濃度)} & & \text{(絶対温度)}
\end{array}
$$

5 浸透圧の比較　2 つの溶液の浸透圧を比較するときは，等張・高張・低張の語を使う。

① **等張**　2 つの溶液の浸透圧が互いに等しいとき，両液は**等張**であるという。

② **高張と低張**　2 つの液を比べて浸透圧の高いほうを**高張**，低いほうを**低張**という。

 B　動物細胞と水の出入り　★

1 赤血球の収縮と溶血　細胞内液には，水を溶媒としていろいろな物質が溶けているので，細胞内液はその濃度に応じた浸透圧をもつことになる。例えば，動物細胞を細胞内液より高張な食塩水に入れると，細胞内外の浸透圧の差により，細胞から水が吸い出されて細胞は**収縮**する。

また，低張液に入れると水が細胞内に浸透して，細胞は**膨張**する。このとき蒸留水のような極端な低張液中では，細胞は内部の圧力によって破裂することがある。赤血球でのこのような状態を**溶血**という。

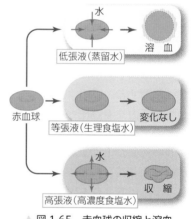
▲ 図 1-65　赤血球の収縮と溶血

2 生理食塩水とリンガー液　ヒトなどの哺乳類の赤血球は，0.9％濃度の食塩水に入れてもほとんど変化が見られない。これは，0.9％の食塩水が赤血球と等張であるからで，このような動物細胞と等張な食塩水を**生理食塩水**という。

また，食塩だけでなく各種の塩類を加えてより体液に近づけて害を少なくした等張液を**リンガー液**といい，重病の患者や手術をした患者に輸血の代わりに用いられる(ふつうは，栄養分を補給するためにグルコースを混ぜて注射する)。

> **補足** 生理食塩水は，ヒトでは 9g/L＝9g/1000mL≒0.9％，同様にカエルでは 0.65％。
> **補足** **リンガー液の発見**　リンガーはカエルの心臓を切り出し，長く生かしておく液を研究していたが，なかなかうまくいかなかった。ところが 1882 年のある日，助手が誤って水道水を使ったところ，うまくいったのである。つまり，水道水中の K^+ や Ca^{2+} などの微量のイオンが役立っていたのだ。リンガーはこれにヒントを得て，リンガー液を完成させた。

C 植物細胞と水の出入り ★

1 原形質分離 植物細胞を高張液に入れると，細胞から水が吸い出されて細胞は収縮する。このとき，細胞壁は丈夫な膜でそれほど収縮できないので，細胞膜で囲まれた部分だけが縮んで細胞壁から離れる。このような現象を**原形質分離**といい，原形質分離が起こる瞬間の状態を**限界原形質分離**という。

2 膨圧 植物細胞を低張液に入れると，水が浸透して細胞は膨れるが，外側に丈夫な細胞壁があるので，細胞は動物細胞のように破裂することはない。水が細胞内に浸透すると，内部から細胞壁を押し広げようとする圧力（**膨圧**）が生じる。また，その反作用として細胞壁が押し返す圧力を**壁圧**という。

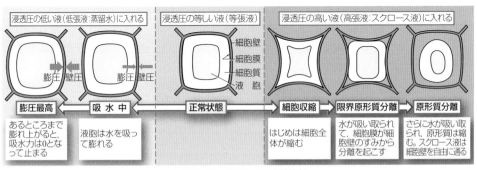

▲ 図 1-66 膨圧と原形質分離

3 植物細胞の吸水力 細胞が内液の浸透圧によって水を吸いこむ力（圧力）を**吸水力（吸水圧）**という。

原形質分離の状態では，細胞の吸水力は浸透圧に等しくなる。したがって，植物細胞を高張液中に入れたとき，細胞の浸透圧＝外液の浸透圧となると，見かけ上の水の出入りは止まる。

しかし，蒸留水に入れると，細胞は吸水によって膨らみ，膨圧が生じるので，細胞の吸水力は，浸透圧より膨圧の分だけ小さくなって，**吸水力＝浸透圧－膨圧**となる。したがって，植物細胞を蒸留水に入れると，吸水につれて膨圧がしだいに大きくなり，やがて，浸透圧＝膨圧，つまり，吸水力＝0 となる。

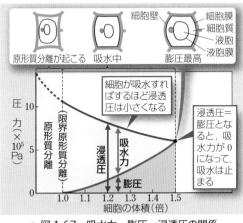

▲ 図 1-67 吸水力・膨圧・浸透圧の関係

4 原形質復帰 一度原形質分離を起こした細胞を再び水などの低張液にもどすと，細胞は吸水してもとにもどる。これを**原形質復帰**という。

注意 原形質分離や原形質復帰が起こるのは，細胞が生きている証拠である。

D　生体膜の構造　★★

1　生体膜の構造　**生体膜**とは細胞膜（原核生物も含む），核膜，細胞小器官の膜に対してつけられた名称で，基本的に共通の構造をしている。

　生体膜は二重の層（電子顕微鏡では暗・明・暗の三層構造に見える）でできており，その主成分は**リン脂質**と**タンパク質**である。このうち，リン脂質には，水とよくなじむ性質（親水性）をもつリン酸を含む部分と，水となじみにくい性質（疎水性）をもつ脂肪酸の部分があり，水の中ではリン脂質どうしは脂肪酸の部分を向け合って集まり，リン酸を含む部分を外側にして薄い膜をつくる傾向がある。細胞膜は，このようなリン脂質の二重層の膜の間にタンパク質（おもに酵素）がいろいろな形で埋めこまれていると考えられている。

　精巧な電子顕微鏡でも細胞膜の詳細な構造までは見えないので，上述のような詳しい構造はいろいろな証拠にもとづいての仮説であり，**流動モザイクモデル**とよばれている。アメリカのシンガーとニコルソンによって提唱された（1972年）。

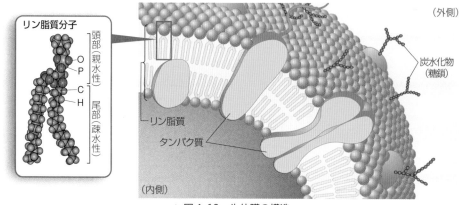

▲ 図1-68　生体膜の構造

2　脂質二重層の透過性　物質が拡散によって生体膜の脂質二重層を通過する場合，物質によってその粒子の通り方が異なる。脂質二重層は，分子が小さく疎水性であるほど透過しやすく，親水性であるほど透過しにくい。電荷[1]をもったイオンなどは通れない。電荷をもたないグルコースやタンパク質も大きすぎて通れない。また，水や尿素などの小型の極性分子も比較的通過しにくい。一方で，小さくて疎水性の酸素や二酸化炭素などは通りやすい。

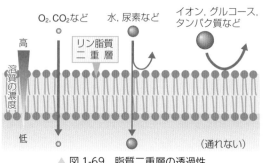

▲ 図1-69　脂質二重層の透過性

3 **輸送タンパク質**　電荷をもたない小さな分子（エタノール，二酸化炭素，一酸化窒素，酸素など）は濃度勾配にしたがって，脂質二重層を拡散によって直接移動できる。しかし，電荷をもっていたり，これより大きい溶質分子は，脂質二重層をほとんど通過することができず，脂質二重層を貫通している**輸送タンパク質**の中を通って移動している。輸送タンパク質にはおもに，チャネルと担体(運搬体)とがある。

(1) **輸送タンパク質の必要性**　拡散による膜の通過には，活性化エネルギーが必要である。しかし，生体膜を貫通している親水性の輸送タンパク質があると，ちょうど酵素が化学反応の活性化エネルギーを低下させて反応速度を速くするのに似て，細胞膜の通過に必要な活性化エネルギーが低くなり，物質の輸送速度を速くすることができる。

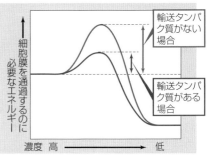

▲ 図 1-70　輸送タンパク質と活性化エネルギー

(2) **半透膜と生体膜**　輸送タンパク質は脂質二重層にあいた孔のようなもので，これによって生体膜には半透膜としての性質があると考えることもできる。しかし，輸送タンパク質は，特定の物質のみを通すという特異性（選択的透過性）をもっていたり，濃度勾配とは逆方向に物質を輸送したりするなど，半透膜よりも調節的であるところが大きく異なっている。

(3) **選択的透過性**　輸送タンパク質は特定の物質のみを輸送する性質がある。したがって，細胞膜には，輸送が必要な物質ごとに輸送タンパク質が用意されている。生体膜がもっている物質輸送の特異性を**選択的透過性**という。

(4) **受動輸送と能動輸送**　輸送タンパク質による物質の輸送には，濃度勾配にしたがった拡散による**受動輸送**と，エネルギー消費を伴い濃度勾配に逆行する**能動輸送**がある。

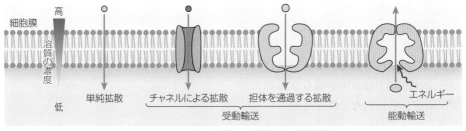

▲ 図 1-71　単純拡散，受動輸送，能動輸送

---

1)**電荷**　電気を帯びた物体に見られる電気現象のもとになるもの。正電荷と負電荷がある。

　輸送タンパク質による生体膜を介した物質輸送のうち，濃度勾配にそった拡散によって起こる輸送は**受動輸送**とよばれる。受動輸送にはエネルギーの消費は必要ない。受動輸送は**チャネル**や**担体（運搬体）**を介して行われ，輸送の方向は，生体膜を介したその物質の濃度の違いによって決まり，濃度勾配に応じていずれの方向にも輸送されうる。

1 **チャネル**　生体膜には，脂質二重層を貫通した**イオンチャネル**とよばれるタンパク質からなる通路があり，Na^+，K^+，Ca^{2+}，Cl^- などの特定のイオンを選択的に受動輸送で透過させる。イオンチャネルは単なるイオンの通路ではなく，細胞の状況に応じて立体構造が変化し，それによってチャネルが開閉して輸送量が調節される。例えば，神経の情

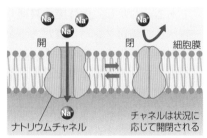
▲ 図1-72　イオンチャネル

報伝達にはたらくシナプスにおいて，アセチルコリンなどの神経伝達物質がそれぞれの受容体タンパク質である陽イオンチャネルを開口させ，細胞内に Na^+ を流入させて，神経細胞や筋肉細胞を興奮させる（→ p.344）。

2 **水の透過**　水の膜透過には，**アクアポリン**とよばれるチャネルがはたらく。アクアポリンの膜貫通通路はその中心付近で最も狭くなっていて，水より大きな分子や水和したイオンはこの部分で選別される。アクアポリンは細菌から哺乳類まで普遍的に存在しており，赤血球や近位細尿管（尿形成で水の再吸収を行う）の細胞や，植物細胞の浸透圧調節にはたらく液胞膜などに多い。

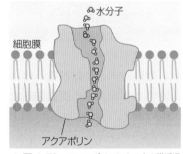
▲ 図1-73　アクアポリンによる水の膜透過

3 **担体（運搬体）**　糖やアミノ酸などは担体（運搬体）によって運ばれる。物質が担体に結合すると，担体の立体構造が変化し，物質は反対側へと運ばれる。例えば，グルコースは細胞にとって必要な栄養源だが，常に消費しているため，その濃度は細胞外で高くなっており，グルコース輸送体によって濃度勾配にしたがって細胞内へ運ばれる。

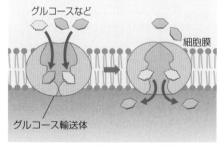
▲ 図1-74　担体による受動輸送

F　能動輸送　★★

　細胞がエネルギーを使って行う積極的な物質の吸収や排出を**能動輸送**といい，必要なエネルギーは ATP から供給される。

1 ポンプ　多細胞動物では，体内の細胞を浸している細胞外液（体液）中には，Na^+ が多く，K^+ は少ない。一方で，細胞内液には，Na^+ が少なく K^+ が多い。これは，細胞膜がたえず Na^+ をくみ出し，K^+ を取りこんでいるからで，このような能動輸送のしくみを**ナトリウムポンプ**という。Na^+ と K^+ が同時に存在するときに ATP を分解する酵素を **Na^+–K^+–ATP アーゼ**といい，細胞膜に存在する。この Na^+–K^+–ATP アーゼがナトリウムポンプとしてはたらいている。

　① Na^+ が酵素（Na^+–K^+–ATP アーゼ）の細胞内に面した側に結合すると，酵素が ATP からリン酸を受け取り，② タンパク質の立体構造が変化して Na^+ は細胞外に放出される。③ 次に，K^+ が酵素の細胞外に面した側に結合すると，④ 酵素からリン酸が離れて，タンパク質がもとの形にもどって K^+ が細胞質中に放出される。

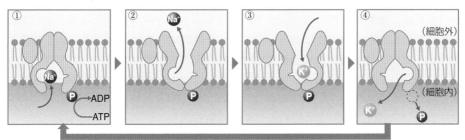

▲ 図 1-75　ナトリウムポンプのしくみ

　ここでは，Na^+ と K^+ をそれぞれ 1 個ずつしか示していないが，実際には ATP 1 個につき，3 個の Na^+ と 2 個の K^+ が移動すると考えられている。

　補足 ① **ネコやウシの赤血球**　ネコやウシの赤血球は例外で，赤血球内部にも多量の Na^+ が存在する。このような赤血球では Na^+–K^+–ATP アーゼも見当たらない。

　　② **輸血用血液**　輸血用の低温保存血液の赤血球内部では，Na^+ 濃度が高くなっている。しかし，グルコースのようなエネルギー源があると，これを体温程度の温度（37℃）にもどせば，再び内部の Na^+ が少なくなる。これは，適当な温度下では呼吸によってエネルギー源から ATP が合成され，この ATP を使って Na^+ をくみ出すためである。

2 共役輸送体　ポンプによってくみあげられた物質が濃度勾配にしたがって拡散するときには，蓄えられていたエネルギーが放出される。この拡散のエネルギーを取り出し，別の物質の能動輸送を行うものを**共役輸送体**という。

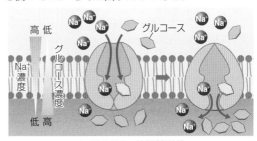

▲ 図 1-76　共役輸送体

G エンドサイトーシスとエキソサイトーシス ★

　輸送タンパク質の補助を受けても膜を通過できないほど大きな分子には，**飲食作用**[1)]と**開口分泌**という作用がはたらく。

1 飲食作用　分子が大きくなると細胞膜を通過することが難しくなってくるため，細胞表面で細胞膜が陥入して細胞内に取りこむしくみがはたらく。これを**エンドサイトーシス（飲食作用）**といい，このときに形成される小胞を**エンドソーム**（膜小胞）という。

　補足　タンパク質のように分子量の大きい細胞外物質がエンドサイトーシスによって細胞内に取りこまれるとき，まず細胞膜表面にある受容体（→ *p*.71）と結合し，受容体に連なるクラスリンというタンパク質がエンドソームの骨格を形成する（クラスリン被膜小胞）。そして，小胞膜上にあるプロトンポンプとよばれるタンパク質が水素イオンを膜の内側に輸送して小胞内部に酸性化をもたらし，これにより，取りこまれたタンパク質が変性を受ける。さらに，これをリソソームへと受け渡し，細胞が栄養源として利用できるようになる。

2 開口分泌　ホルモンや加水分解酵素，神経伝達物質など細胞外に分泌されるタンパク質は，小胞体上のリボソームで合成されると，小胞体膜にある膜タンパク質を介して小胞体内に取りこまれる。そして，小胞体の一部がそれらを包んだ状態で分離し，ゴルジ体へ運ばれて濃縮を受け，ゴルジ体の外側にあるトランスゴルジネットワークとよばれる領域から**分泌小胞**に取りこまれて細胞膜へ移動し，細胞膜と融合する。その結果，小胞の中にあった物質が細胞外に放出される。これが**エキソサイトーシス（開口分泌）**とよばれるしくみである。

　補足　飲食作用と開口分泌の両方において，微小管とアクチンからなる細胞骨格がエンドソームや小胞体および分泌小胞の膜の直下につくられていて，これらの移動に関わっている。また膜の融合にはある種のタンパク質（SNARE タンパク質とよばれる）が関与している。

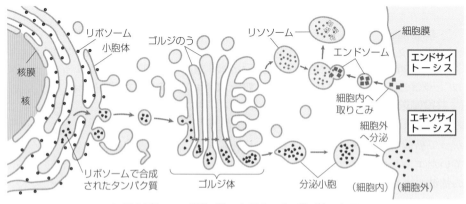

▲ 図 1-77　エンドサイトーシスとエキソサイトーシス

1)取りこむ物質が大きい場合を**食作用**，取りこむ物質が小さい場合(溶液や溶質)を**飲作用**という。

6 細胞の活動とタンパク質

A 細胞骨格 ★

　細胞の形態の維持や，細胞の動きを伴う現象には，細胞内に張り巡らされた**細胞骨格**とよばれる繊維状の構造が関与している。細胞骨格はタンパク質でできており，アクチンフィラメント，微小管，中間径フィラメントの3つがある。

■ アクチンフィラメント　アクチンとよばれる球状のタンパク質が糸状につながって（重合という）できた2本の鎖がらせん状に巻きついてできる。直径6～7nm。アクチンフィラメントは，アメーバ運動，筋収縮，原形質流動，細胞質分裂などに関与する。

■ 微小管　直径が約25nmで，2種類（αとβ）の**チューブリン**とよばれるタンパク質が交互に並んだものがさらに13本集まった円筒状構造をしている。細胞分裂時には紡錘体を形成して染色体を娘細胞に分配する。また，鞭毛や繊毛を形成し，「9+2構造」をつくる（→p.358）。

■ 中間径フィラメント　アクチンフィラメントと微小管の中間の太さで直径約10nm。中間径フィラメントは分解されにくく安定しており，細胞に構造的な強度を与えるとともに，細胞や核の3次元構造を保ち，細胞小器官を特定の場所に配置するのに役立っている。細胞の種類によってさまざまな種類があり，例えば，毛髪や爪をつくるケラチンや核膜を裏打ちするラミン，神経細胞の軸索の構造維持にはたらくニューロフィラメントなどがある。また，細胞接着（→p.72）に関与しているものもある。

補足　アクチンフィラメントと微小管は，重合や脱重合によって伸び縮みする動的な構造体である。この伸び縮みには方向性があり，重合や脱重合による繊維の伸び縮みのしやすいほうをプラス（＋）端，もう一端をマイナス（－）端という。一方，中間径フィラメントは非常に安定した構造で，一度合成されると分解されにくく，ほとんど伸び縮みしない。

アクチンフィラメント

アクチン ●

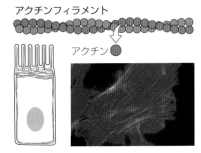

微小管

（－端）　　　　　　　　（＋端）

チューブリン

α　β

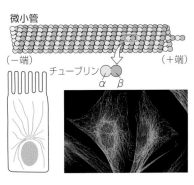

中間径フィラメント

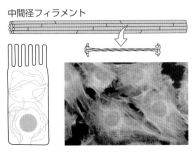

▲ 図1-78　細胞骨格

4 モータータンパク質 細胞が運動したり細胞内の物質を移動させたりする現象には細胞骨格ばかりでなく，細胞骨格を足場としてその上を移動する**モータータンパク質**が必要である。モータータンパク質には，アクチンフィラメントの上を2本の足で滑るように移動する**ミオシン**，微小管上を移動する**ダイニン**や**キネシン**が知られている。モータータンパク質には ATP 分解酵素（ATP アーゼ）としてのはたらきがあり，ATP を加水分解したときに発生するエネルギーを使って細胞骨格の上を移動する。

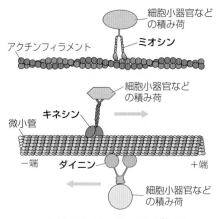

▲ 図 1-79　モータータンパク質

モータータンパク質は，細胞小器官や小胞などを積み荷として運ぶことによって，真核生物における筋収縮，鞭毛運動，アメーバ運動，細胞質流動などの細胞レベルで見られる運動のほか，細胞内輸送や核分裂の際の染色体の娘細胞への分配などにはたらいている。

 B　情報伝達 ★

細胞は外界からの**情報（シグナル）**を受け，増殖や分化，運動，代謝制御などの応答を示す。多細胞生物において，シグナルは，特定の細胞から分泌される**情報伝達物質**（タンパク質，脂肪酸，ステロイドなど）によって標的細胞に伝達される。

ある特定の情報伝達物質にどの細胞が応答するかは，それぞれの細胞が，その情報伝達物質に対する**受容体（レセプター）**となるタンパク質をもっているかどうかによって決まる。情報伝達物質が受容体に結合した後は，多くの場合，次々とタンパク質がリレーをして下流のタンパク質に情報を伝えていく。情報の流れの終点には，遺伝子の転写調節に関わる調節タンパク質 (→ p.190) や代謝を調節する酵素などがあって，それぞれのシグナルに対する細胞の応答としてのはたらきをする。

1 内分泌型 **ホルモン**などの内分泌物質が，分泌細胞から体液を介して標的細胞に伝えられる。標的細胞には，細胞膜上（もしくは細胞内）にそれぞれの内分泌物質を受容する受容体があり (→ p.193)，受け取った情報を下流に向け伝達する。これにより，特定の化学反応や遺伝子発現が促進（または抑制）される。

2 神経伝達型 神経細胞は，細胞体から伸びる樹状突起で情報を集め，長く伸びた軸索を経由して電気信号を軸索末端まで伝え，末端で**神経伝達物質**を分泌する。軸索末端と標的細胞の間は約 20 ～ 50nm ほどの隙間があり，ここを神経伝達物質が拡散し，標的細胞の細胞膜上にある受容体に結合する。その結果，シナプス後電位の発生 (→ p.339) や，セカンドメッセンジャーの生成 (→ p.71) が起こる。

3 局所仲介型(傍分泌型) 成長因子，ヒスタミン，サイトカイン，一酸化窒素のような局所に作用する物質を介する場合で，炎症や傷害の治癒，細胞性免疫の際に，細胞の増殖や分化，細胞機能の活性化の調節を行う。局所仲介物質は，内分泌型の情報伝達物質であるホルモンのように遠くはなれた標的細胞まで運ばれるのではなく，近隣の標的細胞にすばやく結合して情報を伝える。

4 細胞接触型 情報伝達物質が細胞膜の表面に結合しており，隣接した細胞どうしが直接接触することによってその情報伝達物質が標的細胞の細胞膜にある受容体に結合し，結合した細胞にだけ情報を伝達する。

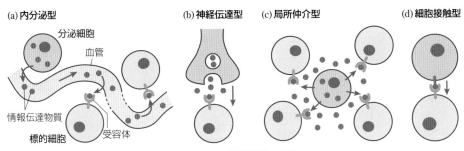

▲ 図1-80 情報伝達の方法

発展 受容体とセカンドメッセンジャー

　細胞膜の表面にある受容体に情報伝達物質が結合する場合，どうやって細胞内にその情報が伝えられるのだろうか。1つは，受容体そのものがイオンチャネルを形成しており，情報伝達物質が結合するとチャネルが開いてイオンが流入し，細胞内の電位が変化することにより，すばやく情報が伝えられる方法がある。このタイプがイオンチャネル型受容体であり，例としては，運動神経と骨格筋との間のシナプスのアセチルコリン受容体がある。

　もう1つは，**セカンドメッセンジャー**を使う方法である。受容体に情報伝達物質が結合すると，細胞内で新たに別の低分子物質がつくられ，それが細胞内での情報伝達にはたらく。その物質をセカンドメッセンジャーとよび，サイクリックAMP (cAMP)，イノシトール三リン酸 (IP_3)，カルシウムイオンなどがある。Gタンパク質共役型受容体がこのタイプの情報伝達を行う。この受容体には，細胞膜の外側表面の部分に情報伝達物質の結合部位があり，内側表面にはGタンパク質というタンパク質が結合している。情報伝達物質の結合により受容体が活性化すると，受容体からGタンパク質が離れて移動していき，セカンドメッセンジャーをつくる酵素にはたらきかけたり，イオンチャネルを開閉したりする。受容体の種類によって影響を与える酵素が異なっており，アデニル酸シクラーゼ (cAMPをつくる酵素)，ホスホリパーゼC(IP_3をつくる酵素で，このセカンドメッセンジャーは細胞内の遊離カルシウムイオン濃度を上げる)などがある。Gタンパク質共役型受容体はセカンドメッセンジャーを介して情報が伝えられるため，情報伝達には時間がかかるが，影響はより長期間持続する。

C　細胞接着　★

　多細胞生物の細胞は，細胞間を埋める**細胞外マトリックス**とよばれる構造体や隣接する細胞と接着タンパク質を介して結合している。これを**細胞接着**という。

1 細胞外マトリックス　細胞が分泌した物質によって細胞外周に形成される繊維状あるいは網目状の構造体を**細胞外マトリックス（細胞外基質）**という。結合組織の間質や，上皮組織を裏打ちする基底膜は細胞外マトリックスに相当する。

　脊椎動物の細胞外マトリックスには，糖タンパク質である，コラーゲン，プロテオグリカン，ヒアルロン酸，フィブロネクチン，ラミニンなどの多様な成分があり，細胞や組織ごとにその組成が異なっている。多様な細胞外マトリックスによる情報は，細胞膜上のインテグリンというタンパク質を介して細胞内のアクチンフィラメントなどの細胞骨格に伝わり，細胞の増殖や分化，細胞死などの現象と関わる。

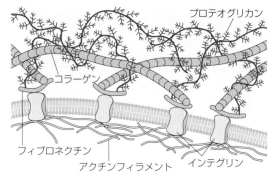

▲ 図 1-81　細胞外マトリックスの構造

2 細胞間結合　多細胞生物における細胞接着の様式は，密着結合，固定結合，連絡結合の3つに大別できる。

(1) **密着結合**　細胞間を液体が通れないほどに強固に密着させる結合で，複数の細胞からなる1層の細胞シートを形成する。例えば，消化管の上皮は密着結合によってつくられた細胞シートである。密着結合は，消化した栄養分が細胞と細胞の間を通って漏れるのを防ぐとともに，上皮細胞の腸管側領域に輸送タンパク質を局在させ，消化物が効率よく上皮細胞に取りこまれるようにしている。

(2) **固定結合**　固定結合をつくる接着タンパク質としては，膜を1回貫通する**カドヘリン**と**インテグリン**が代表的である。この2つは，細胞内で細胞内付着タンパク質を介して細胞骨格に結合する。カドヘリンにはさまざまな種類があり，隣接する細胞がもつ同種のカドヘリンと細胞外で手を取るようにして結合する。インテグリンの細胞外部分は細胞外マトリックスと結合する。

①　**接着結合**　カドヘリンを介して隣接する細胞どうしをつなぐ。カドヘリンは細胞内でアクチンフィラメントと結合している。

②　**デスモソーム**　カドヘリンを介し，あたかも鋲（リベット）を打ちこむかのようにして，細胞どうしをつなぎとめる。カドヘリンは細胞内で，細胞内付着タンパク質を介して中間径フィラメントと結合する。

③　**ヘミデスモソーム**　インテグリンを介して，細胞と細胞外マトリックス（基底

層）をつなぐ。インテグリンの細胞内部分は，細胞内付着タンパク質を介して中間径フィラメントと結合する。

(3) **連絡結合**　中空の膜貫通タンパク質で双方の細胞膜が結合されており，化学物質や電気信号がその中空の孔を通過することによって直接伝わる。連絡結合は，動物細胞では**ギャップ結合**，植物細胞では**原形質連絡**という。

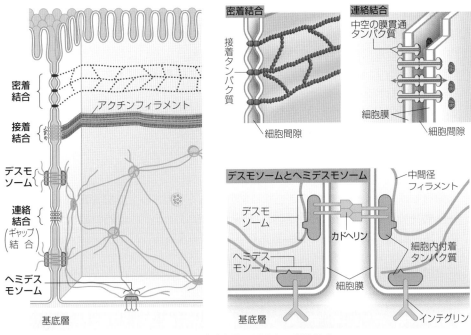

▲ 図 1-82　上皮細胞に見られる細胞接着

3　細胞壁　植物細胞で，動物の細胞外マトリックスに相当するのは**細胞壁**である。細胞壁は，**セルロース**という多糖類が束になった微繊維がさらに集まってできており，繊維の間隙には多くの高分子がうまった構造となっている。これらの高分子は抽出溶媒に対する溶けやすさの違いから**ヘミセルロース**と**ペクチン**とに分けられる。ヘミセルロースにはセルロース微繊維どうしを水素結合で橋渡しする多糖成分が含まれ，ペクチンには細胞どうしを接着するはたらきがある。

　細胞壁のはたらきは，細胞の形態を保つばかりではない。細胞壁にはさまざまなタンパク質が含まれており，これらは細胞骨格と結合して情報の伝達を行い，植物の活動の制御にも関わっている。

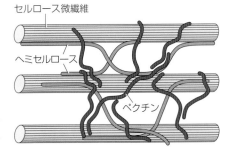

▲ 図 1-83　細胞壁の構造

7 動物のからだ

A 動物細胞の特徴

(1) **細胞壁がない**　細胞が分泌した**細胞外マトリックス**(細胞外基質)が接着の役目をする。また，細胞壁がないので，組織が柔らかい。

(2) **分裂組織の区別がない**　神経系以外の組織では，どこでも分裂が行われる。

(3) **細胞の分化**　組織をつくる細胞は，高度に分化している。

(4) **運動性と接着性**　組織をつくる分化した細胞は，互いに集まり合い接着し合う性質をもっている。例えば，カイメンの細胞をばらばらにしても再び集まり，組織らしいものをつくる。

(5) **自己と非自己の認識**　組織をつくる細胞は，自分の仲間を見分けることができる(→ p.262)。

B 動物組織の分類　★

　動物では，よく似たはたらきをする細胞どうしが集まって**組織**を形成している。海綿動物では上皮組織と結合組織しか見られないが，それ以外の動物では**上皮組織・結合組織・筋組織・神経組織**の4つを区別できる。

1 上皮組織　からだの外表面と，消化管・血管・気管などの内表面をおおうものがある。

構 造 上 の 分 類	
単層上皮	無脊椎動物…皮膚 脊椎動物…皮膚以外の上皮
多層上皮	脊椎動物の皮膚の表皮
繊毛上皮	繊毛をもつ…気管の上皮
粘膜上皮	粘液が出る…大腸・小腸
クチクラ上皮	クチクラをもつ…昆虫の表皮

機 能 上 の 分 類	
保護上皮	からだの内外面をおおって保護
感覚上皮	感覚細胞がある…網膜，嗅上皮
生殖上皮	生殖細胞をつくる…生殖腺
吸収上皮	栄養分を吸収…消化管の内面
腺上皮	分泌細胞をもつ…汗腺・消化腺 などの外分泌腺と内分泌腺

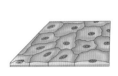

単層上皮
(カエルの腸間膜)

角質層
基底膜
マルピーギ層
多層上皮
(ヒトの皮膚の表皮)

腺細胞
繊毛上皮
(ヒトの気管粘膜)

腺上皮
(甲状腺)

クチクラ層
感覚細胞
クチクラ上皮
(昆虫の表皮)

▲ 図 1-84　上皮組織のいろいろ

補足 ① ある上皮がどれかの種類の上皮に相当するわけではなく，その構造やはたらきに応じていくつかの組み合わせができる。例えば，ヒトの気管粘膜は単層上皮で，繊毛上皮で，腺上皮である。

② **皮膚** 下等動物では上皮が皮膚であるが，ヒトなどの高等動物では皮膚の外層の**表皮**は上皮組織で，内層の**真皮**は結合組織である。

③ **腺** 上皮が落ちこんでできる。**内分泌腺**（ホルモンを分泌）と**外分泌腺**がある（→ *p.*358）。

> **重要**
>
> ### ヒトの皮膚
> ### 外層の 表皮 は 上皮組織
> ### 内層の 真皮 は 結合組織

2 結合組織 体内に広く分布し，組織どうしを結合・支持する。細胞と細胞の間をうめる細胞外マトリックス（細胞外基質）が多いことが特徴で，結合組織は細胞外マトリックスの性質をもとに分類される。

種 類	細胞間物質	特 徴
膠質性結合組織	基質はゼリー状で，繊維は少ない	均一な構造をもつもので，高等動物の胚に存在する（間充織という）。クラゲでは発達している
繊維性結合組織（脂肪組織）	基質の中に膠原繊維（柔軟で強じん，伸びにくい）と弾性繊維（伸縮する）を含む	各種の組織間を埋める最もふつうの結合組織。壊れた組織片を捕食する白血球状の細胞（食細胞），繊維をつくる細胞（繊維芽細胞），免疫抗体をつくる細胞，脂肪を蓄える細胞などが混在する
軟骨組織	基質は軟骨質で，繊維が混じっている	基質は Ca に乏しいが，繊維と一緒になってち密で弾力があり，その中に軟骨細胞が1〜数個集まって入っている
骨 組 織	基質は骨質で，Ca が繊維と結合している	リン酸カルシウムなどがタンパク質の繊維と結合し，非常にかたい。骨細胞は骨小腔にあり，隣接細胞と原形質連絡
血 液	血しょう	血しょう中に赤血球・白血球・血小板が埋まり，体内を循環する

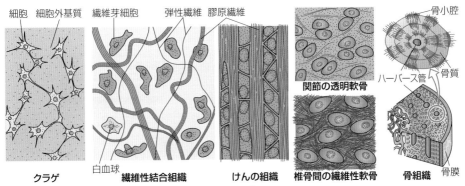

▲図 1-85　結合組織のいろいろ

骨質（骨のかたい部分）には，血管と神経の通っている**ハーバース管**が縦に走り，そのまわりに同心円状に骨小腔が並び，その中に骨細胞が入っている。

3 筋組織 筋肉や内臓をつくる収縮性に富む組織。**筋繊維**とよばれる細胞からできており，その細胞質は何本もの収縮性の強い**筋原繊維**からできている。骨格筋と心臓の筋肉（心筋）は規則的な**横じま（横紋）**が見られる横紋筋である。内臓筋は横紋の見られない**平滑筋**である。

骨格筋は意識によって収縮させることができる**随意筋**であるが，平滑筋と心筋は意識によって収縮させることができない**不随意筋**である。

> 筋 繊 維 ＝ 細 胞
> 筋原繊維 ＝ 細胞質
> 混同するな！

平滑筋（内臓筋）	横紋筋（骨格筋）	心（臓）筋（例外的）
内臓筋 横紋なし 不随意筋 単核で紡錘形 ゆるやかな持続的収縮 疲労しにくい	骨格筋 横紋あり 随意筋 多核で長大 敏速に収縮 疲労しやすい	内臓筋 横紋あり 不随意筋 単核で分枝 全体が敏速に収縮 疲労しにくい

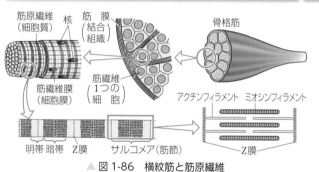

明帯　暗帯　Z膜　サルコメア（筋節）　Z膜

▲ 図 1-86　横紋筋と筋原繊維

補足 骨格筋（横紋筋）の筋原繊維は，**アクチン**と**ミオシン**とよばれる2種類のタンパク質のフィラメントからなり，これらが規則的に配列しているので，明暗のしま模様ができる。ミオシンフィラメントの間にアクチンフィラメントがすべりこんで収縮する（→ p.355）。

4 神経組織 刺激を伝えるはたらきをもつ組織。**ニューロン（神経細胞）**とよばれる細胞からなり，脳や脊髄などの**中枢神経系**とそれからからだのすみずみへ分布す

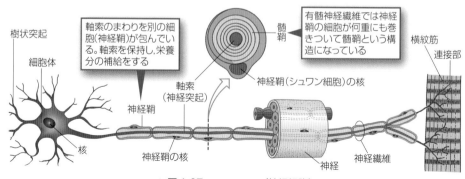

軸索のまわりを別の細胞（神経鞘）が包んでいる。軸索を保持し，栄養分の補給をする

有髄神経繊維では神経鞘の細胞が何重にも巻きついて髄鞘という構造になっている

樹状突起
細胞体
核
神経鞘
神経鞘の核
軸索（神経突起）
髄鞘
神経鞘（シュワン細胞）の核
神経
神経繊維
横紋筋
連接部

▲ 図 1-87　ニューロン（神経細胞）

る末しょう神経系とを構成
する(→ p.352)。

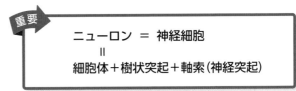

重要

ニューロン ＝ 神経細胞
＝
細胞体＋樹状突起＋軸索(神経突起)

(1) **ニューロン**　神経組織
を構成する細胞(神経細
胞)は風変わりな細胞で,
昔は1つの細胞かどうかさえわからなかったので, **ニューロン**とよんだ。ニュー
ロンは, 核のある**細胞体**と, 多数の短い突起である**樹状突起**と, 1本の長く伸び
た**軸索(神経突起)**とからなる。

(2) **神経鞘(シュワン細胞)**　軸索は長いので, 細胞体から栄養分をもらうことが難
しく, 多数の神経鞘が取り巻いて養っている。

(3) **神経繊維**　細胞体から伸びる突起のうち, 特に長いものを**神経繊維**という。ふ
つうは軸索そのものをさすが, 軸索を神経鞘が取り巻いたものをさすこともある。
ヒトの座骨神経では, 1mにも達する。

(4) **有髄神経(有髄神経繊維)**　神経鞘が軸索を何重にも取り巻いて, **髄鞘**とよばれ
る構造が見られる神経を**有髄神経(有髄神経繊維)**という。ほとんどの脊椎動物で
見られ, ヒトでは交感神経以外はすべて有髄神経である。

(5) **無髄神経(無髄神経繊維)**　髄鞘のない神経。無脊椎動物に見られる。

補足 **神経の興奮とその伝導**　ニューロンは刺激を受けると興奮し, それを伝える(→ p.340)。
有髄神経は, 無髄神経に比べて興奮の伝導速度が非常に速い(→ p.343)。

C 動物の器官と器官系 ★

■動物の器官　いろいろな組織が組み合わさって, 胃・心臓・脳などの**器官**をつ
くっている。器官は単に組織が組み合わさるだけでなく, 全体として1つのまとま
ったはたらきをしている。

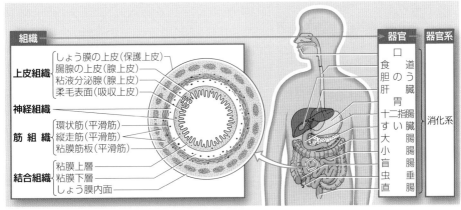

▲ 図1-88　ヒトの消化系

動物の中でも，最も原始的な**海綿動物**では分化は組織までで，器官の分化ははっきりしない。ヒドラやクラゲな

どの**刺胞動物**になると腔腸という器官が分化し，触手という感覚器官や雌雄の生殖器官も分化している。ヒトなども含めて哺乳類では高度に分化し，器官の数は非常に多くなる。

2 動物の器官系　動物では器官が多数あるので，共通したはたらきを共同して行ういくつかの器官をまとめて**器官系**とよぶ。

器官系	は　た　ら　き	器官系に属する器官の例（太字はヒトの器官）
消化系	食物の消化と吸収	口腔，食道，胃，小腸，大腸，肝臓，すい臓
呼吸系	ガスの交換（CO_2 と O_2）	肺，えら，気管，書肺，皮膚（粘液分泌状態のもの）
循環系	体液（血液とリンパ）の循環	心臓，血管，リンパ管，リンパ節，胃水管系（刺胞動物）
排出系	水と老廃物の排出	腎臓，ぼうこう 腎管，原腎管，マルピーギ管（クモ・ヤスデ・昆虫類）
内分泌系	ホルモンによる調節作用	脳下垂体，甲状腺，副甲状腺，副腎，すい臓，生殖腺 アラタ体・前胸腺（大部分の昆虫類）
感覚系	刺激の受容	眼，耳，鼻，舌，皮膚，平衡器，側線，触角
神経系	刺激の伝達と調節作用	大脳，間脳，中脳，小脳，延髄，脊髄，運動神経，自律神経
運動系	運　動	四肢，翼，ひれ，管足，鞭毛，繊毛
生殖系	生殖細胞をつくり増殖作用	生殖腺（卵巣・精巣），輸卵管，輸精管，子宮，胎盤
骨格系	体支持，器官保護。筋肉と共同作用。骨髄では血球生成	外骨格（皮膚骨格），内骨格
特殊器官	発電，発光，発音など	発電器（シビレエイ・シビレウナギ），発光器（ホタル）， 発音器（ヒトの**声帯**，昆虫の鳴器）

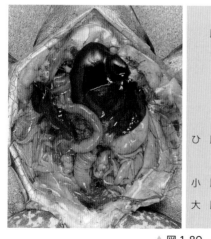
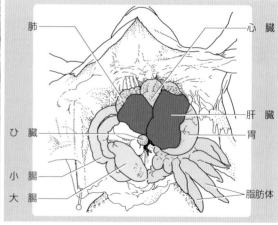

肺　心臓　ひ臓　肝臓　胃　小腸　大腸　脂肪体

▲ 図 1-89　カエルの器官・器官系

A 植物組織の特徴

(1) **細胞壁がある** 細胞壁は植物細胞が周囲に分泌した細胞外マトリックスの一種である。

(2) **分裂組織の区別がある** 茎頂と根端にある頂端分裂組織，形成層，生殖細胞で分裂が行われる。

(3) **細胞の分化** それぞれの組織の細胞は，頂端分裂組織から分化する。分裂で生じた細胞の積み重ねと伸長によって，植物個体の形が決まる。

(4) **細胞壁で接着** 細胞は細胞壁で接着し合っているので，弾力性がなく，融通がきかない。細胞分裂の終期（→ *p*.167）にできた細胞板が広がって**ペクチン質**からなる**中層**になり，これに**セルロース**が沈着して**一次壁**（細胞壁）ができる。このようにして厚い細胞壁ができても，細胞どうしは壁を貫く原形質連絡という穴で連絡し合い，相互の協調は保たれている。しかし，道管や厚壁組織の細胞では，一次壁にさらに**リグニン**（**木質素**）が沈着（木化）し，もっと厚い**二次壁**をつくるので，原形質連絡も水や養分の通過も断たれることになり，細胞は死んでしまう。そしてそのまま組織内に木部として残り，植物個体を支える構造となる。また道管のように死んだ細胞が，水を送るはたらきをするようになる（→ *p*.85）。

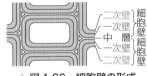

▲ 図 1-90 細胞壁の形成

B 植物組織の分類 ★

植物の組織は，大きくは，**分裂組織**と**永久組織**に分けられる。

■ **分裂組織** 根や茎の先端部などにあって，細胞分裂をくり返して新しい細胞をつくりだす組織。細胞は細胞壁が薄く，液胞はないかあっても目立たない。

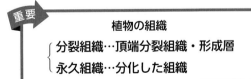

重要

植物の組織
{ **分裂組織…頂端分裂組織・形成層**
{ **永久組織…分化した組織**

(1) **頂端分裂組織（成長点）** 根端分裂組織（根の先端部）と茎頂分裂組織（茎の先端部）がある。箱形の細胞からなり，これからつくられる組織を**一次組織**という。

(2) **形成層（維管束形成層）** 頂端分裂組織の細胞からできる分裂組織。維管束の中にあり，細胞は長方形。分裂して**二次組織**（内側に木部，外側に師部）をつくる。

(3) **コルク形成層** 茎が肥大成長すると，形成層より外側の部分は押し広げられ，その部分の組織が輪状に傷を受ける。傷を受けた柔組織（永久組織）の細胞が分裂能力を回復してできる分裂組織で，コルク細胞をつくる。

2 永久組織[1]　分裂後，次の細胞分裂を停止して分化した細胞からなる組織で，**一次組織**と**二次組織**がある。

(1) **一次組織**　根と茎の頂端分裂組織からできる組織。表皮・皮層（柔組織，厚壁組織，厚角組織）・一次木部・一次師部。

(2) **二次組織**　形成層とコルク形成層からできる組織。二次木部・二次師部・コルク。

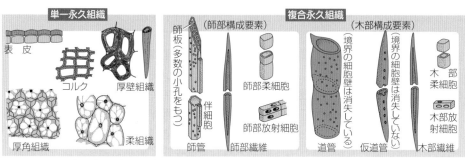

緑は生細胞（ライトグリーンで緑に染まる），他は死細胞（サフラニンで赤く染まる）

▲ 図 1-91　永久組織のいろいろ

3 組織系　植物の組織は，その構造やはたらきから，次の表のような 3 つの**組織系**にまとめられる（──線は，死細胞からなる組織）。

名　称		構　造	は　た　ら　き
表皮系	表　皮	1 層の細胞からなる。**クチクラ**でおおわれ，葉緑体なし。表皮とその変形した孔辺細胞（葉緑体あり），水孔，毛，**根毛**など	植物体を包み，蒸散を防ぐ。気孔ではガスの交換，根毛では水と養分の吸収
基本組織系	<u>コルク</u>	コルク形成層からできる。細胞壁に**スベリン**（ロウ物質）を沈着	水・空気・熱などの不良導体。からだを守る
	柔組織	細胞壁の薄い，球形の細胞からなり，おもに皮層と髄を形成	はたらきは存在する場所によっていろいろである
		① 同化組織　葉の葉肉（さく状組織，海綿状組織）－光合成	
		② 貯蔵組織　茎や根の皮層と髄，いも（塊茎，塊根），種子	
		③ 分泌組織　花の蜜腺，タンポポの乳管，マツの樹脂道，ミカンの油のうなど－蜜・乳液・芳香性物質の分泌	
		④ 通気組織　水生・湿生植物の茎や根。細胞間が発達－ガスの通路	
	<u>厚壁組織</u>	細胞壁の肥厚した細長い細胞からなり，木本茎と草本茎にある	繊維となりからだを補強。はたらきから**機械（支持）組織**という
	<u>厚角組織</u>	細胞壁の角だけ肥厚。おもに草本茎にある	厚壁組織と同じ
維管束系	木　部	<u>道管・仮道管・木部放射細胞・木部柔細胞・木部繊維</u>からなる	水や養分（無機塩類）の通路
	師　部	師管・伴細胞・師部放射細胞・師部柔細胞・<u>師部繊維</u>からなる	光合成産物などの栄養分の通路

C　茎・根と維管束　★

1 茎の維管束　茎の内部構造は，草（草本）と木（木本）とで異なる。また草本茎でも単子葉類と双子葉類とで，木本茎でも双子葉類と裸子植物とでそれぞれ異なるが，一般には，外側に師部があり内側に木部がある**並立維管束**をもっている。

単子葉類の茎には形成層がないので，肥大成長しない。

2 根の維管束　若い根では，木部と師部とが交互に並んでいる**放射維管束**がある。

裸子植物と双子葉類の根では，形成層から二次木部や二次師部がつくられ，肥大成長するにつれて茎と同じ配列になる。

単子葉類は，根にも形成層がないので，肥大成長しない。

茎	草本茎	単子葉草本茎
		双子葉草本茎
	木本茎	双子葉木本茎
		裸子植物の茎

単子葉類には木本はない
裸子植物には草本はない

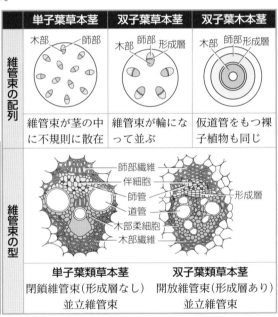

	単子葉草本茎	双子葉草本茎	双子葉木本茎
維管束の配列	木部・師部	木部 師部 形成層	木部 師部 形成層
	維管束が茎の中に不規則に散在	維管束が輪になって並ぶ	仮道管をもつ裸子植物も同じ
維管束の型	**単子葉類草本茎** 閉鎖維管束（形成層なし） 並立維管束	**双子葉類草本茎** 開放維管束（形成層あり） 並立維管束	

師部繊維
伴細胞
師管
道管
木部柔細胞
木部繊維
形成層

	双子葉類の根	単子葉類の根
維管束の配列	形成層 木部　師部 内皮 （不明瞭）	木部 師部 内皮
維管束の型	開放維管束 放射維管束 （交互に並ぶ）	閉鎖維管束 放射維管束 （交互に並ぶ）

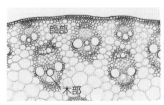
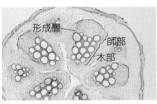
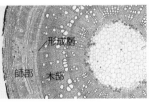

▲ 図1-92　いろいろな茎の断面と維管束の配列
左：トウモロコシ（単子葉草本茎），中：カボチャ（双子葉草本茎），右：ムクゲ（双子葉木本茎）

1) **永久組織**　いろいろに分化した細胞も条件によっては脱分化して，再び細胞分裂を始めることが知られており，永久に分化したままというわけではない。したがって，そのような組織に対しては永久組織の語を使わないようにしようとの意見がある。

D 植物の器官 ★

器官をもつ植物はシダ植物と種子植物で，栄養器官と生殖器官がある。

1 栄養器官 栄養生活のための器官で，根・茎・葉の区別がある。

植物の器官 { 栄養器官…根・茎・葉 / 生殖器官…花

(1) 葉

器官	はたらき	外部形態での事項	内部構造での事項
葉	光合成，蒸散（水分調節），呼吸	葉片(葉身)，葉柄，托葉，水中葉，水上葉，複葉，単葉，巻きひげ，捕虫葉，平行脈，網状脈，対生，互生，輪生	表皮，気孔，孔辺細胞，クチクラ，さく状組織，海綿状組織，維管束(葉脈)

葉の外部形態 光合成に都合よくできている。表面積が大

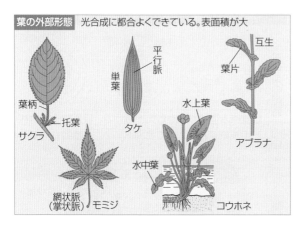

葉の変態 はたらきに応じて形が変わっている

葉の内部構造 光合成に都合がよいようにできている（O_2・CO_2・水・養分との関係）

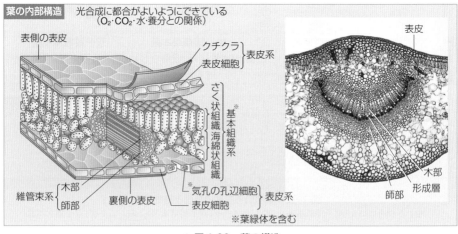

▲ 図1-93 葉の構造

(2) 茎

器官	はたらき	外部形態での事項	内部構造
茎	葉と花の支持，水分と養分の通路，栄養分の通路，貯蔵，呼吸	節(葉のつくところ)と節間，地上茎(サクラ・マツ)，地下茎(ハス・サトイモ)，高木，低木，葉状茎，とげ，巻きひげ，鱗茎(りんけい)，塊茎(かいけい)，球茎，根茎	表皮，皮層，維管束，髄，樹皮[1]，中心柱[2]

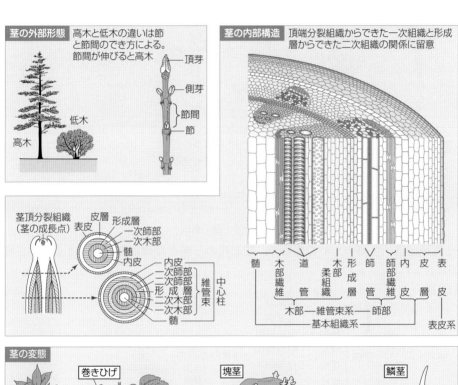

茎の外部形態 高木と低木の違いは節と節間のでき方による。節間が伸びると高木

頂芽
側芽
節間
節
低木
高木

茎の内部構造 頂端分裂組織からできた一次組織と形成層からできた二次組織の関係に留意

茎頂分裂組織(茎の成長点)
表皮 皮層 形成層
一次師部
一次木部
髄
内皮

内皮
二次師部
二次師部
形成層
二次木部
一次木部
髄

維管束
中心柱

髄／木部繊維／道管／木部柔組織／形成層／師管／師部繊維／内皮／皮層／表皮

木部─維管束系─師部
基本組織系
表皮系

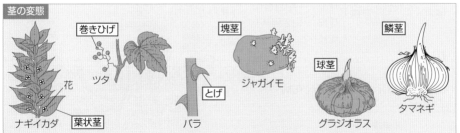

茎の変態

巻きひげ
ツタ

塊茎
ジャガイモ

鱗茎
タマネギ

球茎
グラジオラス

花
ナギイカダ 葉状茎

とげ
バラ

▲ 図 1-94 茎の構造

1) **樹皮と周皮** 茎が古くなると，二次成長によってコルク層ができ，表皮がはげ落ちる。このコルク層とコルク形成層を**周皮**とよび，もっと中の形成層までを含めると**樹皮**という。また，コルク形成層の外側だけを樹皮ということもある。
2) **中心柱** シダ植物と種子植物の茎や根の内皮という1層の細胞層に包まれた内部をいう。内皮は，茎でははっきりしないが，根でははっきりしている。

(3) 根

器官	はたらき	外部形態での事項	内部構造での事項
根	植物体の支持，水分と養分の吸収，栄養分の通路，貯蔵，呼吸	主根，側根，根毛，根冠，不定根，地上根（ノキシノブ），水中根（ウキクサ），貯蔵根，呼吸根，寄生根（ヤドリギ），気根，支柱根	表皮（クチクラがない），皮層（貯蔵組織あり），内皮（明瞭），内鞘[1)]，維管束，中心柱（内皮明瞭で中心柱も区別明瞭）

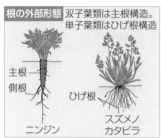

根の外部形態 双子葉類は主根構造。単子葉類はひげ根構造

主根
側根
ひげ根
ニンジン
スズメノカタビラ

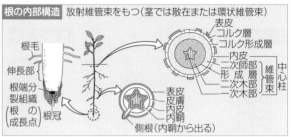

根の内部構造 放射維管束をもつ（茎では散在または環状維管束）

根毛
伸長部
根端分裂組織
（根の成長点）
根冠

表皮
コルク層
コルク形成層
内皮
二次師部
形成層
二次木部
表皮
皮層
内皮
内鞘
側根（内鞘から出る）

根の変態
ダリア 貯蔵根
トウモロコシ 支柱根であり，気根でもある
ウキクサ 水中根
ヤドリギ 寄生根
ミズキンバイ 呼吸根

▲ 図 1-95　根の構造

2 生殖器官　生殖のための器官で，花と花の子房や胚珠が熟してできる**果実**と**種子**が含まれる（→ *p*.393）。

(1) 花

めしべ（雌ずい）
　子房 ┬ 子房壁
　　　　└ 胚珠 ┬ 胚のう ┬ 卵細胞
　　　　　　　　　　　　　├ 助細胞
　　　　　　　　　　　　　├ 反足細胞
　　　　　　　　　　　　　└ 中央細胞（2極核）
　　　　　　　├ 珠心
　　　　　　　├ 珠皮
　　　　　　　└ 珠孔
　花柱
　柱頭

おしべ（雄ずい）┬ やく
　　　　　　　　　└ 花糸

花弁（花びら），がく，花托，花柄

(2) 果実

果皮 ┬ 外果皮 ┐
　　　├ 中果皮 ├ 子房壁が発達したもの
　　　└ 内果皮 ┘

種子 ┬ 種皮←珠皮 ┐
　　　├ 胚　←卵細胞 ├ が発達したもの
　　　└ 胚乳←極核 ┘

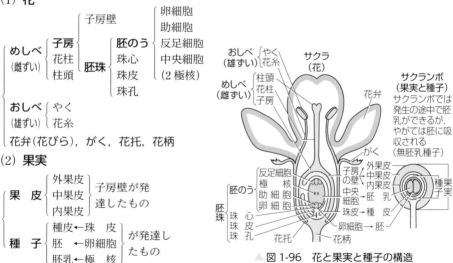

おしべ（雄ずい）┬ やく
　　　　　　　　　└ 花糸
めしべ（雌ずい）┬ 柱頭
　　　　　　　　　├ 花柱
　　　　　　　　　└ 子房

サクラ（花）

花弁
がく
子房の壁
反足細胞
極核
助細胞
卵細胞
胚のう
珠心
珠皮
珠孔
胚珠
花托
花柄

サクランボ（果実と種子）
サクランボでは発生の途中で胚乳ができるが，やがては胚に吸収される（無胚乳種子）

外果皮
中果皮
内果皮
種皮
胚乳
胚
珠皮→種皮
卵細胞→胚
果皮
種子

▲ 図 1-96　花と果実と種子の構造

1)**内鞘**　内皮の内側にあるふつう1層の細胞層。柔細胞からなり，側根はこの部分からできる。

　細胞というものは，生きているからこそはたらきを続けられる。このことは，全生物についての一様性であるが，**道管**をつくる細胞は例外である。道管をつくる細胞は死んだ後，はじめて水を送るという本来のはたらきをするようになる。

(1) **凝集力と吸水力**　道管内の水の上昇は，おもに水分子の**凝集力**[1]と葉の吸水力によって行われる。すなわち，水分子が凝集力で引き合い，1本の鎖のようにつながっているからこそ，100m以上もある大木の先端にまで水を引き上げることができる。この水の鎖が一度切れてしまうと，その道管ははたらきを失う。

▲ 図1-97　道管の縦断面

(2) **凍結と水柱の切断**　冬になって水が凍ると，水に溶けていた気体が遊離して気泡ができる。やがて，気泡が集まって大きくなると，水柱は切れてしまう（図1-98）。水は切れたところから落下し，この道管ははたらきを失う。そのため，寒地の広葉樹は前もって落葉する。

(3) **道管の新生**　道管は，形成層のはたらきにより，水をいっぱい含んだ細胞が1列につながって，細胞壁が肥厚した後，隔壁が切れてできる。このとき細胞は死ぬが，ひと続きの水柱も完成する。このようにして，新しい道管が毎年つくられている。

(4) **高山や寒地の針葉樹**　気温の低い高山の頂上付近や亜寒帯には針葉樹が多い。針葉樹（裸子植物）の水の通路は仮道管で，これには隔壁がある。冬になって水が凍ると，発生した気泡は隔壁の先にたまるので，集まって大きくなることはない。そのため，水柱が切れることはない。春になり気温が上がると，気泡も吸収され，水が通るようになる。

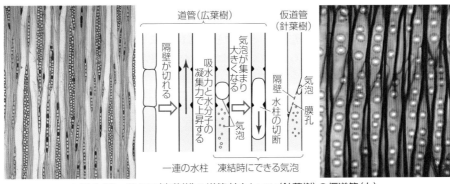

▲ 図1-98　サクラ（広葉樹）の道管（左）とマツ（針葉樹）の仮道管（右），
　　　　　凍結時の道管・仮道管のようす（中）

---

1) **凝集力**　物質を構成する分子や原子の間にはたらく引力で，固体の分子どうしでは最も強い。水分子どうしの凝集力は，200気圧相当の張力に耐えるほどの強さであるといわれる。

第2章

代　謝

1 代謝と酵素のはたらき
2 エネルギーの獲得とその流れ
3 呼吸とそのしくみ
4 光合成とそのしくみ
5 植物の栄養生活
6 動物の栄養生活

赤い実を食べるシマリス

1 代謝と酵素のはたらき

A 代　謝 ★★

　生物は，外界から物質を取り入れていろいろなものにつくりかえている。この生体内での物質の化学変化を**代謝**という。代謝は，多くの酵素（→ p.88）が関与するいくつもの反応からなり，大きくは合成反応（同化）と分解反応（異化）に分けられる。

1 同化　生物が細胞内で，外から取り入れた物質を有用な物質につくりかえるはたらきを**同化**という。この過程はいくつもの反応からなるが，全体としては単純な物質から複雑な物質をつくる合成反応であり，エネルギーを必要とする。同化には，炭素同化（光合成など，→ p.98）や窒素同化などがある。

2 異化　細胞内で，複雑な物質をより単純な物質に分解してエネルギーが放出される過程を**異化**といい，呼吸（→ p.99），発酵（→ p.112）などがある。

> **注意**　わざわざ"異化"といわないで，"分解"といえばよいようにも思えるが，"分解"には試験管内での分解反応も含まれるわけで，範囲が広くなる。生物学では，意味を限定して（細胞内でのエネルギーを放出する分解反応）使うことも重要である。

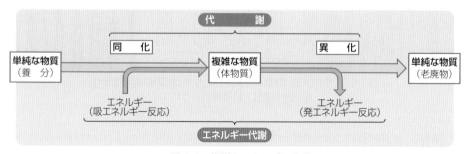

▲ 図 2-1　代謝とエネルギー代謝

B エネルギー代謝 ★★★

1 エネルギー代謝 生体での代謝に伴って，生体と外界との間でエネルギーの出入りが起こり，また，生体内でもエネルギーの変換や物質間での移動が起こる。このようなエネルギーの変化や移動を**エネルギー代謝**という。

2 ATP 細胞内で起こる呼吸では，有機物が分解されて，このときに発生するエネルギーで **ATP**（アデノシン三リン酸，**a**denosine **trip**hosphate）とよばれる物質が合成される。ATP は，生体内で行われるエネルギーのやりとりに広く用いられている物質で，塩基アデニンと糖リボースとが結合したアデノシンに，リン酸3分子が結合したヌクレオチドの一種である。

ATP のリン酸どうしの結合を**高エネルギーリン酸結合**といい，ここに高いエネルギーが蓄えられている。ATP の2つ目のリン酸と3つ目のリン酸の結合が切れて **ADP**（アデノシン二リン酸，**a**denosine **dip**hosphate）とリン酸に分解するとき，多量のエネルギーが放出され，このエネルギーがいろいろな生命活動に利用される。

補足 生物体内では，ATP はマグネシウムイオンと結合して水溶性の性質になる。

$$ATP + H_2O \rightleftarrows ADP + リン酸(H_3PO_4) + エネルギー$$

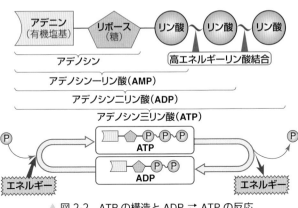

▲ 図2-2　ATP の構造と ADP ⇄ ATP の反応

▲ 図2-3　ATP の結晶

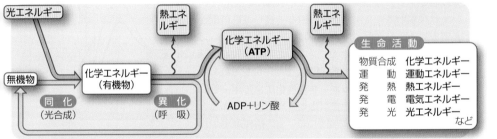

▲ 図2-4　生体での同化・異化とエネルギーの代謝

C　酵素とそのはたらき　★★

1 酵素　デンプンのような高分子化合物を試験管内で（酵素なしで）分解するには，強酸を加え，100℃以上の高温で加熱する必要がある。しかし，デンプンのりに唾液を加えて放置するだけで，デンプンは分解してマルトースに変わる。これは，唾液の中に含まれるアミラーゼがデンプンの分解を促進するからである。

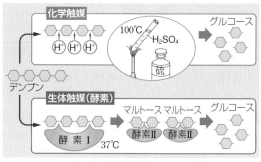

▲ 図2-5　生体触媒としての酵素

　化学反応を促進して反応速度を速めるが，自分自身は変化を受けない物質を**触媒**という。触媒のうち，アミラーゼのように生体内ではたらくタンパク質でできた生体触媒を**酵素**という。酵素は，反応を速めるが，酵素自身は通常，反応の前後で変化しない。

2 酵素の主成分　酵素の主成分は**タンパク質**である。タンパク質は，アミノ酸がいくつも結合してできている。リゾチームとよばれる細菌の細胞壁を溶かす酵素は，129個のアミノ酸が一定の順序で並び，特有の立体構造をつくりあげている。

[補足]　酵素の中には，タンパク質以外の非タンパク質部分が結合してはじめてはたらくものもある（→ p.94）。

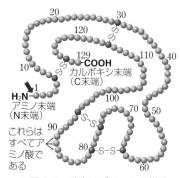

▲ 図2-6　酵素リゾチームの構造

化学の時間　　活性化エネルギーと酵素

　物質AがBに変化する反応が，自発的に起こりうるものとする。その場合でも，ただ放置しただけでは，AがBに変わるまでにはとてつもなく長い反応時間が必要である。しかし，Aにエネルギーを与えてやれば，短時間でBに変えることができる。これは，反応物Aが反応の起こりやすい状態（活性化状態）になるためで，そのために必要なエネルギーを活性化エネルギーという。酵素は，この活性化エネルギーを小さくすることによって，化学反応の速度を$10^7 \sim 10^{20}$倍程度まで促進させることができる。

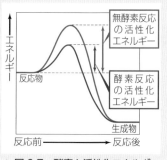

▲ 図2-7　酵素と活性化エネルギー

D 酵素の特性 ★★★

基質特異性 酵素がはたらく相手の物質を**基質**といい，反応によってつくられた物質を**生成物**という。一般に，酵素はそれぞれ決まった基質にしかはたらかない。このような酵素の性質を**基質特異性**という。

これは，鍵（かぎ）と鍵穴（じょう）（錠）の関係によく似た関係で，酵素にはそれぞれ基質と結合する部位（**活性部位**という）があり，その活性部位の構造と合致する物質だけが酵素と結合して基質となり，**酵素-基質複合体**をつくり，酵素の作用を受ける。

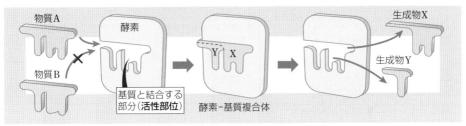

▲ 図 2-8　酵素の基質特異性（鍵と鍵穴説）

この酵素の活性部位（鍵穴）には，物質A（という鍵）は合致する（物質Aはこの酵素の基質となる）が，物質B（という鍵）は合致しない（物質Bはこの酵素の基質とならない）。

最適温度 酵素による触媒反応は，一般の化学反応と同様に，温度とともに反応速度が増加する。しかし，ある温度（40℃前後であることが多い）を境に，それ以上温度が高くなると，急激に反応速度は低下する。このように，酵素には最もよくはたらく温度があり，その温度を**最適温度**という。

最適温度以上の温度で反応速度が低下するのは，酵素がタンパク質であるため，高い温度ではタンパク質分子の立体構造が壊れて**変性**し，酵素の活性が失われる（**失活する**）ためである。

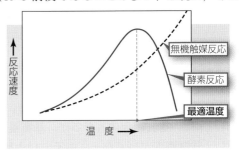

▲ 図 2-9　酵素のはたらきと温度

最適pH それぞれの酵素は，特定の水素イオン濃度（したがって特定のpH）でよくはたらく（図 2-10）。この酵素の活性が最大になるときのpHの値を**最適pH**という。例えば，唾液アミラーゼはpH7付近，トリプシンはpH8付近が最適pHで，酸性の強い胃の中ではたらくペプシンの最適pHは2付近である。

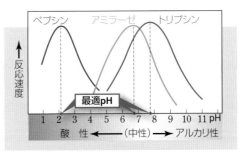

▲ 図 2-10　酵素のはたらきとpH

細胞でアミノ酸などが代謝されると，副産物として過酸化水素（H_2O_2）ができる。代謝の盛んな肝臓の細胞などには，これを無毒化する酵素**カタラーゼ**が存在する（$2H_2O_2 \rightarrow 2H_2O + O_2$）。基質に H_2O_2 を使い，この酵素と無機触媒の酸化マンガン（Ⅳ）（二酸化マンガン，MnO_2）のはたらきを調べる。

方法　図 2-11 のように，3% H_2O_2 水，5%塩酸（HCl），10%水酸化ナトリウム（NaOH）水溶液を試験管にとる。

〔**実験 A**〕　各試験管に生の触媒（酵素）と加熱した触媒を加える。

〔**実験 B**〕　各試験管に生の触媒（酵素）を加える。

結果　図の結果が得られる。

MARK　カタラーゼ（生体触媒）は，熱・酸・アルカリによって変性し，失活する。

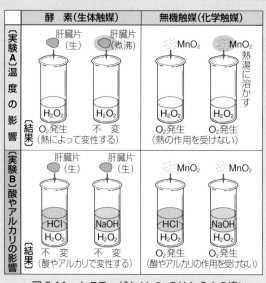

▲ 図 2-11　カタラーゼと MnO_2 のはたらきの違い

4 基質濃度と酵素　酵素濃度を一定にして基質濃度を変えて反応速度を調べると，図 2-12 左のように，ある濃度までは基質濃度に比例して反応速度も大きくなるが，やがて基質濃度には関係なく一定になる。これは，酵素反応では，酵素は基質と結合して酵素-基質複合体となるが，基質濃度が高くなるとすべての酵素が基質と結合し，基質濃度が高くなってもそれ以上酵素-基質複合体の数が増えないためである。また，基質が十分にある場合，図 2-12 右のように，反応速度は酵素濃度に比例し，酵素濃度が 2 倍になると反応速度も 2 倍になる。

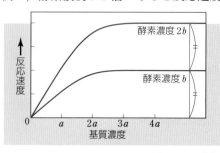

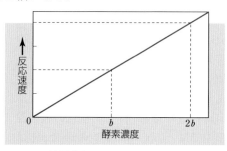

▲ 図 2-12　酵素のはたらきと基質濃度

Column 丫 酵素研究の歴史

1 レオミュール（フランス）－最初の生体外実験 (1752 年)

海綿を入れた金網の管をトビ (不消化の食物を吐き出す習性がある) に飲みこませると，胃液が海綿にしみこむので，吐き出した海綿から胃液が採取できる。レオミュールは，この液を肉片にかけると，肉片が溶けていくことを発見した。現在の知識では，酵素ペプシンの作用を生体外で実験したといえる。

2 パスツール（フランス）－発酵は生命の営み (1860 年)

パスツールは，有名な白鳥の首フラスコを使う実験などで，微生物が混入しないとスープやグルコース溶液は発酵しないことを確かめた。さらに，発酵は酵母の生活と無関係ではありえないと考え，生命なしに発酵はないと主張した。

3 ブフナー兄弟（ドイツ）－細胞なしでの発酵 (1896 年)

当時は細胞を完全に破砕し，中身だけを取り出すことは難しかった。彼らはいろいろ工夫して，抽出液をつくることに成功したが，抽出液のタンパク質がすぐに変質してしまうので困っていた。そこで，食品を保存するとき塩づけや砂糖づけにすることからヒントを得て，抽出液に高濃度の砂糖を加えたところ，気泡が発生し始めてエタノールができてきた。この現象を見て，彼らは，これこそ生きた細胞なしの発酵であると気づいた。偶然の大発見であった。

4 サムナー（アメリカ）－酵素はタンパク質 (1926 年)

サムナーは，ナタマメからウレアーゼ (尿素の加水分解を触媒する酵素) を結晶として取り出すことに成功した。結晶になるということは純粋な物質であることの証明になる。ウレアーゼという酵素が純粋なタンパク質であることを証明したわけである。

5 ムーア（アメリカ）とスタイン（アメリカ）－酵素のアミノ酸配列の決定 (1963 年)

酵素がタンパク質であることがわかってから 40 年近くかかって，どのようなアミノ酸がどのような順序で並んでいるかが解明された。彼らによって，RNA に作用してヌクレオチドを切り放す酵素リボヌクレアーゼのアミノ酸配列がはじめて決定された。

6 フィリップス（イギリス）－酵素タンパク質の立体構造の解明 (1965 年)

アミノ酸が多数つながったペプチド鎖において，アミノ酸がどのような順序で並んでいるかを一次構造という。また，1 歩進んで，アミノ酸がらせん状や折れ線状に結合する部分的な構造を二次構造といい，さらに進んで，ペプチド鎖全体がどのような立体構造になっているかを三次構造という。

フィリップスは，X 線を使った結晶解析によって，細菌の細胞壁を溶かす酵素リゾチーム (→ p.88) の立体構造を明らかにした。またさらに，その 129 個のアミノ酸からなる分子は楕円体で，表面の裂け目に基質 (糖分子) が結合し，そこで切断 (加水分解) されるしくみも明らかにした。

E 酵素の種類 ★

　酵素は，触媒する反応形式によって分類する。酵素の名前は，いろいろな例外もあるが，ふつうは触媒する反応や基質にもとづく名称にアーゼ (-ase) を語尾につけてよぶ。

酵 素 の 種 類		は　た　ら　き
加水分解酵素		ある物質に水を加えて分解する反応を触媒する。消化に関するものが多い
	炭水化物分解酵素	アミラーゼ　デンプン(アミロース) → デキストリン → マルトース マルターゼ　マルトース → グルコース ＋ グルコース スクラーゼ　スクロース → グルコース ＋ フルクトース ラクターゼ　ラクトース → グルコース ＋ ガラクトース セルラーゼ　セルロース → グルコースなど ペクチナーゼ　ペクチンを分解
	タンパク質分解酵素	ペプシン　タンパク質 → ペプトン トリプシン　タンパク質 → ポリペプチド ペプチダーゼ　ペプトン・ポリペプチド → アミノ酸
	脂肪分解酵素	リパーゼ　脂　肪 → 脂肪酸 ＋ モノグリセリド
	尿素分解酵素	ウレアーゼ　尿素($CO(NH_2)_2$) → アンモニア ＋ 二酸化炭素
	ATP 分解酵素	ATP アーゼ　ATP → ADP ＋ リン酸
	核酸分解酵素	DNA アーゼ　DNA → ヌクレオチド RNA アーゼ　RNA → ヌクレオチド
酸化還元酵素		ある物質を酸化したり，還元したりする反応を触媒する
	酸化酵素	オキシダーゼ　基質に酸素を結合させる
	脱水素酵素	デヒドロゲナーゼ　基質または有機物から水素と電子を切り取って，電子を電子受容体にわたす
	過酸化水素分解酵素	カタラーゼ　過酸化水素(H_2O_2) → 水 ＋ 酸素
脱離酵素(リアーゼ)		ある物質から基(原子団)を取り去ったり，結合させたりする
	脱炭酸酵素	デカルボキシラーゼ　有機酸のカルボキシ基から CO_2 を取り出す
	炭酸脱水酵素	カーボニックアンヒドラーゼ　炭酸(H_2CO_3) → 水 ＋ 二酸化炭素
転移酵素		物質Aから物質Bへある基(原子団)を移動させる
	アミノ基転移酵素	トランスアミナーゼ　アミノ酸からアミノ基をとって他の物質に移す
合成酵素(リガーゼ)		ATP のエネルギーを使って，合成反応を触媒する
	DNA 連結酵素	DNA リガーゼ　DNA をつなぐ
	RNA 連結酵素	RNA リガーゼ　RNA をつなぐ

酵素は，唾液アミラーゼやペプシンなどの消化酵素のように，細胞の外に出てはたらくものもあるが，その多くは細胞内の一定の部分に存在して細胞小器官のはたらきと密接な関係をもっている。

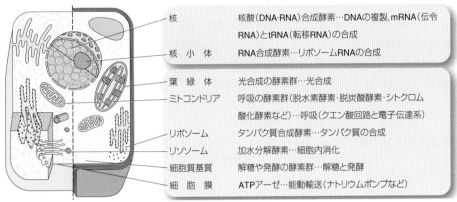

核	核酸(DNA・RNA)合成酵素…DNAの複製，mRNA(伝令RNA)とtRNA(転移RNA)の合成
核 小 体	RNA合成酵素…リボソームRNAの合成
葉 緑 体	光合成の酵素群…光合成
ミトコンドリア	呼吸の酵素群(脱水素酵素・脱炭酸酵素・シトクロム酸化酵素など)…呼吸(クエン酸回路と電子伝達系)
リボソーム	タンパク質合成酵素…タンパク質の合成
リソソーム	加水分解酵素…細胞内消化
細胞質基質	解糖や発酵の酵素群…解糖と発酵
細 胞 膜	ATPアーゼ…能動輸送(ナトリウムポンプなど)

▲ 図 2-13　細胞の構造と酵素の分布

また，細胞膜やミトコンドリア・葉緑体・小胞体などの膜(生体膜)に結合している酵素では，図 2-14 に示すように，一連の反応に関係する酵素は順序よく配列していて，反応が能率よく進行するようになっている。

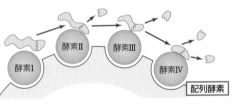

▲ 図 2-14　生体膜の酵素と反応の進行

化学の時間　　酸化と還元

酸化と還元には，次の3つの場合がある。
① 生体外では，おもに酸素が使われる。
　酸化　酸素と結合する反応。例 銅を酸素中で加熱。
$$2Cu + O_2 \rightarrow 2CuO(酸化銅(II))$$
　還元　酸素を離す反応。例 酸化銅(II)を水素中で加熱。
$$CuO + H_2 \rightarrow Cu + H_2O$$
② 生体内では，酸素は激しすぎるので，おもに水素が使われる。
　酸化　水素を離す反応。例 H_2S(硫化水素)から水素が離れる。
$$2H_2S + O_2 \rightarrow 2S + 2H_2O$$

　還元　水素と結合する反応。例 硫黄に水素が結合する。
$$H_2 + S \rightarrow H_2S$$
③ 生体内では水素の代わりに電子 (e^-) も使われる。
　酸化　電子を離す反応。例 鉄(II)イオンが電子1個を失って鉄(III)イオンになる。
$$Fe^{2+} \rightarrow Fe^{3+} + e^-$$
　還元　電子と結合する反応。例 鉄(III)イオンに電子が1個加わって鉄(II)イオンになる(上の逆反応)。

G 酵素とともにはたらく物質 ★★

酵素には，タンパク質の本体に，タンパク質以外の物質が結合してはじめてはたらきを示すものも多い。

■1 補酵素 タンパク質の本体から離れやすく，熱に強い低分子の有機化合物を**補酵素**（または**助酵素**，**コエンチーム**，**コエンザイム**）という。この場合，タンパク質部分を**アポ酵素**，補酵素とアポ酵素を合わせて**ホロ酵素**という。

| タンパク質のみからなる酵素 | 補酵素をもつ酵素 |

酵素の基質特異性を決める構造（活性部位）

補酵素

タンパク質

タンパク質（アポ酵素）

▲ 図 2-15 酵素の構造

ホロ酵素 ＝ アポ酵素 ＋ 補酵素

補足 補欠分子族 タンパク質部分と強い結合で結びつき，容易に離れないものを補欠分子族という。広義には，補欠分子族の中に補酵素を含めることもある。また酵素の活性化にはたらく金属イオンなどとともに，これらをまとめて補助因子（補因子）ということもある。

■2 補酵素のはたらき 補酵素を必要とする酵素では，酵素本体（アポ酵素）に補酵素が結合してはじめて活性を示す。呼吸にはたらく脱水素酵素や脱炭酸酵素などは，補酵素を必要とする酵素で，これらの補酵素にはビタミン B などの水溶性のビタミンに由来するものが多い。また，補酵素は透析によって，酵素本体から分離することができる。

コハク酸（基質）

コハク酸脱水素酵素

酵素-基質複合体

フマル酸

H^+ と e^-

補酵素

アポ酵素

▲ 図 2-16 補酵素のはたらき

■3 エネルギー運搬体 **NAD^+**（**N**icotinamide **A**denine **D**i-nucleotide の略）は，多くの脱水素酵素の補酵素になる。呼吸や光合成では，補酵素として NAD^+ や $NADP^+$ がよく出てくる。脱水素酵素は，基質から 2 個の水素原子（H）を切り取る。このとき，NAD^+ や $NADP^+$ は，1 個の水素イオン（H^+）と 2 個の電子（e^-）を受け取って NADH や，NADPH になる。これらが受け取った電子にはエネルギーがあり，NADH や NADPH

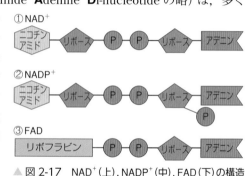

①NAD^+

ニコチンアミド｜リボース｜Ⓟ｜Ⓟ｜リボース｜アデニン

②$NADP^+$

ニコチンアミド｜リボース｜Ⓟ｜Ⓟ｜リボース｜アデニン｜Ⓟ

③FAD

リボフラビン｜Ⓟ｜Ⓟ｜リボース｜アデニン

▲ 図 2-17 NAD^+（上），$NADP^+$（中），FAD（下）の構造

は，呼吸や光合成の反応におけるエネルギーの運搬体であるともいえる。また，同じようなはたらきをするものに **FAD**（**F**lavin **A**denine **D**i-nucleotide の略）がある（→ *p*.104）。

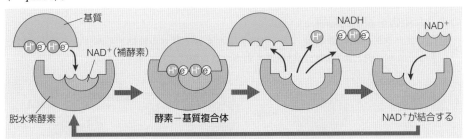

▲ 図 2-18 脱水素酵素と NAD$^+$ のはたらき

Laboratory　補酵素の存在を確かめる実験[1]

酵母は，グルコースをエタノールと二酸化炭素に分解するアルコール発酵を行うことで知られている（→ *p*.112）。酵母をすりつぶして得た液には，アルコール発酵にはたらく酵素チマーゼが含まれており，**透析**によってアポ酵素と補酵素に分けることができる。

補足 透析とは，セロハン膜などの半透膜を使って高分子物質と低分子物質を分けること。

方法と結果 ① 酵母をすりつぶして得たチマーゼ抽出液を透析する━セロハン膜内に残った液だけでは発酵能力を失う（補酵素が流出したため）。

② チマーゼ抽出液を煮沸し，ろ過する━発酵能力を消失（アポ酵素が変性したため）。

③ ①と②の液をグルコース溶液に加える━発酵が起こる。

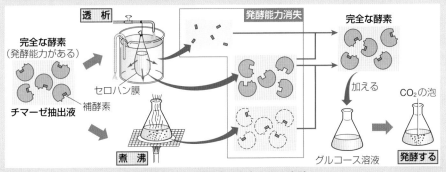

▲ 図 2-19 補酵素の存在を示す実験

MARK ① アポ酵素（タンパク質，高分子物質）はセロハン膜（半透膜）を通れないが，補酵素（低分子物質）は通れる。

② 透析によって分けられたそれぞれには酵素のはたらきがないが，**両者を混ぜるとはたらきがもどる**。

③ アポ酵素は熱（高温）で変性して失活するが，補酵素は熱（高温）に強い。

1) 酵母の種類によっては，この実験がうまくいかない。例えば，ビール酵母ではこの実験が可能であるが，パン酵母ではできない。

1 競争的阻害　化学構造が基質とよく似た物質が基質と共存すると，基質が結合する部位（活性部位）に基質の代わりに結合してしまい，酵素反応が阻害される。このような阻害を**競争的阻害**という。

例　コハク酸脱水素酵素は，コハク酸を脱水素してフマル酸にするが，この酵素のはたらきは，コハク酸とよく似た化学構造をもつマロン酸によって阻害される。

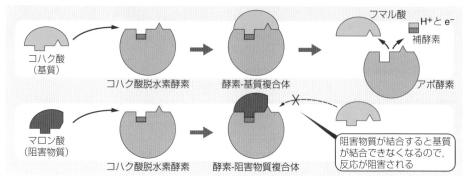

▲ 図 2-20　競争的阻害

2 アロステリック効果　酵素の中には，活性部位以外に特異的に別の物質を結合する部位（調節部位という）をもつものがあり，このような酵素を**アロステリック酵素**（アロ＝異なる，ステリック＝立体構造をもつの意）という。このような酵素では，調節部位に特定の物質が結合するとその立体構造が変化し，酵素−基質複合体が形成されなくなって反応が阻害される。

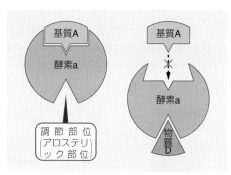

▲ 図 2-21　アロステリック効果

3 フィードバック調節　ある1つの酵素系があって，最終の生成物が最初または初期の段階のアロステリック酵素に結合して反応を阻害する場合を**フィードバック調節**という。

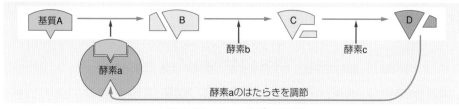

▲ 図 2-22　フィードバック調節

発 展　酵素と基質の親和性

1 Km値　酵素の最大反応速度の 1/2 となる基質濃度は，酵素濃度を変えても同一である。この最大反応速度の 1/2 となる基質濃度を **Km値**という。

図 2-23 には，基質濃度が Km値より低い場合，Km値の場合，および反応速度が最大値の場合の酵素と基質が含まれる反応液の状態を表している。基質濃度が高くなって最大反応速度を示す状態では，酵素は常に基質と結合しては生成物に変化させることをくり返し，あたかも回転状態にあるといえる。

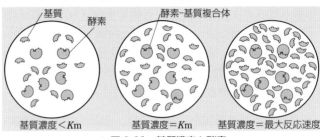

基質濃度＜Km　　基質濃度＝Km　　基質濃度＝最大反応速度

▲ 図 2-23　基質濃度と酵素

2 酵素と基質の親和性　Km値を比較することによって，酵素と基質の反応のしやすさ（親和性）がわかる。ATP を基質として分解できる 3 種類の酵素がある場合，基質濃度と反応速度の関係から Km値を求めれば（図 2-24），これらの酵素の性質の違いがわかる。Km値が酵素 A よりも小さい酵素 B は，酵素 A よりも ATP と複合体をつくりやすく親和性が強い。Km値が酵素 A よりも大きい酵素 C は，酵素 A よりも基質 ATP に対する親和性が低い。

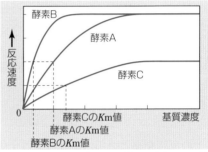

▲ 図 2-24　基質が同じ 3 種類の酵素と Km値

3 競争的阻害と Km値　競争的阻害では，本来の基質と阻害剤との間で，同じ結合部位を奪い合う。このため，本来の基質濃度が低いときには阻害剤と酵素が出会う確率は高いが，本来の基質濃度が高くなると，阻害剤が希釈されてしまい，酵素と出会う確率は下がる。したがって，競争的阻害では，最大反応速度は変わらず，Km値は大きくなる（図 2-25 左）。つまり，阻害剤の存在によって，酵素と本来の基質との親和性が下がったのである。

4 非競争的阻害と Km値

非競争的阻害では，阻害剤が酵素や酵素-基質の複合体に結合するものの，本来の基質とは結合部位が異なっている。このため，Km値は変化しない。つまり，本来の基質濃度が高くても低くても，酵素と本来の基質との親和性は同じままである（図 2-25 右）。

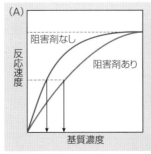
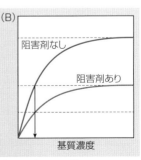

▲ 図 2-25　酵素反応の阻害と Km値

A 光合成 ★★

1 光合成　地球上では，おもに植物や藻類が太陽の光エネルギーを利用し，二酸化炭素 (CO_2) と水 (H_2O) から，有機物を合成している。このような，光エネルギーを利用して有機物を合成する過程が**光合成**である (図 2-26)。

　光合成のように，生物が二酸化炭素を取りこみ，有機物につくりかえるはたらきを**炭素同化** (炭酸同化) という。地球上の生物は，炭素同化によって生じた有機物を利用して生活している。

2 光合成の行われる場所　植物では，細胞の中の**葉緑体**で光合成が行われる。種子植物では，葉緑体はおもに葉の葉肉の細胞に存在する。

3 光合成とエネルギー　光合成は，次のような反応で進んでいく。
① 葉緑体に光が当たると，吸収した光エネルギーを利用して，水が分解されて酸素 (O_2) が発生し，ATP が合成される。この段階で，光エネルギーは ATP などの化学エネルギーに変換される。
② ATP などのもつエネルギーを利用して，二酸化炭素からデンプンなどの有機物が合成される。この段階で，ATP などのもっていた化学エネルギーは，有機物に化学エネルギーとして蓄えられる。

　上の反応をまとめると，光合成は全体として次のような反応式で表される。
　〔光合成〕　二酸化炭素 ＋ 水 ＋ 光エネルギー ──→ 有機物 ＋ 酸素

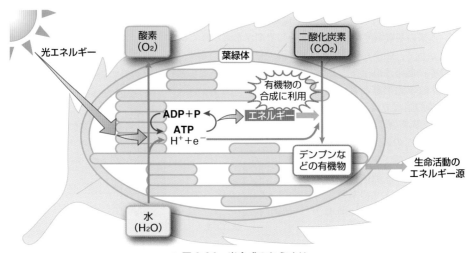

▲ 図 2-26　光合成のあらすじ

補足 **化学合成** 炭素同化には光合成のほかにも，一部の細菌（化学合成細菌）が行っている**化学合成**とよばれるはたらきも知られている（→ p.132）。化学合成細菌では，光のエネルギーを使わずに，硫黄やアンモニア，鉄などの無機物を酸化する際に生じるエネルギー（化学エネルギー）を使って，炭素同化を行っている。

B　呼　吸　★★

生物は有機物を分解し，このとき取り出されたエネルギーを用いて，さまざまな生命活動を行っている。

1 呼吸 細胞内で酸素を利用して有機物を分解し，このとき取り出されたエネルギーを用いて ATP を合成するはたらきを**呼吸**という。

2 呼吸の行われる場所 呼吸は多くの化学反応から成り立っており，真核生物の場合，**細胞質基質**で行われる反応と，**ミトコンドリア**で行われる反応がある。

3 呼吸とエネルギー 呼吸の原料（呼吸基質という）には炭水化物や脂肪・タンパク質などが使われるが，その中でもグルコースが最もよく使われる。

　グルコースは，いくつもの反応を経て，二酸化炭素と水に分解され，その際に発生するエネルギーによって ATP が合成される（図 2-27）。つまり，有機物に蓄えられていた化学エネルギーが，ATP の形で取り出される。生じた ATP は，さまざまな生命活動のエネルギー源として使われる。

〔**呼　吸**〕 **有機物 ＋ 酸素 ⟶ 二酸化炭素 ＋ 水 ＋ エネルギー**

補足 **発酵** 細胞内で酸素を使わずに有機物を分解し，このとき取り出されたエネルギーを用いて ATP を合成するはたらきを**発酵**という（→ p.112）。発酵と呼吸は，途中までの反応（グルコースからピルビン酸ができるまで）は同じである。

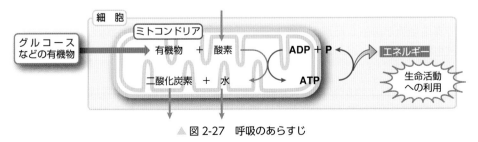

▲ 図 2-27　呼吸のあらすじ

C 生物とエネルギー ★★

　生物は，有機物を分解して生じるエネルギーを ATP に蓄え，さまざまな生命活動のエネルギー源としている。

　植物は葉緑体において光合成を行い，吸収した光エネルギーを有機物に化学エネルギーとして蓄えている。植物のように，無機物だけを取りこんで必要な有機物を合成する生物を**独立栄養生物**という。

　一方，動物は光合成を行えず，植物や他の動物を食べ，食物として有機物を外から取り入れている。動物のように，有機物を栄養源として必要とする生物を**従属栄養生物**という。従属栄養生物が外から取り入れる有機物は，もとをたどっていけば，独立栄養生物が無機物から合成したものである。

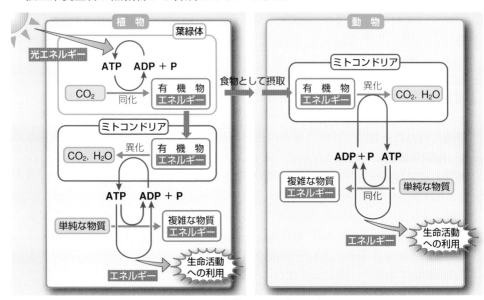

▲ 図 2-28　代謝とエネルギーの流れ

D ミトコンドリアと葉緑体の由来 ★★

　ここまでで学習したように，ミトコンドリアや葉緑体は，呼吸や光合成におけるエネルギー変換に重要な役割を果たしている。生物は，まず原核生物が誕生し，次いで真核生物が誕生したが，原核生物にはミトコンドリアも葉緑体も見られない。真核生物の細胞は，どのようにしてミトコンドリアや葉緑体をもつようになったのだろうか。

1 共生説　真核生物が現れる前の地球上には，酸素を使わずに有機物を分解する嫌気性細菌がいたと考えられている。その後，光合成を行って酸素を発生するシアノバクテリアなどの原核生物が現れ，大量の酸素が水中に放出された。こうして海

水中に酸素が蓄積し始め，酸素を使って呼吸を行う好気性細菌が進化したと考えられている（→ p.480）。

その後に現れた原始的な真核生物に，好気性細菌が取りこまれて**共生**[1]することでミトコンドリアになり，シアノバクテリアが取りこまれて共生することで葉緑体になったと考えられている（共生説，図 2-29）。

このように，ある生物の細胞内に他の生物が取りこまれて共生することを**細胞内共生**という。共生説は，1967 年に米国の**マーグリス**（Lynn Margulis）らによって提唱された。

2　共生説の証拠　ミトコンドリアと葉緑体がもとは独立した生物であったことを示唆している証拠として，次のようなことなどがあげられる。
① どちらも独自の DNA をもっていること。この DNA には，ミトコンドリアと葉緑体のタンパク質をつくる遺伝子の一部が含まれる。
② 分裂によって増殖すること。
③ 細菌と同じように，DNA は環状で，タンパク質が結合していないこと。
④ リボソーム RNA の遺伝子の塩基配列が，細菌のものに近いこと。
⑤ 2 枚の膜をもつこと。

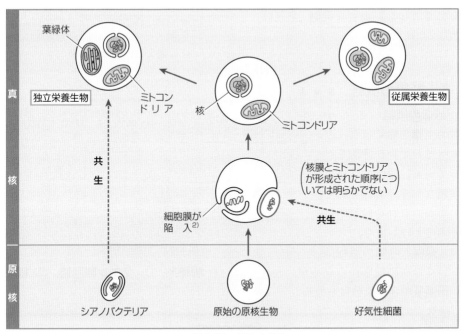

▲ 図 2-29　細胞内共生

1)**共生**　異種の生物どうしが，密接な関係をもって一緒に生活している現象（→ p.471）。
2)核の起源については，アーキアに近い原核生物に細菌が細胞内共生したものとする考えもある。

A 内呼吸と外呼吸 ★

日本語では息をすることを呼吸といい，また細胞内で有機物を分解して ATP を
つくりだすはたらきも呼吸という。どちらも呼吸でまぎらわしいが，生物学で単に
呼吸といえば，細胞内での呼吸をさすことが多い。

1 外呼吸 生物体と外界との間のガス（O₂ と CO₂）の交換を**外呼吸**という。多くの
動物は，肺やえらなどの呼吸器でこれを行う。

2 内呼吸 細胞内で有機物（栄養
分）を分解（異化）してエネルギーを
ATP の形で取り出すはたらきを，細
胞内呼吸の意味で**内呼吸**という。

内呼吸のうち，有機物の分解に酸
素（O₂）を必要とする場合を単に**呼吸**
（好気呼吸，酸素呼吸）とよび，酸素
を必要としない場合を**発酵**（無気呼
吸）とよぶ。

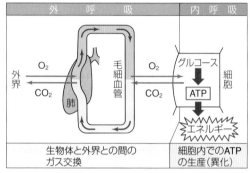

▲ 図 2-30 呼吸の意味

B 呼吸の概略 ★★★

1 呼吸の概略 ごく少
数の生物を除くほとんど
すべての生物が**呼吸**を行
っている。呼吸は非常に
複雑なしくみで行われて
いるが，これを段階的に
学ぶことにしよう。

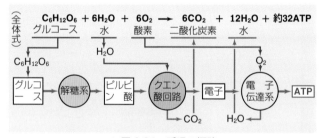

▲ 図 2-31 呼吸の概略

（1）**過程** 呼吸の過程は
いくつもの反応からなるが，大きくは，① **解糖系**，② **クエン酸回路**，③ **電子
伝達系**の 3 つに分けられる。

呼吸の過程

解糖系 ＋ クエン酸回路 ＋ 電子伝達系

（細胞質基質）　　　　　（ミトコンドリア）

① **解糖系** 1分子のグルコースを2分子の**ピルビン酸**にまで分解する経路。この過程で2分子のATPが生産される。

② **クエン酸回路** 解糖系でつくられたピルビン酸をアセチルCoA（活性酢酸）に変えたあと，オキサロ酢酸と結合してクエン酸をつくる。クエン酸がさまざまな酵素によって段階的に反応するうちに二酸化炭素が放出されるとともに，大量の電子が取り出される。

③ **電子伝達系** ①と②で取り出された電子がタンパク質複合体に受け渡しされるときのエネルギーでADPから大量のATPが生産される。

(2) **場所** 解糖系は**細胞質基質**で行われ，クエン酸回路と電子伝達系は**ミトコンドリア**で行われる。

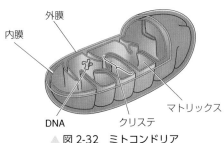

外膜
内膜
マトリックス
DNA
クリステ
▲ 図2-32 ミトコンドリア

　ミトコンドリアは，内外2枚の膜からなり，内膜は内側に折れこんで**クリステ**というひだ状の構造をつくっている。内膜に囲まれた部分を**マトリックス**という。内膜やマトリックスには，呼吸に必要なさまざまな酵素が存在している。クエン酸回路はマトリックスで行われ，電子伝達系は内膜で行われる。

[補足] 呼吸を行う原核生物では，細胞そのものがミトコンドリアと同等のはたらきをして，細胞膜と細胞質基質で呼吸が行われる。

2 燃焼と呼吸 有機物にはエネルギーが蓄えられている。呼吸は酸素を使って有機物を分解し，二酸化炭素と水を生じる反応で，このとき蓄えられていた化学エネルギーをATPとして取り出している。これは，酸素を使って二酸化炭素と水を生じるという点で，有機物を燃焼させた場合によく似ているが，エネルギーの取り出し方に大きな違いがある。

　燃焼では反応が一気に進み，エネルギーも光や熱としてまとめて一気に放出されてしまう。これに対して呼吸では，有機物が段階的に少しずつ分解される。このため，エネルギーの放出も小分けにされ少しずつ放出されるので，これをATPのエネルギーとして取り出すことができるのである。

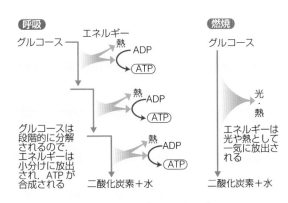

呼吸
グルコース
エネルギー
熱
ADP
ATP
熱
ADP
ATP
熱
ADP
ATP
グルコースは段階的に分解されるので，エネルギーは小分けに放出され，ATPが合成される
二酸化炭素＋水

燃焼
グルコース
光・熱
エネルギーは光や熱として一気に放出される
二酸化炭素＋水

▲ 図2-33 呼吸とエネルギー

C 呼吸のしくみ ★★★

1 解糖系 グルコースが次々に分解され，**ピルビン酸**（$C_3H_4O_3$）ができるまでの反応。解糖系は**酸素**（O_2）を必要とせず，**細胞質基質**（サイトゾル）で行われる。

① **グリセルアルデヒドリン酸への分解** 安定した化合物であるグルコースに ATP 1 分子から～Ⓟ（リン酸）が加わり，さらに ATP 1 分子から～Ⓟ（リン酸）が加わってフルクトース二リン酸になると，これが二分して**グリセルアルデヒドリン酸**が 2 分子できる。

② **ピルビン酸の生成** 2 分子のグリセルアルデヒドリン酸からいくつかの中間産物を経て 2 分子の**ピルビン酸**ができる。この過程で，**酸化還元酵素**によって電子が切り離され，NAD^+（→ p.94）に受け取られて NADH が 2 分子できる。また 4 分子の ATP もできる。

③ **ATP の収支** 2ATP が消費され，4ATP ができるので，差し引き 2ATP ができる。

④ **NADH のゆくえ** 解糖系でできた 2 分子の NADH は，ミトコンドリアに入って電子伝達系へ渡される。

〔解糖系〕 $\underset{\text{グルコース}}{C_6H_{12}O_6} + 2NAD^+ \longrightarrow \underset{\text{ピルビン酸}}{2C_3H_4O_3} + 2NADH + 2H^+ + 2ATP$

2 クエン酸回路 ピルビン酸から出発してクエン酸を経由しクエン酸にもどる回路反応。ミトコンドリアのマトリックスで行われる。

⑤ **クエン酸の生成** ピルビン酸に CoA（補酵素 A）が結合して C_2 化合物の**アセチル CoA**（活性酢酸）ができ，これと C_4 化合物の**オキサロ酢酸**とが結合して，C_6 化合物の**クエン酸**ができる。

〔補足〕 **C_n 化合物** 1 分子中に炭素原子 n 個をもつ化合物を C_n 化合物と表す。

⑥ **脱炭酸と酸化還元** C_6 化合物のクエン酸が脱炭酸（CO_2 が放出される）されて C_5 化合物の α-ケトグルタル酸に変わり，さらに脱炭酸されて C_4 化合物のコハク酸となる。続いて**酸化還元酵素**のはたらきによって，リンゴ酸，オキサロ酢酸へと変化する。

⑦ **NADH と ATP の生成** クエン酸回路では，図 2-34 に示したように，**8NADH** と **2FADH₂** ができる。また，**2ATP** が生成される。

〔クエン酸回路〕 $\underset{\text{ピルビン酸}}{2C_3H_4O_3} + 6H_2O + 8NAD^+ + 2FAD$
$\longrightarrow 6CO_2 + 8NADH + 8H^+ + 2FADH_2 + 2ATP$

CHART クエン酸回路

ピ　　ザ　　食えん　けど　　怖くはない　リンゴなら　OK

ピルビン酸 → 活性酢酸 → クエン酸 → ケトグルタル酸 → コハク酸 → リンゴ酸 → オキサロ酢酸

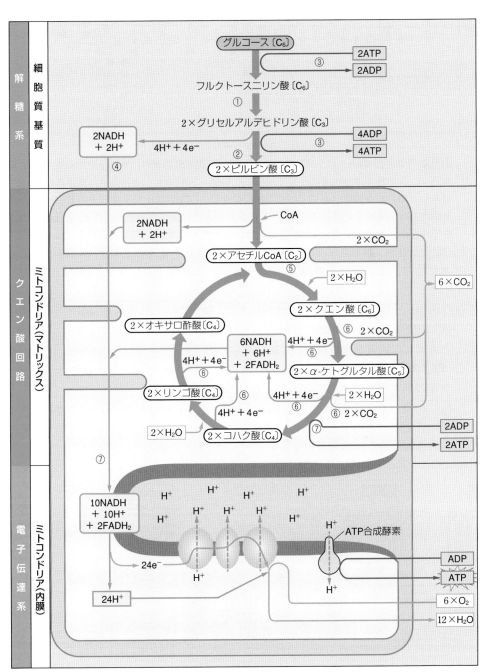

▲ 図 2-34　呼吸のしくみ

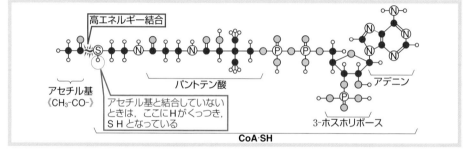

▲ 図 2-35　アセチル CoA の構造

補足 **アセチル CoA**　ピルビン酸は，ピルビン酸脱水素酵素のはたらきでアセチル CoA に
なるが，この酵素は，補酵素として NAD^+ と CoA・SH (コエンザイム A，補酵素 A) をもち，
ピルビン酸の脱水素とともに CoA・SH が結合し，CO_2 が除かれてアセチル CoA ができる。
酢酸と CoA・SH との結合は，図 2-35 に示したように高エネルギー結合で，これによって
活性化され，反応しやすくなっているので，アセチル CoA は活性酢酸ともよばれる。

3 電子伝達系　解糖系とクエン酸回路で生成された水素が最終的に酸素と反応し
て水になり，その間に大量の ATP が合成される過程。ミトコンドリアの内膜で行
われる。

⑧ **NADH と $FADH_2$ の運搬**　解糖系とクエン酸回路で生成された NADH と $FADH_2$
は，内膜のところへ運ばれてきて，e^- (電子)が FMN(フラビンモノヌクレオチド)
とよばれる物質を含むタンパク質に渡される。

⑨ **電子の伝達**　FMN を含むタンパク質に渡された e^- は，次々と鉄を含むタンパ
ク質の列を受け渡されて流れる。これは，Fe^{3+} が e^- を 1 個受け取る (還元) と
Fe^{2+} に変わり，この e^- を次のタンパク質に渡す(酸化)と Fe^{3+} にもどるというよ
うに行われ，このような酸化・還元をくり返しながら e^- がタンパク質の列を受
け渡されていく。

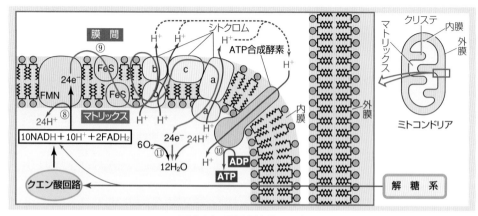

▲ 図 2-36　電子伝達系のしくみ

Laboratory　酵素による酸化還元反応

材料と方法　① ツンベルク管の主室に，(a) 0.01 mol/L コハク酸ナトリウム水溶液 1 mL，(b) 0.03％ メチレンブルー水溶液 0.2 mL，(c) 0.1 mol/L リン酸緩衝液(pH6.8) 1 mL を入れる。

　エンドウの種子を一昼夜水に浸した後，(c)液を等量加えてすりつぶし，遠心分離して得た上澄み液 5 mL を副室に入れる。

② 水流ポンプ(アスピレーター)につなぎ，手で温めながら管内の空気を抜く。

③ 副室をまわして小孔を閉じ，恒温水槽(37℃)につける。

④ ツンベルク管を水槽の中で静かに約 2 分間ゆり動かし，全体の温度が均一になったら副室の内容物を主室に混ぜて，メチレンブルーの色がなくなるまでの時間をストップウォッチで測る。

⑤ 色が消えた後，副室をまわして外界と通じ，空気を入れる。

説明と結果　① (a)はコハク酸脱水素酵素 (副室の上澄み液はこの酵素を含む) の基質，(b)は指示薬，(c)は溶液の pH を一定に保つためのもの。

② 空気を抜くのは，O_2 を除くため。

③ 酵素は 37℃ でよくはたらく。

④ 基質から取り出された電子がメチレンブルーを還元し無色にする。

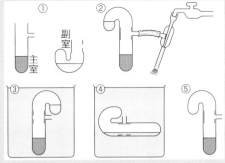

▲ 図 2-37　酸化還元酵素のはたらきを調べる実験

⑤ メチレンブルーは O_2 で酸化され，もとの青色にもどる。

MARK　この実験は，下の反応がもとになっている。

コハク酸／フマル酸 ─**酸化** ─酸化還元酵素→ e^- **還元**─ メチレンブルー―Mb (青色)／還元型メチレンブルー―Mb·H_2 (無色) ─**酸化**→ e^- **還元**─ H_2O／O_2

⑩ **ATP の生成**　内膜に並んでいる鉄を含むタンパク質を e^- が流れると，図 2-36 に示したように H^+ が外膜と内膜の間 (膜間) へくみ出されるので，この部分で H^+ 濃度が高くなる。そのため，H^+ は **ATP 合成酵素**を通って，H^+ 濃度の低いマトリックスへもどり，このとき，ADP から ATP がつくられる (**酸化的リン酸化**)。電子伝達系では，グルコース 1 分子当たり約 28 分子の ATP が生成される。

⑪ **水の生成**　電子伝達系を受け渡されてきた e^- は，電子伝達系の末端に位置する**シトクロム酸化酵素**のはたらきで酸素原子に渡され，2 個の水素イオンがまわりから取りこまれて水(H_2O)ができる。

〔電子伝達系〕　$10NADH + 10H^+ + 2FADH_2 + 6O_2$

$$\longrightarrow\ 10NAD^+ + 2FAD + 12H_2O + 約28ATP$$

補足 **電子伝達系で生成される ATP の分子数**　呼吸の電子伝達系で生成される ATP の分子数は，以前はグルコース 1 分子あたり 34 分子と考えられてきたが，実際にはもっと少なく，28 分子程度であると考えられており，また，生物種によっても異なることがわかっている。

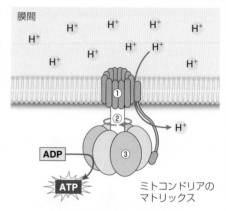

発展 ATP合成酵素

1 ATP合成酵素の構造　ATP合成酵素は大きく分けて3つの部分からなる。すなわち，①膜を貫通してタンパク質全体を支える固定子としてはたらくとともに，水素イオンの輸送タンパク質としてもはたらく部分，②膜貫通部分に接触した回転子の部分，③マトリックス側に突き出して回転子に接し，ADPとリン酸からATPを合成する触媒部分，である。

2 ATP合成のしくみ　解糖系やクエン酸回路で生成されたNADHやFADH₂に含まれる水素イオン（H⁺，プロトン）は，電子がミトコンドリアの内膜にある電子伝達系を通過する間に，マトリックス側から膜間（外膜と内膜

▲ 図2-38　ATP合成酵素の構造

の間）に向けてくみ出される。その結果，膜間での水素イオン濃度が高くなり，マトリックスと膜間部分との間には水素イオンの濃度勾配ができる（つまり，マトリックスに比べて膜間はより酸性化する）。膜間に蓄積したこの水素イオンは，輸送タンパク質としてのはたらきももつATP合成酵素を通ってマトリックスにもどろうとする（この力は**プロトン起動力**とよばれる）。このプロトン起動力は，回転子の回転運動を引き起こす。さらに触媒部分では，この回転のエネルギーを使って，ADPとリン酸からATPが合成される。すなわち，ATP合成酵素は，水素イオンの濃度勾配として膜間に蓄えられたエネルギーを，回転の運動エネルギーを介して化学エネルギー（ATPのエネルギー）へと変換するタンパク質装置であるといえる。

3 細菌の鞭毛運動　ATP合成酵素がATPをつくるのと同じ機構は，細菌の鞭毛回転でもはたらいている。

　細菌でも呼吸に伴う電子伝達系は細胞膜（細菌内膜）の一連のタンパク質が担っており，細菌内から細胞膜と細胞壁の間（細胞周辺腔）に水素イオンをくみ出す。この濃度勾配を解消するようにして水素イオンが細胞内にもどるときにはやはりプロトン起動力が発生し，このプロトン起動力を利用して鞭

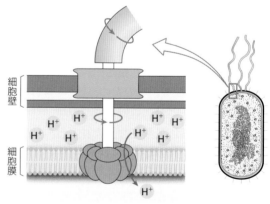

▲ 図2-39　細菌の鞭毛回転のしくみ

毛の回転が起こる。また，細菌のATP合成酵素の回転運動も同様にして起こっており，ADPとリン酸からATPが合成される。細菌の鞭毛回転にはATPが使われるのではなく，ATP合成にも使われるプロトン起動力が回転エネルギーの源となっているのである。

4 呼吸でできるATPの数 解糖系で2ATP，クエン酸回路で2ATP，電子伝達系で約28ATPできるので，呼吸の全過程では，1分子のグルコースから約32分子のATPができることになる。

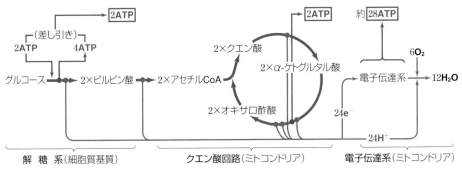

▲ 図2-40　呼吸の道すじとATPの生成

5 呼吸の全体式 いままで学んできたように，呼吸の3つの過程は複雑であるが，それぞれでの反応式をまとめて，入るものと出るものだけに限定して式に表したものが全体式である。

〔呼吸の全体式〕

$$C_6H_{12}O_6 \ + \ 6O_2 \ + \ 6H_2O \ \longrightarrow \ 6CO_2 \ + \ 12H_2O \ + \ 約32ATP$$

化学の時間　　化学反応とエネルギー

　物質には，それぞれ固有のエネルギーが含まれている。反応前の物質と反応後の生成物のもつエネルギーを比べて，生成物のもつエネルギーのほうが少ない場合，その差が反応熱として放出されたことを意味する。

　呼吸の場合，グルコース1mol（180g）当たり2870kJのエネルギーが放出される。また，ADPからATP1mol（507g）をつくるためには約30.5kJのエネルギーが必要である。呼吸ではグルコース1mol当たり約32分子のATPが生じるので，ATPに移されたエネルギーは 30.5kJ×32＝

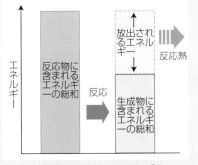

▲ 図2-41　反応とエネルギー

976kJ となり，これは全体のおよそ34%（＝30.5×32÷2870≒0.34）に相当することになる。残りのおよそ66%のエネルギーは熱として放出される。

1 **外呼吸**　生物体と外界とのガス交換，すなわち内呼吸（細胞呼吸）に必要な O_2 を取り入れ，不要な CO_2 を体外へ捨てるはたらきを**外呼吸**という。外呼吸の様式は動物によって異なり，肺やえらなどの外呼吸のための器官を**呼吸器**という。

2 **動物の呼吸器の発達**　ヒドラ（刺胞動物）やプラナリア（へん形動物）などの構造の簡単な動物は，一般にからだが小さく，どの細胞も外界と接しているか，外界からそう遠く離れていないので，細胞表面や皮膚（体表）でガス交換を行っている。しかし，からだが大きくなり，構造も複雑になると，皮膚だけでは間に合わなくなり，呼吸器が発達してきて，下の表のようないろいろな様式でガス交換が行われるようになる。

3 **皮膚呼吸**　O_2 や CO_2 は水に溶けて出入りするため，陸にすむミミズ（環形動物）やカエル（両生類）などでは，体表面が粘膜でおおわれていつも湿っていて，皮膚呼吸に都合よくできている。

4 **えら呼吸**　呼吸器といえるはっきりした器官をもつようになるのは，ゴカイ（環形動物）からである。ゴカイはからだの表面にひだを生じ，そのひだのところに毛細血管が分布して，えらになっている。水中の O_2 はえらの毛細血管に入り，CO_2 は直接水中に放出される。

　補足　水中生活をするものは，たいていがえら呼吸であるが，ウニやナマコ（棘皮動物）のように，変わった呼吸をするものもある。

呼吸器	動　物　例	備　考
細胞表面と皮膚	刺胞動物（ヒドラ・クラゲ），へん形動物（プラナリア），環形動物（ミミズ・ヒル）	ゴカイ（環形）はえらをもつ
気　　管 書　　肺 気管えら	節足動物昆虫類（トンボ・バッタ）・多足類（ヤスデ・ムカデ） 節足動物クモ類（クモ・ダニ） 節足動物昆虫類（トンボ・カゲロウなど水生昆虫の幼虫）	書肺も気管えらも気管の変形したもの
水管と水肺	棘皮動物（ウニ・ヒトデの水管，ナマコの水肺）	水肺＝呼吸樹
え　　ら	環形動物（ゴカイ），軟体動物（ハマグリ・イカ），節足動物甲殻類（エビ・カニ），原索動物（ホヤ・ナメクジウオ），無顎類（ヤツメウナギ），脊椎動物魚類（サメ・タイ）・両生類の幼生（オタマジャクシ）	マイマイ（カタツムリ，軟体動物）は外とう膜肺をもつ
肺	脊椎動物両生類（成体）・は虫類・鳥類・哺乳類	

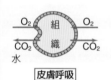 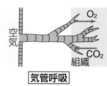 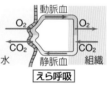 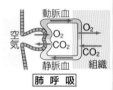

▲ 図 2-42　おもな外呼吸の様式とその模式図

5 気管呼吸　節足動物のクモ類・多足類（ヤスデ・ムカデなど）・昆虫類では，**気管**とよばれる細かく枝分かれした弾力性のある細い管が体内に分布しており，その中に取りこまれた空気と直接からだの各細胞とでガス交換が行われる。気管への空気の出入り口は**気門**で，ふつうは体節ごとに1対ずつ開口している。

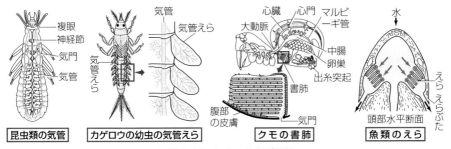

| 昆虫類の気管 | カゲロウの幼虫の気管えら | クモの書肺 | 魚類のえら |

▲ 図 2-43　いろいろな呼吸器

　カゲロウの幼虫では，気管が多数分布した体壁の膨らみがえらのようなはたらきをしており，気管えらとよばれる。また，クモ類では腹部の体表が陥入して，書肺とよばれる書物を重ねたようなつくりができていて，ここでガス交換を行っている。

6 肺呼吸　肺で行うガス交換を肺呼吸という。肺は元来，消化管の前部が膨れてできたもので，カエルなどでは，肺は直接消化管に開いているが，高等なものでは気管をもつ。

(1) **魚類のうきぶくろ**　魚類はうきぶくろで浮力の調節をしている。これは消化管の一部が膨れてできたもので，より高等な動物の肺と発生的に同じである。肺魚はえらと肺をもち，乾期には肺で呼吸する。

(2) **両生類の肺**　幼生（おたまじゃくし）はえらで呼吸をしているが，変態後は肺と皮膚で呼吸するようになる。

(3) **は虫類の肺**　肺は両生類と同じ1つの袋であるが，ひだが多くなる。

(4) **鳥類の肺**　肺に数対の気のうがつき，ここに空気をたくわえてからだを軽くし，飛びやすくしている。

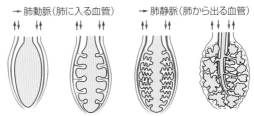

イモリ（両生類）　カエル（両生類）　カメ（は虫類）　ウサギ（哺乳類）
▲ 図 2-44　肺の進化

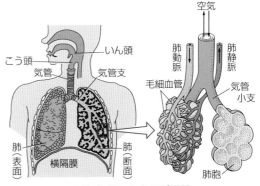

▲ 図 2-45　ヒトの呼吸器

(5) **ヒト（哺乳類）の肺**　気管の下部は分かれて気管支になり，気管支の先端にある多数の肺胞を毛細血管が取り巻き，ここでガス交換が行われる。

D 発 酵 ★★★

　細胞内で酸素を使わずに有機物を分解し，このとき取り出されたエネルギーを用いて ATP を合成するはたらきを**発酵**という[1]。発酵と呼吸は，途中までの反応（グルコースからピルビン酸ができるまで）は同じである。発酵でつくられる ATP は呼吸に比べるとはるかに少なく，エネルギー利用の効率は低い。

1 アルコール発酵　酵母（子のう菌類）によって，グルコースがピルビン酸を経てエタノールになる反応。グルコース 1 分子当たり，2 分子の ATP ができる。

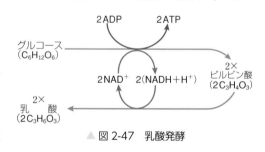

▲ 図 2-46　アルコール発酵

　解糖系と同じ反応でつくられたピルビン酸は，脱炭酸酵素によってアセトアルデヒドへと変えられ，さらに

> **重要**
>
> **アルコール発酵**
>
> $C_6H_{12}O_6$ ⟶ $2C_2H_5OH + 2CO_2 + 2ATP$
> グルコース　　　　エタノール

2 分子の NADH によって還元されて，エタノールへと変えられる。このとき，NADH は NAD^+ にもどり，再利用される。生じたエタノールは，細胞の外へと放出される。

補足　チマーゼ　酵母から抽出される，アルコール発酵にはたらく酵素の総称（→ p.95）。

2 乳酸発酵　乳酸菌（細菌）によって，グルコースがピルビン酸を経て乳酸にまで分解される反応。グルコース 1 分子当たり 2 分子の ATP ができる。

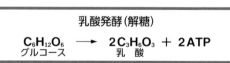

▲ 図 2-47　乳酸発酵

　生じたピルビン酸は 2 分子の NADH によって還元されて乳酸に変えられる。このとき，NADH は NAD^+ にもどり，再利用される。生じた乳酸は細胞の外へと出される。

> **重要**
>
> **乳酸発酵（解糖）**
>
> $C_6H_{12}O_6$ ⟶ $2C_3H_6O_3 + 2ATP$
> グルコース　　　　乳 酸

---

1) 発酵という用語は，広義には微生物による有機物の分解のすべてをさす意味として使われることがある。また，日常生活では，微生物のはたらきによって有用な物質ができることをさして使われることがある。

3 解糖　ヒトでも，はげしい運動をした際には，筋肉内で酸素を使わずにグルコースやグリコーゲン (→ p.149) が分解されて乳酸ができる。この反応を**解糖**といい，これは乳酸発酵と同じ反応である。

　生じた乳酸の一部は細胞内で処理され，ピルビン酸にもどって呼吸のクエン酸回路に入るが，その多くは肝臓へ運ばれ，グルコースを経てグリコーゲンに変えられる。

[補足]　① **酢酸発酵**　酢酸菌(細菌)が，O_2 を消費してエタノールを酸化し，**酢酸**を生成する反応。酸素を使用するため，アルコール発酵や乳酸発酵などの一般的な発酵と区別して，**酸化発酵**とよぶ。

$$C_2H_5OH + O_2 \longrightarrow CH_3COOH + H_2O$$
（エタノール）　　　　　（酢酸）

② **発酵の利用**　発酵は，アルコール飲料(日本酒・ビール・ブドウ酒)，パン，醸造製品(みそ・しょう油)や抗生物質の製造などに広く利用されている。

③ **腐敗**　発酵のうち，有機物が分解されて毒性や悪臭のある物質ができるときは腐敗という。

Column 🍷 パスツール効果

　酸素のない環境で酵母を培養すると，酵母はアルコール発酵を行う。ところが，酸素が十分に存在する環境で培養すると，ミトコンドリアが発達してきて呼吸も行うようになる。このとき，エタノールの生産は抑制されることから，有酸素環境下ではアルコール発酵が抑制されていると考えられた。この現象は**パスツール効果**とよばれ，フランスのルイ・パスツールが 1857 年に発見した。

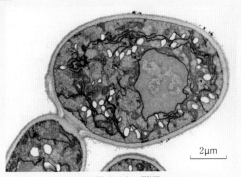

2μm

▲ 図 2-48　酵母

　アルコール発酵ではグルコース 1 分子当たり 2 分子の ATP しかつくり出すことができない。したがって，細胞の活動に必要な ATP をすべてアルコール発酵によってまかなおうとすると，大量のグルコースが必要となってしまう。このため，酸素が十分存在する環境下では，発酵の反応に加えて呼吸の反応も行い，酸素のない環境下では，発酵によってエネルギーを得る，という調節がはたらいているのだと考えられている。

[注意] 酸素の存在する環境下においても，アルコール発酵が完全に停止するわけではなく，酵母は呼吸と発酵を同時に行うことができる。培養条件によっても，呼吸とアルコール発酵の割合は変化する。

[補足] 酵母に対し，乳酸菌は乳酸発酵しか行うことができず，酸素のある環境でも呼吸を行うことはできない。

E 脂肪とタンパク質の利用 ★

呼吸のしくみを、グルコースを出発点として学んだが、グルコースをはじめとする炭水化物だけでなく、脂肪やタンパク質も呼吸基質として使われる。

1 脂肪の利用 皮下脂肪で太った人が食事療法を行うとやせる。脂肪が呼吸に使われる証拠である。脂肪は加水分解され、脂肪酸とグリセリ

> 脂肪 も タンパク質 も
> 呼吸基質 になる

ンになってから呼吸基質として使われる。脂肪酸は複雑な反応を経てアセチル CoA にまで分解され（β酸化）、クエン酸回路に組みこまれる。脂肪酸の一種パルミチン酸の場合、その1分子から129分子の ATP ができる。

$$C_{15}H_{31}COOH（パルミチン酸）+ 23O_2 \longrightarrow 16CO_2 + 16H_2O + 129ATP$$

グリセリンも酸化を受け、結局ピルビン酸となってクエン酸回路に入る。

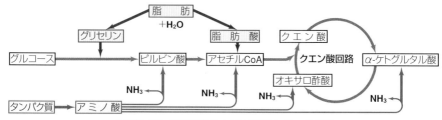

▲ 図 2-49 呼吸基質としての脂肪とタンパク質

2 タンパク質の利用 ヒトなどの動物は、尿としてアンモニア（NH_3）を捨てている。アミノ酸を分解して利用している証拠である。タンパク質はアミノ酸に分解され、これが脱アミノ反応（$-NH_2$ がとれる）を受けて各種の有機酸に変わり、呼吸基質になる。

アラニン ——————→ ピルビン酸
　　　　　（脱アミノ反応）　　　　　　　　　　＼
　　　　　　　　　　　　　　　　　　　　　　　　　＞ クエン酸回路へ
グルタミン酸 ——————→ α-ケトグルタル酸 ／

3 呼吸商 呼吸によって排出された CO_2 の体積と吸収された O_2 の体積の比（CO_2/O_2）を**呼吸商**（呼吸率、**RQ**）という。

重要	呼吸商	炭水化物 ≒ 1.0
	$RQ = \dfrac{CO_2}{O_2}$	脂肪 ≒ 0.7
		タンパク質 ≒ 0.8

炭水化物・脂肪・タンパク質の呼吸商は次のような値になるので、呼吸商の値から呼吸基質の種類を推定することができる。

① 炭水化物 $C_6H_{12}O_6 + 6O_2 + 6H_2O \longrightarrow 6CO_2 + 12H_2O$ から $6 \div 6 = 1.0$

② 脂肪 $2C_{57}H_{110}O_6 + 163O_2 \longrightarrow 114CO_2 + 110H_2O$ から $114 \div 163 \fallingdotseq 0.7$
　　　トリステアリン

③ タンパク質 脂肪と同様、C と H に比べて O が少ないので、RQ は **0.8** 程度である。

$$2C_6H_{13}O_2N + 15O_2 \longrightarrow 12CO_2 + 10H_2O + 2NH_3 \text{ から } 12 \div 15 = 0.8$$
　　　ロイシン

Laboratory 　発芽種子の呼吸とアルコール発酵の実験

1 発芽種子の呼吸

方法 種々の段階に発芽した種子（ダイズなど）を試験管の栓に
ピンでとめる。各試験管（1本は対照実験のため種子を入れない）
に，①または②の溶液を入れる。

① フェノールレッド溶液（アルカリ溶液を少量加えて橙赤色に
　しておく）　酸性から中性にかけて黄色を呈色し，pH6.4 ～ 8.0
　の間で黄～赤に変色するため，中性から弱酸性への変化（橙赤
　色→黄色）を調べるのに適している。

② 石灰水（水酸化カルシウム（Ca(OH)$_2$）水溶液）

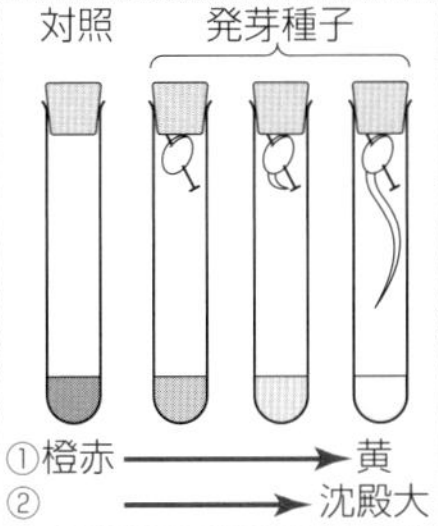

結果 ① 発芽の進んだ種子ほど黄味を増す。

② 発芽の進んだ種子ほど沈殿が多くなる。

MARK 発芽の進んだものほど呼吸が盛んで，CO_2の放出が多くなる。

① 放出されたCO_2が水に溶けて炭酸H_2CO_3となり，溶液を酸性にするため，黄味を増す。

② CO_2とCa(OH)$_2$とが反応して，炭酸カルシウム$CaCO_3$（白色沈殿）を生成する。

図 2-50　発芽種子
の呼吸

2 酵母のアルコール発酵

方法 ① 使い捨ての注射器（50mL）の，二重になっているシリンジ・ゴムの突起の一方
を切除して，すべりやすくしておく。

② 乾燥酵母5gにスクロース1gを加えたものに，水を加えて100mLにし，よくかき混
ぜてこれを発酵液とする。この発酵液を約30分放置し，酵母の発酵能力を高めておく。
十分発酵能力が高まったところで発酵液を注射器で吸い取り，注射器の先端にゴム栓を
差しこんで密閉する。注射器ごと35℃くらいの湯の入った水槽などにつけて保温する。

③ 気体が十分に発生したら，注射器の目盛りから発生した気体の体積を測定する。

④ 気体が十分に発生したら注射器からゴム栓を抜き，注射器先端を下に向けて気体が漏
れないように反応液を押し出し，ビーカーに移す。気体の残った注射器の先端を石灰水
に入れ，気体を石灰水（Ca(OH)$_2$飽和水溶液）内に吹きこむ。

⑤ 試験管の中にろ過した反応液を数滴と，2mLの8%水酸化ナトリウム溶液を入れ，ヨ
ウ素溶液（ヨウ化カリウム20gとヨウ素10gを水80mLに溶かしたもの）5 ～ 10滴を加
える。その後，試験管を70℃ ～ 80℃の湯で温める。

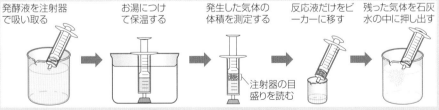

発酵液を注射器
で吸い取る

お湯につけ
て保温する

発生した気体の
体積を測定する

反応液だけをビ
ーカーに移す

残った気体を石灰
水の中に押し出す

注射器の目
盛りを読む

図 2-51　アルコール発酵の実験

結果 CO_2が発生している場合，④で石灰水の白濁が起こる。また，エタノールが生成
していれば，⑤で特有のにおいをもった黄色沈殿（ヨードホルム，CHI_3）が生成する。

生物の呼吸について，以下の(1)，(2)の各問いに答えよ。ただし，原子量は，H＝1，C＝12，O＝16とする。

(1) 18gのグルコースが呼吸によって消費されたとき，① 必要な酸素，② 発生する二酸化炭素は，それぞれ何gか。

(2) ある条件下で酵母を培養したところ，酸素48mgを吸収し，二酸化炭素110mgを放出した。

  ① 酵母のアルコール発酵によって放出された二酸化炭素は，何mgか。

  ② 酵母の(ア) 呼吸，(イ) アルコール発酵によって消費されたグルコースは，それぞれ何mgか。

考え方 原子量をもとに，分子式から，次のようにして分子量が求められる。

酸素(O_2)…$16 \times 2 = 32$　　　　二酸化炭素(CO_2)…$12 \times 1 + 16 \times 2 = 44$

水(H_2O)…$1 \times 2 + 16 \times 1 = 18$　　グルコース($C_6H_{12}O_6$)…$12 \times 6 + 1 \times 12 + 16 \times 6 = 180$

(1) 反応式からは次のような量的関係(モル関係や質量関係)がわかるので，比例計算する。呼吸や光合成の計算問題の多くはこの方法で解くことができるので，しっかりと慣れておこう。

重要

$$C_6H_{12}O_6 + 6H_2O + 6O_2 \longrightarrow 6CO_2 + 12H_2O$$

(モル関係)	1mol	6mol	6mol	6mol	12mol
(質量関係)	180g	6×18g	6×32g	6×44g	12×18g

(2) 酵母は，酸素があると呼吸とアルコール発酵を同時に行うことができる。吸収された酸素は，呼吸に使われる。まず，呼吸の反応式から比例計算によって，発生した二酸化炭素の質量を求める。アルコール発酵は次の反応式で示される。

$$C_6H_{12}O_6 \longrightarrow 2C_2H_5OH + 2CO_2$$

解答 (1) $C_6H_{12}O_6 + 6O_2 \longrightarrow 6CO_2$

(理論値)　180g　　6×32g　　6×44g
(問題値)　18g　　　xg　　　yg

① $xg = 6 \times 32g \times \dfrac{18g}{180g} = $ **19.2g** 答

② $yg = 6 \times 44g \times \dfrac{18g}{180g} = $ **26.4g** 答

(2) 　　$C_6H_{12}O_6 + 6O_2 \longrightarrow 6CO_2$

(理論値)　180g　　6×32g　　6×44g
(問題値)　$y$mg　　48mg　　$x$mg

$xmg = 6 \times 44g \times \dfrac{48mg}{6 \times 32g} = 66mg$

① したがって，アルコール発酵で発生した二酸化炭素は，110mg－66mg＝**44mg** 答

② (ア) $ymg = 180g \times \dfrac{48mg}{6 \times 32g} = $ **45mg** 答

(イ) アルコール発酵の反応式から必要な項を抜き出し，同様に比例計算する。

$$C_6H_{12}O_6 \longrightarrow 2CO_2$$

　180g　　　　2×44g
　$z$mg　　　　44mg

$zmg = 180g \times \dfrac{44mg}{2 \times 44g} = $ **90mg** 答

　体内では，炭水化物だけではなく，脂肪やタンパク質も同時に酸化されている。炭水化物，脂肪，タンパク質の1gが完全に酸化された場合の，O_2の消費量とCO_2の放出量，尿中に出てくるN量を右表に示した。

分解物質	O_2量	CO_2量	N　量
炭水化物	0.8L	0.8L	—
脂　　肪	2.0L	1.4L	—
タンパク質	0.6L	0.5L	163mg

(1) 体内で炭水化物Xgと脂肪Ygが同時に酸化されるとき，その呼吸商を表す式をかけ。

(2) ある動物について一定時間内の測定をしたところ，消費されたO_2は19.8L，放出されたCO_2は16.5L，尿中のN量は490mgであった。この動物体内で酸化分解された，① タンパク質，② 炭水化物，③ 脂肪の量は，それぞれ何gか。

考え方 ▶ Xgの炭水化物とYgの脂肪が酸化されるときに消費されるO_2量は，$0.8X$L＋$2.0Y$Lとなり，放出されるCO_2量は，$0.8X+1.4Y$Lとなる。

(2) Nはタンパク質の酸化によって生じたもので，これからタンパク質の分解量が求まり，さらにタンパク質の酸化で消費されたO_2量と放出されたCO_2量が求まる。

解答 (1) 呼吸商$=\dfrac{CO_2}{O_2}=\dfrac{0.8X+1.4Y}{0.8X+2.0Y}$

(2) タンパク質の分解量$=1g\times\dfrac{490mg}{163mg}=3g$

炭水化物と脂肪の酸化で消費されたO_2量

と放出されたCO_2量は，次式で表される。

$$\begin{cases} 0.8X+2.0Y=19.8-0.6\times3 \\ 0.8X+1.4Y=16.5-0.5\times3 \end{cases}$$

これより$X=10(g)$，$Y=5(g)$　となる。

答　① 3g　② 10g　③ 5g

　そろって発芽した種子を，2つの容器A，B(右図)に10個ずつ入れた。容器Aでは，目盛り(1目盛りが10μLを示す)のついたガラス細管中の赤インクは10分後に目盛り3.0まで移動した。一方，容器Bでは，10分後に目盛り4.4まで移動した。

　なお，測定開始時の赤インクは目盛り5.0の位置にあり，測定中の大気圧，容器内外に温度の変化はなかった。

(1) この実験から，種子10個の1時間当たりのO_2消費量とCO_2放出量を求めよ(単位はμL)。

(2) この実験の結果から，呼吸商を求めよ。また，この場合，呼吸基質になっているのはどんな物質と推定されるか。

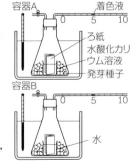

考え方 ▶ 容器内に水酸化カリウムの溶液があると，発生したCO_2が吸収されるので，O_2量の変化だけが測定される。この場合は，減少分がO_2消費量を表す。一方，アルカリ溶液の代わりに水を入れた場合，O_2吸収量とCO_2放出量の差が測定される。

解答 (1) 発芽種子10個分の1時間当たりのO_2消費量は

$(5.0-3.0)\times10μL\times60分/10分=120μL$

1時間当たりのO_2消費量とCO_2放出量の差は

$(5.0-4.4)\times10μL\times60分/10分=36μL$

したがって，CO_2放出量は

$120μL-36μL=84μL$

O_2消費量…120μL，CO_2放出量…84μL 答

(2) 呼吸商$=CO_2/O_2=84/120=0.7$

呼吸商…0.7，呼吸基質…脂肪 答

1 砂漠の不思議なネズミ 北アメリカの砂漠にすむネズミの一種に，からだは小さいがカンガルーのような強大な後肢と長くて太い尾をもったカンガルーネズミがいる。

このネズミは，水がなくても生きられるという不思議なネズミで，砂漠にはサボテンのような水分を含んだ植物もはえているので，サボテンでも食べているのではないかと思って調べてみたが，胃の中は種子や乾いた植物材料ばかりで，水気のある食物は何も入っていなかった。

▲ 図 2-52　カンガルーネズミ

2 水がなければヒトは死ぬ 砂漠でなくても，ヒトはお茶や水を飲んで水分を補給しなければならない。これは，尿などの排出物以外に，外呼吸に伴って肺から水分が蒸発して失われるためである。

3 からくりの探究 カンガルーネズミを調べたところ，次のようなからくりがわかった。

① **効率のよい腎臓** カンガルーネズミは非常に効率のよい腎臓のもち主で，尿中の尿素は約24%もの高濃度である(ヒトでは約6%)。つまり，ヒトと同じ量の尿素を排出するのに，ヒトの1/4の水分でよい計算になる。

② **代謝水の利用** 呼吸の全体式 ($C_6H_{12}O_6 + 6H_2O + 6O_2 \longrightarrow 6CO_2 + 12H_2O$) からわかるように，グルコース1molが完全に酸化されると，差引6molの水ができる。これを代謝水といい，グルコース180g(1mol)から108g(6mol)の水ができる計算になる。

③ **食べ物についての実験** 実験したところ，5週間に100gのオオムギを食べたが，湿度0%の飼育室では尿に14g，糞に3gの水を排出し，皮膚(発汗)と外呼吸では44gの水が失われた。オオムギ100gから得られる代謝水は54gであるため，下図に示すように，差引7gほど不足する。

しかし，カンガルーネズミは，昼間は湿度の高い穴の中にいるので，土中と同じ湿度50%で実験したところ，尿と糞に捨てられる水分は同じであったが，蒸発量は25gで，代謝水だけで十分に余裕が出ることがわかった。

同じネズミでもシロネズミでは，水分の消失量が大きく，水なしでは生きられないこともわかった。

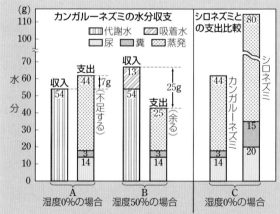

▲ 図 2-53　水分の収支決算

A 炭素同化 ★★

1 炭素同化 生物は，外からいろいろな物質を取り入れ，これを自分自身の体成分につくりかえている。生物のこのはたらきを**同化**といい（→ p.86），いろいろな物質の同化が知られているが，最も重要なものは，無機物である二酸化炭素（CO_2，炭酸ガス）を取りこみ，炭水化物などの**有機物**（炭素 C をもつ化合物，CO_2 や CO などは除く）につくりかえるはたらきで，このはたらきを**炭素同化**（炭酸同化）という。

2 光合成と化学合成 同化はエネルギーを必要とする過程であり，炭素同化にもエネルギーが必要である。必要なエネルギーとして**光エネルギー**を用いる場合が**光合成**であり，ほとんどの植物は光合成によって二酸化炭素を同化している。

これに対して，ごく一部の細菌ではあるが，アンモニアや硫黄などの無機物を酸化して，そのとき発生する**化学エネルギー**を用いて炭素同化を行うものがあり，このような場合を**化学合成**とよんでいる（→ p.132）。

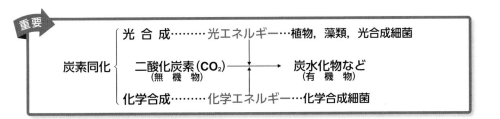

重要

炭素同化
- 光 合 成………光エネルギー…植物，藻類，光合成細菌
- 二酸化炭素（CO_2）———→ 炭水化物など
  （無 機 物）　　　　　　　（有 機 物）
- 化学合成………化学エネルギー…化学合成細菌

B 光合成研究の歴史 ★

光合成のしくみがわかってくるまでには，実に 300 年以上もの長い研究の歴史が刻まれている。

1 ファンヘルモント アリストテレス以来，植物は土中の養分を材料に植物体をつくるとの考えが広く信じられていたが，1648 年，ベルギーの医師ファン ヘルモントは，ヤナギの苗を水だけを与えて育て，**植物のからだは水からつくられる**とする水栄養説を唱えた。

ヘルモントの研究では，土は約 57g しか減らなかったのに，ヤナギは 5 年間に，約 74.5kg も重くなった。

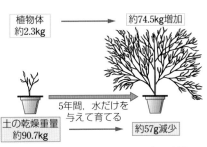

植物体
約2.3kg → 約74.5kg増加

5年間，水だけを与えて育てる

土の乾燥重量
約90.7kg → 約57g減少

▲ 図 2-54　ファン ヘルモントの実験

2 プリーストリー ヘルモントの研究から約120年後の1772年，イギリスのプリーストリーは，密閉したガラス鐘内で，ローソクを燃やしてO_2を除き，これにネズミを入れると，ネズミは死んでしまったが，ネズミとハッカの鉢植えを入れておくと，ネズミは生きていることを確かめ，**光合成でO_2がつくられること**を発見した。

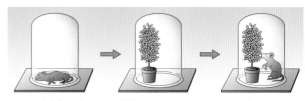

間もなく火が消える　植物を入れておく　再び燃える

間もなく窒息死する　植物を入れておく　しばらく生存

▲ 図2-55　プリーストリーの実験

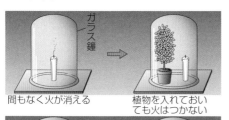

間もなく火が消える　植物を入れておいても火はつかない

間もなく窒息する　植物を入れておいても生存できない

▲ 図2-56　インゲンホウスの実験

3 インゲンホウス 1779年，オランダのインゲンホウスは，プリーストリーの発見したO_2の発生は，**光が当たってはじめて起こる**ことを見いだした。

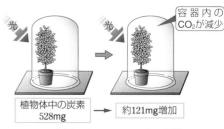

光　光　容器内のCO_2が減少

植物体中の炭素 528mg　→　約121mg増加

▲ 図2-57　ソシュールの実験

4 ソシュール 19世紀に入ると科学も進歩し，ガスの量なども測定できるようになった。スイス（当時はフランス領）のソシュールは，1804年光合成でのガス量の変化を調べ，**光合成で空気中のCO_2が使われる**ことを発見した。

5 ザックス 1862年ドイツのザックスは，ヨウ素デンプン反応によって同化組織の細胞の葉緑体中にデンプンを検出し，**光合成が葉緑体で行われ，デンプンがつくられる**ことを明らかにした。

アルミニウムはくで光をしゃ断　緑葉の色素を抽出　ヨウ素デンプン反応

温水　メタノール　ヨウ素溶液

▲ 図2-58　ザックスの実験

C 葉緑体と光合成色素 ★★★

1 葉緑体 葉緑体は光合成が行われる色素体であり，光合成細菌以外の，光合成を行うすべての生物に見られる。直径は 3 ～ 10μm で，凸レンズのような形をしている。内外 2 枚の膜でできており，内部には**ストロマ**（基質）と**チラコイド**（扁平な袋状の薄膜構造）がある。また，チラコイドが多数層状に積み重なった部分を**グラナ**という。チラコイドの膜には各種の光合成色素や光合成の電子伝達成分などが存在する。ストロマには，二酸化炭素の固定に関わるカルビン回路の酵素が存在するほか，葉緑体独自の DNA なども含まれている。

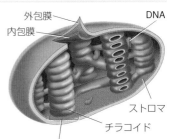

▲ 図 2-59　葉緑体

2 光合成色素 葉緑体の中にあって，光合成に必要な光エネルギーの吸収などにはたらく色素成分を**光合成色素**という。**クロロフィル**（*a*・*b*・*c*），**カロテノイド**（カロテン・キサントフィル），**フィコビリン**（フィコシアニン・フィコエリトリンなど）があり，これらは，葉緑体の中ではタンパク質と結合して，光エネルギーの吸収や電子の流れをつくりだすことにはたらいている。

▲ 図 2-60　光合成色素

(1) **クロロフィル*a*** 図 2-61 のような複雑な構造の化合物で，真ん中に**マグネシウム原子**（**Mg**）をもっている。シアノバクテリア，藻類，植物に含まれ，青緑色で，光合成において中心的なはたらきをする色素であるが，補助色素（→ *p*.126）としてもはたらく。

(2) **クロロフィル*b*** 図 2-61 のように，構造は*a*とほんの少し異なるだけであるが，黄緑色で光合成の補助色素としてはたらいている。ミドリムシ類・緑藻・シャジクモ・植物に含まれ，種子植物では*a*：*b*＝3：1 の割合で入っている。

　a，*b*とも，アルコールやアセトンに溶ける。

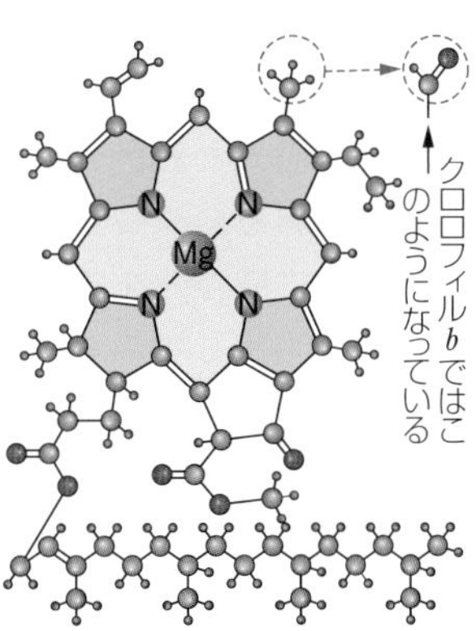

(3) **クロロフィル*c*** 光合成の補助色素としてはたらく。ケイ藻・褐藻にある。

(4) **カロテノイド** 広く植物に含まれ，光合成では補助色素としてはたらく。カロテノイドのうち，C，H からなるのが**カロテン**（橙黄色）であり，C，H，O からなるのが**キサントフィル**（黄～褐色）である。

クロロフィル*a*（●＝C，●＝O，●＝H）

クロロフィル*b*ではここのようになっている

▲ 図 2-61　クロロフィル*a*,*b*の構造

カロテン分子が真ん中で切れると，**ビタミンA**が2分子できる。カロテンを多く含む黄赤色のニンジン・ホウレンソウなどを食べると，ヒトの体内で分解され，ビタミンAになる。植物も食べるニワトリでは，カロテンは卵黄に蓄えられるので，卵黄にはビタミンAが多い。

(5) **フィコビリン** タンパク質を含む色素で，光合成の補助色素としてはたらいている。フィコビリンには**フィコシアニン**（青色。シアノバクテリアに多量に含まれる）と**フィコエリトリン**（紅色。紅藻に多量に含まれる）の2種類がある。

○はその植物がその光合成色素をもつことを示す（◎はその中でも主要で特徴となる色素）				色	紅色硫黄細菌など	シアノバクテリア	紅藻類	ケイ藻類	褐藻類	緑藻類	植物
色 素	化学的性質	同化色素									
クロロフィル	Mgを中心金属とするポルフィリン環に，鎖状のフィトールが結合した脂溶性物質	クロロフィルa		青緑		◎	◎	◎	◎	◎	◎
		クロロフィルb		黄緑						◎	◎
		クロロフィルc						○	○		
		バクテリオクロロフィル			◎						
カロテノイド	鎖状の長い不飽和炭化水素で，脂溶性	カロテン	βカロテン	橙黄		○	○			◎	◎
		キサントフィル	ルテイン	黄			○			◎	◎
			フコキサンチン	褐				◎	◎		
フィコビリン	ポルフィリン環が開いた形で，中心金属をもたない。水溶性	フィコシアニン		青		◎	○				
		フィコエリトリン		紅		○	◎				

3 光の吸収とスペクトル

　光合成には可視光線（ヒトの目に見える光で，波長380～770nm）が使われ，その中でも**青紫色光**と**赤色光**が最も効果的である。クロロフィル a がどの波長の光をよく吸収するかを測定してみると，青紫色の440nmと赤色の660nmの近くであることがわかる（図2-62）。この波長を含む光なら人工光線でも同じ効果がある。

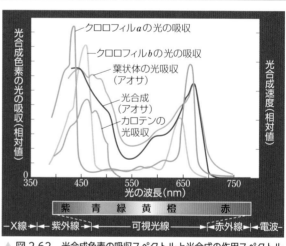

▲ 図2-62　光合成色素の吸収スペクトルと光合成の作用スペクトル

植物の葉が緑色に見えるのは，緑や黄の光をほとんど利用せず，反射したり透過させたりするからである。

> **葉はなぜ緑色？**
> **緑色光はほとんど使われない** から
> **光合成** には青紫と赤が有効

L aboratory 　光合成色素の抽出と分離

　これまで，光合成色素の分離実験はホウレンソウなどの葉の抽出液（抽出溶媒：メタノール：アセトン＝3：1）をペーパークロマトグラフィーによって展開（展開溶媒：トルエンなど）し，分離する方法が紹介されてきた。この方法は比較的簡単に展開を行うことができるが，色素の分離が不十分で，展開時間が長いなどの欠点もあった。そこで最近では，展開時間が短く，分離能も高い**薄層クロマトグラフィー**（TLC：Thin Layer Chromatography）によって光合成色素を分離する方法がよく行われている。

方法 ① ホウレンソウまたはシロツメクサの緑葉を細かく切って，これをすりつぶす。そこにジエチルエーテルを加えて抽出液をつくる。

② TLC プレート（プラスチック板にシリカゲルの粉末を薄く塗ったもの）の下端から 1cm の位置に鉛筆でうすく線を引き，中央に軽く印をつけ，色素の抽出液をつける原点とする。また，上端から 1cm の位置にも線を引き，展開液の最終前線とする。

③ エーテル抽出液を TLC プレートの原点に塗布し，乾いたら再び塗布する。このような作業をくり返し，3回塗布する。

④ ふた付きの透明なガラスびんに展開液（石油エーテル：アセトン＝7：3 あるいはトルエン：エタノール＝3：1）を入れ，飽和させておいたものに TLC プレートを静かに入れて，色素を展開させる。このとき，原点が展開液に浸らないように注意する。

⑤ 溶媒がプレートの上端近くに達したら TLC プレートを出して，溶媒の前線と分離した各色素の輪郭を鉛筆でなぞる。色を記録し，各色素成分の**移動率**（R_f 値）を計算する。

$$R_f = \frac{原点から各色素の中心点までの距離（B）}{原点から展開溶媒の前線までの距離（A）}$$

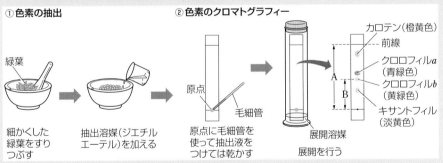

①色素の抽出

緑葉 → 細かくした緑葉をすりつぶす → 抽出溶媒（ジエチルエーテル）を加える

②色素のクロマトグラフィー

原点／毛細管／原点に毛細管を使って抽出液をつけては乾かす → 展開溶媒／展開を行う

カロテン（橙黄色）／前線／クロロフィルa（青緑色）／クロロフィルb（黄緑色）／キサントフィル（淡黄色）

▲ **図 2-63** 光合成色素の抽出と薄層クロマトグラフィーによる分離

補足 R_f は Rate of flow の略。この値は TLC プレート・溶媒の成分・温度などの条件が一定ならば常に一定で，R_f 値から物質名を知ることができる。

MARK ホウレンソウやシロツメクサなどの植物を用いた薄層クロマトグラフィーでは，R_f 値の大きさは，**カロテン＞クロロフィルa＞クロロフィルb＞キサントフィル**の順になる。

補足 ペーパークロマトグラフィーでは，R_f 値は，カロテン＞キサントフィル＞クロロフィルa＞クロロフィルb の順になり，薄層クロマトグラフィーとでは分離される色素の順番が異なる。

D 光合成のしくみの研究 ★

1 ブラックマン 1905年，イギリスのブラックマンは，光合成は光を必要とする明反応と，光を必要としない暗反応からなることを指摘した。

2 ヒル 1939年，イギリスのヒルは，ハコベから取り出した葉緑体と，電子の受容体とを同じ液に入れ，光を当てると，H_2O が分解して e^- は電子受容体と結合し，CO_2 がなくても O_2 が発生することを発見した。

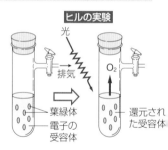

3 ルーベン 1941年，アメリカのルーベンは，同位体 ^{18}O の入った水($H_2{}^{18}O$)を植物に与えて光を当てると，$^{18}O_2$ が発生することを発見し，ヒルの説を裏付けたと主張した。しかし今日では，この実験の再現性と正確さが疑われている。というのも水と CO_2 とが平衡状態に達すると炭酸水素イオン($HCO_3{}^-$)が形成され，これも光合成に利用されるため，同位体 ^{18}O が必ずしも水だけから生じたとは結論できなくなるからである。

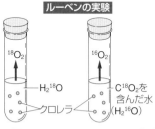

▲ 図2-64 ヒルとルーベンの実験

4 カルビン 1948年，アメリカのカルビンは，イカダモやクロレラなどに $^{14}CO_2$ を与えて光合成を行わせ，^{14}C が時間とともにどのような化合物中に現れてくるかを追跡し，ストロマでの反応の回路を明らかにした。

$^{14}CO_2$ を与えてから1～5秒という短時間では，^{14}C はすべて PGA（ホスホグリセリン酸）に入っていたが，90秒後には PGA 以外に，グリセルアルデヒドリン酸やフルクトース二リン酸など，いろいろの中間産物に入りこんでいた（図2-65）。

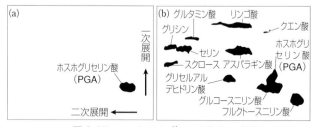

▲ 図2-65　クロレラに $^{14}CO_2$ を与える実験

(a) 3秒後の ^{14}C の取りこみ，(b) 90秒後の ^{14}C の取りこみ。(a)，(b)はペーパークロマトグラフィーによって展開し，それをフィルムに感光させたもの（放射性同位体 ^{14}C が感光する）。

5 ハッチとスラック 1965年，アメリカのコーチャックはサトウキビに $^{14}CO_2$ を与える研究をしたが，カルビンの研究とは異なり，最初に ^{14}C が取りこまれるのは PGA ではなく，リンゴ酸やアスパラギン酸であることを発見した。これを受けて1966年，ハッチとスラックは，熱帯起源の植物には **C₄光合成** という特別の光合成を行うものがあることを明らかにした（→ p.131）。

E　光合成の特性　★★

一定時間内に行われる光合成量は，光の強さ・温度・二酸化炭素 (CO_2) 濃度の 3 条件によって左右される。

注意 1 分や 1 時間などの単位時間内に行われる光合成量は，光合成の速度を表しており，以下の光合成量・呼吸量は，光合成速度・呼吸速度と読みかえることができる。

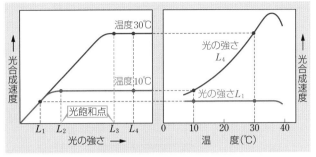

▲ 図 2-66　光 - 光合成曲線(左)と温度 - 光合成曲線(右)

1 光・温度と光合成　CO_2 濃度を一定にして光の強さや温度を変えて光合成量を測定すると，光–光合成曲線や温度–光合成曲線が得られる(図 2-66)。

(1) **光の強さと光合成**　① 光合成量は光の強さに比例して大きくなるが，② 光の強さがある程度以上になるとグラフは水平になり，光合成量は一定になる。この状態を**光飽和**といい，光飽和になりはじめの光の強さを**光飽和点**という。

(2) **温度と光合成**　① 光が弱いと，光合成量は温度とほとんど関係しない。② 光が十分に強いときには，温度とともに光合成量も大きくなり，ある程度以上高温になると光合成量は急激に低下する。

一般に，強光下での光合成の**最適温度**は，寒地の植物では低く，熱帯の植物では高い。

(3) **限定要因**　不足すると反応が低下してしまう要因を**限定要因**(制限要因)という。例えば，図 2-66 において光の強さが L_1 のとき，温度を 10 から 30℃ に上げても光合成量は変化しないが，光を強くすると光合成量も大きくなる (光の強さが限定要因)。また，光の強さが L_4 のときは，光を強くしても光合成量は増えない(光飽和)が，温度を 10 から 30℃ に上げると光合成量も大きくなる(温度が限定要因)。

2 CO_2 濃度と光合成　図 2-67 の CO_2–光合成曲線から，どのような光の強さのもとでも CO_2 濃度が低いときは，CO_2 濃度とともに光合成量も増加する (CO_2 濃度が限定要因になっている) が，光が弱いほどグラフははやく水平になり，光合成量は CO_2 濃度とは無関係に一定 (光の強さが限定要因)になることがわかる。

補足 一般の植物の光合成は，大気中の CO_2 濃度 (0.04％) の 3 ～ 4 倍までは濃度に比例して増加するといわれており，温室やビニルハウスでは，CO_2 濃度を人工的に高めて植物の成長を促進することが試されている。

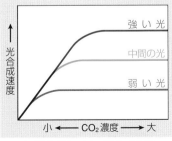

▲ 図 2-67　CO_2–光合成曲線

　光合成の反応は，図 2-68 に示したように，反応 1 〜反応 4 の 4 つに分けられる。そのうち，反応 1 〜 3 はチラコイドで，反応 4 はストロマで行われている。

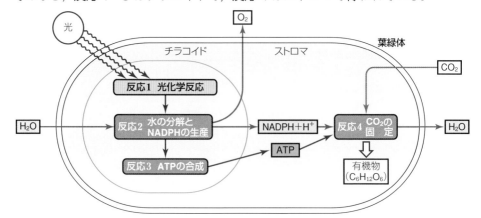

▲ 図 2-68　光合成の経路（4 つの反応からなる）

1 チラコイドでの反応　チラコイドの膜の一部を拡大すると図 2-69 のようになり，二重膜の間に反応 1 〜 3 にはたらくいろいろなタンパク質が組みこまれている。

(1) **反応 1…光化学反応**　① チラコイド膜には，**光化学系 I** と**光化学系 II** とよばれる 2 種類のタンパク質複合体がある。これらは，クロロフィル a，b，カロテノイドなどの補助色素[1]を含む**アンテナ複合体**（集光性複合体）と，特別な 1 対のクロロフィル a（反応中心クロロフィル）を含む反応中心からなる。光エネルギーはまずアンテナ複合体の補助色素によって捕捉され反応中心へ集められる。このエネルギーを受け取った反応中心クロロフィルは電子（e^-）を放出する。

　注意 この反応は，光の強さの影響を受けるが，温度の影響を受けない。したがって，しいていえば，温度の影響を受けないこの反応だけが明反応といえる反応である。

(2) **反応 2…水の分解と，O_2 と NADPH の生成＝ヒル反応**　この反応はほとんど同時に進行するが，次のような 2 つの過程に分けて考えるとわかりやすい。

　② **水の分解**（**光化学系 II** が関係）　反応 1 で反応中心クロロフィルが活性化されると，図 2-69 の青色矢印の方向に電子（e^-）の流れが起こる。e^- を失った光化学系 II（図では左側）の反応中心クロロフィルは，水（H_2O）を 2 個の H^+ と 2 個の e^- と $1/2 O_2$ に分解し，e^- は反応中心クロロフィルに受け取られ，H^+ はチラコイド内にとどまって，O_2 は細胞外へと放出される。

$$H_2O \longrightarrow 2H^+ + 2e^- + 1/2 O_2 \quad (12H_2O \longrightarrow 24H^+ + 24e^- + 6O_2)$$

---

[1] **補助色素**　光合成において，吸収したエネルギーを反応中心クロロフィルに渡すはたらきをするものを補助色素という。クロロフィル（$a \cdot b \cdot c$），カロテノイド，フィコビリンなどがある。

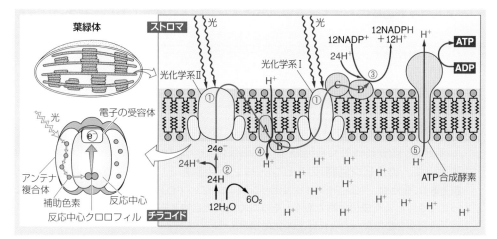

▲ 図2-69　チラコイドでの反応のしくみ

③ **NADPHの生成**（光化学系Ⅰが関係）　水の分解によってできた水素Hは，H^+ と e^- に分かれ，e^- は光化学系Ⅱの反応中心クロロフィルから粒子A・粒子Bへ，さらに光化学系Ⅰの反応中心クロロフィル・粒子C・粒子Dへと，ちょうど電流が電線の中を流れるように流れる。最後に，e^- は H^+ とともにチラコイド膜の近くにあった $NADP^+$ に与えられ，$NADP^+$ を還元してNADPHを生成する。

注意　光合成で放出される O_2 は，原料である CO_2 と H_2O のどちらからくるかがよく問題にされる。上記の学習から CO_2 ではなく H_2O であることがわかるが，これは，イギリスのヒルやアメリカのルーベンなどの研究によって明らかになった（→ *p.*124）。

(3) **反応3…ATPの生産**　④ 水の分解によって水1分子当たり2個の H^+ がチラコイド内にたまり，光化学系Ⅱから光化学系Ⅰへと e^- が流れる間に2個の H^+ がチラコイド膜の外側（ストロマ）から内側（内腔）へと取りこまれる。そのため，チラコイドの内腔には多数の H^+ がたまる。

⑤ チラコイド膜の別のところには**ATP合成酵素**があり，この内部を2～3個の H^+ が通り抜けるたびに1個のATPがつくられる。この反応は，**光リン酸化**とよばれる。

補足　光合成の全体式では，$12H_2O$ が使われるので，チラコイド内には，$48H^+$ がたまることになり，$48/2.5＝19.2ATP$ ができる計算になる。

　ストロマで行われる**反応4**では，1分子の $C_6H_{12}O_6$（C_6 化合物→ *p.*128）をつくるためには18ATPが必要であるが，19.2ATPは，ちょうど間に合う値である。

〔チラコイドでの反応〕

$$12H_2O ＋ 12NADP^+ ＋ 光エネルギー \longrightarrow 12NADPH ＋ 12H^+ ＋ 6O_2$$

2 ストロマでの反応　ストロマでの反応4は，光を必要としない，酵素のはたらきで進行するので温度に左右される，という2点が特徴である[1]。

CO_2 に $2H_2$ を加えて（CO_2 を還元），化合物をつくったと仮定すると，CH_2O+H_2O となり，炭水化物である CH_2O ができる。これを6倍すると $C_6H_{12}O_6$（グルコースなど）になる。これがストロマでの反応の原理であるが，実際には次のように行われている。

① **回路をつくる反応**　ストロマでの反応は，PGA（ホスホグリセリン酸）から出発して PGA にもどってくる回路をつくる反応で，この反応回路は，発見者の名前をとって，**カルビン回路（カルビン・ベンソン回路）**とよばれている。

　[補足] **C_n 化合物**　PGA（ホスホグリセリン酸；$C_3H_5O_4 \cdot PO_3H_2$）は炭素原子3個が骨格になってできている有機化合物である。そのため，C_3 化合物と略してよばれる。同様に，炭素原子6個が骨格になっていれば，C_6 化合物のようによばれる。

② **CO_2 の取りこみ**　反応4は，CO_2 の取りこみ（炭素固定）から見ていくとわかりやすい。C_5 化合物のリブロース二リン酸1分子に，CO_2（C_1 化合物）1分子が加わると，$C_5+C_1=C_6$ となり，C_6 化合物ができて，これがすぐさま二分して C_3 化合物の PGA が2分子できる。

③ **PGA の還元**　PGA はチラコイドでの反応で生成した ATP と NADPH によって還元され，PGA と同じ C_3 化合物ではあるが，糖の一種である**グリセルアルデヒドリン酸**に変わる。このとき，H_2O が反応回路からはずれる。

〔ストロマでの反応〕
$$12NADPH + 12H^+ + 6CO_2 \longrightarrow (C_6H_{12}O_6) + 6H_2O + 12NADP^+$$

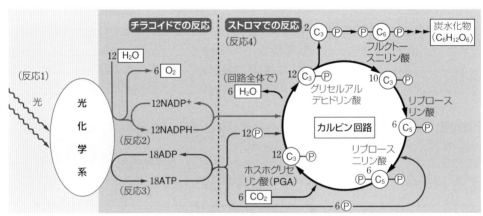

▲ 図2-70　光合成のしくみ

---

1) そのため，かつては暗反応とよばれていた。しかし，反応2も反応3も直接には光を必要とせず，温度に左右される反応であることから，暗反応という名称は用いられなくなった。

④ **C₆化合物の生成** このあと, 12分子のグリセルアルデヒドリン酸のうち2分子が回路から離れ, いくつかの中間産物を経て C₆化合物である**フルクトース二リン酸**になる。フルクトース二リン酸は, さらにいくつかの中間産物を経て, ($C_6H_{12}O_6$)で表される炭水化物となる。

3 光合成の全体式 これまでに学んできた光合成のチラコイドでの反応とストロマでの反応の2つの反応式をまとめると, 全体の反応式が得られる。

重要

$$6CO_2 + 12H_2O + 光エネルギー \longrightarrow (C_6H_{12}O_6) + 6H_2O + 6O_2$$

(モル関係)	6mol	12mol		1mol	6mol	6mol
(質量関係)	6×44g	12×18g		180g	6×18g	6×32g

① 化学反応式からは, 上のようなモル関係や質量関係がわかる。呼吸の計算問題 (→ p.116)と同様に光合成の計算問題でも, これらの関係を使っての比例計算が多い。光合成の全体の反応式は覚えておこう(呼吸とは逆向きの反応である)。

② ($C_6H_{12}O_6$)の C は CO_2 からきており (赤字で示す), 発生する酸素 (O_2) は H_2O の分解によって生じたものである(青字で示す)。

4 C₆化合物のゆくえ 光合成で C₆化合物ができるまでについて学んできた。しかし, 植物の葉を調べてみると, 双子葉類の葉ではおもに**デンプン**ができているし, 単子葉類では**スクロース**ができている。このことから, 光合成産物は, すぐさま, より大きな分子のスクロースやデンプンにつくり変えられていることがわかる。

(1) **デンプン葉** 光合成の結果, 葉の葉緑体中にデンプン (**同化デンプン**とよぶ) ができる葉を**デンプン葉**という。多くの双子葉類の葉に見られる。

(2) **糖葉** トウモロコシ・タマネギ・イネなど単子葉類の葉では, **スクロース**ができており, このような糖をつくる葉を**糖葉**という。

[補足] 無機物からグルコースやフルクトースのような単糖類ができるまでを**一次同化**とよび, 単糖類がいくつも結合してデンプンなどができる過程を**二次同化**とよんでいる(→ p.140)。

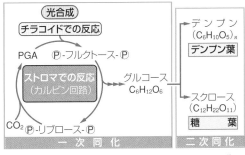

▲ 図 2-71 光合成における一次同化・二次同化

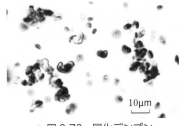

▲ 図 2-72 同化デンプン
(ジャガイモの葉の中のデンプンを取り出し, ヨウ素溶液で染色)

問題学習　光合成に関する計算

光合成について次の問いに答えよ。原子量は，H=1，C=12，O=16 とする。

(1) 光合成の結果，グルコースが 100g できるとき，何 mol の二酸化炭素が使われるか。

(2) 光合成によって 5mol の酸素が放出されるとき，0°C，1 気圧に換算して何 L の二酸化炭素が使われるか。ただし，0°C，1 気圧のとき，気体 1mol の体積は 22.4L である。

考え方 呼吸の計算問題（→ *p*.116）同様，光合成の計算問題でも，*p*.129 に示した反応式からわかる質量関係やモル関係をもとに，比例計算をする場合が多い。

全体式のうち (1) $6CO_2 \longrightarrow C_6H_{12}O_6$，(2) $6CO_2 \longrightarrow 6O_2$ に注目して，比例計算を行う。

解答 (1)

	$6CO_2$	$\longrightarrow$ $C_6H_{12}O_6$
(理論値)	6mol	180g(1mol)
(問題値)	$x$mol	100g

$\therefore\ x\text{mol}=6\text{mol}\times\dfrac{100\text{g}}{180\text{g}}\fallingdotseq$ **3.3mol** 答

(2)

	$6CO_2$	$\longrightarrow$ $6O_2$
(理論値)	6×22.4L(0°C，1 気圧)	6mol
(問題値)	yL(0°C，1 気圧)	5mol

$\therefore\ y\text{L}=6\times22.4\text{L}\times\dfrac{5}{6}\fallingdotseq$ **112L** 答

Column　呼吸と光合成の共通性

呼吸と光合成は，最終的な反応式だけ見ればまったく逆の反応のように見えるが，その中に共通性を見つけることもできる。呼吸にしても光合成にしても ATP が合成されるが，そのしくみは互いによく似ている。いずれにおいても，電子伝達系を通して水素イオンをくみあげ，その濃度勾配のエネルギーを利用して ATP 合成酵素を動かすことによって，ADP から ATP を合成している。

p.101 で学んだように，ミトコンドリアの祖先は好気性細菌，葉緑体の祖先はシアノバクテリアである。これらの共通の祖先生物がもつ代謝系が，呼吸と光合成へとそれぞれ進化したのだと考えられている。

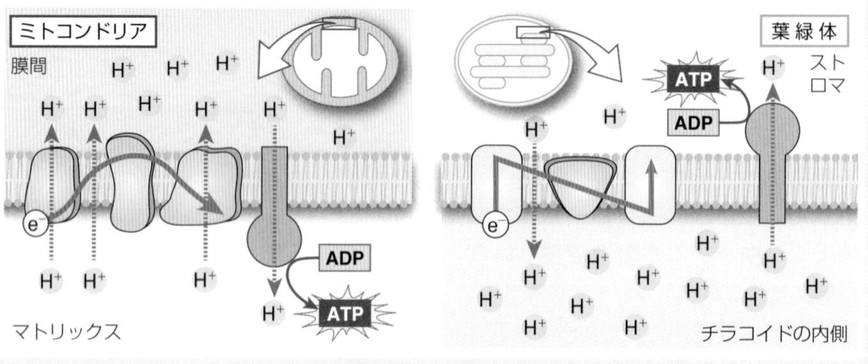

▲図 2-73　呼吸と光合成における ATP 合成の比較

発展 C₄植物

1 C₃光合成　これまで学んできた光合成は，CO_2 がカルビン回路に取りこまれて C_3 化合物の PGA（ホスホグリセリン酸）ができるもので，日本など温帯の植物の大多数のものは，この方式の光合成を行っている。

2 C₄光合成　熱帯原産のサトウキビやトウモロコシなどでは，光が強い・気温が高い

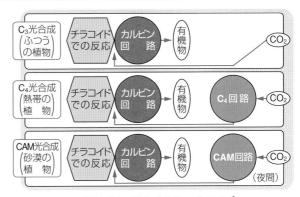

▲図 2-74　光合成の 3 つのタイプ

などの熱帯性気候によく適応した光合成が行われている。これらの植物では，CO_2 は，C_3 化合物と反応して**オキサロ酢酸**などの C_4 化合物として取りこまれる。その後，この C_4 回路を離れてカルビン回路に入る。つまり，CO_2 の取りこみは C_4 回路で，有機物づくりはカルビン回路で，という分業が行われているわけで，強光・高温下で気孔を閉じ，低 CO_2 濃度下でも光合成能力が高く，熱帯や亜熱帯の草原に適応している。

　C_4 光合成を行う植物を **C₄植物**といい，オヒシバ，キビなど数百種が知られている。C_4 植物の葉では，気孔から入った CO_2 は，葉肉細胞内の C_4 回路に取りこまれ，維管束を取り巻いている維管束鞘細胞でカルビン回路によって有機物に合成される（図 2-75 左）。

3 CAM光合成　パイナップル，ベンケイソウ，サボテンなどの砂漠の植物は，乾燥の激しい昼間には気孔を開けることができないので，夜間に気孔を開き，CAM回路とよばれる C_4 回路に似た経路で CO_2 を取りこんでおく。光が必要な光合成は，昼間に気孔を閉じたまま，CAM回路で蓄積した CO_2 を使って行っている。これらの植物では，CO_2 固定は夜間に CAM回路で，その CO_2 を使っての有機物づくりは昼間にカルビン回路でという分業が行われている（図 2-75 右）。

[補足] **CAM**　ベンケイソウ型有機酸代謝（**C**rassulacean **A**cid **M**etabolism）の略。

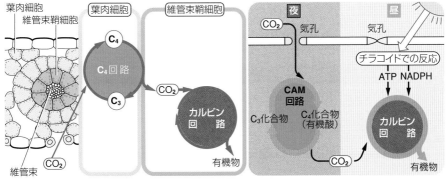

▲ 図 2-75　C_4 植物の葉の断面と CO_2 固定経路（左），CAM 植物の CO_2 固定経路（右）

G　細菌の炭素同化　★★

1 光合成細菌　光合成を行う細菌を**光合成細菌**という。光合成細菌は，酸素（O_2）を発生するものと発生しないものとに分けることができる。

(1) **O_2不発生型**　紅色硫黄細菌や緑色硫黄細菌は，**バクテリオクロロフィル**とよばれる光合成色素を使って光合成を行うが，植物の光合成とは異なり，水（H_2O）の代わりに**硫化水素**（H_2S）を分解し，それによって生じた水素（H）を使って CO_2 の還元を行う。反応式は次のようになり，酸素（O_2）は発生せず，代わりに**硫黄**（**S**）ができるので，この細菌を顕微鏡で見ると，硫黄の粒子が見られる（図 2-76）。

〔紅色硫黄細菌の光合成〕

$$6CO_2 + 12H_2S \xrightarrow{\text{光エネルギー}} (C_6H_{12}O_6) + 6H_2O + 12S$$

(2) **O_2発生型**　ネンジュモなどのシアノバクテリアは，クロロフィル a をもち，植物と似た光合成を行い，酸素を発生する。

〔シアノバクテリアの光合成〕

$$6CO_2 + 12H_2O \xrightarrow{\text{光エネルギー}} (C_6H_{12}O_6) + 6H_2O + 6O_2$$

2 化学合成細菌　土壌中や水中にすむ細菌には，硫黄・鉄・アンモニアなどの無機物を酸化し，そのとき生じる**化学エネルギー**を用いて炭素同化を行うものがあり，**化学合成細菌**とよばれる（光を用いないので，葉緑体も不要である）。

　化学合成は下のように 2 段構えの反応で行われる。細菌によって利用する無機物が異なり，またできる酸化物も違っている。

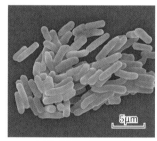

▲ 図 2-76　硫黄細菌

〔無機物の酸化〕　無機物 ＋ O_2 ⟶ 酸化物 ＋ 化学エネルギー
　　　　　　　　〔炭素同化〕　カルビン回路などで CO_2 から有機物を合成

化学合成細菌		生育地	エネルギー調達の反応
硝化菌	亜硝酸菌	土　壌	$2NH_4^+ + 3O_2 \longrightarrow 2NO_2^- + 4H^+ + 2H_2O$ ＋化学エネルギー アンモニウムイオン　　　　亜硝酸イオン
	硝酸菌	土　壌	$2NO_2^- + O_2 \longrightarrow 2NO_3^-$　　　　　　＋化学エネルギー 亜硝酸イオン　　硝酸イオン
硫黄細菌		含硫黄水	$2H_2S + O_2 \longrightarrow 2H_2O + 2S$　　　　＋化学エネルギー 硫化水素
鉄 細 菌		含鉄水	$4FeCO_3 + O_2 + 6H_2O \longrightarrow 4Fe(OH)_3 + 4CO_2$ ＋化学エネルギー 炭酸鉄（II）　　　　　　水酸化鉄（III）

　太陽光のまったく届かない深海底は，食物が少なくごくわずかな限られた生物しかすめないという意味から"砂漠"の1つと考えられてきた。ところが，その砂漠に，図2-77のような大量の生物がすんでいるオアシスともいうべき地帯があることが発見された（1977年）。

　暗黒の深海底では光合成を行うことはできない。これらの地帯では，岩石の割れ目から硫化水素などを含む熱水や温水が湧き出しており，その中から硫化水素酸化型の化学合成細菌がみつかっている。また，大形のガラパゴスハオリムシなどでは，化学合成細菌を体内に共生させており，これらの化学合成細菌が，暗黒のオアシスにすむ生物たちを支えていると考えられている。

▲ 図2-77　深海底の生物

▲ 図2-78　ガラパゴスハオリムシ

　亜硝酸菌と硝酸菌（合わせて硝化菌という）によってNH_4^+（アンモニウムイオン）がNO_2^-（亜硝酸イオン）をへて，NO_3^-（硝酸イオン）へと変化する作用を**硝化**という。土壌中に植物にとって大切な養分となるNO_3^-ができるのは，生物の遺体や排出物がいろいろな腐敗菌によってまずNH_4^+に変えられ，次いで硝化菌による硝化を受けた結果である。硝化菌は，地球上の窒素（N）の循環に大きな役割を果たしている。

$$\text{アンモニウムイオン} \xrightarrow{\text{亜硝酸菌}} \text{亜硝酸イオン} \xrightarrow{\text{硝酸菌}} \text{硝酸イオン}$$
$$(NH_4^+) \qquad\qquad (NO_2^-) \qquad\qquad (NO_3^-)$$

▼ 表2-1　光合成と化学合成の比較

光 合 成	比較点	化 学 合 成
光エネルギーを利用する	エネルギー	無機物を酸化したときの化学エネルギー
クロロフィルを必要とする	光合成色素	クロロフィルは不要（光も不要）
効率がよい	効　率	効率がわるい

補足　光合成と化学合成を比較すると，化学合成のほうが効率がわるい。これは，無機物の酸化は細菌にとって一種の呼吸であり，そのエネルギーの大部分を生活活動に使ってしまい，炭素同化にはわずかしか使えないためである。

H 窒素同化 ★★★

生物は，細胞の構造や酵素をつくるために窒素 (N) が必要である。生物が体外から無機窒素化合物を取りこみ，有機窒素化合物をつくるはたらきを**窒素同化**という。

1 自然界でのNの循環　このことについては第 10 章でも学ぶが，ここでは窒素同化の位置づけをはっきりさせるために，窒素の変化を中心に取り上げよう。

① **落葉**　木の葉が落ちると，やがて土壌中の腐敗菌によって分解される。

② **窒素化合物の無機化**　落葉の中の炭水化物と脂肪は，分解されると CO_2 と H_2O になってしまう。しかし，タンパク質はアミノ酸に変わり，さらにアンモニア（NH_3）ができる。このとき，NH_3 が土壌中の水に溶けると，一部はアンモニウムイオン（NH_4^+）になる[1]。

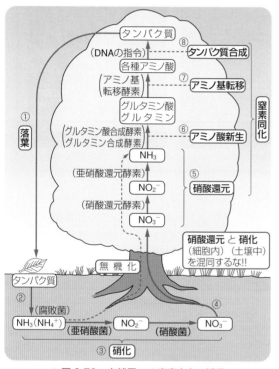

▲ 図 2-79　自然界での窒素 (N) の循環

③ **硝化**　NH_4^+ は土壌中の**亜硝酸菌**によって**亜硝酸イオン**（NO_2^-）に変えられ，さらに硝酸菌によって**硝酸イオン**（NO_3^-）に変えられる。

④ **根からの NO_3^- の吸収**　NO_3^- は根毛から吸収され，道管を通って葉の細胞へ運ばれて，葉肉細胞に取りこまれる。

　イネ科植物のように NH_4^+ を根毛から吸収するものもある。

2 窒素同化　根や茎や種子でも行われているが，葉で最も盛んに行われている。

⑤ **硝酸還元**　葉肉の細胞の細胞質基質中には**硝酸還元酵素**が含まれていて，吸収された NO_3^- は NO_2^- に還元され，葉緑体に入るものと考えられている。葉緑体中には**亜硝酸還元酵素**があり，そのはたらきで NO_2^- は NH_4^+ に還元される[1]。

⑥ **アミノ酸の新生**　ここではまず，アミノ酸と有機酸の違いからみていこう。

---

1) **アンモニアとアンモニウムイオン**　NO_3^- を還元してできるものが，本によっては NH_3 であったり，NH_4^+ であったりする。なぜこのようなことが起こるかは，アンモニアの性質に原因している。肥料になる塩化アンモニウム（NH_4Cl）などは，土壌中の水に溶けて完全に電離する（$NH_4Cl \longrightarrow NH_4^+ + Cl^-$）。

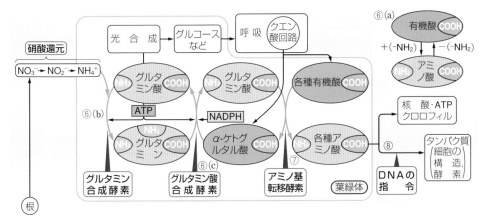

▲ 図 2-80　窒素同化の道すじ

（a）アミノ酸と有機酸の違い　アミノ基（–NH₂）とカルボキシ基（–COOH）をもつ
のがアミノ酸，–COOH のみをもつのが有機酸である。この両者はアミノ基
（–NH₂）をつけたりはずしたりすることで容易に転換することができる。

（b）グルタミン合成反応　NO_3^- の還元によってできる NH_4^+ は，多くは葉緑体
に入り，そこで**グルタミン合成酵素**のはたらきでグルタミン酸と結合して**グル
タミン**になる（合成酵素がはたらくときには，ATP のエネルギーが必要である）。

（c）グルタミン酸合成反応　次に，グルタミンは**グルタミン酸合成酵素**のはたら
きで，クエン酸回路の中間産物である α–ケトグルタル酸と反応し，**グルタミ
ン酸**になる。生物体内で大いに役立つアミノ酸が新しくできたわけである。

[補足]　グルタミン酸はなかなか味のよいアミノ酸で，化学調味料の多くは，グルタミン酸
が主成分になっている。

⑦　アミノ基転移反応　グルタミン酸ができれ
ばしめたものである。このアミノ基（–NH₂）を
アミノ基転移酵素のはたらきで，呼吸の中間
産物であるピルビン酸・オキサロ酢酸などの
有機酸に転移させ，それぞれアラニン・アス
パラギン酸などの各種アミノ酸をつくること
ができる。

⑧　タンパク質の合成　アミノ酸がいくつもつ
なぎ合わされてタンパク質が合成される過程
は，核の DNA の支配を受けて行われる（→ p.170）。

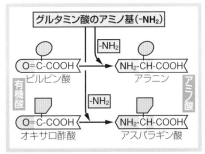

▲ 図 2-81　アミノ基転移反応

しかし，細胞内で生成した NH_3 は水に溶けて，$NH_3 + H_2O \rightleftarrows NH_4^+ + OH^-$ のように電離するが，電
離するのは微量で大部分は NH_3 分子として水に溶けている。細胞内で，NH_4^+ と NH_3 のどちらがより多
く反応に関与しているかが問題で，専門書では，量の多い NH_3 が使われることがある。

I 窒素固定 ★★

① 空中窒素 空気中には，約78％もの大量の単体の窒素（N₂）が含まれている。しかし，多くの植物はこれを直接利用することはできない。土壌中の窒素分が不足しがちな畑などでは，窒素分を肥料として与えている。

② 窒素固定 特定の種類の細菌は，空気中のN₂を取りこんでアンモニウムイオン（NH₄⁺）に変える（還元する）ことができる。このことを**窒素固定**という。これらの生物によっていったん空気中のN₂が取りこまれると，あとは生物界を循環し，いろいろの生物がこれを利用することができるので，その役割は重要である。

窒素同化 と 窒素固定 を混同するな
全植物　　　　特定の細菌

③ 窒素固定細菌 窒素固定を行う細菌を**窒素固定細菌**といい，次のような生物が知られている。

① **根粒菌** ダイズ・クローバ・ゲンゲ（レンゲソウ）などの**マメ科植物**の根には，図2-83のような**根粒**があり，その中に**根粒菌**が共生している。根粒菌は空気中のN₂を固定してアンモニウムイオンに変え，これをマメ科植物に与える。マメ科植物は住み家と栄養分を提供して，互いに利益を分かち合っている。

② **ある種の放線菌** 尾瀬ヶ原のような高地の湿原には**ハンノキ**が群生している（図2-84）。この木の根に共生するある種の**放線菌**は，空気中のN₂を固定する。

③ **アゾトバクター**（好気性細菌） 通気のよい土壌中にすんでいて，窒素固定を行う。

④ **クロストリジウム**（嫌気性細菌） 通気のわるいO₂の乏しい土壌中にすんでいて，窒素固定を行う。

⑤ **ある種のシアノバクテリア** 水中のシアノバクテリアの中にも，ネンジュモの仲間のように窒素固定をするものがある。インドや東南アジアなど暖かくてシアノバクテリアのよく育つ地域では，窒素固定種を水田などで繁殖させ，窒素肥料として利用する研究が進んでいる。

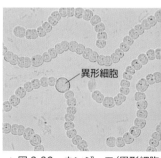

▲ 図2-82 ネンジュモ（異形細胞で窒素固定を行う）

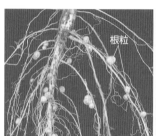
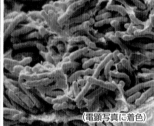

（電顕写真に着色）

▲ 図2-83 根粒のついたダイズの根（左）と根粒菌（右）

▲ 図2-84 ハンノキの群生

5 植物の栄養生活

A 生物の栄養型式 ★★

1 独立栄養 外界から取り入れる物質がすべて無機物[1)]である栄養型式を**独立栄養**という。光合成を行う植物や細菌，化学合成を行う細菌は，**独立栄養生物**である。

2 従属栄養 外界から取り入れる物質が独立栄養生物のつくった有機物[1)]に由来する栄養型式を**従属栄養**という。多くの細菌と菌類・寄生植物・動物は**従属栄養生物**である。

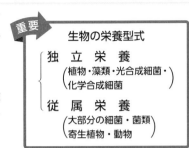

重要

生物の栄養型式

独 立 栄 養
（植物・藻類・光合成細菌・化学合成細菌）

従 属 栄 養
（大部分の細菌・菌類・寄生植物・動物）

B 植物の栄養型式 ★

植物の大部分は，光合成によって必要な有機物を合成することができる独立栄養である。しかし，中には動物と同じ従属栄養のものや，光合成をするが他の有機物も取りこんだり，光合成の原材料の水と養分を宿主からとる半独立-半従属栄養のものもある。

（補足）細菌・菌類の栄養生活は，同じ従属栄養でも，動物とは少々異なる。

動物は，炭水化物・脂肪・タンパク質のすべてにわたって食物として取り入れなければならない。つまり，炭素(C)源に関しても，窒素(N)源に関しても**一次同化**(→p.140)は行えず，**二次同化**(→p.140)のみを行っている。

これに対して，細菌・菌類は，炭素源に関しては，グルコースのような低分子有機化合物を取りこむ必要がある（一次同化は行えない）が，窒素源に関しては，窒素同化（無機窒素化合物を有機窒素化合物に合成）などの一次同化を行うものがあり，それをもとにして二次同化も行っている。

1) **養分と栄養分** 本書では，植物が根から吸収する無機物（無機塩類）を**養分**，植物体内で光合成などによって同化した有機化合物を**栄養分**と区別して使う。両者を混同しないようにしよう。

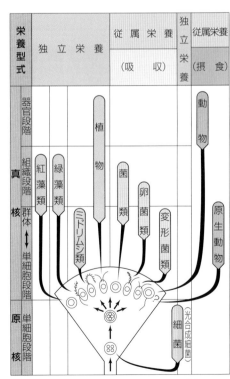

▲ 図 2-85 生物の栄養型式と系統

栄養型式の種類		例
独立栄養	光合成	緑藻・シャジクモ・紅藻・黄藻・ケイ藻・褐藻類・植物(コケ・シダ・種子植物)・ミドリムシ類・光合成細菌(紅色硫黄細菌・緑色硫黄細菌・シアノバクテリア)
	化学合成	硝化菌(亜硝酸菌・硝酸菌)・硫黄細菌・鉄細菌など
従属栄養	寄生 (活物寄生)	細菌・菌類(変形菌・接合菌・真菌類),種子植物ではネナシカズラ・マメダオシ・ナンバンギセル・ハマウツボ・ハマネナシカズラ・ヤッコソウ・ラフレシアなど
	腐生 (死物寄生)	細菌・菌類,種子植物ではギンリョウソウ・シャクジョウソウなど
半独立－ 半従属栄養	食虫植物 (主として) (独立栄養)	種子植物のモウセンゴケ・タヌキモ・ムシトリスミレ・ハエジゴク・ウツボカズラなど(昆虫などの有機物にありついたときにはこれを利用する)
	半寄生	種子植物のヤドリギ・カナビキソウ・ツクバネのように光合成を行うが,水や養分は宿主からとるもの

▲ 図2-86　ナンバンギセル(寄生)

▲ 図2-87　ギンリョウソウ(腐生)

▲ 図2-88　モウセンゴケ(食虫)

▲ 図2-89　タヌキモ(食虫)

▲ 図2-90　ウツボカズラ(食虫)

▲ 図2-91　ヤドリギ(半寄生)

C 植物と無機養分

植物は，生育に必要な水と無機養分を根で吸収している。

１ 不可欠元素　植物が正常に育つのに必要な元素を**不可欠元素（必須元素）**という。図 2-92 のように，培養液の組成をいろいろに変え，どの元素を培養液から除いたときに正常に発育しないかを調べることによって（水栽培法），不可欠元素を決めることができる。この結果，確かめられた不可欠元素は次の 16 種類である。

植物はソバ

綿で巻く

完全な培養液　Kを欠く液

▲ 図 2-92　水栽培
不可欠元素の種類や量，それらの要求量の違いなどがわかる。

多量元素
C　H　O　P　K　N　S　Ca　Mg
炭素　水素　酸素　リン　カリ　窒素　硫黄　カルシ　マグネ 　　　　　　ウム　　　　　　ウ　ム　シウム
微量元素
Mo　　　B　　Cu　　Mn　　Zn　　Fe　　Cl
モリブデン　ホウ素　銅　マンガン　亜鉛　鉄　塩素

(1) **多量元素**　植物にとって比較的大量に必要とされる 9 種類の不可欠元素。C は CO_2 として大気中から，H と O は H_2O として土壌から吸収されるが，残りの 6 元素は土壌中から養分として吸収される。

　C・H・O は炭水化物・脂肪・タンパク質の主成分であり，残りの 6 元素も大量に必要であることは，下の表からわかる。

(2) **肥料の三要素**　肥料として与える必要のある **N・P・K** の 3 元素。農地では収穫物を市場に持ち去ってしまうので，物質の循環が妨げられ，特に不足しやすい N・P・K の 3 元素は肥料として与えないと，作物が育たなくなる。

肥料の三要素
N（窒素）・P（リン）・K（カリウム）

不可欠元素	植物体内での役割	欠乏症
N	タンパク質・酵素・核酸の成分	成長停止，黄変，落葉
P	核酸・リン脂質・（複合）タンパク質・ATP の成分	古い葉が赤変，成長停止
S	タンパク質・酵素の成分	若い葉から黄変
K	膜電位・イオンの調節，タンパク質の合成促進	分裂組織の発育低下
Ca	細胞壁のペクチンの成分，膜電位・イオンの調節	細胞分裂異常，奇形葉
Mg	クロロフィルの成分，酵素の補助因子	光合成阻害，黄白化
Fe	シトクロム（電子伝達物質）の成分	呼吸阻害，黄白化

(3) **微量元素** 微量でよいが，欠乏すると正常な生育が阻害される7種類の不可欠元素。酵素の補助因子，ビタミンやホルモンの成分となるものが多い。

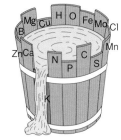

2 最少律 必要量に対して供給量の割合が最少である元素によって，植物の生育が制限されるとする考えを**最少律**という。リービッヒ（ドイツ）によって提唱された（1843年）ので，**リービッヒの最少律**ともよばれる。

16種類の不可欠元素のうち，1つの元素が必要量より欠乏すると，残りの15元素が十分にあっても役に立たないというもので，図2-93に示したように，桶をつくる板が1枚短いと，水はその高さまでしか入らないのに似ている。

▲ 図2-93　最少律の概念 Kの供給量の割合が最少の場合，そこで水がもれてしまう。

D 植物の一次同化と二次同化

植物は，グルコースのような炭水化物だけでなく，脂肪もタンパク質もすべて自分でつくっている。これらの有機物のでき方は，2段階に分けるとわかりやすい。

1 一次同化 同化の第1段階である。H_2O，CO_2，NO_3^-（硝酸イオン）などの無機物から，単糖類・有機酸・アミノ酸などの低分子有機化合物ができる過程を**一次同化**といい，できたものを**一次同化産物**という。

一次同化は植物によって行われ，その中心は**炭素同化**と**窒素同化**である。

2 二次同化 同化の第2段階である。グルコースのような単糖類や，有機酸およびアミノ酸などの一次同化産物を使って，二糖類・多糖類・脂肪・タンパク質・ヌクレオチド・核酸などのより複雑な物質（**二次同化産物**）が合成される過程を**二次同化**という。

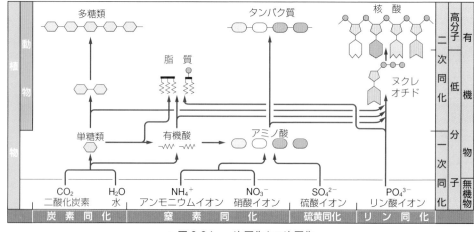

▲ 図2-94　一次同化と二次同化

E　同化物質の移動と貯蔵　★

　植物は葉でつくった光合成産物（栄養分）を，光合成を行わない根や茎の成長の盛んな先端部へ送る必要がある。また，次の子孫に備えて，種子やいもには栄養分を貯蔵しておかなければならない。

1 転流　光合成の結果できた栄養分の移動は師管を通って行われる。このような物質の移動を**転流**という。

(1) **転流物質**　アブラムシ（アリマキ）は長い針のような口を師管までさしこんで中の液を吸うので，針の根もとで切断すると中から液があふれ出す。これを調べたところ，糖類（おもにスクロース）が10〜25％，アミノ酸が1％以下，糖とリン酸の化合物が少々であった。

(2) **転流の方向**　転流は上下いずれの方向にも行われる。

　図2-95に示した**環状除皮**（植物の茎の形成層より外側をはぎとること。同化物質の通り道である師部が切り取られる）の実験からもわかるように，茎ではおもに同化物質は下へ向かって移動する。しかし，すべての同化物質が下へ向かって移動するのではなく，茎の先端の分裂組織（茎頂分

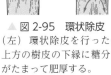

▲ 図2-95　環状除皮
（左）環状除皮を行った上方の樹皮の下縁に糖分がたまって肥厚する。
（右）樹皮の一部をつなぐと，同化物質は移動する。

裂組織，成長点）や花や種子などにも栄養分を送る必要があり，上方へも転流する。

2 同化物質の貯蔵　維管束の発達したシダ植物・種子植物では，同化物質は葉から師管を通って，茎・根・種子などの貯蔵器官（塊茎・塊根など）に送られ，再びデンプン・脂肪・タンパク質などにつくり変えられて貯蔵される。

　図2-96に示したように，**貯蔵デンプン**は根の貯蔵組織の細胞にある**白色体**で形成される。

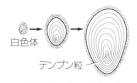

白色体　→
デンプン粒

▲ 図2-96　貯蔵デンプンの形成

貯蔵物質の種類		貯 蔵 場 所 と 植 物 例
炭水化物	デンプン	（種子）　イネ・クリ・ソバ・コムギ・トウモロコシ
		（塊茎）　ユリ・ジャガイモ・サトイモ・チューリップ　（塊根）　サツマイモ
	グルコース	（鱗茎）　タマネギ　（果実）　ブドウなどの熟した果実
	スクロース	（茎）　サトウキビ（茎に約15％含む，熱帯産）
		（根）　サトウダイコン（根に約18％含む，寒地産）
	イヌリン	（塊茎）　キクイモ　（根）　ゴボウ・ダリア
脂　　肪		（種子）　ゴマ・アサ・ダイズ・オリーブ・ナンキンマメ・ワタ・クルミ・ヒマワリ・トウゴマ・ツバキ・ココヤシ（脂肪は油滴状で存在）
タンパク質		（種子）　コムギ（胚乳のまわりの糊粉層に粒状で存在）・エンドウ・ソラマメ・ダイズ・アズキ

基生 ## A 食物と栄養素

表 2-2 に示すように，動物と植物では必要とする物質は大きく異なる。

1 栄養素の分類 ヒトが必要な栄養素は，ふつう次の 3 つに分けられる。

(1) **五大栄養素** 生活に必要な炭水化物・脂肪・タンパク質・無機塩類(ミネラル)・ビタミンの 5 種類。

(2) **三大栄養素** 特に大量に必要な炭水化物・脂肪・タンパク質の 3 種類。

(3) **副栄養素** 少量でよいがからだの調節作用と関係の深い**無機塩類**と**ビタミン**の 2 種類。

▼表 2-2 動物と植物が必要とする物質の比較

	無機物	有　機　物	
植　物 (独立栄養)	水 無機塩類		
動　物 (従属栄養)	水 無機塩類	炭水化物 脂　　肪 タンパク質 ビタミン	もとをたどれば植物がつくったもの

基生 ## B 五大栄養素

1 炭水化物 おもにエネルギー源 (呼吸基質) として使われる。呼吸のところ (→ p.109) で学んだように，1 分子のグルコース ($C_6H_{12}O_6$) から約 32 分子の ATP ができる。

2 脂肪 貯蔵のできるエネルギー源として重要である。脂肪は含む酸素の量が少ない (例：パルミチン酸 $C_{15}H_{31}COOH$) ので軽くて貯蔵に便利であるが，異化にはより多くの酸素を必要とする ($23O_2$)。しかし，発生するエネルギーは大きい (パルミチン酸 1 分子当たり，129 分子の ATP ができる)。

3 タンパク質 エネルギー源としても使われるが (→ p.114)，細胞の構成成分としても，また酵素の主成分としても重要である(→ p.88)。

タンパク質の原料となるアミノ酸のうち，体内で合成できない，あるいはできても必要量に不足するため，食物として取りこむ必要のあるものを**不可欠アミノ酸** (**必須アミノ酸**) という。ヒトの成人では，バリン・イソロイシン・ロイシン・リシン・トレオニン・メチオニン・フェニルアラニン・トリプトファン・ヒスチジンの 9 種類である。

補足 ヒトの幼児では，上の 9 種類以外にアルギニンを必要とする。

不可欠アミノ酸(ヒト)の 10 種類……"雨降り一色鳩" と覚える
ア　　メ　　フ　　リ　　ヒ　　ト　　イ　　ロ　　バ　　ト アルギニン(幼児)　メチオニン　フェニルアラニン　リシン　ヒスチジン　トリプトファン　イソロイシン　ロイシン　バリン　トレオニン

4 無機塩類（ミネラル） 植物は，必要な有機物をすべて自分でつくる。すなわち，アミノ酸づくりにはNとS，ATPや核酸づくりにはNとPなどが，C・H・O以外に必要である。しかし，動物は，植物のつくった有機物を食物として取り入れるので，植物ほど多くを必要としない。ただ，植物体内にはKは多いが，Naは少ないので，植物を食べる動物にはNaが不足しがちになる。牧場のウシやウマも，ヒトも食塩（NaCl）がほしくなるのはそのためである。

▲ 図2-97　食塩（NaCl）の結晶

おもなものの存在場所とその調節作用は，下の表に示すようになる。

種類	①成分としての存在場所　②調節作用
Fe	①ヘモグロビン，シトクロム
S	①アミノ酸，タンパク質
Cl	①血しょう（NaCl），胃液（HCl） ②体液濃度の調節
Ca	①骨，歯，血しょう ②血液凝固，筋収縮
Mg	①骨，血しょう ②酵素の補助因子，神経の興奮抑制

種類	①成分としての存在場所　②調節作用
I	①甲状腺ホルモン（チロキシン）
P	①（複合）タンパク質，核酸，ATP， 骨，歯，神経，筋肉
Na	①血しょう ②体液濃度の調節，活動電位の発生
K	①細胞質 ②活動電位の発生，体液濃度の調節
Co	①ビタミンB_{12}

5 ビタミン 三大栄養素のように大量には必要としないが，からだのはたらきの調節作用に関係する物質として重要である。次の①～④のような特徴をもつ。

① 微量で体内の生理作用を調節する。
② 欠乏すると，病気（欠乏症）になる。
③ エネルギー源としては使われない。
④ 動物の体内ではつくることはできない。したがって，体外から食物として取り入れなければならない。

ビタミンにはいろいろな種類があるが，おもなビタミンについて次ページの表に示す。中には人工的に合成できるものもある。

補足 プロビタミン カボチャやニンジンなどに含まれる黄赤色色素であるカロテンは，肝臓や腸壁で分解されてビタミンAに変わる。また，シイタケや酵母に含まれるエルゴステリンも，日光に当たると，紫外線のはたらきによってビタミンDに変わる。そのため，カロテンやエルゴステリンを**プロビタミン**（プロ（pro-）は前の意味）という。

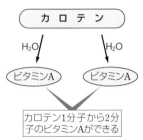
▲ 図2-98　カロテンとビタミンA

【おもなヒトのビタミンとその関連事項】

種　類	体内での作用	欠乏症	性　　質	多量に含む食品
ビタミンA	感光色素ロドプシンの材料，眼(網膜，角膜，分泌腺)の機能維持，対細菌抵抗力の維持	夜盲症，角膜乾燥症，対細菌抵抗力低下，幼児の成長阻害	油に溶け，熱に不安定，空気酸化を受けやすい	肝油，バター，ウナギ，緑黄色野菜
ビタミンB₁ (チアミン)	糖代謝にはたらく酵素の補酵素の成分(異化に関係)	脚気，疲労感，多発性神経炎	水に溶け，熱に強い，酸・アルカリに弱い	酵母，豆類，米ぬか，卵黄，肉類
ビタミンB₂ (リボフ ラビン)	脱水素酵素の補酵素であるFADの成分，呼吸・成長の促進	皮膚炎，口内炎，舌炎，発育の不良	水に溶け，熱に強く，光に弱い	レバー，牛乳，肉類，酵母，卵
ビタミンB₆ (ピリド キシン)	アミノ基転移酵素の補酵素の成分。赤血球でヘム合成	臓器の動脈硬化，小児のけいれん，貧血	水に溶け，熱に強い	米ぬか，コムギ胚，酵母，レバー，魚・肉類
ニコチン酸 (ナイア シン)	脱水素酵素の補酵素であるNAD⁺やNADP⁺の成分	ペラグラ(皮膚炎・下痢・痴呆がその症状)	水に溶け，熱・光・酸・アルカリに強い	レバー，酵母，卵，米ぬか，魚
ビタミンB₁₂ (シアノコ バラミン)	多数の酵素の補酵素	悪性貧血(稀)	水に溶け，熱に強い。Co(コバルト)を含む	レバー，貝類，卵
ビタミンC (アスコル ビン酸)	電子運搬体としてはたらいている。抗酸化作用，血管・皮膚・粘膜などを強くする	壊血病	水に溶け，熱に弱い(60℃，30分で分解)	緑茶，新鮮な果実や野菜
ビタミンD	リン(P)，カルシウム(Ca)を増やし骨形成	くる病，骨・歯の発育不良	油に溶け，紫外線によって体内で形成	魚類の肝臓に多い，日光乾燥のシイタケ
ビタミンE	ビタミンA・カロテン・脂肪の酸化防止，免疫機能の発揮	ヒトでは不明，ネズミでは不妊症	油に溶け，酸化されて分解しやすい	植物性食品，特に油脂に多い
ビタミンK (抗出血性 ビタミン)	肝臓でのプロトロンビン(酵素原→p.283)の生成を促進。ヒトでは大腸菌のはたらきで供給される	皮膚・筋肉内出血，血液凝固障害	油に溶け，熱に安定，光・アルカリに不安定に弱い	緑黄色野菜，海藻，肝油，レバー

C 消 化 ★

動物が食べた食物は，そのままでは体内に吸収することができない。

1 消化 栄養分を実際に必要としているのは，代謝の行われている組織の細胞であり，動物は，栄養分を細胞膜を通り抜けることができる小さな分子に分解する必要がある。このためのはたらきが**消化**であり，消化には，**そしゃく**（口でかみくだくこと）や胃・小腸の運動による**機械的消化**と，消化酵素による**化学的消化**がある。

2 消化器官 食物の消化・吸収にはたらく器官。ヒトでは，口から肛門までの長い**消化管**があり，それに消化液を分泌する**消化腺**が付属している。

(1) **口** 上あごと下あごに歯がある。**唾腺**（耳下腺・顎下腺・舌下腺）から，唾液を分泌する。

(2) **胃** 入り口が**噴門部**，出口が**幽門部**で，幽門部には開閉のための筋肉（括約筋）がある。胃壁からは，強酸性の胃液が出る。

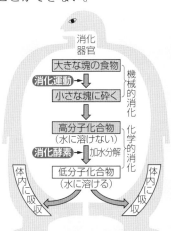

▲ 図 2-99 消化の意義と細胞外消化

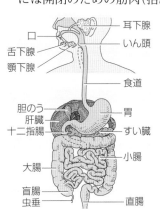

▲ 図 2-100 ヒトの消化器官

(3) **十二指腸・小腸** 十二指腸へは，すい臓からすい液，胆のうから**胆汁**（胆液）が分泌される。小腸壁からは腸液が分泌され，また小腸壁に無数にある**柔毛**（柔突起）から消化した栄養分が吸収される。

(4) **大腸** 大腸では水分の吸収が行われ，糞がつくられる。肛門には括約筋がある。

(5) **肝臓** 胆汁をつくり，胆のうに蓄える。肝臓には，それ以外にもいろいろなはたらきがある。

(6) **すい臓** 肝臓の近くにある葉状の器官で，消化液としてすい液を分泌し，ホルモンの分泌も行う。

3 機械的消化 ① **ぜん動運動** 消化管壁の筋肉が次々にくびれて内容物を先へ送る運動。胃ではぜん動運動が起こっているが，幽門が閉じているときは中味が押し返されて混ぜ合わされる。

② **分節運動** 消化管壁が同時に収縮をくり返す運動で，内容物は移動しないでよく混ぜ合わされる。

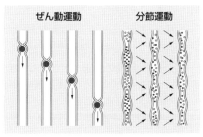

▲ 図 2-101 ぜん動運動と分節運動

4 化学的消化 消化液によって食物が加水分解を受けることを**化学的消化**という。

(1) 口腔での消化 舌への食物の刺激で唾腺（耳下・顎下・舌下腺）から消化酵素ア

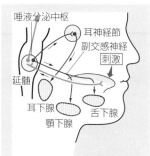

唾液分泌中枢

耳神経節
副交感神経
刺激

延髄

耳下腺
舌下腺
顎下腺

舌で受けた刺激が延髄です
ぐさま折り返し、唾液腺を
刺激して唾液を出させる

▲ 図 2-102 唾液分泌の反射

ミラーゼ（プチアリン）を含む**唾液**が分泌され，デンプンやグリコーゲンがマルトース（麦芽糖）にまで分解される（最適 pH7）。唾液アミラーゼは Cl^- によって活性化される。

(2) 胃での消化 ① **消化液の分泌** 食物を見たりにおいをかいだりすると，反射によって**胃液**の分泌が起こる。また，食物が胃壁を刺激すると，**ガストリン**（ホルモン）の作用によって胃液の分泌が起こる。

 補足 **ガストリン** 食物が胃壁を刺激すると，その場所から血液中にガストリン（ホルモン）が分泌（内分泌）され，血液とともに胃壁にもどって胃壁全体を刺激し，胃液の分泌（外分泌）を促進する。

② **胃液のはたらき** 胃腺から**ペプシノーゲン**と塩酸（HCl）が別々に分泌される。ペプシノーゲンは胃の中で HCl によって活性化され，**ペプシン**（消化酵素）に変わる。また，ペプシノーゲンはペプシンによっても活性化されてペプシンに変わる。ペプシンはタンパク質を**ペプトン**（ポリペプチド）にまで分解する。ペプシンは強酸性ではたらく（最適 pH2）。

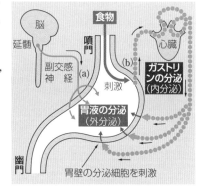

食物

脳

延髄

噴門

副交感
神経

(a)
刺激

(b)

心臓

ガストリンの分泌
（内分泌）

胃液の分泌
（外分泌）

幽門

胃壁の分泌細胞を刺激

▲ 図 2-103 胃液分泌のしくみ

 補足 **(a) 幽門反射** 胃で消化され，ドロドロになった強酸性（pH2）の内容物が，開いた幽門を通って十二指腸壁を刺激すると，反射的に幽門が閉じる。やがて，すい液（pH7.5 〜 8.5）と胆汁（pH7.5 〜 8.5）で中和されると，幽門が開く。

(b) 乳児の胃液 レンニン（酵素）があり，これは乳の中の**カゼイン**（タンパク質）を凝固させ，消化を助けている。

(3) 小腸での消化 小腸は消化と吸収の大中心である。十二指腸に胆管とすい

> **小腸 は 消化 と 吸収 の センター**

管が開口し，それぞれ**胆汁**と**すい液**を分泌する。腸腺からは，**腸液**を分泌する。

 補足 ① **胆汁の分泌** 十二指腸粘膜で分泌されたホルモン（コレシストキニン）が血液を通って胆のうに達し，その筋肉を収縮させると胆汁が出る。胆汁は脂肪の消化を助ける。

② **すい液の分泌** 強酸性の胃の内容物が十二指腸壁を刺激すると，セクレチン（ホルモン）が分泌され，血液を通ってすい臓を刺激すると，すい液が出る。

③ **腸液の分泌** 十二指腸壁から内分泌されたセクレチンが腸壁を刺激すると同時に，食物も腸壁を刺激する。この 2 つの刺激によって，腸液が分泌される。

方法 (1) 試験管(a)〜(e)に，① 基質として卵白（タンパク質）0.1g，② 酵素としてペプシン水溶液 0.5mL を加える。

(2) (a)を対照区，(b)〜(e)を処理区とし，それぞれ図 2-104 のように1つだけ条件を変えた処理を加える。

(3) そのまま 40℃ のもとに 30 分間放置し，ビウレット反応を見る。

結果 対照区と比べて結果を判定する。

(b) 対照区より青紫色になる。

(c), (d), (e) 対照区と比べて，ペプシンが全く作用していない。

MARK ① (b)からペプシンは酸性下で作用が強いこと，(c)〜(e)からアルカリ性下やアルコール・熱により活性を失うことがわかる。

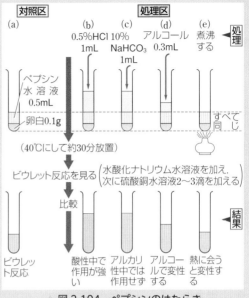

▲ 図 2-104　ペプシンのはたらき

② ビウレット反応はタンパク質の検出反応であるが，アミノ酸が3つ以上つながったポリペプチドの検出もできる。その場合，タンパク質は赤紫色を呈し，分子が小さくなるほど青紫色を呈するようになり，タンパク質の分解の程度がわかる。

(4) **消化酵素（加水分解酵素）のまとめ**　ヒトのおもな消化酵素とそのはたらきをまとめると次のようになる。

分　類	所　在	酵　素　名	基　質	分解生成物	最適 pH
炭水化物分解酵素	唾　液	アミラーゼ（プチアリン）	デンプン	デキストリン →麦芽糖	pH7（中性）
	すい液	アミラーゼ（アミロプシン）	グリコーゲン		
	小腸（上皮細胞）	マルターゼ	マルトース	グルコース	
		ラクターゼ	ラクトース	グルコース＋ガラクトース	
		スクラーゼ	スクロース	グルコース＋フルクトース	
タンパク質分解酵素	胃　液	ペプシン	タンパク質	ペプトン	pH2
	すい液	トリプシン	ペプトン	（ポリ）ペプチド＋アミノ酸	pH8
		ペプチダーゼ	（ポリ）ペプチド	アミノ酸	
	小腸	ペプチダーゼ			
脂肪分解酵素	すい液	リパーゼ	脂　肪	脂肪酸＋モノグリセリド	pH7〜8

D 栄養分の吸収と同化 ★

1 吸収 食物中の高分子化合物は消化によって低分子化合物 (単糖類・脂肪酸・モノグリセリド・アミノ酸) になり，おもに小腸壁から吸収される。

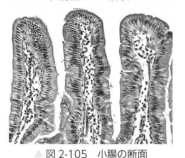

▲ 図 2-105 小腸の断面

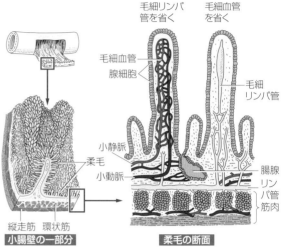

▲ 図 2-106 小腸壁と柔毛

(1) **胃での吸収** 胃ではアルコール分と多少の水分が吸収される。

(2) **小腸での吸収** 小腸の内壁にはひだがあり，その表面に無数の**柔毛 (柔突起)** がある。消化された栄養分のうち，① 単糖類とアミノ酸は柔毛内の毛細血管へ入り，② 脂肪酸とモノグリセリドは柔毛内で再び結合して脂肪粒になり，**毛細リンパ管**に入る。

[補足] **乳び管** 小腸に分布する毛細リンパ管を**乳び管**ともいう。これは，脂肪粒を含んだとき，乳濁するからである。

(3) **大腸での吸収** 水と無機塩類が吸収されるだけである。ここでは，大腸菌の作用で**ビタミン K** ができ，これも吸収される。

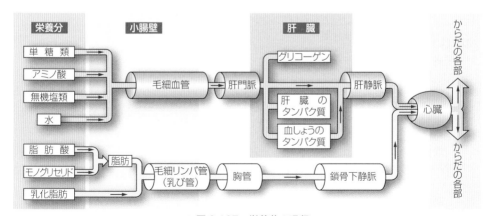

▲ 図 2-107 栄養分の吸収

2 **吸収栄養分の同化**　小腸壁から吸収された栄養分のうち，必要なものはすぐさまからだの各部に送られ，そこで呼吸基質に使われたり，体構成物質（原形質・血球・筋肉・皮膚・つめ・毛など）になったりする。また，余分なものは肝臓で一時蓄えられたり，皮下に蓄えられたり（皮下脂肪）する。

　このように生物が，低分子の有機物（グルコースやアミノ酸）から高分子の有機物（グリコーゲンやタンパク質）をつくることを二次同化とよぶことはすでに学んだ（→ *p.*140）。

(1) **単糖類の二次同化**　吸収された単糖類（グルコース・フルクトースなど）は肝門脈から肝臓に入り，ここで，グリコーゲンに合成（二次同化）されて蓄えられるが，ヒトでは200 g が限度である。余分に取り

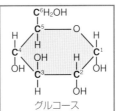

アミロース
直鎖状

アミロペクチン
枝分かれが少なく，枝は長い

デンプン（アミロースとアミロペクチンを含む）

枝分かれが多く，枝は短い
グリコーゲン

C^6H_2OH

グルコース

デンプンもグリコーゲンもグルコースが多数結合してできているが，その構造が異なる

▲ 図 2-108　デンプンとグリコーゲン

吸収した
栄養分
├─→ 異化
└─→ 同化（二次）

すぎると，脂肪に変えられ，皮下に蓄えられる（皮下脂肪）。

(2) **脂肪の二次同化**　毛細リンパ管に入った脂肪粒は胸管を経由して静脈に入り，皮下や腸間膜の脂肪組織でその動物固有の脂肪につくり変えられ（二次同化），蓄えられる。また，肝臓にも蓄えられる。

　　蓄えられた脂肪は必要に応じて肝臓に送られ，糖に変えられて，エネルギー源（呼吸基質）として利用される。

(3) **アミノ酸の二次同化**　毛細血管に吸収されたアミノ酸は肝門脈から肝臓に入り，大部分は肝臓細胞のタンパク質や血しょうのタンパク質につくり変えられる。残り（約20％）は血液を通って全身の細胞へ送られ，その動物固有のタンパク質に合成されて体構成分や酵素になる。余分に取りすぎたアミノ酸は，肝臓で NH_3 と有機酸に分解される。NH_3 は尿素になって排出され，有機酸はクエン酸回路に入って呼吸に使われたり，脂肪につくり変えられたりする。

注意　タンパク質の合成は，すべて核の DNA の指令によって行われる（→ *p.*170）。

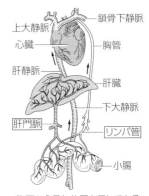

鎖骨下静脈
上大静脈
心臓
胸管
肝静脈
肝臓
下大静脈
肝門脈
リンパ管
小腸

腹面から見た位置を示してある

▲ 図 2-109　肝門脈と胸管

第3章

遺伝情報の発現

1 遺伝情報と DNA
2 遺伝情報の複製と分配
3 遺伝情報と形質発現

4 変　異
5 遺伝子の発現調節
6 バイオテクノロジー

タンパク質の合成

---

1 遺伝情報と DNA

A 遺伝情報とゲノム ★

　生物がもつ形や性質などを**形質**といい，形質が代々子に受け継がれていく現象を**遺伝**という。生物は DNA をもち，そこに遺伝情報が刻み込まれている。

1 **遺伝子とDNA**　エンドウの形質の遺伝を研究したメンデル (→ *p*.221) は，実験結果を説明するために，遺伝形質[1]のもとになる粒子状の単位として**要素**(element)を仮定した。これが，今日の遺伝子に相当するものである。その後，1909 年にヨハンセンによって遺伝形質を支配し，親から子へと伝えられる因子は**遺伝子**(gene)と命名された。

　メンデルの時代には，遺伝子の本体がどのようなものであるかは，全くわかっていなかったが，その後，モーガンらの研究 (→ *p*.234) により，遺伝子が染色体上の特定の位置を占めていることが明らかにされ，さらに分子生物学の発展によって，今日では，遺伝子の本体は **DNA** とよばれる核酸の一種であることが解明されている (→ *p*.152，153)。

2 **遺伝情報**　生物は，自分と同じ種類の子孫をつくる。また，体細胞分裂では，同じ細胞をふやしていく。遺伝情報とは，親から子へ，あるいは細胞から細胞へ伝えられる，自分と同じものをつくるための情報のことをさす。

　遺伝情報には，タンパク質の構造を指定する情報や，その情報の発現を制御する情報があり，DNA の分子に塩基の配列として刻みこまれている。

3 **ゲノム**　生物個体や細胞が増殖をし，生きていくための営みに必要なすべての遺伝情報の総体を**ゲノム**という。ゲノム (genome) という用語は，歴史的にはドイツのハンス・ヴィンクラー(H. Winkler, 1877 ～ 1945)により，1920 年に遺伝子(gene)と染色体 (chromosome) の総体 (-some) という意味をもたせてつくられたものであ

った。彼によれば「配偶子[2](生殖細胞)がもっている染色体のセット」という定義
だった。この定義をさらに日本の木原均は1930年に，コムギの染色体の倍数性の
観察から，「ある生物をその生物たらしめるに必要な最小限の染色体の組」と再定
義した。さらにその後に発展した分子生物学では，「ある1つの生物がもっている
すべての遺伝情報」という意味でも使われるようになった。

4 遺伝情報と生殖　ヒトを含む有性生殖を行う生物では，体細胞(生殖細胞以外の，
からだをつくる細胞)はそれぞれ形と大きさの等しい相同染色体が対になって存在
するため，2組のゲノムをもつことになる。卵や精子といった生殖細胞がつくられ
るとき，減数分裂によって相同染色体はそれぞれ異なる生殖細胞に入るので，生殖
細胞は新たな1組のゲノムをもつことになる。卵と精子の受精によって受精卵がで
きると，それぞれのゲノムも一緒になり，新個体は父方，母方それぞれから受け継
いだ2組のゲノムをもつことになる(図3-1)。

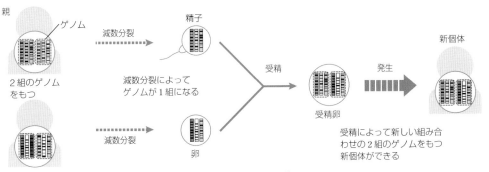

▲ 図3-1　有性生殖とゲノム

5 DNAの特性　細胞はそれぞれ遺伝情報をもっているが，分裂をくり返している
うちにヒトの細胞がサルの細胞になってしまったり，ヒトからサルの子が生まれて
きたりしたら，大変である。そのようなことが起こらないために，遺伝情報を担う
DNAには次のような特性が備わっていなければならない。

(1) **自己複製の能力**　遺伝情報は，体細胞から体細胞へ，また体細胞から生殖細胞
　へ，さらには生殖細胞から体細胞へと伝えられる。遺伝情報が正しく伝わるため
　に，DNAは自己と全く同じものを複製する必要がある。(→3章2節)

(2) **遺伝情報発現の能力**　カエルの受精卵からイモリは発生しない。受精卵の
　DNAには，受精卵が将来何になるかという情報が蓄えられていなければならな
　いし，発生が進むにしたがって，遺伝情報にもとづく順序で遺伝子を発現させる
　必要がある。(→3章3節)

---

1)**遺伝形質**　遺伝する形質。生物がもつ形質には，遺伝するものと遺伝しないものがある。
2)**配偶子と生殖細胞**　胞子や卵・精子などの，生殖のために特別に分化した細胞を生殖細胞という。生
殖細胞の中でも，合体することによって新個体をつくり出すもの(卵や精子など)を配偶子という。

B 遺伝子＝DNAを証明する実験 ★★★

今日では遺伝子の本体はDNAであることが解明されている。遺伝子の本体がDNAであることを示した実験としては、次のものがよく知られている。

１ 肺炎球菌の形質転換 (1) **グリフィスの実験** 肺炎球菌[1]には、外側にさや(カプセル)をもつS型菌と、さやをもたないR型菌とがある。

① 肺炎球菌のR型菌(非病原性)をネズミに注射しても、ネズミは発病しなかったが、② S型菌(病原性)をネズミに注射したら、ネズミは発病して死んだ。③ S型菌を加熱して殺したものを注射しても、ネズミは発病しなかったが、

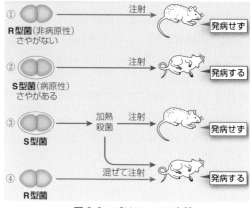

▲ 図3-2 グリフィスの実験

④ R型菌に、S型菌を加熱して殺したものを混ぜて注射したら、ネズミは発病して、体内からS型菌がみつかった。これから、S型菌の何かがR型菌に取りこまれて、R型菌の形質が転換する(**形質転換**を起こす)と考えられた(1928年)。

(2) **エイブリーらの実験** ① S型菌をすりつぶして得た抽出液を、R型菌に混ぜて培養すると、R型菌からS型菌へ形質転換するものが現れた。しかし、② 抽出液をタンパク質分解酵素で処理したものを混ぜて培養すると、形質転換は起こるが、③ 抽出液をDNA分解酵素で処理したものを混ぜて培養すると、形質転換が起こらなかった。これから、形質転換はS型菌のDNAが取りこまれて起こることが明らかとなった(1944年)。

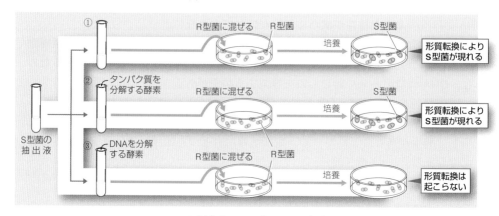

▲ 図3-3 エイブリーらの実験

2 ファージの増殖 **(1)T₂ファージの増殖** ファージ[2]はDNAとタンパク質からなり，T₂ファージは大腸菌に寄生して増殖する。

(2) **ハーシーとチェイスの実験** P（リン）を含むがS（硫黄）を含まないDNAは^{32}P（リンの放射性同位体）で，Sを含むがPを含まないタンパク質は^{35}S（硫黄の放射性同位体）で標識することができる。

　ハーシーとチェイスは，そのように標識[3]したT₂ファージを大腸菌に感染させた後，培養液をミキサーでかくはんしてファージ（タンパク質の殻）を振り落とし，遠心分離をして大腸菌を沈殿させた。そして，沈殿（大腸菌）と上澄み（感染しなかったファージと感染したファージの殻）に含まれる放射能を調べた結果，沈殿（菌体）には^{32}Pが検出されるが，^{35}Sはほとんど検出されないことから，DNAだけが菌体内に入ると結論した（1952年）。

　これから，ファージが大腸菌内で自己を複製して子孫をつくるためには，もとの親ファージのタンパク質ではなくDNAが必要とされていることがわかり，ファージが複製されるのに必要な情報がDNAにあることが明らかとなった。

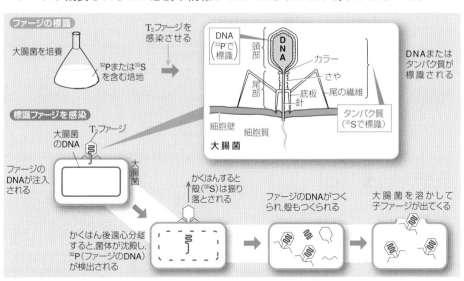

▲ 図 3-4　T₂ファージの模式図とその増殖

　T₂ファージが大腸菌の細胞壁に取りつくと，T₂ファージの頭部にあるDNAが大腸菌内に注入される。中に入ったDNAは大腸菌のDNAを壊し，これを材料にして自分と同じDNAを複製する。また，大腸菌の細胞質にある材料を使ってタンパク質の殻や尾部をつくる。約30分後には新しいファージをつくりあげ，大腸菌を溶かして外に出てくる。

1) 肺炎球菌は現在の分類名で，かつては球菌が2つつながる意味から肺炎双球菌（*Diplococcus pneumoniae*）とよばれていた。しかし液体培地では球菌が連鎖状につながることから，1974年に*Streptococcus pneumoniae*（肺炎を起こす連鎖球菌の意味）に改名された。
2) **ファージ**　細菌に感染するウイルス（→ *p.39*）。バクテリオファージともいう。
3) 実際には，^{35}Sと^{32}PによるT₂ファージの標識を同時に行って実験したわけではない。

　DNA が遺伝子の本体であることが解明されるとともに，DNA がどのような物質であるかも明らかになっていった。

1 DNA　DNA は**デオキシリボ核酸**とよばれる核酸の一種で，**塩基と糖**(五炭糖)と**リン酸**からなる**ヌクレオチド**が多数鎖状につながった高分子化合物である。

　DNA の糖は**デオキシリボース**，塩基は**アデニン**(A)・**グアニン**(G)・**シトシン**(C)・**チミン**(T)の 4 種類である。

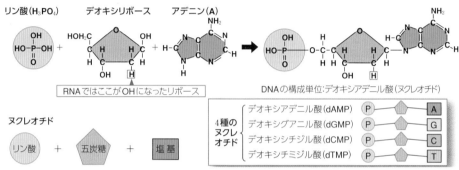

▲ 図 3-5　DNA の構成単位

2 DNAの塩基の割合　シャルガフ(アメリカ)は，すべての生物の DNA では，A と T の比がほぼ 1:1，G と C の比がほぼ 1:1 であることを発見した。さらに生物種ごとに，A と T，あるいは G と C の構成比が異なることもみつけた。これらの発見は，遺伝子の本体がタンパク質であるよりも，DNA のほうがふさわしいとの示唆をワトソンとクリックに与えることとなった。

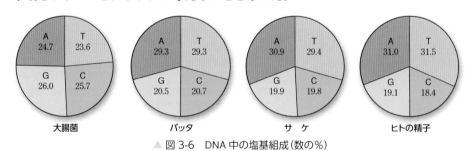

▲ 図 3-6　DNA 中の塩基組成(数の%)

3 二重らせん構造　DNA を構成するヌクレオチドどうしは，糖とリン酸のところで互いに結合して長い鎖のようになっている。そして，この鎖(ヌクレオチド鎖)2 本が互いの塩基どうしで結合して大きならせんに巻いており，このような構造を**二重らせん構造**という。

DNA の二重らせん構造は，**ワトソン**（アメリカ）と**クリック**（イギリス）によって提唱された。ワトソンとクリックは，**ウィルキンスとフランクリン**（ともにイギリス）が X 線回折で得たデータ[1] を見て，DNA の X 線回折像が十文字になることから，DNA は二重らせん構造であることを提唱した（1953 年）。また，シャルガフの発見に基づき，塩基は A と T，および G と C が向かい合って，**水素結合**（2 つの塩基の O と H，N と H の間で静電気的に引き合って生じる弱い結合）でつながっ

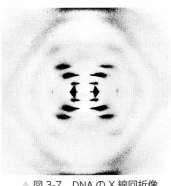

▲ 図 3-7　DNA の X 線回折像

ていることも提唱した。このモデルによれば，一方のヌクレオチド鎖の塩基配列が決まると，塩基間の相補性により，自動的に他方の塩基配列も決まることになる。また，1 つの DNA 分子では，含まれる A と T の数は同じで，G と C の数も同じになることもうまく説明することができる。

　二重らせんの幅は 2.0 nm（2.0×10^{-9} m）で，らせん 1 回転（1 ピッチ）の長さは 3.4 nm，1 回転中にはヌクレオチド対が 10 ある。

▲ 図 3-8　ワトソン（左）とクリック（右）

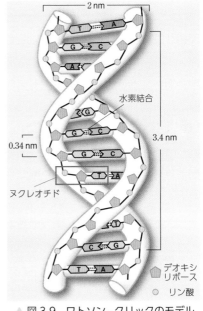

2 nm

水素結合

3.4 nm

0.34 nm

ヌクレオチド

デオキシリボース

リン酸

▲ 図 3-9　ワトソン - クリックのモデル

重要

> ## DNA 中の塩基
> 結合相手は決まっている（A-T，G-C）
> A の数＝T の数，G の数＝C の数

1）ウィルキンスは，フランクリンが撮影した X 線回折像を，彼女の許可なくワトソンとクリックに見せたともいわれている。1962 年にワトソン，クリック，ウィルキンスの 3 名は DNA の立体構造の解明の業績によってノーベル賞を受賞したが，「ノーベル賞は生きている人にのみ送られる。」という規定があるため，1958 年に 37 歳で亡くなったフランクリンには，ノーベル賞は授与されなかった。近年，フランクリンの業績は再評価されている。

DNA 中のヌクレオチド対 10 個分の距離は 3.4 nm ($3.4×10^{-9}$ m)で, ヒトの体細胞の DNA はおおよそ $1.2×10^{10}$ 個のヌクレオチドからなる。

(1) ヒトの体細胞の DNA 分子の全長はほぼ何 m か。

(2) ヒトの体細胞の染色体数は 46 である。1 染色体当たりの DNA の平均の長さはどれくらいになるか。

(3) DNA の片方のヌクレオチド鎖の塩基配列が CTGACCGAA のとき, 対になるヌクレオチド鎖の塩基配列を示せ。

(4) ある生物の DNA について, その塩基構成を調べたところ, A の含有量は 30% であった。このとき, G, C, T の含有量はそれぞれ何%か。

考え方 ▶ (1) ヌクレオチド対の数は, ヌクレオチドの数の半分になることに注意する。

$$\frac{3.4×10^{-9}\,\text{m}}{10}×\frac{1.2×10^{10}}{2}≒2.0\,\text{m} \quad \boxed{答}$$

(2) $\dfrac{2.0\,\text{m}}{46}≒0.043\,\text{m}=\textbf{4.3 cm}$ 　 答

(3) A と T, G と C が相補的に結合する。

GACTGGCTT 　答

(4) DNA 中の塩基は, A の数＝T の数, G の数＝C の数となっている。

T の含有量＝A の含有量＝**30%** 　答

G と C の含有量はあわせて

$100-30×2=40\%$ で,

G の含有量＝C の含有量なので,

C の含有量＝$40÷2=$**20%** 　答

C の含有量＝**20%** 　答

🧪 **L a b o r a t o r y** 　DNAの抽出

方法 (1) 乳鉢でニワトリの肝臓 10g をすりつぶす。

(2) (1)に 10% SDS 溶液 15mL を加え, よく混ぜる。

(3) (2)に 15%食塩水 15mL を加え, よくかくはんする。

(4) (3)をビーカーに移して 100℃ で 5 分間湯せんし, 手で持てる熱さになったら, 4 枚重ねのガーゼでろ過する。

(5) ろ液を冷却し, 冷却しておいたエタノールを加える。

(6) ガラス棒で静かに混ぜ, 糸状の物質(DNA)を巻き取る。

MARK ① 肝臓をすりつぶすことで細胞をばらばらにする。

② SDS は界面活性剤で, 界面活性剤は生体膜を壊す。

③ DNA は負に帯電していて, 食塩水を加えると, Na^+ の電荷と打ち消しあって析出する。抽出液の湯せんにより, タンパク質が変性(→ p.45)し, DNA からはずれる。

④ エタノールには水を奪う作用があるため, DNA は析出しやすくなる。

▲ 図 3-10　DNA の抽出実験

生物のからだをつくっている細胞が，2つの新たな細胞に分かれることを**細胞分裂**という。細胞は細胞分裂によって数を増やしていく。細胞分裂では，核の中にあった遺伝情報を担う DNA が染色体の形に荷造りされて，新たにできる細胞に伝えられる。このとき，遺伝情報は正しく複製されて伝えられる必要がある。どのようにして DNA は複製され，2つの細胞に分配されるのだろうか。

A DNAと染色体 ★★

1 真核細胞の染色体 真核細胞の DNA の大部分は核の中に存在する。DNA は通常は核内に伸び広がっているが，細胞分裂の際にはいく重にも折りたたまれて，太いひも状の**染色体**へと凝縮される。

例えば，ヒトの体細胞1個の核に含まれる DNA の全長はおおよそ2m にもなり，これが 46 本の染色体に分配されているわ

▲ 図 3-11　細胞分裂中期の染色体(電顕写真)

けであるから，染色体1本当たりの DNA の平均の長さは約4cm となり，これが平均約5µm の長さの染色体に圧縮されて入っていることになる。

①DNA分子　②DNA 分子が　③ ②が密に並ん　④ ③が折りたたまれ，さらに　⑤ 中期の染色体
　　　　　　　ヒストンに巻き　だ構造ができる　　それがらせん状に巻いて圧縮　(2本の染色分
　　　　　　　つく　　　　　　　　　　　　　され，染色体になる　　　　体からなる)

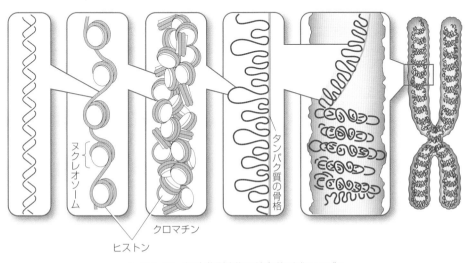

ヌクレオソーム

クロマチン

ヒストン

タンパク質の骨格

▲ 図 3-12　細胞分裂中期の染色体形成のモデル

2 **ヌクレオソーム**　真核細胞の DNA は，**ヒストン**とよばれる塩基性タンパク質の粒子に巻きついており，このような基本単位構造を**ヌクレオソーム**という。

　ヌクレオソームは数珠状に連なって直径約 30 nm の繊維状の構造（**クロマチン**）をつくり，これが折りたたまれ，さらにらせん状に巻いて染色体を形成している。

> **補足** **染色体数と DNA 分子の数**　真核細胞では，核の DNA は何本かの鎖（分子）に分かれて入っている。これらは，分裂のときそれぞれ 1 本の凝縮した染色体になるので，この鎖は染色体の数だけあると考えられる。

> **注意** **染色体**　染色体とは，ふつう分裂期に見られる太く凝縮したひも状のものをさすが，間期のそれは伸び広がっているだけで，近年ではそのようなものを含んだ広い意味に用いられることが多い。そのため，以前使われていた染色質[1]や染色糸[2]の用語は使わず，すべて染色体で統一して用いられている。

3 **ヒトの染色体の構造**　図 3-13 は，ヒトの染色体の基本的な構成要素を簡略化し，模式化して示したものである。

　染色体の中心には，タンパク質でできた軸が 1 本通っていて，それに巻きつくように DNA とタンパク質とからなる繊維が 1 本付着している。両端には**テロメア**とよばれる特定の塩基配列の部分がある。テロメアは，高度に凝縮した構造をしていて，染色体の複製の際に末端が失われるのを防いでいる。

　形質の発現に直接関係する遺伝子をもっているのはループの部分である。この図では，ループは 16 個描かれているが，実際にはもっと多く，ループそのものも長い。

　染色体のくびれた部分には，核分裂のときに紡錘糸が付着する**動原体**とよばれる構造があり，この部分には遺伝子は含まれていないと考えられている。

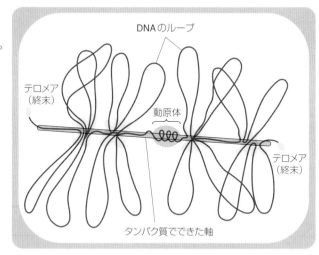

▲ 図 3-13　ヒトの染色体の基本的な構成要素（模式図）

---

1) **染色質**　間期の核において，オルセインなどの塩基性の色素で赤く染まる部分を染色質というが，これは，DNA とヒストンとの複合体を主成分とする部分で，それ以外に非ヒストンタンパク質と少量の RNA とからなる。
2) **染色糸**　以前は，間期の核内などにおいて，光学顕微鏡で識別可能な最も細い糸状構造を染色糸とよんでいたが，染色質と同様，近年ではそのような状態のものも染色体とよぶようになった。

4 原核細胞の染色体　原核細胞の DNA は，**核様体**（ヌクレオイド）とよばれる部分にあって，核膜に包まれていない。細胞膜の内側のうち，核様体を除いた領域が細胞質である。

　原核細胞では，真核細胞の分裂期に見られるような太く凝縮した染色体は現れない。1 本の環状（輪ゴム状）DNA 分子が，少量のタンパク質とともに密に折りたたまれている。しかし，広い意味で，細菌の染色体というように染色体の語がよく使われている。

　[補足] 原核細胞の多くは，染色体 DNA 以外に，小さな環状の DNA 分子をもつ。これは**プラスミド**とよばれる。プラスミドには少数の遺伝子が含まれ，これらの遺伝子は通常は細胞の生育や増殖には必要ない。ただし，場合によっては細菌の生育に有利にはたらくことがある。例えば，抗生物質に対する耐性を与える遺伝子はプラスミドに存在する。

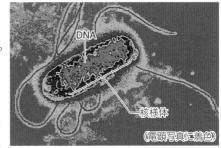

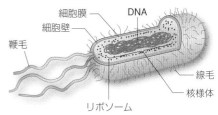

▲ 図 3-14　大腸菌の構造

発展　**原核生物の核様体**

　大腸菌の長さは，ほぼ 3μm であり，DNA 分子の全長は 1100μm（＝1.1mm）である。したがって，DNA は菌体内に 400 回近く折れ曲がって入っていることになる。詳しく見ていくと，この長さの DNA が，長さ約 1μm，幅 0.2μm の円筒状構造へ高密度に圧縮され，核様体をつくっている。この凝縮作用では，多くのタンパク質が DNA に結合してはたらいている。図 3-15 は，大腸菌の DNA が凝縮されて核様体になるまでの段階を示したものである。大腸菌の核様体には，50 以上のスーパーコイル（超らせん）構造があり，それぞれがタンパク質と結合して安定化されている。DNA の複製のときなどは，もつれないように秩序立てて複製される。

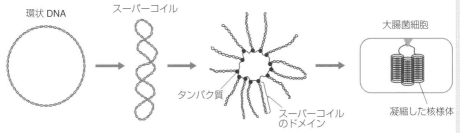

▲ 図 3-15　大腸菌の DNA が凝縮されて核様体になるまでの段階

⑤ 細胞小器官のDNA (1) **細胞小器官** 真核細胞には，葉緑体・ミトコンドリア・中心体・小胞体・ゴルジ体などの細胞小器官がある。

(2) **核外DNA** これらの細胞小器官のうち，葉緑体やミトコンドリアなどは，自分で分裂して増え，ごく少量ながらDNAをもっている。このようなDNA分子を**核外DNA**といい，これらの細胞小器官が分裂するときに，中心的にはたらいていると考えられている。これら細胞小器官内における核外DNAの存在状態は，原核細胞のDNAの存在状態とよく似ている。

[補足] 表3-1に示したように，真核生物の核のDNA量は，原核生物のDNA量(大腸菌で33.1×10^{-16}g)と比べて非常に多く，数十～数千倍にもなる。しかし，ミトコンドリアや葉緑体などの分裂する細胞小器官がもつDNA量は，核のDNA量に比べて少なく，原核生物のDNA量と同じ程度である。

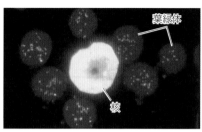

▲ 図3-16 葉緑体のDNA
(白く光っているところにDNAがある)

▼ 表3-1 真核生物のDNA量

種	類	DNA量 $(10^{-16}$g$)$	DNA分子全長(μm)
核	アカパンカビ(n)	900	28000
	クロレラ	2500	78000
	ユスリカ	4300	133000
	ショウジョウバエ	10000	310000
	タマネギ	543000	16830000
	ニワトリ	25000	775000
	ヒト	56000	2000000
	ウシ	64000	1980000
ミトコンドリア	ネズミの肝臓	0.16	5
	アカパンカビ	0.5	16
葉緑体	カサノリ	1～10	31～310
	ミドリムシ	110	3.410

Column ⊤ **ウイルスの染色体のタイプ**

　これまで学んできたように，真核生物や原核生物において遺伝情報としての役割を担うDNAは二重らせん構造をしている。それでは，T_2ファージなどのウイルスではどうであろうか。

　ウイルスには，大きく分けて遺伝情報としてDNAをもつ**DNAウイルス**とRNA(→p.170)をもつ**RNAウイルス**の2つがある。DNAウイルスの染色体には，1本鎖DNA，1本鎖環状DNA，2本鎖DNA，2本鎖環状DNAなどがあり，RNAウイルスの染色体には1本鎖RNA，2本鎖RNAなどがある。大腸菌に寄生して増えるT_2ファージは2本鎖DNAをもっており，そのDNA量は，大腸菌などと比べてもはるかに小さく，2.2×10^{-16}gほどである。

B　細胞周期とDNA　★★★

1 細胞周期　細胞が分裂をくり返す場合，
1回の分裂を終えてから次の分裂を終える
までを**細胞周期**といい，大きくは間期と**分
裂期（M期）**に分けられる。

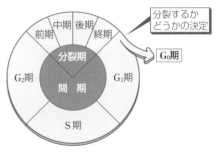

▲ 図3-17　細胞周期

2 間期　分裂が終わってから次の分裂が
始まるまでの時期。球形の核の外観に顕著
な変化は見られず，休んでいるように見え
るが，盛んに物質の合成などを行い，次の
分裂の準備を行っている。間期はさらに G_1 期，S期，G_2 期に分けられる。
　細胞の中には，分裂を停止しているものがあり，この時期は **G_0 期**とよばれる。
(1) **DNA合成準備期（G_1 期[1]）**　成長しながら DNA 合成の準備などを行う。
(2) **DNA合成期（S期[1]）**　遺伝子の本体である DNA の合成が行われ，DNA 量は2
　倍になる。このとき，もとの DNA を鋳型にして，もとと全く同じ塩基配列をも
　った DNA が合成される（複製，→ p.162）。
(3) **分裂準備期（G_2 期）**　次の分裂に備えて成長と準備を行う。

3 分裂期（M期）　細胞分裂の行われる時期。核分裂は，前期・中期・後期・終期
の4つの時期に分けられる（→ p.166）。DNA の分配が行われる M 期に DNA 分子は
最も凝縮しており，DNA 分子の鎖は折りたたまれ，太いひも状の染色体になる。

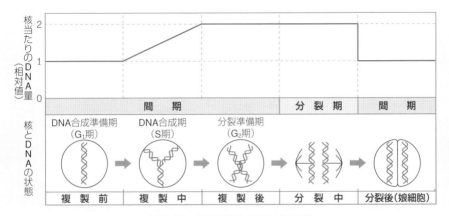

▲ 図3-18　細胞周期と DNA 量の変化

1) G は Gap(間)から，S は Synthesis(合成)からとったものである。

C DNAの複製 ★★★

1 DNAの複製　核に含まれる DNA と全く同じ DNA がもう 1 組合成されることを**DNAの複製**といい，細胞周期では，間期の S 期（DNA 合成期）に起こる。DNA の複製は，おおよそ次のような手順で行われる。

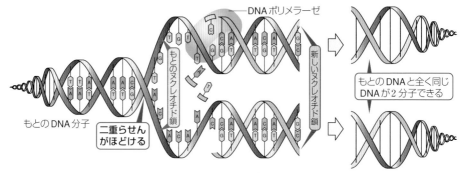

▲ 図 3-19　DNA の複製（半保存的複製）

① **二重らせんが開く**　複製に先立って，2 本のヌクレオチド鎖の間の塩基対（A と T，G と C）の水素結合が切れて二重らせんがほどけ，それぞれ 1 本の鎖になる。

② **対応する（相補的な）塩基をもつヌクレオチドの配列**　1 本鎖の相手のなくなった塩基に，それぞれ相補的な塩基をもったヌクレオチドが並ぶ。

③ **ヌクレオチドどうしの結合**　並んだヌクレオチドどうしは，**DNA ポリメラーゼ**（DNA 合成酵素）のはたらきによって互いに結合され，新しいヌクレオチド鎖がつくられる。

④ **半保存的複製**　したがって，もとの DNA 分子には 2 本のヌクレオチド鎖があったが，そのうちの 1 本（鋳型鎖）と新しく合成されたヌクレオチド鎖（新生鎖）1 本とからなる DNA 分子（二重らせん）が 2 分子できることになる。このような複製の方法を**半保存的複製**という。

2 DNAポリメラーゼの発見　1956 年，アメリカの**コーンバーグ**は，大腸菌をすりつぶし，それを遠心分離して得た細胞を含まない上澄み液を，4 種類のデオキシリボヌクレオチドと ATP とともに DNA に加えると，その DNA と同じ DNA が合成されることを発見した。すなわち，この実験から，細胞をすりつぶして得た上澄み液には DNA 合成を促進する酵素（**DNA ポリメラーゼ**）が含まれていることが明らかになった。

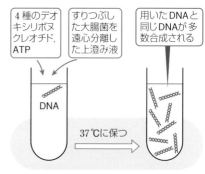

▲ 図 3-20　コーンバーグの実験

3 半保存的複製の証明　ワトソンとクリックによる DNA の半保存的複製の仮説（1953 年）は，次に述べる**メセルソン**と**スタール**の実験（1958 年）によって，直接的に見事に証明された。

(1) **重い DNA をもつ大腸菌**　ふつうの窒素 ^{14}N の同位体 ^{15}N（非放射性）をもつ塩化アンモニウム（^{15}NH$_4$Cl）を唯一の窒素源とする培地で大腸菌を何代にもわたって培養し，DNA の窒素がすべて ^{15}N である大腸菌（重い ^{15}N-^{15}N-DNA をもつ大腸菌）を得た（窒素は DNA の塩基に含まれる）。

(2) **ふつうの培地での培養**　^{15}N-^{15}N-DNA をもつ大腸菌をふつうの ^{14}NH$_4$Cl の培地に移して培養を続け，各代ごとに DNA を抽出して，塩化セシウム密度勾配遠心法でその DNA の分布（重さ）を調べた。

　① **1 代目（1 回分裂後）**　重い DNA（^{15}N-^{15}N-DNA）はなくなり，すべて中間の重さの DNA（^{15}N-^{14}N-DNA）となった。

　② **2 代目**　中間の重さの DNA（^{15}N-^{14}N-DNA）と軽い DNA（^{14}N-^{14}N-DNA）が 1：1 の割合で生じた。

　③ **3 代目**　中間の重さの DNA と軽い DNA が 1：3 の割合で生じた。

　④ **4 代目**　中間の重さの DNA と軽い DNA が 1：7 の割合で生じた。

　⑤ **n 代目**　中間の重さの DNA と軽い DNA が $1：2^{n-1}-1$ の割合で生じた。

　これから，代を重ねるごとに軽い DNA の割合は増えていくが，中間の重さの DNA（もとの ^{15}N ヌクレオチド鎖 1 本をもつ DNA）は何代たっても消滅しないことがわかった。

> 重要
>
> メセルソンとスタールの実験
> n 代目（n 回複製）の DNA では
> 中間：軽い＝$1：2^{n-1}-1$

補足　塩化セシウム密度勾配遠心法　塩化セシウム（CsCl）溶液を 45000 回/分という高速で遠心分離すると，遠心管の上方にはやや薄い液が残り，下方にやや濃い液がたまって密度勾配ができる。この溶液中に DNA を入れて遠心分離すると，密度勾配の中の集まる位置によって DNA の重さを区別することができる。

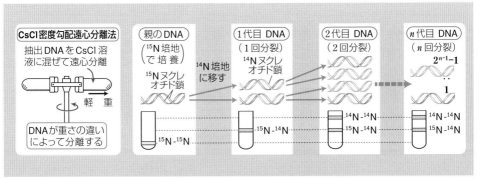

▲図 3-21　メセルソンとスタールの実験

4 複製のしくみ DNA の複製は，次のような過程で進められる。それぞれの過程では，多種類のタンパク質が協同的にはたらいている。

(1) **複製の開始** DNA の複製は，**複製起点**（レプリケーター）とよばれる短い塩基対からなる配列部分において二重らせんがほどけ，そこから両方向に複製が進む。DNA の複製起点で**トポイソメラーゼ**という酵素のはたらきによって DNA 鎖がほどけると，**DNA ヘリカーゼ**という酵素が二重らせんになっている DNA を巻きもどして広げ，1 本鎖にしていく。1 本鎖の部分は，1 本鎖結合タンパク質が結合して安定化する。

［補足］複製起点の数 大腸菌のような原核生物では染色体 DNA が環状であり，複製起点は 1 か所だけである。そこから両方向に複製が進み，そのようすからシータ（θ）構造とよばれる。一方，真核生物では染色体 DNA は線状であり，1 つの DNA 当たり数十から数百か所の複数の複製起点がある。

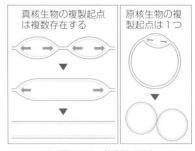

▲ 図 3-22 複製の開始

それぞれの複製起点から両方向に複製が進むため，メガネ構造とよばれる。

(2) **プライマーの合成** 相補的な DNA 合成に先立ち，**プライマー**（RNA プライマー）とよばれる数個から 10 数個のヌクレオチドからなる短い RNA が鋳型の DNA 鎖に合成される。DNA ポリメラーゼは鋳型鎖の何もない部分から DNA 鎖を複製することはできず，プライマーからつなげるようにして新生鎖を合成していく。

(3) **DNA 鎖の伸長** デオキシリボース（五炭糖）を構成している炭素原子には，$1'$ から $5'$ までの番号がつけられている。これに注目すると，DNA 中の 2 本のヌクレオチド鎖は互いに逆向きになっていることがわかる。

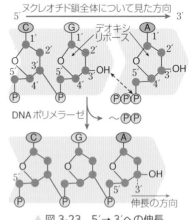

DNA ポリメラーゼは，鋳型の DNA 鎖の塩基に相補的な塩基をもつヌクレオチドを取りこみ，$3'$ 末端部につなげる（図 3-23）。$5'$ から $3'$ の方向へとこの過程が順に進行することで，ヌクレオチド鎖が伸長する。ヌクレオチド鎖は $5'$ から $3'$ の方向にだけ伸長される。このため，2 本鎖のうち一方（リーディング鎖）は，$5'$

▲ 図 3-23 $5' \rightarrow 3'$ への伸長

から $3'$ の方向に連続的に複製されるものの，もう一方の鎖（ラギング鎖）は，断片的に $5'$ から $3'$ の方向に不連続に複製される。ラギング鎖上にできる DNA 断片は発見者である日本の岡崎令治にちなんで**岡崎フラグメント**とよばれる。

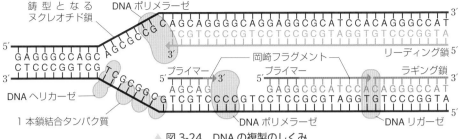

▲ 図 3-24　DNA の複製のしくみ

補足 DNA ポリメラーゼによって誤った塩基が付加されたときには，**エキソヌクレアーゼ**という酵素が誤った塩基対の構造を認識して，これを取り除く。DNA ポリメラーゼは 10 万個に 1 個の割合で間違うが，エキソヌクレアーゼがはたらくと，誤りの頻度は 1000 万個に 1 個にまで低下させられる。

(4) **プライマーの置換**　ラギング鎖では，DNA ポリメラーゼがとなりのプライマーの 5′ 側に達すると，RNA プライマーが除去されて DNA に変えられていき，岡崎フラグメントがさらに伸長する。

(5) **DNA 断片の連結**　ラギング鎖では，DNA 断片（岡崎フラグメント）どうしの不連続部分を **DNA リガーゼ** が連結する。

発展　末端複製問題

　RNA プライマーは，複製が終わると取り除かれ，DNA ポリメラーゼによって DNA に置換される。ところが，真核生物の染色体は直線状であるため，新生鎖の最も 5′ 側にある RNA プライマーが除去されても DNA で置き換えることができない。そのため，複製のたびにプライマーの長さの分だけ新生鎖が短くなっていってしまうという問題が生じる。

　この問題を解決するのが，真核生物の染色体の両端にある**テロメア**である。テロメアは TTAGGG 配列のくり返し構造であり，ここには遺伝子は含まれない。染色体の複製が行われるたびにテロメアは短縮化し，限界になると複製が行われなくなり細胞分裂が停止する。このため，テロメアの長さは，細胞の寿命をはかる上での指標の 1 つとされる。

　生殖細胞や幹細胞では，**テロメラーゼ**という酵素がはたらき，染色体末端の長さが一定に維持されている。したがって，受精卵のテロメアは本来の長さにまで回復する。しかし，分化した体細胞にはテロメラーゼがほとんど存在せず，細胞分裂のたびにテロメアが少しずつ短くなる。

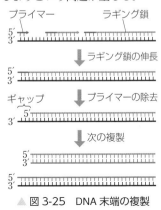

▲ 図 3-25　DNA 末端の複製

D 遺伝情報の分配 ★★★

間期に複製された DNA は，細胞分裂によって 2 つの細胞に等しく分配される。

１ 母細胞と娘細胞 細胞分裂では，生物の雌雄に関係なく，分裂する前の細胞を**母細胞**，分裂によってできる細胞を**娘細胞**という。

２ 体細胞分裂 細胞分裂には，分裂の前後で染色体数が変わらない**体細胞分裂**と，娘細胞の染色体数が母細胞の半分になる**減数分裂**とがある。

体細胞分裂は，一般的にはふつうの生物のからだをつくっている細胞の分裂で，体細胞分裂によって，単細胞生物は個体の数を増やし，多細胞生物は細胞の数が増えて成長する。

> **注意** 名称から，体細胞分裂はからだをつくるときの分裂，すなわち，成長するときの分裂で，減数分裂は卵や精子をつくるときの分裂と考えがちであるが，多くの植物では，卵や精子(精細胞)などの配偶子は，減数分裂の後に体細胞分裂を経てつくられる(→ p.390)。

３ 体細胞分裂の過程 通常の細胞分裂は，核が 2 つに分かれる**核分裂**と，細胞質が 2 つに分かれる**細胞質分裂**の 2 つの過程からなる。

４ 核分裂 核分裂の過程は，染色体の形や行動をもとに，前期・中期・後期・終期の 4 つの時期に分けられる。ふつうは，1 ～ 6 時間を要する。

(1) **前期** 核内に伸び広がっている染色体が，いく重にも折りたたまれて太いひも状の染色体になる。染色体はそれぞれ縦に裂けて 2 本の染色体 (**染色分体**) からなっている。この時期の終わりに，核膜と核小体が消失し，**紡錘体**が出現する。

> **補足** **紡錘体** 前期の終わりごろに現れる。動物細胞では，2 個の中心小体からなる中心体が 2 つに分かれて核の両極(核や紡錘体を地球にたとえ，その両端を極という)に移動し，こ

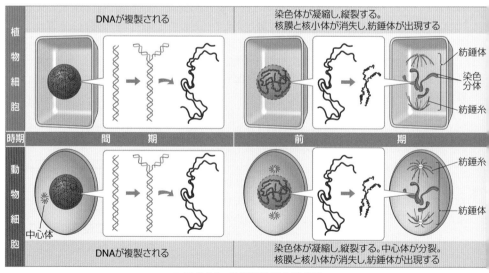

▲ 図 3-26 体細胞分裂の模式図

れが基点となって紡錘糸が伸び，紡錘体と星状体ができる。植物細胞では，極のところに白く抜けた極帽とよばれる部分ができて，これが基点となって紡錘糸が伸びる。

(2) **中期** ひも状の染色体が赤道面上に並ぶ。

(3) **後期** 各染色体の2本の染色分体が，それぞれ分かれて両極へ移動する。

[補足] このとき，染色体は動原体(ふつう，染色体のくびれた部分で，紡錘糸が結びつく場所)に結びついた紡錘糸に引かれるようにして移動する。

(4) **終期** 染色体が極にたどりつき，染色体はもとの伸びた状態になる。核膜が現れ2個の娘核が完成する。

5 細胞質分裂 ふつうは娘核が完成する前に細胞質の分裂が始まる。細胞質分裂の完了によって細胞分裂が完成して，2個の娘細胞ができる。

(1) **植物細胞** 終期に入ると，赤道面の中心部に粒状の物質(ペクチン)が集まって細胞板ができ，これが広がって細胞質を二分する。

(2) **動物細胞** 赤道面のまわりから細胞膜がくびれてきて，外から内へと細胞質を二分する。

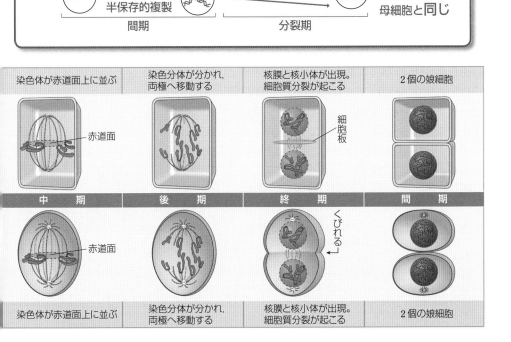

E 染色体の構成と核相 ★

　細胞分裂では，核の中にあった DNA が太いひも状の染色体の形に荷造りされて娘細胞に伝えられる。

　染色体がはっきりと見えるのは，太く凝縮した染色体が赤道面に並ぶ分裂期の中期であり，染色体の数や形の研究は，もっぱらこの中期のものを観察して行う。

1 染色体数　生物の種類によって，染色体の数は一定している（表3-2）。染色体数が多いほど，生物が進化しているとはいえない。染色体にある遺伝子の数と質が問題である。

▼ 表3-2　体細胞の染色体数($2n$)

植物名	染色体数	動物名	染色体数
ヤマザクラ	16	ヒ　ト	46
ソラマメ	12	ニワトリ	78
タマネギ	16	カ　イ　コ	56
イ　　ネ	24	キイロショウジョウバエ	8

2 核型　細胞分裂の中期に赤道面に並んだ染色体を極のほうから見たときの，染色体の形・数・大きさなどの特徴を**核型**という。同種の生物であれば，核型は同じである。

3 相同染色体　高等な動物や植物の体細胞の核には，形と大きさの等しい染色体が2本ずつ入っている。この対になる染色体を**相同染色体**という。

4 核相　n 対の相同染色体をもつ体細胞の染色体数は $2n$ である。減数分裂の結果できる胞子や精子・卵などの染色体数は体細胞の半分になるので n となる。

　核に含まれる染色体の構成，つまり相同染色体がどのように入っているかを**核相**といい，相同染色体が対になっている体細胞の場合を**複相**，相同染色体の片方ずつしかもたない精子や卵などの場合を**単相**という（複相を $2n$，単相を n で表すことも多い）。

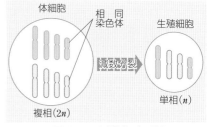

▲ 図3-27　減数分裂と核相

補足 性染色体　図3-28は，ヒト（男子）の染色体であるが，1組だけ形も大きさも違う染色体が入っている。これは性の決定にかかわる染色体で**性染色体**とよばれる。ヒトの性染色体のうち，大きいほうは X 染色体，小さいほうは Y 染色体といわれ，女性は X 染色体を2つ，男性は X 染色体と Y 染色体を1つずつもつ。

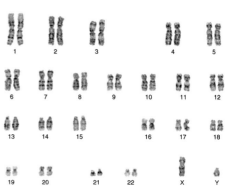

▲ 図3-28　ヒト(男子)の染色体
大きさの順に並べている

発展 細胞周期の制御

　細胞が分裂を続けるか，あるいは分裂を停止するかは，単細胞生物にとっては子孫を存続させられるかどうかの重大問題である。また，多細胞生物にとっては，その体制を保つために重大問題である。このように，真核生物では，単細胞性あるいは多細胞性を問わず，どのような時期に細胞分裂をするかが重要であり，そのために細胞周期をうまく制御するしくみがある。

1 細胞周期を調節するタンパク質　細胞周期を進行させるエンジンのようなはたらきをする因子として，**サイクリン**とよばれるアクセルのはたらきをするタンパク質と，サイクリンに依存してはたらくエンジンの役目の**タンパク質リン酸化酵素**，およびこれら2つの因子が複合体となってはたらくときにブレーキの役目をする**阻害因子**の3種類の存在が明らかとなっている。

2 チェックポイント　また細胞周期にはその進行を進めたり，止めたりする特定の時期があり，これらを**チェックポイント**という。

　G_1期のチェックポイントでは，細胞のまわりの状況を受けて，S期に進んでDNAの複製を始めるかどうか(つまり分裂するかどうか)が決められる。

　G_2期のチェックポイントでは，DNAの複製が完了したかどうかなどが確認され，分裂期に進むかどうかが決められる。遺伝情報を正確に次の世代に伝えるためには，DNAの複製が正確に行われることが必須である。何らかの原因でDNAに損傷が起きたり，その修復に時間がかかったりして複製が遅れたときには，このチェックポイントで細胞周期を停止し，複製が完全に終了するまで待つ。

　分裂期の中期と後期の間にあるチェックポイントでは，染色体の分配の準備が整っているかが確認される。分裂期後期では，染色体の動原体とよばれる部分にくっついた紡錘糸に引かれて，染色体が分配される。このチェックポイントでは，すべての染色体に紡錘糸がくっついたかどうかが確認されている。

　これらのチェックポイントにも，サイクリンに依存してはたらくタンパク質リン酸化酵素や，ブレーキの阻害因子が関係している。また，このチェックポイントのしくみに異常が生じたため，遺伝子に損傷を受けたまま分裂をくり返して，遺伝子の変異が蓄積されると，細胞のがん化が引き起こされると考えられている。

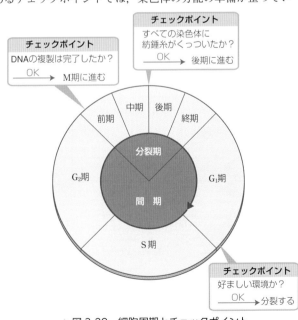

▲ 図3-29　細胞周期とチェックポイント

基生

A 遺伝情報とその発現 ★★★

　DNA の塩基配列という暗号化された形でかかれた遺伝情報は，どのようにして形質として現れてくるのだろうか。

$$\text{遺伝子 DNA} \xrightarrow[\text{転 写}]{\text{暗号の}} \text{mRNA} \xrightarrow[\text{翻 訳}]{\text{暗号の}} \text{タンパク質} \longrightarrow \text{形質の発現}$$

　遺伝子から形質発現までの過程は，上に示すように，遺伝子 DNA にかきこまれた遺伝暗号が RNA という物質へ写され（**転写**），RNA に写された遺伝暗号（塩基配列）がアミノ酸の配列に読みかえられてタンパク質が合成される（**翻訳**）という順で進む。DNA の二重らせん構造の提唱者であるフランシス・クリックは，このような遺伝情報の流れはすべての生物に共通のものであると考え，これを**セントラルドグマ**とよんだ。

B タンパク質合成にはたらく RNA ★★★

1 RNA　核酸のうち，糖がリボースであるのが **RNA**（リボ核酸）である。DNA 同様，4 種類のヌクレオチドからできているが，塩基はチミン（T）のかわりに**ウラシル（U）**

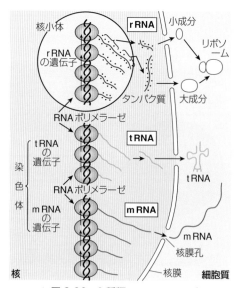

が使われ，1 本鎖である。おもにはたらきから，伝令 RNA（mRNA），転移 RNA（tRNA），リボソーム RNA（rRNA）の 3 つに分けられる。

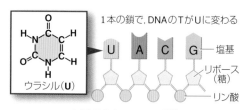

▲ 図 3-31　RNA の構造

（1）**伝令 RNA（mRNA）**　タンパク質の構造を指定している染色体上の遺伝子 DNA の塩基配列を転写してつくられ，核外に出て，タンパク質合成のときに配列するアミノ酸の種類や数・順序などを指定する。

▲ 図 3-30　3 種類の RNA のでき方

特に，mRNA の 3 つ組暗号を**コドン**という。

　mRNA は，遺伝子が発現するときにそれぞれの遺伝子ごとにつくられるので，その種類数は無数といってよい。例えば，ヒトでは 1 つのゲノムには約 2 ～ 3 万の遺伝子が含まれているので，それをもとに合成される mRNA の種類数も同じ数だけあると考えられる。

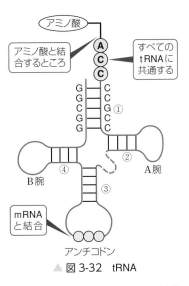

▲図 3-32　tRNA

(2) **転移 RNA(tRNA)**　アミノ酸を結合し，mRNAによって指定されたアミノ酸をリボソームまで運ぶはたらきをもつ。結合するアミノ酸の種類が違うと tRNA の種類も違う。また，アミノ酸を指定するすべてのコドンに対応する tRNA が存在する。染色体上の DNA の塩基配列を転写してつくられ，核外で特有の構造になる。

補足 ① **tRNA の種類数**　tRNA の場合は，遺伝暗号表 (→ *p.*174) に見られるように，停止コドン(3 種類)を除いて少なくとも 61 種類が必要であると考えられる。

② **tRNA の構造**　tRNA は，図 3-32 に示したような構造をしている。

　　単離された tRNA はすべて一方の端に A-C-C の塩基配列をもち，アミノ酸はこの A (アデニン) に結合する。また途中に，結合するアミノ酸に応じた塩基 3 つの配列 (**アンチコドン**とよばれる)があり，この部分で mRNA の対応する塩基配列と結合する。

(3) **リボソーム RNA (rRNA)**　タンパク質合成の場であるリボソームを形成するRNA で，核小体にある DNA の塩基配列を転写してつくられる。DNA 上で合成されるにつれてタンパク質が付着し，核外に出る。核外では，大小 2 つの粒子状のサブユニットに変わり，それらが合体してリボソームを形成する。

RNA	所　在	は　た　ら　き	分子量	塩基	糖	性質と構造
伝令 RNA (mRNA)	核 細胞質	DNA の塩基配列を写し取り，タンパク質合成のアミノ酸配列の順序を伝達。寿命は短い	3 万 ～ 200 万	A・C・G・U	リボース	・白色粉末状 ・1 本のリボース・ヌクレオチド鎖からなる (tRNA ではクローバー葉型構造)
転移 RNA (tRNA)	核 細胞質	活性アミノ酸をリボソーム上へ運搬(細胞分画すると,上澄みに存在するので,可溶性 RNA ともよばれる)	2.5 万			
リボソーム RNA (rRNA)	核 (おもに核小体) 細胞質 (リボソーム)	タンパク質合成の場(mRNA によって伝えられた情報にしたがって, tRNA が運んでくるアミノ酸を結合させる)	50 万 ～ 200 万			

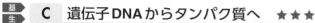

C 遺伝子DNAからタンパク質へ ★★★

１ 転写（mRNAの合成） まず，DNAの2本鎖の一部がほどけ，塩基どうしの結合が切れる。ほどけた部分では，**RNAポリメラーゼ**（RNA合成酵素）がプロモーターとよばれる特定の塩基配列に結合する。その後，RNAポリメラーゼが移動して，一方のヌクレオチド鎖にある遺伝情報（塩基配列）が，相補的な塩基配列をもつRNAに

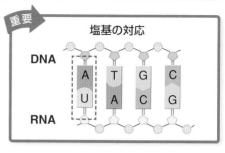

写し取られる[1]。この過程は**転写**とよばれる。塩基の相補的関係はDNAの場合とほとんど同じである。ただし，DNAの塩基AにはUが対応するので，例えばDNAの塩基配列のGAAは，mRNAにはCUUと転写される。

２ アミノ酸の活性化 細胞質では，アミノ酸活性化酵素のはたらきで，ATPのエネルギーを使ってまずアミノ酸とATPとの結合（アミノ酸の活性化）が起こり，次いで，活性化されたアミノ酸とtRNA（転移RNA）とが結合する。このとき，tRNAは，種類に応じてそれぞれ決まったアミノ酸を結合する。

３ 翻訳（アミノ酸つなぎ） mRNAに転写された遺伝情報にしたがって，タンパク質合成が行われる。この過程は**翻訳**とよばれる。翻訳では，mRNAの塩基3つの配列が1つのアミノ酸を指定しており，指定されたアミノ酸どうしが結合してタンパク質が合成される。

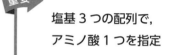

① mRNAにリボソームが付着し，そこに，それぞれ特定のアミノ酸を結合したtRNAがやってくる。このとき，mRNAの塩基3つの配列（コドン）に応じた塩基配列（アンチコドン）をもつtRNAが結合するので，これによって指定どおりのアミノ酸が運ばれる。

例えば，mRNAの塩基配列がCUUなら，GAAという塩基配列（アンチコドン）をもったtRNAが結合し，それによって運ばれるアミノ酸はロイシンということになる。

② 運ばれてきたアミノ酸が，その前に運ばれてきたアミノ酸と**ペプチド結合**によってつながれると，リボソームはmRNAをコドン1つ分だけ移動し，そこには同様に対応するtRNAが結合し，対応するアミノ酸が運ばれてくる。

③ このようにして次々とアミノ酸が運ばれてはつながれ，mRNAの情報どおりのタンパク質が合成される。

---

1) 2本鎖DNAのどちらのヌクレオチド鎖が転写されるかは，遺伝子ごとに決まっている。

4 翻訳の開始と終了　mRNA 上の翻訳開始の暗号（開始コドン）は AUG（メチオニン）で，特別の組成をもつ翻訳開始用メチオニン tRNA がやってきて結合する。翻訳開始用メチオニンは，その後ペプチド鎖から離れ，くり返し使われる。mRNA 上の合成終了の暗号（終止コドン）は UAA, UAG, UGA の 3 種で，この暗号までくると，翻訳は終了する。

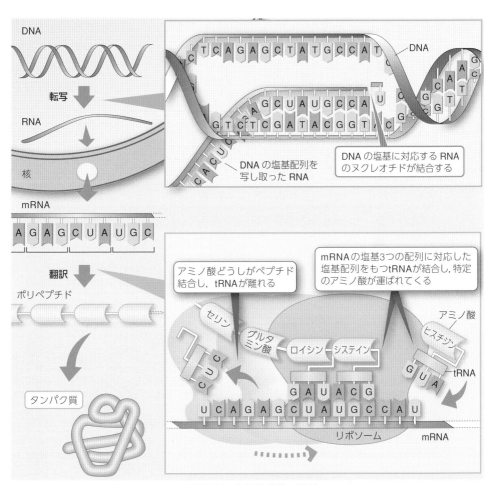

▲ 図 3-33　転写と翻訳の過程

D 塩基配列とアミノ酸 ★★★

1 トリプレット DNA には，その塩基の配列に遺伝情報が含まれている。つまり，塩基配列によって，タンパク質のアミノ酸配列が指定される。このとき，DNA の塩基3個が1組になって1つのアミノ酸を指定している。この塩基3つの配列を**トリプレット**または**3つ組暗号**という。

塩基1個の配列は4通り，塩基2個の配列は $4^2＝16$ 通りしかないが，3個の配列は $4^3＝64$ 通りあるので，20種類のアミノ酸を指定することができるわけである。

2 遺伝暗号の解読 mRNA の3つ組暗号を**コドン**という。ニーレンバーグ(1961年)，コラナ(1963年)らは，人工の mRNA をつくり，試験管の中でタンパク質合成を行って，どのコドンがどのアミノ酸を指定しているかを確かめた。例えば，ウラシルが多数つながった UUUUUUU……(ポリウラシル)という mRNA を合成し，これにタンパク質合成に必要な材料(大腸菌からのリボソームや各種酵素，各種アミノ酸，ATP など)を加えると，フェニルアラニンだけからなるポリペプチドができる。これから，UUU はフェニルアラニンを指定する遺伝暗号とわかる。現在では，mRNA のすべての3つ組暗号の解読は完了し，**表3-3**に示したように遺伝暗号表が完成している。

▼ 表3-3　遺伝暗号表(mRNA)

この表の読み方は，例えば，mRNA の塩基配列が CUU ならば，まず①欄で1番目の塩基の C を，②欄で2番目の U を，③欄で3番目の U を求め，3者が交差したところのアミノ酸(ロイシン)が求めるアミノ酸である。3番目の塩基の違いはアミノ酸の違いに反映されない場合が多い。

①	②	2 番 目 の 塩 基					③
		U	C	A	G		
1番目の塩基	U	UUU UUC フェニルアラニン / UUA UUG ロイシン	UCU UCC UCA UCG セリン	UAU UAC チロシン / UAA UAG 終止コドン	UGU UGC システイン / UGA 終止コドン / UGG トリプトファン	U C A G	3番目の塩基
	C	CUU CUC CUA CUG ロイシン	CCU CCC CCA CCG プロリン	CAU CAC ヒスチジン / CAA CAG グルタミン	CGU CGC CGA CGG アルギニン	U C A G	
	A	AUU AUC イソロイシン / AUA (開始コドン) AUG メチオニン	ACU ACC ACA ACG トレオニン	AAU AAC アスパラギン / AAA AAG リシン	AGU AGC セリン / AGA AGG アルギニン	U C A G	
	G	GUU GUC GUA GUG バリン	GCU GCC GCA GCG アラニン	GAU GAC アスパラギン酸 / GAA GAG グルタミン酸	GGU GGC GGA GGG グリシン	U C A G	

1 真核生物の場合　真核生物では，既に学習したように転写は核の中で行われ，翻訳は細胞質で行われる。

(1) **転写**　原核生物では1種類のRNAポリメラーゼがすべてのRNAの合成を触媒するが，真核生物では3種類のRNAポリメラーゼのうち，1種類だけがmRNAの合成にはたらく。転写の結果できるmRNAは**mRNA前駆体**とよばれ，はじめの5′末端には後にリボソームとの結合にはたらく**キャップ**とよばれる構造が付加され，最後の3′末端には多数のA(ポリA)からなる**テール**(尾部)が付加される。

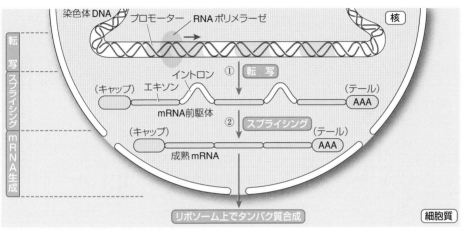

▲図3-34　真核生物でのmRNAの生成

(2) **RNAスプライシング**　原核生物ではタンパク質のアミノ酸を指定するmRNAはすべてひと続きになっているが，真核生物のmRNA前駆体には，アミノ酸を指定しない介在配列(**イントロン**という)が挿入されている。したがって，mRNA前駆体からイントロンを取り去り，必要な部分(**エキソン**という)をつなぎ合わせる必要がある。この過程を**スプライシング**という。スプライシングされてできた**成熟mRNA**は，核膜孔から細胞質へと送り出される。

(3) **選択的スプライシング**　転写されてできたRNAから成熟mRNAがつくられるとき，異なるエキソンをどのように選択的に組み合わせてタンパク質をつくるかによって転写産物が異なってくる場合があり，これを**選択的スプライシング**という。このため，ヒトの遺伝子数は2万個程度にすぎないが，生物の複雑さを示すタンパク質の種類は約10万にも及ぶと推定されている。

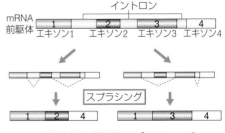

▲図3-35　選択的スプライシング

② 原核生物の場合　核膜のない原核生物では，mRNAへの転写と翻訳は同時に起こる。この点，真核生物とは異なる。

　原核生物では，タンパク質のアミノ酸を指定するmRNAはほぼすべてがひと続きになっているため，真核生物のようにスプライシング（→p.175）はほとんど行われない。そのため，図3-36のように大腸菌の染色体(DNA)では，RNAポリメラーゼ(RNA合成酵素)のはたらきでDNAの遺伝情報がmRNAに転写されると，直ちにタンパク質への翻訳が行われる。

① 転写開始位置（プロモーター）に付着したRNAポリメラーゼによって，mRNAが転写されながら染色体から外れていく。リボソームは，転写の完了を待たずに転写されたmRNAの先端に取りついて，アミノ酸を遺伝情報通りにつないでいき，タンパク質を合成する。

② mRNAに付着するリボソームは，DNA上で合成されたリボソームRNA(rRNA)にタンパク質が付着して大サブユニットと小サブユニットができ，mRNAへきて結合してできる。

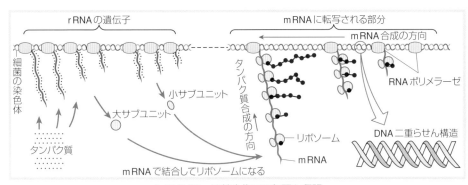

▲ 図 3-36　原核生物での転写と翻訳

> ## Column マ 細菌のタンパク質合成と抗生物質
>
> 　細菌には，結核やコレラ，赤痢などいろいろな感染症を引き起こすものがある。これらの細菌に対しては，**抗生物質**が有効である。細菌に対する抗生物質の作用のしかたはさまざまであるが，その多くは細菌のタンパク質合成を阻害するものであり，リボソームの機能や構造の違いによって原核生物のリボソームに選択的にはたらくため，人体に対する影響は小さい。例えば，結核の治療薬として有名なストレプトマイシンは，結核菌のリボソーム（小サブユニット）に結合することによって，タンパク質の合成を阻害している。
>
> 　抗生物質は薬として非常に有効ではあるが，ウイルスには効き目がない。風邪をひいたときに抗生物質を処方されることがあるが，これは風邪を治すためのものではなく，からだが弱っているときに細菌感染症にかからないようにするためのものである。

F　構造タンパク質による形質発現　★★

できてくるタンパク質が構造・運搬・抗体などのタンパク質のときは，形質は直接発現する。

$$遺伝子（転写）\ DNA \xrightarrow{（転写）} mRNA \xrightarrow{（翻訳）} タンパク質 \longrightarrow 形質発現$$

構造タンパク質
運搬タンパク質
抗体タンパク質

1 鎌状赤血球貧血症　アフリカからアジアの熱帯にかけての地域に，酸素が少なくなると赤血球が鎌のような形（三日月形）に変形し，酸素運搬の能力がなくなって重症の貧血を起こす**鎌状赤血球貧血症**という病気がある。

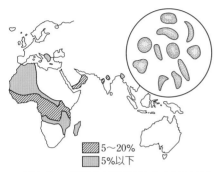

▲ 図 3-37　鎌状赤血球（円内）と病気の地域

5〜20%
5%以下

① この病気の遺伝子をホモ接合 (SS) にもつヒトは，重度の貧血のため，子孫を残す前に死ぬので，集団から S 遺伝子は自然と除かれるはずである。しかし，ヘテロ接合 (SA) のヒトは発病せず，またマラリア（カが媒介するマラリア原虫によって起こる病気）にかかりにくいので生き残り，S 遺伝子は受けつがれている。

② **ヘモグロビンの変化**　ヒトのヘモグロビンは 141 個のアミノ酸からなる α 鎖 2 本と，146 個のアミノ酸からなる β 鎖 2 本とからできていて，この病気のヒトの β 鎖では，6 番目のアミノ酸（ふつうは**グルタミン酸**）がバリンになっている。これは，遺伝子 DNA のグルタミン酸を指定する暗号 **CTC** が，**CAC** と 1 字違っているために起こるものである。

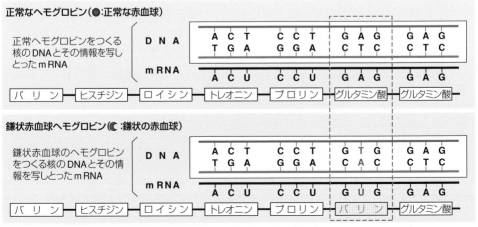

▲ 図 3-38　正常ヘモグロビンと鎌状赤血球のヘモグロビンの差異と DNA の暗号

G 酵素タンパク質による形質発現 ★★

できるタンパク質が酵素の場合には，そのはたらきで物質代謝が行われ，特定の生成物ができて，それによって形質が発現する。

遺伝子 DNA ⟶ mRNA ⟶ タンパク質（酵素）
物質代謝 ⟶ 生 成 物
↓
形質発現

❶ 一遺伝子一酵素説　アメリカの**ビードル**と**テイタム**は，アカパンカビの突然変異株を用いて次のような研究をし，1つの遺伝子は1つの酵素合成を支配するという**一遺伝子一酵素説**を立てた(1945年)。

❷ アカパンカビの栄養要求株　(1) **最少培地での培養**　カビ（菌類）の仲間は単純な炭素源さえあれば，それから必要なものを自分でつくって生活できる。アカパンカビも糖とビオチン（ビタミンB複合体の一種）等を入れただけの簡単な培地（**最少培地**）で育つ。

(2) **突然変異株**　このカビにX線を照射すると，突然変異（→ *p.*180）を起こした株が得られる。突然変異株の一種である**アルギニン要求株**（最少培地にアルギニンを加えないと生育しない株）には，次の3つがあることがわかった。

Ⅰ株　最少培地に，オルニチン，シトルリン，アルギニンのいずれかを加えると育つ。

Ⅱ株　最少培地に，オルニチンを加えても育たないが，シトルリンかアルギニンを加えると育つ。

Ⅲ株　最少培地に，アルギニンを加えたときだけ育つ。

▼ 表 3-4　アルギニン要求株の生育
（－：生育しない，＋：生育する）

	最少培地	最少培地への添加物		
		オルニチン	シトルリン	アルギニン
Ⅰ株	－	＋	＋	＋
Ⅱ株	－	－	＋	＋
Ⅲ株	－	－	－	＋

これらは，いずれも異なるそれぞれ1つの遺伝子に突然変異が起こっていることがわかっている。アカパンカビは最少培地の養分から図3-39のような経路でアルギニンを合成していると仮定すると，Ⅰ株は酵素aが欠如したもの，すなわち遺伝子*A*が突然変異によってはたらきを失ったもの，Ⅱ株は酵素b，すなわち遺伝子*B*が，Ⅲ株は酵素c，すなわち遺伝子*C*がはたらきを失ったものとわかる。

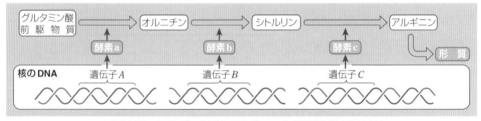

▲ 図 3-39　アカパンカビのアルギニン合成経路と遺伝子DNA

3 **ショウジョウバエの眼色**　テイタムらは，キイロショウジョウバエの眼の色の遺伝も一遺伝子一酵素説にしたがうことを明らかにした。

　野生型の眼は赤色色素と褐色色素をもっていて，褐色がかった赤色をしている。このうち，褐色色素のほうは，トリプトファン（アミノ酸の一種）から図3-40のよ

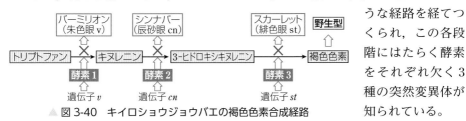

うな経路を経てつくられ，この各段階にはたらく酵素をそれぞれ欠く3種の突然変異体が知られている。

▲ 図3-40　キイロショウジョウバエの褐色色素合成経路

4 **ヒトの代謝異常**　一遺伝子一酵素説は，ヒトのいくつかの遺伝病の原因解明に応用されてきた。その例として，フェニルアラニン（アミノ酸の一種）の代謝異常によるフェニルケトン尿症・アルカプトン尿症・白化個体（アルビノ）などが知られる。これらは，いずれも，常染色体にある潜性遺伝子をホモにもつことによって代謝を進める酵素が合成されず，図3-41の代謝経路が途中で停止することによって起こる。

(1) **フェニルケトン尿症**　遺伝子 Ga に異常が起こり，反応①を促進する酵素aを欠くためにチロシンが合成できず，食物から必要以上に入ってきたフェニルアラニンが尿中にフェニルピルビン酸として放出される。

(2) **白化個体（アルビノ）**　遺伝子 Gb の異常のために酵素bを欠く。メラニン色素が合成できず，毛が白色，皮膚は乳白色となり，血液がすけて淡紅色に見える。

(3) **アルカプトン尿症**　酵素c（ホモゲンチジン酸オキシダーゼ）の欠如により，尿中にアルカプトン（ホモゲンチジン酸）を排出する（尿を放置すると黒化する）。

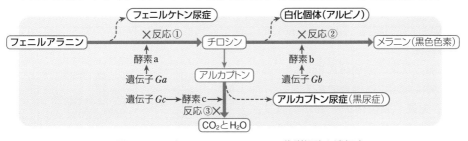

▲ 図3-41　ヒトのフェニルアラニンの代謝経路と遺伝病

5 **一遺伝子一ポリペプチド説**　ビードルとテイタムが提唱した一遺伝子一酵素説は，1つの遺伝子は1つの酵素合成を支配するというものであった。しかし，酵素だけではなく，生体を構成するさまざまなタンパク質も遺伝子から合成されている。後に，一遺伝子一酵素説を発展させ，1つの遺伝子は1種類のポリペプチドの構造を決定するとした**一遺伝子一ポリペプチド説**が提唱された。

同種の生物の個体間に見られる形質の違いを**変異**とよぶ。変異には，遺伝しない**環境変異**と遺伝する**遺伝的変異**がある。

A 環境変異 ★

同一の遺伝子型をもつ個体間に見られる，遺伝とは関係のない変異を**環境変異**という。形質の発現過程が環境に影響されて起こると考えられている。

1 インゲンマメの種子 デンマークのヨハンセンは，インゲンマメの雑種の種子を買ってきて，何代も自家受粉させ，いくつかの純系をつくって調べた。その結果，1つの純系の中では，重いものをまいても軽いものをまいても，次の代には重いものや軽いものができ，その平均値が同じになるのを発見した。すなわち，遺伝子が全く同じでも変異が起こり，その変異は遺伝しないことがわかった(1903 年)。

2 変異曲線 変異をグラフに表したものを**変異曲線**という。環境変異では，ふつう図3-42 のような左右対称のカーブ（正規分布）になる。

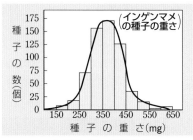

▲ 図 3-42 変異曲線

B 遺伝的変異 ★★

親と異なった変異が突然出現し，これが遺伝するものを**遺伝的変異**という。遺伝的変異には，染色体の異常によって起こる**染色体突然変異**と，DNA の塩基の変化によって起こる**遺伝子突然変異**とがある。

1 染色体突然変異 染色体の部分的な構造の異常や染色体の数の異常によって起こる変異。

(1) **部分異常** 染色体の構造の一部に異常が起こる場合である。

① **欠失** 染色体の一部が切れて，失われる場合。

② **逆位** 染色体の一部が切れて，方向が逆になってつながる場合。

③ **重複** 染色体の一部で同じものが重複している場合。

④ **転座** 染色体の一部が切れて，他の染色体に付着する場合。

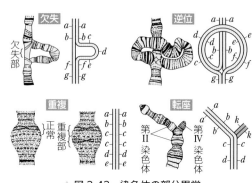

▲ 図 3-43 染色体の部分異常

(2) **染色体数の異常**　核に含まれる染色体の数の異常によって起こる場合である。

① **異数性**　体細胞の染色体数はふつう $2n$ であるが，$2n+1$ や $2n-1$ などの異常が起こって，染色体数が 1 ～数本多かったり少なかったりする場合。

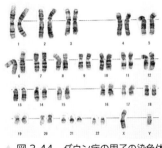

▲ 図 3-44　ダウン症の男子の染色体

　例　**ダウン症候群**　ヒトの遺伝病の 1 つ。先天的な知的障害がある。特定の染色体（21 番目の染色体）が 1 つだけ増加する（$2n+1=47$）ことによって起こる。

② **倍数性**　減数分裂がうまくいかず，$2n$ の配偶子ができてそれが通常の n の配偶子と受精すると，$3n$ の三倍体ができる。また，$2n$ の配偶子どうしが受精すると，$4n$ の四倍体ができる。マツヨイグサやキクには，倍数性の突然変異種が見られるが，園芸用にも倍数体の品種がつくられている。

　補足　(a) **倍数体の特徴**　植物の倍数体は，葉・花・果実などが大きく，農作物や園芸品種としてはすぐれたものが多い。最近では，コルヒチン（→ p.183）を使って人為的に倍数体をつくっている。

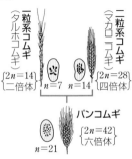

▲ 図 3-45　パンコムギの起源

(b) **パンコムギの起源**　コムギのゲノムは 7 本の染色体からなり，現在栽培されているパンコムギの染色体数は，$2n=42$（六倍体）である。このコムギは二粒系コムギ（$2n=28$）と一粒系コムギ（$2n=14$）の交雑によって生じた F_1（$2n=21$）の染色体が倍加してできたことがわかっている。

(c) **タネナシスイカのつくり方**　① 発芽したばかりのフタバの成長点に綿にしみこませたコルヒチンをのせておくと，$4n$ の四倍体ができる。② この四倍体にふつうの二倍体の花粉をつけると $3n$ の種子がとれる。③ この $3n$ の種子をまいて育った雌花にふつうの二倍体の花粉をつけるとその刺激で結実するが，三倍体では減数分裂がうまくいかないので種子はできない。すなわち，タネナシスイカができる。④ 2 年目以降は，四倍体（果実にしまがない）を保存し，これに $2n$ の花粉をつけて $3n$ の種子をつくることが行われている。

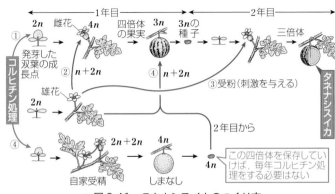

▲ 図 3-46　タネナシスイカのつくり方

2 遺伝子突然変異 DNA は，RNA やタンパク質に比べると，化学的に安定な物質であるため，通常は，塩基配列は安定に細胞内で保たれ，その複製も正確に行われ，細胞分裂によって同じ遺伝情報が娘細胞に引き継がれる。しかし，DNA は，放射線やある種の化学物質，あるいは複製の際の偶然的な誤りによって損傷を受け，塩基配列が変化することもある。DNA を修復するはたらきも生物には備わっているが，それでも，まれには修復ができずに塩基配列が変化することもある。このような DNA の塩基配列に生じる変化を**遺伝子突然変異**という。

(1) **置換** 1 つの塩基が別の塩基に置き換わる場合。結果的に指定するアミノ酸が同じであれば形質に影響を及ぼすことはないが，指定するアミノ酸が変化したり，新たな終止コドンが生じると，形質に影響が及ぶことがある(→ p.177)。

(2) **挿入・欠失** 新たに塩基が挿入されたり，本来の塩基配列から塩基が失われると，アミノ酸を指定する 3 つ組塩基の区切り(読み枠)が変化しずれるので，アミノ酸配列が大きく変わる。このような突然変異を**フレームシフト突然変異**という。

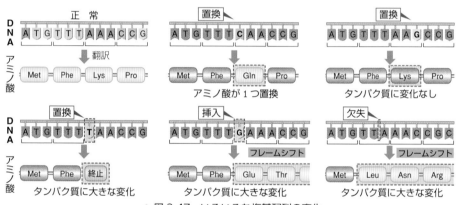

▲ 図 3-47　いろいろな塩基配列の変化

3 一塩基多型 塩基の変化が必ずしも形質に大きな影響を及ぼすとは限らない。実際に，同じ種でも，ゲノム上には個体間でさまざまな塩基の違いがあることがわかっており，これを**一塩基多型(SNP)** という(→ p.189)。

4 人為突然変異 生物に放射線・紫外線・化学薬品などを作用させて，人為的に起こさせた突然変異を**人為突然変異**という。

(1) **自然界での発生率** 宇宙からふりそそぐ放射線などの影響もあり，自然界でも突然変異は発生しているが，ショウジョウバエで 20 〜 40 万個体に 1 つ，ハツカネズミやヒトで 10 万個体に 1 つぐらいで，ほとんどゼロに近い。しかし，人為的に放射線・紫外線・化学薬品などを作用させると発生率は非常に高くなる。

(2) **放射線の使用** アメリカのマラーは，1927 年にキイロショウジョウバエに X 線を照射して人為突然変異を起こさせることに成功した。X 線は遺伝子に直接作用したり，染色体の構造に異常を起こさせたりして，突然変異を起こさせる。

マラーの実験では，X線照射によってキイロショウジョウバエの精子に10%以上の高率で突然変異が発生している。また，ムラサキツユクサでの研究では，細胞周期のDNA合成期（S期）に最も強い影響が現れることが確かめられている。

▼ 表3-5　マラーの実験結果

	個体数	突然変異個体数	突然変異率（%）
未処理	198	0	0
X線処理	772	106	13.7

(3) **放射線育種**　茨城県常陸大宮市に農業生物資源研究所の放射線育種場があり，農作物にガンマ線を照射して有用な品種をつくることが試みられている。

(4) **化学薬品による人為突然変異**　① **マスタードガス**　からしのにおいのする液体で，キイロショウジョウバエのX染色体にはたらいて，致死遺伝子の突然変異をつくる。

② **コルヒチン**　イヌサフラン（ユリ科）のりん茎に含まれる有機塩基で，細胞分裂のときに紡錘体の形成を妨げるので，染色体は分離できず，核分裂も細胞質分裂も起こさせないため，倍数体をつくるはたらきがある。

発展　DNA修復

　DNAの塩基配列に変化（遺伝子突然変異）が生じると，細胞の老化を促進するほか，細胞の死やがん化に至ることがある。それに対して細胞には，**DNA修復**のしくみが備わっている。

　例えば，**チミン二量体**とよばれるDNAの損傷は，隣接した2つのチミンが結合したもので，紫外線によって頻繁に生じる。チミン二量体がDNAに生じると，その部分でDNA鎖がゆがめられ，複製を正常に行えなくなる。こうした損傷を受けたヌクレオチドを含む領域の1本鎖は，まずヌクレアーゼによって除去される。その後，損傷を受けていないもう一方の鎖の情報をもとに，DNAポリメラーゼとリガーゼのはたらきで修復のためのDNA合成が起こって隙間が埋められる。

　このDNA修復のしくみは**ヌクレオチド除去修復**とよばれる。これ以外にも，DNA修復にはさまざまな種類のしくみが知られているが，その中でもヌクレオチド除去修復は最も一般的な修復機構の1つである。

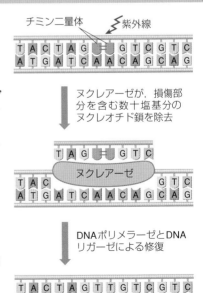

▲ 図3-48　ヌクレオチド除去修復

2011年3月11日14時46分，東北地方太平洋沖地震が発生した。この地震と，地震による巨大津波により，東京電力の福島第一原子力発電所が破損し，放射性物質が漏れ出す事故が起こった。この事故の後，放射性物質が私たちの健康に与える影響について，大きな関心がよせられた。

▲ 図 3-49　福島第一原子力発電所

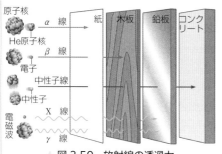

▲ 図 3-50　放射線の透過力

2 放射線の健康への影響　実は，放射線は自然界に存在していて，私たちはふつうに生活をしていても，ある程度の放射線を浴びている。放射線は DNA に損傷を与えるのに，私たちが健康に暮らせるのは，生物が DNA の修復機能をもつからである。しかし，放射線による損傷が修復機能を上回ってしまうと，健康に被害が生じる（図 3-51）。

1 放射性物質と放射線　放射性物質とは，放射線を出す物質のことである。放射線とは，高いエネルギーをもつ粒子や電磁波（空間を伝わる電気的な変化や磁気的な変化の波）のことであり，放射性物質は放射線を出して別の物質に変わる。放射線には，α 線，β 線，中性子線，γ 線，X 線などがある。放射線はその種類によって透過力が異なる（図 3-50）。原子力発電所では，何重もの壁を設けて，放射線が外に出ないように管理する必要がある。

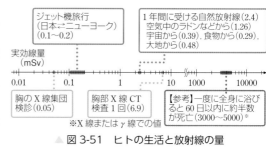

▲ 図 3-51　ヒトの生活と放射線の量

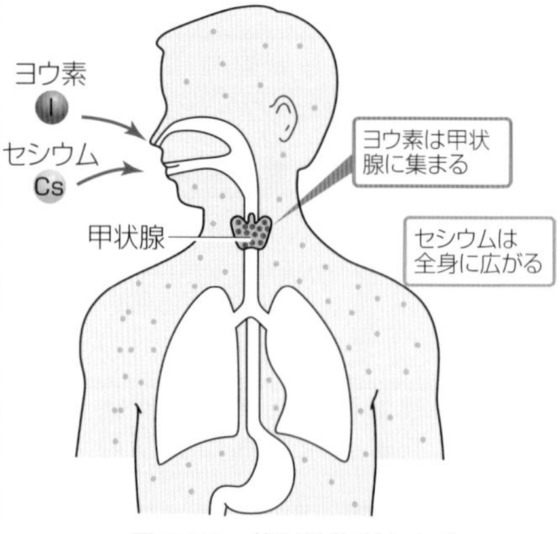

3 放射性物質と内部被爆　原子力発電では，核燃料であるウランから，放射性物質であるヨウ素 131（^{131}I）とセシウム 137（^{137}Cs）が生じる。これらの物質は β 線を放出するが，β 線は皮膚を透過できないので，これらの物質が体外にある分には健康に影響はない。しかし，体内に取りこまれると，からだの中で放射線が放出され，組織や臓器に影響を与える。ヨウ素は甲状腺でつくられるホルモンの材料となるので，体内に取りこまれると甲状腺に集まる。そのため，甲状腺ガンになる確率が高くなる。セシウムは筋肉など全身にひろがる。

ヨウ素

セシウム
Cs

ヨウ素は甲状腺に集まる

甲状腺

セシウムは全身に広がる

▲ 図 3-52　放射性物質と人体

A 細胞における遺伝子の発現 ★★

1 遺伝情報の保持 多細胞生物のからだは，1個の受精卵が細胞分裂をくり返してできる。したがって，すべての体細胞は受精卵と同じ遺伝情報をもっている。イギリスの**ガードン**は，次のような実験からこのことを明らかにした。

　紫外線を当てて核を殺したアフリカツメガエルの未受精卵に，発生途中の細胞から取り出した核を移植すると，正常に発生して幼生や成体にまでなるものがある。また，さらに発生の進んだ幼生（おたまじゃくし）の小腸上皮細胞の核を移植しても，正常な幼生や成体になるものがある。つまり，発生が進んで分化した細胞の核も，受精卵と同じ**個体の形成に必要なすべての遺伝子**をもっている。

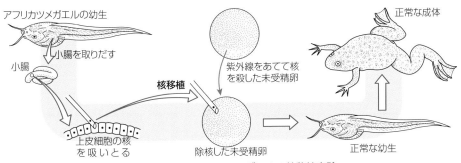

▲ 図 3-53　アフリカツメガエルの核移植実験

　このような核移植実験によって得られた個体は，核を取り出した個体と遺伝的に同一である。このような，遺伝的に同一の生物集団を**クローン**という。

　1997 年にイギリスのウィルマットらによって，ヒツジの乳腺上皮細胞の核由来のクローン（ドリーと命名され，2003 年 2 月 14 日に死亡）がつくられた（図 3-54）。その後，多くの哺乳類で，体細胞由来のクローン作製の成功例が報告されている。

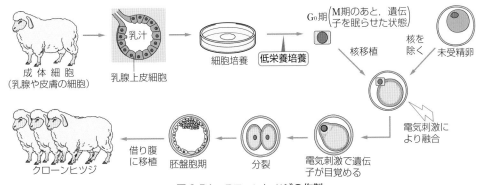

▲ 図 3-54　クローンヒツジの作製

2 発現する遺伝子の違い　受精卵の体細胞分裂によって生じた細胞は分裂をくり返しながら，特定の形態や機能をもつようになる。これを細胞の**分化**という。同じ遺伝情報をもっているにもかかわらず，細胞の形態や機能に違いが生じているのは，からだの部位によってはたらく遺伝子が異なるためである。

　例えば，唾腺細胞ではアミラーゼ遺伝子がはたらいて唾液をつくっているが，筋肉をつくる筋細胞ではアミラーゼ遺伝子ははたらいておらず，アクチン遺伝子がはたらいて筋細胞の特徴をつくりだしている（図3-55）。

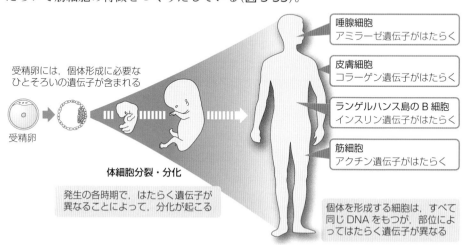

受精卵には，個体形成に必要なひとそろいの遺伝子が含まれる

受精卵

体細胞分裂・分化

発生の各時期で，はたらく遺伝子が異なることによって，分化が起こる

唾腺細胞
アミラーゼ遺伝子がはたらく

皮膚細胞
コラーゲン遺伝子がはたらく

ランゲルハンス島のB細胞
インスリン遺伝子がはたらく

筋細胞
アクチン遺伝子がはたらく

個体を形成する細胞は，すべて同じDNAをもつが，部位によってはたらく遺伝子が異なる

▲ 図3-55　細胞での遺伝子発現

3 発生と遺伝子発現調節　（1）**唾腺染色体**　ショウジョウバエやユスリカなどの幼虫には，**唾腺染色体**とよばれる巨大染色体がある。これは，DNAが分離することなく複製を続けて太くなったもので，染色すると，しま模様がよく見える。しま模様のしまの位置は遺伝子の位置にほぼ対応していると考えられている。

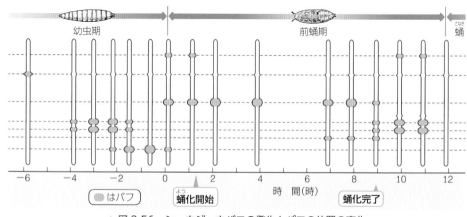

幼虫期　　　　　　　　　　　　　　　　　前蛹期　　　　蛹

−6　　−4　　−2　　0　　2　　4　　6　　8　　10　　12

時　間(時)

■ はパフ　　　蛹化開始　　　　蛹化完了

▲ 図3-56　ショウジョウバエの発生とパフの位置の変化

材料と方法 ① **固定**　中程度の大きさのユスリカの幼虫を1匹とり，70％エタノールにつけて，約1分間固定する。

MARK　a **固定**　唾腺摘出後に固定してもよいが，前もって行うほうが幼虫のからだが固まって取り出しやすい。

　　b **材料の入手**　どぶ川などで探すと，泥の中から赤いからだを出している。泥ごとすくって，水を入れた水槽中でかき混ぜると，浮き出してくる。

　　　または，ペットショップなどでえさとして売っているアカムシを使ってもよい。アカムシはオオユスリカ（ユスリカの一種）の幼虫で，大きくて扱いやすい。ユスリカの幼虫はアカボウフラといわれる。

② **摘出**　固定のすんだ材料をスライドガラス上にとり，頭部から第5節目あたりを左手のピンセットではさみ，右手の柄付き針で頭を引きぬくと，頭についた消化管が，次いで唾腺が出てくる。ルーペか解剖顕微鏡で，図3-57のような唾腺が出てきたことを確かめる。

MARK　うまく唾腺が出てこないときは，針でしごく。

③ **染色**　唾腺にメチルグリーン・ピロニン溶液または酢酸オルセインを数滴落として染色する。

④ **押しつぶし**　染色がすんだら，カバーガラスをかけ，プレパラートを2つに折ったろ紙ではさみ，親指の腹で上から静かに軽く押しつぶす。

観察　プレパラートができたら，検鏡して観察する。

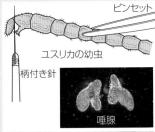

▲図 3-57　唾腺の摘出

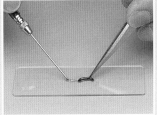

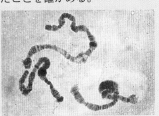

図 3-58　ユスリカの唾腺染色体

(2) **パフ**　唾腺染色体を観察すると，特定のしま模様の部分が膨らんで見えることがあり，これを**パフ**という。パフは，DNA がほどけて伸び広がったもので，そこでは盛んに mRNA がつくられている。唾腺染色体にはパフになっている部分とそうではない部分とがあり，すべての遺伝子が発現しているわけではないことがわかる。

(3) **発生過程におけるパフの変化**　唾腺染色体を発生の段階ごとに観察すると，発生が進むにつれてパフの位置（発現する遺伝子）が変化する。発生の段階に応じて特定の細胞に分化するのは，すべての遺伝子が常にはたらいているわけではなく，発生・成長の段階や存在する部位に応じて，そのときに必要な遺伝子だけが選択的にはたらくためである。

B　遺伝子とゲノム　★

1 遺伝子とゲノムの関係　ゲノムの塩基配列はすべてがアミノ酸を指定しているのだろうか。

ヒトのゲノムの塩基対数はおよそ 30 億，大腸菌のゲノムの塩基対数は 460 万であり，ヒトのゲノムは大腸菌の約 650 倍である。一方，遺伝子数は大腸菌で 4400，ヒトで 20500 と推定されており，ヒトの遺伝子数は大腸菌の約 5 倍である。ゲノムの大きさから予測されるほどには，遺伝子の数は多くない。これは，ゲノム DNA には遺伝子としてはたらかない部分があるからである。ヒトの場合，ゲノム DNA のうち，アミノ酸を指定する領域は 1% 程度である（図 3-59）。

遺伝子はゲノムの一部

ゲノムのうちアミノ酸を指定しない部分には，機能をもった RNA[1] をつくる領域，遺伝子の発現を調節する領域，転写はされるものの除かれる領域（イントロン）のほか，同じ塩基配列のくり返し（反復配列）などがある。

生物名	ゲノムの大きさ（塩基対）	遺伝子数（推定値）
大腸菌	460 万	4400
酵母	1200 万	6300
シロイヌナズナ	1 億 1800 万	25500
ショウジョウバエ	1 億 6500 万	14000
ハツカネズミ	26 億	25000
ヒト	30 億	20500

▲ 表 3-6　ゲノムの大きさと遺伝子数

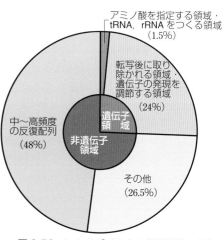

▲ 図 3-59　ヒトのゲノム中の塩基配列の割合

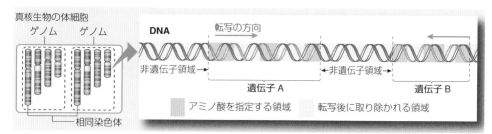

▲ 図 3-60　ゲノムと遺伝子の関係

---

1) mRNA の邪魔をして遺伝子を沈黙させたり，他の RNA に結合してタンパク質合成を抑制したりする（**RNA 干渉**，→ *p.*194）ものがある。

2 ゲノムの解読　ゲノムには，その生物がその生物になるための設計図がかきこまれているため，ゲノムの全塩基配列を解読すれば，遺伝子のはたらきや発生・分化のしくみの研究などに役立てることができる。

　ヒトのゲノムをすべて解読して，遺伝情報を明らかにし，生命科学の広い分野の研究と応用に役立てようとする**ヒトゲノム計画**は，1990 年に米国のエネルギー省と厚生省によって始められ，その後 EU の 4 か国と日本が加わって，2003 年 4 月にヒトの 30 億個の塩基配列のうち解読不能の 1％を除いた残り全部を解読したと宣言した。さらに 2004 年 10 月には，より正確な構造および遺伝子組成を検討した結果として，ヒトの遺伝子数は約 22000 個であることが報告された（現在では 20500 個と推定されている）。ヒトゲノム計画によって，遺伝子の変異とさまざまな病気との関連の解明が進んでおり，さらに新しい薬の開発のためのデータが蓄積してきている。

　ゲノムの解読はヒト以外にも，植物ではシロイヌナズナやイネなど，動物ではキイロショウジョウバエやハツカネズミなど，研究によく使われるモデル生物で多く行われており，さまざまな方面での研究に役立てられている。

Column ♈ あなたにぴったりの治療法

　ヒトゲノムの研究が進んだ結果，特定の部位の塩基対の 1 つがヒト個体間で異なることがわかってきた。これを**一塩基多型**（SNP；Single Nucleotide Polymorphism）という。ヒトゲノム中の一塩基多型の密度は，約 1300 塩基対に 1 か所である。ヒトゲノムではすでに 150 万ほどの一塩基多型が見つかっていて，位置も決定されている。

　こうした一塩基多型は，必ずしも表現型の変化に対応するわけではない。しかし，指定するアミノ酸が変わる場合の一塩基多型では，個人間のわずかな形質の違い，例えば薬に対する感受性や効果の違いなどに反映する場合もあると想定されている。こうした個人の遺伝情報上の違いを，副作用の少ない治療法や薬の選択に活かそうとするのが**テーラーメイド医療**といわれる医療であり，実現が期待されている。

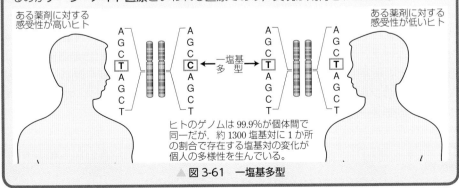

ある薬剤に対する感受性が高いヒト

ある薬剤に対する感受性が低いヒト

一塩基多型

ヒトのゲノムは 99.9％が個体間で同一だが，約 1300 塩基対に 1 か所の割合で存在する塩基対の変化が個人の多様性を生んでいる。

▲ 図 3-61　一塩基多型

C 遺伝子発現の調節 ★

1 遺伝子発現 遺伝子 DNA からタンパク質合成までの過程は，おおよそ図 3-62 のようになり，タンパク質合成の調節には，次のような可能性が考えられる。

① 遺伝子の転写の時期と方法の調節，

② できた mRNA のどれを細胞質へ出すかの調節，

③ リボソームでどの mRNA を翻訳するかの調節など。

これらは，細胞の種類やつくるタンパク質の種類によって違っていてもよいわけであるが，いずれの生物でも，タンパク質の合成は主として①の転写の段階で行われていると考えられている。

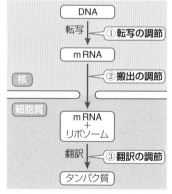

▲ 図 3-62 タンパク質合成の調節

2 転写の調節 転写は，**RNA ポリメラーゼ**が遺伝子の上流にあるプロモーターとよばれる特定の塩基配列に結合して開始される。この過程には，RNA ポリメラーゼ以外にも多くのタンパク質が関係し，これらによって遺伝子の転写が調節されている。こうした転写を調節するタンパク質は**調節タンパク質**（転写因子）とよばれ，調節遺伝子[1]からつくられる。

調節タンパク質は，プロモーター周辺の領域に結合することによって，RNA ポリメラーゼのはたらきを促進したり，抑制したりして転写を調節する。つまり，これらによって，遺伝子発現装置のスイッチは「オン」になったり「オフ」になったりというように，細胞がおかれた環境によって切り替えられる。

D 原核生物の転写調節 ★★

1 オペロン説 原核生物では，関連する複数の遺伝子群が隣り合って存在していることがある。これらは 1 つのまとまりとして，単一のプロモーターと，共通の調節タンパク質による発現調節を受け，1 つの RNA として転写される[2]。こうした共通の調節タンパク質によって同調的な調節を受けているいくつかの構造遺伝子群を**オペロン**という。原核生物では，調節タンパク質が**オペレーター**（作動遺伝子）とよばれる特定の塩基配列に結合して構造遺伝子群（オペロン）の発現が調節されるとする説を**オペロン説**といい，1961 年，大腸菌を使った研究にもとづいてフランスのジャコブとモノーによって提唱された。

---

1) これに対し，調節タンパク質によって発現が調節され，酵素などのタンパク質をつくる遺伝子を**構造遺伝子**という。

2) このような複数の遺伝情報を含む mRNA を**ポリシストニック mRNA** という。

2 ラクトースオペロン　大腸菌で
ラクトース(乳糖)を分解してグルコ
ースとガラクトースにする β-ガラ
クトシダーゼという酵素と，ラクト
ースを細胞内に透過する透過酵素の
生合成では，**ラクトースオペロン**と
よばれる遺伝子群がはたらく。調節
遺伝子 i がはたらいて**リプレッサー**
(抑制因子)とよばれる調節タンパク
質がつくられ，これがオペレーター
に結合して β-ガラクトシダーゼと
ラクトース透過酵素をコードしてい
る構造遺伝子の転写を妨げる。

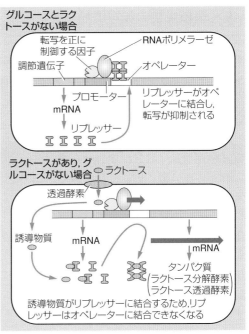

▲ 図 3-63　ラクトースオペロンのモデル(1)

(1) **ラクトースがない場合**　リプレ
　　ッサーはオペレーターに結合する。
　　RNA ポリメラーゼはプロモータ
　　ー部位に結合できず，転写は抑制
　　される。

(2) **ラクトースがあってグルコースがない場合**　ラクトースが透過酵素によって細
　　胞内に取りこまれると，ラクトースがリプレッサーに結合する。リプレッサーは
　　オペレーターに結合できなくなり，RNA ポリメラーゼがプロモーターに結合して，
　　構造遺伝子の転写が行われる。RNA ポリメラーゼが転写を開始するには，転写
　　を正に制御する因子が結合していることが必要である。

(3) **ラクトースとグルコースがある**
　　場合　グルコースが細胞内に取り
　　こまれる際にグルコース-6-リン
　　酸となり，同時にラクトース透過
　　酵素のはたらきが抑制される。そ
　　のため，グルコースがある限り，
　　ラクトースはほとんど細胞内に取
　　りこまれなくなる。その結果，リ
　　プレッサーがオペレーターに結合

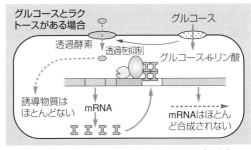

▲ 図 3-64　ラクトースオペロンのモデル(2)

するため，転写はほとんど起こらない。このしくみは，グルコースによる**異化代
謝抑制**(グルコース効果)とよばれていて，炭素源としてグルコースがあるときに
はグルコースを優先的に代謝し，他の糖があってもそれを代謝しないという生物
に普遍的な現象を説明できる。

E 真核生物の転写調節 ★

　真核生物でも，基本的な転写調節のしくみは原核生物と同じであるが，①クロマチンの構造が転写調節に関わっている，②真核生物ではオペロンによる共調的（ポリシストロニック）な制御がほとんど見られない，③転写の開始には基本転写因子が必要である，などの点で異なっている。

1 ヒストンの修飾　真核細胞では，DNAの二重らせんは**ヒストン**というタンパク質に巻きつき，**ヌクレオソーム**を形成し，これがさらに密に折りたたまれて**クロマチン**を形成している（→ p.157）。DNAがクロマチンの構造をとっている部分では，調節タンパク質やRNAポリメラーゼなどの転写に必要なタンパク質がDNAの目標の領域に結合できないため，転写が起こりにくい。転写を開始するには，まずこのクロマチンの構造をほどく必要がある。

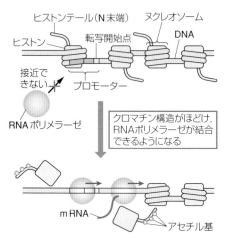

▲ 図3-65　クロマチン構造と遺伝子発現

　ヒストン粒子のN末端はヌクレオソームから飛び出た構造をしており，この部分を**ヒストンテール**という。ヒストンテールを構成する特定のアミノ酸は，アセチル化（アセチル基の付加）やメチル化（メチル基の付加）などの化学的な修飾を受ける。

(1) **ヒストンのアセチル化**　ヒストンテールの特定のアミノ酸（リシン）がアセチル化されると，ヒストンどうしの相互作用が変化して，クロマチンの構造がほどける。その結果，RNAポリメラーゼなどの転写に必要な因子がプロモーターに接近し，結合できるようになり，転写が起こりやすくなる。また，RNAポリメラーゼがDNA上を進むにしたがって，通り道に当たるヒストン粒子は一時的にDNA鎖から離れ，その後，また結合すると考えられている。

(2) **ヒストンのメチル化**　ヒストンテールの特定のアミノ酸（リシンやアルギニン）がメチル化されると，DNAが再び折りたたまれてクロマチン構造をとるようになり，転写が起こりにくくなる。

2 転写の開始　原核生物では，RNAポリメラーゼと転写を正に制御する因子だけで転写を開始することができたが，真核生物では，RNAポリメラーゼのほかに**基本転写因子**の助けが必要となる。基本転写因子が，プロモーター内にあるTATAボックスとよばれる塩基配列に結合すると，そこにRNAポリメラーゼが結合して転写が開始される。

3 調節タンパク質　遺伝子の上流や下流の離れた位置には，**転写調節領域（エンハンサー）** とよばれる調節タンパク質の結合部位が複数存在している。遺伝子の転写が開始するのかどうか，あるいは転写量をどの程度にするのかなどは，それぞれの遺伝子のエンハンサー配列にどのように調節タンパク質が結合するかによって決まっている。

　エンハンサーには，転写活性化因子（アクチベーター）や抑制因子（リプレッサー）とよばれる調節タンパク質が結合する。これらはさらに，基本転写因子とRNAポリメラーゼの複合体と結合して，転写を調節する。アクチベーターは転写を活性化し，リプレッサーは転写を抑制するはたらきがある。

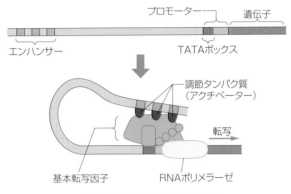

▲ 図 3-66　真核生物の転写調節

[補足] 調節タンパク質のDNAと結合する部位は，さまざまなエンハンサーに対して親和性が異なっており，1つの調節タンパク質が複数のエンハンサーに結合することもあれば，1つのエンハンサーに数種類の調節タンパク質が結合することもある。こうした調節タンパク質の全体的な組み合わせによって，遺伝子の発現状態は決まる。

4 ホルモンによる調節　遺伝子の発現は，細胞がおかれた環境に応じて調節される場合がある。

(1) **ステロイドホルモン**　ステロイドホルモン受容体タンパク質は，細胞内に透過してきたホルモンと結合すると立体構造が変化して標的遺伝子のエンハンサーに結合できるようになり，調節タンパク質として適切な遺伝子の転写を調節する。

(2) **ペプチドホルモン**　水溶性のペプチドホルモンは細胞膜を通過できず，細胞膜にある受容体に結合する。その結果，細胞内で調節タンパク質がエンハンサーに結合できるようになり，転写を調節する。

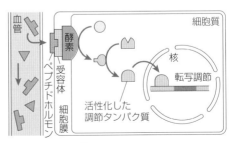

▲ 図 3-67　ホルモンと遺伝子発現調節

1 マイクロRNA　真核生物のゲノムには，**マイクロRNA（miRNA）** とよばれる，翻訳されない小さな1本鎖RNAをコードする配列が存在する。miRNAは特定のmRNAを分解するか，あるいは翻訳を抑制することによって，遺伝子発現を抑制するはたらきがあり，こうした現象は **RNA干渉（RNAi）** とよばれている。遺伝子の発現はおもに転写レベルでのmRNAの合成量によって調節されているが，miRNAによるRNA干渉は，転写後において遺伝子発現を調節するしくみの1つである。

2 RNA干渉のしくみ　miRNAの合成過程と作用機構は次のとおりである。

① ポリメラーゼによって転写されてmiRNA前駆体がつくられ，それが核から細胞質に運搬される。miRNA前駆体には相補的な塩基配列が存在するために，ヘアピン構造をとって，部分的に2本鎖RNAとなっている。

② miRNA前駆体は，ダイサーとよばれるRNA分解酵素によって小さな2本鎖の断片に切断される。

③ 切断によって生じた短い2本鎖RNAのうちの片側の鎖が分解されて1本鎖RNA（miRNA）になり，これがRISCというタンパク質と複合体を形成する。

④ miRNA-RISC複合体が相補的な配列をもったmRNAに結合し，mRNAの分解，あるいは翻訳の阻害を通して，RNA干渉を引き起こす。

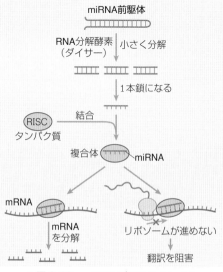

▲ 図3-68　miRNAがはたらくしくみ

3 RNA干渉の発見　RNA干渉は，比較的最近になって発見された現象である。mRNA鎖（センス鎖）の鋳型となる1本鎖RNA（アンチセンスRNA）がmRNAに結合すると，mRNAがリボソームに結合できなくなるために翻訳が抑制されることはそれまでも知られていた。ところが，アメリカのファイアーとメローは，センス鎖とアンチセンス鎖を混合してあらかじめ2本鎖RNAにさせておいた場合のほうが，アンチセンスRNAを単独に加えた場合よりも翻訳の阻害効果が大きくなることを，センチュウを使った実験から発見した（1998年）。このとき，ファイアーらが用いたのは，人工的に合成し外部から導入した2本鎖RNAであったが，導入した2本鎖RNAがダイサーによって21〜23塩基からなる小断片のRNA（siRNA）に分解され，miRNAと同様の機構でRNA干渉を引き起こしていることが後に示された。

4 RNA干渉の応用　人工的に合成した短い2本鎖RNAを利用することによって，病気の原因となる特定の遺伝子の発現を抑制するというような，新たな治療法や予防法の開拓が期待されている。

発展 がんと遺伝子

　無秩序に細胞が増殖することを**がん**という。毎年，がんによって多くの人の命が失われている。がんの発生には，遺伝子の異常が関わっていることがわかってきた。

1　がん遺伝子の発見　米国の病理学者ペイトン・ラウスは，1911 年にニワトリに肉腫を引き起こすウイルス（ラウス肉腫ウイルス）を発見した。後の研究から，このウイルス由来の v-src とよばれる遺伝子がウイルス感染とともに宿主細胞のゲノムに入りこんで，がんを引き起こすことがわかった。また，v-src に相同な遺伝子が正常なニワトリの細胞からも見つかった。そこからつくられるタンパク質は細胞増殖を促進する酵素であることがわかった。この酵素は通常，細胞が増殖しないときには不活性になるように調節されている。ところが，v-src 遺伝子からつくられるタンパク質では 527 番目のチロシンが欠失しているために常に活性化された状態になっており，増殖の信号が流れ続けて細胞のがん化をもたらすのである。

2　がん遺伝子とがん原遺伝子　ヒトでもニワトリと相同な src 遺伝子があり，これに突然変異が生じてその活性に異常が生じると，結腸がんや乳がんを引き起こす。このように，がんを引き起こすようになった異常型の遺伝子を**がん遺伝子**という。これに対し，がん遺伝子に変化する前の正常型の遺伝子を**がん原遺伝子**という。がん原遺伝子から翻訳されるタンパク質の本来のはたらきは細胞増殖や分化の調節である。化学発がん物質や放射線などにより，これらの遺伝子に突然変異が起きて細胞増殖の調節に異常が生じると，がん化が引き起こされる可能性が高まる。

3　がん抑制遺伝子　がん化を抑制するはたらきのある**がん抑制遺伝子**の存在も知られている。1986 年に網膜芽細胞腫の原因遺伝子として見つかった Rb 遺伝子から翻訳される RB タンパク質には，細胞周期の G_1 期から S 期への進行を抑制するはたらきがある。RB タンパク質の活性が調節されると，細胞周期が S 期に進むようになる。Rb 遺伝子に突然変異が起こってそのはたらきが失われると，細胞周期の進行を適切な時期に抑制できなくなり，がん化が起こりやすくなる。

　Rb 遺伝子に続いてがん抑制遺伝子としての機能がわかったのが p53 遺伝子である。もともとは腫瘍ウイルスである SV40 に結合するタンパク質として 1979 年に発見された。p53 遺伝子のノックアウトマウス（→ p.202）をつくると，そのすべてにがんが発生し，早死にする。ヒトの悪性腫瘍の細胞でも，p53 遺伝子に異常が認められることが多い。

　p53 タンパク質は転写の調節タンパク質としてはたらき，さまざまな遺伝子の発現を促進するとともに，DNA 修復を活性化し，DNA 修復ができないほどの損傷を受けた細胞ではアポトーシスを引き起こす遺伝子の発現を促進してその細胞を死に導くほか，細胞周期の G_1 期から S 期への進行と，G_2 期から M 期への進行の停止（細胞周期のチェックポイント機能）にはたらいている。

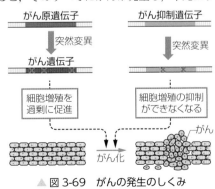

▲ 図 3-69　がんの発生のしくみ

A 組織培養

① 動物の組織培養 生物個体から分離した体細胞や組織に栄養分を与えて人工的に生かしたり, 増やしたりすることを**培養**という。アメリカのハリソン(1907年)が, 神経繊維は神経細胞から形成されるのか, あるいはその周辺で形成されるのかを明らかにするために, 培養した神経細胞から神経突起が伸びていることを顕微鏡で観察することに成功したことで, 培養の重要性が注目されるようになった。その後, 合成液体培地に血清(成長因子が含まれる)を加えて組織培養するという方法が確立された。

[補足] 多くの実験に使われているHela細胞は, 子宮がんでなくなった米国人 Henrietta Lacks(HeLa)のがん組織より得られた組織を継代培養して樹立された**株化細胞**[1]である。

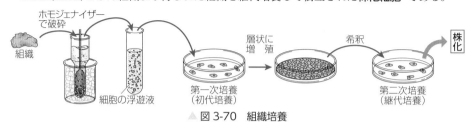

▲ 図 3-70 組織培養

② 植物の組織培養 植物では, 栄養分と細胞壁を透過できる低分子の成長制御物質(植物ホルモンなど)を添加して培養することによって, 未分化の細胞塊(**カルス**)の状態にする[2]ことができる。このカルスから不定胚, 不定芽を経由して器官分化させたり, さらには植物個体をつくりだすことができる[3]。

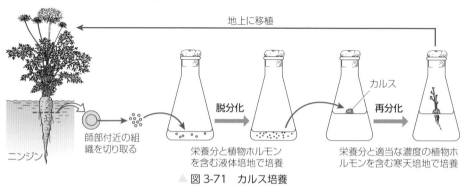

▲ 図 3-71 カルス培養

---

1) 継代培養が可能となり, 細胞の性質が一定したものを, **株化細胞**(細胞株)という。
2) 分化した細胞が未分化な状態にもどることを**脱分化**という。
3) 細胞が, その生物体をつくるあらゆる細胞に分化し, 完全な個体を形成できる能力を**全能性**という。

B 細胞融合

　自然界では同種細胞間での受精や接合の際に細胞融合が起こるが，通常では異種細胞間で自然に融合が起こることはない。**細胞融合技術**とは，人為的に2つの異種細胞どうしで，細胞質や核，あるいはそれら両方を融合する技術である。

■ 動物細胞の融合　日本で分離され，**センダイウイルス**(HVJ)と名づけられたウイルスには，細胞を融合する作用があることが発見された。異なる種の細胞をそれぞれセンダイウイルスに感染させると，まず細胞膜が融合し，その後，核融合が起こる。しかし，種間が離れすぎていると核融合は起こらないことが多い。

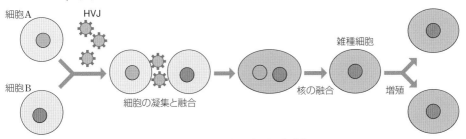

▲ 図 3-72　動物細胞の細胞融合

■ 植物細胞の融合　植物細胞を融合する場合，まず細胞間を接着しているペクチンを**ペクチナーゼ**で分解して細胞をばらばらにする。次に**セルラーゼ**などの酵素で処理して細胞壁を取り除く。こうして得られた細胞膜のみで囲まれた植物細胞を**プロトプラスト**といい，この状態にすると細胞融合が起こるようになる。

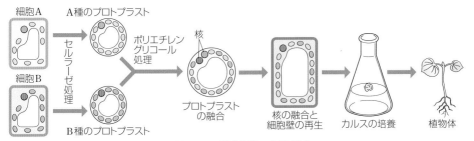

▲ 図 3-73　植物細胞の細胞融合

補足　ポマトとトパト　ジャガイモの栽培種のほとんどは四倍体 ($4n=48$) である。1978年にメルヒェーらは四倍体ジャガイモと二倍体 ($2n=24$) のトマトの系統からそれぞれプロトプラストを作製し，それらを融合して雑種を得た。ジャガイモ由来の細胞質をもつものをポマト，トマト由来の細胞質をもっている植物をトパトとよんだ。いずれの雑種もトマトとジャガイモの中間の位置にあり，ジャガイモの耐寒性遺伝子をもっていた。しかし，開花はするものの不稔であり，塊茎も大きくならなかった。しかも雑種にはジャガイモに含まれる毒性のグリコアルカロイドが両親よりも多く含有していた。そのため実用的な作物とはならなかった。しかし，現在でも植物の細胞融合は，自然交配によらない新しい性質をもった野菜や果樹などの商品化を目的とした開発のため，利用されている。

C 遺伝子組換え ★★★

1 遺伝子組換え 遺伝子組換えとは，細胞外で核酸を加工する技術を利用して遺伝子を**クローニング**（単一化して増やすこと）し，クローン化した遺伝子 DNA を**制限酵素**[1]（はさみ）と**リガーゼ**（のり）を使って異種の生物の DNA へつないで，新しい遺伝子の組み合わせをつくり，そこで複製や遺伝子発現をさせることである。遺伝子組換えを支える一連の技術を**遺伝子操作**という。

2 制限酵素の特徴 DNA を切断する制限酵素にはさまざまなものがあり，それぞれ特異な左右対称の数個の塩基配列を認識して切断する（図 3-74）。制限酵素が切断する DNA の部分はそれぞれ特異な回文[2]のような配列となっていて，その部分が回転対称であるため，他の DNAの配列部分は切断せずに，その部分だけを切断できる。

　また，リガーゼ（DNA リガーゼ）という酵素を作用させると，切断部で DNA 分子どうしを結合させることができる。

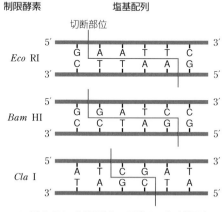

▲ 図 3-74　制限酵素の認識する切断個所

3 遺伝子クローニング 酵素などのタンパク質は，分子量や電荷がタンパク質ごとに違うので，特定のタンパク質だけを精製して集めるためのさまざまな分離法が開発されてきたが，DNA は 4 種類の塩基がつながった巨大分子であり，その中に塩基の配列として刻まれている特定の遺伝子だけを集めることは原理的に難しいとされてきた。しかし，**制限酵素とプラスミド**[3]の発見により，特定の遺伝子を集めることができるようになった。

　ある特定の遺伝子を含む DNA を制限酵素で処理して断片化し，それを同じ制限酵素で処理したプラスミドにリガーゼで結合させる。この特定の遺伝子を組みこんだプラスミドを宿主菌で増幅させれば，ある特定の遺伝子を増幅させることが可能である。このようにある遺伝子 DNA を増幅させて集めることを**遺伝子クローニング**という。また特定の遺伝子を組みこんで，宿主細胞中で増やすことのできるプラスミドのような DNA のことを**ベクター**（運び屋）とよび，ベクターとこれを増やすことのできる宿主菌との組合せを**宿主・ベクター系**という。

1)制限酵素は，バクテリオファージが大腸菌に感染しても，ファージの DNA が大腸菌の酵素によって切断されてしまい，感染が起こりにくくなる場合があることから発見された。
2)「タケヤブヤケタ」のように右から読んでも左から読んでも同じ文字の配列を回文という。
3)原核生物の細胞内にある小さな環状の DNA。原核生物の染色体 DNA とは独立して複製される。

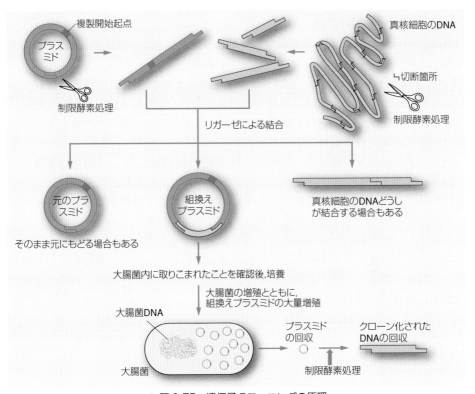

▲ 図3-75　遺伝子クローニングの原理

　遺伝子クローニングを行う場合，プラスミドDNAと真核細胞のDNAをそれぞれ同じ制限酵素で切断する。両者の混合液では，相補的な切断面どうしが水素結合で向かい合うので，DNAリガーゼで処理すると，切断面どうしが結合することになる。しかし，この場合にプラスミドDNAがそのまま元にもどる場合や，真核細胞のDNAどうしが結合する場合もある。真核細胞のDNAどうしが結合した場合には，複製開始起点の塩基配列(*Ori*)がないため，大腸菌内にこのDNAが取りこまれても複製されることはない。真核細胞の目的のDNAとプラスミドDNAとが結合した組換えプラスミドが大腸菌内に取りこまれたことは，大腸菌で複製・増殖する組換えプラスミドの大きさが，元の組換えをしていないプラスミドに比べてやや大きくなっていることや，目的の遺伝子と相補的な塩基配列をもったDNAやRNA，あるいは発現するタンパク質に対する抗体を用いることなどによって確認できる。こうして選別された大腸菌を増殖させれば，真核細胞の遺伝子を含むDNAも同時に増幅できるので，真核細胞に由来する遺伝子のクローン化が可能となる。

　補足　遺伝子組換えを行うためには，ある程度の量のDNAが必要である。目的のDNAを大量に複製する方法として，**PCR法**(→ *p.*203)がある。

D 生物への遺伝子導入 ★

外来の遺伝子が導入された多細胞生物を**トランスジェニック生物**（**遺伝子組換え生物**）という。

■ トランスジェニック植物　植物への遺伝子導入では，**アグロバクテリウム**とよばれる細菌のプラスミド（Tiプラスミドとよばれる）が最も一般的に用いられている。目的の遺伝子をプラスミドに組みこみ，これをアグロバクテリウムにもどして，植物細胞に感染させることによって導入する。

トランスジェニック植物は，世界の食料危機や環境問題などさまざまな課題の解決に貢献するものとして期待されている。害虫に対する抵抗性，除草剤耐性，ウイルス抵抗性のような遺伝子を組みこんだり，特定の代謝を促進あるいは阻害するように遺伝子を改変して栄養成分を高め，食品としての価値を高める試みが行われている。また，エチレン（→p.394）に対する感受性を変えたり，細胞壁の分解を抑制するなどして保存をよくするなどの試みも成功している。一方で，農作物として栽培される場合の環境に対する影響の評価や，食品としての安全性確保に対する取組みも課題となっている。

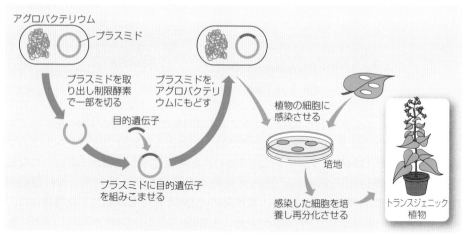

▲ 図3-76　トランスジェニック植物の作製

② トランスジェニック動物　動物への遺伝子導入では，受精直後の受精卵の核に微細な注射針（マイクロピペット）を使って直接，微量の外来遺伝子を注入し，これを代理母にもどして発生させる。注入した遺伝子が受精卵のゲノムに保持されれば，生まれる個体の全身で外来遺伝子が発現するようになる。

直接的な微量注入以外にも，改変したウイルスをベクターとして使用する場合もある。

例 スーパーマウス　成長ホルモン（→p.298）の遺伝子を導入してつくったマウスは**スーパーマウス**とよばれ，通常の個体よりもからだのサイズが大きくなる。

3 遺伝子治療　遺伝子に問題があるために起こる病気（遺伝病）を治療する目的で，患者の白血球から DNA を取り出し，病気を起こす遺伝子をクローニングすることによって，遺伝子のどの塩基に変異が起きているのかを調べることができるようになってきている。さらに健常者の遺伝子を患者に組みこむ**遺伝子治療**も試験的に試みられている。こうした遺伝子治療には，体細胞の遺伝子を組換える方法と，生殖細胞の遺伝子を組換える方法とがある。特に生殖細胞に遺伝子治療を行う場合には，遺伝病の根治につながることではあるものの，その子孫に予測し得ない影響を及ぼす可能性もあるため，実用には慎重を要する問題となっている。

Column ♈ GFP

　GFP（緑色蛍光タンパク質）は，238 個のアミノ酸からなる分子量の小さなタンパク質で，1960 年代に，**下村脩**博士によってオワンクラゲから発見された。

　GFP は，オワンクラゲの体内では，**イクオリン**とよばれるタンパク質と複合体を形成している。イクオリンは，細胞内のカルシウムイオンを感知して発光するタンパク質で，青色の蛍光を出す。一方，オワンクラゲの体内においては，GFP は単独では発光できず，イクオリンからの励起エネルギーを受けることで，緑色の蛍光を発することができる。

▲図 3-77　オワンクラゲ

　ところが，イクオリンがなくても，青紫色の励起光を当てると GFP は緑色の蛍光を出すことがわかった。そこでダグラス・プレーシャーらは，GFP が分子生物学の研究において大いに有用であると考え，さっそく GFP 遺伝子をクローニングし，その塩基配列を決定した。90 年代に入ってようやくのことであった。

　GFP はオワンクラゲ由来のタンパク質であり，それ以外の生物に導入してもうまく発光しないのではないかと当時は考えられていた（実際になかなかうまくいかなかった）。ところが，マーティン・チャルフィーが，センチュウなどの異種生物に GFP 遺伝子を導入し，GFP を人工的に発光させることに成功すると，GFP を使った技術は世界中に急速に広まった。

　例えば，調べたいタンパク質に GFP の札（タグ）をつけることができる。調べたい遺伝子の終止コドンの前に GFP 遺伝子を組換え技術によって挿入し，これを外来遺伝子として細胞に導入すれば，調べたいタンパク質と GFP の融合タンパク質が合成される。この細胞に紫外線を当て，融合タンパク質の出す蛍光を測定すれば，その遺伝子が発現しているかどうかや，融合タンパク質の細胞内での局在位置などを調べることができる。

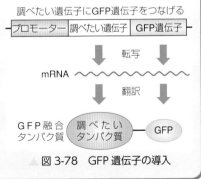

▲図 3-78　GFP 遺伝子の導入

第 3 章　●遺伝情報の発現　**201**

発展 ノックアウトマウス

1 ノックアウトマウス　遺伝子のノックアウトとは，遺伝子機能を喪失させる突然変異体をつくり出すことである。最初の**ノックアウトマウス**は 1989 年につくり出された。マウスで特定の遺伝子をノックアウトしてその表現型を調べることにより，その遺伝子の本来のはたらきがわかるほか，ヒトの遺伝子欠損のモデルとして医学的にも重要視されている。

2 ノックアウトマウスの作製法　① 調べたい遺伝子を遺伝子組換えの方法でクローン化し，ネオマイシン耐性遺伝子をその遺伝子のエキソンに挿入してノックアウトする。

② 黄体色のマウスから胚盤胞を取り出し，胚盤胞の内部細胞塊から ES 細胞 (→ p.268) を得る。

③ ①の DNA 断片を②で得た ES 細胞に導入する。低い確率ながら ES 細胞中で相同組換えが起こって，野生型の遺伝子が①の DNA 断片で置換された細胞が生じる。それを，ネオマイシンを加えた培地で増殖させて選択する。

④ 黒色マウスの雌から胚盤胞を取り出す。

⑤ ③で得たノックアウトされた遺伝子をもつ ES 細胞 10 個ほどを④の胚盤胞に入れる。これを別の雌の黒色マウス (代理母) の子宮に入れ，成長させる。生まれてきたマウスには，黒色マウス由来の細胞と黄体色マウスから得た ES 細胞由来の細胞が混ざった状態のマウス(**キメラマウス**)がいる。キメラマウスを黒色マウスと交配する。

⑥ 生まれたマウスの中から黄体色マウスを選べば，この個体はノックアウトされた遺伝子と正常遺伝子を 1 つずつもつと予測されるので，尾の細胞から DNA を抽出してネオマイシン遺伝子が挿入された遺伝子があるかどうかをチェックする。

⑦ ⑥のマウスの雌雄を交配してノックアウト遺伝子がホモ接合となったマウスを得る。

補足　もしノックアウトした遺伝子の役目が発生や生存にとって必須なはたらきをするものである場合，ホモ接合体が胚発生の途中で死んでしまうことがある。このような場合，低温では正常だが，高温になるとはじめて目的の遺伝子がノックアウトされるようなしかけを施した DNA 断片を使う必要がある。

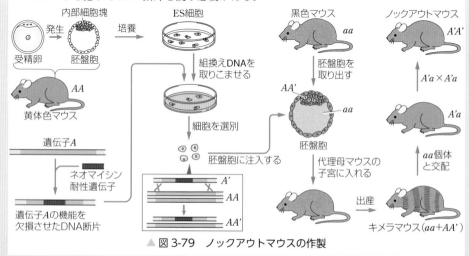

▲ 図 3-79　ノックアウトマウスの作製

E 遺伝子の増幅とその解析 ★★

1 PCR 遺伝子 DNA を詳しく調べるためにはある程度の量が必要である。特に、ミイラ、凍結して発見されたマンモスの死体、琥珀の中の昆虫の化石などから、やっと分離した微量の DNA 断片を調べたいときには、コピーによって増量できれば都合がよい。近年、DNA 増幅装置（サーマルサイクラー）を使って自動的に DNA をコピーできる **PCR 法**（ポリメラーゼ連鎖反応法）とよばれる方法が開発され役立っている。この装置の中の試験管に反応に必要な試料を入れ、温度と時間をセットしておくと、セット通りに温度と時間が変わる。

コピーのしくみは、図 3-80 のように簡単である。

① 試験管に、コピーしたい DNA の断片と、4 種類のヌクレオチド、熱に強い DNA ポリメラーゼ、プライマーとよばれる短い 1 本鎖の DNA（DNA 合成の起点となり、DNA の複製には必ず必要）を入れる。

② スイッチを入れると、中の試験管はまず 94°C になる。するとコピーしたい DNA の塩基間の水素結合が切れて 1 本ずつになる。

③ 次に、温度が 55°C に下がると、コピーの開始点になるプライマーが、1 本鎖 DNA の相補的な塩基配列の部分に結合する。

④ 続いて温度が 72°C に変わると、DNA ポリメラーゼがはたらいてプライマーに続くヌクレオチド鎖を合成させる。これで 1 回目のコピーは終わる。

2 回目以降は、上の②〜④をくり返せばよいのであるが、何回でも、機械が自動的にくり返してくれるので、DNA は 2 倍、4 倍、…と増えて、20 回のくり返しで 100 万個のコピーが、数時間で 1000 億個のコピーができる。

PCR 法の開発によって、目的とする DNA がたやすく大量に得られるようになり、分子生物学の研究に大きく貢献している。

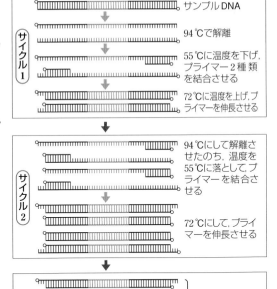

サンプルDNA

94℃で解離

55℃に温度を下げ、プライマー2種類を結合させる

72℃に温度を上げ、プライマーを伸長させる

94℃にして解離させたのち、温度を55℃に落として、プライマーを結合させる

72℃にして、プライマーを伸長させる

サイクル1
サイクル2
サイクル3

3回目にはコピーが**8個**できる（8倍増）

▲ 図 3-80　PCR 法

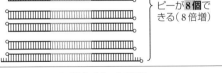

2 電気泳動 核酸（DNA，RNA）やタンパク質などの生物由来の高分子は正（＋）または負（－）の電荷を帯びている。これらに電圧を加えて移動させると，分子量が大きいものほど遅く移動し，分子量の小さいものほど速く移動する。この性質を利用して，高分子を分子量にしたがって分離する方法を**電気泳動**という。

(1) **核酸の電気泳動** DNA や RNA は，構成するヌクレオチドの 1 つ 1 つがリン酸基をもつため負に荷電しており，電圧を加えると正の電極に向かって移動する。

DNA を分離するためには，**アガロース電気泳動法**が使われる。2 本の電極の間に緩衝液（バッファー）を満たし，そこに寒天の主成分でできたアガロースゲル（寒天ゲル）をおき，ゲルにつくっておいたくぼみ（ウェル）に DNA を含む試料を注入して電圧を加える。DNA はゲルの中を移動して

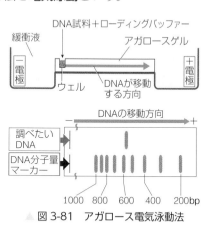

▲ 図 3-81　アガロース電気泳動法

いき，このとき，分子量（すなわち塩基対数）が大きいものほど遅く移動するため，塩基対数に応じて DNA を分離できる。

補足 あらかじめ塩基対数のわかっている試料をマーカーとして同時に流しておくと，目的の試料の泳動の結果と比較して，塩基対数を推定することができる。

補足 塩基対数が 2 万近くなるとアガロースゲル内には入るものの，もはや移動できなくなる（長いロープをもった 2 人が密集した木立の中を歩くことを想像すればよい）ので，電場の方向を交互に変える**パルス・フィールド電気泳動**が用いられる（長いロープをもった 2 人が互いに近づいたり，遠ざかったりして，密集した木立をすり抜けられることを想像すればよい）。逆に塩基対数が 200 より少ない DNA や RNA を分けるには，アガロースよりも高分解能のポリアクリルアミドを含むゲルを使う。

(2) **タンパク質の電気泳動** タンパク質は構成するアミノ酸の種類によって全体としての電荷が正であるか負であるかが異なるので，核酸の場合ほど簡単ではない。

SDS ポリアクリルアミドゲル電気泳動法（SDS-PAGE）という方法では，陰イオン性の界面活性剤である**ドデシル硫酸ナトリウム（SDS）**の水溶液にタンパク質を加える。すると，タンパク質の立体構造が失われて直線状の分子に変形し，しかも分子全体に均一な負荷電が付与されるため，ポリアクリルアミドのゲル中で分子量の違いを反映した分離を行うことができる。

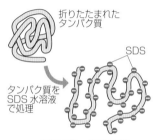

▲ 図 3-82　SDS 処理

3 塩基配列の解析　ヒトゲノム計画では，DNAのすべての塩基配列を解読したが，それは次のような方法によって行われた。

ジデオキシヌクレオチド(ddNTP)とはDNAを構成する4種類の塩基(A, T, G, C)をもつヌクレオチド(dNTP)それぞれの類似化合物である。DNA合成の際に，このddNTPがdNTPの代わりに合成されている途中の相補的なDNAに取りこまれると，それ以上はDNAの合成が起こらなくなる。このことを利用して塩基配列を決定するのが**ジデオキシ法**(サンガー法)である。

塩基配列を決定しようとするDNAを1本鎖DNAにしたものに，4種類の塩基をもつddNTPを4色の異なる蛍光色素で標識したもの，無標識のdNTP，プライマー(DNAポリメラーゼがはたらくのに必要)，DNAポリメラーゼを加えてDNAの合成を行わせる。合成されるDNAは，ddNTPが結合した段階で合成が停止するため，鋳型の1本鎖DNAに相補的な塩基配列をもったDNAは，その末端がそれぞれの塩基に相当する蛍光標識されたddNTPをもつことになる。こうして反応を停止したDNA断片の集団を1本のキャピラリゲルで電気泳動する。特定の長さをもつDNA断片はすべて同じ速度でゲルの中を移動するので，レーザー光を照射すれば4色の蛍光のバンドがそれぞれの合成されたDNAの長さに応じて順番に読み取れる。この順番が目的としているDNAの相補的な塩基配列を表すこととなる。この方法を使うと，1回の電気泳動で数千塩基を読むことができる。ヒトゲノム計画ではこのキャピラリ電気泳動装置がおもに利用され，個々のDNA断片の塩基配列をコンピューター処理してつなぎ合わせ，染色体ごとに全塩基配列を決定した。

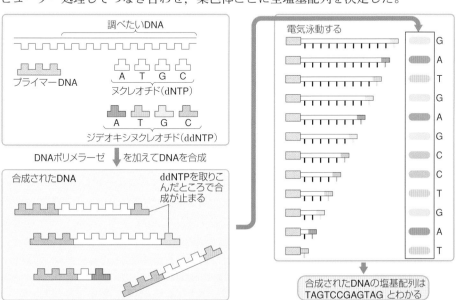

▲ 図3-83　ジデオキシ法による塩基配列決定の原理

1 cDNA (1) **cDNA** 一般に真核生物のゲノムには遺伝子の情報をコードしていない反復配列や遺伝子に隣接した転写されない遺伝子発現の調節領域，あるいはスプライシングで除かれる**イントロン**などがあり，タンパク質をコードしている**エキソン**はゲノムのわずかな領域を占めているにすぎない。タンパク質に翻訳されるのはエキソンの情報であり，これはスプライシングを受けた後の mRNA に反映されている。

　哺乳類の細胞から抽出される RNA のうち，80 ～ 85％は rRNA，15 ～ 20％が tRNA であり，mRNA は 1 ～ 5％にすぎない。さらに，mRNA は不安定な物質で分解されやすい。このため，mRNA は扱いにくい物質である。そこで，mRNA から変換してつくった保存性のよい **cDNA**（**相補的 DNA**）が使われる。

(2) **cDNA の作製**　cDNA を作製するには，まず mRNA を精製する。次に，精製した mRNA の 3′末端にポリ A が付加されていることを利用して，相補的なポリ T（オリゴ dT）をプライマーとして mRNA に結合させ，mRNA を鋳型にして**逆転写酵素**で 1 本鎖の cDNA を合成する。合成された mRNA–cDNA のハイブリッドを RNA 分解酵素で処理して，もとの mRNA を分解する。その際に短い RNA が部分的に残るので，これをプライマーとして使って DNA を合成し 2 本鎖の cDNA にする。

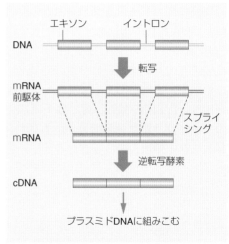

▲ 図 3-84　cDNA の合成

(3) **cDNA の利用**　ヒトインスリン遺伝子のように，特定のタンパク質をコードしている機能をもった遺伝子をクローニングする場合には，エキソンだけが必要になる。そのため，まず mRNA を分離し，それを鋳型にして cDNA を合成する。この cDNA をプラスミド DNA に組みこみ，組換えプラスミドをつくり，クローン化する。現在では，こうした方法でインスリンや成長ホルモンなどのペプチドホルモンがつくられるようになり，治療に使われている。

　補足　以前はこれらペプチドホルモンをブタなどの臓器から抽出していたため，微量しか得られず，高価なものとなっていた。さらに抽出精製の過程で混入する異物や，ヒトとは異なる動物特有のアミノ酸配列のため，しばしばアレルギー症状や発熱などの副作用が起こっていた。こうした問題も，遺伝子組換えによる合成によって解決されたのである。

2 DNA マイクロアレイ　塩基配列が既知の多数の1本鎖 DNA を，スライドガラスやシリコンでできた基板（チップ）上に顕微鏡でようやく見えるほどの高密度に並べて結合（固定化）させ，網羅的に遺伝子発現パターンを解析する技術を **DNA マイクロアレイ**という。各1本鎖 DNA は**プローブ**とよばれ，ある生物のゲノムの全塩基配列が解明されている場合，それぞれの遺伝子に特異的な塩基配列が遺伝子断片として，チップ上にある小さな多数のスポットに結合されている。cDNA の断片（PCR 法で合成されたもの）やエキソンの塩基配列をもとに 25 〜 60 塩基のヌクレオチドを合成してスポットに結合させる方法もある。

　遺伝子の発現状態を網羅的に調べたい細胞から mRNA を抽出し，逆転写酵素で相補的 DNA（cDNA）に変えて蛍光色素で標識し，チップ上のプローブ DNA と相補的な塩基どうしを結合（**ハイブリダイゼーション**）させる。蛍光の強度をそれぞれのプローブ DNA ごとに比較すると，蛍光の強弱で転写量を比較することが可能となる。この方法により，ある実験条件に個体や細胞を移したときに遺伝子発現がどのように変動するのか，あるいはがん細胞と正常な細胞のような同じ起源をもった細胞どうしでの個々の遺伝子の発現の違いなどを網羅的に調べることができる。

　例えば，がん化に伴う遺伝子発現の違いを調べたい場合には，正常細胞由来の cDNA を緑色の蛍光をもったヌクレオチドで標識し，がん細胞由来の cDNA を赤色の蛍光をもったヌクレオチドで標識して，チップ上のプローブ DNA とハイブリダイゼーションを行う。個々のスポットの出す蛍光を器械でスキャニングして結果を解析し，個々の遺伝子のスポットについて赤からオレンジ色を示すものはがん細胞での発現量が多く，黄色では発現量に差がなく，緑色から黄緑色を示す遺伝子のスポットからはがん細胞での発現量が低いと判定できる。

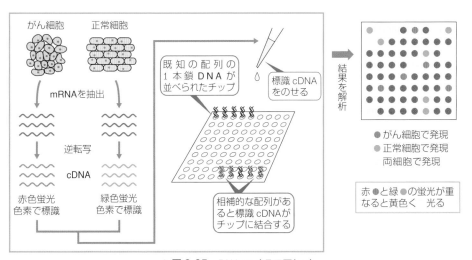

▲ 図 3-85　DNA マイクロアレイ

　ゲノム編集とは，ゲノム上の狙った箇所を書き換える技術である。DNA は A，T，G，C の 4 文字で書かれた文章に例えられ，この文章中の文字を書き換えたり，途中に文を挿入したり，一部を取り去ったりして文章を編集するのがこの技術である。ゲノム編集の手法にはいくつかあるが，現在主流となっている CRISPR-Cas9 という手法について述べる。これを開発したシャルパンティエとダウドナは，2020 年にノーベル化学賞を受賞した。

　この手法で使われる分子は複合体であり，2 つの部分がある。1 つは，編集したい部位のDNA を切断する"はさみ"の部分で，実体は酵素ヌクレアーゼで Cas9 とよばれるタンパク質である。もう 1 つは，編集対象である標的遺伝子を認識する部分で，実体は標的遺伝子の塩基配列と相補的な RNA である。"はさみ"である Cas9 タンパク質を標的遺伝子まで案内するガイド役を務めるためガイド RNA とよばれる。

　Cas9 タンパク質により切断された 2 本鎖 DNA は，細胞のもつ修復機構によりつなげられる。おもな修復機構には以下のものがある。

ⓐ 非相同末端結合　切れた末端を直接つなぐ。ただしその際，結合部分でヌクレオチドの挿入や欠失が一定の割合で起こる。すると，切断された遺伝子は機能を失うため，狙った遺伝子のノックアウトができる。

ⓑ 相同組換え修復　切断された部位の周辺の塩基配列と相同の DNA を探し出し，それを鋳型にして合成しながら修復する。鋳型は外来の DNA でもよい。そこで，外来 DNA の端に切断箇所の近傍の塩基配列と相同のものを結合し，それをあらかじめ細胞に与えておくと，この DNA を参照して修復が起き，切断箇所に外来 DNA が挿入される。こうしてトランスジェニック生物の作製が可能になる。

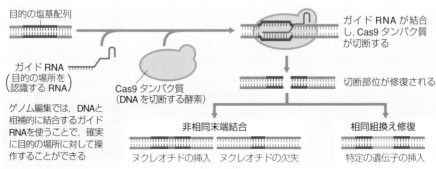

▲ 図 3-86　CRISPR-Cas9 システムによるゲノム編集

補足　CRISPR-Cas システムはもともと，細菌がもつ免疫システムである。ウイルスは細菌に DNA を注入するが，このシステムによって，侵入した DNA は切断されて不活性化される。さらに，その断片を細菌の DNA 中の CRISPR とよばれる領域に組みこんで記憶することができる。再び同じウイルスに感染した際には，この記憶をもとに CRISPR-Cas システムを作動させる。つまり，① 記憶していたウイルス DNA の断片が転写されて，その DNA と相補的な RNA がつくられ，② Cas 遺伝子から転写・翻訳によってつくられた Cas タンパク質と複合体を形成し，③ CRISPR-Cas となって防御にはたらく。

biology

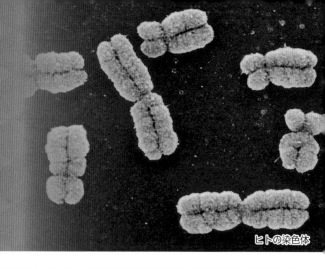

第4章

ヒトの染色体

---

1 生　殖

A 生殖の方法　★★

1 生殖　個体の寿命には限りがある。生物は子孫を産み出すことにより，種を維持してきた。生物の個体が，自己と同じ種類の新しい個体をつくることを**生殖**とよぶ。生殖の方法はさまざまであるが，**無性生殖**と**有性生殖**に分けられる。

　胞子や卵・精子などは生殖のために特別に分化した細胞であり，これらを**生殖細胞**という。生殖細胞の中でも，合体することによって新個体をつくり出すもの（卵や精子など）を**配偶子**という。配偶子による生殖が**有性生殖**，配偶子によらないものが無性生殖である。

2 無性生殖　無性生殖では，ふつう，親のからだの一部が分離して，そのまま新しい個体になる。

(1) **分裂**　個体が2つまたは数個に分かれて増える生殖法。細菌，単細胞藻類（クロレラ・ミカヅキモ），ミドリムシ類，原生動物（アメーバ・ゾウリムシ），イソギンチャク（刺胞動物），プラナリア（へん形動物）など。

(2) **出芽**　細胞や個体の一部が（芽を出すように）膨らみ出して，やがてその根元がくびれて離れ，新しい個体となる生殖法。酵母（単細胞，おもに子のう菌類），ヒドラ（刺胞動物）など。

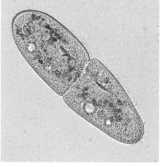

▲ 図4-1　ゾウリムシの分裂

若い芽

出芽した新個体

▲ 図4-2　ヒドラの出芽

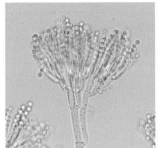
▲ 図4-3　アオカビの胞子
（分生子；n）

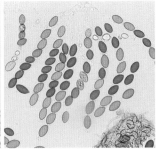
▲ 図4-4　アカパンカビの胞子
（子のう胞子；n）

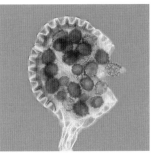
▲ 図4-5　イヌワラビの胞子のう
（胞子；n）

(3) **胞子生殖**　アオカビ（子のう菌類）は，からだ（菌糸）の一部がそのまま分裂して
胞子（分生子）ができ，これが発芽して新個体となる。

　補足　アオカビの菌糸の核相（→ p.168）は n であり，分生子の核相も n で変化はない。この
ように，からだの一部がそのまま分裂してできる**栄養胞子**の他に，2n の世代の細胞が減数
分裂（→ p.214）してできる**真正胞子**（アカパンカビやシダ植物や酵母など，できてくる胞子の
核相は n）もある。前者の胞子生殖は無性生殖であるが，後者の胞子生殖は，親と子が遺伝
的に同一でないため，無性生殖には含めない。

(4) **栄養生殖**　植物の栄養器官（根・茎・葉など）[1]の一部から新しい個体がつくら
れる生殖法。

① **むかご**　側芽が多肉化したもの。オニユリ（図4-6）・ヤマノイモ。

② **塊　茎**　茎が変形して多肉化したもの。ジャガイモのいも。

③ **地下茎**　地下の茎が伸びて増える。ワラビ・スギナ（図4-7）・タケ。

④ **走出枝**　地面をはう長い枝（ほふく茎，ストロンともいう）ができ，その先に
　　新芽をつけて増える。オランダイチゴ・ユキノシタ・オリヅルラン（図4-8）。

⑤ **球　茎**　茎が多肉化したもの。グラジオラス・サフラン。

　補足　樹木などで人工的に行われるさし木やさし芽は，種子植物が栄養生殖をする性質を
利用したものである。

▲ 図4-6　むかご（オニユリ）

▲ 図4-7　地下茎（スギナ）

▲ 図4-8　走出枝（オリヅルラン）

1）有性生殖に直接関係せず，個体の栄養生活に関係する器官。

3 有性生殖　有性生殖では2個の配偶子が合体し，それが新しい個体となる。配偶子の合体を**接合**，その結果生じたもの（1個の細胞）を**接合子**という。

> 無性生殖 ＝ 配偶子によらない生殖
> 有性生殖 ＝ 配偶子による生殖

(1) **配偶子**　合体する配偶子どうしの大きさや形の比較から，同形配偶子，異形配偶子（大配偶子と小配偶子），卵・精子に区別される。

(2) **接合**　配偶子の合体には，次の3つがある。

① **同形配偶子接合**　形も大きさも等しい配偶子どうしの合体。

　例　クラミドモナス，アミミドロ（以上緑藻類），ハネケイソウ（ケイ藻類）など。

　補足　アオミドロ（緑藻類）などの接合は，同形配偶子接合の一種であるが，栄養細胞であったものがそのまま合体するので，単に接合とよんで区別されている。

② **異形配偶子接合**　形は似ているが大きさの異なる配偶子どうしの合体。大きいほう（大配偶子）を**雌性配偶子**，小さいほう（小配偶子）を**雄性配偶子**とよびならわしており，雌性配偶子をつくる個体を**雌**，雄性配偶子をつくる個体を**雄**という。

　例　アオサ・アオノリ・ミル（緑藻類）など。

③ **受精**　異形配偶子で大きさが極端に違う場合，大きくて運動性のないほうを**卵**，小さくて運動性のあるほう（ふつう，鞭毛をもつ）を**精子**という。卵と精子の合体を，特に**受精**とよび，できた接合子を**受精卵**とよぶ。

　例　コンブ・ワカメ（褐藻），コケ植物，シダ植物，種子植物，多細胞の動物。

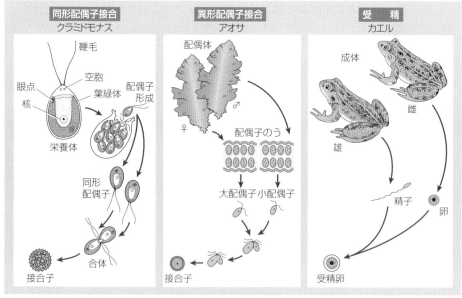

▲ 図 4-9　配偶子の合体

単為生殖　卵が，合体しないか，合体しても核の融合が起こらないで発生を始め，新しい個体ができる場合があり，これを**単為生殖**（**単為発生**）という。ワムシ・ミジンコ・アブラムシなどで見られる。単為生殖でも配偶子ができるので，有性生殖に含める。

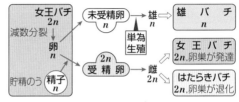

▲ 図4-10　ミツバチの生殖

B　生殖と遺伝情報　★

1 遺伝子座　ある特定の遺伝子が染色体のどの位置に存在するかは，生物種ごとに決まっている。こうした染色体上における遺伝子の位置を**遺伝子座**という。

2 対立遺伝子　共通の遺伝子座を占める遺伝子どうしの塩基配列や発現形質が異なる場合，これらを**対立遺伝子**（**アレル**）という。対立遺伝子は，アルファベット1字をあてて表され，これを**遺伝子記号**という。ふつう，大文字で顕性遺伝子を，小文字で潜性遺伝子を示す。

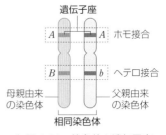

▲ 図4-11　染色体と遺伝子座

遺伝子記号　最近では，ある遺伝子の存在が明らかになった場合，その特徴などを表す名前をつけ，それを省略した1～4字のアルファベットと数字を組み合わせて遺伝子記号としている。またイタリックでかくことも習慣となっている。ショウジョウバエでは，野生型対立遺伝子には，突然変異遺伝子記号の肩に＋をつけるのが習慣となっている（→ p.233）。

3 遺伝子型　遺伝子の組み合わせ（AA，Aa，aa など）を**遺伝子型**といい，これがもとになって外に現れる形質を**表現型**という。着目する遺伝子が AA のように同じ組成になっている場合を**ホモ**（**同型**）**接合**，Aa のように異なる組成になっている場合を**ヘテロ**（**異型**）**接合**という。

4 生殖方法と遺伝情報　無性生殖では，ふつう，親のからだの一部が分離して，そのまま新しい個体になる。そのため，子は親と全く同じ遺伝情報をもつ。

　有性生殖では，減数分裂を経てできた配偶子が2個合体して，それが新しい個体となる。子は親となる2個体から遺伝情報を半分ずつ受け継ぐので，遺伝情報の量は親と同じだが，その内容は親とは異なるものになる。

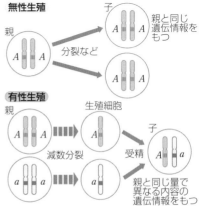

▲ 図4-12　生殖方法と遺伝情報

体細胞の核の中には2セット分の染色体がある。1セット分の染色体数をnとすると，$2n$本の染色体をもっている。この状態を，核相が**$2n$**である，もしくは**複相**であるとよぶ。もし卵も精子も$2n$であったら，受精の結果$4n$の子ができてしまうことになるが，そうはならない。卵や精子ができるときには，染色体を半分（1セット）にするしくみがある。そのしくみが**減数分裂**という特別な細胞分裂である。減数分裂により染色体の数は半減し，できてくる卵や精子の核相は**n（単相）**となる。

1 減数分裂　複相（$2n$）の核をもつ細胞が2回連続して分裂し，単相（n）の核をもつ娘細胞が4個できる分裂を**減数分裂**という。動物では，卵と精子ができるときに減数分裂が見られる。植物では，① **コケ・シダ植物**：$2n$世代の胞子体からnの胞子ができるとき，② **種子植物**：おしべのやくで花粉四分子ができるときと，めしべの胚珠で胚のう細胞などができるときに減数分裂が起こる。

分裂時期		間期	第　一　分　裂	
			前　期	
植物				
動物				
区別点	相違点	植物		
		動物	中心体二分し，星状体形成	中心体両極に移動
	共通点		染色体出現	相同染色体縦裂し対合（二価染色体になる）
核　相			$2n$ ------------	$\binom{4n\ \text{個の}}{\text{染色分体}}$

2 減数分裂の過程　複相の核には，相同染色体（→ p.168）がn対あり，染色体の総数は$2n$本である。

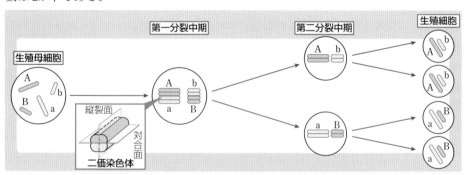

▲ 図4-14　減数分裂における染色体の行動（$2n＝4$の場合）

生殖母細胞が染色体A，a，B，bをもつとする。第一分裂の前期では，相同染色体のAとa，Bとbがそれぞれ対合する。このとき，それぞれの染色体は染色分体に分かれている。第一分裂により，対合した相同染色体は別々の細胞に分かれる。図では，A，bの染色体をもつものと，a，Bの染色体をもつものになっている（A，Bとa，bという組み合わせになる場合もある）。第二分裂により，染色分体が分かれてAbという染色体をもつ生殖細胞2個と，aBという染色体をもつ生殖細胞が2個でき，計4個の生殖細胞となる。（この図では，染色体の乗換え（→ p.230）は起こらないとしてある。）

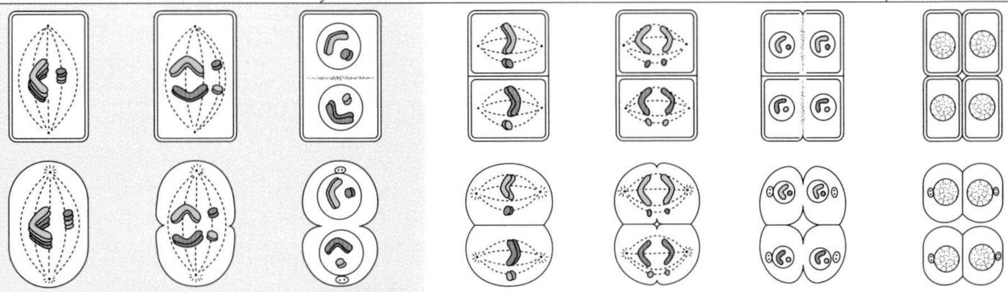

第　一　分　裂			第　二　分　裂				生殖細胞
中　期	後　期	終　期	前期	中　期	後　期	終　期	

		細胞板形成		細胞壁形成		細胞板形成	細胞壁形成
	細胞くびれ始める	星状体消失		中心体二分し, 両極に移動	娘細胞くびれ始める		
二価染色体赤道面上に並ぶ	染色体縦裂のまま両極に移動	娘細胞形成核膜出現		染色体赤道面上に並ぶ核膜消失	染色体両極に移動	紡錘糸消失核膜出現	生殖細胞形成

$\cdots\cdots\longrightarrow n \cdots\cdots\cdots\cdots\cdots\cdots\cdots\cdots\cdots\longrightarrow n\cdots\cdots\cdots\longrightarrow n$

▲ 図 4-13　減数分裂の過程($2n=4$)

　減数分裂では，細胞分裂が 2 回，続けて起こる。第一分裂では**相同染色体の対合と分離**(染色体数の半減)が起こり，第二分裂では**染色分体の分離**が起こる。

(1) **第一分裂**　① **前期**　染色体は凝縮して太いひも状になる。染色体は長軸方向に沿って縦に裂け目が見え，2 本の染色分体からなっている(間期の間に複製が終わっており，DNA 量が倍に増えているため)。相同染色体どうしが平行して接着する。これを**対合**とよび，対合した状態の相同染色体は**二価染色体**とよばれる(二価染色体は 4 本の染色分体からできていることになる)。

　② **中期**　二価染色体が**赤道面**に並ぶ。

　③ **後期**　二価染色体は対合面で分かれ，各相同染色体は両極へと移動する。

　④ **終期**　核分裂が終了し，続いて細胞質分裂が起こる。その結果，各相同染色体を 1 本ずつ含む核相 n(単相)の細胞が 2 個できる。

(2) **第二分裂**　第二分裂は体細胞分裂とほぼ同じような経過をたどる。第一分裂の終期には，ふつう染色体が消失せず，染色体の複製も行われないため，すぐに第二分裂が始まる。

　① **中期**　染色体が赤道面に並ぶ。

　② **後期**　2 本の染色分体が縦裂面で分離して，それぞれ両極へと移動する。

　③ **終期**　染色体が両極に到達し，今までの凝縮した状態がくずれて細い糸状になる。核膜ができ，細胞質分裂が起こり，n の娘核をもった細胞が 4 個できる。

タマネギの根端の細胞の体細胞分裂

間　期	前　期	

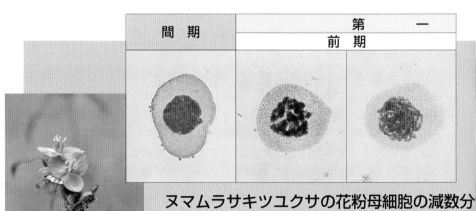

間　期	第　　　一	
	前　期	

ヌマムラサキツユクサの花粉母細胞の減数分

　p.166 で学習したように，体細胞分裂では 1 個の母細胞から 2 個の娘細胞ができる。また，p.214 で学習したように，減数分裂では連続する 2 回の分裂で，1 個の母細胞から 4 個の娘細胞ができる。ここでは，体細胞分裂と減数分裂の違いを写真で比較してみよう。

　どちらの場合も，中期から後期にかけて同じように染色体が両極に分かれていくように見えるが，体細胞分裂では縦に裂けた染色体（染色分体）が縦裂面で分かれるのに対し，減数分裂の第一分裂では対合した相同染色体どうしが対合面で分かれるという違いがあることに注意する。

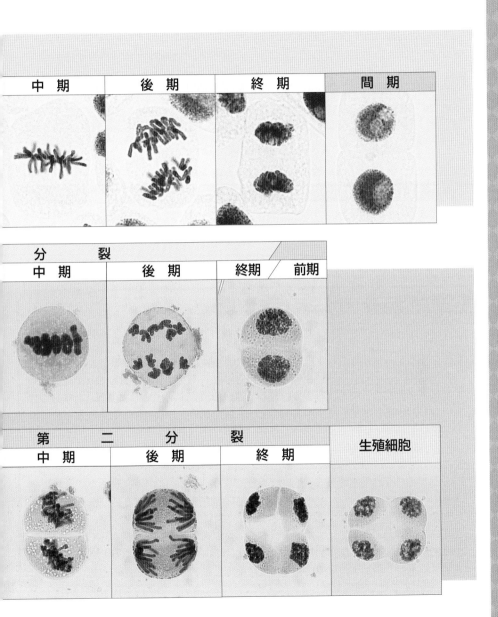

中　期	後　期	終　期	間　期

分　裂			
中　期	後　期	終期	前期

第　二　分　裂			生殖細胞
中　期	後　期	終　期	

3 減数分裂とDNA量　細胞当たりの DNA 量は，S 期に DNA の複製が行われて倍になり，第一分裂で半分に，次いで第二分裂でさらに半分になる。

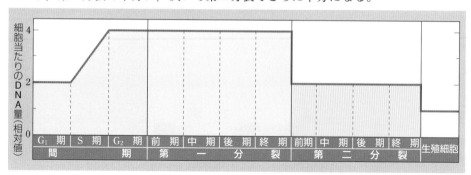

▲ 図 4-15　減数分裂と DNA 量の変化

▼ 表 4-1　減数分裂と体細胞分裂の比較

減　数　分　裂	体　細　胞　分　裂
母細胞の半数(n)の娘細胞をつくる	母細胞と同じ核相の娘細胞をつくる
相同染色体が対合し，二価染色体を形成（第一分裂前期）	相同染色体は対合しない
染色体数は半減する（相同染色体の分離）	染色体数は半減しない

Column 1 ▶ 有性生殖 vs 無性生殖

　無性生殖では，親の染色体と同じものが受け継がれ，子の遺伝子の構成は全く変わらない。一方，有性生殖では，父由来と母由来の細胞どうしが合体するので，子の遺伝子にいろいろな組み合わせができ，親や兄弟とは違うものができることがある。

　無性生殖のよいところは，手間のかからないことである。有性生殖では，減数分裂で配偶子を用意し，さらに相手をさがしてという，大変に手間のかかることをしなければならない。しかも，そうしてできた子は親と違った形質をもつことがあるので，今の環境で生きていけるという保証もない。無性生殖では，うまくいっていることが証明済みの親とそっくりな個体を，手間がかからずにつくれ，同じ手間で有性生殖をするよりたくさんの子をつくることができる。

　こう考えれば無性生殖をする生物ばかりになりそうなものだが，実際には無性生殖するものが主流ではない。また，無性生殖と有性生殖の両方を行うものも多い。

　有性生殖の利点として，以下のようなことが考えられる。① 遺伝子の組み合わせが変わるため，環境が変化した際に，それに対応できる新しい形質が生じやすい。② 無性生殖では，遺伝子に生じた不都合な変化はそのまま子に受け継がれていくが，有性生殖によって遺伝子の組み合わせを変えることにより，それらを取り除くことができる。③ 全く同じものが続くと，それにとりつく寄生虫なども進化してくるだろう。有性生殖をすると，それを避けることができる。これらの利点があるからこそ，手間がかかっても，多くの生物が有性生殖を行っていると考えられる。

2 遺伝の法則

A 遺伝と遺伝形質 ★★

1 遺伝 生物がもつ形や性質などを**形質**といい，形質が代々子に受けつがれていく現象を**遺伝**という。

2 遺伝形質 生物がもつ多くの形質には，遺伝するものと遺伝しないものがある。遺伝する形質を**遺伝形質**という。

3 対立形質 ヒトの耳あかのドライとウエットのように，互いに対（セット）になる形質がある。これを**対立形質**という。

4 遺伝子 メンデル（→次ページ）は自分で行った実験結果を説明するために，遺伝するいろいろな形質のもとになる単位として**要素**（因子＝element）を仮定した。これが今日いわれる**遺伝子**に相当するものである。このうち，対立形質のもとになり，対になっている遺伝子を**対立遺伝子（アレル）**という。

◆ 遺伝学習のための用語 ◆

遺伝の学習では，いろいろな用語が出てくる。まとめて覚えておこう。

(1) **遺伝子記号** 遺伝子を表す記号で，ふつうアルファベットの1字をあて，大文字で顕性遺伝子を，小文字で潜性遺伝子を示す（→ p.213）。

(2) **遺伝子型と表現型** 遺伝子の組み合わせ（AA, Aa, aa など）を**遺伝子型**といい，これがもとになって外に現れる形質を**表現型**という。

(3) **ホモ（同型）接合** 着目する形質の遺伝子が AA のように同じ組成になっている場合。

(4) **ヘテロ（異型）接合** 着目する形質の遺伝子が Aa のように異なる組成になっている場合。

(5) **顕性と潜性** 着目する形質の遺伝子がヘテロ接合である個体で，形質が発現するほうを**顕性（優性）**，発現しないほうを**潜性（劣性）**という。

(6) **交配** 有性生殖を行わせることを**交配**するという。

(7) **交雑** せまい意味では，対立遺伝子がそれぞれホモ接合である両者の交配（$AA×aa$，$AAbb×aaBB$ など）を**交雑**という。しかし，もっと広く遺伝子組成の異なる2個体間の交配（例えば $AaBB×AABb$ など）にも使う。

(8) **雑種** 交雑によって生じた子孫をいう。親を **P**，雑種第一代を F_1，雑種第二代を F_2，……で示す（P は **Parens**（親）の，F は **Filius**（子）の頭文字）。

(9) **純系** すべての対立遺伝子についてホモ接合の個体から自家受精によって得た子孫を**純系**という。1つの純系に属する個体はすべて共通のホモの遺伝子型をもっている。

(10) **野生型** 突然変異（→ p.180）によって生じた形質をもつ個体に対して，ふつうに見られる個体（またはその形質）を**野生型**という。

遺伝に関する法則は，1900年に**ド フリース**と**コレンス**と**チェルマク**によってそれぞれ独立に発見されたが，それは35年も前に，オーストリアの**メンデル**が発見していたものであった。遺伝子の存在がまだ知られていないころに，メンデルがどのようにして遺伝の法則を発見したのか，その研究の過程を追ってみよう。

◆**実験材料としてのエンドウ**　メンデルは，エンドウが次のようなすぐれた性質をもっていたため，研究の材料として選んだ。彼が成功したのは，その偉大さに加えて，エンドウを選んだことにもよるのである。

① 栽培しやすい。

② めしべやおしべが竜骨弁で包まれていて虫が入りこめないので，1つの花の花粉はその花のめしべに受粉（自家受粉）する。自然の状態では，他の花との交配が起きない。

③ 交配によって得た子孫でも，種子のみのりがよい。

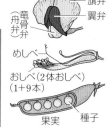

▲ 図4-16　エンドウ

◆**エンドウの7対の対立形質**　エンドウには，種子の形の丸形としわ形や，さやの色の緑色と黄色のような，個体間で互いに対になる形質があり，メンデルは，エンドウのいろいろな形質の中からこのようなはっきりと対立する形質を7対選び出し（表4-2），その現れ方に注目した。

まず，対立形質が子孫にどのように現れるかを説明するために，メンデルは対立形質のもとになっていて対になっている単位を**要素**（element）と仮定した。さらにエンドウの葉や茎を形成している細胞（体細胞）には，それぞれの対立形質を決めている**要素が2つずつあり**，花粉や胚のうにある生殖細胞には，この**要素が1つずつしか入っていない**と考えた。

これらの要素が親から子にどう伝わるのかを調べるために，次のような実験を行った。

1 **第一段階**　まずそれぞれの形質をもったエンドウを何代にもわたって自家受精させ，親から子孫へ形質がそのまま伝わっている34の系統（純系）をつくりだして実験に使った。

2 **第二段階**　1つの対立形質のみが異なる2つの系統間で交雑，つまり，一方の系統のおしべから花粉を採取し，他方の系統のめしべに人工受粉させて，子孫の形質を調べた。

◆**第一の発見**　7つの対立形質のそれぞれについて，どちらの系統をおしべ，あるいはめしべにしても，雑種第一代（F_1）で現れる形質（表現型）は，対立形質の一方のみが現れた。これから，メンデルは，対立形質には，F_1に現れるもの（**顕性形質**）と現れないもの（**潜性形質**）があると考えた。

▼ 表4-2　7対の対立形質

形　質	顕　性	潜　性	F_2で分離した数（顕／潜）	比
種子の形	丸	しわ	5474／1850	2.96:1
子葉の色	黄	緑	6022／2001	3.01:1
種皮の色	有色	無色	705／224	3.15:1
さやの形	ふくれる	くびれる	882／299	2.95:1
さやの色	緑	黄	428／152	2.82:1
花のつき方	腋生	頂生	651／207	3.14:1
草　丈	高	低	787／277	2.84:1

3 **第三段階** 次に，7つの対立形質のそれぞれについて，F_1を自家受精させて，雑種第二代(F_2)を得た。

◆**第二の発見** F_2に現れた形質は，顕性：潜性が3：1に近い分離比になった。これは，F_1の個体には，F_1で現れた顕性形質を決める要素だけでなく，**潜性形質を決める要素も失われずに存在しており**，F_1が配偶子をつくるとき，**それらは互いに分かれて異なる配偶子に入るため**，それぞれの要素をもつ配偶子が同数ずつ生じて，受精時にはそれらがランダムに組み合わされて次世代に伝わると考えると説明できた。これが後に分離の法則とよばれるものである。

4 **第四段階(2対以上の対立形質を組み合わせた雑種に関する実験)** 1対の対立形質に見いだされた法則が，2対以上の場合にもあてはまるかどうかを確かめた。

◆**第三の発見** 1対は種子の形が丸形か

しわ形か，もう1対は子葉の色が黄色か緑色かとし，丸形で黄色の株と，しわ形で緑色の株の間で交雑を行った。F_1としてできた種子は，すべて丸形で黄色であった。これらをまいて生えた植物15株を，それぞれ自家受精してF_2をつくり，556粒の種子を得た。これらは，丸形で黄色のものが315粒，丸形で緑色のものが108粒，しわ形で黄色のものが101粒，しわ形で緑色のものが32粒であった。これら4組の割合は，ほぼ9：3：3：1となっていた。この実験を考察すると，F_2で現れたすべての種子の形質は，1対の対立形質(丸形かしわ形か)を決める要素(Aとa)の展開式($AA+2Aa+aa$)ともう一方の対立形質(緑色か黄色か)を決める要素(Bとb)の展開式($BB+2Bb+bb$)とを項ごとに組み合わせたものに相当することを知った。すなわち，

$$(AA+2Aa+aa)\times(BB+2Bb+bb)$$
$$=AABB+2AABb+AAbb+2AaBB+4AaBb+2Aabb+aaBB+2aaBb+aabb$$
$$=(AABB+2AABb+2AaBB+4AaBb)+(AAbb+2Aabb)+(aaBB+2aaBb)+aabb$$

$$\rightarrow \quad 9 \quad : \quad 3 \quad : \quad 3 \quad : \quad 1$$

さらに，メンデルは3対の対立形質(種子の形が丸形かしわ形か，子葉の色が黄色か緑色か，種皮の色が有色か白か)を組み合わせた雑種に関する実験も行っている。ここでもまた，現れたすべての種子の形質は，対立形質を決める要素(Aとa，Bとb，Cとc)の展開式をそれぞれ項ごとに組み合わせたもので説明ができた。

こうして，**互いの対立形質を決める要素は独立に子孫に伝わる**ということ(後に独立の法則とよばれる)が示された。

核の染色体には多数の遺伝子がある。そのうちの1対の対立遺伝子にのみ注目して交雑したときにできる雑種を**一遺伝子雑種**または**単性雑種**という。

一遺伝子雑種の遺伝のしくみは，次のように考えられる。

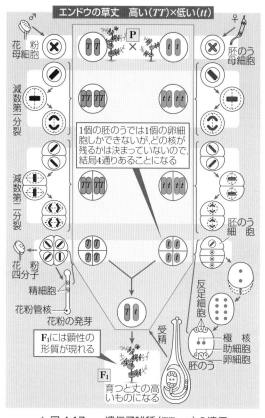

▲ 図4-17 一遺伝子雑種（$TT×tt$）の遺伝

重要

両親から受けついだ対立形質のうち，顕性の形質のみが子に現れる

1 **雑種第一代（F_1）** エンドウの草丈の高い純系（遺伝子型 TT）と草丈の低い純系（遺伝子型 tt）とを親（P）として交雑すると，雑種第一代（F_1）はすべて丈の高いものになる。

このとき，TT の親にできる配偶子の遺伝子型はすべて T であり，tt の親にできる配偶子はすべて t であるから，交雑の結果できる子（F_1）の遺伝子型は，右下の碁盤目法（碁盤の目をかいて遺伝子の組み合わせをつくる方法）に示したように，Tt だけの1種類になると考えられる。

♂ \ ♀	T	T
t	Tt	Tt
t	Tt	Tt

注意 図4-17は，生殖細胞（花粉四分子と胚のう細胞）ができる減数分裂（→ p.214）と配偶子（精細胞と卵細胞）の受精による F_1 ができる過程を詳しく描いてあるが，ふつうはこれを簡単に $TT×tt → Tt$ のように表す。

F_1 の形質は，遺伝子 Tt をもつ種子中の胚が育ってはじめて草丈の高いことがわかる。

2 **F_1 の表現型** 遺伝子型 TT と tt をもつ個体を両親として交雑した雑種第一代（F_1）の遺伝子型は Tt となるが，表現型には両親のもつ対立形質のうち一方の形質しか現れない。Tt のようなヘテロ接合の遺伝子型をもつ個体では，潜性の形質は現れず顕性の形質のみが現れる。

③ F₁どうしの交雑　遺伝子型がヘテロ接合である F₁ どうしを交配すると，雑種第二代(F₂)では，草丈の高いものと低いものが **3：1** になる。これは，F₁ の生殖細胞には，F₁ のもつ対立遺伝子 *Tt* が *T* と *t* に分かれて1個ずつ入ったために，図 4-18 に示したように，F₂ の遺伝子型は，$TT：Tt：tt=1：2：1$ となり，それゆえ，表現型は，高い：低い＝3：1 となるためと考えられる。

④ 分離の法則　このように生殖細胞ができるとき，対立遺伝子は互いに分離して別々の生殖細胞に入る。このことを**分離の法則**という。

注意「表現型で 3：1 に分離することを分離の法則という」というように誤って理解しないこと。

> **重要**
>
> **分離の法則**
> 生殖細胞ができるとき，対立
> 遺伝子は互いに分離して入る

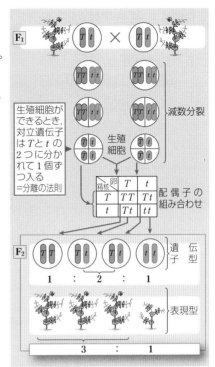

▲ 図 4-18　F₁ どうしの交雑

発展　一遺伝子雑種の交配結果の4つのパターン

　一遺伝子雑種の場合，右図の6つの交配が考えられるが，結果は次のような4つのパターンにまとめられる。

① 子は，すべて〔T〕
　　　⇔ 一方の親は必ず *TT*
② 子は，〔T〕：〔t〕＝3：1
　　　⇔ ヘテロどうしの交配
③ 子は，〔T〕：〔t〕＝1：1
　　　⇔ ヘテロと潜性ホモの交配
　　　（*Tt* の検定交雑，→ *p*.225）
④ 子は，すべて〔t〕
　　　⇔ 潜性ホモどうしの交配

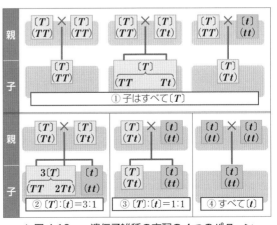

▲ 図 4-19　一遺伝子雑種の交配の4つのパターン

2対の対立遺伝子に同時に注目して交雑したときにできる雑種を**二遺伝子雑種**または**両性雑種**という。

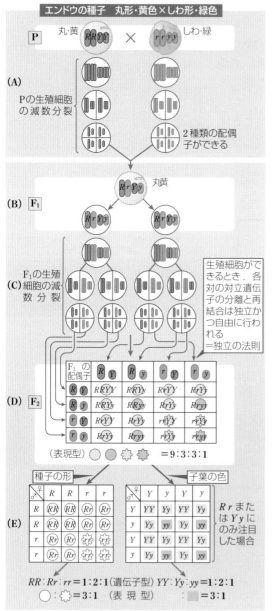

エンドウの種子　丸形・黄色×しわ形・緑色

▲図 4-20　二遺伝子雑種の遺伝

1 F_1の表現型と生殖細胞　図 4-20 は，エンドウの種子の形（R と r）と子葉の色（Y と y）に関する 2 対の対立遺伝子に注目したときの交雑結果である。

① F_1 は $RrYy$ となり，表現型はすべて丸形・黄色である。

② F_1 の生殖母細胞が減数分裂を行って，生殖細胞をつくるとき，図の (C) のように各遺伝子は分離の法則にしたがって入るので，RY・Ry・rY・ry の配偶子が 1：1：1：1 にできる。

2 F_2での表現型の分離比　二遺伝子雑種の F_2 では，表現型の分離比は，次のようになる。

丸・黄：丸・緑：しわ・黄：しわ・緑
$$=9：3：3：1$$

このとき，1 対の対立形質だけに注目すると，丸：しわ＝（9＋3）：（3＋1）＝3：1，黄：緑＝3：1 となり（図の (E)），一遺伝子雑種の F_2 の分離比 3：1 に一致する。これは，2 対の対立遺伝子が独立に行動しているためである。

3 独立の法則　2 対以上の対立遺伝子が存在する場合でも，生殖細胞ができるとき，各対の対立遺伝子の分離と再結合は独立かつ自由に行われる。これを**独立の法則**という。

注意 2対以上の対立遺伝子が1対の相同染色体上にあって連鎖（→ p.230）している場合には、独立の法則は成り立たないことに注意。

重要

独立の法則 { 2対以上の対立遺伝子があっても、生殖細胞ができるとき、各対の対立遺伝子の分離と再結合は独立に行われる

D 検定交雑 ★★

顕性形質を現す個体には、遺伝子型がホモ接合のものとヘテロ接合のものがあり、外見では区別できない。この両者の判別はふつう潜性ホモ接合の個体との交雑によって行い、このような交雑を**検定交雑**という。

1 一遺伝子雑種の場合 例えばエンドウで、草丈が高いものを潜性ホモ接合 (tt) の個体と交雑し、得られる子がすべて高いものであれば、その個体の遺伝子型は TT （ホモ接合）であり、高いものと低いものとが 1:1 であれば、Tt （ヘテロ接合）であるとわかる。

これは、検定交雑では、検定しようとする個体にできる配偶子の遺伝子の組み合わせとその分離比が、そのまま子の表現型の分離比として現れるからである。

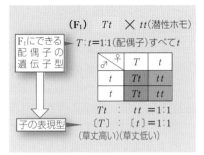

▲ 図 4-21 検定交雑

2 もどし交雑 F_1 と親（顕性ホモ接合と潜性ホモ接合のどちらか）との交雑を**もどし交雑**といい、潜性ホモ接合とのもどし交雑が検定交雑である。

E 三遺伝子雑種の遺伝 ★

多数ある対立形質のうち、3組の対立形質に同時に注目したときの雑種を**三遺伝子雑種**または**三性雑種**という。

3対の相同染色体にそれぞれ対立遺伝子 A と a、B と b、C と c が存在する場合で、Pの遺伝子型が $AABBCC$ と $aabbcc$ である場合、F_1 の遺伝子型は $AaBbCc$ となり、減数分裂の結果 F_1 にできる配偶子の遺伝子の組み合わせは 8 通りになる。

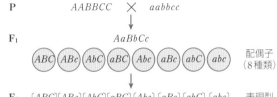

▲ 図 4-22 三遺伝子雑種の遺伝

したがって、F_2 では 8×8=64 通りの組み合わせができ、図 4-22 のように表現型の分離比は、27:9:9:9:3:3:3:1 になる。

F_1 や F_2 の表現型から判断すると，一見メンデルの遺伝の法則にしたがわないかのように見える遺伝でも，遺伝子のはたらきあいを考えると，基本的にはメンデルの遺伝の法則にしたがっているものが多い。その代表的なものをあげると，次のようなものがある。

1 不完全顕性　マルバアサガオでは，赤色の花をつける個体（純系）と白色の花をつける個体（純系）を両親として交雑すると，図4-23のように，雑種第一代（F_1）は，両親の中間の桃色花をつける。また，雑種第二代（F_2）では，赤花：桃色花：白花＝1：2：1となる。

これは，赤花を現す遺伝子 R と白花を現す遺伝子 r の顕性・潜性の関係が不完全なために，遺伝子型がヘテロ接合（Rr）の個体では，中間の形質になると考えられる。このような遺伝子間の関係を**不完全顕性**といい，桃色花のような中間の形質をもつヘテロ接合の個体を**中間雑種**という。

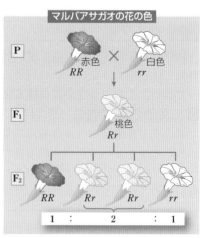

▲ 図4-23　不完全顕性

```
不完全顕性
表現型と遺伝子型は　一致
```

2 致死遺伝子　ある遺伝子がホモ接合になると，死という形質を発現する遺伝子を**致死遺伝子**という。

例　ハツカネズミの場合，体色が黄色の個体どうしを交配すると，次代は，黄色：地色＝2：1になり，黄色と地色の交配では，黄色：地色＝1：1 となる（図4-24）。これは，体色を黄色にする遺伝子 Y は，体色に関しては顕性であるが，潜性の致死遺伝子で，これをホモ接合にもつ個体は発生の初期に死んで生まれてこないので，黄色（Yy）どう

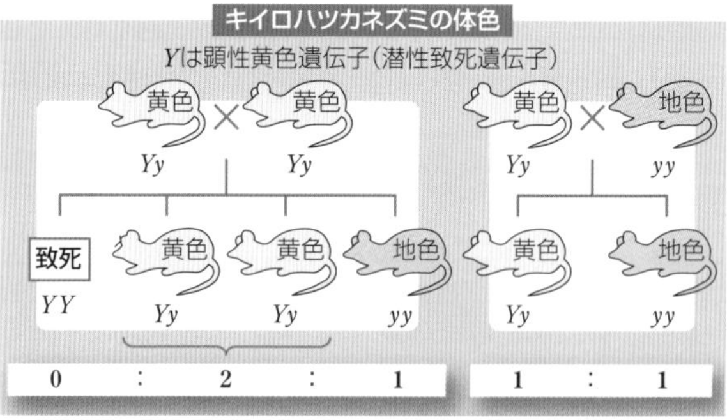

キイロハツカネズミの体色

Yは顕性黄色遺伝子（潜性致死遺伝子）

黄色 Yy × 黄色 Yy			黄色 Yy × 地色 yy	
致死 黄色 YY	黄色 Yy	黄色 Yy	地色 yy	黄色 Yy	地色 yy
0	:	2	:	1	1	:	1

▲ 図4-24　致死遺伝子

しの交配では，黄色：地色＝2：1 になるのである。

3 複対立遺伝子　1つの遺伝子座に，3つ以上の区別できる形質が知られているときに，それぞれの形質に対応する対立遺伝子を一括して**複対立遺伝子**[1]という。

例 **ヒトのABO式血液型** ヒトのABO式血液型では，A型・B型・AB型・O型の4つの血液型が区別される。図4-25は，両親の血液型と子の血液型の関係の例をいくつか示したもので，両親がA型でもO型の子が生まれる場合があり，両親がB型でもやはりO型の子が生まれる場合がある。

これは，表4-3に示したように，A型とB型のヒトの遺伝子型には，AAやBB以外にAOやBOの場合があるためである。つまり，ヒトの

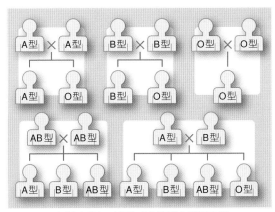

▲ 図4-25 ABO式血液型の遺伝の例

ABO式血液型では，$A \cdot B \cdot O$ 3個の遺伝子が対になって対立しており，AとBはともに顕性遺伝子で，この両者に顕性・潜性の関係はないが，OはAに対してもBに対しても潜性である。

▼ 表4-3 血液型の遺伝

血液型	遺伝子型
A　型	AA または AO
B　型	BB または BO
AB型	AB
O　型	OO

> **ヒトのABO式血液型**
> A型の遺伝子型には　AA と AO がある
> B型の遺伝子型には，BB と BO がある

補足 ヒトのABO式血液型のほかに，哺乳類の毛色や体色に影響を与える遺伝子（アグーチ遺伝子A）などもこの例である。

マウスの体色は，1本1本の毛に黒色メラニン色素と黄色メラニン色素が交互に沈着しているため，全体としてネズミ色に見える。毛が生える際に，基部でこれらメラニン色素が沈着するが，このはたらきを支配しているのが**アグーチ遺伝子A**である。この遺伝子には，野生型対立遺伝子A^+を含めて67の対立遺伝子が見つかっている。そのうち黄褐色となるA^{vy}，黄色になるA^yなどの顕性の対立遺伝子のほか，黒色になるa（aaのホモ接合の場合），背側が黒色で腹側がクリーム色になるa^tなどの潜性の対立遺伝子も見つかっている。A^{vy}やA^yには肥満になりやすい形質も備わっており，さらにA^yのホモ接合体（A^yA^y）となったマウスは，発生の途中で死んでしまう。これはA^y対立遺伝子（Yとも表し，この場合には野生型対立遺伝子をyで表す）が致死遺伝子としてはたらくためである（図4-24参照）。

なお，アグーチ遺伝子とは別のC遺伝子は，メラニン色素をつくるのにはたらいており，潜性のc対立遺伝子がホモ接合となると，メラニン色素ができなくなるため，マウスは白色の体色（アルビノ）となる。つまり，アグーチ遺伝子Aのはたらきは，C遺伝子の存在が条件となる（**条件遺伝子**；→ p.228）。

1）ショウジョウバエの第I染色体にあって，眼色を支配している遺伝子wには，野生型の赤眼となる対立遺伝子w^+のほかに，濃い赤ワイン色から白色にいたるまで，10あまりの複対立遺伝子が知られている。

4 遺伝子の相互作用 独立に遺伝する2組以上の対立遺伝子のはたらき合いによって，1つの形質が現れる場合がある。以下に示したいくつかの例では，歴史的にいろいろな名前がつけられており，一見，メンデルの遺伝の法則にはしたがわないように見えるが，F_2 の分離比に特徴が見られ，いずれもメンデルの法則によって説明することができる。

(1) **補足遺伝子** 単独に遺伝する2個の遺伝子が互いに補い合って，ある1つの形質が発現する場合，その2個の遺伝子を**補足遺伝子**という。

　例 スイートピーの花色　白花（純系）どうしを交配すると，F_1 はすべて有色（紫色）になり，F_2 では有色：白色＝9：7となる[1]。この場合，色素原をつくる遺伝子 C と色素原から色素をつくる遺伝子 P が互いに補足し合って有色が発現し，C や P だけでは白色である（図4-26で，C-P-などと示してある–は，顕性・潜性のどちらの遺伝子でもよいことを表す。以下も同じ）。

　注意 ニワトリのとさかの形　ばら冠とまめ冠を交配すると，くるみ冠という別の形になる。この F_1 どうしを交配すると，F_2 ではさらに別の単冠が現れ，くるみ冠：ばら冠：まめ冠：単冠＝9：3：3：1 になる。この場合，ばら冠とまめ冠の遺伝子をそれぞれ R，P とし，R と P が同時に発現するとくるみ冠が出現し，R も P もないと単冠になる。

　ただし，このニワトリのとさかの形の例では，ばら冠とまめ冠の両方の遺伝子が発現した表現型をくるみ冠とよんでいるにすぎないので，最近では補足遺伝子の例としては扱われなくなっている。

(2) **条件遺伝子** 2対の対立遺伝子のうち，一方の遺伝子は単独で形質を発現するが，他方の遺伝子は前者が存在しないと形質を発現することができないとき，後者を**条件遺伝子**という。

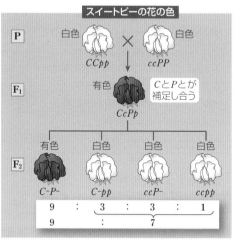

▲ 図4-26　補足遺伝子

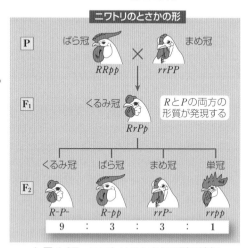

▲ 図4-27　ニワトリのとさかの形の遺伝

---

1) スイートピーの F_1 の花は有色（紫色）になるが，F_2 では，C や P の数（遺伝子量という）によって，紫色から赤色までいろいろな色になる。

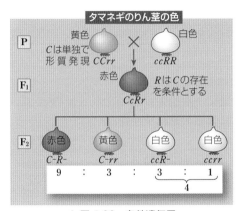

▲ 図 4-28　条件遺伝子

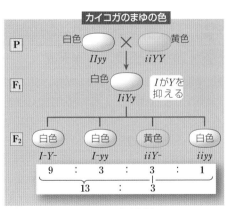

▲ 図 4-29　抑制遺伝子

　例　タマネギのりん茎の色　C は単独で黄色という形質を発現するが，R は C が存在してはじめて赤色を発現する（図 4-28）。

(3) **抑制遺伝子**　ある顕性遺伝子の発現を抑制するようにはたらく遺伝子を**抑制遺伝子**という。F_2 の表現型で 13：3 に分離するのが特徴である。

　例　カイコガのまゆの色の遺伝の場合，Y（黄色）の発現が抑制遺伝子 I によって抑えられる。抑制遺伝子が潜性ホモ接合のときにのみ黄色になる（図 4-29）。

(4) **同義遺伝子**　ある顕性遺伝子が 1 つだけでも，あるいは重複して 2 つあっても，どちらも 1 つの形質を発現する場合，この 2 つの遺伝子を**同義遺伝子**という。

　例　ナズナの果実の形の遺伝の場合，T_1 でも T_2 でも，また T_1T_2 でも軍配形を発現する。しかし，T_1 と t_1 は対立遺伝子で，T_2 と t_2 は別の対立遺伝子である（図 4-30）。

(5) **被覆遺伝子**　カボチャの果皮の色を黄色にする Y 遺伝子と緑色にする y 遺伝子は，白色遺伝子 W によっておおいかくされるので，表現型〔WY〕と〔Wy〕は白色，〔wY〕は黄色，〔wy〕は緑色になる（図 4-31）。

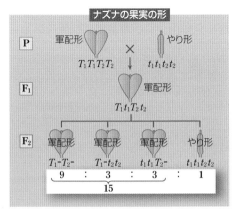

▲ 図 4-30　同義遺伝子

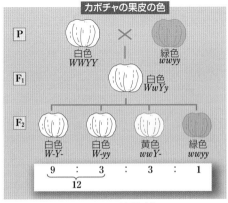

▲ 図 4-31　被覆遺伝子

3 遺伝子と染色体

A 連鎖と組換え ★★★

1 連鎖 遺伝子の数は多いが，染色体の数は少ない。したがって当然のことながら，1本の染色体に多数の遺伝子が相乗りしていることになる。このように，同一の染色体に複数の遺伝子が存在していることを**連鎖**という。

生殖細胞ができるとき，同一染色体にある遺伝子は行動をともにする。そのため，いくつかの形質は一緒になって遺伝するから，メンデルの独立の法則にはしたがわない。例えば，スイートピーは花の色を現す遺伝子（B, b）と，花粉の長さを現す遺伝子（L, l）をもつが，図4-32のように1本の染色体に B と L（したがって b と l）が連鎖しているものとすると，B と L および b と l は独立して自由に行動することはできない。

▲ 図 4-32
連鎖する遺伝子

P	$BL \cdot BL$ × $bl \cdot bl$			
F₁	$BL \cdot bl$			
F₂（表現型）	〔BL〕（紫・長い）	〔Bl〕（紫・丸い）	〔bL〕（赤・長い）	〔bl〕（赤・丸い）
実験値（個体数）	1528	106	117	381
分離比	13.7	1	1	3.4

▲ 図 4-33　ベーツソンとパネットの実験

2 不完全連鎖 イギリスのベーツソンとパネットは，スイートピーで交雑実験を行った（図4-33）。メンデルの遺伝の法則によると二遺伝子雑種の F₂ は表現型で 9：3：3：1 になるはずであるが，スイートピーでは **13.7：1：1：3.4** になった。

B と L，b と l の連鎖が完全ならば，F₂ の表現型は（紫で長い）：（赤で丸い）＝3：1になり，その他のものは現れないはずである。しかし，〔Bl〕（紫・丸い）と〔bL〕（赤・長い）が少しでも現れたということは，B と L，b と l の連鎖は不完全で，F₁ の配偶子ができるとき，新しい遺伝子の組み合わせが生じたものと考えられる。

3 乗換えと組換え 減数第一分裂の前期に相同染色体がその一部を互いに交換し合う現象を**乗換え**（または**交さ**）という。乗換えが起こると，遺伝子に**組換え**が起こ

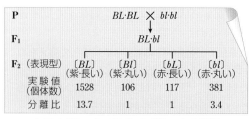

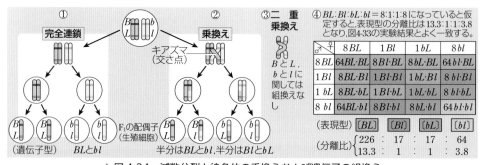

▲ 図 4-34　減数分裂と染色体の乗換えおよび遺伝子の組換え

る。乗換えは染色体に，組換えは遺伝子に重点をおいた用語で，この 2 つは必ずしも同じではない。

補足 図 4-34 の③に示したように，二重乗換えが起こった場合，B と L，および b と l に関しては組換えが起こらず，乗換えが起こらなかったのと同じになる。

④ 組換え価 生じた配偶子（生殖細胞）全体のうち，組換えを起こした配偶子の割合を**組換え価**（または**組換え率**）という。

下の重要内の組換え価の式 (A) は，配偶子の数をもとにしているが，実際に配偶子（精細胞や卵）に組換えが起こっているかどうかを見分けることは不可能である。そのため，組換え価を求める場合は，F_1 と潜性ホモ接合体との間で**検定交雑**を行う。

(1) 検定交雑による求め方 もし，F_1 の減数分裂で組換えが起こり（ここでは二重乗換えは無視する），その配偶子が $BL:Bl:bL:bl=n:1:1:n$ にできたと仮定すると，図 4-35 に示したように，検定交雑の結果得られる子の表現型の分離比も $n:1:1:n$ になる（**検定交雑**では，F_1 で生じた配偶子の遺伝子型の分離比がそのまま子の表現型の分離比として現れる，→ p.225）。

$$\therefore \ 組換え価 = \frac{組換えの起こった配偶子数}{F_1\ の全配偶子数} \times 100$$

$$= \frac{組換えの起こった個体数}{検定交雑によって得た総個体数} \times 100$$

$$\fallingdotseq \frac{1+1}{n+1+1+n} \times 100 = \frac{1}{n+1} \times 100 (\%)$$

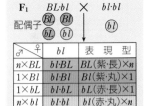

▲ 図 4-35　検定交雑の結果

したがって，検定交雑の結果，表現型で $[BL]:[Bl]:[bL]:[bl]=8:1:1:8$ に現れたとすると，

$$組換え価(\%) = \frac{1}{8+1} \times 100 = \frac{1}{9} \times 100 \fallingdotseq 11(\%) \ となる。$$

(2) 連鎖の強さと組換え価

① **完全連鎖** 組換え価は 0 %（図 4-34 ①）。

② **不完全連鎖** 図 4-34 の①だけでなく，②の場合も生じるので，Bl や bL もできる。組換え価は 0 ～ 50 % の間で変化する。

③ **連鎖の強さ 0 の場合** 全部の染色体が同図②のように減数分裂を行う場合で，（組換えのない）$BL:bl:$（組換えの起こった）$Bl:bL$ が $1:1:1:1$ の比でできる。組換え価は，$\dfrac{1+1}{1+1+1+1} \times 100 = 50(\%)$　となる（独立遺伝と同じ）。

▼ 表 4-4　連鎖の強さと組換え価

連鎖の強さ(%)	組換え価(%)
100	0
80	10
60	20
40	30
20	40
0	50

> **重要**
>
> $$組換え価 = \frac{組換えの起こった配偶子数}{F_1\ の全配偶子数} \times 100\% \quad \cdots\cdots (A)$$
>
> $$= \frac{組換えの起こった個体数}{検定交雑によって得た総個体数} \times 100\%$$

ある植物の赤花・長葉の純系と白花・丸葉の純系を交雑したところ，F_1 はすべて赤花・長葉となった。この F_1 に白花・丸葉を交雑したところ，次代は，

〔赤・長〕：〔赤・丸〕：〔白・長〕：〔白・丸〕＝5：1：1：5 の比で出現した。花色の遺伝子を A，a，葉の形の遺伝子を B，b として，以下の問いに答えよ。

(1) 遺伝子 A と B（a と b）の間の組換え価を求めよ。

(2) F_1 を自家受精して F_2 をつくった場合，F_2 の表現型の分離比を求めよ。

(3) この植物の赤花・丸葉の純系と白花・長葉の純系を交雑して F_1 を得て，さらに F_1 の自家受精で F_2 を得た。F_2 での表現型の分離比を求めよ。

考え方 (1) F_1 と白花・丸葉との交雑は検定交雑であり，**検定交雑の結果得られた次代の表現型の分離比は，F_1 に生じた配偶子の遺伝子の組み合わせとその分離比を表している**ので，F_1 の配偶子は

$AB：Ab：aB：ab＝5：1：1：5$ とわかる。このうち，Ab と aB が組換えを起こした配偶子である。したがって，

組換え価$＝\dfrac{1+1}{5+1+1+5}×100≒$**17**（%） 答

(2) F_1 に生じた配偶子の遺伝子の組み合わせとその分離比を用いて，次のような碁盤目法によって F_2 が求められる。

♂ ＼ ♀	$5AB$	Ab	aB	$5ab$
$5AB$	$25AABB$	$5AABb$	$5AaBB$	$25AaBb$
Ab	$5AABb$	$AAbb$	$AaBb$	$5Aabb$
aB	$5AaBB$	$AaBb$	$aaBB$	$5aaBb$
$5ab$	$25AaBb$	$5Aabb$	$5aaBb$	$25aabb$

$[AB]：[Ab]：[aB]：[ab]＝$
$(25+5+5+25+5+1+5+1+25)：(1+5+$
$5)：(1+5+5)：(25)＝97：11：11：25$

答 〔赤・長〕：〔赤・丸〕：〔白・長〕：〔白・丸〕
$＝$**97：11：11：25**

(3) この場合，両親 (P) の遺伝子型は $AAbb$ と $aaBB$ で，遺伝子 A と b，a と B がそれぞれ

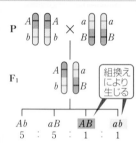

| P | $\begin{smallmatrix}A\\b\end{smallmatrix}\begin{smallmatrix}A\\b\end{smallmatrix}$ | × | $\begin{smallmatrix}a\\B\end{smallmatrix}\begin{smallmatrix}a\\B\end{smallmatrix}$ |

| F_1 | $\begin{smallmatrix}A\\b\end{smallmatrix}\begin{smallmatrix}a\\B\end{smallmatrix}$ | 組換えにより生じる |

| Ab | aB | AB | ab |
| 5 | ： 5 | ： 1 | ： 1 |

連鎖していると考えられる。したがって，交雑の結果は上図のようになる。

このとき，A と b（a と B）の間の組換え価は (1) の場合と同じなので，次のような碁盤目法によって F_2 が求められる。

♂ ＼ ♀	AB	$5Ab$	$5aB$	ab
AB	$AABB$	$5AABb$	$5AaBB$	$AaBb$
$5Ab$	$5AABb$	$25AAbb$	$25AaBb$	$5Aabb$
$5aB$	$5AaBB$	$25AaBb$	$25aaBB$	$5aaBb$
ab	$AaBb$	$5Aabb$	$5aaBb$	$aabb$

$[AB]：[Ab]：[aB]：[ab]＝73：35：35：1$

答 〔赤・長〕：〔赤・丸〕：〔白・長〕：〔白・丸〕
$＝$**73：35：35：1**

別解 （上に示した碁盤目法以外に，例えば (2) は，次のような式を展開することによっても求めることができる。

$(5AB+Ab+aB+5ab)^2＝(25AABB+5AABb+5AaBB+25AaBb+5AABb+AaBb$
$+5AaBB+AaBb+25AaBb)+(AAbb+5Aabb+5Aabb)$
$+(aaBB+5aaBb+5aaBb)+(25aabb)$
$→ 97[AB]+11[Ab]+11[aB]+25[ab]$

5 ハエの連鎖遺伝　ショウジョウバエ
($2n=8$) は染色体数が少ないので，多くの
遺伝子が同一の染色体にあって，連鎖して
いる。また，雄と雌とで連鎖の強さが異な

> **ショウジョウバエでは**
> **雄：完全連鎖，雌：不完全連鎖**

っている点でも特徴的である。一般に，雄は完全連鎖，雌が不完全連鎖である。

　ショウジョウバエのこん跡ばね(vg)と黒体色(b)は野生型の正常ばね(vg^+)と正常
体色(b^+)から突然変異によって生じたもので，これらの遺伝子は第Ⅱ染色体(常染
色体)にあって，ともに潜性遺伝子である。いま，こん跡ばねで正常体色の雌と正
常ばねで黒体色の雄を交配すると，F_1 はすべて正常ばねで正常体色になる。しかし，
F_1 の雌を潜性ホモ接合の雄と検定交雑すると，表現型は 〔vgb^+〕：〔vg^+b^+〕：〔vgb〕：
〔vg^+b〕$=4：1：1：4$ の割合で現れるが，これとは逆に，F_1 の雄を潜性ホモ接合の

雌と検定交雑すると，
〔vgb^+〕：〔vg^+b〕$=1：1$ の
割合で現れる。これから
雌では組換えが起こるが，
雄では組換えが起こらな
い(**完全連鎖**)ことがわか
る。

　補足 遺伝子が連鎖して
いるとき，図 4-36 のよう
に vgb^+/vg^+b などと表す
ことがあるので，覚えて
おこう。

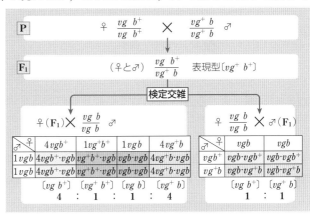

▲ 図 4-36　ショウジョウバエの連鎖遺伝

> 📖 **問題学習**　　　　　　**親の一方に組換えがある場合の計算**

　遺伝子 A と B，a と b はそれぞれ連鎖している。$AaBb$ どうしを交配する場合，雌のみ
に 20% の組換えが起こるとして，次代の表現型の分離比を求めよ。

考え方　ショウジョウバエと明記されてい
ないが，上の研究例からの出題といえる。
　雌に生じる配偶子の遺伝子の組み合わせ
とその分離比が
$AB：Ab：aB：ab=n：1：1：n$ とすると，
$$\frac{1+1}{n+1+1+n}×100=20(\%)　∴　n=4$$
したがって，雌では配偶子が，

$AB：Ab：aB：ab=4：1：1：4$ にできる。
一方，雄では組換えがないから，配偶子は
$AB：ab=1：1$ にできる。よって，碁盤目
法によって求められる。

♂＼♀	$4AB$	Ab	aB	$4ab$
AB	$4AABB$	$AABb$	$AaBB$	$4AaBb$
ab	$4AaBb$	$Aabb$	$aaBb$	$4aabb$

答　〔AB〕：〔Ab〕：〔aB〕：〔ab〕$=14：1：1：4$

アメリカの**モーガン**は、ショウジョウバエの生育期間の短いこと（すぐ親になってすぐ子を産む）に注目して、次々に交雑を行い、染色体上での遺伝子の位置を明らかにした。

> 組換えは
> 遺伝子間の距離が遠く
> なるほどよく起こる

1 遺伝子間の距離　1つの染色体では遺伝子間の距離が遠いほど、乗換えの回数が多くなり、組換え価も高くなる。

▼ 表4-5　遺伝子間の距離と組換え価との関係

n 値	配偶子の比 $n:1:1:n$	連鎖の強さ	組換え価 $\dfrac{1+1}{n+1+1+n}\times100\%$		遺伝子間の距離	染色体上の遺伝子
$n=1$	$1:1:1:1$	ない	50%、	独立遺伝	別の染色体	
$n=4$	$4:1:1:4$	弱い	20%、	高率	遠　い	
$n=9$	$9:1:1:9$	強い	10%、	低率	近　い	
$n:0:0:n$		完全	0%、	組換えなし	ごく近い	

▲ 図4-37　組換えと遺伝子間の距離
組換えの起こる数は AE 間 4、AD 間 3、AC 間 2、AB 間 1

2 三点交雑　モーガンは連鎖している3つの形質を選び、その組換え価を検定交雑によって求め、それから遺伝子の配列順序を決定した。遺伝子 A、B、C について、AB、BC、AC 間の組換え価がそれぞれ3%、5%、8%ならば、図4-38のような配列順序になる。このような遺伝子配列順序の決定法を**三点交雑**（または三点検定交雑、三点実験）という。

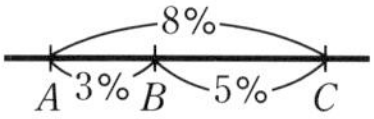

▲ 図4-38　三点交雑

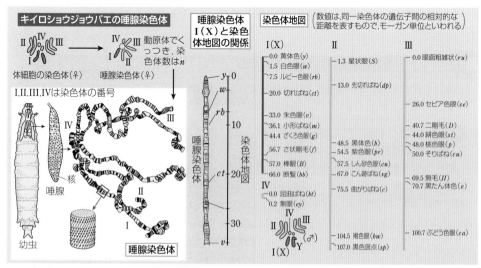

▲ 図4-39　キイロショウジョウバエの唾腺染色体と染色体地図（X染色体については→ p.236）

❸ 染色体地図　三点交雑によって染色体上の全遺伝子の位置を決め，それを直線的に表したものを**染色体地図**（または**連鎖地図**）という。**モーガン**によって，キイロショウジョウバエの染色体地図が最初につくられた。1926年，モーガンはこの研究で，遺伝現象は染色体上に座を占める遺伝子の行動によって説明できるとする**遺伝子説**を立てた。

発展　多重乗換えと染色体地図

❶ 多重乗換え　乗換えは，減数分裂過程でできた4本の染色分体のうちの非姉妹染色分体の2本間で起こる。このとき乗換えは，1回だけ起こるとは限らず，複数回起こり得る。これを**多重乗換え**という。例えば，2つの遺伝子の間で2回の乗換えが起こるとすると，対立遺伝子の組み合わせが元にもどるため，組換え体は検出できないことになる。

❷ ホールデンの関数　もし乗換えが2つの遺伝子の間でランダムに起こるとすると，交雑実験によって求められる組換え価と地図距離（遺伝子間の地図上の距離）との関係は双曲線の関数となる（**ホールデンの関数**）。つまり，組換え価は，乗換えが1回しか起こらないと仮定した場合（図4-40の破線）に比べて低くなる。

❸ コサンビの関数　しかし実際には，乗換えはランダムに起こるわけではない。乗換えが1回起こると，その近傍では乗換えが起こらなくなるという現象が起こり，これを干渉という。ホールデンの関数に，この干渉をも考慮に入れたものを**コサンビの関数**という（図4-40の緑線）。干渉が強くはたらいて多重乗換えが抑制されれば，コサンビ関数は乗換えが1回しかないと仮定した直線（図4-40の破線）に一致する。

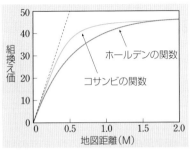

▲ 図4-40　組換え価と地図距離の関係

❹ 染色体地図作成の実際　遺伝子間の距離が大きくなればなるほど，多重乗換えの起こる確率が高くなるが，これとは逆に，遺伝子間の距離が大きいほど組換え価は低く出てしまう。このことは，三点交雑（交配）実験による組換え価を調べてみるとわかる。

　キイロショウジョウバエで互いに連鎖している遺伝子の突然変異であるこん跡ばね（*vg*），黒体色（*b*），紫眼（*pr*）のそれぞれの突然変異をホモ接合でもつ雌を野生型の雄（乗換えが起こらない）と交雑する。*vg* と *b* の間の組換え価は17.7，*vg* と *pr* の間は12.3，*pr* と *b* の間は6.4となり，*vg-pr* と *pr-b* との距離の和よりも *vg-b* の距離が小さくなっている。これは二重乗換えのためである。

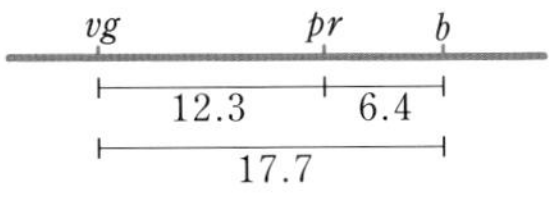

```
vg              pr      b
|               |       |
      12.3        6.4
|_____|
          17.7
```

▲ 図4-41
vg, pr, b の遺伝子間距離の関係

　したがって，できるだけ近接した遺伝子間で組換え価を求め，それらを連鎖状につなげると正確な染色体地図を作成することができる。なお，三重以上の多重乗換えによる影響は無視できるほど小さいので，この実験の場合には影響していない。

基生 **A 性染色体と性決定** ★

1 性染色体 多くの生物では雄と雌で形の異なる染色体がある。これは、性の決定に関係しているので**性染色体**とよばれ、**X**，**Y** などの記号で表す。

これに対し、性染色体以外の染色体を**常染色体**とよぶ。配偶子（核相は n）のもつ常染色体の1組を A で表すと、キイロショウジョウバエでは染色体構成は次のように表される。

$$♂=2A+XY, \quad ♀=2A+XX$$

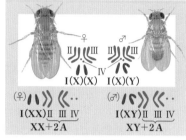

▲ 図 4-42
キイロショウジョウバエと性染色体

2 性比 多くの性別のはっきりしている生物の性比は、1：1 に近い。これは、図 4-43 に示したように、雌が XX（ホモ接合）、雄が XY（ヘテロ接合）で、X と Y の精子で受精率に差がない場合、性は検定交雑と同じしくみで決定されているからである。

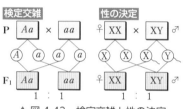

▲ 図 4-43 検定交雑と性の決定

3 性決定の型 生物の性決定の様式には、雄がヘテロ接合の場合と雌がヘテロ接合の場合があり、次の表のような4つの型に分けられる。

性決定の型		体細胞	卵・精子	受精卵	性比	決定者	生　物　例
雄ヘテロ	XY型	♀2A+XX	A+X ⟍	2A+XX	1	精子	おもに哺乳類・昆虫類・高等植物　ヒト・キイロショウジョウバエ・ハツカネズミ，スイバ
		♂2A+XY	⎰A+X ⤬ ⎱A+Y	2A+XY	： 1		
	XO型	♀2A+XX	A+X ⟍	2A+XX	1	精子	おもに昆虫類　トノサマバッタ・エンマコオロギ・シオヤトンボ
		♂2A+X	⎰A+X ⤬ ⎱A	2A+X	： 1		
雌ヘテロ	ZW型	♀2A+ZW	⎰A+W ⟍ ⎱A+Z ⤬	2A+ZW	1 ：	卵	おもに鳥類・は虫類　カイコガ・ニワトリ・ハト，セイヨウイチゴの一種
		♂2A+ZZ	A+Z	2A+ZZ	1		
	ZO型	♀2A+Z	⎰A ⟍ ⎱A+Z	2A+Z	1 ：	卵	非常に少ない　ヒゲナガトビケラ・ミノガ
		♂2A+ZZ	A+Z ⤬	2A+ZZ	1		

注意 ZW 型は雌ヘテロの XY 型、ZO 型は雌ヘテロの XO 型ということもある。

補足 **ホルモンによる性決定** メダカなどでは、幼魚の時代から反対の性のホルモンを注射し続けると、性が転換することが知られている。しかし染色体の構成は変わらない。

B 伴性遺伝 ★★

性染色体 (特に **X** と **Z**) にある遺伝子による遺伝を**伴性遺伝**という。XY 型の場合，X 染色体にも Y 染色体にも対立遺伝子があれば，常染色体と同じなので，特に区別

する必要はない。しかし，Y 染色体に対立遺伝子がない場合には，X 染色体にある遺伝子は，それが潜性であっても，雄 (X, Y をもつ) には表現型として現れる。

> **伴性遺伝**
> Y 染色体に対立遺伝子がない

1 ハエの眼色の遺伝　ふつうに見られるキイロショウジョウバエ (野生型) の眼色は赤色であるが，ごくまれに白眼のものがある。これは，突然変異によって生じた

もので，その原因となる遺伝子は X
染色体にあって Y 染色体にはないの
で，伴性遺伝をする (図 4-45)。

(1) **雄が白眼のとき**　一遺伝子雑種
と同じ形式で，F_2 は表現型で 3 :
1 に分離する。ただし，性によっ
て現れ方が異なり，雌はすべて赤
眼，雄は赤眼 : 白眼＝1 : 1 になる。

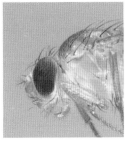

▲ 図 4-44　キイロショウジョウバエの赤眼と白眼

(2) **雌が白眼のとき**　検定交雑と同
じ形式で，F_1 も F_2 も表現型で 1 : 1 に分離する。この場合，F_1 の雌は赤眼，雄は
白眼になるが，F_2 は雌雄とも　赤眼 : 白眼＝1 : 1 になる。

補足　白眼の雌と赤眼の雄を交雑すると，F_1 の雌には父親の形質 (赤眼) が現れ，雄には母
親の形質 (白眼) が現れるので，このような遺伝を**十文字遺伝**という。

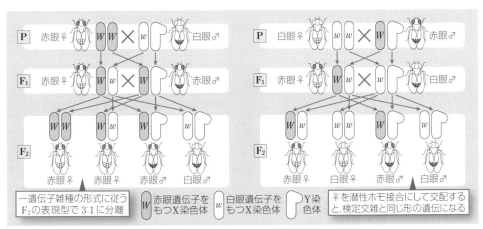

▲ 図 4-45　キイロショウジョウバエの白眼の遺伝

2 ヒトの色覚の遺伝　ヒトには，赤色と緑色の区別がつかない色覚をもつ場合があり，その遺伝子（潜性）はX染色体にあるために伴性遺伝をする。この色覚の遺伝には，図4-46に示すように5つの場合があるが，このような色覚をもつ女子は少なく，同様の男女から子が生まれるということも少ないので，図の①，②，④はまれなケースと考えてよい。多いのは③と⑤の場合である。

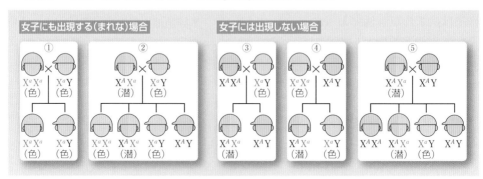

▲ 図4-46　ヒトの赤緑の区別がつかない色覚の遺伝

3 血友病の遺伝　血友病は，図4-46のヒトの色覚と同様に，X染色体にある潜性遺伝子に支配される遺伝病の1つで，ヨーロッパの諸王家に代々多くの患者が出たことでよく知られている。幼児期に症状が現れやすく，外傷や手術によって大量出血を起こし，出血が止まるのに長い時間がかかる。遺伝子はふつうヘテロ接合の女性（女性保因者）から男児に伝わる。

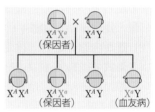

▲ 図4-47　血友病の遺伝

4 ネコの毛色の遺伝　昔から黒と橙色がまだらになった三毛ネコには，雄がいないといわれている。黒色の毛はX染色体上にある O^+ 遺伝子により，橙色の毛は対立遺伝子 O により決まる。X染色体を2つもつ雌では，発生の初期段階で細胞ごとに，どちらかのX染色体を不活性化する現象が起こる。O^+O^+ のホモ接合や OO のホモ接合の雌では，どちらのX染色体が不活性化されても，それぞれ黒色と橙色の毛が生えてまだらにはならない。ところが O^+O のヘ

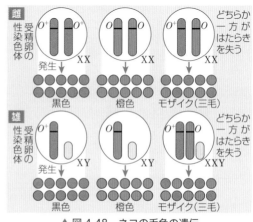

▲ 図4-48　ネコの毛色の遺伝

テロ接合の雌では，細胞ごとにどちらかのX染色体が不活性化される。そのため，O^+だけがはたらく細胞からできた毛は黒色となり，Oだけがはたらく細胞からできた毛は橙色となるのだが，細胞増殖の過程のどこで不活性化が起こるかが決まっていないため，黒色と橙色がモザイク状になった三毛ネコとなる。

　一方，雄の性染色体はXYなので，X染色体にある毛色遺伝子がそのまま発現する。そのため雄では三毛ネコにはならない。ところが約3000匹に1匹の割合で雄の三毛ネコが出現する。この場合は通常とは異なり，染色体構成はX染色体が2つあるXXY（染色体異常）となっている。2つあるX染色体の一方にO^+，他方にOがあると，雌の場合と同じように一方のX染色体が不活性化されて三毛ネコになる。

補足 **X染色体不活化**　哺乳類の雌では2本のX染色体があるため，その上に乗っている遺伝子が雄と同じように転写されれば，遺伝子産物量は倍加してしまい，生存を危うくする。そこで雌の一方のX染色体上にある対立遺伝子を不活性化することによって，雄との遺伝子量比の違いを解消している。この現象は**X染色体不活化（ライオニゼーション）**とよばれる。不活性化される対立遺伝子は一方のX染色体上のすべてが対象ではなく，Y染色体にも対立遺伝子があるものや発現量が多くなっても機能的に支障をきたさない対立遺伝子は不活性化から免れている。

C 限性遺伝

　遺伝子が**YまたはW染色体に**のみある場合，Y染色体にあるものでは雄にのみ，W染色体にあるものでは雌にのみ伝わる。このように性を限定して伝わる遺伝を**限性遺伝**という（伴性遺伝では，雄にも雌にも伝わった）。

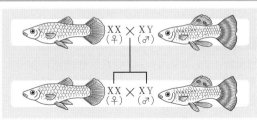

▲図4-49　グッピーの黒斑

例 **グッピーの黒斑の遺伝**　背びれに黒色の斑点を現す遺伝子がY染色体のみにあるので，雄のみに伝わる。

発展 ヒトの性決定因子

　ヒトを含む哺乳類の雌雄は，Y染色体上にある**SRY**遺伝子によって決まり，この遺伝子を受け継ぐ個体（XY）は雄となり，受け継がない個体（XX）は雌となる。性決定遺伝子*SRY*は，ヒトのY染色体の短腕上にある。*SRY*遺伝子のコードしているタンパク質は**精巣決定因子**（TDF；Testis determining factor）ともよばれ，DNAに結合して未分化の生殖腺を精巣に分化させるのに必要な遺伝子発現を促進する転写因子（調節タンパク質）のはたらきをしている。

補足　精巣の分化には，*SRY*以外の遺伝子やホルモンのはたらきも必要である。

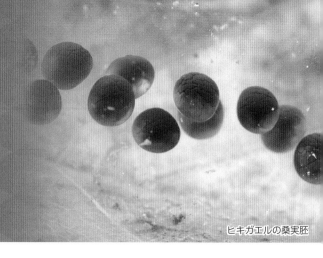

第5章

発 生

1 動物の配偶子形成と受精
2 動物の発生
3 発生のしくみ
4 形態形成と遺伝子発現調節
5 再　生

ヒキガエルの桑実胚

1 動物の配偶子形成と受精

 A 動物の配偶子形成 ★★★

　動物のほとんどのものでは性が分化しており，雄の個体と雌の個体とがある。雌は卵巣内で**卵**をつくり，雄は精巣内で**精子**をつくる。卵や精子のもとになる細胞が**始原生殖細胞**であり，これは，発生の比較的はやい時期から存在し，未分化な精巣や卵巣に移動して，そこで精原細胞や卵原細胞となる。

1 精子形成　① 精巣中の**始原生殖細胞**$(2n)$は，体細胞分裂をくり返して多数の**精原細胞**$(2n)$になる。② これは発情期になると成長して**一次精母細胞**$(2n)$になる。そして③ 減数分裂を行って2個の**二次精母細胞**(n)になり，続いて4個の**精細胞**(n)になり，④ さらに精細胞は変形して**精子**になる。

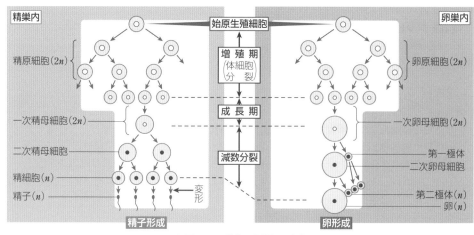

▲ 図 5-1　動物の配偶子形成

2 卵形成 ① 卵巣中の始原生殖細胞($2n$)は，体細胞分裂をくり返して多数の**卵原細胞**($2n$)になる。② 卵原細胞は発情

期に特に大きくなって巨大な**一次卵母細胞**($2n$)となり，③ これが減数分裂を行うが，2回とも著しい不等分裂である。減数分裂の第一分裂で卵母細胞から生じる娘細胞のうち，一方が多量の細胞質を含んだ**二次卵母細胞**(n)になり，もう一方は細胞質のきわめて少ない**極体**(第一極体)(n)となる。④ 第二分裂により，二次卵母細胞は**第二極体**を放出して**卵**となる。第一極体も分裂して2個にふえる。第一極体・第二極体はやがて消失する。

〔補足〕第一極体は退化して第二分裂を行わず，卵に極体が2個しかできない場合もある。

3 卵と精子 精子は頭部(ほとんどが核)と，長い**鞭毛**の尾部と，その間の**中片部**とからできている。中片部には中心体と多数のミトコンドリアがある。精子は，核を卵まで運ぶことに特殊化した細胞で，核と，運搬装置である鞭毛と，(それにエネルギーを供給する)ミトコンドリア以外はほとんどもたないスリムな構造をしている。

一方，卵は**卵黄**(発生のときの栄養分)を大量に含む巨大な細胞である。

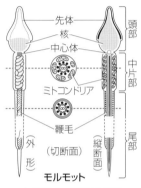

▲ 図 5-2　精子の構造

卵の分類	卵黄の分布	卵黄量	卵の大きさ	動物の例
等黄卵	一様に分布	少ない	小さい	ウニ類(きょく皮動物)，ヒト(哺乳類)
端黄卵	植物極側にかたよる	中程度	やや大きい	カエル(両生類)，軟体動物
		非常に多い	大きい	魚類，は虫類，鳥類
心黄卵	中央に集中	多い	やや大きい	昆虫類(節足動物)

B 受 精 ★

1 体内受精と体外受精 水中生活の動物の多くは，卵や精子を水中に放出し，体外で受精(**体外受精**)が起こる。陸上で産卵する動物(鳥類・は虫類・昆虫類など)や胎生の動物(哺乳類)では，体内で受精(**体内受精**)が起こる。

体外受精では，雌雄が勝手に配偶子を放出すると，卵と精子の出会う機会が少なくなってしまう。そのため，多くのものでは生殖期間が決まっており，また，放卵・放精する時刻も決まっているものが多い。雌雄の個体が集まって放卵・放精するものもある。

精子が，卵から分泌される化学物質に誘引されてその方向に泳いでいく（化学走性を示す；→ *p*.360）例も知られている。例えばウニでは，卵がその種に特異的な物質をもっており，それが同種の精子に化学走性を起こさせる。

2 ウニの受精　**①　精子の進入**　精子が卵の外側をおおっている寒天質の透明な層（ゼリー層）に到達すると，精子の頭部では，卵に進入するための一連の反応（**先体反応**）が起こる。まず，精子の先端にある構造（**先体**）から加水分解酵素が分泌され，これが卵のゼリー層を溶解する。それに伴い，アクチンフィラメントが重合して**先体突起**が伸びる。先体突起の膜表面にはバインディンとよばれるタンパク質が存在し，これが卵の細胞膜にある受容体と結合すると，精子と卵の細胞膜どうしが融合し，精子が卵内に進入する。

補足　受容体には種特異性があり，卵とは異なる種の精子が入ってきた場合は受容体に結合できず，その後の反応が起こらない。

②　受精膜の形成　精子が卵に進入すると，卵細胞内のカルシウムイオン（Ca^{2+}）の濃度が上昇する。すると，卵の細胞膜直下にある**表層粒**が細胞膜と融合し，卵膜との間に内容物が放出され，さらに海水が流入して卵膜がもち上がる。表層粒の内容物には卵膜を丈夫にする物質が含まれており，卵膜が硬化して**受精膜**へと変化する。受精膜は長期間に渡って他の精子の進入を阻止する（**多精阻止**）役割がある。

補足　**多精**　1つの卵に2つ以上の精子が受精することを**多精**という。多くの場合，多数の精子が卵内に入って融合すると，接合子の染色体数が異常になる。は虫類・鳥類などでは，複数の精子が卵に入るが卵核と融合するのは1個の精核だけである。

補足　**急性多精阻止**　卵細胞の内側は外側に対して負の電位を帯びている。精子が進入するとすぐに（1〜3秒の間），この電位が膜内外で逆転し，多精を阻止する。これは卵の細胞膜にあるナトリウムチャネルが開くことによって起こる。電位変化は1分間ほどしか続かないが，その間に受精膜が形成され，多精阻止をより強固にする。

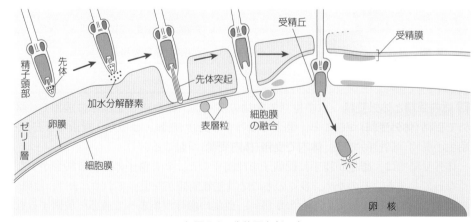

▲ 図 5-3　先体反応（ウニ）

③ **核の融合**　精子は，卵内に進入すると頭部が切れ，中片部と頭部との境にあった中心体から**星状体**が形成される。頭部は**精核**となり，卵核と合体して受精が終わる。

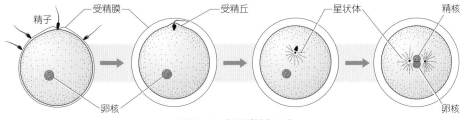

▲ 図5-4　卵の受精（ウニ）

発展　体外受精技術

　海にすむ動物の多くは体外受精である。一方，陸上の動物は体内受精をする。これは，陸上の場合，体外（すなわち空気中）に配偶子が放出されると，たちまち干からびてしまうからである[1]。ヒトを含む哺乳類は体内受精であるが，近年，人為的に体外で受精を行う**体外受精技術**（試験管受精，IVF）が発達してきた。体外受精技術は，家畜（ウシ，ブタ，ヒツジなど）の育種や絶滅種の保護などにも用いられるが，ヒトでは不妊治療のために用いられている。

　卵巣から排卵された二次卵母細胞を採取し[2]，これと受精能を獲得させた精子[3]とをいっしょにすると受精が起こる。それを培養して2細胞期や4細胞期になった胚を母親の子宮腔内に移植するのである。

　この方法は，多くの場合は効果的であるが，精子の量が極端に少ない場合などにはうまくいかないことが多い。その場合には，顕微鏡下で細い中空のガラス針の中に精子を吸いこみ，ガラス針を二次卵母細胞に刺して直接精子を注入し，受精を起こさせる方法（**顕微受精**，ICSI）がとられる（図5-5）。

　体外受精によって生まれた子供を「試験管ベビー」とよぶこともあるが，試験管の中で胎児が育って赤ん坊になるわけではない。

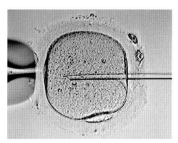

▲ 図5-5　顕微受精

1) 配偶子のような小さなものでは，体積に比べて表面積が大きいため，表面から水分が失われやすい。
2) 卵ではなく卵母細胞に精子をかけるのは，多くの哺乳類では，二次卵母細胞の減数第二分裂中期において分裂が止まっており，精子が進入することにより分裂が再開するからである。
3) 哺乳類の場合，射精された精子はそのままでは受精能をもっておらず，雌の体内（輸卵管など）を通過する間に受精能を獲得する。

Laboratory ウニの受精の観察

方法 ① 繁殖期のウニを採集する。

② ウニの直径より少し細めの径のビーカーに海水をはり，その上に，口を上にしてウニをおく。

③ 注射器で，口の脇のやわらかいところから，0.2％塩化アセチルコリン溶液 0.2mL（もしくは 4％塩化カリウム溶液）を注入する。

④ 成熟した卵巣をもった雌なら，オレンジ色の卵が海水中に落ちてくるので，それを集める。雄の場合は，白い煙のようなものが出てくるので，すぐにウニをビーカーからはずし，時計皿の上において精子を出させる。

⑤ 精子を海水でうすめ，それを，海水に卵を入れたホールスライドガラスに少量加えて顕微鏡で観察する。

▲図 5-6　バフンウニ

▲図 5-7　ウニの精子（左）と卵（右）の放出

補足 受精とそれに続く発生の観察はまずウニで，というのが通り相場になっている。なぜだろうか。ウニの卵は透明で卵割のようすが見やすく，典型的な放射卵割・全割を示し，体外受精であり，外に取り出した卵を顕微鏡の下で観察すると卵割が進むのが簡単に見えるなど，見やすく，扱いやすいからである。

ウニの繁殖時期は長く，その間なら，安価な試薬（KCl など）を注射することにより，そのままで受精可能な卵や精子を採取できるが，そういう動物は多くはない。例えば，ヒ

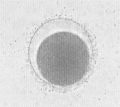
▲図 5-8　受精の様子

トの精子は射精されたままのものには受精能がない（女性生殖器官内を通っていく過程で受精可能となる）。また，受精時にはまだ卵形成が完了しておらず，減数分裂の途中で止まっており，受精が引き金となって減数分裂が進行する（ヒトの発生→p.253）。

MARK ウニの繁殖期はバフンウニ（1 〜 4 月），ムラサキウニ（6 〜 7 月），コシダカウニ（7 〜 9 月），アカウニ（11 〜 12 月）である。

▲図 5-9　ムラサキウニ（左）と受精（右）

▲図 5-10　コシダカウニ（左）と受精（右）

A 胚と発生 ★★

1 胚 動物の場合,受精卵が発生して食物をとりはじめるまでの幼体を**胚**とよぶ。

2 卵割 受精卵の初期の細胞分裂を**卵割**とよび,卵割でできた細胞を**割球**とよぶ。卵割では,細胞の成長は起こらず,細胞は分裂ごとに小さくなる。

> **重要**
>
> 体細胞分裂…分裂後,細胞は成長する
> 卵　　割…分裂後,成長せずに分裂
> 　　　　（細胞は分裂ごとに小さくなる）

3 動物極と植物極 卵を地球にみたてて,北極や南極にあたる位置として,極体が放出される側の極を**動物極**,反対側の極を**植物極**とする。卵割の方向も,縦の分裂（経線に沿った分裂）を**経割**,横方向の分裂を**緯割**とよぶ。

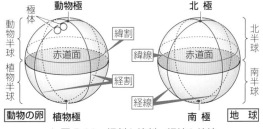

▲ 図 5-11　経割と緯割,経線と緯線

4 卵割の様式 (1) **全割** 分裂面が受精卵の全域を横切って割れる卵割。卵黄が比較的少ない卵で見られ,等しい割球ができる**等割**と,割球に大小が生じる**不等割**がある。

(2) **部分割** 卵黄が多いと,完全に割れるのは難しく,一部分だけが分割される。卵の表面だけで起こる**表割**と,動物極付近だけで起こる**盤割**とがある。

	卵の種類	卵割の様式		初 期 発 生 の 過 程					動物例
				2細胞期	4細胞期	8細胞期	16細胞期	胞胚期	
等黄卵	卵黄量は少なく,一様に分布	全割	等割	卵割の初期には,ほぼ同じ大きさの割球ができる					ウ ニ 類 ホヤ類 哺乳類
端黄卵	卵黄量は多く,植物極側にかたよって分布	割	不等割	割球は,卵黄が少ない動物極側では小さく,卵黄の多い植物極側では大きい					両生類
	卵黄量は非常に多い	部分割	盤割	卵割は,動物極付近でだけ行われ,卵黄の多い植物極側は,卵割しない					魚 類 は虫類 鳥 類
心黄卵	卵黄量は多く,中央に分布		表割	内部で核分裂が進み,それが卵表に達すると仕切りができて細胞層ができる					昆虫類

B ウニの発生　★

　ウニの発生は，「受精卵→（卵割）→桑実胚→胞胚→原腸胚→プリズム幼生→プルテウス幼生→（変態）→成体」という過程をたどる。

1 卵割　ウニの卵は**等黄卵**で，第3卵割までは**等割**であり，そのため8細胞期の割球はみな同じ大きさである。第4卵割では，動物極側の細胞は経割の等割をするが，植物極側は極にかたよった緯割で**不等割**となり，結局，動物極側に8個の中程度の大きさの割球（**中割球**），植物極側に4個の大きな割球（**大割球**）と4個の小さな割球（**小割球**）とができることになる。

2 桑実胚　さらに卵割が進むと**桑実胚**(32〜64細胞)となる。これは**クワの実**のような表面がぼこぼこした形のもの（ラズベリーを思い浮かべてもよい）である。桑実胚では，細胞は表面に1層に並び，中心部にはすきま（**卵割腔**）ができる。

3 胞胚　卵割がさらに進み，表面に1層に並んだ割球は（割球のサイズは小さくなったので）もはやぼこぼこしたクワの実のようには見えず，表面がなめらかなゴムボールのように見える胚となる。これが**胞胚**である。卵割腔は広くなり，胞胚中央に大きな空間を占める**胞胚腔**となる。酵素が分泌されて受精膜を溶かし，胞胚は表面の細胞に生えている**繊毛**を使って泳ぎ出す（**ふ化**）。

4 原腸胚　胞胚の植物極側の壁が，ちょうどゴムボールを指で押しこむように，管状に胞胚腔の中へと入りこんでいく（**陥入**）。陥入した部分が**原腸**（後に腸になるので，このようによばれる），原腸の入口が**原口**である。

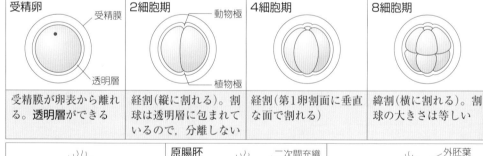

受精卵	2細胞期	4細胞期	8細胞期
受精膜が卵表から離れる。**透明層**ができる	経割（縦に割れる）。割球は透明層に包まれているので，分離しない	経割（第1卵割面に垂直な面で割れる）	緯割（横に割れる）。割球の大きさは等しい

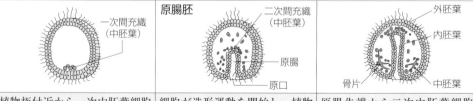

	原腸胚	
植物極付近から一次中胚葉細胞（一次間充織）が脱落を開始する	細胞が造形運動を開始し，植物極側の細胞は陥入して**原腸（内胚葉）**を形成	原腸先端から二次中胚葉細胞（二次間充織）が脱落。一次中胚葉細胞から**骨片**形成

注意 原口が将来，そのまま口になる動物群（旧口動物）もあるが，ウニは，別の位置に口が新たにできる動物群（新口動物）に属する。脊椎動物も新口動物である。

5 胚葉の形成 原腸胚において，陥入して内部に入った細胞の層（つまり原腸の壁をつくる細胞層）が**内胚葉**である。外側に残った細胞の層（ボールの外側の壁をつくる細胞層）が**外胚葉**である。内胚葉と外胚葉の中間に，新たに**中胚葉**が形成され，**内胚葉・中胚葉・外胚葉**の3つの胚葉の区別ができてくる。

(1) **外胚葉** 原腸胚の外壁をつくっている細胞層。将来，神経や表皮となる。

(2) **中胚葉** 外胚葉と内胚葉の間の細胞群。将来，骨格や筋肉となる。

> 一次間充織（陥入前に植物極付近から胞胚腔内に遊離した細胞由来）
> 二次間充織（原腸形成後その先端から遊離した細胞由来）

(3) **内胚葉** 原腸壁をつくる細胞層。からだの内面をおおい，将来，消化器官となる。

補足 ウニの中胚葉は，2度にわたり細胞が胞胚腔にこぼれ落ちることにより形成される。① 胞胚期の後期に，植物極付近の細胞が，周囲の細胞から離れて胞胚腔に落ちこむ。これは**一次間充織**とよばれ，これが**中胚葉**となる（これから骨片がつくられる）。② 原腸胚期に，原腸の先端から細胞が遊離する。これは**二次間充織**とよばれ，これも**中胚葉**となる。これからは筋肉や色素細胞ができてくる。

6 幼生 原腸胚期をすぎると，原腸の先端に面した外胚葉から陥入が起こり，口が開き，プランクトンを食物にして独立生活ができるようになる。はじめは三角形の**プリズム幼生**であり，次に腕が伸び出して**プルテウス幼生**へと発達する。

補足 プルテウスとは画架（イーゼル）のこと。幼生の腕を画架の開いた脚にみたてた命名。

16細胞期	桑実胚（32～64細胞）	胞胚	（ふ化）

動物半球では，経割で等割。植物半球では，緯割で不等割	卵割を終わってなお不規則な分裂が続き，クワの実のような形になる	割球は表面に1層に並び，ゴムボール状になる。**胞胚腔が出現する**	表面に繊毛が生じると，受精膜内で回転を始め，受精膜を破ってふ化する

プリズム幼生	プルテウス幼生	成体
	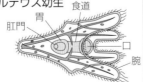	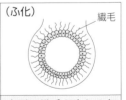
原腸はかたむいて外胚葉に付着し，新しい口ができる。原口は肛門になる	幼生には口ができ，プランクトンなどを食物にして独立生活ができるようになる	ウニの成体では口が下，肛門が上にある。管足を使って移動し，藻類を食べる

C　カエルの発生　★★★

　カエルもウニと同じように「受精卵→（卵割）→胞胚→原腸胚」という発生過程を経る。カエルの卵割の様式がウニと多少異なっているのは，カエルの卵の卵黄が植物極側にかたよって存在しているためである。カエルの発生とウニの発生の大きく違うところは原腸胚から先で，ウニでは原腸胚からすぐに幼生となるが，カエルのような脊椎動物では，脳や脊髄などの中枢神経系をつくるため，その原基としての神経管をつくる時期（**神経胚**）がある。結果，「原腸胚→神経胚→尾芽胚→幼生（オタマジャクシ）→（変態）→成体」という順序になる。

1 卵割　第1・第2の卵割はウニと同様，縦に等しく割れる（経割の等割）が，第3卵割は横に割れ（緯割），これは動物極側にかたよって起こる**不等割**である。その後の卵割は動物極側にかたよって起こる。

　補足　カエル卵はウニ卵と違い，排卵されるのは**二次卵母細胞**（減数分裂の第一分裂が終った細胞）である。これに精子が侵入すると減数分裂が再開され，第二極体が放出される。このように，精子は卵に父由来の遺伝子をもたらすという役割の他に，卵の分裂を開始させる引き金の役割ももっている。カエルの卵では，減数分裂が再開される際に，細胞質に変化が起こり，精子の進入点と反対側の卵表面（赤道面のすぐ下）に色素のぬけた三日月形

受精卵	2細胞期	4細胞期	8細胞期
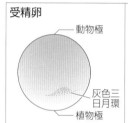 動物極／灰色三日月環／植物極			
動物極側の黒い部分がいっせいに上に向く。**灰色三日月環**が現れる	経割→動物極のほうから分裂が始まり，灰色三日月環を通る	経割（第1卵割面に垂直）	緯割で**不等割**（動物極側に寄る）

原腸胚			
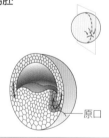 原口	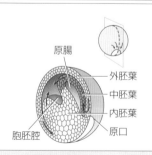 原腸／外胚葉／中胚葉／内胚葉／胞胚腔／原口	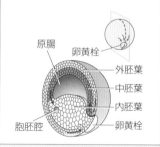 原腸／卵黄栓／外胚葉／中胚葉／内胚葉／胞胚腔／卵黄栓	
灰色三日月環のあった部分に水平の溝が現れ（原口陥入），ここから外表の細胞が中に流れこむ	原口は**馬てい形**になり，**原腸**ができ始める。胞胚腔は小さくなる	原口はつながって**円形**になり，植物極側の淡色の部分はすべて陥入して，**卵黄栓（卵黄プラグ）**になる	

の部分が現れる。これを**灰色三日月環**といい，発生が進むと，この部分の植物極側に原口が生じる。第1卵割は灰色三日月環を通る面で起こることが多い。

２ 胞胚　植物半球には卵黄に富む大形の割球があるので，卵割腔（胞胚腔とよばれるようになる）も動物極側にかたよってできる。胞胚壁もウニとは違い1層ではなく，2層または数層になる。

３ 原腸胚　胞胚の表面の一部が内部に落ちこみ始め（陥入），この部分に水平の溝（みぞ）ができ，これを**原口**とよぶ（ウニとは異なり，赤道に近い植物極寄りの位置にできる）。原口の上の部分（動物極側）から陥入した細胞層はおもに中で広がって**中胚葉**となり，原口の下の部分（植物極側）から陥入したものは**内胚葉**になる。原口は陥入が進むにつれて**弓形**（への字形）から，**馬てい形**（馬のてい鉄の形），さらに円形に変わり，円形の溝に囲まれた部分には卵黄に富む細胞が顔を出す（色が他と違って淡色に見える）。これを**卵黄栓**という。

４ 神経胚　外胚葉の背側で**神経板**ができ始め，やがて，神経板の両側の突起（神経しゅう）が盛り上がってきてくっつき，脳や脊髄のもとになる**神経管**を形成する。

> カエルはウニより
> 神経胚（→尾芽胚）が多い

16細胞期	32細胞期	桑実胚	胞胚
経割→植物半球の分裂はやや遅れる	緯割→植物半球の分裂はやや遅れる	動物極付近の細胞は小さく，植物極側の細胞は卵黄を多く含むので大きい	細胞はさらに小さくなり，中の**胞胚腔**は，動物極側にかたよって大きくなる

神経胚

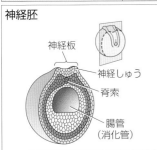
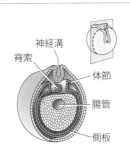
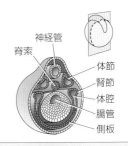

中胚葉に接した背側の外胚葉が厚くなり，**神経板**になる。中胚葉から**脊索**が分離する	神経板が溝（**神経溝**）になってくぼみこむ。脊索や腸管が形成される	神経溝は**神経管**となる。頭と尾の区別ができてくる

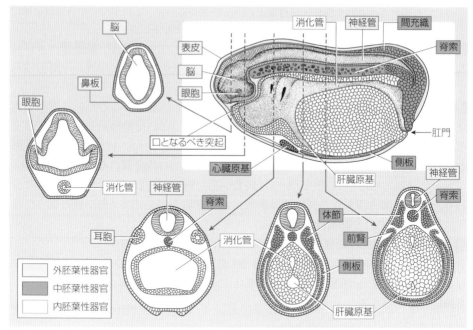

▲ 図 5-12　カエルの発生（神経胚）

5 尾芽胚　神経管が完成するころから，胚が前後に伸び始め，後端には尾ができてくる。尾ができ始めてからふ化するまでを**尾芽胚**という。（尾芽胚を区別せず，神経胚にまとめて扱う場合もある。）

6 ふ化　尾芽胚期に胚は，卵膜を破って外に出る（ふ化）。

7 幼生　ふ化したあと**幼生**となって，食物を食べて自活するようになる。カエルの幼生は**おたまじゃくし**とよばれる。

8 変態　動物では，幼生から成体への変化のとき，形のうえでも生理的にも大きく変化するものがある。この変化を**変態**という。カエルでは，① 尾が消失する，② **四肢**ができる，③ えらに代わって**肺**ができる，④ アンモニア（NH₃）を尿素に変えて排出するようになる（幼生では NH₃ のまま排出）などのはげしい変化が見られる。これらカエルで見られる変化は，水中から陸上へとすむ場所を変えることと関係している。

▲ 図 5-13　カエルの幼生

▲ 図 5-14　カエルの成体

原腸胚期にできた外・中・内の各胚葉からは，神経胚期に入ると**器官の原基**が形成され，幼生→変態→成体へと発育する過程で，成体の**器官**が形成されていく。

補足 **原基**　発生初期にでき，将来ある器官をつくるもとになる部分を原基という。

1 **外胚葉の分化**　外胚葉からは，① **表皮**，② **神経系**，③ **感覚器**などができる。カエルでは，原口が小さくなるころ，原腸胚の背側の外胚葉がへん平でラケット形をした**神経板**になり，次いでその周囲が隆起して**神経しゅう**となる一方，神経板が陥入して**神経溝**とよばれる溝になり，やがて溝の上端が閉じて**神経管**（神経系の原基）になる。神経管の前端は膨らんで**脳**になり，後方は細長く伸びて**脊髄**になる。それに伴って，脳の近くの表皮が落ちこんで**耳と鼻の原基**ができ，**眼の原基**は脳の一部と表皮からつくられる（→ *p*.258）。脳と脊髄（中枢）から，神経が伸びだし，からだ中に分布する。外胚葉の他の部分は，体表をおおう**表皮**となる。

補足 **神経堤**　神経しゅうの両外側縁がくっつく直前に，神経しゅうの外縁から**神経堤**（神経冠）とよばれる細胞の小集団が外へこぼれ出る。神経堤細胞は，体内のさまざまな場所へ移動していき，多様なものに分化する。例えば，自律神経の神経細胞，神経細胞の軸索に巻きついてそのはたらきを助けるシュワン細胞（→ *p*.338），副腎髄質の分泌細胞，皮膚の色素細胞，歯や頭蓋骨の細胞など，多くは脊椎動物に特徴的な器官の形成にかかわる。神経堤細胞は，非常に多くのものに分化するため，「第4の胚葉」とよばれることもある。

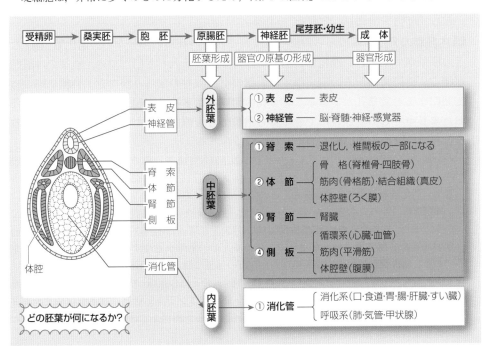

▲ 図 5-15　両生類における胚葉の分化

2 中胚葉の分化 中胚葉は，原腸の背側と側方に位置する。背側の中胚葉は脊索に分化する。側方の中胚葉は，体節，腎節，側板の3つの部分に分かれていく。

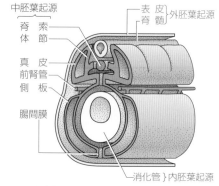

中胚葉起源
脊索
体節
真皮
前腎管
側板
腸間膜

表皮
脊髄 } 外胚葉起源

消化管 } 内胚葉起源

▲ 図5-16　カエルの胚の体節構造

(1) **脊索** 背中側に前後に走っている棒状のもの。弾力性のある組織でできていて，神経胚期から幼生期(おたまじゃくし)までからだを支持するはたらきをするが，やがて退化し，椎間板の一部になる。

(2) **体節** 脊索の両側に，平行して走り，竹の節のように前後に分節した(くびれのある)構造になる。これを**体節**といい，これから脊椎骨ができ，これが脊髄を包みこむ。脊髄という外胚葉性のものを脊椎骨という中胚葉性のものが内部に包みこむことになる(ここでは内外が逆転している)。体節からは脊椎骨をはじめとした骨格，筋肉(骨格筋)，真皮(結合組織)などができてくる。

(3) **腎節** 排出系(腎臓や輸尿管)になる。

(4) **側板** 胚の側面にあり，体節構造は見られない。**側板**は内側と外側の2層に分かれ，間に**体腔**という水のつまった空所を生じる。側板からは**循環系**(心臓や血管)，**筋肉**(平滑筋)などがつくられる。

3 内胚葉の分化 原口から内部へと流れこんだ内胚葉の部分から，**消化管**(腸)などの原基がつくられ，消化管の前端では外胚葉が陥入して**口**ができ，後端では**肛門**が開く。消化管の前方の咽頭部では両側の壁に数対の膨らみができ，外側に向かって開口すると**えら孔**ができる。えら孔の側壁には多数の突起ができて，**えら**になる。おたまじゃくしの変態後にできる**肺**も咽頭部の腹側にできた1対の袋からつくられる。また，**肝臓**や**すい臓**も消化管からつくられる。

補足 内胚葉由来のものは，エネルギーの調達器官である。腸で食物を消化・吸収し，肺やえらで得た酸素を使ってそれを燃やし，エネルギーを得る。グリコーゲンを貯蔵する肝臓や，消化液を分泌するすい臓も，この機能に関わっている。

　外胚葉は，からだの表面を包むから，当然，外表面を保護する役割をもつ。これが表皮である。また，外界からの情報(感覚情報)は，外表面を通って体内に入る(→ p.326)。そのため，情報を集める感覚器は外胚葉からできてくる。その情報を処理する神経系も，外胚葉由来である。外胚葉は情報の収集・処理とからだの保護に関わっている。

　中胚葉のおもなものは筋肉(→ p.354)と骨格系(骨と結合組織)である。これらはからだを動かすためのものである。車にたとえれば，筋肉はエンジン，骨格系はトランスミッションと車体のフレーム，エンジンにガソリンを供給する燃料ポンプと配管が心臓(→ p.294)と血管に相当する。

1 受精 精子は，膣から子宮を通り，さらに輸卵管を泳ぎのぼっていく。卵は，卵巣から輸卵管に入り，受精は輸卵管の先端近くで行われる。1回の射精で放出される精子は1〜3億個だが，卵の近くまで到達できるのは，100個程度であり，卵と合体できるのは，そのうちの1個である。

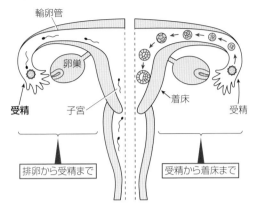

▲ 図5-17 ヒトの受精と胚の発生

補足 哺乳類の受精 多くの哺乳類では，卵母細胞は減数第二分裂中期で分裂が停止しており，この状態で卵巣から排卵され，精子の進入が刺激となって第二分裂が再開する。ヒトの場合もそうである。第二分裂によって第二極体を放出した卵では，卵核と精核が合体し，卵割が始まる。

2 卵割から胞胚まで 受精卵は卵割を続けながら輸卵管壁の筋収縮や繊毛運動によってゆっくりと子宮に向かって移動し，約1週間後，胚盤胞期（胞胚期に相当する）に子宮粘膜上に着床する。

3 胎盤の形成 着床すると胚の外側の膜（しょう膜）から子宮粘膜内に多数の柔毛が出て胎盤がつくり始められる。一方，胚盤胞の内側の細胞群からは，胚・羊膜・尿のう・卵黄のうがつくられる。胚は卵黄を栄養分として発生を続け，約3か月後にはほとんどの器官の分化を終えるので，この時期までを胚といい，その後は**胎児**とよぶ。このころには胎盤も完成に近づき（完成は約4か月後），胎盤では，胎児の血液と母体の血液の間でガス交換や，栄養分・老廃物の交換などが行われるようになる。

4 出産 約270日たつと，胎児を包んでいる胚膜が破れ，胎児は母体外へ産み出される。そのあと，胎盤も子宮壁からはがれて母体外へ出る（これを**後産**という）。

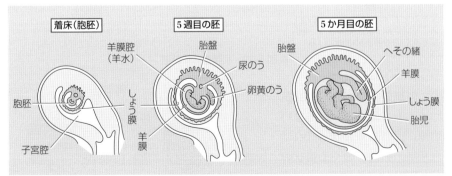

▲ 図5-18 ヒトの胎児の発生

3 発生のしくみ

A 前成説と後成説

1個の受精卵からどのようなしくみで複雑な生物個体ができあがっていくのだろうか。これについては，古くから，前成説と後成説の2つの考え方があった。顕微鏡の発達などにより，現在では，前成説は否定されている。

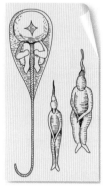

① **前成説** 卵または精子の中にはじめから小さなひな型が入っており，それが伸び広がって育つだけであるという考え方。

② **後成説** 生物の形ははじめからできあがっているのではなく，発生につれてしだいにできあがってくるという考え方。

[補足] ヨーロッパでは昔から広く前成説が信じられていた。精子の中に小さなヒト（ホムンクルス）が入っていて，これが子宮の中で栄養を得て成長するという考えである。これはキリスト教徒にとって，受け入れやすい考え方だった。受胎告知の絵には，イエスのホムンクルスが，光の筋に導かれてマリアの胎内に向かっていくようすが描かれているものがたくさんある。

▲ 図5-19 前成説論者が描いた精子

B 胚の予定運命と決定 ★★

1 局所生体染色法 ドイツの**フォークト**は，イモリの初期原腸胚を無害な色素で細かく染色し，胚の表面各部が，将来，どの器官になっていくかを調べた。このような方法を**局所生体染色法**という。

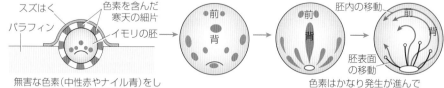

無害な色素（中性赤やナイル青）をしみこませた寒天片を乾燥させ，細片にしたものを胚表にはりつける

色素はかなり発生が進んでも消えないので，胚表の各部が何になったかわかる

▲ 図5-20 局所生体染色法

フォークトはこれによって，胚表の**原基分布図**（予定運命図）をつくった（1929年，図5-21）。動物極に近い部分（図の青色）は外胚葉域，赤道をめぐる帯状の部分（赤色）は中胚葉域，その下の部分（黄色）は内胚葉域である。

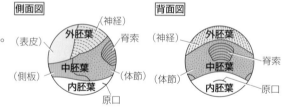

▲ 図5-21 イモリの初期原腸胚の原基分布図

2 予定運命の決定時期　ドイツの**シュペーマン**は，イモリの胚の予定神経域と予定表皮域の交換移植実験を行った（1921年）。彼は，胚の色が異なる2種のイモリ[1]を用いた。胚の色の違いにより，移植片がどのように変化していくかを追究することができた。

(1) **初期原腸胚での交換移植**　イモリの胚から予定神経域の一部を切り取り，別の胚からは予定表皮域の一部を切り取り，交換移植を行ったところ，移植した予定神経域片は表皮になり，予定表皮域片は神経板になった（図5-22）。つまり，移植片はどちらも本来の予定運命どおりにはならず，**移植先の予定運命にしたがって発生した**。

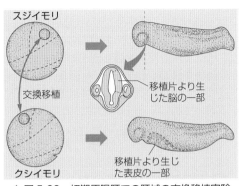

▲ 図5-22　初期原腸胚での胚域の交換移植実験

(2) **初期神経胚での交換移植**　同様の実験を，初期神経胚を用いて行ったところ，移植片は**予定運命どおりに発生した**（図5-23）。

　[補足] **後期原腸胚での交換移植**　この場合には，移植片は予定運命通りになる場合と，予定運命が変更される場合とがあった。ただし，予定運命が変わった場合も（例えば，表皮になる予定のものが神経になるためには），初期原腸胚のときよりも，より長い時間がかかった。

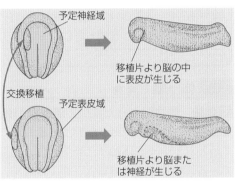

▲ 図5-23　初期神経胚での胚域の交換移植実験

(3) **決定**　以上の実験から，イモリの予定神経域と予定表皮域の運命は，原腸胚初期ではあくまで予定であって変更が可能であり，**初期原腸胚から初期神経胚の間に決定される**ことがわかる。発生が進むにつれて，予定にすぎなかった運命が確定し，予定運命以外への分化が起こらなくなることを**決定**という。発生が進めば進むほど決定が細かく行われて，胚各部の調節能（→ p.256）がせばめられ，決められたものにしか分化できなくなると考えられる。

> 　**初期原腸胚** では，胚各部の運命が **予定されている**（決定ではない）
> 　**初期神経胚** では，予定神経域と予定表皮域の予定運命は **決定されている**

1) スジイモリ（褐色の胚）と，クシイモリ（白っぽい色の胚）。

Column Ⴒ　調節卵とモザイク卵

1 調節卵　ウニやイモリの卵は，2細胞期や4細胞期に一部が失われても残りの割球から完全な個体が発生するように何らかの調節能をもつと考えられ，このような卵を**調節卵**という。ヒトの卵も調節卵である（そのため，何らかの原因で1つの胚が2つに分離すると，1卵性双生児が誕生する）。

2 モザイク卵　クシクラゲ類の幼生は体表に8列のくし板（運動のための器官）をもつが，2細胞期または4細胞期に割球を分離すると，それぞれくし板を4列または2

列しかもたない幼生になる（図5-24）。これから，クシクラゲ類の卵は（ウニやイモリのような）調節能をもたず，胚各部の発生上の運命が早くから決まっていると考えられる。このような卵を**モザイク卵**という。ホヤ類の卵もモザイク卵である。

3 調節卵とモザイク卵の違い　両者の違いは，調節能をいつまでもっているかという時間的な差であって，調節卵も発生が進むにつれてしだいに調節能を失い，モザイク卵的になっていく。

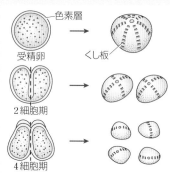

▲ 図 5-24　クシクラゲの割球分離実験

C　体　軸　★★

1 体軸　動物のからだには，**前後軸**（頭尾軸），**背腹軸**，**左右軸**の3つの軸があり，発生の過程はこれらの軸に沿って行われていく。体軸は，発生のごく初期の時点で決まっている。受精卵の細胞質は一様ではなく，含まれる物質量にかたよりがある。ある物質は植物極側に多く，動物極側にいくにしたがい，濃度が下がる。こうした物質のかたよりが体軸形成の基礎となる。

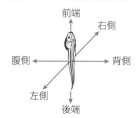

▲ 図 5-25　動物の体軸

2 カエルの背腹軸形成　両生類の卵は，動物極側が黒く，植物極側は黄色っぽい色をしている。卵の動物極側の表層部分にはメラニン色素が多く含まれており，植物極側ではこの色素がないため，植物極側では卵黄が透けて黄色く見える。

受精が終わると，受精卵の表層部分が約30°回転してずれ（**表層回転**），精子の進入点の反対側に色の薄い**灰色三日月環**が生じる。灰色三日月環を含む側が将来の背側となり，精子が進入した側は腹側となる。

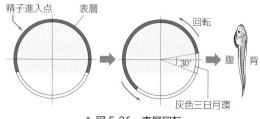

▲ 図 5-26　表層回転

1 割球分離実験 シュペーマンは，イモリの2細胞期の胚を，卵割面にそって髪の毛でしばった。強くしばると2匹の完全な個体ができた。ゆるくしばったときには，頭が2つある個体（1匹）となった（図5-27）。

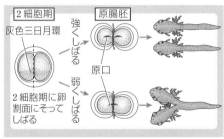

▲ 図5-27 イモリの割球分離実験

2 原口背唇部の移植実験 シュペーマンは，イモリの初期原腸胚の**原口背唇部**を切り取って，同じ時期の他の胚の胞胚腔内へ移植した。すると，移植片自身（原口背唇部）は中胚葉性の組織（おもに脊索）に分化するとともに，移植片に接する外胚葉から神経管が分化し，本来の胚（一次胚）に加えて，移植片を中心にしてもう1個の胚（**二次胚**）が形成された（1924年，図5-28）。移植した原口背唇部由来の細胞は二次胚の中で脊索や体節などになっており，二次胚をつくっている他の組織は，移植先の細胞由来のものであった。原口背唇部は，接する外胚葉にはたらきかけ，（他の胚の細胞なのにもかかわらず）さまざまな器官へと分化させる能力を示した。

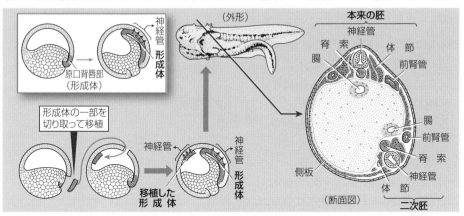

▲ 図5-28 原口背唇部の移植実験（イモリ）

3 形成体と誘導 イモリの初期原腸胚において，原口背唇部は，原口から胚内へと陥入する。シュペーマンはこの陥入した原口背唇部が，それに接する外胚葉にはたらきかけて神経管を分化させると考え，このようなはたらきをするものを**形成体（オーガナイザー）**，そのはたらきを**誘導**とよんだ。

CHART　**外胚葉のゆくえ**

神経管 へは 原口背唇部 がご案内
　　　　　　　（形成体）　　　（誘導）

4 誘導の連鎖 (1) **眼胞の移植実験** イモリでは，神経胚後期に神経管の前端は脳になり，その側方が突出して先端に**眼胞**ができる。この眼胞を切り取って他の胚の頭部の，本来は眼が形成されない表皮の下に埋めこむと，眼胞の先端はくぼんで**眼杯**になり，接する表皮にはたらきかけてその部分に**水晶体（レンズ）**ができる。一方で，眼杯を取り除いた部分には眼は形成されない。このことから，眼杯は接する表皮にはたらきかけて，表皮から水晶体を誘導することがわかる。

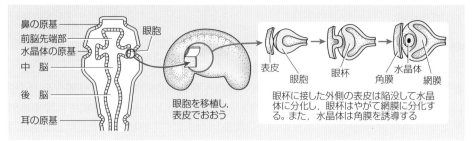

鼻の原基
前脳先端部
水晶体の原基
中　脳
後　脳
耳の原基
眼胞

眼胞を移植し，表皮でおおう

表皮　眼胞　眼杯　角膜　水晶体　網膜

眼杯に接した外側の表皮は陥没して水晶体に分化し，眼杯はやがて網膜に分化する。また，水晶体は角膜を誘導する

▲ 図 5-29　眼杯による水晶体（レンズ）の誘導（イモリ）

補足 **応答能** この移植実験で移植先を頭部ではなく，別の部分の表皮の下にしても眼は形成されない。これは，誘導する側の細胞だけでなく，誘導される側の細胞の状態も重要であることを示している。このように，誘導される側の細胞が応答する能力を**応答能**（反応能，コンピテンス）という。

(2) **眼の形成** 眼が形成される過程をまとめると次のようになる。

① **原口背唇部**は，形成体として，接する外胚葉から**神経管**を誘導する。

② 神経管の前端の脳の両側が膨らんで眼胞ができ，その先端がくぼんで**眼杯**になる。

③ 眼杯は，接する表皮から水晶体を誘導する。眼杯はやがて**網膜**に分化する。

④ 水晶体は，接する表皮から**角膜**を誘導する。

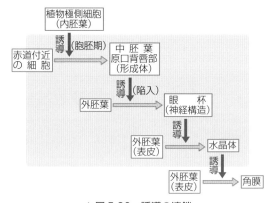

植物極側細胞（内胚葉）

誘導（胞胚期）

赤道付近の細胞

中胚葉原口背唇部（形成体）

誘導（陥入）

外胚葉

眼杯（神経構造）

誘導

外胚葉（表皮）

水晶体

誘導

外胚葉（表皮）

角膜

▲図 5-30　誘導の連鎖

(3) **誘導の連鎖** 以上のように，発生の過程では誘導が連続して起こっており，このような誘導の連鎖によって複雑な器官や生物のからだがしだいにできあがっていくと考えられている。

5 中胚葉誘導　ニューコープ（オランダ）は，次の実験を行い，植物極側の細胞（将来主として内胚葉になる）が動物極側の細胞にはたらきかけることによって，将来の中胚葉が誘導されること（**中胚葉誘導**）を明らかにした（1969年）。

(1) 図5-31のように，カエルの胞胚を破線の位置で切断し，将来外胚葉になる予定のA（この部分を**アニマルキャップ**とよぶ）と，中胚葉になる予定のB，内胚葉になる予定のCの3つの部分に分け，それぞれを単独で培養する。Bのみが中胚葉になった（筋肉や脊索が分化した）。

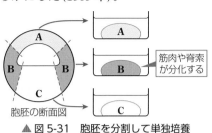

胞胚の断面図

▲ 図5-31　胞胚を分割して単独培養

(2) 切り分けた胞胚のAとCを，少しの間（3時間）接着させた後，分離して培養すると，Aは中胚葉に分化（Aから筋肉や脊索が分化）したが，Cからは中胚葉は分化しなかった。

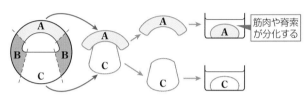

▲ 図5-32　胞胚を分割して接着後，単独培養

　さらに切り出したC部分を背側と腹側に切り分けた上で，それぞれ(2)と同様の実験を行うと，内胚葉によって誘導された腹側外胚葉からは血球や間充織が，同様に背側外胚葉からは筋肉や脊索が生じた。このことから，背側の外胚葉から原口背唇部が生じることがわかる。

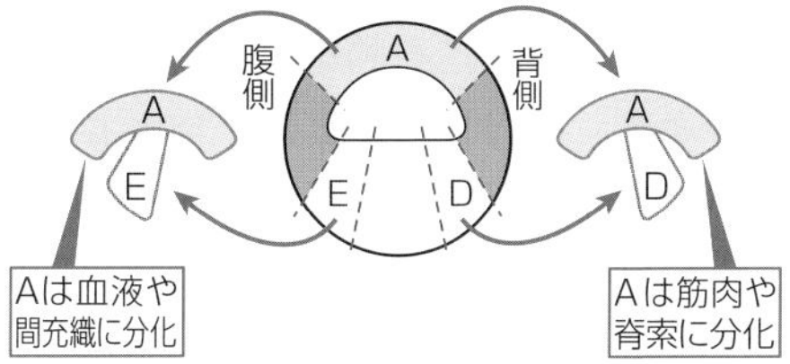

▲ 図5-33　予定内胚葉の部位による誘導の違い

6 中胚葉誘導のしくみ　受精後まもなくのアフリカツメガエルの卵では，植物極側に VegT タンパク質が局在している。また，植物極側に局在するディシェベルドタンパク質は表層回転によって背側に移動し，そこで β カテニンタンパク質を局在させる。こうしたタンパク質の分布のかたよりにしたがい，背腹軸に沿ってノーダルタンパク質の濃度勾配がつくられる（腹側から背側にむかって濃度が高くなる）。動物極側の細胞は，この濃度勾配にしたがって中胚葉へと誘導される。

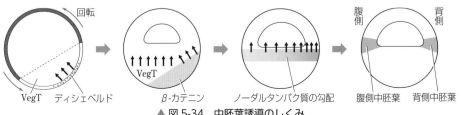

▲ 図5-34　中胚葉誘導のしくみ

中胚葉を誘導する物質の発見

　1989年，浅島誠らは，中胚葉を誘導する物質の1つとして世界ではじめて，アクチビンとよばれるタンパク質を単離することに成功した。アフリカツメガエルの胞胚のアニマルキャップ(予定外胚葉域)を切り出して培養すると，表皮(外胚葉)になる。ところが，培養液に低濃度のアクチビンを加えると，アニマルキャップは血球様細胞や体腔上皮や間充織(すべて中胚葉性)に分化し，高濃度のアクチビンを加えると脊索になる。このように，アクチビンは，その濃度に応じてさまざまな中胚葉性の組織や器官を誘導する物質として発見された。

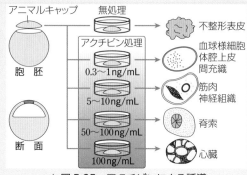

▲ 図 5-35　アクチビンによる誘導

7 **神経誘導**　原口背唇部となる部分は，外胚葉を裏打ちするようにして陥入していき，原腸を形成する。このとき，原口背唇部は形成体としてはたらき，**ノギン**や**コーディン**などの誘導物質を分泌して，外胚葉を神経へと誘導する(原口背唇部自体は脊索に分化)。

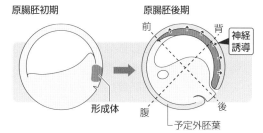

▲ 図 5-36　神経誘導

　ノギンやコーディンなどは，直接外胚葉の細胞に作用して細胞を分化させるわけではない。もともと外胚葉の細胞は，BMPとよばれる分泌性タンパク質によって，表皮への分化が誘導されるようになっている(図5-37)。分泌されたノギンやコーディンは，細胞外でBMPに結合し，受容体への結合を阻害する。その結果，外胚葉の細胞は表皮へは分化せず，神経へと誘導される。すなわち，外胚葉の細胞は，潜在的には神経になるという予定運命をもっている。

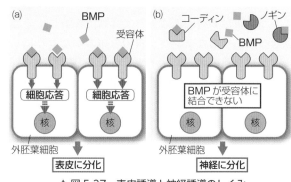

▲ 図 5-37　表皮誘導と神経誘導のしくみ

⑧ 皮膚の分化　脊椎動物の皮膚は，外胚葉性の表皮とその下にある中胚葉性の真皮とからできている。鳥類において羽毛やうろこをつくるのは表皮の細胞であるが，どちらをつくるかは，下の真皮の誘導によっている。

　ニワトリの背には羽毛が，あしにはうろこが生じる。ニワトリ胚の未分化の表皮を，① 真皮（将来背中になる部位のもの）と接触させ培養すると，表皮に羽毛がはえ，② 真皮（将来あしになる部位のもの）と接触させておくと，うろこができてくる。

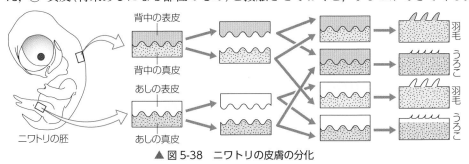

▲ 図 5-38　ニワトリの皮膚の分化

E　位置情報　★

① 位置情報　濃度の違いにより，まわりの組織に異なる応答を引き起こすことによってパターン形成をもたらす分子を**モルフォゲン**とよぶ。モルフォゲンは，それを放出する場所から拡散し，まわりに濃度勾配をつくる。細胞はモルフォゲンの濃度勾配を位置情報として読み取り，適切な細胞へと分化する。

② ニワトリの前肢の形成　ニワトリの前肢（翼）は，**肢芽**とよばれる組織の隆起からはじまる（すべての脊椎動物に共通）。前肢には3本の指がある（前方から順に第2指，第3指，第4指）。肢芽の後端の付け根に極性中心(ZPA)とよばれるシグナルセンターがあってモルフォゲンが分泌され，後方から前方へと濃度勾配がつくられる。ZPAに近い，つまりモルフォゲン濃度の高い場所に第4指が，より薄い場所に第3指が，さらに薄い場所（つまり最前方）に第2指が形成される（図5-39）。

　別の個体から切除してきたZPAを肢芽の前端に移植すると，モルフォゲンの濃度勾配が変化するため，形態が前後方向で鏡像対象となるあしができる。

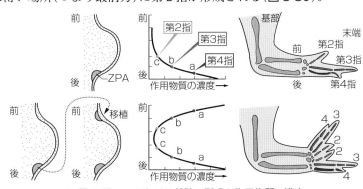

▲ 図 5-39　ニワトリの前肢の形成と作用物質の濃度

1 **形態形成運動**　発生においては，同じ種類の細胞が集まったり，逆に，異なる
ものに分化した細胞が集団から分かれて適切な場所へ移動していき，特定の形をつ
くりあげる現象が見られる。原口背唇部の陥入，神経管の形成，神経堤細胞の移動
などはその例である。こうした現象は**形態形成運動**（造形運動）とよばれ，おもに，
カドヘリンなどの細胞接着分子（→ p.72）が関わっている。

2 **細胞識別**　カエルやイモリの神経胚から，表皮と神経板の部分を取り出し，細
胞をばらばらにしてから混ぜ合わせて
おくと，やがて神経板の細胞と表皮の
細胞はそれぞれ集団をつくり，分かれ
てしまう（図 5-40）。

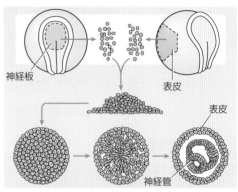

　表皮の細胞の表面には E-カドヘリ
ンが存在し，神経板の細胞の表面には
N-カドヘリンが存在している。同種
のカドヘリンどうしは強く結合するた
め，神経板の細胞どうしは接着してか
たまりをつくり，表皮細胞どうしも別
にかたまりをつくるのである。

▲ 図 5-40　細胞識別の実験

3 **神経管の形成**　発生の過程で神経管ができてくる
際には，神経板を構成する細胞が N-カドヘリンをも
つようになる。それまでは他の部分の表皮細胞と同様
に E-カドヘリンをもっているが，発生の適切な段階
で，発現するカドヘリンの種類が変化するのである。

　また，神経板の両側の神経しゅうの部分の細胞は
（E-カドヘリンのかわりに）カドヘリン-6B をもつよう
になる。細胞骨格のはたらきにより神経板が陥入し，
両側の神経しゅう細胞が近づくと，神経しゅう細胞ど
うしは（同じカドヘリンをもっているため）互いに強く
接着して神経管の管が閉じる。また，上にある表皮細
胞とはカドヘリンの種類が異なるため，神経管は表皮
から離れる。

　神経堤になる細胞は，神経管のカドヘリンとは別の
カドヘリン-7 をもつようになり，その結果，神経管か
ら分かれて移動していく。

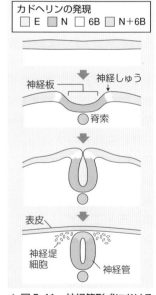

▲ 図 5-41　神経管形成における
カドヘリンの分布

G　細胞系譜とアポトーシス　★

1 センチュウの細胞系譜　センチュウの1種カエノラブディティス・エレガンスは体長が約1 mmの土壌中にすむ線形動物である。発生過程においては、受精卵が2つの割球に分かれ、それらがまた分かれてそれぞれ2つになり、というようにして二分割をくり返し、成体が形づくられる。分裂した細胞が成体のどの細胞になるかを、すべての細胞について調べて図示すると、二股に分かれていく樹形図になる。これは**細胞系譜**とよばれる（図5-42）。センチュウのからだは透明で発生過程が観察しやすく、またからだを構成している細胞数が959個と少ないため、完全な細胞系譜がつくられている。

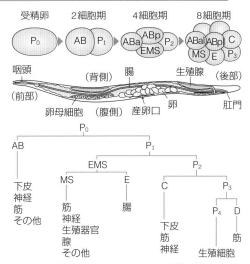

▲ 図5-42　センチュウの細胞系譜

2 アポトーシス　センチュウの細胞系譜を調べると、その正常な発生過程において、必ず131個の細胞が自ら死んで消えていく。こうした細胞死は、どの細胞がいつどこで死ぬかということまであらかじめ決まっており、**プログラムされた細胞死**（**アポトーシス**）とよばれている。個体のからだが形づくられるときには、細胞がふえていくだけではなく、細胞が死ぬこともまた必要なのである。

> 補足　**アポトーシスと壊死**　外傷や、（心筋梗塞の場合のように）血液供給不足などで細胞が死ぬ際には、細胞は膨張し破裂して中味をまき散らし、まわりの組織に損傷を与える。こうした

▲ 図5-43　アポトーシスと壊死

細胞死は**ネクローシス（壊死）**とよばれる。これに対し、アポトーシスにおいては、細胞は細胞膜や細胞小器官の正常な構造を保ちながら縮小し、DNAが断片化し、細胞膜の表面が変化してマクロファージなどにすみやかに食われてしまう。まわりを傷つけずに自己の有機物が再利用される、きれいな死に方がアポトーシスによる死である。

3 アポトーシスと発生　アポトーシスは発生過程のさまざまな段階で見られる。例えば、私たちの手は、はじめはミトン状のものができ、次に指の間の細胞が、アポトーシスにより死んで手の形が形成される。変態時に起こる幼生器官の退化（おたまじゃくしがカエルに変態する際、尾がなくなるなど）にも、アポトーシスが関わっている。

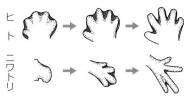

▲ 図5-44　手の形態形成と細胞死

4 形態形成と遺伝子発現調節

A ショウジョウバエの発生 ★

　ショウジョウバエの卵は長さ約0.5mm，幅約0.15mmの心黄卵である。受精後，（細胞質の分裂なしに）核だけが分裂して**多核性胞胚**となる。次に，核が移動し表面にずらりと並び，核のまわりに細胞の仕切りができて**細胞性胞胚**となる。その後，原腸陥入が起こって**原腸胚**となり，体節構造の形成を経て，受精後約1日でふ化して幼虫となる。さらに，蛹（さなぎ）を経て，約1週間で成虫となる。

　多くの動物において，からだは前後に細長く，前後軸がある（前方と後方とは構造が異なっている）。ショウジョウバエの場合，前端から後端に向かい，頭部，胸部，腹部の区別があり，各部は体節からできており，頭部には3個，胸部には3個，腹部には8個の体節がある。

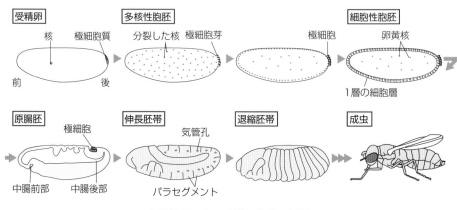

▲ 図5-45　ショウジョウバエの発生

B 前後軸の形成と遺伝子発現 ★★

1 母性効果遺伝子　未受精卵の前端部には，ビコイド遺伝子からつくられたmRNAが高い濃度で存在し，後端にはナノス遺伝子からつくられたmRNAが高い濃度で存在する（図5-46上）。卵の段階ですでに前後の違いがあり，この違いによって，前後軸が形成されていく。

　卵は母親の生殖系からつくられる。よって，未受精卵中のビコイドやナノスのmRNAも母親の遺伝子からつくられたものである。つまり，母親由来のものがその後の発生を決めているわけで，このような遺伝子を**母性効果遺伝子**とよぶ。

　受精後，母性効果遺伝子のmRNAからタンパク質がつくられる。ビコイドタンパク質は前後軸に沿って濃度勾配を形成し，胚の前端で濃度が高く，後端になるにしたがって低くなる（図5-46下）。ナノスタンパク質ではちょうど逆になり，後端

で濃度が高くなる。ビコイドタンパク質は，からだの前部の構造をつくるのに関わる種々の遺伝子を活性化する一方で，後部の構造の形成を抑える。逆に，ナノスタンパク質は後部の構造の形成を引き起こす遺伝子を活性化し，また前部の構造の形成を抑える。

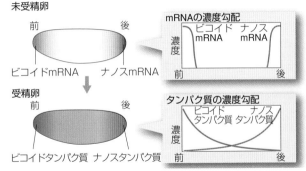

▲図5-46 前後軸形成とタンパク質の濃度勾配

2 分節遺伝子 母性効果遺伝子がつくりだす濃度勾配は，胚の前後軸に沿った**位置情報**となり，それをもとにして(胚の)**分節遺伝子**がはたらきはじめる。分節遺伝子は，ギャップ遺伝子→ペア・ルール遺伝子→セグメント・ポラリティ遺伝子という順序ではたらく。

(1) **ギャップ遺伝子** 分節遺伝子のうち，まずはたらくのが約10種類の**ギャップ遺伝子**である。ギャップ遺伝子は前後軸に沿って特定の領域で発現し，胚を大まかな領域に分ける。ギャップ遺伝子に変異が生じると，胚のある部分で，体節が連続して失われたり大きな1つの体節になったりする。

(2) **ペア・ルール遺伝子** 次にはたらくのが**ペア・ルール遺伝子**である。多核性胞胚期になると，ギャップ遺伝子からつくられたタンパク質の濃度勾配によって，ペア・ルール遺伝子の発現が活性化される。ペア・ルール遺伝子は，(シマウマの模様のように)7本のしま状の領域で発現し，胚を前後軸に沿ったくり返し構造へと分節化する。ペア・ルール遺伝子が欠損すると，体節が1つおきに欠失する。

(3) **セグメント・ポラリティ遺伝子** 細胞性胞胚期になると，**セグメント・ポラリティ遺伝子**がはたらきはじめ，体節の境界をさらに細かく分け，胚を前後軸に沿って14本のしま状の領域に区画する。この14個の領域が，将来の14体節(頭部3，胸部3，腹部8)に相当する。

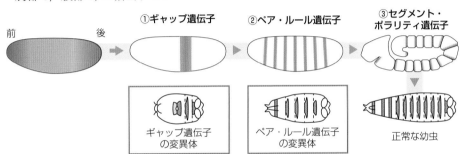

▲図5-47 ショウジョウバエの前後軸にそった体節構造の形成と遺伝子発現

3 ホメオティック遺伝子　分節化の過程が終わると，頭部の体節には「眼」や「触角」，胸部の体節には「あし」や「はね」といったように，特定の器官が特定の体節につくられる。このとき，各体節にどのような構造をつくるかを決める遺伝子群を**ホメオティック遺伝子**という。これに変異が起きると，例えば，本来触角になる

あし

▲ 図5-48
ホメオティック変異体

べき場所にあしの生えた個体ができたりする（図5-48）。こうした変異体を**ホメオティック変異体**という。

　ホメオティック遺伝子からつくられるタンパク質は，ほかの遺伝子の発現を調節するタンパク質で，ホメオティック遺伝子の種類が異なっても，また異なる動物のものであっても，みな約60アミノ酸の非常によく似たアミノ酸配列をもつ。この部分に対応するDNAの領域（約180塩基対）を**ホメオボックス**という。

　ショウジョウバエの場合，一群のホメオティック遺伝子が第3染色体上に一列に並んでおり，それらの遺伝子が発現する部位も，ほぼこの順番どおりに，ハエのからだの前後軸に沿って対応して並んでいる。前方の遺伝子をまとめて**アンテナペディア遺伝子群**，後方の遺伝子をまとめて**バイソラックス遺伝子群**という。

　ヒトやマウスにも，これとよく似た遺伝子が発見されていて，**ホックス（*Hox*）遺伝子群**と総称される。やはり染色体上での並び方と，発現領域の並び方に一致が見られ，その並び方がショウジョウバエのものとかなり似ている。つまりハエとマウスで同等の遺伝子が，どちらにおいてもからだのほぼ対応する位置で発現する。発生のしくみに，動物の違いを超えた共通性のあることを示す事実である。

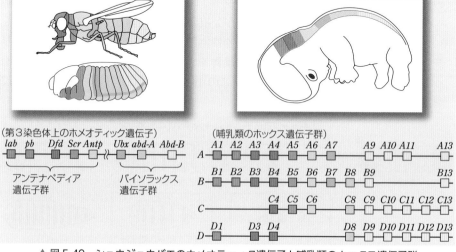

▲ 図5-49　ショウジョウバエのホメオティック遺伝子と哺乳類のホックス遺伝子群
哺乳類は，ホメオティック遺伝子のクラスターを4個もち，それぞれ別の染色体上にある。

5 再生

A 動物の再生 ★

1 再生 プラナリアのからだを切って前後に分けると，前半も後半も，失った部分を新たにつくり，2匹のプラナリアになる。このように，からだの一部が失われた際に，その部分が復元される現象を**再生**という。

2 プラナリアの再生 プラナリアのからだには，**ネオブラスト**(新生芽細胞)とよばれる未分化な細胞がからだじゅうに散らばって存在しており，これが切断面に集まって増えて**再生芽**となり，失った部分をつくる(図5-50)。

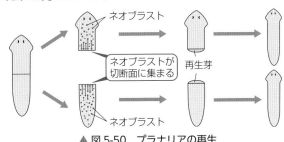

ネオブラスト

ネオブラストが切断面に集まる

再生芽

ネオブラスト

▲ 図5-50 プラナリアの再生

3 イモリの再生 (1) **水晶体の再生** イモリの水晶体を除去すると，虹彩の細胞がその特徴を失い，それがさらに水晶体の細胞へと変身して水晶体を再生する(図5-51)。このように，いったん分化した細胞が，その特徴を失って未分化な状態にもどることを**脱分化**という。また，脱分化した細胞が，再び別の細胞へと分化することを**再分化**という。

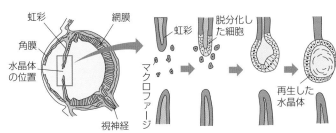

虹彩　網膜
角膜
水晶体の位置
視神経
虹彩
脱分化した細胞
マクロファージ
再生した水晶体

▲ 図5-51 イモリの水晶体の再生

(2) **あしの再生** イモリのあしを切り落とすと，残された部分からあしが再生する(図5-52)。切断面はすぐにまわりから移動してきた上皮でおおわれ，切断面から約1mmの深さまでの筋肉や軟骨の細胞などが脱分化して再生芽が形成される。そして小さなあしがつくられ，それが時間をかけてもとの大きさへと成長する。

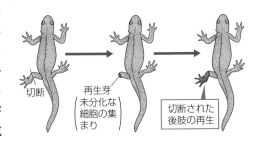

切断
再生芽
未分化な細胞の集まり
切断された後肢の再生

▲ 図5-52 イモリのあしの再生

B 再生医療 ★★

1 幹細胞 ヒトのような多細胞生物では、受精卵からの発生の過程で細胞が分化して組織や器官をつくり、それにより特定の形態や機能をもつようになる。分化した細胞は、一般に、他の種類の細胞になることはない。

一方、自分自身は未分化な細胞だが、それが増殖して、さまざまな種類の細胞に分化できる細胞群が見つかっており、これらは**幹細胞**とよばれる。

例えば、骨髄にある造血幹細胞は、赤血球や白血球などの10種類ほどの血液細胞をつくる。ほかにも、肝臓の幹細胞、神経細胞をつくる神経幹細胞、骨格筋幹細胞なども知られている。

2 再生医療 機能が著しく低下もしくは損なわれた組織や器官を回復させる治療を**再生医療**という。人工的な方法で用意した幹細胞を培養し、治療に必要な細胞や組織をつくり、それを患者に移植する方法が注目されている。

3 ES細胞 ES細胞（**胚性幹細胞**）は胚盤胞期の内部細胞塊（胎児になる部分）から取り出された細胞で、生体の外で未分化のまま無限に増やすことができ、かつ分化を誘導すれば、ほぼすべての細胞になる能力をもつ。脊髄損傷や心筋症など、神経や心筋という再生困難な細胞の機能が損なわれたけがや病気を、ES細胞を用いて治療できる可能性がある。ただし、ES細胞にはいくつかの問題があり、1つは他者の細胞を体内にもちこむことによる拒絶反応（→*p*.317）が起きる問題、もう1つは、ヒトの胚を破壊してES細胞を取り出すことに対する倫理上の問題である。

4 iPS細胞 2006年に山中伸弥らは、体細胞に特定の4つの遺伝子を導入することにより、さまざまな細胞に分化可能な能力（多能性）をもつ細胞をつくることに成功し、これを**iPS細胞（人工多能性幹細胞）**と名づけた。患者本人の体細胞からつくることが可能なため拒絶反応は起こらず、倫理上の問題も少ない。移植先で未分化のiPS細胞ががん細胞にならないかどうかなど、まだまだ解決すべき問題があるが、再生医療への利用が大いに期待されている。

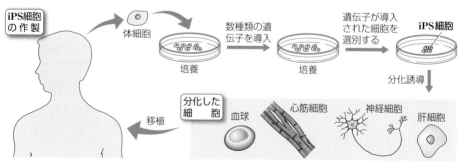

▲ 図 5-53 iPS 細胞の作製と分化

第3編

生物の生活
と環境

biology

新型コロナウイルス (SARS-CoV-2) の CG

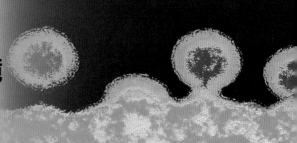

第6章

生物の体内環境

1 体液という体内環境
2 腎臓と肝臓
3 自律神経とホルモンによる調節
4 免　　疫

免疫細胞から出芽するエイズのウイルス

---

1 体液という体内環境

 ## A 体内環境と恒常性　★★

　　生命は海の中で生まれ，そこで進化し，それから陸上へと生活場所を広げてきた。陸上にすむ生物は，海の中のものに比べて，暑さ・寒さ・乾燥など，変化の激しい外界の環境(**体外環境**)にさらされて生活している。このようなところで生活ができるのは，体内の１つひとつの細胞が，体液という変化の少ない環境(**体内環境**)に包まれているからである。

1 体内環境　　単細胞生物やヒドラなど，からだの構造の単純な動物では，細胞が直接，外界(体外環境)に接している。しかし，その他の，からだが多数の細胞からなる動物では，細胞の多くは体内の液体(**体液**)に浸されており，外界と直接には接していない。この体液は，体内の細胞・組織・器官にとって一種の環境となっており，これを**体内環境**(内部環境)という。

　　これに対して，生物体の外部を取り巻く環境を**体外環境**(外部環境)という。生物体の皮膚・肺などの一部の細胞は，直接体外環境に接している。体外環境は，光や温度，酸素や二酸化炭素の気体濃度，pH などのさまざまな要素からなっており，これらは気候などによって大きく変動する。

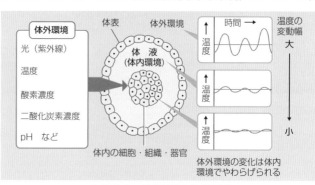

▲ 図6-1　体内環境と体外環境

2 体液 体内の細胞と細胞の間や組織の間にある液体を**体液**という[1]。体液は，体内の細胞にとっては一種の環境であり，水が豊富で安定した環境を細胞に提供するとともに，細胞が必要とする物質を細胞へと運ぶ運搬の役目をもはたしている。脊椎動物の体液は，血液・組織液・リンパ液からなる。

> **CHART**
>
> 体液＝血液＋組織液＋リンパ液

- **血　　液**　血管中を流れる体液。
- **組　織　液**　毛細血管の壁から組織の細胞間にしみ出した血しょうの成分。
- **リンパ液**　リンパ管中を流れる体液。単にリンパともいう。

[補足] 生物のからだは大量の水を含んでおり，体重の半分以上は水である。このうち，細胞の外に存在する水分が体液に相当する。細胞外液には，ナトリウムイオン（Na^+）や塩化物イオン（Cl^-）が多く含まれている。これは，海水の組成とよく似ており，陸上動物の祖先が海で生活していたことを示唆している。

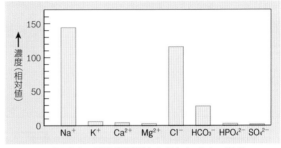

▲ 図6-2　体液（組織液）のおもなイオン組成

[補足] **組織液とリンパ液**　脊椎動物では一般に上のように組織液とリンパ液を区別するが，無脊椎動物にはリンパ管がないので，リンパ液はなく，組織液とリンパ液の区別はできない。また，軟体動物や節足動物などでは，血液は一度血管外へ出て組織間を流れたあと，再び血管に入るので，組織液＝血液である。

3 恒常性（ホメオスタシス）　体内環境である体液の濃度は，外界のきびしい変化に対して変動しやすい。また，動物は，細胞が必要とする栄養分や酸素などを外界から取り入れるとともに，細胞から排出される二酸化炭素などの老廃物を体液中に排出しており，これによっても体液の濃度は変動する。こうした変化に対し，体内環境が安定した状態に維持されていることを**恒常性（ホメオスタシス）**という。

恒常性には，腎臓（→ *p*.286）や肝臓（→ *p*.289），循環系（→ *p*.275）など多くの器官が関与する。また，自律神経系（→ *p*.292）や内分泌系（→ *p*.296）による調節を受ける。

[補足] 水槽の中の魚にとって，水槽の水は環境そのものである。水槽の水は，外気温の影響を受けるとともに，魚自身の排出物で汚れ，酸素の不足も起こる。これらの問題を解決するには，さまざまな装置が必要である。サーモスタット，浄化フィルター，エアーポンプなどである。この魚を細胞に置きかえて考えてみると，水槽の水は「体液」，さまざまな装置は腎臓・肝臓・肺などの「器官」ということになる。

1) 広い意味では，細胞内液も含めて「体液」ということもあるが，一般には細胞内の液体は含めないことが多い。

1 血液 どの動物でも，血液（体液）の組成はそれぞれほぼ一定に保たれており，恒常性と深い関係をもっている。ヒトなど脊椎動物の血液では，有形成分である**赤血球・白血球・血小板**が約45%で，液体成分である**血しょう**が約55%である。

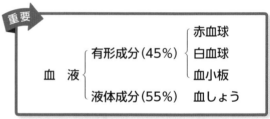

重要

$$血液 \begin{cases} 有形成分（45\%） \begin{cases} 赤血球 \\ 白血球 \\ 血小板 \end{cases} \\ 液体成分（55\%）\quad 血しょう \end{cases}$$

成分（ヒトの血液）		形状	直径（μm）	核	数（/mm³）	生成場所	は た ら き
有形成分	赤血球	円盤状	7 ～ 8	無	男500万 女450万	骨髄	酸素（O_2）の運搬など
	白血球	球形・アメーバ状	8 ～ 20	有	6000 ～ 8000	骨髄, ひ臓, リンパ節	免疫
	血小板	不定形	2 ～ 3	無	20万～40万	骨髄	血液の凝固
液体成分	血しょう	（水・タンパク質・グルコース・脂質・無機塩類など）					物質運搬，免疫

(1) 赤血球 呼吸色素ヘモグロビンを含み，酸素（O_2）の運搬を行う（→ p.278）。哺乳類では，無核で円盤状であるが，哺乳類以外（例えば，両生類のカエル）などでは，有核でだ円体（ラグビーボール状）をしている。骨髄でつくられ，肝臓とひ臓で破壊される。ヒトの赤血球の寿命は100 ～ 120日（約4か月）である。

(2) 白血球 呼吸色素をもたない無色で核をもつ血球。ふつう白血球というときは大形のもの（12 ～ 20μm）をさし，小形のもの（8 ～ 12μm）はリンパ球とよばれるが，両者

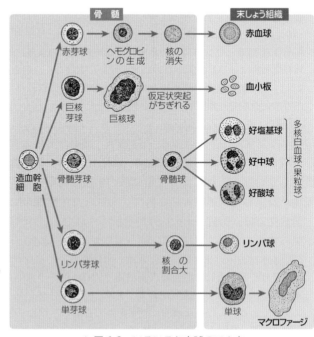

▲ 図6-3 いろいろな血球のでき方

を合わせて白血球ということもある。骨髄でつくられ，リンパ球はリンパ節やひ臓でも増える。白血球は，体内に侵入した細菌などをアメーバと同じように仮足を出して捕食する（**食作用**）。リンパ球は適応免疫に関係している（→ *p*.312）。

(3) **血小板**　骨髄でつくられる，大きさ 2 ～ 3μm の無核の細胞片（大きな細胞がばらばらになってできる）。**血液凝固にはたらく因子を含む**（→ *p*.283）。

(4) **血しょう**　血液の約 55％ を占める液体成分。その約 90％ が**水**で，残り 10％ がタンパク質・アミノ酸・糖（**血糖**という）・脂質などの栄養分，および無機塩類・ホルモン・ビタミン・フィブリノーゲン（血液凝固に関係，→ *p*.283）・老廃物（CO_2・NH_3・尿素など）である。また，血しょうは熱の運搬体としても重要である。

補足 ① **骨髄**　骨の中心の部分を**骨髄**という。骨髄には，赤血球・白血球・血小板のいずれのもとにもなる未分化な細胞（**造血幹細胞**）がある。

② **ひ臓**　ヒトのひ臓は，胃の後ろ側にくっついているにぎりこぶしぐらいの大きさの器官である。大部分を占める**赤ひ髄**とよばれる部分では赤血球と血小板の破壊が行われ，また血液が貯蔵される。赤ひ髄の間に白く点々と見える**白ひ髄**の部分にはリンパ球が多数あり，ここはリンパ球の成熟と免疫反応の場である。

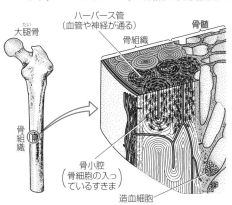

▲ 図 6-4　骨組織と骨髄の構造

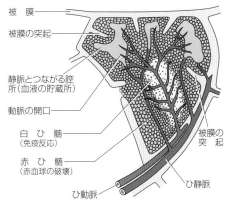

▲ 図 6-5　ひ臓の一部

2 組織液　毛細血管からしみ出した血しょう成分は**組織液**（間質液）となり，組織や細胞の間を満たす。血液が運んできた栄養分や酸素（O_2）は組織液を介して組織の細胞に渡され，逆に，細胞でできた二酸化炭素（CO_2）やアンモニア（NH_3）などの老廃物は組織液を介して血液に渡される。

3 リンパ液　組織液の大部分は，静脈側の毛細血管に吸収されて血管内にもどるが，一部はその付近に分布している毛細リンパ管に入り，**リンパ液**（単に**リンパ**ともいう）となる。

成　　　　　分		大きさ	生成・成熟場所	は　た　ら　き
有形成分	リ ン パ 球	8 ～ 12μm	骨髄・ひ臓・リンパ節	免疫（→ *p*.309）
液体成分	リンパしょう	血しょうのしみ出たもの		物質運搬・体内環境の形成

C 循環系 ★★

　血液やリンパ液などの体液をからだ全体に流通させて，物質の運搬などを行う器官系を**循環系**という。循環系は，液を送り出すポンプ（心臓）と，液を送り届ける管とからなる。循環系には，心臓を出た血液の大部分が血管の中だけを通って心臓にもどってくる**閉鎖血管系**と，心臓から出た血液が一度血管外に出て組織間を流れてから心臓にもどってくる**開放血管系**がある。

1 昆虫の開放血管系　昆虫（節足動物）には，からだの背側に1列に連なった心臓がある。血液は頭部へ向かっておし出され，血管から出た血液はからだの中を前方から後方へ流れて心臓にもどってくる[1]。

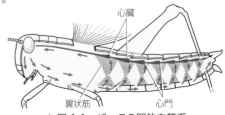

▲ 図6-6　バッタの開放血管系

2 脊椎動物の閉鎖血管系　脊椎動物では，血液は，動脈→毛細血管→静脈と，常に血管内を流れる。下表に示すように，魚類から哺乳類まで，進化に応じて循環系も複雑になっている。

種　　　　類	心房	心室	肺循環と体循環	特　　　　　　　徴
魚　　　　　類	1	1	区別なし	心室からえらにいった血液はそのまま体循環する
両　生　類	2	1	区別あり	心室で肺からの動脈血とからだからの静脈血が混合
は　虫　類	2	1	区別あり	心室に不完全な隔壁があり，混合を多少は防ぐ
鳥類・哺乳類	2	2	区別あり	肺からの動脈血は静脈血と混ざることなく体循環へ

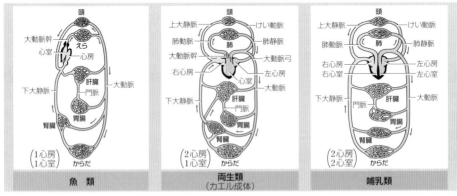

▲ 図6-7　脊椎動物の心臓と閉鎖血管系

----

1) 昆虫では，外呼吸は気管で直接行われているので，血液は栄養分と老廃物の運搬を受けもち，ガス交換には関係しない。ミミズ（環形動物）は閉鎖血管系である。ハマグリ（軟体動物）は開放血管系であるが，同じ軟体動物でもイカやタコは閉鎖血管系である。

D　ヒトの循環系　★★

　ヒトをはじめとする脊椎動物の血管系は，血液が血管中だけを流れる閉鎖血管系である。また，循環系には，**血管系**（心臓・血管・血液）のほかに，**リンパ系**（リンパ管・リンパ節・リンパ液）がある。

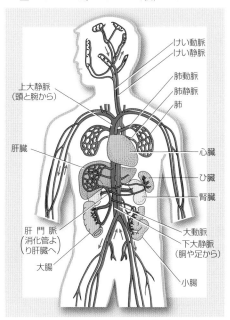

▲ 図6-8　ヒトの血管系

1 心臓
心臓は**心筋**（心臓筋）という特別な筋肉で包まれた器官で，たえず規則的な収縮をくり返し（**拍動**，→ p.294），血液をからだ全体に送り出している。ヒトの心臓は，他の哺乳類と同様に2心房・2心室で，肺からもどってきた血液と全身からもどってきた血液が心臓で混ざることはない。

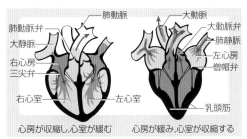

▲ 図6-9　心臓の構造と弁のはたらき

2 血管
血管は，次の3つに分けられる。① **動脈**（心臓から血液が出ていく血管），② **静脈**（血液が心臓にもどってくる血管），③ **毛細血管**（動脈と静脈をつなぎ，組織の細胞と接触する微細な血管）。

　動脈の壁は静脈より丈夫にできていて，静脈より弾力性が高い。静脈には，逆流を防ぐ**弁**がある。毛細血管の壁は1層の**内皮細胞**の層でできている。

　補足　毛細血管をつくる内皮細胞は，通常はすきまなく並んで1層の細胞からなる管をつくっているが，臓器によっては，細胞に丸い穴がたくさんあいたものや，細胞間に大きなすきまがあいたものもある。

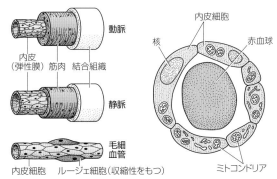

▲ 図6-10　血管の構造と毛細血管の切断面

種 類	位 置	血 液	構 造	弁	血流速度	脈拍
動 脈	心臓から遠ざかる血管	動 脈 血 （肺動脈は例外）	3層 弾力性が大きい	な し	速 い （陽圧）	あり
毛細血管	組織の細胞と接触する血管	動脈血および 静 脈 血	1層	な し	遅 い	なし
静 脈	心臓へ近づいていく血管	静 脈 血 （肺静脈は例外）	3層 弾力性が小さい	あ り 逆流を防ぐ	速 い （陰圧）	なし

3 血液の循環　ヒトなどの肺呼吸を行う動物では，肺にいく**肺循環**と，からだの各部にいく**体循環**とに分けられる。

(1) **肺循環**　心臓から肺を経由して心臓にもどってくる血液の循環。

　　右心室→肺動脈→肺→肺静脈→左心房
　　　　　　　　　　（毛細血管）

　　酸素含有量が大きく鮮紅色の血液を**動脈血**，酸素含有量が小さく暗赤色の血液を**静脈血**という。肺循環では，肺動脈内には静脈血が流れ，肺静脈内には動脈血が流れる。

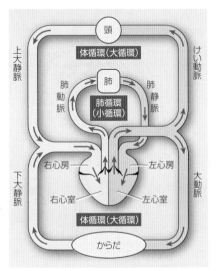

▲ 図6-11　肺循環と体循環

重要

肺動脈 には 静脈血
肺静脈 には 動脈血 }が流れる

(2) **体循環**　心臓から肺以外のからだの各部（頭部・胴部・手足）を経由して心臓へもどる血液の循環。

　　左心室→大動脈・けい動脈→全　身→大静脈→右心房
　　　　　　　　　　　　　　（毛細血管）

4 血圧　心室では圧力をかけて血液を押し出しているので，動脈の血管壁には圧力（血圧）がかかり，動脈内は陽圧（外部より圧力が高い）になっている。心室が収縮したときの血圧を**最高血圧**，心室が弛緩したときの血圧を**最低血圧**という。静脈内は，心房で血液を吸いこんでいるので，陰圧（外部より圧力が低い）になっている。

▼表6-1　血　　　圧

上腕部動脈	毛細血管
最高 120 mmHg	動脈側40 mmHg
最低 70 mmHg	静脈側15 mmHg

[補足]　一般に閉鎖血管系をもつ動物では，開放血管系をもつ動物より血圧は高い。安静時のヒトの血圧は，20～25歳前後で最高血圧が120 mmHg，最低血圧が70 mmHgであるが，年齢とともに動脈壁の弾性が低下する（血管がかたくなる）ので最高血圧は上昇する。この状態が維持されるのが高血圧で，動脈疾患・脳卒中・腎不全などの要因の1つである。

5 ヒトのリンパ系 ヒトのリンパ系は，リンパ管とそれに付属する**胸腺・ひ臓・リンパ節**などからなる。組織間にしみ出した血しょう成分の一部は，付近に分布する**毛細リンパ管**に入り，毛細リンパ管が集まって**リンパ管**となる。右上半身のリンパ管は**右リンパ総管**を経て**右鎖骨下静脈**に合流する。また下半身のすべてのリンパ管は**胸管**を経て，左上半身のリンパ管とともに**左鎖骨下静脈**に合流し，リンパ液は血液に合流する。

> **補足** ① 小腸の柔毛に分布するリンパ管は，管内の液が吸収した脂肪によって乳白色ににごっているので，**乳び管**とよばれる。
>
> ② ヒトのリンパ管内には逆流を防ぐ**弁**があり，からだの屈伸などの力で流れるが，魚類・両生類・は虫類にはリンパ心臓があって，圧送するので弁はない。

6 リンパ節 リンパ管のところどころに豆粒のような**リンパ節**（**リンパ腺**ともいう）がある。首・わきの下・あしのつけ根などに特に多い。

リンパ節では，リンパ球が分裂して増える。また，リンパ液中を流れてきた細菌などの異物をとらえて免疫反応を行い，異物が全身に広がるのを防ぐ。

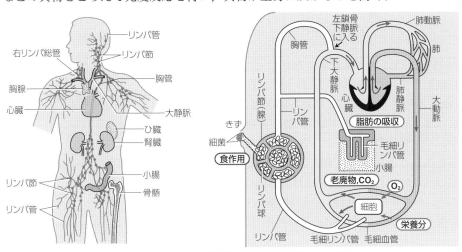

▲ 図 6-12 ヒトのリンパ系（左）とリンパ系のはたらき（右）

7 胸腺 胸腔の前端にあって，血管に富むリンパ節に似た器官を**胸腺**という。胸腺では，免疫にはたらくリンパ球のうち，特に T 細胞（T リンパ球）の増殖・分化が行われるので，免疫機能の中心と考えられている。

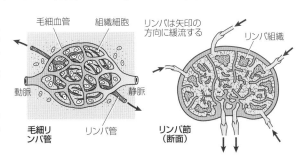

▲ 図 6-13 ヒトの毛細リンパ管とリンパ節

E 血液による酸素（O₂）の運搬 ★

1 呼吸色素 動物の血液中には，酸素（O₂）と結合してその運搬にはたらく色素タンパク質（呼吸色素）が含まれており，肺やえらなどの呼吸器をもつ動物では，血液（循環系）が呼吸器と呼吸（細胞呼吸）を行う体細胞との間の酸素の運搬にはたらいている。酸素が血しょうに溶ける量はごくわずかであり，呼吸色素をもつと，血液の酸素運搬能力は格段に大きくなる。

呼 吸 色 素	含有金属	色	所 在	動 物 例
ヘ モ グ ロ ビ ン	Fe（鉄）	赤	血 球	脊椎動物全般
エリトロクルオリン （無脊椎動物 ヘモグロビン）	Fe（鉄）	赤	血 球 血しょう	アカガイ（軟体） シロナマコ（棘皮） ミミズ・ゴカイ（環形） アカムシ（ユスリカの幼虫；節足）
ヘ ム エ リ ト リ ン	Fe（鉄）	赤	血 球 血しょう	シャミセンガイ（触手），ホシムシ（環形）
クロロクルオリン	Fe（鉄）	緑	血しょう	ケヤリムシ・ゴカイの一種（環形）
ヘ モ シ ア ニ ン	Cu（銅）	青	血しょう	タコ・イカ・カタツムリ（軟体） ザリガニ・カブトガニ（節足）

2 ヘモグロビン 哺乳類や鳥類などでは，肺に取りこまれた空気中の酸素（O₂）は，赤血球中の**ヘモグロビン**（**Hb**）と結合して，からだの各部へ運ばれる。ヘモグロビンは，4本のペプチド鎖（α鎖とβ鎖各2本）からなるタンパク質（**グロビン**）と，各ペプチド鎖に1個ずつ結合した**ヘム**とよばれる色素成分（図6-14）とからなる。酸素はヘムの中心にある**鉄**（Fe）に結合する。酸素が結合すると，ヘモグロビンは鮮紅色の**酸素ヘモグロビン**（**HbO₂**）になり，酸素を離すと暗赤色のヘモグロビンにもどる。

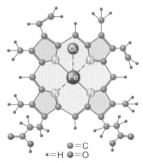

●＝C ●＝N
●＝H ●＝O

▲ 図6-14 ヘムの構造

化学の時間　　　気体の分圧

（1）**空気の組成** 空気はいろいろな気体の混合物である。混合の割合（体積%）はN₂（窒素）＝78.05%，O₂（酸素）＝20.95%，CO₂（二酸化炭素）＝0.04%，その他＝0.97%

（2）**分圧の法則** 混合気体を容器に入れた場合の容器内の圧力を**全圧**といい，混合気体の場合，ほかの気体を取り除いて，1種類の気体だけでその容器を占めたときに示す圧力を，その気体の**分圧**という。

分圧は，各成分気体が混合気体の中で占める体積の比に比例する。また，混合気体の圧力（全圧 P）は，成分気体の分圧（P_A, P_B, P_C, …）の和に等しい。

$$P（全圧）＝P_A＋P_B＋P_C＋\cdots（分圧の和）$$

1気圧（＝760 mmHg＝1.013×10⁵ Pa）の空気中で約21%の体積を占める酸素の分圧は，$760 \text{ mmHg} \times \dfrac{21}{100} ≒ 160 \text{ mmHg}$

3 酸素解離曲線

図6-15のような全ヘモグロビンに対する酸素ヘモグロビンの割合（**酸素飽和度**ともいう）と酸素分圧との関係をグラフに表したものを**酸素解離曲線**という。これから，ヘモグロビンは，肺胞のように酸素分圧の高いところではO_2と結合しやすく，からだの各組織のように酸素分圧の低いところではO_2を離しやすいことがわかる。

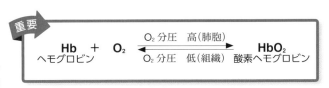

$$\underset{\text{ヘモグロビン}}{Hb} + O_2 \xrightleftharpoons[\text{O_2分圧　低（組織）}]{\text{O_2分圧　高（肺胞）}} \underset{\text{酸素ヘモグロビン}}{HbO_2}$$

重要

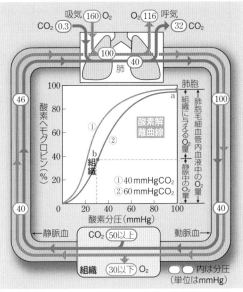

▲ 図6-15　O_2・CO_2分圧の変化と酸素解離曲線

(1) **肺胞でのHbO_2の割合**　肺胞では，酸素分圧が100mmHgで，二酸化炭素分圧が40mmHgであるとすると，図6-15の①の曲線（赤色）から読みとる。すなわち，a点が求められるので，ヘモグロビンの96%が酸素ヘモグロビンに変わっていることがわかる（図6-16左）。

(2) **組織でのHbO_2の割合**　組織では，酸素分圧が30mmHgで，二酸化炭素分圧が60mmHgであるとすると，今度は図6-15の②の曲線（青色）から読みとる。すなわち，b点から，酸素ヘモグロビンは37%に減少することがわかる（図6-16中）。

(3) **組織での酸素解離度**　(1)から肺胞でのHbO_2は96%で，(2)から組織でのHbO_2は37%とわかるから，ヘモグロビンと結合していた酸素の何%が解離したかの計算は　$\dfrac{96-37}{96} \times 100 \fallingdotseq \textbf{61}(\%)$　となる。

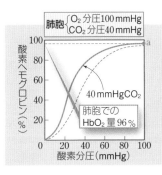
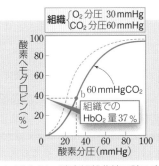
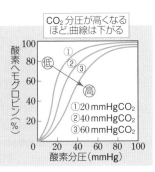

▲ 図6-16　酸素解離曲線の読み方

(1) 右図から，酸素分圧 30mmHg，二酸化炭素分圧 20mmHg のときの酸素飽和度を求めよ。

(2) 肺胞での酸素分圧を 100mmHg，二酸化炭素分圧を 40mmHg とし，組織での酸素分圧を 10mmHg，二酸化炭素分圧を 60mmHg としたとき，組織では運ばれてきた酸素の何%が放出されるか。

(3) (2)の場合，組織で放出される酸素は，血液 100mL 当たりいくらか。ただし，血液 100mL 中には飽和度 100%で，酸素 20mL が溶け，肺から組織に達する途中で酸素の放出はないとする。

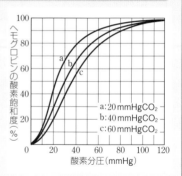

考え方 (1)aの曲線で，酸素分圧が30mmHgのときの縦軸の値を読む。　**答** **67%**

(2) 肺胞での酸素飽和度は，bの曲線から97%，組織での酸素飽和度は，cの曲線から6%と読みとれる。したがって，組織で放出される酸素の割合は次のようになる。

$$\frac{97-6}{97}\times100≒\textbf{94}\,(\%)\quad\boxed{答}$$

(3) 問題をよく読むこと。飽和度100%で，血液 100mL に酸素 20mL が溶ける。

肺胞では，酸素飽和度が97%であるから，血液 100mL 中に溶けている酸素量は

$$20\text{mL}\times\frac{97}{100}=19.4\text{mL}\quad\text{である。}$$

組織では，19.4mL の94%が放出される。

$$19.4\text{mL}\times\frac{94}{100}≒\textbf{18mL}\quad\boxed{答}$$

4 酸素解離曲線と外的条件　酸素ヘモグロビンは二酸化炭素分圧が高いほど酸素 (O_2) を離しやすい (図 6-16 右)。また，温度が高く，pH が低い (酸性に傾く) ほど O_2 を離しやすい (図 6-17)。つまり，ヘモグロビンは，酸素分圧の高い肺胞では O_2 と結合しやすく，酸素ヘモグロビンは，運動などによって温度の上昇した組織(筋肉など)や，呼吸によって盛んに二酸化炭素が放出されて血液が酸性に傾いている組織では O_2 を離し

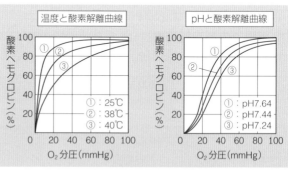

▲図 6-17　温度・pH と酸素解離曲線

やすいわけで，これは，酸素運搬にとって非常に好都合な性質といえる。

補足　**大気中の酸素分圧との関係**　1気圧の大気中の酸素分圧は 160mmHg もある (→ p.278 下欄)が，酸素解離曲線は，酸素分圧が 80mmHg 以上では大きな差がない (図 6-15)。つまり，酸素分圧が 80mmHg (通常の半分) しかないところでも大丈夫だということである。実際，海抜 1000m 程度の高地や CO_2 の多い人ごみなどでも特に息苦しくなることはない。

化学の時間　気体の溶解度

① **気体の溶解度と温度**　気体が一定量の液体（例えば100gの水）に溶解できる質量は，一定圧力のもとでは，一般に温度が高くなるほど減少する。

② **ヘンリーの法則**　一定温度では，一定量の溶媒（例えば100gの水）に溶解できる気体の質量は，その液体と接触している気体の圧力に比例する。したがって，圧力が高くなるほど，溶解度も大きくなる。

③ **混合気体の溶解度**　混合気体の場合，成分気体の溶解度は，各成分気体の分圧に比例する。

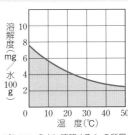

0℃,100gの水に溶解するO₂の質量

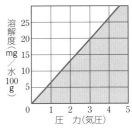

0℃,100gの水に溶解するO₂の質量

発展　胎児の酸素解離曲線

　哺乳類の胎児は，胎盤を通して，母体の血液からO₂を受け取っている。胎児のヘモグロビンは，母体（成人）のヘモグロビンとは異なる性質をもっており，成人のヘモグロビンよりも酸素と結合しやすくなっている。このため，胎児は，胎盤で母体のヘモグロビンが離したO₂を受け取ることが可能になる。

　図6-18は，胎児と母体のヘモグロビンの酸素解離曲線である。

① **胎児**　胎盤の組織では，酸素分圧が40mmHgぐらいに低下するとしても，胎児の酸素ヘモグロビンの割合は高い。

② **母体**　一方，母体のヘモグロビンは，同じ酸素分圧のもとでより多くのO₂を離し，これが胎児のヘモグロビンに受け取られることになる。

> 同じ O₂ 分圧のもとで
> 胎児のヘモグロビンは O₂ を取りこみ
> 母体のヘモグロビンは O₂ を多く離す

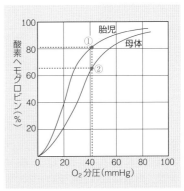

▲ 図6-18　胎児と母体の酸素解離曲線
（同じ CO₂ 分圧のとき）

補足　胎児のヘモグロビンは，生後6か月程度の間に，成人のヘモグロビンへと徐々に置きかわっていき，やがて成人のヘモグロビンだけになる。

F 二酸化炭素（CO₂）の運搬 ★

血液中の CO_2 量は，血管運動や呼吸運動を調節するという大切な役割を果たしており（→ p.294），ヒトではほぼ一定値に保たれている。組織での呼吸の結果できた CO_2 は，血液によって肺に運ばれ，呼気の中に捨てられる。

1 組織でのCO₂の交換 組織の CO_2 分圧は約 50mmHg で，そこにきている動脈血の CO_2 分圧は約 40mmHg であり，50−40＝10mmHg の分圧差によって，CO_2 は，CO_2 分圧の高い組織から，CO_2 分圧の低い血液中へ拡散していく。

組織から肺へもどる静脈血では，CO_2 の大部分は血しょうに溶けて運ばれる。

補足 CO_2 のほとんど（約85％）はいったん赤血球に入り，酵素（**炭酸脱水酵素**）のはたらきで水と結合して炭酸（H_2CO_3）になる。炭酸は水素イオン（H^+）と炭酸水素イオン（HCO_3^-）に電離し，HCO_3^- は血しょう中に出て炭酸水素ナトリウム（$NaHCO_3$）の形で運ばれる。

$$CO_2 + H_2O \xrightarrow{\text{炭酸脱水酵素}} \underset{\text{炭酸}}{H_2CO_3} \longrightarrow H^+ + \underset{\text{炭酸水素イオン}}{HCO_3^-}$$

2 肺でのCO₂の交換 肺では，赤血球中の酵素（炭酸脱水酵素）が上の反応とは逆向きの反応を促進して CO_2 の放出が起こる。このとき，静脈血での CO_2 分圧は 46mmHg で，肺胞内は約 40mmHg で，CO_2 は，46−40＝6mmHg の分圧差で肺胞内に拡散していく。

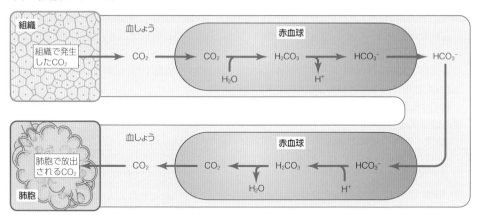

▲ 図6-19 血液による二酸化炭素の運搬

補足 **一酸化炭素（CO）中毒** ヘモグロビンに対する CO の結合力は強く，CO が酸素ヘモグロビンに作用すると，O_2 を追い出し，一酸化炭素ヘモグロビン（HbCO）ができる。その結果，血液は橙赤色に変わってしまい，O_2 運搬能力を失う。

G 血液の凝固 ★★★

傷を受けて出血すると，血管が収縮するとともに**血小板**が集まってきて傷口をふさぎ，さらに**血液凝固**が起こって出血を防ぐとともに，異物の体内への侵入を防ぐ。これは体内環境を保つためのからだの防衛反応の1つである。

1 血液凝固のしくみ （1）血管が切れたりして出血すると，**血小板**から血小板因子が出る。また，傷口の組織から**トロンボプラスチン**が出る。これらは血しょう中の**Ca^{2+}**やその他の凝固因子と協同して，不活性な酵素原（**プロトロンビン**）を活性のある酵素（**トロンビン**）に変える。

▲ 図 6-20　血液の凝固

（2）トロンビンは血しょうに溶けている**フィブリノーゲン**（繊維素原）に作用して**フィブリン**（繊維素）に変化させる。フィブリンは水に溶けにくい繊維状のタンパク質で，これが血球をからめて**血ぺい**に変えるため，血液は血ぺいと**血清**に分かれて凝固する。

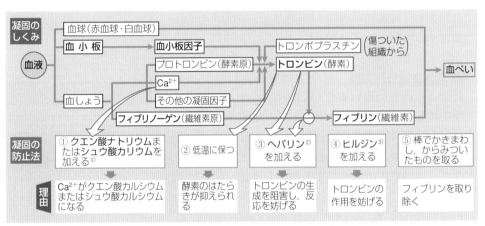

▲ 図 6-21　血液凝固のしくみと凝固の防止法

2 線溶　外傷により傷ついた血管は，血ぺいによって止血されるが，しばらくすると傷が修復され，役目を終えた血ぺいは酵素により，徐々に溶かされて取り除かれる。こうして，血管内を血液が再度なめらかに流れるようになる。フィブリンが酵素で分解され，血ぺいが除去されることを**線溶**（フィブリン溶解）とよぶ。

> **補足**　健康な人でも，血管内の傷害は日常的に起こっており，そのたびに血ぺいが形成され，それが線溶で取り除かれているが，取り除かれなかった血ぺいが脳への血流を遮断すると脳梗塞に，心筋への血流を遮断すると心筋梗塞になる。これらの疾患に対し，線溶においてはたらく酵素によって血ぺいを取り除く線溶療法が用いられている。

1）$3Ca^{2+} + 2Na_3C_6H_5O_7$（クエン酸ナトリウム）$\longrightarrow 6Na^+ + Ca_3(C_6H_5O_7)_2 \downarrow$（沈殿）
　$Ca^{2+} + K_2C_2O_4$（シュウ酸カリウム）$\longrightarrow 2K^+ + CaC_2O_4 \downarrow$（沈殿）
2）**ヘパリン**　血液凝固防止剤として肝臓から発見された多糖類の一種である。
3）**ヒルジン**　ヒル（環形動物）の唾腺に含まれる物質。このため，ヒルが吸った血液は凝固しない。

A 体液の塩類濃度調節

　動物の体内の細胞や組織・器官にとって，それらを取り巻く体液は一種の環境（体内環境）であり，生物には体内環境を安定した状態に維持しようとするはたらきが備わっている。

　体液には，ナトリウムやカルシウムなどの塩類が溶けており，塩類濃度は常に一定の範囲に保たれている（図6-22）。これにより，細胞内の塩類濃度や水の量も一定に保たれている[1]。

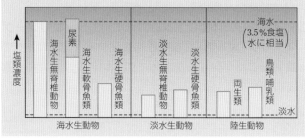

▲ 図6-22　動物の体液の塩類濃度

1 海水生無脊椎動物　海水生無脊椎動物では，体液の塩類濃度（体液中のすべての塩類濃度を足し合わせたもの）は外液（海水）の塩類濃度とほぼ等しい。これは，塩類濃度を調節する必要がほとんどなく，塩類濃度調節のしくみがあまり発達していないためである。実験的に外液の塩類濃度を下げてやると，それに応じて体液の塩類濃度も下がってしまう。

　海水生のものでも，河口など淡水と海水の混ざる場所（汽水域）にすむカニなど

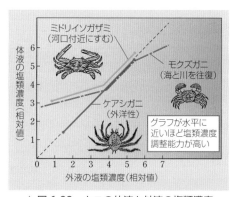

▲ 図6-23　カニの体液と外液の塩類濃度

は塩類濃度の調節機構をもっているため，外液の塩類濃度が下がっても体液の塩類濃度はあまり低下しない。

2 淡水生無脊椎動物　淡水は塩類濃度が低く，体液は外液（淡水）よりずっと高い塩類濃度である。そのため，たえず体内に水が浸入してくるとともに，塩類は体外に失われやすい。

（1）ゾウリムシやアメーバなどの淡水生原生動物では，排水のための**収縮胞**が発達している。

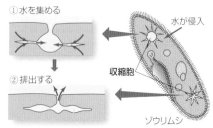

▲ 図6-24　収縮胞のはたらき

(2) 淡水生のエビやカニでは，触角
腺（触角の基部にある排出器）やえ
らで水を排出し，かつ塩類を能動
的に吸収している。

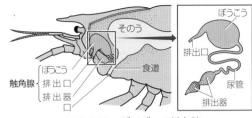

▲ 図6-25　ザリガニの触角腺

3 海水生硬骨魚類　体液の塩類濃
度は外液（海水）のほぼ1/3である。
そのため，たえずからだから水が出
ていく傾向にある。そこで盛んに
海水を飲む。こうして水を補給す
るが，海水を飲むと同時に塩分も
体内に取りこんでしまう。そこで，
えらから塩類を体外へと排出して
いる。えらには**塩類細胞**があり，
これが能動的に塩類を排出する。
ヒトの場合は塩類濃度の調節は腎
臓が行うが，海水魚の場合，腎臓
よりえらが調節の主役である。海
水魚の腎臓は，老廃物を含む少量
の尿をつくって排出している。

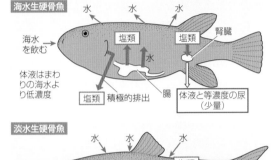

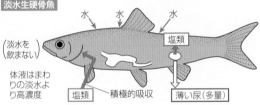

▲ 図6-26　硬骨魚類の体液の塩類濃度調節

　軟骨魚類（サメやエイの仲間）で
は，体液中に尿素を溶かすことに
よって，海水とほぼ同じ塩類濃度を保っている。

4 淡水生硬骨魚類　体液の塩類濃度は外液（淡水）より高く，水が外液から浸入す
る。そこで，腎臓で多量の薄い尿をつくって水を排出する。薄いとはいえ，尿には
少量の塩類が含まれており，こうして塩類がからだから失われていく。それを補う
ために，えらにある**塩類細胞**が能動的に塩類を体内に
取りこんでいる（塩類細胞のはたらきが，海水魚と正
反対）。

5 海水生のは虫類・鳥類　海水を飲み，海水中の塩
類を**塩類腺**から能動的に排出する。塩類腺は鳥類では
鼻腔に，は虫類では眼窩や鼻腔・口腔にある。

6 陸生脊椎動物　防水性の皮膚によって水分の蒸発
を防ぐとともに，よく発達した**腎臓**が，塩類濃度調節
に重要な役割を果たしている。

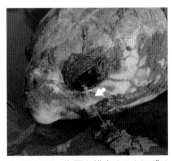

▲ 図6-27　塩類を排出するウミガメ

1）体液の塩類濃度が変化すると，細胞の内外の浸透圧（→ p.61）差が変化し，水の出入りが起こる。

　　血液はたえず体内を循環しながら栄養分や酸素を組織の細胞に届けるとともに，組織でできた不要物を受けとる。不要物は**腎臓**に集められて体外に捨てられる。腎臓は，血液から不要物をこし取るろ過装置であるとともに，体内の水分量や塩類濃度の恒常性にも重要なはたらきをしている。

1 腎臓　ヒトの腎臓は，アズキ色でにぎりこぶしよりやや大きいソラマメ形の器官で，腰ついの両側に 1 対ある。腎臓には，**腎動脈・腎静脈・輸尿管**が接続している。腎臓の断面を見ると，外側から順に，**皮質・髄質・腎う**の 3 部分が区別できる。

　　腎臓には**ネフロン**（**腎単位**）とよばれる構造がたくさんあり（ヒトの場合，1 個の腎臓中に約 100 万個），これが尿をつくる基本構造である。ネフロンは，**腎小体**（**マルピーギ小体**）とそれに続く**細尿管**（**腎細管**，**尿細管**）からできている。皮質の部分に腎小体が存在し，それから出ている細尿管は髄質と皮質の間を往復するように複雑に走っている。

　　腎小体は**糸球体**と**ボーマンのう**とで構成されており，ここで血しょうとそれに溶けている低分子成分がこし出される。

2 尿の形成　腎臓はからだの 1/200 ぐらいの小さな器官である。しかし，この中を，心臓から送り出される血液の約 1/4 〜 1/3 という大量の血液が流れている。

（1）**ろ過**　糸球体では，入るほうより出るほうの毛細血管が細いので，大きな圧力がかかって血液中の血しょうや血しょう中の低分子成分（グルコース・無機塩類・尿素・水など）はほとんどすべてボーマンのうにこし出される。こし出された液体を**原尿**という。

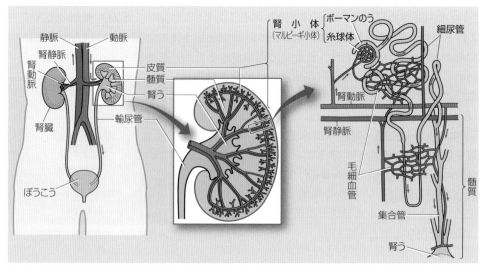

▲ 図 6-28　ヒトの腎臓

(2) **再吸収** 原尿はボーマンの
うから細尿管に入る。原尿が
細尿管を通る間に、いったん
こし出された成分のうち、か
らだに有用なグルコース・水・
無機塩類などの物質は、細尿
管を取り巻く毛細血管中に吸
収される。これを**再吸収**とい
う。再吸収を受けた後の原尿
は集合管へ送られ、ここでさ
らに水分が再吸収されて残り
が**尿**となり、ぼうこうから体
外に捨てられる。

▼表6-2 血しょうと尿の組成と濃縮率

成　分		血しょう(%)	原　尿(%)	尿(%)	濃縮率(倍)
水		91.0	99.0	96.8	―
有機成分	タンパク質	7.2	0	0	0
	グルコース	0.1	0.1	0	0
	尿素	0.03	0.03	2.0	67
	尿酸	0.004	0.004	0.05	13
無機成分	Na$^+$	0.30	0.30	0.35	1
	K$^+$	0.02	0.02	0.15	8
	NH$_4{}^+$	0.001	0.001	0.040	40
	Cl$^-$	0.37	0.37	0.60	2

　尿素（→ p.290）はあまり再吸収されない
ので、最終的には**表6-2**に見られるように、
約67倍（濃縮率）に濃縮される。

(3) **濃縮率** ある物質の尿中の濃度を血しょ
う中の濃度で割ったものを**濃縮率**という。
濃縮率0は尿として排出されないことを示
し、濃縮率が高いほど効率的に排出される
ことを示している。

(4) **再吸収と能動輸送** エネルギーを消費し
て行われる物質の出入りを**能動輸送**といい
（→ p.67）、グルコースが0になるまで再吸
収されることからもわかるように、細尿管
では能動輸送が行われている。

[補足] 細尿管の細胞では盛んに呼吸が行われ、
能動輸送に必要なATPがつくられている。

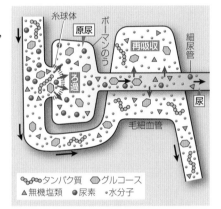

▲ 図6-29　腎臓でのろ過と再吸収

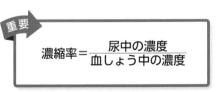

重要

$$濃縮率 = \frac{尿中の濃度}{血しょう中の濃度}$$

(5) **ホルモンによる水分量の調節** 体内の
水分が不足して血液が濃くなると、脳下
垂体後葉からバソプレシンとよばれるホルモンが分泌され、腎臓での水分の再吸
収を促進するので、尿量が減少する（→ p.302）。また、副腎皮質から分泌される
鉱質コルチコイドはNa$^+$の再吸収を促進し、それに伴って水分の再吸収も促進さ
れる。

[補足] **1日の尿量** 成人1日（24時間）の原尿量は約170L、尿量は約1.5Lほどである。

　イヌリンを静脈注射すると，やがて血液中に分散し，ボーマンのうへこし出される。イヌリンは，細尿管で再吸収されることはなく，追加排出もされない物質である。イヌリンを注射してから一定時間後，左右の腎うに集まってくる尿を全部採取した。右の表は，ある人の血しょうおよび尿での測定値をまとめたものである。

	血しょう	尿
5 分間に採取した尿量(mL)	——	5.5
グルコース濃度(mg/mL)	1.0	0
尿 素 濃 度(mg/mL)	0.3	20.0
イ ヌ リ ン 濃 度(mg/mL)	0.1	12.0

(1) ① 尿素，② イヌリンの濃縮率は，それぞれいくらか。

(2) 5 分間にこし出された血しょうの量(原尿の量)はいくらか。

(3) 5 分間に再吸収されたグルコースは何 mg か。

(4) 5 分間に再吸収された液量は，こし出された血しょう量の約何%か。

(5) 5 分間に再吸収された尿素の量はこし出された量の約何%か。

(6) イヌリンのクリアランス(清掃率)を求めよ。ただし，クリアランスとは，尿中のある成分が 1 分間にどれだけの量の血しょうから取り出されたかを示す値で，いま，1 分間の尿の排出量を V [mL/分] とし，その物質の尿中濃度を U [mg/mL]，その物質の血しょう中濃度を P [mg/mL] とすると，クリアランス C [mL/分] は，$C = V \times \dfrac{U}{P}$ という式で示すことができる。

考え方 (1) 濃縮率 $= \dfrac{\text{尿中の濃度}}{\text{血しょう中濃度}}$

(2) イヌリンは，再吸収も追加排出もされないので，この濃縮率を n とし，5 分間の尿量を V_5 mL とすると，5 分間にこし出された血しょうの量(原尿量)は nV_5 mL となる。

(3) グルコースの尿中の濃度は 0 で，これから，こし出されたグルコースは全部再吸収されると考えられる。

(4) こし出された原尿 nV_5 mL のうち，5.5 mL が尿として排出され，残りが再吸収された。

(5) こし出された尿素量は 0.3 mg/mL$\times nV_5$ mL，尿中に排出されたのは，20.0 mg/mL$\times 5.5$ mL。

(6) V mL/分 $= 5.5$ mL$\div 5$ 分，U mg/mL $= 12.0$ mg/mL，P mg/mL $= 0.1$ mg/mL。

解答 (1) ① $\dfrac{20.0}{0.3} \fallingdotseq \textbf{67(倍)}$ 答

② $\dfrac{12.0}{0.1} = \textbf{120(倍)}$ 答

(2) 120×5.5 mL $= \textbf{660 mL}$ 答

(3) 1.0 mg/mL$\times 660$ mL $= \textbf{660 mg}$ 答

(4) $\dfrac{660\,\text{mL} - 5.5\,\text{mL}}{660\,\text{mL}} \times 100\% \fallingdotseq \textbf{99\%}$ 答

(5) $\dfrac{0.3\,\text{mg/mL} \times 660\,\text{mL} - 20.0\,\text{mg/mL} \times 5.5\,\text{mL}}{0.3\,\text{mg/mL} \times 660\,\text{mL}}$
$\times 100\% \fallingdotseq \textbf{44\%}$ 答

(6) $\dfrac{5.5\,\text{mL}}{5\,\text{分}} \times \dfrac{12.0\,\text{mg/mL}}{0.1\,\text{mg/mL}} \fallingdotseq \textbf{130 mL/分}$ 答

注意 **イヌリン**のような再吸収も追加排出もされない物質のクリアランスは，糸球体での毎分のろ過量(原尿量)を表している。また，クリアランスがイヌリンのそれより大きくなる物質は細尿管で追加排出され，小さい物質は細尿管で再吸収されると考えられる。

C 肝臓のはたらき ★

　肝臓は，成人では1kg以上もある人体で最
も大きい内臓で，多数の肝小葉からできており，
たくさんの血管が分布している(図6-31)。

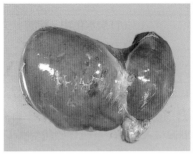

　肝臓はいろいろなはたらきを行う一大化学工
場であり，腎臓とともに体内環境の維持に大き
く役立っている。

1 物質の代謝　小腸で吸収された単糖類（グル
コースなど）とアミノ酸などは，肝門脈を経由
して肝臓に入る。

▲ 図6-30　ヒトの肝臓

(1) **炭水化物の代謝**　単糖類からグリコーゲンを合成して蓄え，血液中のグルコー
　スが不足すると，これをグルコースに分解して血液中に送り出す (→ p.304, 血糖
　濃度の調節)。

(2) **脂肪の代謝**　余分な糖やアミノ酸があると脂肪に変える。これは脂肪組織（皮
　下など）に送られて蓄えられ，エネルギー源（呼吸基質）が減少すると貯蔵脂肪が
　肝臓に運ばれ，分解されてエネルギー源となる。

(3) **タンパク質の代謝**　肝臓の細胞が行う代謝に必要な酵素（タンパク質）の合成を
　行うとともに，血液中に含まれるアルブミンやフィブリノーゲンなどの各種タン
　パク質の合成を行う。余分なタンパク質は脂肪に変えて貯蔵組織へ送られる。

2 胆汁の生成　胆のうに蓄えられ，消化管（十二指腸）に分泌される胆汁（胆液）は
肝臓でつくられる。胆汁には胆汁酸と胆汁色素が含まれる。胆汁色素（ヒトではビ

リルビンが大部分）は，古
くなった赤血球が肝臓やひ
臓で破壊されてできるヘモ
グロビンの分解産物である。
胆汁酸は，脂肪を乳化して
リパーゼ[1)]のはたらきを助
ける。

3 体温の保持　肝臓では盛
んに代謝が行われており，
これによって多くの熱が発
生し，体温の保持に役立っ
ている。

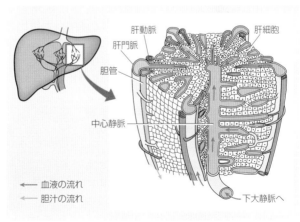

▲ 図6-31　肝小葉の構造

---

1) **リパーゼ**　すい液に含まれる消化酵素の1つで，脂肪を脂肪酸とモノグリセリドに分解する。脂肪酸
とモノグリセリドは，毛細リンパ管に吸収される。

肝臓のはたらき
(1)炭水化物・脂肪・タンパク質の代謝と調節
(2)胆汁の生成　　　　(3)体温の保持　　　(4)解毒作用
(5)ビタミンの貯蔵　　(6)血液の貯蔵　　　(7)尿素の合成

4 解毒作用　食物中の毒物や有害細菌によって生じた有毒物質が腸で吸収されて肝臓に入ると，肝臓は硫酸やグルクロン酸などを使って酸化・還元，分解などの反応によって無毒化する。

5 ビタミンの貯蔵　小腸で吸収された各種ビタミン類は，直接からだの各細胞に送られるが，ビタミン A と D は肝臓に集められて貯蔵され，必要に応じてからだの各細胞に送られる。

6 血液の貯蔵　心臓から出た血液の約 1/4 が肝臓に入る。他の器官で多くの血液を必要とするとき，肝臓はその血液量を減らして血液循環量の調節を行っている。

7 尿素の合成　不要になった酵素や赤血球などのタンパク質が分解されて脂肪に変えられたり，アミノ酸がエネルギー源として使われたりすると，アンモニア（NH_3）ができる。アンモニアは細胞にとって有毒な物質であり，ヒトをはじめとする哺乳類や両生類などでは，肝臓の細胞において，比較的毒性の少ない尿素に変えられる。アンモニアが尿素になる反応式をまとめると次のようになるが，実際には ATP を消費する複雑な反応経路（オルニチン回路）で尿素が合成される。

$$2NH_3 + CO_2 + H_2O \longrightarrow \underset{尿素}{CO(NH_2)_2} + 2H_2O$$

血液中に放出された尿素は，腎臓で尿中へと排出される。

補足　① **オルニチン回路**　肝臓でアンモニア（NH_3）を尿素に変える反応は，回路状になっているので，オルニチン回路といわれる。

NH_3 と CO_2 は，図 6-32 に示したようにオルニチンと結合してシトルリンになり，シトルリンは NH_3 と結合してアルギニンになる。アルギニンはアルギナーゼ（酵素）のはたらきで尿素を放し，もとのオルニチンにもどる。

オルニチン回路の反応には多くのエネルギー（ATP）が必要で，そのためにも，肝臓の細胞は呼吸によって多くの ATP をつくる必要がある。

② 体内の細胞でも代謝が行われているので，アミノ酸の分解によって生じた NH_3 は血液によって肝臓に送られてくる。

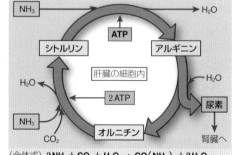

▲ 図 6-32　オルニチン回路による尿素の合成

　生体内の代謝の結果できてくる産物のうち，生体にとってもはや不要となったものを**老廃物**という。

　アミノ酸や核酸のような窒素を含む物質が分解されると，老廃物として，**アンモニア** (NH_3) というきわめて毒性の高い物質が生じる。アンモニアは肝臓で，より毒性の低い**尿素**に変えられ，これが血流によって腎臓まで運ばれてろ過・濃縮され，排出される。尿素は老廃物の１つである。老廃物を体内から排出する器官を**排出器**という。ヒトでは，**腎臓**は代表的な排出器である。

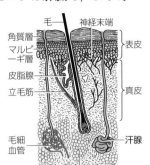

　補足 **皮膚からの排出**　皮膚にある**汗腺**は，とぐろを巻いているような形をした細長い管状の器官で，その末端は毛細血管に包まれている。汗には，水のほかに少量の塩類や尿素が含まれており，排出の役目も受けもっている。また，汗腺は体温調節 (→ p.306) においても重要な役割をもっている。

　補足 **その他の老廃物**　ヘモグロビンの分解産物であるビリルビン (→ p.289) や筋肉の運動によって生じるクレアチニンなども老廃物の例である。

▲ 図6-33　ヒトの皮膚の断面

発展 **アンモニアのいろいろな排出**

　アンモニアの排出方法は，動物の生活様式に応じて異なっている。

１ アンモニア　アンモニアは水に溶けやすいため，水中生活をする動物は，NH_3 (アンモニア) のまま直接捨てる。

２ 尿素　両生類(成体)と哺乳類は，毒性の少ない**尿素**に変えて捨てている。

３ 尿酸　鳥類や昆虫類のように空を飛ぶものは，水に不溶の**尿酸**[1]に変えて捨てる (溶かすための水が不要なので，軽くてすむ)。また，鳥類やは虫類の胚は殻のある卵の中で育つので，水に不溶の尿酸に変えておくと，蓄えるのに都合がよい。

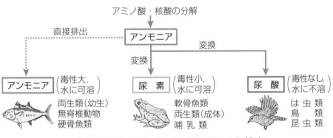

▲ 図6-34　アンモニアのいろいろな排出

....

1) 哺乳類では，尿酸は核酸の分解産物として少量排出される。

3 自律神経とホルモンによる調節

A 自律神経系 ★★★

1 神経系と内分泌系 体内環境の恒常性においては，体外や体内の変化に応じて，体内のさまざまな細胞のはたらきを調節する必要があるが，その調節にはたらいているのが，**神経系**と**内分泌系**である。神経系においては，調節に必要な情報は，神経細胞内を電気信号（**興奮**）という形で伝わっていく。内分泌系においては，内分泌腺が**ホルモン**（→ p.296）という化学物質を体液中に分泌し，これが循環系によって運ばれることにより情報が伝えられる。

2 自律神経系 われわれは緊張すると心臓が激しく打ち，呼吸も速くなるし，逆に気持ちが落ち着くとこれらの運動はゆっくりになる。これは，心臓の拍動や呼吸運動が意志とは無関係に調節されているからである。内臓・皮膚・血管などに分布し，自動的に筋肉や分泌腺などのはたらきを調節している神経系を**自律神経系**という。

自律神経系は**交感神経系**と**副交感神経系**とからなり，その起点は中脳・延髄・脊髄にある。**間脳**の**視床下部**には自律神経を調節する中枢がある。

(1) **交感神経系** 脊髄（胸髄や腰髄）から出たニューロンは，そのまま諸器官にいくのではなく，一度，別のニューロンにバトンタッチする（ニューロンを乗り換える）。**交感神経幹**の神経節で乗り換え，頭部や胸部の諸器官または頭部以外の皮膚の血管・汗腺・立毛筋（体温調節）などに分布するものと，（交感神経幹

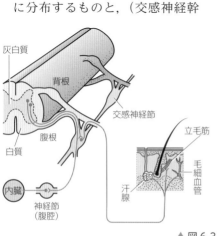
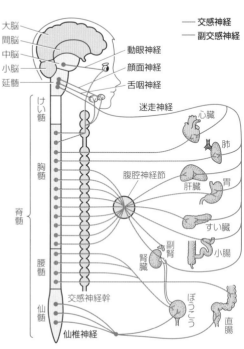

▲ 図6-35 自律神経系

を素通りして）腹腔神経節などの神経節で乗り換え，内臓諸器官に入るものとがある。

(2) **副交感神経系**　**中脳**から出る**動眼神経**，**延髄**から出る**顔面神経・舌咽神経・迷走神経**，および**仙髄**から出る**仙椎神経**がある。中でも延髄から出る迷走神経は，特に広い範囲の内臓諸器官に分布している。

❸ 自律神経系のはたらき　間脳には多くの感覚の情報が集まっており，感覚情報に応じた指令を，交感神経や副交感神経に送っている。ほとんどすべての器官は交感神経と副交感神経の両方の支配を受けており，2つの神経系は互いに対抗的（拮抗的）にはたらく。

自律神経系のはたらきをまとめると，下表のようになる。

補足　**下の表の見方**　けんかでも始めたとしよう。① 目がすわってひとみが拡大する。② 心臓の拍動が激しくなって血行がよくなり，③ 気管支が拡張して呼吸量が増大する。④ 副腎髄質からのアドレナリンで血糖濃度が上昇し，⑤ 血管が収縮して出血しにくくなる（顔面は蒼白）。これらは交感神経のはたらきで起こる。このとき，交感神経によって消化系のはたらきは抑制される（けんかの最中に消化器がはたらいて便意をもよおしては不都合）。

多くの場合，交感神経は促進，副交感神経は抑制だが，例外もある。平常の状態では，副交感神経の支配がおもになっている。

自律神経 支配する器官	交感神経 (ノルアドレナリン分泌)		副交感神経 (アセチルコリン分泌)	
ひとみ(瞳孔)	+	(拡大)	−	(縮小)
心臓(拍動)	+	(促進)	−	(抑制)
肺(気管支)	+	(拡張)	−	(収縮)
肝臓(グリコーゲン代謝)	+	(促進)	−	(抑制)
副腎（髄質からアドレナリン分泌）	+	(促進)	分布しない	
ぼうこう	+	(拡張)	−	(収縮)
顔面血管	+	(収縮,顔面蒼白)	−	(拡張)
体幹 血管(毛細血管も)	+	(収縮)	分布しない	
体幹 汗腺	+	(分泌)		
体幹 立毛筋	+	(収縮)		
すい臓（ランゲルハンス島からインスリン分泌）	−	(抑制)	+	(促進)
胃，すい臓，小腸，大腸 消化液の分泌と消化運動	おもに抑制（促進の場合もある）		+	(促進)

CHART

交戦モードだ　交感神経

ひとみランラン，心臓ドキドキ，手には汗，毛は立ち，顔面蒼白

（ひとみ拡大）　　（拍動促進）　　（汗腺分泌）（立毛筋収縮）（血管収縮）

神経末端からの分泌 電気信号（興奮）が伝わってくると，交感神経末端からは**ノルアドレナリン**が分泌され，副交感神経末端からは**アセチルコリン**が分泌されて，連接する器官に信号が伝達される。

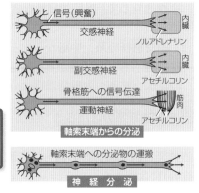

▲ 図 6-36　神経末端からの分泌

> **重要**
> 交感神経末端 → ノルアドレナリン
> 副交感神経末端 → アセチルコリン

補足 ① 運動神経の末端でもアセチルコリンが分泌され，化学的な伝達を行っている。

② ニューロンの細胞体で分泌物（ホルモン）がつくられ，これが軸索の中を移動して末端から分泌される場合もある。これを**神経分泌**とよぶ（→ *p*.300）。

 B **自律神経による調節** ★★

自律神経による支配の代表例には，呼吸運動と心臓拍動の調節がある。

呼吸運動も心臓拍動も調節の中枢は**延髄**にある。おもな血管には，血圧を感じるしくみや血液中の O_2 や CO_2 の濃度を感じるしくみがあって，これらが，血圧や血液中の物質濃度をモニターして，その情報を延髄に送っている。

① 呼吸運動の調節 ふだんは延髄にある中枢の支配で自動的に呼吸運動が行われており，ヒトでは，ふつう 1 分間に 13 ～ 17 回の割合で呼吸している。

(1) 激しい運動で細胞の呼吸が高まると，CO_2 を多く含む血液が流れる。この情報が延髄の呼吸運動中枢を刺激すると，信号が**交感神経**を経て横隔膜とろっ骨の筋肉に伝わり，呼吸運動が速まる。

(2) 激しい呼吸運動によって血液中の CO_2 濃度が下がると，これが延髄の呼吸運動中枢に伝わり，**副交感神経（迷走神経）**を経て横隔膜とろっ骨の筋肉に伝わり，呼吸運動は抑えられる。

② 心臓拍動の調節 (1) **心臓の自動性** 心臓は中枢神経との連絡路を絶たれても，また，からだから取り出されても，規則的なリズムをもって打ち続ける。これは，心臓の中にある調節中枢（**刺激伝導系**という）によって自動的にリズムがつくりだされているからである。このように心臓には自動性があるが，そのリズムは**交感神経と副交感（迷走）神経**によって調節されており，必要に応じて拍動を速くしたり遅くしたりしている。この調節の中枢は**延髄**にあって，それはさらに視床下部の支配を受けている。

補足 「さあ，収縮するぞ！」というかけ声は，心臓の**洞房結節**（大静脈のつけ根のところにある。洞結節ともいう）から発せられる。洞房結節に最初の信号が生じ，これが伝わって，

心房の筋肉を収縮させる。次に信号は心房と心室の境界のすぐ上にある**房室結節**に伝わり，そこから心室の筋肉へと伝わっていく。洞房結節は，心臓全体のペースをつくりだしているので，**ペースメーカー**とよばれる。

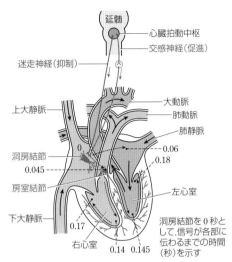

▲ 図 6-37　心臓拍動の調節

(2) **拍動数の調節**　① **激しい運動**などによって血液中の CO_2 濃度が高くなると，**延髄**の心臓拍動中枢から**交感神経**を通じて心臓へと情報が伝わる。交感神経末端からは神経伝達物質である**ノルアドレナリン**が分泌され，洞房結節の細胞はこれに反応して信号の発生頻度を高めるため，拍動数が増える。

② 交感神経の信号は末しょうの血管を収縮させ，その結果血圧が上がり，これも筋肉などへの血液の供給を増す。

③ 運動が終了し CO_2 の血中濃度が下がると，延髄の心臓拍動中枢から迷走神経（副交感神経）を通って洞房結節に情報が伝わる。副交感神経の末端からは**アセチルコリン**が分泌され，洞房結節の細胞はこれに反応して信号の発生頻度を下げるため，拍動数が減る。

注意 交感神経と副交感神経は，洞房結節以外の心臓の部分にも分布している。交感神経から放出されるノルアドレナリンは心筋の収縮量を大きくし，心臓が1回に送り出す血液量を増す。

発展　アセチルコリンの発見

　レーウィ（ドイツ）は，カエルから心臓を取り出し，図 6-38 のように連結した。リンガー液（体液に似た塩類を含む液）を流すと心臓は打ち続けるが，迷走神経を刺激すると，心臓 A はゆっくり拍動するようになり，少し遅れて心臓 B もゆっくりになった（1921年）。

　この実験により，迷走神経末端から心臓の拍動を抑制する物質が分泌されることがわかり，後にその物質はアセチルコリンであることがデール（イギリス）によって示された。

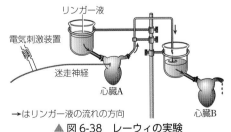

▲ 図 6-38　レーウィの実験

C　内分泌腺とホルモン　★★★

1 ホルモン　からだの特定の部分でつくられて体液（血液）中に分泌され，からだの他の部分に運ばれ，そこに存在する特定の組織や器官の活動に影響を与える化学物質を**ホルモン**とよぶ[1]。ホルモンは生体の恒常性に重要なはたらきをしている。

物質としてのホルモンは，**タンパク質系**[2]（タンパク質，ペプチド，アミノ酸）と，**ステロイド系**（ステロイド核とよばれる複雑な構造の化合物をもつ複合脂質など）に分類でき，一般に分子量は小さい。

2 内分泌腺　ホルモンを分泌する器官を**内分泌腺**という。内分泌腺は発生のときに上皮が陥入してできたもので，**排出管がなく，ホルモンは直接体液中に分泌される。**

補足　**外分泌腺**　外分泌腺には体外（汗腺のように本当の体外もあるし，消化腺のように消化管内という体外もある）に開口する排出管があり，分泌物はそれを通って体外に分泌される。

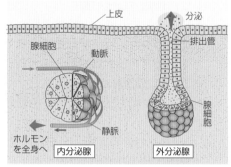

▲ 図 6-39　内分泌腺と外分泌腺

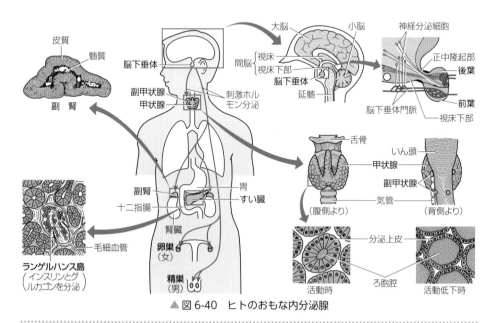

▲ 図 6-40　ヒトのおもな内分泌腺

---

1) ホルモンを純粋な物質としてはじめて結晶化したのは**高峰譲吉**である。1901 年，副腎髄質ホルモンの結晶化に成功し，**アドレナリン**と名づけた。
2) タンパク質系ホルモンは，詳しくは，ペプチド系と，アミノ酸誘導体系（アミノ酸が変化を受けた低

3 ヒトの内分泌腺　図 6-40 に示したように，**脳下垂体・甲状腺・副甲状腺（上皮小体）・副腎・すい臓（ランゲルハンス島）・卵巣・精巣**などがある。

　　補足　すい臓は，消化液であるすい液をつくって外分泌もしている。

4 ホルモンのもつ特徴　(1) 内分泌腺でつくられ，直接体液中に出る。

(2) ごく微量で強いはたらきをする。

(3) 作用は即効的だが，神経と比べれば遅く，
　　効果は神経よりも持続する[3]。

(4) 特定の器官や細胞にのみはたらく。

(5) （脊椎動物の場合）動物の種が違っても，
　　化学構造がよく似ており，同じような効果
　　をもつ（種特異性がない）。

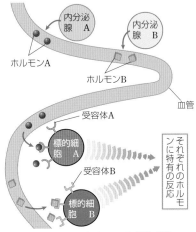

5 ホルモンの標的細胞　一般にホルモンは，それぞれ特定の器官や細胞に対してのみ作用する。作用する器官・細胞をそれぞれ**標的器官・標的細胞**という。標的細胞では，その細胞膜または細胞質内に，特定のホルモンとだけ結合する**受容体**（**レセプター**ともいう）が存在する。

▲ 図 6-41　ホルモンと標的細胞

6 ホルモン受容体　水に溶けやすい水溶性ホルモンや分子量の大きなホルモンは，細胞膜の脂質二重層を通過できず，細胞膜表面にあるホルモン受容体に結合する。受容体は膜を貫通しており，ホルモンが結合すると，細胞内の特定の酵素を活性化して特定の化学反応を起こし，その反応によってさらに別の酵素が活性化し，というようにして反応の連鎖が起こって，その細胞に特定の反応が引き起こされる。

　ステロイド系ホルモンやチロキシンなどの脂質に溶けやすい脂溶性ホルモンは細胞膜の脂質二重層を通過し，細胞質や核内にあるホルモン受容体に結合する。ホルモンが結合した受容体は核に移動して，標的 DNA に結合し，特定の遺伝子の発現を促進させる。

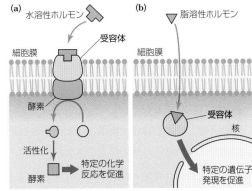

▲ 図 6-42　ホルモンの作用するしくみ

分子物質，アドレナリンやチロキシンなど）に分けられる。

3) **液性調節**　ホルモンのように体液中に含まれている物質による調節作用を**液性調節**という。液性調節に対して，自律神経などの神経による調節を**神経性調節**という。

D 脊椎動物のホルモン ★★★

脊椎動物の代表的な内分泌腺とそこでつくられるホルモンをまとめると、次の表

種類	内 分 泌 腺			ホ ル モ ン	作 用 部 位
	視 床 下 部 （間 脳）			脳下垂体前葉ホルモン・中葉ホルモンの放出ホルモンと放出抑制ホルモン	脳下垂体前葉・中葉
タンパク質系	脳下垂体[1]	前 葉		成長ホルモン	全 体
				甲状腺刺激ホルモン	甲状腺
				副腎皮質刺激ホルモン	副腎皮質
				生殖腺刺激ホルモン ｛ろ胞刺激ホルモン 黄体形成ホルモン	卵巣と精巣
				プロラクチン（黄体刺激ホルモン）	乳腺と黄体
		中 葉		インテルメジン（色素胞刺激ホルモン）	黒色素胞
		後 葉		オキシトシン（子宮収縮ホルモン）	子宮と乳腺
				バソプレシン （抗利尿ホルモン，血圧上昇ホルモン）｝	毛細血管・毛細動脈 腎臓
	甲 状 腺			甲状腺ホルモン（チロキシンなど）	全 体
	副 甲 状 腺			副甲状腺ホルモン（パラトルモン）	骨・腎臓
ステロイド系	副 腎	髄 質		アドレナリン	毛細動脈，肝臓・骨格筋
		皮 質		糖質コルチコイド（コルチゾール） 鉱質コルチコイド（アルドステロン）	全 体 全体，腎臓
	生 殖 腺	精 巣		雄性ホルモン（テストステロン）	全体，生殖器
		卵 巣		雌性ホ ｛ろ胞ホルモン（エストロゲン） ルモン｛黄体ホルモン（プロゲステロン）	全体，生殖器，乳腺 子宮，乳腺
タンパク質系	すい臓 ランゲル ハンス島	B細胞		イ ン ス リ ン	全体・肝臓・骨格筋
		A細胞		グ ル カ ゴ ン	肝臓・骨格筋
	松 果 体			メ ラ ト ニ ン	全 体

補足 (1) **消化管ホルモン** 消化器官である胃や腸にも内分泌腺としてのはたらきがある。例えば、食物が胃壁を刺激すると、その場所から**ガストリン**とよばれるホルモンが分泌され、ガストリンは血液とともに胃壁にもどって胃液の分泌を促進する。また、十二指

---

1) **脳下垂体** 前葉・中葉・後葉の3つの部分に分けられるが、ヒトでは中葉は退化している。前葉はふつうの内分泌腺の構造をとっており、さまざまな分泌細胞が存在する（そのため**腺下垂体**ともよばれる）。後葉は**神経下垂体**ともよばれ、神経細胞でありながらホルモンを分泌する神経分泌細胞の終末で満たされている。
2) **末端肥大症** 骨端・指先・下あご・ほお骨・鼻・くちびるなど、ときには内臓も大きくなる。ヒトでは、成長期をすぎてからかかる（成長期の場合は巨人症になる）。
3) **尿崩症** 腎臓で水の再吸収が行われなくなり、尿量が非常に増加する。

のようになる。

お も な 作 用	〔欠乏症・過剰症(ヒト)〕
脳下垂体前葉ホルモン・中葉ホルモンの分泌を促進または抑制	
タンパク質の代謝と血糖濃度の上昇により骨・筋肉・内臓の成長促進	〔過剰→巨人症・末端肥大症[2)]〕
チロキシンの分泌を促進	
糖質コルチコイドの分泌を促進	
卵巣・精巣の成熟を促進	
排卵の誘起，黄体の形成，生殖腺ホルモンの分泌促進	
乳腺の成熟促進，黄体ホルモンの分泌促進(ネズミなど)	
メラニン色素果粒の分散と沈着，メラニンの合成	
子宮筋の収縮，乳汁の放出を促進	
毛細血管・毛細動脈の収縮→血圧上昇，腎臓(集合管)での水分の再吸収を促進→尿量減少	〔欠乏→尿崩症[3)]〕
代謝促進，両生類の変態・鳥類の換羽を促進	〔欠乏→クレチン病[4)]，過剰→バセドウ病[5)]〕
骨中の Ca を血液中に放出→Ca^{2+}濃度の増加，腎臓でリンの排出促進と Ca^{2+} の排出抑制	
交感神経のはたらきを促進(心臓拍動促進・血圧上昇)，グリコーゲンの糖化→血糖濃度上昇	
タンパク質からの糖生成促進→血糖濃度上昇	
腎臓での Na^+ の再吸収を促進，組織への水分吸収を促進	〔欠乏→アジソン病[6)]〕
雄の第二次性徴の発現，筋肉の発達	
雌の第二次性徴の発現，成熟，月経，子宮壁を肥大	
卵の着床，妊娠の維持，乳腺の成熟	
糖消費を促進，グリコーゲンの分解抑制と合成促進→血糖濃度低下	〔欠乏→糖尿病〕
肝臓・骨格筋でのグリコーゲンの分解促進→血糖濃度上昇	
睡眠・覚醒リズム(→ p.364)	

　　腸壁から分泌される**セクレチン**[7)]はすい液の分泌を促進するホルモンで，同様に十二指腸壁から分泌される**コレシストキニン**は胆のうにはたらいて胆汁の分泌を促進する。

　(2)　心臓や腎臓にも内分泌腺としてのはたらきがあることが知られている(→ p.303)。

4) **クレチン病**　骨の成長や知能の発育が遅れる。皮膚は乾いて厚っぽくなり，顔面にしわがよる。

5) **バセドウ病**　甲状腺がはれるため，のどが膨れ，眼球が突出して，心臓の拍動が速く脈拍も激しくなる。

6) **アジソン病**　肉体的・精神的な疲労が激しく，無気力になり，皮膚や粘膜に色素が沈着して，青銅色になる。血圧は降下し，体温は下がり，呼吸も減る。

7) イギリスの**ベイリス**と**スターリング**によって発見された (1902 年)。彼らは，この発見をもとに，同種のはたらきをもつ物質をホルモンと名づけた。

1 視床下部と脳下垂体　多くのホルモンは，その分泌が脳によって調節されている。その際，調節の中心的なはたらきをするのが視床下部と脳下垂体である。

　刺激が間脳に伝わると，視床下部の**神経分泌細胞**が刺激され，その細胞体でつくられた分泌物質（ホルモン）が軸索の中を通って運ばれ，末端から分泌される。これには次の2つの経路がある。

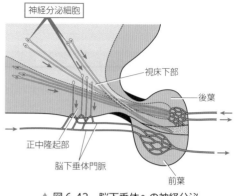

▲ 図6-43　脳下垂体への神経分泌

(1) **脳下垂体前葉の支配**　視床下部の正中隆起部で軸索末端より放出されたホルモンは，脳下垂体門脈という血管に入り，血流によって**前葉**に運ばれ，そこで効果を現す。その効果とは，**放出ホルモン**の場合には，前葉の腺細胞のホルモン分泌が促進され，**放出抑制ホルモン**の場合には分泌が抑制されるという効果である。

(2) **後葉**　後葉は神経分泌細胞の終末で満たされている。この分泌細胞の細胞体は，視床下部に存在し，そこから軸索が後葉まで伸びており，神経終末から分泌された**後葉ホルモン**は血流に乗って全身に流れていく。

2 脳下垂体前葉と甲状腺　脳下垂体前葉からは，**成長ホルモン**，**プロラクチン**，**生殖腺刺激ホルモン**（ろ胞刺激ホルモンと黄体形成ホルモン），**甲状腺刺激ホルモン**，**副腎皮質刺激ホルモン**などが分泌される。成長ホルモンは直接全身に作用するが，その他のものは，特定の内分泌腺にはたらいてホルモン分泌を促す**刺激ホルモン**である。例えば，甲状腺刺激ホルモンが分泌されると，甲状腺からチロキシン（甲状腺ホルモン）の分泌が促進される。

(1) **チロキシン分泌のフィードバック調節**　甲状腺からのチロキシンの分泌経路は，図6-44のようになる。血液中のチロキシン濃度が高くなりすぎると，それがはじめにもどって視床下部からの神経分泌（甲状腺刺激ホルモン放出ホルモン）や脳下垂体前葉からの甲状腺刺激ホルモンの分泌を減少させるので，甲状腺からのチロキシンの分泌量も減少する。このように，最終的につくられた物質がはじめにもどって作用することを**フィードバック**という。

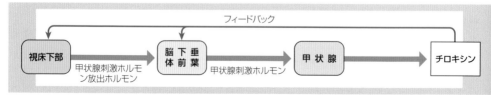

▲ 図6-44　チロキシン分泌のフィードバック調節

補足 フィードバックには，チロキシンの場合のような，負のフィードバック（信号が変化に対して抑制的にはたらく場合）のほかに，信号が促進的にはたらいて，出力変化をより大きくする正のフィードバックとがある。負のフィードバックは，システムの恒常性を保つメカニズムとして重要であり，多くの生物においても広く見られる。

(2) **甲状腺とチロキシン**　**チロキシン**は，I（ヨウ素）を含むアミノ酸の一種（$C_{15}H_{11}O_4NI_4$）で，代謝を促進するとともに，カエル（両生類）ではオタマジャクシからカエル（成体）への変態を促進し，ヘビでは脱皮を，鳥類では換羽を促進する。したがって，甲状腺を除去したり甲状腺の機能が低下したりすると，代謝が低下し酸素消費量が減少するとともに，カエルでは変態できなくなり，鳥類では換羽できなくなる。

3 脳下垂体前葉と副腎皮質　副腎は皮質と髄質に分けられる。脳下垂体前葉の支配を受けるのは皮質のほうである。

脳下垂体前葉→**副腎皮質刺激ホルモン**→副腎皮質→**糖質コルチコイド**

副腎皮質から分泌される**糖質コルチコイド**は，タンパク質からの糖の生成（糖新生）を促進し，血糖濃度を高める。

4 脳下垂体前葉と生殖腺　脳下垂体前葉からは2種類の**生殖腺刺激ホルモン**（ろ胞刺激ホルモンと黄体形成ホルモン）が分泌され，これが生殖腺を刺激すると，精巣からは**雄性ホルモン**，卵巣からはろ胞ホルモンと黄体ホルモンが分泌される。前葉からは**プロラクチン**（黄体刺激ホルモン）も分泌され，出産後，乳腺にはたらいて乳汁の分泌促進などにはたらく。

5 成長ホルモン　成長ホルモンは全身の細胞に作用し，① 骨・筋肉・内臓諸器官の成長促進，② タンパク質の代謝促進，③ 血糖濃度を上昇させる，などのはたらきを中心として，からだ全体の成長を調節している。

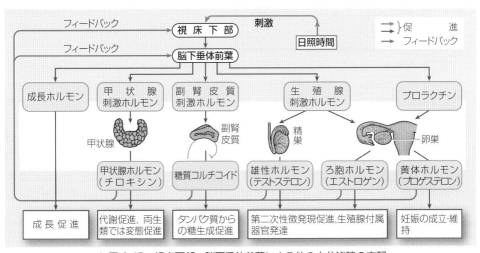

▲ 図6-45　視床下部―脳下垂体前葉による他の内分泌腺の支配

　ヒトのからだは複雑でしかも総合的にはたらいているので，ホルモンのみによって調節されているということはないが，おもにホルモンの支配を受ける調節作用には，水分量の調節・無機塩類の調節・性周期の調節などがある。

1 水分量の調節　ヒトの水分は体重の約 2/3 を占め，外呼吸の呼気（1 日に 0.4L）や，尿（同 1.5L），ふん（同 0.2L）とともに，また皮膚からの蒸発（同 0.6L）などで失われる。水分の 10%が失われると血液の粘性が増し，流れにくくなって血圧が下がる。

(1) 水分が失われた場合　体内の水分が不足して血圧が低下し，血液の濃度が上昇すると，この刺激が間脳の視床下部で感知される。

　濃度上昇→視床下部→脳下垂体後葉→バソプレシン[1]分泌促進→腎臓の集合管からの水分再吸収促進→尿量減少→水分増加の経路で調節される。

(2) 水分が多すぎる場合　多量の水を飲むなどして全血液量の増加（血圧上昇・濃度低下）が起こると，これが間脳の視床下部で感知される。

　濃度低下→視床下部→脳下垂体後葉→バソプレシン分泌抑制→腎臓の集合管からの水分再吸収抑制→尿量増加→水分量減少の経路で調節される。

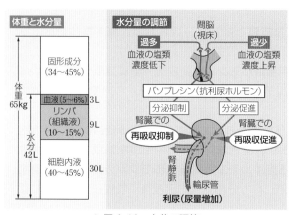

▲ 図6-46　水分の調節

重要
> **水分調節**
>
> **バソプレシン → 水分再吸収促進**
> （抗利尿ホルモン）

　[補足] **代謝水**　炭水化物や脂肪が細胞での呼吸に使われると，水ができる。この水を代謝水（または呼吸水）とよぶ。この水分も大きく利用されている。例えば，北アメリカの砂漠にすむカンガルーネズミは，代謝水のみで生活に必要な水分をまかなっていることで有名である（→ p.118）。

2 無機塩類の調節　体液中には，ナトリウム (Na)，塩素 (Cl)，カルシウム (Ca)，カリウム(K)，マグネシウム(Mg)など無機塩類がイオンの形で存在する。

(1) Na⁺の調節　副腎皮質から分泌される鉱質コルチコイドは，腎臓での Na^+ の再吸収を促進し，これに伴って水分も再吸収される。その結果，血液量が増し，血圧も上昇する。

1)バソプレシンは，利尿（＝尿量の増加）を抑えるので，抗利尿ホルモンともよばれる。

(2) **Ca²⁺の調節**　副甲状腺から分泌される**副甲状腺ホルモン**（パラトルモン）は，腎臓での Ca^{2+} の再吸収を促進するとともに，腸からの Ca^{2+} の吸収，骨や歯からの Ca^{2+} の溶解を促進する。

> **補足**　心臓は，血液量が増えて膨張すると，心房性ナトリウム利尿ペプチドを分泌し，これは腎臓に作用して尿量を増やす。肝臓から分泌される糖タンパク質は，腎臓から分泌されるレニンの作用を受けて**アンギオテンシン**となり，これは副腎皮質に作用して鉱質コルチコイドの分泌を促す。

3 性周期の調節　女性の卵形成では約1か月（28日）を1周期とする周期性が見られ，このような性に伴う周期性を**性周期**という。

① 卵巣には**ろ胞**とよばれる細胞群があり，これが成熟すると中に卵ができる。

② 脳下垂体前葉からの**ろ胞刺激ホルモン**が，卵巣内のろ胞を発達させ，ろ胞からは**ろ胞ホルモン**（エストロゲン）が分泌される。

③ ろ胞ホルモンは，子宮壁の肥厚を促すとともに，量が増すと脳下垂体前葉にフィードバックしてろ胞刺激ホルモンの分泌を抑え，**黄体形成ホルモン**の分泌を促す。

④ 脳下垂体の出す黄体形成ホルモンは**排卵**を促し，排卵後のろ胞は**黄体**に変わる。

⑤ 黄体からは**黄体ホルモン**（プロゲステロン）が分泌され，子宮壁をさらに厚くし受精卵の着床に備える。

⑥ **受精が起こらない**と，黄体は退化し，黄体ホルモンが減少して子宮粘膜の一部がはがれ落ち，出血が起こる。これが**月経**で，月経が終わると子宮はもとの状態にもどり，次の周期が始まる。

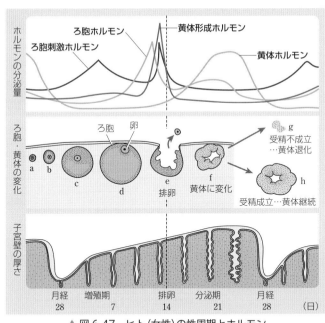

▲図6-47　ヒト（女性）の性周期とホルモン

⑦ 輸卵管の中で卵と精子が受精すると，受精卵は発生を始めるとともに子宮へむかって移動し，受精後約7日で子宮粘膜上に**着床**する。黄体は発達を続け，黄体ホルモンのはたらきで子宮壁も発達を続ける（妊娠の成立）。

F 自律神経とホルモンによる調節 ★★★

1 血糖濃度の調節 血液中のグルコース（ブドウ糖）を**血糖**という。ヒトでは100 mL 中に約 100 mg（＝0.1％）含まれている。血糖はからだにとって燃料であり，車のガソリンに対応するものだから，血糖濃度が下がることはきわめて危険である。ヒトの場合，60 mg 以下になると，けいれんや意識喪失などが起こる。

　血液中のグルコースは，必要に応じて肝臓から（グリコーゲンを分解することにより）放出され，一定のレベルに保たれているが，この調節には，自律神経とホルモンの両者が関与している。

(1) **血糖濃度が低すぎるとき（低血糖）** 運動をしたり，食事をしなかったりして血糖濃度が低下し，低血糖の血液が視床下部の血糖調節中枢に入ると，この中枢から交感神経および脳下垂体を通して指令が出る。

① 交感神経を介する経路

　　　　低血糖→視床下部で感知→交感神経

　　　　　　　　→副腎髄質→アドレナリン分泌→血糖濃度上昇

　　アドレナリンは，肝臓や筋肉に作用し，貯蔵されているグリコーゲンをグルコースに変える反応を促進する。そのため，血糖濃度は上昇して正常にもどる。これがおもな経路である。

　　交感神経は，すい臓のランゲルハンス島にあるA細胞から**グルカゴン**を放出させる。また，すい臓は低血糖の血液そのものを感知して（フィードバック），グルカゴンを分泌する。グルカゴンは，肝臓や筋肉のグリコーゲンをグルコースに変える反応を促進し，血糖濃度を上昇させる。

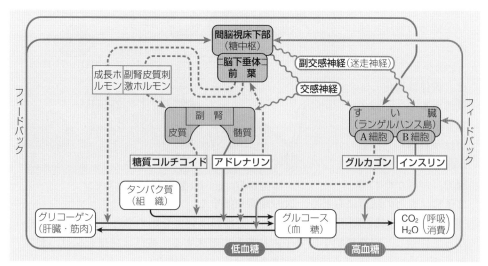

▲ 図 6-48　血糖濃度調節のしくみ

血糖濃度上昇の主経路

床下	洪	水	あなどれん	とうとう増加
ゆかした	こう	ずい		
(視床下部) →	(交感神経) →	(副腎髄質) →	(アドレナリン) ──	(血糖濃度上昇)

② **脳下垂体を介する経路**　脳下垂体は，(a) 成長ホルモンを分泌し，(b) 甲状腺刺激ホルモンを分泌して甲状腺からのチロキシン分泌を促進し，(c) 副腎皮質刺激ホルモンを分泌して副腎皮質からの糖質コルチコイド分泌を促進する。

　　成長ホルモンもチロキシンもグリコーゲンを分解してグルコースにする反応を促進し，血糖濃度を上げる。

　　糖質コルチコイドは，長期にわたる飢餓状態などにおいて，組織中のタンパク質をグルコースに変える反応を促進する。

(2) **血糖濃度が高すぎるとき（高血糖）**　消化管から多量の糖を吸収したときは，次の経路で調節される。

　　　　高血糖→視床下部で感知→副交感神経の迷走神経
　　　　　　→すい臓ランゲルハンス島のＢ細胞→インスリン分泌→血糖濃度低下

　　インスリンは，① ほとんどの細胞でグルコースの取りこみを高め，かつその消費を促進し，② 筋肉や肝臓で，グルコースからグリコーゲンへの合成を促進する。以上によって，血糖濃度を低下させる。

　　すい臓は高血糖を直接感知して，これによってもインスリンの分泌が行われる。

補足　血糖濃度が上がったときより下がったときのほうが，ずっと多くのものがかかわった複雑な調節系となっている。野生の状態では，飢餓など血糖濃度が下がる場面が上がる場面よりずっと多く，それに対処するシステムを何重にも用意することが，生命の維持にとって重要だったのであろう。

(3) **糖尿病**　血液中のグルコースは，腎臓で一度ろ過されたあと，100％再吸収される（→ p.287）。しかし，何らかの原因でインスリンが欠乏したりして血糖濃度が上昇すると，余分の糖が腎臓から尿中に排出されるようになる。この状態が持続するのが**糖尿病**である。

　　おもな糖尿病にはＩ型とⅡ型がある。

　　Ｉ型糖尿病では，すい臓のＢ細胞が破壊されて，インスリンが分泌されなくなる。

　　Ⅱ型は最もよく見られる糖尿病である。遺伝，加齢，生活習慣（喫煙，運動不足，肥満）などが原因となってインスリンの分泌量が徐々に低下したり，細胞のインスリンへの反応性が徐々に低下したりして起こる。血糖濃度が長期間高いままになると，血管が変性して血流量が低下し，その結果，眼・脳・心臓・足・腎臓・皮膚など，さまざまな器官において障害が現れる。

脂肪細胞や筋肉細胞の膜表面にあるインスリン受容体にインスリンが結合すると，細胞内に蓄えられていたグルコース輸送体が細胞表面へと移動してきて，細胞外のグルコースを細胞内へと取りこみ，その結果，血糖濃度が減少する。血糖濃度が低下すると，これらの輸送体は再び細胞内へともどる。

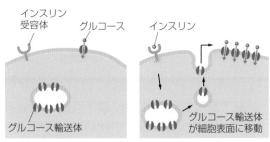

▲ 図6-49　インスリン受容のしくみ

2 体温の調節　化学反応の速度は温度によって変わる。体温が一定であれば，体内の化学反応の速度が外界の温度とは関係なく一定に保たれることになる。これは，外気温の変化の激しい陸上での生活により適応していたために，哺乳類や鳥類のような恒温性の陸上動物が進化したのであろう。

ヒトの体温は，常時，（わきの下で）約36.5℃に維持されている。熱の生産は，肝臓での代謝や筋肉運動によって起こり，熱は皮膚や呼気などから失われる。

(1) **穏和な気温と軽度の運動時**　おもに血管の拡張と収縮で調節される。

　　　寒暑刺激→視床下部(体温調節中枢)→延髄(血管運動中枢)

　　　　　　　　　　　　　　　　→血管拡張(放熱)／収縮(保温)

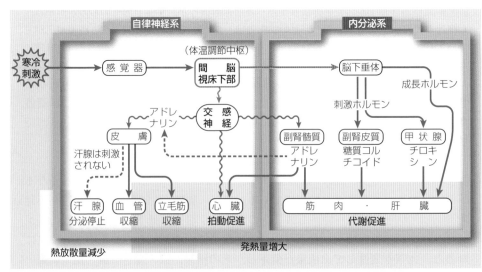

▲ 図6-50　体温調節のしくみ

(2) **より低温時** ① 代謝を促進して熱を発生させる。おもな経路は次のとおりである。

　　a　視床下部→交感神経→副腎髄質→**アドレナリン分泌**→心臓拍動・代謝促進

　　b　視床　脳下垂 ｛副腎皮質刺激ホルモン→副腎皮質→**糖質コルチコイド分泌**｝代謝
　　　　下部→体前葉 ｛甲状腺刺激ホルモン→甲 状 腺→**チ ロ キ シ ン 分 泌**｝促進

② 一方，熱の放散量を減少させるしくみもある。

　　　視床下部→交感神経→皮膚→血管収縮・立毛筋収縮

　　　また，汗腺に対しては交感神経がはたらかないので，発汗は停止したままである。

(3) **激しい運動と高温時**　おもに発汗による放熱によって調節される。

　　　視床下部(体温調節中枢)→脊髄(発汗中枢)→交感神経→皮膚→発汗

G　無脊椎動物のホルモン　★

　無脊椎動物にもいろいろなホルモンによる調節のしくみがあることがわかっている。

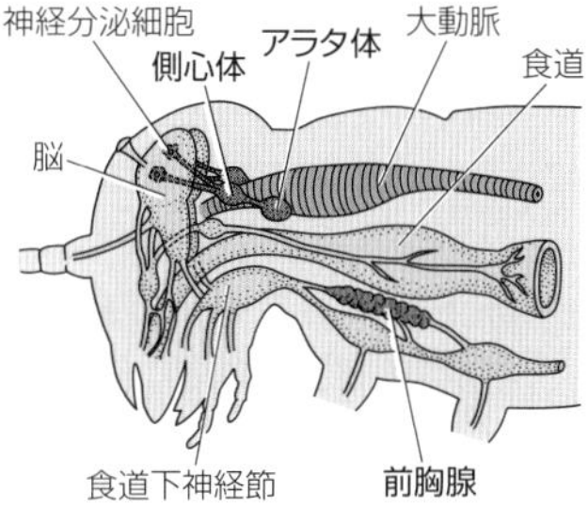

1 昆虫の脱皮と変態の調節　チョウなどの**完全変態**する昆虫では，卵からふ化した幼虫は，何回か脱皮をしたあとさなぎになり(**よう化**という)，その後さなぎから**羽化**して成虫になる。この過程の脱皮・変態は，ホルモンによって調節されている。

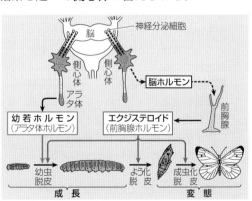

▲ 図 6-51　昆虫の内分泌腺

(1) **神経分泌と側心体**　昆虫の脳には神経分泌細胞があり，ここでつくられた**脳ホルモン**が軸索を通って**側心体**に蓄えられる。

(2) **前胸腺**　側心体から出た脳ホルモン(前胸腺刺激ホルモン)が胸部にある**前胸腺**を刺激すると，前胸腺は**エクジステロイド**(前胸腺ホルモン，エクジソンともいわれる)を分泌する。エクジステロイドは，幼虫の成長・脱皮・変態を促進する。

(3) **アラタ体**　脳のすぐうしろ(頭部)にある内分泌腺で，**幼若ホルモン(アラタ体ホルモン)**を分泌する。

　アラタ体ホルモンは，幼虫の早熟

▲ 図 6-52　昆虫の成長分化とホルモン

を抑え，若さを保つ。幼虫が育つにつれてアラタ体の機能が衰えると，前胸腺からのエクジステロイドのはたらきが目立ってきて，よう化(さなぎになる)が進む。

1 肥満　過度の摂食により必要以上にとりこまれたエネルギー源が，脂肪として脂肪細胞中に蓄えられ，脂肪組織量が過剰になった状態が肥満である。肥満は糖尿病や消化器系のがん，心臓血管系の疾患の原因となる。

　補足 **肥満と進化**　過剰に摂取したエネルギー源が脂肪細胞に蓄えられるために肥満になる。しかし，進化的に見た場合，脂肪を蓄えること自体は悪いわけではない。人類がこれほど食物を豊富にいつでも手に入れられるようになったのは，ごく最近のことであり，長い人類の歴史の中では，毎日飽食することなどあり得なかった。たまにしかない機会に，食べられるだけ食べ，脂肪としてエネルギー源を蓄える機構をもつことは，生き残る上で有利であったに違いない。

2 食欲抑制ホルモン　異常に食欲を示して肥満になるマウスの突然変異体の研究から，食欲を調節するホルモンである**レプチン**が発見された。レプチンの機能を遺伝的に欠損したマウスでは，食欲が抑制されず亢進し，常に空腹で，極度の肥満となる（図6-53）。

▲図6-53　レプチン欠損マウス（左）と正常なマウス（右）

　レプチンは脂肪細胞から分泌されるタンパク質系ホルモンで，おもに，脳の視床下部にある摂食行動を調節する領域（満腹中枢）の細胞に作用する。血中のレプチン濃度が高いと満腹感が促進されて，空腹感はおさえられ，食欲は低下し，摂食量が減る結果，徐々に脂肪組織量が減っていく。すると分泌されるレプチンの量が減って血中濃度が下がり，再度食欲が上がる。通常，このような負のフィードバック機構により脂肪組織量が一定に保たれている。

3 食欲促進ホルモン　レプチンは脂肪組織量の増減という，ゆっくりとした長期にわたるエネルギー貯蔵という意味での食欲調節に関わるものである。一方で，短期の食欲調節に関わるホルモンも存在する。

　グレリンは胃から分泌されるタンパク

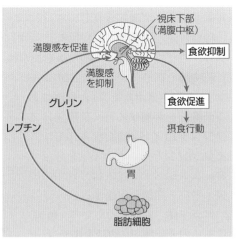

▲図6-54　食欲の調節

質系ホルモンで，摂食行動を促進する。グレリンの血中濃度は食事前に高く，食事後に低下するという日内変動を示す。空腹や低血糖でグレリンの分泌が促進され，摂食や高血糖で分泌が抑制されるからである。

4 免 疫

A 免 疫 ★★

1 免疫 生体内に入りこみ病気の原因となる微生物やウイルスなどを**病原体**とよぶ。動物は，病原体をはじめ，寄生虫やカビなどの寄生性の生物のほか，外界にある有害物質などの非自己物質（異物）に常にさらされている。これらが体内に侵入するのを防ぎ，入ってしまった場合でも体内から取り除くしくみを動物は備えており，これを**免疫**という。免疫は，「自己（自分本来の細胞やタンパク質など）」と「非自己（異物やがん細胞など）」とを識別し，非自己を排除する機構ともいえる。免疫は，**物理的・化学的防御**，**食作用**，**適応免疫（獲得免疫）**の３つの段階に分けられる。

2 免疫に関わる器官 免疫には多くの器官が関わる。物理的・化学的防御に関わるのが，皮膚や，外界がからだの内側にまで入りこんでいる部分（鼻腔・消化管・気管）の粘膜で，これらがバリアとなり，異物の侵入を阻止する。バリアを破って体内に入った異物は白血球により処理される。白血球にはさまざまな種類があり，「食作用」の主役である**好中球**や**マクロファージ**，適応免疫にはたらく**リンパ球**（**T細胞**や**B細胞**[1]）はすべて白血球である。白血球はすべて骨髄でつくられる造血幹細胞がもとになり，それがさまざまに分化したものである。T細胞は胸腺で分化・成熟する。その際，自己の組織を攻撃するT細胞は除去される。B細胞の場合には骨髄で分化し，最終的には，ひ臓で成熟する。白血球は血管とリンパ管中を流れてからだ中を巡っている。リンパ管のところどころにリンパ節があり（図6-12），ここには多数のリンパ球が集まり，異物を取り除く主要な場所になっている。

3 免疫の成り立ち 物理的・化学的防御と食作用は，生まれながらにして備わっているものであり，**自然免疫**とよばれる[2]。脊椎動物にはこれらに加え，**適応免疫（獲得免疫）**というシステムをもち，これは侵入した異物に対し，特異的に，かつ，より強力にはたらく。ただし物理的・化学的防御と食作用は即効性だが，適応免疫は反応が現れるまで数日～１週間ほどかかる。

▼ 表6-3 免疫の３つの段階

自然免疫		適応免疫
体内への侵入防止	侵入後の即効的対応	（特異的で強力・遅い）
皮膚，粘膜，分泌物	食作用（好中球，マクロファージ），補体，炎症，発熱，ナチュラルキラー細胞	抗体，B細胞，T細胞，マクロファージ，樹状細胞

1) T細胞は骨髄でつくられるが，**胸腺**(Thymus)を経由するのでT細胞とよばれる。B細胞は，鳥類ではファブリキウスのう(Bursa of Fabricius)でつくられるのでB細胞と名づけられた。哺乳類では**骨髄**(Bone Marrow)でつくられるため，この名称で不都合はない。
2) 物理的・化学的防御は自然免疫に含めない場合もある。

１ 物理的・化学的防御　物理的ならびに化学的に，病原体などの異物の侵入を防いでいるのが，第一段の防御としての，**皮膚と粘膜**である。

(1)　**皮膚**　皮膚の表面は**ケラチン**[1]を含む角質層でおおわれており，この層は，皮膚に強度を与えて傷つきにくくするとともに，病原体などの異物が体表から侵入するのを防ぐ物理的バリアとしてはたらく。

　皮膚は，分泌物により化学的防御も行っている。皮脂腺や汗腺からの分泌物が皮膚を弱酸性に保ち，細菌の繁殖を防ぐ。汗には細菌の細胞壁を破壊する酵素である**リゾチーム**や，細菌の細胞膜に孔をあけて破壊するタンパク質である**ディフェンシン**が含まれている。

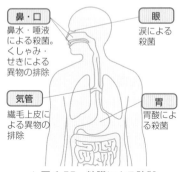

▲図 6-55　粘膜による防御

(2)　**粘膜**　消化管や気管の内表面は粘膜でおおわれている。粘膜は**粘液**を分泌し，これで微生物などの異物をからめとり，気管の場合は，からめとった異物を，粘液と一緒に繊毛により外部に排出する。鼻水や唾液にはリゾチームが含まれている。食物などとともに胃へと入った微生物は，強酸性の胃液によって殺菌を受ける。腸にはからだに無害なさまざまな細菌が存在しており，有害な細菌の繁殖を妨げている。

２ 白血球による食作用　体内での自然免疫の主役は食細胞であり，体内に侵入した異物を捕食する（食作用）。食細胞には**好中球**，**マクロファージ**，**樹状細胞**などがある。これらの白血球は異物が侵入した組織に集まり，異物を捕食するとともに，異物の排除の主要場所であるリンパ節にも集まって捕食活動を示す。

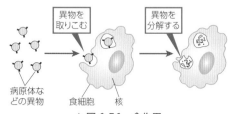

▲図 6-56　食作用

(1)　**好中球**　球形の細胞（直径 12μm ほど）で，白血球のほぼ半数を占める。感染した組織に集まり，異物を食作用で消化するが，その際，自身も死ぬことが多い。死んだ好中球は膿となる。

(2)　**マクロファージ**　好中球より大形で不定形。数は白血球の 5％ほど。数ヶ月の寿命をもつ。骨髄で生じた**単球**が血中に入り，毛細血管から抜け出して，組織中でマクロファージへと変身する。マクロファージは消化した異物の断片を細胞表面に提示することにより，適応免疫にも関与する。

1)ケラチンは爪や毛髪などをつくる繊維状のタンパク質で，ケラチンが含まれると構造的に強くなる。

(3) **樹状細胞**　樹状の突起を多数もつ細胞で，全身の組織に広く分布する。末しょうの組織や器官において異物を捕食するが，その後リンパ器官に移動し，捕食した異物の断片を細胞表面に提示し，リンパ球に適応免疫を開始させるという重要な役割をはたす。

3 ナチュラルキラー細胞　直径がT細胞やB細胞の約1.5倍もあり，果粒をもつリンパ球。がん細胞やウイルスに感染した細胞にアポトーシスを起こさせて殺す。

4 補体　血しょうに存在する一群のタンパク質で，細菌・カビ・抗体の結合した抗原に出会うと，それの細胞膜に孔をあけて殺す。また，補体が結合した細菌などは，食細胞による食作用を受けやすくなる[2]。

5 サイトカイン　細胞が分泌して相手の細胞にはたらきかけ，増殖させたり，運動性を上げたり，特定の分子をつくらせたりする低分子のタンパク質の総称が**サイトカイン**である。病原体が体内に侵入すると，マクロファージは病原体を取りこんで消化するとともに，炎症性サイトカイン（TNF-α やインターロイキンなど）を分泌し，その部位に炎症反応を引き起こす。病原体がウイルスの場合には，I型インターフェロンというサイトカインが分泌され，それを受け取ったまわりの未感染細胞は，ウイルスの増殖を抑える物質をつくるようになる。

6 炎症と発熱　組織が傷や感染を受けた際，その部位が熱をもち，腫れて痛みを感じる現象が**炎症**である。炎症には病原体などを排除して組織を修復するはたらきがある。損傷を受けた組織の細胞からは，**ヒスタミン**をはじめさまざまな物質が警報物質として分泌され，それらは毛細血管を拡張させる。そのため，損傷部位への血液供給量が増え，そこが熱をもち，赤く見える。警報物質は血管の透過性を高めるため，血管から血しょうが白血球とともに浸出して炎症部が水ぶくれになり，それも一因となって神経が刺激されて痛みが生じる。また，マクロファージから分泌されるサイトカインは，食細胞をよび寄せてそれを活性化する。そのため，炎症部位に自然免疫にはたらく好中球やマクロファージが集まり，病原体を攻撃する。

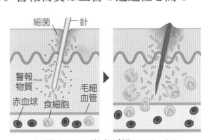

▲ 図6-57　炎症が起こるしくみ

　炎症により全身の**発熱**が起きる場合がある。マクロファージが病原体などに反応すると，炎症性サイトカインであるインターロイキンが放出される。それによってプロスタグランジンという生理活性物質がつくられ，視床下部の体温調節中枢に作用して体温を上昇させる。発熱により白血球の食作用が促進されて組織の修復も早まるが，体温が高くなりすぎると危険である。

---

2) 補体や抗体が病原体に結合することにより，病原体が食作用を受けやすくなる現象をオプソニン化とよぶ。

C 適応免疫

1 抗原とその受容体 異物を認識する細胞は，その細胞膜に異物の受容体をもっており，これが異物のセンサーとしてはたらく。自然免疫に関わる食細胞のもつ受容体は，ある異物群が共通にもつパターンを認識して結合する。例えば**トル様受容体**は細菌やウイルスの構成成分と結合し，C型レクチン受容体は真菌の細胞壁の成分と結合する。ウイルスのRNAに結合する受容体，自己の傷ついた分子に結合する受容体もある。

　適応免疫にはたらくリンパ球の場合，T細胞にはT細胞受容体，B細胞にはB細胞受容体がある。1個のリンパ球がもつ受容体は1種類であり，これは1種類の異物分子以外とは結合しない。結合が起こるとそのリンパ球は適応免疫応答を起こす。適応免疫応答を引き起こす異物を**抗原**とよぶ。抗原となるのは，病原体(細菌・カビ・ウイルスなど)，細菌の出す毒素，他の生物のもつ有機物(タンパク質・多糖類・脂質)，自己のがん細胞などである。

　適応免疫は，自然免疫に比べて反応する対象が限られているが，リンパ球ごとに異なる受容体をもつため，免疫系全体としては多様な異物に反応できる。

2 適応免疫を担当する細胞 適応免疫にはリンパ球のB細胞とT細胞が関わっている。T細胞は**ヘルパーT細胞**と**キラーT細胞**に分けられる。樹状細胞やマクロファージは**抗原提示細胞**となり，適応免疫においても重要なはたらきをもつ。

▼表6-4　適応免疫にはたらく細胞

T細胞	**ヘルパーT細胞**　適応免疫の司令塔。B細胞やキラーT細胞を活性化する **キラーT細胞**　ウイルスなどに感染した細胞を攻撃する
B細胞	抗体を産生する
樹状細胞・マクロファージ	食細胞であり，抗原提示細胞としてもはたらく

3 リンパ球の分化と成熟

骨髄でつくられたリンパ球前駆細胞(リンパ球になる予定の細胞)の一部は未成熟な状態で**胸腺**に移動し，そこで分化・増殖してT細胞となる。これに対し，B細胞は骨髄の中でそのまま分化する。

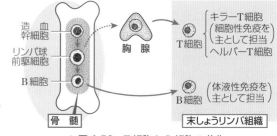

▲図6-58　T細胞とB細胞の分化

(補足) 胸腺を遺伝的に欠如したマウスでは体毛が成長せず，**ヌードマウス**とよばれる。ヌードマウスではT細胞が分化しないため，非自己の組織片を移植しても拒絶反応が起こらず，がんなどの移植実験に有用である。

4 免疫寛容 自分自身の細胞や組織に対しては，免疫反応が起こらない。これを**免疫寛容**という。T 細胞が造血幹細胞からつくられたばかりのときには，それらの中には自己を攻撃する細胞も存在している。しかしこれらは細胞が成熟する過程で除去されるか，自己を攻撃するはたらきが抑制されてしまう。免疫寛容に異常が生じて起こるのが自己免疫疾患である（→ *p.*319）。

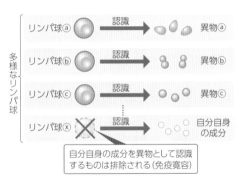

▲ 図 6-59 リンパ球の特異性と多様性

5 抗原提示 適応免疫の発動には**ヘルパー T 細胞**が活性化される必要があり，それを最も効率的に行うのが**樹状細胞**である。感染した部位の樹状細胞は，病原体やその生産物などの異物を取りこんで分解し，自身の細胞表面に，異物の断片である**抗原**を提示する。このようなはたらきを**抗原提示**という。抗原を提示している樹状細胞はリンパ節に移動する。リンパ節において，ヘルパー T 細胞は樹状細胞から抗原提示を受けて活性化し，増殖す

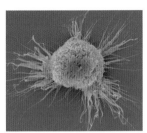

▲ 図 6-60 樹状細胞

るが，その際，活性化されるのは，提示されている抗原に特異的に反応する T 細胞だけである。ヘルパー T 細胞は適応免疫の司令塔にもたとえられ，直接抗原を攻撃する細胞であるキラー T 細胞やマクロファージを活性化する。また，ヘルパー T 細胞は，B 細胞を活性化して，抗体を産生して分泌させる。活性化される B 細胞は，ヘルパー T 細胞が反応する抗原と同一の抗原を自己の表面に提示しているものだけである。つまり B 細胞や樹状細胞は抗原提示細胞としてはたらいている。

［補足］ ヘルパー T 細胞は Th1 細胞と Th2 細胞に分けられ，Th2 が"典型的な"ヘルパー T 細胞である。B 細胞も B1 細胞と B2 細胞に分けられ，B2 が B 細胞の多数を占める"典型的な" B 細胞である。Th1 細胞はキラー T 細胞やマクロファージを活性化し，Th2 細胞は B2 細胞を活性化して抗体を産生させる。B1 細胞は主として胸腔や腹腔に存在し，ヘルパー T 細胞を介さずに，抗原により直接活性化される。

［補足］ 免疫チェックポイント療法 われわれの免疫系は，がん細胞を見つけて排除している。しかし，一部のがん細胞には，免疫機能を抑制して排除を免れるものがあり，そのような抑制を抗体により解除する治療法が免疫チェックポイント療法である。

抗原提示細胞とヘルパー T 細胞との結合により，T 細胞は活性化されるが，活性化の度合いは制御されている。T 細胞の表面には，活性化を強める分子（CD28）と弱める分子（CTLA-4 と PD-1）がある。また，これらの分子と結合する分子が抗原提示細胞側にもある。双方の分子どうしが結合することにより，活性化の度合いが調節される。免疫の司令塔であるヘルパー T 細胞の活性化がここで制御されているわけで，ここは免疫反応の強さのチ

ェックポイントと見ることができる。「オプジーボ」は活性化を抑える分子 PD-1 に対する抗体であり，この抗体医薬品により，免疫のブレーキが解除されることが期待される。

6 適応免疫のしくみ　適応免疫には，**抗体**によって抗原を除去する**体液性免疫**と，食作用の増強や感染細胞への攻撃などによって抗原を除去する**細胞性免疫**があり，これら 2 つのしくみは協力し合いながら感染に対処している。適応免疫ではおもに B 細胞と T 細胞(ヘルパー T 細胞とキラー T 細胞)がはたらく。

(1) 抗体による免疫反応

① **B 細胞**は抗原を認識して結合する受容体をもち，結合した抗原を取りこんで分解し，抗原の断片を細胞表面に提示する(図 6-61 (a))。

② リンパ節では，樹状細胞から提示された抗原に適合した T 細胞だけが活性化して増殖する(同図 (b))。

③ 増殖した**ヘルパー T 細胞**は，B 細胞から抗原を提示され，その抗原が自分の型と一致すると，その抗原を提示した B 細胞を活性化する(同図 (c))。

④ 活性化した B 細胞は増殖し，**形質細胞(抗体産生細胞)** となる(同図 (d))。

⑤ 形質細胞は抗体を産生し，体液中に分泌する。抗体は抗原に結合して抗原を無毒化する(同図 (e))。

CHART
抗体 分泌 B 細胞

抗体と抗原が結合する反応を**抗原抗体反応**とよぶ。抗体は**免疫グロブリン (Ig)** というタンパク質である。

補足　**免疫グロブリンの種類**　**IgG**　血液中に最も多く存在する抗体である。抗原と結合して，食作用による抗原の分解を促進するほか，補体による自然免疫を活性化するはたらきもある。ヒトの胎児では免疫機能が未発達であり，母親の IgG 抗体が胎盤を通して，胎児とそれに続く新生児の体液性免疫にはたらく。

IgM　進化の過程で最初に出現した抗体といわれ，多くの魚類では抗体の主成分である。ヒトでは，抗原の刺激によって最初につくられる。補体を活性化する作用が強い。

IgA　血液のほか，外分泌液(気管支粘膜，小腸粘膜，唾液，涙など)に多く含まれ，微生物の侵入を防ぐはたらきをする。また，母親から母乳を通じて乳児に渡される。

IgE　IgG 抗体と構造は似ており，肥満細胞や好塩基球と共同して寄生虫の防御にはたらくほか，花粉や薬物の抗原に対する抗体としてはたらく。また，アレルギー(→ *p*.319)にも関与し，からだに不都合な影響を与えることがある。

(2) 感染細胞への攻撃や食作用の増強

キラー T 細胞は，病原体に感染した細胞やがん細胞に提示された抗原を認識し，自分の型と一致すると，感染細胞を死滅させる (同図 (f))。ヘルパー T 細胞から分泌されるサイトカインは**マクロファージ**を活性化し (同図 (g))，マクロファージは，キラー T 細胞に死滅させられた細胞や，抗体が結合した抗原を，食作用によって除去する。

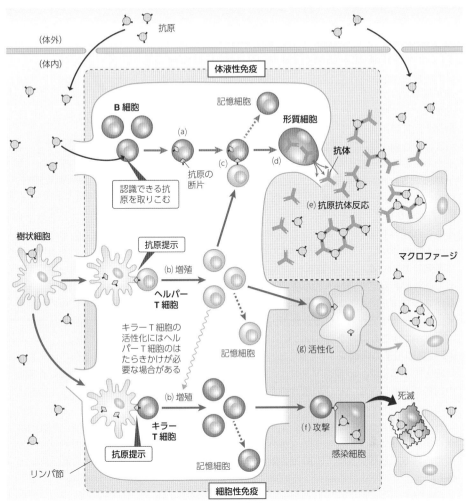

▲ 図 6-61　適応免疫のしくみ

7 免疫記憶　活性化した B 細胞とヘルパー T 細胞が増殖する際，一部は**記憶細胞**となって抗原の情報を記憶する。再び同じ抗原が侵入したとき，記憶細胞は，ただちに強い免疫反応を示す。これを**免疫記憶**といい，最初の侵入に対する免疫反応を**一次応答**，二度目以降の侵入に対する免疫反応を**二次応答**

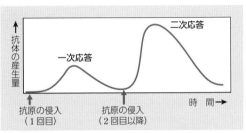

▲ 図 6-62　二次応答での抗体の産生

という。二次応答の際には速やかに，しかも多量の抗体が産生される。

1 抗体の構造　すべての抗体は，2本の**L鎖**（軽鎖）と2本の**H鎖**（重鎖）からなる4本のポリペプチド鎖がS−S結合（→ *p.*45）でつながった構造が基本となっている。それぞれのポリペプチド鎖はアミノ酸の配列がどの抗体でも同一な**定常部**と，抗原によって異なる**可変部**からなり，可変部で特異的な抗原と結合する。抗体はY字形をしており，Yの2本の腕のそれぞれが抗体と結合するため，抗原と抗体の結合物（**抗原抗体複合体**）は連なって凝集塊となる（図6-63）。

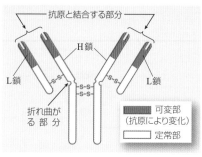

▲ 図6-63　抗体の構造（IgG）

2 抗体の多様性　ある1つの成熟したB細胞は，1種類の可変部をもつ抗体のみを産生する。これらのB細胞は，あらかじめからだの中で何万種類も準備されており，多様な抗原の侵入に備えている。ある抗原が侵入すると，その抗原に対応するB細胞のみが選択されて増殖し（これを**クローン選択**という），抗体を産生して抗原を処理する。多様な抗原に対してそれぞれ対応する特異的な抗体タンパク質をつくりだすためには，それ相当の遺伝子数が必要なはずである。ところが，ヒト遺伝子の数は3万にも満たず，さらに免疫に関係する遺伝子数は限られている。利根川進は，遺伝子断片の再編成によって多様な抗体タンパク質ができるしくみを明らかにし，その業績によってノーベル賞を受賞した。

3 抗体遺伝子の再編成　ヒトの未成熟なB細胞では，H鎖をコードする遺伝子の可変部に相当する部分は，40個のV断片，25個のD断片，6個のJ断片からなっている。B細胞の成熟とともに，V，D，Jの断片の各1個ずつが結合し，定常部と再編成され，1種類のH鎖ポリペプチドがつくられる。よって，この組み合わせは，40×25×6＝6000通りとなる。一方，L鎖をコードする遺伝子でもH鎖と同様の再編成が起こる。L鎖の場合，可変部に相当する部分にはV断片とJ断片があり，再編成によって320通りのL鎖ポリペプチドがつくられる。したがって，H鎖とL鎖の組み合わせを掛け合わせると，6000×320＝192万

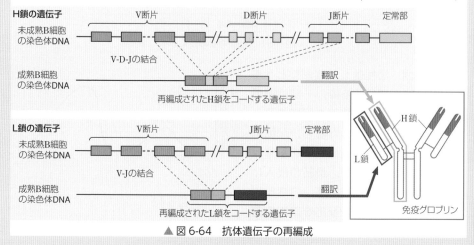

▲ 図6-64　抗体遺伝子の再編成

通りもの抗体タンパク質が生じる計算になる。

　また，こうした遺伝子断片の再編成から多様な抗体分子ができる以外に，断片の結合の際に起こる突然変異（→ p.182）なども多様性を生み出す原因となっている。

4　抗原の受容体　T細胞もB細胞も抗原を認識する受容体を細胞表面にもっており，この受容体に抗原が結合した場合にのみ，細胞が活性化される。B細胞受容体は膜結合型免疫グロブリンである。これは抗体として分泌される免疫グロブリンときわめてよく似た構造をもつ。T細胞受容体も，抗体と一部分が似ている。

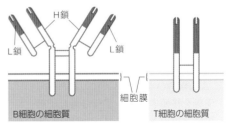

▲ 図6-65　抗原の受容体

5　主要組織適合抗原（MHC抗原）　他人どうし，あるいは異なる系統に属する純系マウスどうしで，皮膚移植や臓器移植を行うと，移植片は**拒絶反応**を起こして排除される。これは，個体間で**主要組織適合抗原（MHC抗原）**という膜に存在する糖タンパク質が異なっており，これが抗原となるためである。T細胞は，非自己のMHC抗原をもつ移植片を認識して攻撃する。MHC抗原分子はサブユニットの違いにより，2つのクラスに分けられる。クラスⅠは脊椎動物のほぼすべての細胞がもっており，クラスⅡは抗原提示細胞のみにある。

　ヒトの場合，MHC抗原はHLA抗原とよばれ，HLA遺伝子からつくられる。HLA遺伝子は，第6染色体上に6対存在しており，さらにそれぞれの遺伝子には膨大な種類が知られている（図6-66）。HLA抗原はこれらの組み合せによって決定される。この組み合せが個体間で一致していれば抗原と認識されず，臓器移植を行っても拒絶反応は起こらないが，血縁者以外でHLA抗原が一致することはほとんどない。

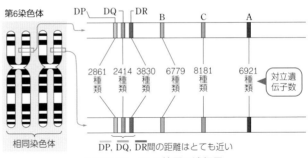

▲ 図6-66　HLA抗原の遺伝子

6　MHC抗原と抗原提示　抗原提示を行う細胞（樹状細胞・マクロファージ・B細胞）には，クラスⅡのMHC抗原があり，抗原提示細胞は，取りこんで分解した抗原の断片を，MHC抗原と結合させ細胞表面に提示する。ヘルパーT細胞のうちで，提示された複合体を認識できるT細胞受容体をもつものが，その複合体に結合する。すると，そのヘルパーT細胞は活性化され，各種のサイトカインを分泌する。

　抗原提示を行う細胞がマクロファージの場合には，ヘルパーT細胞が分泌するサイトカインによって，マクロファージの食作用が活性化され，抗原提示を行う細胞がB細胞の場合には，サイトカインによってB細胞の増殖がうながされて，増殖したB細胞は形質細胞へと分化する。ウイルスが感染した細胞やがん細胞の場合には，その細胞は，ウイルスの断片や異常になったタンパク質をMHC抗原のクラスⅠ分子に結合させて細胞表面に提示する。キラーT細胞はそれを認識し，感染細胞に結合して死滅させる。

1 胸腺と自己と非自己の識別 次のようなハツカネズミ（純系の A 系統と B 系統）を使った実験から細胞性免疫に**胸腺**が関係していることがわかった。

① A 系統のハツカネズミに，同じ A 系統の皮膚を移植すると，移植された皮膚片は自己と識別されて生着する。

② A 系統のハツカネズミに，B 系統の皮膚を移植すると，移植された皮膚片は非自己と識別され，しばらくすると脱落する。

③ あらかじめ胸腺を除去した A 系統のハツカネズミに B 系統の皮膚を移植すると，移植された皮膚片は生着する。これは胸腺を除去したため，移植された皮膚片が非自己と識別されなかったからである。

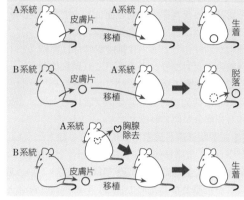

▲ 図 6-67　ネズミの皮膚の移植実験 1

補足 これは，胸腺を摘出すると T 細胞の分化ができなくなり細胞性免疫が起こらなくなるためである。さらに胸腺の摘出によって，抗原に対する抗体産生の能力が低下するが，これは，B 細胞の分化による抗体産生に，T 細胞（ヘルパー T 細胞）が関わっていることを示している。

2 自己と非自己の識別の成立時期 ハツカネズミでは，出生後数日間は免疫系が分化の途上にある。したがって，それ以前に体内にある他の系統の細胞は自己とみなされる。

① 生まれたばかりの A 系統のハツカネズミに，B 系統のネズミのリンパ節の組織をばらばらにして注射し，その後成長したこの A 系統のネズミに B 系統の皮膚を移植すると，移植片はよく生着する。しかし，他の系統（C や D 系統など）の皮膚は生着しない。

② 移植片のついた①の個体に，正常な A 系統のリンパ節の組織をばらばらにして注射すると，生着していた移植片が壊れて脱落する。これは，正常な A 系統のリンパ球が，B 系統からの移植片を非自己とみなして攻撃するからである。

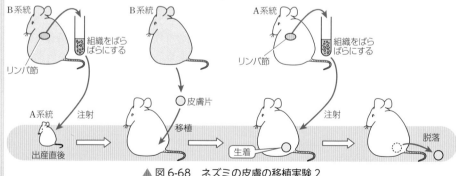

▲ 図 6-68　ネズミの皮膚の移植実験 2

D 免疫と病気 ★★

1 アレルギー　免疫はわれわれのからだを守っているが，過敏に起こると，からだに不都合な影響を与えることがあり，これを**アレルギー**という。例えば，ある種の食物や薬剤，花粉などに対して体質的に免疫ができる人があり，一度免疫ができると，次に同じ物質が侵入したとき，過敏に病的な強い反応が現れることもある。アレルギーを起こす原因物質は**アレルゲン**とよばれる。

補足　アレルギーの種類　アレルギーには，抗原にさらされてからすぐに症状の現れる即時型アレルギー(花粉症，じんましん，など)と症状が数時間から数日たってから現れる**遅延型アレルギー**(ツベルクリン反応など)とがある。即時型アレルギーには体液性免疫が関与し，遅延型アレルギーには細胞性免疫が関与している。

(1) **花粉症**　① スギ花粉が眼や鼻の粘膜に付着すると，花粉に含まれる物質が抗原となって，B細胞に免疫グロブリン(**IgE**)をつくらせる。

② 花粉症にならない人では，スギ花粉に対するIgEがつくられない。

③ 花粉症の人では，できたIgEが**肥満細胞**(**マスト細胞**)と結合しており，再度，スギ花粉のアレルゲンが侵入すると，このIgEが抗原抗体反応を起こし，それによって肥満細胞がヒスタミンなどの物質を放出する。ヒスタミンは粘液細胞を刺激して鼻水を出させたり，神経細胞を刺激してくしゃみを引き起こす。

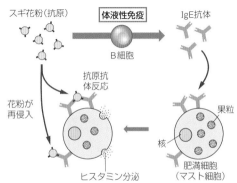

▲ 図6-69　スギ花粉症が起こるしくみ

(2) **アナフィラキシーショック**　ごくまれだが体質的にスズメバチの毒や薬剤であるペニシリンに対して抗体のできる人がいる。これらの人は再びスズメバチに刺されたり，ペニシリンを摂取した場合にアレルギーを起こし，血圧低下などによってショック死することもある。

(3) **ツベルクリン反応**　細胞性免疫によるアレルギー反応を応用して，結核菌に対する免疫の有無を検査する方法がツベルクリン反応である。結核菌のタンパク質を皮内注射する。結核菌に対する免疫をもっている場合には，それと特異的に反応するキラーT細胞の作用によって赤くはれる陽性反応が見られる。

2 自己免疫疾患　自分自身のからだの一部の成分を非自己成分とまちがって認識し，これに対して免疫反応が起こることで生じる病気を**自己免疫疾患**という。ある種のアレルギーや関節リウマチなど。

3 エイズ エイズ（AIDS，後天性免疫不全症候群）を起こすウイルスは，**ヒト免疫不全ウイルス**（HIV）とよばれ，免疫機構の中枢であるヘルパーT細胞に感染し，破壊する。

(1) **HIVの構造** HIVは，RNAを遺伝子としてもつレトロウイルスの仲間である。ウイルスの中心部には，このウイルスの遺伝子の本体であるRNAと，RNAからそれに対応したDNAを合成するための**逆転写酵素**があり，その外側をタンパク質の殻や脂質の二重層が包んでいる。HIVは，RNAが遺伝子の本体となっているため，変異性が高い。

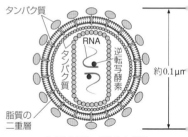

▲ 図6-70 HIVの構造

(2) **HIV増殖のしくみ** HIVは，ヒトのヘルパーT細胞の表面に付着すると，RNAと逆転写酵素をT細胞内に侵入させる。次に，HIVは逆転写酵素によって自分のDNAを合成する。

合成されたHIVのDNAは，宿主であるヘルパーT細胞のDNAの中に組みこまれ，潜伏する（組みこまれた状態を**プロウイルス**という）。

ヘルパーT細胞が活性化してDNAの複製を始めると，休止していたHIVのDNAがはたらき始め，ヘルパーT細胞の他の遺伝子のはたらきを抑制すると同時に，自分の遺伝子から次代のRNAやタンパク質の殻をつくる。次代のHIVが多数形成されると，ヘルパーT細胞の細胞膜を奪って外に出る。このときT細胞は細胞膜が破れて死ぬ。

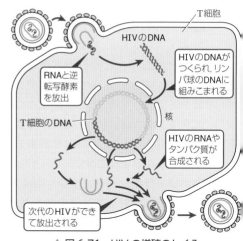

▲ 図6-71 HIVの増殖のしくみ

(3) **免疫機構の破壊** 免疫の中枢であるヘルパーT細胞が次々と破壊されると，しだいに感染者の免疫系は崩壊する。このため，健常者では問題にならないようなカビや細菌による感染（**日和見感染**）が起こり，カリニ肺炎やカポジ肉腫などにかかって死亡する。

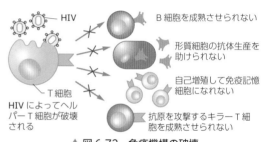

▲ 図6-72 免疫機構の破壊

1 ワクチン 殺したり，毒性を弱めたりした病原体や毒素を**ワクチン**という。ワクチンを前もって注射したり（**予防接種**），内服したりしておくと，体内にこれに対抗する免疫ができるので，病気の予防に役立つ。

補足 ワクチン療法の元祖はイギリスの**ジェンナー**で，牛痘（ぎゅうとう）にかかった乳しぼりの女性が天然痘にかからないことにヒントを得て，最初，使用人の子どもに牛痘を接種して免疫をつくらせ（種痘），ヒトの天然痘の膿（うみ）を実際に接種しても発病しないことを確かめた。

補足 mRNA ワクチン 2019 年に新型コロナウイルス感染症が初めて報告され，その後，世界的に流行した。この新型コロナウイルスに対しては，mRNA ワクチンが使われた。このワクチンは新しい技術によりつくられたものである。新型コロナウイルスの表面には，栗のいがのようなとげ（スパイク）が生えている。スパイクをつくるタンパク質の mRNA を，脂質の膜で包んだものがこのワクチンである。ワクチンが投与されると，mRNA はヒトの細胞に取りこまれ，細胞内でスパイクタンパク質が産生され，それが細胞の表面に現れる。これを免疫系が認識し，抗体がつくられ，また細胞性免疫応答が誘導される。このワクチンに使われる mRNA は人工的に合成してつくられる。ふつう，ワクチンをつくるには鶏卵など，生物体内でウイルスを増やす必要があるが，このワクチンの作製には生物を使う行程がない。そのため，ワクチンを早く大量に安価につくることができる。

2 血清療法 ウマなどの動物にジフテリア・破傷風・ヘビ毒などのワクチンを注射して抗体をつくらせ，それから血清をとり，ジフテリア・破傷風などの病気にかかった人やヘビにかまれた人の治療に用いる方法を**血清療法**という。しかし，1 週間もすると，抗体はなくなってしまうので，予防には役立たない。

発展 **モノクローナル抗体**

血清療法で用いられる抗体は，抗原のいろいろな部位に反応した異なる B 細胞が分泌した，多種の抗体タンパク質の寄せ集めであり，**ポリクローナル抗体**とよばれる。これに対し，抗原の特定の部位のみに反応する単一の抗体タンパク質は**モノクローナル抗体**とよばれる。モノクローナル抗体は次の手順でつくられる。

(1) マウスなどに抗原を注射してしばらく飼育した後，ひ臓から B 細胞を取り出す。

(2) 取り出した B 細胞と無限増殖能をもつ腫瘍細胞の一種を細胞融合させ，

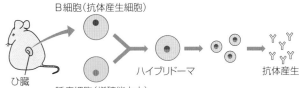

▲ 図 6-73 モノクローナル抗体の生産

ハイブリドーマ（雑種細胞）をつくり，希望の抗体をつくる細胞だけを選択してくる。

(3) 選択したハイブリドーマを大量に培養し，ここからモノクローナル抗体を精製する。

F 血球の凝集と血液型 ★★

１ 血球の凝集　ヒトの血液には生まれながらに異種の赤血球に対する抗体がつくられているので，A型の人の血液にB型やAB型の人の赤血球が入ってくると，これらを凝集させてしまう。赤血球の表面にある抗原に当たるものを**凝集原**，血清の中にある抗体に当たるものを**凝集素**という。

２ ABO式血液型　ヒトの血液の凝集原にはAとB，凝集素にはαとβがあり，凝集原の種類によってA・B・AB・Oの4つの血液型が区別される。

(1) **凝集**　Aとα，Bとβが出会うと，抗原抗体反応により赤血球の凝集が起こる。

(2) **輸血**　A型とA型，B型とB型のように同じ血液型どうしの輸血は安全である（図6-74の赤矢印）。しかし，供血者の赤血球が受血者の血清中の凝集素によって凝集するような方向への輸血は，少量でも行ってはいけない。

　また，供血者の血清によって受血者の赤血球が凝集する方向（図6-74の青矢印）では，供血者の血清が受血者の大量の血液でうすめられるので，実験的には可能であるが，医学的にはこの方向の輸血もふつうは行わない。

▼表6-5　ABO式血液型の凝集原と凝集素

血液型	A型	B型	AB型	O型
凝集原(血球)	A	B	A,B	なし
凝集素(血清)	β	α	なし	α,β

▼表6-6　ABO式血液型の判定
（凝集が起こる場合が＋）

標準血清＼血液型	A型	B型	AB型	O型
A型血清(β)	－	＋	＋	－
B型血清(α)	＋	－	＋	－

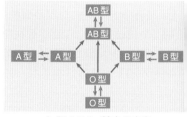

▲図6-74　輸血の方向

補足　凝集原の実体　赤血球に存在する凝集原の実体は，赤血球の細胞膜を貫通して細胞の外へと突き出たグリコフォリンという糖タンパク質である。これが抗原，つまり凝集原としてはたらく。突き出たグリコフォリンの糖鎖部分の末端部の糖の違いにより，抗原としての違いが生じる。末端にN-アセチルガラクトースアミンが結合しているのがA抗原，ガラクトースが結合しているのがB抗原である。O型の赤血球のグリコフォリンにはどちらの糖も結合しておらず，これはH抗原とよばれる。A抗原やB抗原は，H抗原にそれぞれの糖が酵素反応により付加されたものである。A型の人はN-アセチルガラクトースアミンを付加する酵素をもっているためA抗原が生じ，B型の人はガラクトースを付加する酵素をもつためB抗原が生じる。両方の酵素をもつのがAB型の人で，どちらももたないのがO型の人である。

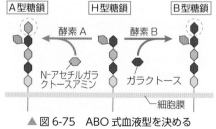

▲図6-75　ABO式血液型を決める糖タンパク質

Laboratory ABO式血液型の判定

方法 ① A型標準血清(抗B血清)とB型標準血清(抗A血清)を，それぞれスライドガラスに1滴ずつとる。

② 調べようとする血液をそれぞれに1滴ずつ加え，約30秒経過してから判定する。

結果

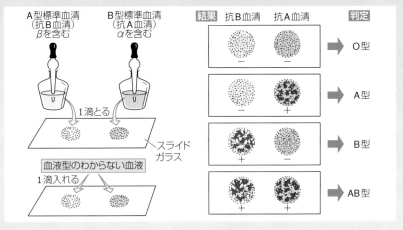

3 Rh式血液型 アカゲザル(Rhesus monkey)の赤血球と同じ抗原をもつかどうかで区別する血液型。凝集が起こる場合(アカゲザルと同じ **Rh因子**をもつ)が Rh$^+$，起こらない場合が Rh$^-$である。

(1) **輸血障害** 日本人には Rh$^-$の人は約0.5%と非常に少ない(欧米人では約15%)ので目立たないが，Rh$^-$の人が Rh$^+$の輸血を受けると抗体ができて，Rh$^+$の2度目の輸血では溶血現象を起こすので，危険である。

(2) **血液型不適合** Rh$^-$の母親が Rh$^+$の子を妊娠すると，分べん時に子の Rh因子が大量に母体に移行して，母体内にそれに対する抗体ができる。次に Rh$^+$の子を妊娠したときにはこの抗体が胎盤を通して胎児に移行するので，血球の凝集や溶血が起こりやすく流産しやすくなる(新生児溶血症)。

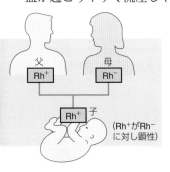

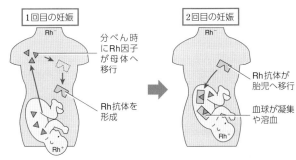

▲ 図6-76 血液型不適合

第**7**章

動物の反応と行動

1. 受容器
2. ニューロンとその興奮
3. 神経系
4. 効果器
5. 動物の行動

カモメの渡り

---

1 受容器

A 刺激と反応 ★

1 刺激 われわれヒトは，夏に気温が高くなると暑いと感じ，冬に気温が下がると寒いと感じる。また，朝，日が昇ると明るいと感じ，日が沈むと暗く感じるとともに，電灯などをつけないとものが見えなくなる。このように，生きている細胞や生物体は，それを取り巻くまわりの状態の変化を**刺激**として受け取り，何らかの**反応**を示す。

刺激として受け取られるものには，次のようなものが知られている。

		機械的刺激	圧力(血圧)・張力・音・接触
刺激	物理的刺激	電気的刺激	電圧・電流
		温 度 刺 激	低温・高温
		光 刺 激	可視光線・紫外線・赤外線
	化学的刺激	におい・味・ホルモン・CO_2・O_2 など	

補足 刺激はすべて体外から受け取るものと決めてしまってはいけない。血液中の二酸化炭素(CO_2)濃度や血糖濃度など，体内からの刺激も含まれる。

2 興奮 生きているすべての細胞は，刺激に対して何らかの反応を示す。中でも神経細胞 (ニューロン) や筋細胞においては，特にはっきりとした電気的な変化 (活動電位が発生する；→ *p*.340) が見られる。このような活動電位が発生する反応を**興奮**という。

3 **刺激の受容から反応まで**　単細胞動物では，1つの細胞で刺激の受け入れと反応の両方を行っている。これに対して，脊椎動物などでは，

① 刺激を受け入れる**受容器**(感覚器)と，
② 受容器で発生した興奮を受けてこれらを伝達し統合する**神経系**(調整器)と，
③ 神経系(中枢)からの命令を受けて反応する**効果器**(作動体；筋肉や腺)が分化している。

図 7-1 に簡単な刺激–興奮–調整–反応の形式を示したが，動物が高等になるほど中枢での神経細胞どうしの連絡が複雑になるので，脳や脊髄が発達している。

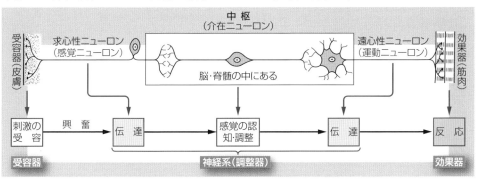

▲ 図 7-1　刺激の受容から反応までの経路

Column ♈ ニューロンと網状説

　シュライデンやシュワンが唱えた細胞説 (→ *p.*35) は，1880 年代までには，1つの例外を除いて正しいものとして受け入れられるようになった。その例外とは神経系である。当時，神経系は1つのシンシチウム (細胞が融合して多数の核をもち細胞質を共有している構造) であるとする網状説が信じられていた。これに対してスペインのラモニ・カハールはゴルジの開発した染色法を用いて神経系の形態を詳細に研究することにより，神経系も独立の細胞から成り立っているという，正しい考えにたどりついた。ドイツのワルダイエルはカハールの説を認め，1891 年，「神経系は解剖学的にも発生学的にも相互に関連のない多数のニューロン (神経単位ともよぶ) によって構成されている」と唱えた。これがニューロン説である。このような経緯のため，今でも神経細胞をニューロンとよんでいる。隣り合うニューロン間のすきまはごく狭いため，電子顕微鏡のなかった時代には，間がとぎれているのかつながっているのかの区別がつけられなかった。このため，網状説のような考えが出てきたのである。ゴルジとカハールは 1906 年のノーベル生理学・医学賞を分け合ったが，ゴルジは受賞者講演でもあくまで網状説に固執した。

▲ 図 7-2　カハール

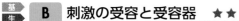
1 受容細胞と受容器　刺激を受容する細胞が**受容細胞**（感覚細胞）である。眼なら視細胞が，耳なら聴細胞が受容細胞である。多細胞動物では，受容細胞は，他の細胞や組織と一緒になって器官（**受容器，感覚器**）を形成することによって，刺激受容の感度を上げている。また，刺激から多くの情報を取り出すなど，その機能を高めている。

▼ 表7-1　ヒトの受容器（感覚器）と適刺激

受容器（感覚器）		適　刺　激	感　覚
眼	網　膜	光（波長おおよそ 380 ～ 760 nm）	視　覚
耳	コ ル チ 器	音波（振動数 20 ～ 20,000 Hz）	聴　覚
	前　庭	からだの傾き（重力の変化）	平 衡 覚
	半 規 管	からだの回転（リンパの流動）	
鼻	嗅 上 皮	空気中の化学物質	嗅覚（臭覚）
舌	味 覚 芽	液体中の化学物質	味　覚
皮膚	触点（圧点）	接触や圧力などの機械的刺激	触覚・圧覚
	痛　点	熱・強い圧力・化学物質など	痛　覚
	温　点	高い温度	温　覚
	冷　点	低い温度	冷　覚

2 適刺激　ヒトなど，受容器の発達した動物では，光は眼で，音は耳でというように，それぞれが特定の刺激を受け取る専門家としてはたらいている。このように，受容器ごとに受け取ることのできる刺激が決まっている場合，その刺激をその受容器の**適刺激**という。

3 刺激の受容と感覚　光が当たると眼の網膜の受容細胞は興奮するが，大脳皮質（→ p.348）が破壊された状態だとものは見えない。これは，受容器で生じた興奮が**中枢（大脳）**に伝えられてはじめて感覚が生じるためである。

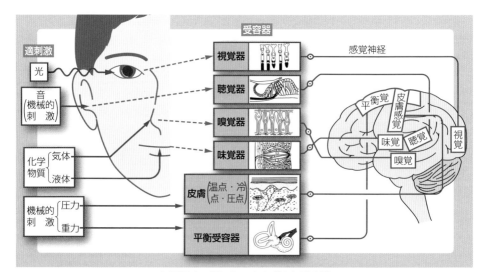

▲ 図7-3　顔にあるさまざまな受容器

C 視覚器 ★★★

光を適刺激とする受容器を**視覚器**という。ヒトの場合，光刺激は眼の**網膜**の視細胞で受け取られ，その結果，視神経が興奮し，それが大脳に伝えられて**視覚**が生じる。ヒトの場合，入ってくる情報の7〜8割を視覚が占めており，ヒトは視覚中心の生きものといえる。

1 ヒトの眼 ヒトの眼は非常によく発達しており，カメラとよく似た構造をもっているため，**カメラ眼**とよばれる。

タコの仲間もカメラ眼を進化させた[1]。

(1) **構造** ① ヒトの眼は直径約2.5cmの球状で，最外層は**強膜**という丈夫な膜で保護されている（カメラの箱にあたる）。その内側には光を通さない**脈絡膜**と色素細胞の層がある（カメラの内側が黒く塗られていることに相当する）。そして最内層が**網膜**であり，そこに光刺激を受容する視細胞が並んでいる（フィルム（デジカメなら撮像素子）に相当）。

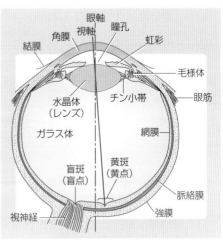

▲ 図7-4 眼 球 の 構 造
（右眼の水平断面を上方から見る）

視覚発生の経路

光刺激 ⇒ 眼（角膜→瞳孔→水晶体→ガラス体→網膜 中の 視細胞）

→視神経→視覚中枢（大脳）⇒ 視覚

② 眼球の前面は**角膜**で保護されており，その奥に透明で弾性のある**水晶体**（レンズ）がある（水晶体はカメラのレンズに相当。角膜はレンズを保護するフィルターで，レンズとしての役割も一部もつ）。

③ 角膜と水晶体との間には，光の量を調節する**虹彩**が突き出している（カメラの絞りに相当する）。虹彩で囲まれた中央の穴が**瞳孔（ひとみ）**である。

④ 水晶体の後方は透明な液状物質からなる**ガラス体**で満たされている。

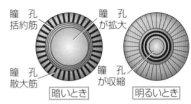

▲ 図7-5 明暗調節 瞳孔の大きさを変えて，眼に入る光の量を調節する。

---

1) イカ・タコはわれわれとは独立にカメラ眼を進化させた。これらの眼では，球状の水晶体があり，水晶体を前後に動かすことによって，水晶体と網膜との距離を変えて遠近調節を行っている。

(2) **遠近調節**　フィルムの面に像を結ばせるためにカメラではピント合わせをする。それにはレンズの屈折率を変える方法と，レンズを前後に動かす方法がある。ヒトの眼では水晶体の屈折率を変えることによってピント合わせをする。

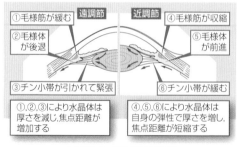

▲ 図7-6　眼の遠近調節

① 遠くを見るときは，水晶体はチン小帯に引かれて薄くなる（水晶体の屈折率が小さくなり，焦点距離が増加）。
② 近くを見るときは，チン小帯がゆるみ，水晶体は自身の弾性で厚くなる（水晶体の屈折率が大きくなり，焦点距離が短縮）。

(3) **明視距離**　物体が最もはっきり楽に見える距離。約25cm。

(4) **近点**　物体をはっきりと見ることができる最も近い距離。約8～10cm。

(5) **近視眼**　眼球の奥行きが長すぎるために，鮮明な像が網膜よりも前にできる。凹レンズ眼鏡で矯正する。

(6) **遠視眼**　眼球の奥行きが短すぎるために，鮮明な像が網膜よりも後方にできる。凸レンズ眼鏡で矯正する。

(7) **乱視眼**　角膜の曲面が一様でないため，像がひずんで見える。曲面を補正する眼鏡で矯正する。

(8) **老視眼**　水晶体の弾性が減退し，近くを見るときにピント合わせがうまくいかないので，凸レンズ眼鏡を用いる。

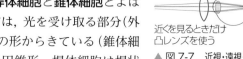

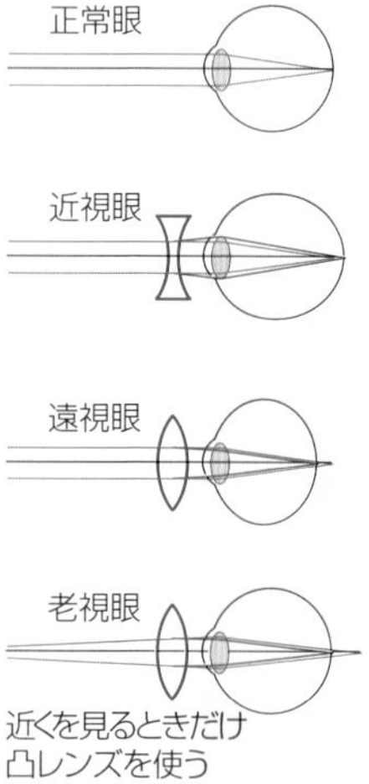

近くを見るときだけ凸レンズを使う

▲ 図7-7　近視・遠視・老視

2 網膜　(1) **視細胞**　網膜には，**桿体細胞**と**錐体細胞**とよばれる2種類の**視細胞**がある。名前は，光を受け取る部分（外節）の形からきている（錐体細胞は円錐形，桿体細胞は桿状（棒状）；→図7-9）。

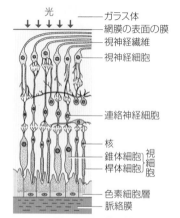

▲ 図7-8　網膜の断面

桿体細胞　微弱な光も感じる高感度の視細胞。色の区別はできない。薄暗い場所でよくはたらく。
錐体細胞　光に対する感度は低いが，色の識別ができる視細胞。明所でよくはたらく。

(2) **盲斑（盲点）**　視神経が束になって網膜から出ていくところで，ここには視細胞がないので，像がうつっても見えない。

(3) **黄斑（黄点）**　網膜の中央部には，卵円形の浅いくぼみがあり，黄色をしているために**黄斑**とよばれる。

桿体細胞も錐体細胞も細長い細胞で，途中にくびれがあり，**内節**と**外節**とに分かれている。外節は細胞膜が陥入して，幾重にも折り重なった構造をしており，この部分の膜に光を感じる物質（感光物質）がある。折りたたまれた構造をとっているのは，膜の表面積を大きくしてセンサーとしての感度をあげる工夫である。

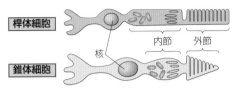

桿体細胞には**ロドプシン**とよばれる感光物質（紅色をしており**視紅**ともいう）が含まれており，光が当たるとロドプシン（視紅）の分解が起こる。ロドプシンがタンパク質（オプシン）とレチナール（黄色をしている）に分解して**視黄**になると，桿体細胞の細胞膜のイオン透過性が変わり，膜電位に変化が起こる。

さらに光が当たると，視黄は**視白**（タンパク質＋ビタミンA）に変わり，桿体細胞ははたらかなくなる。しかし，暗所では視白から視紅への反応が進み，再び桿体細胞ははたらけるようになる。

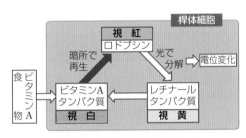

▲ 図7-9　桿体細胞の感光のしくみ

黄斑には錐体細胞が特に多く，そのため視野の中心部は色も形も鮮やかに知覚できる。黄斑のまわりから網膜の周辺部には桿体細胞が多い（図7-10）。

補足 ① **夜盲症**　ビタミンAは，桿体細胞中の感光物質（ロドプシン）の原料である。このため，ビタミンAが不足すると弱い光に対して感度が低くなる**夜盲症**になる。

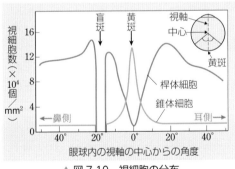

▲ 図7-10　視細胞の分布

② **錐体細胞のはたらき**　3種類の錐体細胞があり，それぞれ赤・青・緑色の光に反応する感光物質を含んでいて，どの錐体細胞が興奮するかで，色を見分けている。

われわれヒトは3種の錐体細胞を用い，3色の組み合わせで外界の色を再現しているが，鳥類は4種の錐体細胞をもち，4色の組み合わせで外界を再現している。夜行性のコウモリ，ネズミ，フクロウなどには，錐体細胞をほとんどもたないものがおり（桿体細胞だけをもっている），これらには色覚はない。

3 明暗順応 暗所から明所へ出ると，まぶしくてよく見えないが，しばらくすると見えるようになる。この現象を**明順応**という。これは，暗所では視細胞中の感光物質の濃度が高くなっており，明所に出るとそれが強い光に当たって急激に分解し，視細胞に過度の反応が起こるためである。

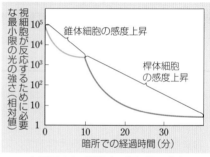

▲ 図7-11　暗順応と視細胞の感度

逆に明所から暗所へ入ると，最初はまっ暗で何も見えないが，しばらくすると見えるようになる。この現象を**暗順応**という。これは，明所では感光物質の濃度が低下しているが，暗所でしばらくすると，感光物質の濃度が高くなって視細胞の感度が上がるためである。

4 眼から脳へ ヒトの眼は単に光を受け取る受容器ではなく，受け取った情報の処理もある程度行っている。眼の形成過程（→ p.258）からわかるように，眼は脳の膨らみと表皮が合体してできてくるもので，網膜は脳の出張所だと考えることができる。つまり，網膜には視細胞のほかに，視細胞から情報を受け取ってそれを処理する細胞群があり，これらによって処理された視覚情報が，視神経によって脳へと運ばれていく。

このとき，左右の眼から脳へ向かう視神経は，いったん眼球の後方で交さしてから左右の脳半球に入る。交さ点が**視交さ**である。ここで間違ってはいけないのは，右眼の情報が左の脳半球に入り，左眼の情報が右の脳半球に入る，というわけではない。右眼であれ左眼であれ，**右の視野の情報が左の脳半球に入り，左の視野の情報が右の半球に入る**のである。つまり，右眼から出た視神経のすべてが左の脳半球にいくのではなく，右の脳半球にいくものもある（視神経には交さするものと交さしないものとがある，図7-12）。

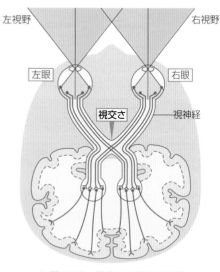

▲ 図7-12　視交さと視野の関係

視覚の情報は，まず間脳の視床に入り，ここでいったん整理されてから，大脳皮質の**視覚野**へと伝えられる。視覚野においては，情報が色や形・明るさ・動き・模様・位置などいろいろな面から分析され，それにより，はじめて何かを見たという視覚が生じる。

なぜ眼や葉は可視光を使うのか？

　ヒトは，波長約 400 ～ 700 nm の光を受容し，この範囲の光を**可視光**という。光は電磁波の一種で，電磁波には波長の短いガンマ線やＸ線のようなものから，波長の長い電波までいろいろある。それなのになぜ眼は可視光の部分を使うのだろうか？また，植物も光合成に可視光域の電磁波を使っている（→ *p*.122）。

　生命は海の中で進化した。太陽から降りそそぐ電磁波は，海水中を進んでいく間に水に吸収されて，その強度はどんどんと小さくなっていく（減衰していく）。海水中での減衰の度合を調べると，可視光は他の波長域に比べて，目立って減衰しにくいことがわかる（図 7-13）。だからこの部分を生物は利用するようになったと考えられている。

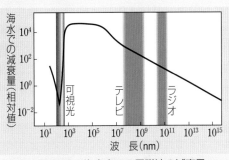

▲ 図 7-13　海水中での電磁波の減衰量

5 **いろいろな生物の視覚器**　視覚器の構造は動物によってさまざまであり，色を感じるしくみや感じている色の数なども異なっている。

視覚器	生物名	構　　造	特　　徴
視細胞	ミ　ミ　ズ	視細胞が体表に散在	明暗を感知。光走性を示す
杯状眼	プラナリア／オウムガイ	光を感じる色素細胞群に神経が連接 水晶体はなく，ピンホールカメラ式	明暗のほかに光の方向もわかる
カメラ眼	イカ・タコ／サル・ヒト	球形の水晶体をもつようになる 円盤状水晶体，2 種類の視細胞	水晶体と網膜の距離で遠近調節 色もわかるようになる
複　眼	ハチ・エビ	多数の個眼が集まって複眼となる[1]	立体像がわかり，色もわかる

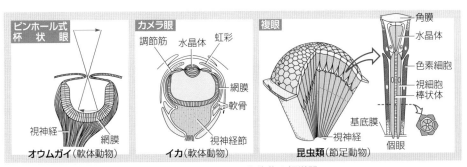

▲ 図 7-14　いろいろな生物の視覚器

1) **複眼をつくる個眼の数**　動物の種類によって異なる。ミツバチの雌では 3,000 ～ 4,000，雄では 7,000 ～ 8,000 くらいである。また，トンボでは 30,000 くらいで，キアゲハでは 17,000 くらいである。

D 聴覚器と平衡受容器 ★★★

　音は，音波として空気中や水中あるいは固体中を伝わってくる。音を適刺激とする機械的な受容器を**聴覚器**という。また，重力の場で，からだの傾きや回転によって生じる重力の受け方の変化などを適刺激とする受容器を**平衡受容器**（もしくは平衡器）という。ヒトの聴覚や平衡覚の受容器は**耳**にある。

１ ヒトの耳　外耳・中耳・内耳の大きく３つの部分に分けられる。外耳は耳殻（音波を集める）と外耳道からなり，中耳は鼓膜（音波で振動する）と鼓膜の振動を増幅して内耳に伝える耳小骨（つち骨・きぬた骨・あぶみ骨）とからなる[1]。内耳には，前庭・半規管・うずまき管がある。外耳は集音器（パラボラアンテナのようなもの），中耳は空気の振動を受け取り伝える部分，内耳が振動を電気信号に変える部分である。

　補足　音は空気の粗密波である。つまり空気の圧力の高いところと低いところが次々と伝わってくるのが音波である。コップなどの口に薄い膜をかぶせて輪ゴムで止めたものにこのような粗密波を与えれば，圧力の高いときには膜はへこみ，圧力が低いときには膜は膨れて，結局，膜は振動することになる。これが鼓膜で音をとらえる原理である。

　押したり引いたりして物体に変形を起こす刺激を機械的刺激という。

２ 聴覚発生のしくみ　（1）**うずまき管**　中耳の耳小骨と卵円窓で接し，振動を受け取る。卵円窓の振動は前庭階の外リンパを経て鼓室階の外リンパに伝わり，それによって**基底膜**が振動する。

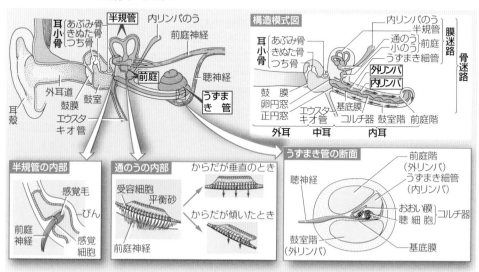

▲ 図 7-15　ヒトの耳の構造

1）中耳には**エウスタキオ管**（耳管）があり，鼓膜内外（外耳と中耳）の圧力を同じに保つためにいん頭に通じている。

聴 覚 発 生 の 経 路

音 ⇒ 耳(鼓膜→耳小骨→前庭階→鼓室階→基底膜→コルチ器の聴細胞)

→聴神経→聴覚中枢(大脳) ⇒ 聴覚

(2) **コルチ器** 基底膜が振動すると, その上にある**コルチ器**の**聴細胞**が, その上を
おおっている**おおい膜**と接触して興奮を起こし, この興奮が**聴神経**を通じて**大脳**
に伝えられ, そこで**聴覚**が生じる。

[補足] 聴細胞は, 表面に毛(感覚毛)のある有毛細胞の一種で, 基底膜が振動すると, この
毛が上のおおい膜との接触で変形し, それによって, 聴細胞に電位変化が起こる。

　高い音に対しては基底膜の鼓膜に近い側が振動し, 低い音に対しては鼓膜から遠い側(う
ずまき管の奥のほう)の基底膜が振動する。どの位置の聴細胞が興奮したかによって音の高
低がわかる。音の強弱は基底膜の振動の大きさによって区別する。

③ ヒトの平衡受容器 ヒトの平衡覚の受容器は, 前庭と半規管にある。

(1) **前庭** 前庭には**通のう**とよばれる膨らみがあり, 通のうの下面に毛(感覚毛)を
もつ受容細胞(有毛細胞)がある。その上に**平衡砂(平衡石, 耳石)**とよばれる石灰
質の粒子がのっており, からだが傾くと平衡砂が動いて毛を曲げ, これが刺激と
なって受容細胞に電位変化が起こる。情報は前庭神経によって大脳に運ばれ, そ
こで体位変化の感覚が起こる。

(2) **半規管** 半円形の管が3個互
いに垂直に交わった構造で, 根
もとが膨らんでいる。その膨ら
んだ根もとに感覚毛をもった受

平衡覚 $\begin{cases} 傾きの感覚…前　庭 \\ 回転の感覚…半規管 \end{cases}$

容細胞(有毛細胞)があり, 有毛細胞が刺激を受容し, その興奮が**前庭神経**を経て
大脳に伝えられ, **前後・左右・水平**の3方向の回転の方向や速さの感覚が起こる。

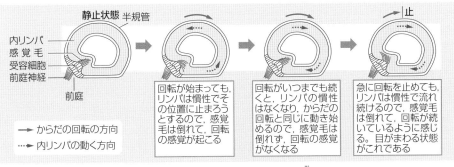

▲ 図7-16　回転を感じとるしくみ[2]

2) **慣性** 静止している物体はいつまでも静止を続けようとし, 運動している物体はいつまでもその速度
を保とうとする。物体のもつこのような性質を**慣性**という。

おもに空気中の化学物質を適刺激とする受容器を**嗅覚器**という。また，おもに液体中の化学物質を適刺激とする受容器を**味覚器**という。

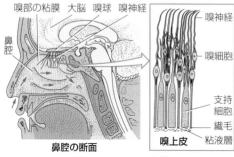

▲ 図 7-17　ヒトの嗅覚器

1 ヒトの嗅覚器　鼻腔の奥の上端から鼻中隔の両側にかけて 3cm 四方ほどの上皮に**嗅細胞**が並んでおり，化学的刺激が嗅細胞を興奮させると，それが**嗅神経**を通って大脳に送られる。

2 嗅覚発生のしくみ　嗅細胞には毛（繊毛）がはえており，この毛の細胞膜に，におい物質と結合する**嗅覚受容体**が存在する。この受容体とにおい物質とは，ちょうど鍵と鍵穴のようにぴったりはまりこむような形になっており，はまらない分子は，この受容体には結合しない。受容体に特定の分子が結合すると，それが刺激となって嗅細胞に電位変化が起こる。嗅細胞は原始的な神経細胞ともいえるもので，嗅細胞自身が長い軸索を伸ばして興奮を脳へ向かって送り出す。

補足 **嗅覚受容体の多様性とにおいの判別**　ヒトはイヌなどに比べて嗅覚があまり発達してはいないが，それでも 1 万種ものにおいを嗅ぎ分けることができるといわれている。ヒトには約 400 種類の**嗅覚受容体**がある。1 種の嗅細胞が特定の受容体のみをもち特定のにおい物質にだけ反応するという 1：1 対応になっているのではなく，1 個の嗅細胞が（最も強く興奮する物質は決まっているが）複数のにおい物質に反応し，嗅細胞全体としての反応パターンを脳が処理して，多くのにおいを嗅ぎ分けるのだと考えられている。

3 ヒトの味覚器　舌の表面は，味覚乳頭とよばれる突起が多数ありざらざらしている。この乳頭の側面には**味覚芽**（味らい）とよばれる受容器があり，中に受容細胞である**味細胞**がある。味覚には，あまい（**甘味**）・にがい（**苦味**）・すっぱい（**酸味**）・塩からい（**塩味**）の区別がある。最近ではこれに「うま味」が加わった。

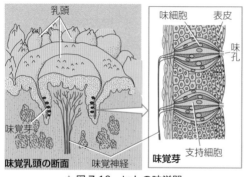

▲ 図 7-18　ヒトの味覚器

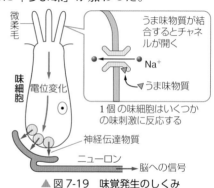

▲ 図 7-19　味覚発生のしくみ

　耳の受容細胞は，典型的な繊毛をもつ細胞で，**有毛細胞**とよばれている。前庭や半規官の有毛細胞では，繊毛が倒れることによって細胞に電位変化が起こる。また，コルチ器の聴細胞にも毛の列がはえていて，この毛がおおい膜に接触して曲がることによって，聴細胞に電位変化が起こる。ただし，聴細胞の毛は繊毛ではなく微柔毛であるが，聴細胞には繊毛の根もとの構造が残っており，やはり有毛細胞の変化したものといえる。

▲図 7-20　有毛細胞の表面

　多くの魚類は，体側に，**側線**とよばれる 1 本の水のつまった管（ところどころで外部とつながっている）をもっている（→ p.336）。この管の壁に有毛細胞があり，水流の方向や水圧・音を感じとっている。つまり，わたしたちの耳は，もとをたどれば，このような側線から進化したものと考えられている。

　視細胞も繊毛細胞である。桿体細胞・錐体細胞とも，中程でくびれて内節と外節に分けられる（→ p.329）が，くびれのところの断面を電子顕微鏡で見ると，繊毛に特徴的な 9＋2 構造（→ p.358）があり，外節は繊毛の変形したものだということがわかる。

　このように，受容細胞には繊毛をもつものが多い。受容細胞は外胚葉から分化してくるもので（→ p.251），外胚葉の細胞はもともと繊毛をもっているのが基本である。つまり，多くの受容細胞はその繊毛をずっともち続けているものと考えられるが，これは，細胞の表面を突き出して凹凸させれば細胞の表面積が増え，それだけ入ってくる情報も多くなって，感度も上がるためと考えられる。

　補足　甘味は砂糖などのエネルギー産生に必要な物質，塩味はミネラル，うま味はタンパク質や核酸というように，摂取すべき物質の検出に役立つ。逆に，酸味は腐敗物，苦味は毒（植物のアルカロイドなど）と関連するから，食べるべきではないものを避けるのに役立つ。

4　味覚発生のしくみ　味細胞の突起部（微柔毛）が味物質を感じて電位変化を起こし，それがシナプス部に伝わることにより神経伝達物質が分泌され，味覚神経に情報が伝えられる。感じる機構は味覚によって違うが，うま味の場合，味細胞の微柔毛の細胞膜に受容体があり，うま味物質が受容体に結合するとナトリウムチャネルが開き，電位変化が起こる（図 7-19）。

　補足　アリストテレス以来，味は 4 種と考えられてきたが，最近ではこれにうま味を加える。うま味の受容体が味細胞にあることがわかったからである。コンブのうま味がグルタミン酸ナトリウム（味の素の主成分）によることを発見したのは池田菊苗である。また，かつおぶしのうま味がイノシン酸ナトリウムによることを発見したのは池田の弟子の小玉新太郎である。日本人はもともとうま味を味として認識してきたといわれている。グルタミン酸はアミノ酸の一種，つまりタンパク質の成分で，イノシン酸は核酸の成分であり，生きていくために摂取する必要のあるものを，うま味として感じるのは当然のこととともいえる。

皮膚にある受容器によって感じとる感覚を**皮膚感覚**という。圧覚（触覚）・痛覚・温覚と冷覚（温度覚）がある。

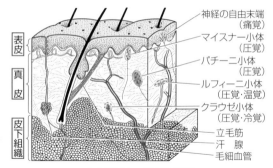

▲ 図7-21 皮膚の構造

1 ヒトの皮膚感覚点 ヒトの皮膚には，圧力を受容する**圧点**（触点），温度を受容する**温点**と**冷点**，痛みを受容する**痛点**がある。

温めた細い針金で皮膚に触れると，熱を感じるところがある。これが**温点**である。同様に冷やした針金を用いたり，針先でつついたりすれば，**冷点**と**痛点**がわかる。皮膚には，図7-21に示したような受容器があるが，神経の自由末端も温度や痛みの受容にはたらいている。

▼ 表7-2 感覚点の分布

感覚点	分布密度(/cm²)
圧 点	25
温 点	0〜 3
冷 点	6〜 23
痛 点	100〜200

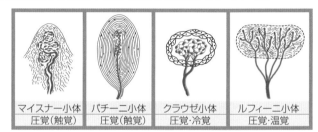

▲ 図7-22 皮膚の受容器

補足 最近では，ルフィーニ小体とクラウゼ小体はおもに圧力の受容器で，温度の受容器は神経の自由末端にあると考えられている。

補足 眼に入ったゴミは，実際には小さいのにずいぶんと大きく感じる。また，虫歯の穴も舌先でさわると大きく感じる。これは，まぶたの内側や舌先には感覚点が密に分布しているからである。

2 魚類の側線 魚類には，体側に1条の**側線**がある。この側線は，図7-23のようにうろこの下を通る枝分かれした1本の側線管からできている。

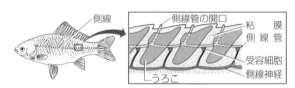

▲ 図7-23 魚類の側線

枝分かれの先は体外に開口していて，ここから水が出入りする。うろこの下の部分に受容器があり，ここで水圧の変化を受容して，水流の速さと方向を感じとる。また，振動数の小さい音波による水圧の変化も感じとる。

補足 側線はオタマジャクシ（カエルやイモリの幼生）やイモリの成体にもある。側線は音も感じるので，聴覚器としても扱われる。

G 内部感覚 ★

1 内部感覚 体内に刺激源のある感覚を**内部感覚**という。からだの中で筋肉や関節がどのようにはたらいているかを知り，また胃・腸・心臓などの内臓の痛みなどからその状態を知ることができるので，内部感覚は生きていくためになくてはならないものである。

2 自己受容器 受容器には外界からの刺激を受け取るもののほかに，からだの中で起こる刺激を感じとって，求心性神経（感覚神経）に伝えるものがある。これを**自己受容器**という。筋肉や内臓などの痛みや熱の感覚，満腹感や空腹感，

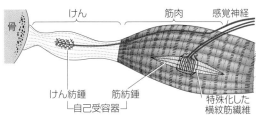

▲ 図7-24 筋肉の自己受容器

排便・排尿などの感覚はからだの中から起こるものである。

例えば，筋肉のけん（腱）の部分にある**けん紡錘（けん受容器）**や筋肉の間にある**筋紡錘**は，筋肉が伸びたり縮んだりしている状態を感じとっている。

補足 筋紡錘は特殊化した横紋筋繊維に感覚神経の末端が巻きついたものである。

発展 温度受容体とトウガラシ

ヒトは皮膚で温度を感じている。温度の受容体分子にもさまざまなものが見つかっており，その正体は，神経細胞の細胞膜にある温度感受性のイオンチャネルである。それぞれ受け取ることのできる温度帯が決まっており，該当する温度になるとチャネルが開いて活動電位が生じ，脳へと伝わって温度の感覚（**温度覚**）が生じる。

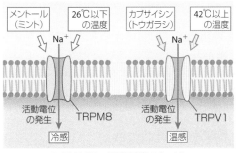

▲ 図7-25 温度受容のしくみ

これらの温度受容体の中には，トウガラシに反応するものがある。辛み専用の味覚受容体というものはなく，42℃以上の熱を感じる温度受容体（TRPV1）がトウガラシの辛み成分である**カプサイシン**に反応し，この感覚が「辛み」となっているのである（ちなみに英語では辛いは hot）。逆に，26℃以下の冷たさを感じとる温度受容体（TRPM8）を刺激するのがミント（ハッカ）に含まれている**メントール**である。寒いときに靴下の中にトウガラシを入れると暖かく感じるし，メントールを含む湿布薬をぬると涼しく感じるのはこのためである。

A ニューロン（神経細胞） ★★★

1 ニューロン 神経系を構成する基本となる細胞が**ニューロン**（**神経細胞**）である。ニューロンは遠く離れた細胞間で情報を伝えるのがおもな役割である。そのため，ニューロンは非常に長い突起をもつ。核のある**細胞体**から長く伸びる突起を**軸索**（神経突起）といい，多数の短い突起を**樹状突起**という。軸索の長さは長いもの（ヒ

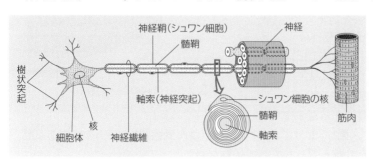

トの座骨神経など）では1mを超える場合もある。

ニューロンは，樹状突起で情報を集め，集めた情報を軸索から送り出す。

▲ 図 7-26　ニューロン（神経細胞）

重要

神経細胞
（ニューロン）
- 細胞体
- 樹状突起
- 軸索（神経突起；有髄と無髄）

長い手（軸索）で情報を送る

2 神経繊維 細胞体から長く伸びる軸索は，薄い膜状の**シュワン細胞**でできた**神経鞘**が取り巻いていることが多い[1]。このような軸索を**神経繊維**といい，一般に神経とよばれる白いひも状のものは，神経繊維が多数集まって束になったものである。

（1）**有髄神経繊維** シュワン細胞が軸索のまわりを何重にも取り巻いて**髄鞘**とよばれる構造が見られるものを**有髄神経繊維**という。

脊椎動物の末しょう神経の多くは有髄神経である[2]。有髄神経繊維では，無髄神経繊維に比べて，興奮の伝導速度が大きい（→ p.343）。

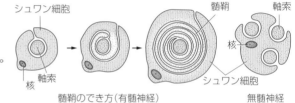

髄鞘のでき方（有髄神経）　　　　無髄神経

▲ 図 7-27　髄鞘のでき方と無髄神経

1）グリア細胞（神経を構成するニューロン以外の細胞）の一種であるシュワン細胞には，細胞体から長く伸びる軸索へ栄養補給を行うという役割がある。

[補足] **髄鞘のでき方** 図7-27のように，まずシュワン細胞が軸索をかかえこみ，次に突出部の細胞質が互いに密着し，しだいに密着部が伸長して軸索のまわりをグルグル取り巻く。巻きついた部分の中に入っていたシュワン細胞の細胞質は絞り出されてしまい，細胞膜だけが何重にも巻いた構造ができる。これが髄鞘である。髄鞘の外側には，それをつくったシュワン細胞の本体が形成する神経鞘がある。

軸索は長いため，多数のシュワン細胞が軸索上にずらりと並んで髄鞘をつくることになる。隣りの細胞の髄鞘との間には少々すきまがあるため，ほぼ1mm間隔で髄鞘のないくびれが観察できる。これが**ランビエ絞輪**とよばれる部分である(p.343)。

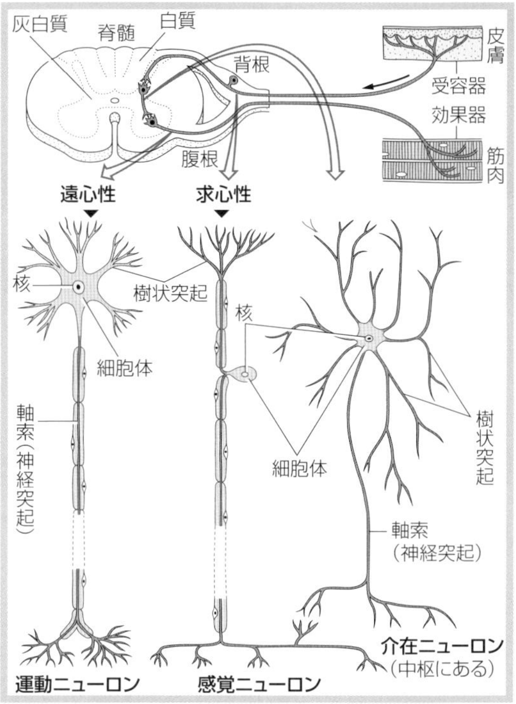

▲ 図 7-28 いろいろなニューロン

(2) **無髄神経繊維** 髄鞘をもたないものを**無髄神経繊維**とよぶ。無脊椎動物の神経は無髄神経であり，脊椎動物にも存在する[2]。無髄神経の軸索は髄鞘をもたないが，シュワン細胞には包まれていることが多い。

3 ニューロンの種類 図7-28に3種のニューロンからなる興奮の伝達経路を示した。ニューロンは，はたらきのうえから，受容器につながる**感覚ニューロン**，効果器(作動体)につながる**運動ニューロン**，ニューロン間の連絡をする**介在ニューロン**に分けられる。

種　類	特　　　　　徴	はたらき
感覚ニューロン	受容器(皮膚や感覚器)からの興奮を中枢(脳や脊髄)に伝えるニューロン。2本の長い突起が同じところから出て，互いに反対方向に伸びる。細胞体は，脊椎動物では背根(→ p.349)にある	求心性経路を形成
介在ニューロン	ニューロン間の連絡をするニューロンで，全体としては短く，脳・脊髄・交感神経節などの中枢にある	中枢神経系を形成
運動ニューロン	中枢からの興奮を効果器(筋肉や腺など)に伝えるニューロン。多数の樹状突起と，1本の長い軸索からなる	遠心性経路を形成

2)末しょう神経であっても交感神経(→ p.292)は無髄神経である。また，脊椎動物でも，無顎類(ヤツメウナギなどのあごのない脊椎動物)には，有髄神経は見られない。

　ニューロンは電気的な変化によって情報を伝えている。ニューロンをはじめ一般に細胞では，細胞膜の内側と外側には電位差があり，細胞の外側を基準（0V）にすると，ふだんは細胞内が負（−）の電位をもっている。

1 静止電位　① 刺激されていない静止状態では，細胞膜にある一部の**カリウムチャネル**（K⁺漏洩チャネル）が開いていて，K⁺の細胞膜透過性が高い。ナトリウムポンプのはたらきによって，細胞の内側ではNa⁺濃度が低く，K⁺濃度が高くなっているため，K⁺は内側から外側へカリウムチャネルを通ってもれ出ていく。

② K⁺という＋に帯電したイオンが外に出ていくため，外側は＋が多くなる。逆に内側は＋が出ていったのだから，その分−となる。静止状態では，細胞膜の内側が負（−）の電位をもっており，これが**静止電位**である。

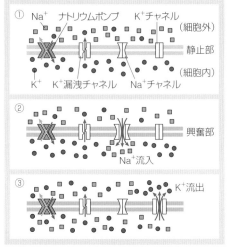

▲ 図7-29　活動電位発生のしくみ

補足 ① 内から外へのK⁺の動きはすぐに止まる。なぜなら，＋に帯電した外側に＋の電気をもったK⁺が移動しようとしても，＋どうしが反発しあって押しもどされるからである。K⁺を外へ押し出そうとする力は，K⁺の濃度の違いが大きいほど強い。

② 濃度差によって電位差を発生する電池を濃淡電池とよぶ。だから細胞は電池なのである。ちなみに英語では，細胞は cell，乾電池は dry cell である。

2 活動電位の発生と興奮　細胞膜にはNa⁺を通す穴（ナトリウムチャネル）も存在している。これは，静止時には閉じているが，刺激を受けると開いて，Na⁺の透過性が高まる。すると，Na⁺は濃度の高い外側からチャネルを通って細胞内へ流れこみ，これによって細胞内は＋になる。一度開いたナトリウムチャネルはすぐに閉じ，続いてK⁺漏洩チャネル以外の電位依存的なカリウムチャネルが開き，K⁺が細胞外に流出することにより，電位はすぐにもとの静止状態

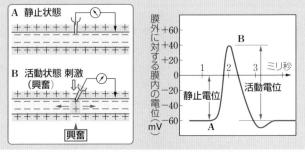

▲ 図7-30　静止電位と活動電位

CHART

静止電位

cell（細胞）は，cell（電池）のなかま

なかま　なかま　なかマイナス

にもどる（図 7-30）。この一連の電位変化を**活動電位**といい，活動電位が発生することを**興奮**という。一度の興奮で流入する Na^+ 量はごくわずかであるが，流入して増えた Na^+ はナトリウムポンプにより排出される。

（補足）図 7-30 のグラフは，膜外に対する膜内の電位を表している。つまり，電位の基準は膜の外側で，＋に帯電している外側を電位 0（基準）としたときの膜内の電位を示している。したがって，興奮時の膜内は膜外より 40 mV 電位が高くなることを表しており，静止時には −60 mV であるから，電位の変化（活動電位の大きさ）は 100 mV ということになる。

発 展　細胞内電位の測定とイカの巨大神経

　細胞膜内外の電位差を測る場合，細胞の外側に一方の電極をおき，もう一方の電極を細胞の内側に挿入すればよいのだが，細胞の中に入れるのだから，電極はものすごく細いものでなければならない。細胞の大きさは 1/100 mm 程度である。細胞を殺さずにそこに差しこむためには，さらにその 1/100 程度の太さの電極でなければならないが，こんな細いものを金属でつくることはできない。金属の結晶はこれより大きいからである。きわめて細く引いた中空のガラス管に塩化カリウム溶液をつめたものを電極として使う。これがガラス微小管電極である。

　このような細い電極で電位を測定することは，たいへんな技術を必要とする。ところが，より大きな細胞を使えば楽に測定することができる。大きなニューロンとして研究者に愛用されたのがイカの巨大軸索であった。イカの外とう膜（マントル，刺身にして食べる部分）には，特別に太い軸索がある。直径が 1 mm もあり，ふつうの軸索より 1000 倍も太い[1]。

▲ 図 7-31　イカの巨大軸索

　イカの巨大軸索を用いて活動電位の発生機構を研究したのがイギリスの**ホジキン**と**ハックスレー**だった。これだけ太いといろいろな実験ができる。彼らは軸索の中に銀線を電極として何本も差しこんだり，軸索の中の液を入れかえたりして，チャネルの概念を確立した。彼らはこの仕事により，ノーベル生理学・医学賞を授与された（1963 年）。

1) 軸索を太くすれば情報を速く伝えられる。イカは敵におそわれた際，外とう膜を強く収縮させて水を漏斗から吐き出し，ジェット推進によってすばやく逃げるが，その際，「あぶない，外とう膜を縮めろ！」という緊急指令を運んでいるのが巨大軸索である。ミミズやザリガニにも逃げるための巨大軸索がある。

3 全か無かの法則　刺激を受けて発生する活動電位の大きさはいつも一定で，刺激をいくら強くしても，その大きさは変わらない。つまり，ある強さの刺激以下では，まったく活動電位は発生しないが，それをこす大きさの刺激に対しては，刺激の強さにかかわらず同じ大きさの活動電位が発生する（図7-32(a)）。興奮は，「ある」か「ない」かのどちらかなのである。これを**全か無かの法則**とよぶ。

① 興奮が起こる最小の刺激の大きさを**閾値**（いきち）という。多数の神経繊維の束からなる神経では，個々のニューロンは全か無かの法則にしたがうが，ニューロンによって閾値がそれぞれ異なるため，すべてのニューロンが

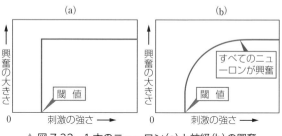

▲ 図7-32　1本のニューロン(a)と神経(b)の興奮

興奮を起こすまでは，刺激が強くなるほど，神経としての興奮は大きくなっていく。しかし，すべてのニューロンが興奮すると，興奮の大きさは一定になる（図7-32(b)）。

② 全か無かの法則は，ニューロンで活動電位が発生する際のみでなく，例えば，1本の骨格筋の筋繊維（筋細胞）の収縮においても成り立つ。1本の筋繊維に刺激を与えた場合は，図7-32(a)と同様に，刺激が閾値に達すると一定の強さの収縮が起こる。また，多数の筋繊維の集まった筋肉においては，刺激が大きいほど，より多数の筋繊維が収縮し，すべての筋繊維に収縮が起きるまでは，図7-32(b)のように，刺激の強さに応じて収縮も大きくなっていく。

③ 刺激が強いほど，1つのニューロンに発生する活動電位の頻度も高くなる（図7-33）。

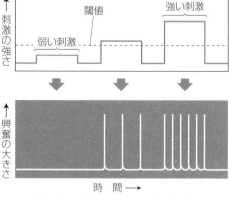

▲ 図7-33　刺激の強さと興奮の発生頻度

基生
C 興奮の伝導と伝導速度 ★★★

1 興奮の伝導　軸索のある部分が興奮する（活動電位が発生する）と，その部分と隣接部との間で微弱な電流（**活動電流**）が流れ，それによって隣接部が刺激され，そこを興奮させる。このようにして興奮は次々と隣接部に伝わっていき，軸索上を伝わっていくことになる。これを**興奮の伝導**という。

補足 細胞の内側では，興奮部から隣接部へと活動電流が流れ，細胞の外側では，隣接部から興奮部へと活動電流が流れる。すると，その部分のナトリウムチャネルが反応して開くため，外側から Na^+ が流れこみ，隣接部に活動電位が生じる。

① **不応期** いったん興奮すると，しばらくの間は刺激を受けても活動電位を発生しない**不応期**とよばれる時期がある。そのため，伝わってきた活動電流は，後戻りすることなく，さらに同じ方向に向かっていく。

② 細胞の内側に電極を挿入するやり方が細胞内電極法で，静止電位はこのようにしなければ測れない。しかし活動電位が生じたことを知るだけなら，電極を細胞の外側に触れさせる細胞外電極法でも記録がとれる。電極を2本とも軸索の上において電位の変化を測定すると，興奮の伝導に伴って図7-35のような活動電位が記録される。このとき，グラフの形は，電極のどちらを基準にするかで異なるので注意したい。

2 興奮の伝導速度 無髄神経繊維どうし，有髄神経繊維どうしでは，軸索が太いほど**伝導速度が大きくなる**。

また，伝導速度は，無髄神経繊維に比べ，**有髄神経繊維では非常に大きい**。有髄神経では，髄鞘が電気的な絶縁体としてはたらくので，活動電流は髄鞘の切れ目である**ランビエ絞輪**でしか流れず，活動電位もこの部分でしか発生しない。このために，興奮はランビエ絞輪から次のランビエ絞輪へととびとびに伝わる。このような伝導のしかたを**跳躍伝導**という。

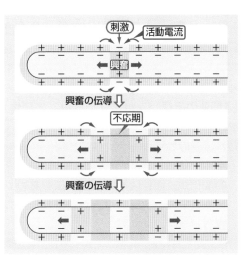

▲ 図7-34 神経の興奮の伝導

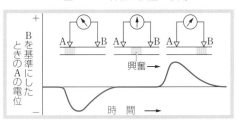

▲ 図7-35 二相性の活動電位

▼ 表7-3 興奮の伝導速度

神経繊維	伝導速度 (m/秒)	直径 (μm)	温度 (℃)
ヤリイカ(無髄)	35	520	23
ザリガニ(無髄)	3～4	30	21
カエル(有髄)	40 10	20 5	24
ネコ(有髄)	120 10	20 2	37

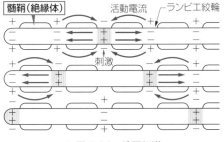

▲ 図7-36 跳躍伝導

D シナプスと興奮の伝達 ★★★

1 シナプス ニューロンと他の細胞との接続部を**シナプス**という。代表的なシナプスはニューロンとニューロンの接続部や，ニューロンと骨格筋の接続部で見られる。

2 興奮の伝達 シナプスを経由して興奮が隣接する細胞に伝わることを**興奮の伝達**という。

(1) **伝達のしくみ** シナプスでは，ニューロンとニューロンは密着しているのではなく，狭いすきま(**シナプス間隙**)をへだてて接続している。興奮の伝達は，電気的変化が，直接隣りの細胞に伝わるのではない。興奮が届いた軸索の末端部では，細胞質中の**シナプス小胞**から**アセチルコリン**や**ノルアドレナリン**などの**神経伝達物質**がシナプス間隙に分泌される。

[補足] 興奮が軸索末端に到達すると，電位依存性のカルシウムチャネルが開き，Ca^{2+}が細胞内に流入する。Ca^{2+}は，シナプス末端に蓄えられていたシナプス小胞をシナプス前膜(興奮を伝える側のニューロンの細胞膜)と融合させ，その結果，シナプス小胞内の神経伝達物質がシナプス間隙に放出される。

一方，興奮を伝達される側のニューロンの細胞膜(**シナプス後膜**)には，神経伝達物質を受け取るための受容体がある。神経伝達物質が受容体に結合することによって，情報は送り手側のニューロン(シナプス前ニューロン)から，受け手側のニューロン(シナプス後ニューロン)へと伝えられる。

運動神経から筋肉などの効果器への興奮の伝達も同様のしくみで行われる。

(2) **伝達の方向** シナプスで接続する2つのニューロンの末端のうち，一方にはシナプス小胞があり，他方には神経伝達物質を受け取る受容体がある。したがって，シナプスでは興奮の伝達方向は**一定**で，逆方向には伝達されない。

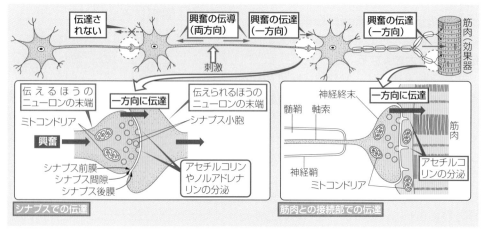

▲ 図7-37 ニューロンの接続と興奮の伝達

[補足] シナプスでの伝達は一方通行である。これに対して，軸索での興奮の伝導は，刺激を受けた場所から両方向に起こる。ただしこれは人為的に刺激を与えた場合であって，実際のニューロンでは，まず活動電位が発生するのは，細胞体から軸索が伸び出す部分（軸索丘）であり，常にここから軸索の末端部へと興奮は伝わっていく。

(3) **伝達物質の分解** シナプス間隙に分泌された神経伝達物質は，軸索末端に回収されるか酵素のはたらきでただちに分解される。こうすることによって，次の興奮の伝達にすばやく備えることができる。

3 シナプス後電位の加重 神経伝達物質には，興奮性のものと抑制性のものとがあり，隣接するニューロンに対して異なる作用をおよぼす。

興奮性の神経伝達物質はシナプス後膜を脱分極[1]させる。このとき生じる電位を**興奮性シナプス後電位**（EPSP）という。逆に，抑制性の神経伝達物質は，シナプス後膜を過分極[1]させ，このとき**抑制性シナプス後電位**（IPSP）が生じる。EPSP が生じるとそのニューロンは興奮しやすくなり，IPSP が生じると興奮しにくくなる。

1 つのニューロンには多数のニューロンがシナプスをつくっている。通常，1 つの EPSP によって活動電位が生じることはなく，複数の EPSP と IPSP が重なり合って（加重），それらの総和が閾値以上になったときに活動電位が発生する。

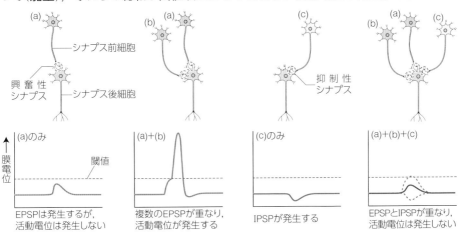

▲ 図 7-38　シナプス後電位の加重

[補足] 神経伝達物質としてはたらいている化学物質としては，アセチルコリン以外にも，モノアミンの仲間（ノルアドレナリン，セロトニン，ドーパミン），アミノ酸の仲間（グルタミン酸，γ-アミノ酪酸（GABA）），ペプチドの仲間（サブスタンス P，エンケファリン，エンドルフィン），気体である一酸化窒素など，さまざまなものがある。GABA は抑制性のシナプスで見られる。他の神経伝達物質は，シナプスによって興奮性にも抑制性にもはたらく。

1) 神経細胞は内側がマイナスの電位（静止電位）をもっている。その電位の値がよりプラスの方向に変化して 0V に近づくことを**脱分極**，よりマイナスの方向に変化することを**過分極**という。

3 神経系

A ヒトの神経系 ★★

① 集中神経系 脳や脊髄や神経節などのように，多数のニューロンが集まった部位を**中枢**とよぶ。中枢をもつ神経系が**集中神経系**である。

ヒトの神経系は集中神経系であり，中枢神経系（脳と脊髄）と，中枢から出てからだの各部に分布する末しょう神経系とから成り立っている。

② 管状神経系 脊椎動物の神経系は，胚発生の過程で外胚葉から生じてくる。胚の背側の外胚葉が内側に落ちこんで神経管が生じ（→ p.251），神経管の前方は膨れて**脳**に，後方は伸びて**脊髄**になる。脳も脊髄も管状の構造をとっているため**管状神経系**とよばれる（図7-39）。管の中には脳脊髄液がつまっており，脳や脊髄を養うとともに，脳や脊髄の老廃物の排出路になっている。管の壁の部分には無数の神経細胞が分化し，その突起が末しょう神経としてからだの各部へ伸び出す。

集 中 神経系	中枢神経系…脳や脊髄
	末しょう神経系 …からだの各部に分布

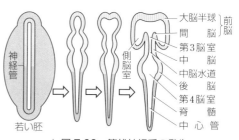

▲ 図7-39 管状神経系の発生

B いろいろな神経系 ★★

単細胞の原生動物や，多細胞でも海綿動物には，神経系は見られない。最も原始的な神経系は，散在するニューロンが互いに網状に連結しあっているだけの簡単なもので，**散在神経系**とよばれる。散在神経系には中枢は見られない。

これに対して，ニューロンが集まって中枢（神経節や脳）をもつ**集中神経系**には，次のようなものがある（図7-42）。

(1) **かご形神経系** プラナリアなどのへん形動物で見られる神経系で，頭部の神経節から前後に伸びる数対の神経とそれを横につなぐ神経とからなる。

(2) **はしご形神経系** 環形動物や節足動物などで発達する神経系で，頭部の神経節（脳）から伸びる1対の神経と，体節ごとにある1対の神経節を横につなぐ神経とからなり，各神経節から末しょう神経が出ている。

(3) **神経節神経系** 軟体動物に見られる神経系で，内臓や頭部・足部にある神経節から末しょう神経が出る。

(4) **管状神経系** 脊椎動物に見られる神経系で，発生上は神経管に由来する。

　大脳のどの部分が，どのようなはたらきをしているのかという研究は，昔は事故や病気などで偶然に脳の一部が破壊された患者において，破壊された場所と，失われた機能とから推測するというやり方だった。これでは研究例数に限りがあるし，どこが破壊されたかは，死亡後に解剖してみなければわからない。近年，コンピュータの進歩によって，生体に傷をつけずに脳内を見ることができるようになった。X線CT（コンピュータ断層撮影法）は，脳のいろいろな角度からX線写真をとり，それをコンピュータで処理して三次元の画像を構築する装置である。単に内部の形を見るだけではなく，脳のどこが活発に活動しているかも，PET（ポジトロン断層撮影法）やMRI（核磁気共鳴映像法）などを用いると観察できるようになった。これらの機器は，脳に限らず，病気の診断にも大いに役立っている。

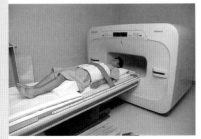

▲ 図7-40　MRI

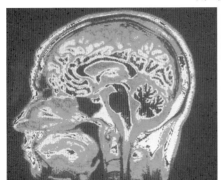
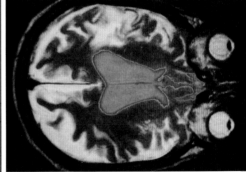

▲ 図7-41　MRI（核磁気共鳴映像法）によるヒトの脳（左：縦断面像，右：水平断面像）

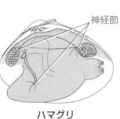

ヒドラ
散在神経系
（刺胞動物）

プラナリア
かご形神経系
（へん形動物）

昆虫
はしご形神経系
（節足動物）

ハマグリ
神経節神経系
（軟体動物）

カエル
管状神経系
（脊椎動物）

▲ 図7-42　いろいろな神経系

C 脳（中枢） ★★★

脊椎動物の中枢神経系は**脳**と**脊髄**とからなり，脳は，**大脳・間脳・中脳・小脳・延髄**の 5 つの部分に分かれている。これらは発生の過程で神経管から分化してくる。

1 大脳 ヒトの大脳は約 1300 g。外側に厚さ 2 〜 5 mm の薄い**皮質**（灰白質）があり，内部は**髄質**（白質）である。皮質はニューロンの細胞体が集まった部分で，髄質は細胞体から出た**神経繊維**（軸索）が集まった部分である。白質には**大脳核**（基底核）とよばれるニューロンの集まった部分が包みこまれている。

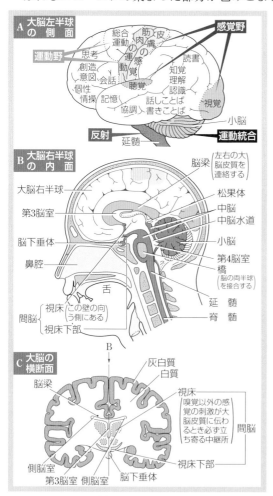

▲ 図 7-43 ヒトの脳

大脳皮質は，系統発生的に新しい**新皮質**と**辺縁皮質**とに分けられる。ヒトや霊長類では，新皮質が発達して辺縁皮質をおおっており，辺縁皮質は表面からは見えない。新皮質は高度な知能活動に関係する。辺縁皮質は大脳核とともに**大脳辺縁系**[1]を形成し，本能的な活動（食欲や性欲など），情動（快不快の感情など），記憶などの中枢としてはたらく。

大脳皮質には，複雑に入り組んだしわがあり，各部位ごとに，運動・感覚・思考・記憶・理解・言語などのはたらきをしている（図 7-43）。

2 間脳 大脳と中脳の中間部分で，視床と視床下部に分かれる。

(1) **視床** 第 3 脳室の両側にある。嗅覚以外の感覚を中継している。

(2) **視床下部** 自律神経系の中枢で，内臓のはたらきや，摂食・生殖・睡眠など**本能的な活動の調節**に直接関係している。また，内分泌系の中枢で，脳下垂体のはたらきを支配し，血糖濃度や体温調節の中枢がある（→ *p*.304）。

---

1) 大脳辺縁系とは，機能としてのまとまりをさす言葉である。辺縁系のおもなものとしては，記憶に関与する海馬，快不快の感情に関わる扁桃核などがある。

【ヒトの中枢（脳と脊髄）のおもなはたらき】

中枢の各部			おもなはたらき
脳	大　脳		各種の感覚を引き起こす。高度な精神活動（思考・記憶・理解・推理・判断など）や随意運動の中枢。いかり・おそれ・よろこびなどの情動の中枢
	間　脳		嗅覚以外の各種感覚の中継。自律神経系と内分泌系の中枢（内臓のはたらき・血圧・血糖濃度・体温調節）
	中　脳		眼球の運動，瞳孔の調節などの中枢，姿勢保持の中枢
	小　脳		筋肉運動を調節し，からだの平衡を保つ中枢
	延　髄		呼吸運動，血液循環（心臓拍動，血管運動）の調節の中枢。かむ・のみこむ・吸う・くしゃみ・せき・まばたき・消化液の分泌などの反射中枢
脊　髄			脳への興奮の中継。脊髄反射（膝蓋腱・排便・排尿などの反射）の中枢

3 中脳 眼球運動・瞳孔反射の中枢があり，視覚と関係が深い。

4 小脳 筋肉を調節し，からだの平衡を保つ中枢がある。

5 延髄 呼吸運動・血液循環などの調節作用の中枢がある。延髄は脳と脊髄の中継点であり，大脳からの神経はここで交さして脊髄へ出ていく。したがって，脳の右側が脳出血などによって壊れると，左半身が不随になる。

発展　シナプス可塑性と記憶

　記憶には短期記憶と長期記憶がある（→ p.368）。例えば，電話番号の場合，電話が終わると番号を忘れてしまう場合（短期記憶）と，今後も使う大切な番号として長期に渡り記憶される場合（長期記憶）とがある。短期記憶の能力はワーキングメモリとよばれ，前頭前皮質がこの機能を果たす。短期記憶が長期記憶に変わるためには，情報が海馬へ移される必要がある。情報は海馬に数日から数年に渡って蓄えられるが，すべての陳述記憶（→ p.368）は，最終的には大脳皮質に移って蓄えられると考えられている。

　シナプスでの信号伝達効率は可変であり（**シナプス可塑性**），長期記憶の形成にはシナプス可塑性が関与する。その代表的な例としては**長期増強**（LTP）が知られている。海馬のCA3領域の錐体細胞（神経細胞）から伸び出た軸索はCA1領域まで伸びて，CA1の錐体細胞とシナプスをつくる。CA3から伸びた軸索に電気刺激を与えると，後シナプス側の錐体細胞に興奮性シナ

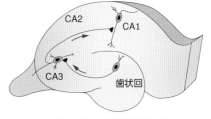

▲ 図7-44　海馬の神経回路

プス後電位が発生する。これを高頻度でくり返した後，再度，前回と同じ単一の電気刺激を与えると，前回に比べて興奮性シナプス後電位が増大し，この効果は数時間以上持続する。つまり，高頻度の刺激によってシナプスにおける伝達効率が変化し（上昇し），その効果が長期間維持されるようになったのである。この現象が長期増強である。長期増強と長期記憶には多くの共通点があり，長期増強は長期記憶の細胞学的機構と見なされている。

　認知症とは，認知機能が低下し，日常生活全般に支障が出てくる状態をいう[1]。ドイツ人医師アロイス・アルツハイマーが 20 世紀初頭に初めてこの疾患を報告した。わが国の高齢者 (65 才以上) の認知症患者数は約 600 万人 (2020 年現在) で，これが 2025 年には約 700 万人 (高齢者の 5 人に 1 人) になると推定されている。そのため，認知症に向けた取り組みがきわめて重要になるが，残念ながら認知症のよい治療法はまだ見つかっていない。

　認知症のおもなものには，アルツハイマー型認知症，血管性認知症，レビー小体型認知症などがある。血管性認知症は脳の血管が詰まったり破れたりすることで起き，記憶障害のほかに，意欲の低下や無関心など，血管障害の部位によりさまざま症状が見られる。レビー小体型認知症では，大脳皮質の神経細胞内にレビー小体 (α シヌクレインというタンパク質でできた塊) が蓄積する (パーキンソン病でもレビー小体が見られるが，場所は脳幹)。レビー小体型認知症では幻視が現れ，認知機能は変動してよい日も悪い日もあるようになり，またパーキンソン病と同様に，動作がゆっくりとなる。

　認知症の中では**アルツハイマー型認知症**が最も多く，全認知症患者の 7 割ほどがこのアルツハイマー型であり，多くの場合 65 歳以降で発症する。最初は陳述記憶 (→ p.368) に障害が現れる (言語・筋力・反射・感覚・運動の能力はほぼ正常のまま)。記憶障害は徐々に進行し，同時に問題解決・言語・計算・視空間知覚などの認知能力も失われていく。幻覚や妄想が現れる場合もある。そしてついには無言・失禁・寝たきりなどの状態になる。

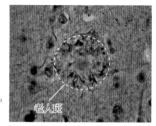

▲ 図 7-45　老人斑

　アルツハイマー型認知症患者の脳では，① 脳の萎縮，② 神経原繊維の変化，③ 老人斑 (アミロイド斑) といった 3 つの異常が見られる。① 脳の萎縮を重量で見ると，通常 1200 ～ 1400 g あるものが，病状が進行すると 1000 g 以下になる。脳の断面を見ると，脳室が拡大しているのが目立つ。② 神経原繊維とは神経細胞の細胞骨格をなすものであり，これが異常にからまった塊になる。神経原繊維の主要成分はタウ (τ) とよばれるタンパク質であるが，異常なタウにはより多くのリン酸が結合しており，それが塊になる原因と考えられている。③ 老人斑は，直径約 10～100 μm 程度の斑状の構造である。正常な大脳皮質には多数の神経細胞があるが，病状が進行すると神経細胞が減ってグリア細胞の割合が高まり，細胞と細胞の間には老人斑が多数見られるようになる。老人斑をつくる主要なタンパク質はアミロイド β である。アルツハイマー型認知症の原因はまだはっきりとはわかっていないが，アミロイド β の蓄積が原因だとする仮説が有力である。アミロイド β は，脳にもともと存在するあるタンパク質 (非神経細胞にも存在する) が分解されたもので，分解のされ方によって，2 種のアミロイド β (無害で排出されやすいものと，神経細胞への毒性が強く脳に蓄積しやすいもの) が生じる。加齢などにより分解や分解産物の排出に異常が起こると，毒性の強いアミロイド β が脳内にたまり，これが病気の原因になると考えられている。ただし，アミロイド β の蓄積は病気の原因ではなく結果にすぎないという考えもある。なぜなら，老人斑は，アルツハイマー型認知症ではない人にも見られるからである。

1) 認知 (認識) とは普遍妥当な知識やその獲得過程をいう。

Column 〒　脳死と植物状態

　日本では死の判断として，① 呼吸が完全に停止している，② 心臓が完全に停止している，③ 瞳孔が散大しており光への反応が見られない，の3つともを満たしていることを判断基準として用いる。ただし，臓器移植を前提とした場合でのみ，脳死を人の死とすることができる。

　脳死は，脳のどの部分が機能を失っているかによって，全脳死と脳幹死に分けられる。脳幹死は，脳幹の機能が失われた状態である。国により脳幹死を脳死とする国もあるが，日本をはじめ多くの国では全脳死，すなわち脳幹を含む脳のすべての機能が失われた状態を「脳死」としている。脳死状態では脳幹の機能が失われているため，人工呼吸器などによる助けがない限り心臓は停止し，どのような治療をしても回復することはない。

　植物状態は脳死とは異なり，脳幹や小脳の機能は残っていて自発呼吸をしていることが多い。損なわれているのは大脳であり，

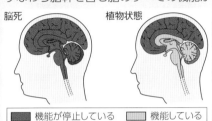

機能の一部や全部が失われている。睡眠・覚醒のリズムを示して眼を開くことがあるが意識はない。ただし，意識や認識能力はある程度回復する可能性がある。

D　脊髄（中枢）　★★★

　脊椎動物の背側の真ん中を通る神経の束が**脊髄**である。脊髄は脳の延髄から続き，脊椎骨に入る。脳とともに中枢神経系を構成する。

> **重要**
> 灰白質→脳 では 外，脊髄 では 内
> 白　質→脳 では 内，脊髄 では 外

1 脊髄の構造　脊髄では，細胞体のある**灰白質**が内側にあり，おもに神経繊維（軸索）の走る**白質**が外側にあって，大脳とは逆になっている。中心には中心管が通っている。また，腹側からは**腹根**，背側からは**背根**が出る。

2 脊髄の機能　腹根は中枢からの指令を末しょうへと伝える遠心性神経（運動神経と自律神経）の通路で，脊髄神経節のある背根は受容器からの刺激を中枢へと伝える求心性神経（感覚神経）の通路である。脊髄

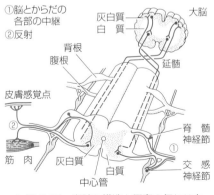

▲ 図7-47　脊髄の構造と興奮の伝わり方

は，① 脳とからだの各部（末しょう）からの興奮の中継を行うとともに，② 脳を経由しない**脊髄反射の中枢**としてもはたらく（→ p.353）。

中枢（脳と脊髄）から出て，からだの各部に分布する神経を**末しょう神経系**という。はたらきのうえから，体性神経系と自律神経系に分けられる。

１ 体性神経系 運動や感覚のような意識的なはたらきに関係する神経系である。体性神経系には，興奮を中枢から末しょうへ伝える**遠心性神経**と，末しょう（受容器）から中枢へ伝える**求心性神経**があり，前者を**運動神経**，後者を**感覚神経**という。

２ 自律神経系 呼吸や循環のような意志と無関係なはたらきに関係する神経系である。自律神経はすべてが遠心性神経で，興奮を中枢神経から末しょう器官（皮膚や内臓諸器官）に送るだけである。

自律神経系の大きな特徴は，１つの器官にふつう２種類の神経が接続していることである。そのうちの１つは胸髄と腰髄から出る**交感神経**で，もう１つは脳（中脳と延髄）と仙髄から出る**副交感神経**であり，これらは対抗的（拮抗的）にはたらくことが多い（→ *p.*293）。

３ 脳神経と脊髄神経 末しょう神経系は，それらが出入りする中枢の部分によって，**脳神経と脊髄神経**に分けることもできる。

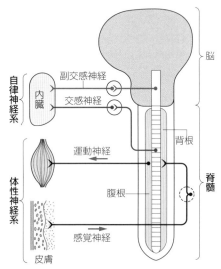

▲ 図 7-48 末しょう神経系

(1) **脳神経** 脳から出る神経には，嗅神経・視神経・動眼神経・滑車神経・三さ神経・外転神経・顔面神経・内耳神経・舌咽神経・迷走神経・副神経・舌下神経の **12** 対がある。

(2) **脊髄神経** 脊髄からは，けい髄から 8 対の**けい神経**，胸髄から 12 対の**胸神経**，腰髄から 5 対の**腰神経**，仙髄から 5 対の**仙椎神経**，尾髄から 1 対の**尾骨神経**の合計 **31** 対の神経が出る。

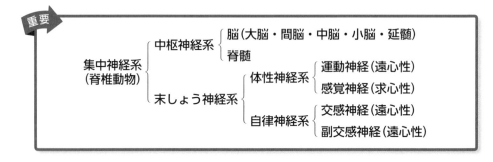

F 反 射 ★★

刺激に対して，意識とは無関係に起こる反応を**反射**という。刺激による興奮が大脳に伝わる前に，脊髄や延髄などから効果器に指令が伝わるので，反応はすばやく起こるが，定型化しているのが特徴である。

反　射
脊髄や延髄が中枢，意識とは無関係

1 反射の例　① ものを食べると，唾液が出る。

② 顔の前にものが飛んでくると，瞬間的にまぶたが閉じる。

③ ひざの下をたたくと，あしがはね上がる（膝蓋腱反射）。

④ 熱いものに手が触れると，思わず引っこめる（屈筋反射）。

▲ 図 7-49　カエルの姿勢保持の反射

2 膝蓋腱反射のしくみ　ひざの下をたたくと，筋肉内の受容細胞（筋紡錘）が興奮し，そこにある感覚神経を通じて，興奮が脊髄へ伝えられる。脊髄では，それがすぐさま運動神経に伝達されて，筋肉が収縮する。そのため，興奮が大脳へ伝わってたたかれた感覚を起こす前にあしがはね上がる。

3 反射弓　刺激を受けてから反射が起こるまでの経路を**反射弓**という。

反射弓の最も簡単な経路は，膝蓋腱反射のように感覚神経と運動神経とが組み合わさった，ニューロンが2個だけしか関与しないものである。しかし，他の反射においては，脊

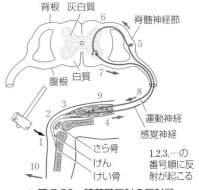

▲ 図 7-50　膝蓋腱反射の反射弓

▲ 図 7-51　最も単純な反射弓

髄または延髄で介在神経を経由するため，3個以上のニューロンが関わっているのがふつうである。

4 反射中枢　反射の中枢はおもに脊髄と延髄にある。

(1) **脊髄反射**　① 膝蓋腱反射，② 熱いものに触れて手を引く反射（屈筋反射），③ 排便・排尿，④ 末しょう血管の収縮と拡張などの反射。

(2) **延髄反射**　① ものを食べたとき唾液の出る反射，② 涙の分泌，③ くしゃみとせき，④ 心臓の拍動・外呼吸などの反射。

(3) **中脳反射**　① 瞳孔反射，② まぶたを閉じる反射など。

4 効果器

基生

A 効果器（作動体）　★

　筋肉や腺（外分泌腺と内分泌腺）などのように，神経やホルモンによって刺激され，収縮や分泌などの反応を示すものを**効果器**（または**作動体**）という。効果器には，動いて効果を現すもの（筋肉や鞭毛・繊毛），色を変えて効果を現すもの（色素胞），光って効果を現すもの（発光器），電気を発生して効果を現すもの（発電器）など，いろいろなものがある。

B 筋肉とその収縮　★★★

　筋肉は，次のような3つに大別される（→ p.76）。

	種　類	形	持久性	筋　力	運　動	おもな器官	発生起源
骨格筋	横紋筋	繊維状	低　い	大きい	随　意　性	骨格に付着	体　　節
心　筋	横紋筋	網目状	高　い	大きい	不随意性	心臓	側板下部
内臓筋	平滑筋	紡錘状	高　い	小さい	不随意性	胃・腸などの内臓	側　　板

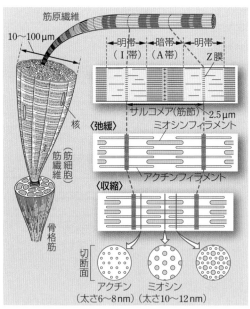

▲ 図7-52　筋肉の構造と収縮

1 **骨格筋の構造**　脊椎動物の骨格筋は，**筋繊維**とよばれる細長い細胞が多数集まったものである。筋繊維（筋細胞）の中には，細胞の長軸にそって細長いひも状の繊維（**筋原繊維**）の束がつまっている。

(1) **明帯と暗帯**　筋原繊維では**アクチン**というタンパク質でできた糸（フィラメント）と，**ミオシン**というタンパク質でできた糸（フィラメント）とが規則正しく平行に配列しており，その配列から，骨格筋には明暗の横じま（**横紋**）が見られる。明るい部分を**明帯**，暗い部分を**暗帯**という。暗帯にあるやや太いミオシンフィラメントは，数百本の細長いミオシン分子が束になってできたものである。

(2) **Z膜とサルコメア**　明帯の中央には**Z膜**とよばれる仕切りがあり，1つのZ膜から隣のZ膜までを**サルコメア**（**筋節**）という。サルコメアは，筋原繊維の構造上の単位であるとともに，筋収縮の単位でもある。

2 **骨格筋の収縮のしくみ** 筋収縮は，ミオシンフィラメントの間にアクチンフィラメントが滑りこむことによって起こる（**滑り説**）。

① 軸索上を活動電位が伝わってきて，神経末端からアセチルコリンが放出される。

② 筋細胞の細胞膜に活動電位が発生し，これが細胞膜上を伝わる。

③ 細胞膜が陥入して伸びている T 管の先には**筋小胞体**があり，筋小胞体からカルシウムイオン（Ca^{2+}）が放出される。

④ Ca^{2+} がアクチンフィラメントに結合すると，ミオシンとアクチンが結合できるようになり，さらにミオシンの ATP 分解酵素のはたらきも活性化し，ATP を分解する。

⑤ ATP 分解のエネルギーによって，ミオシンフィラメントがアクチンフィラメントを引き寄せ，サルコメア（Z 膜と Z 膜の間）の距離が短くなって，**筋収縮**が起こる。

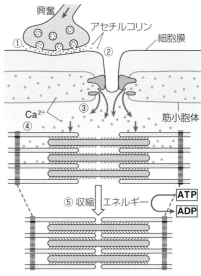

▲ 図7-53 筋収縮のしくみ

⑥ 放出された Ca^{2+} が筋小胞体に吸収され，Ca^{2+} 濃度が低下すると，ミオシンフィラメントはアクチンフィラメントと結合できなくなり，筋肉の弛緩が起こる。

補足 アクチンフィラメントには，**トロポミオシン**や**トロポニン**というタンパク質が結合しており，静止時にはこれらがミオシンとアクチンの結合を阻害している。Ca^{2+} がトロポニンに結合すると，ミオシンがアクチンと結合する部分をおおっていたトロポミオシンの抑制がはずれ，ミオシンが ATP 分解酵素としてはたらくようになる。その際のエネルギーでミオシンの頭部がアクチンフィラメントをたぐり寄せるので，筋収縮が起こる。

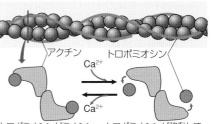

トロポミオシンがミオシンの結合部位をふさいでいる　トロポミオシンが移動してミオシン結合部位が現れる

▲ 図7-54　トロポミオシンによる調節

注意 筋収縮が起こると，サルコメアと明帯は短くなるが，暗帯の長さは変わらない。

補足 平滑筋にもアクチンとミオシンのフィラメントがあるが，並び方が不規則なので横紋構造が見えない。収縮のしくみも基本的には骨格筋と同じである。

CHART 　　　　　　　　　**骨 格 筋 の 収 縮**

縮んでも 暗帯 は 安泰（縮まない）

暗帯はミオシンフィラメントの長さに対応

---

3 筋収縮の様式　カエルのひ腹筋に座骨神経がついたもの（**神経筋標本**という）と図 7-55 のような装置（**キモグラフ**）を使って，筋収縮のようすを調べることができる。

① 神経筋標本を取りつけ，② 神経を電気刺激すると，③ 筋肉が収縮して針が上下する。これが回転している円筒上の紙に記録される。

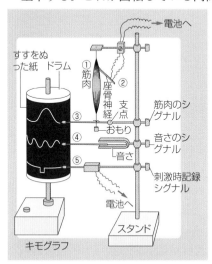

▲ 図 7-55　筋収縮の記録

[補足] 収縮のようすを調べるとは，収縮量（空間における変化量）が時間とともにどう変わるかを調べることである。今ならスマホで動画を撮影したり，レーザー変位計で収縮量を測り，そのデータをコンピュータに逐次取りこませてモニター上に写し出せば，収縮曲線を描くことが簡単にできる。ところが昔はそんな機械はなかった。50 年ほど前まで使われたのがキモグラフである。ぜんまい仕掛けで回転する円筒に，すすをつけた紙を巻きつける。筋肉の一端を糸でしばって，その糸の別の端を細い棒に結びつける。この棒は筋肉が縮むと先が上下するようになっており，その先がちょうどキモグラフのすす紙に接するようになっている。キモグラフの円筒を回転させ，筋肉を刺激して収縮させれば，棒の先がすすをはぎとるため，黒いすす紙に白く収縮の軌跡が描かれることになる。時間のマーカーとしては，音さの振動をすす紙の上に同時に記録させる。この装置は原理が単純明快なため，現在でも生徒の実習では使われることがある。

(1) **単収縮と強縮**　筋肉に瞬間的に 1 回だけ刺激を与えると，図 7-56A のように筋肉は 1 回だけ収縮して（約 0.1 秒間），もとにもどる。このような収縮を**単収縮**（または**れん縮**）という。適当な間隔で連続的な刺激を与えると，同図 B のような強い収縮（**不完全強縮**）が起こり，さらに短い時間間隔で，1 秒間に数十〜数百回の刺激を与えると，同図 C のようなひと続きの強い収縮（**強縮**）が起こる。

(2) **単収縮曲線**　円筒の回転を速くして単収縮を記録する装置（**ミオグラフ**という）を用いると，同図 D のような単収縮曲線が得られる。

① **潜伏期**　刺激を与えてもすぐには収

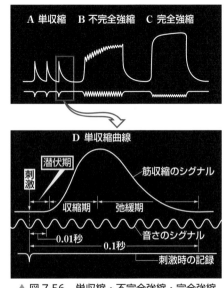

▲ 図 7-56　単収縮・不完全強縮・完全強縮

縮は起こらない。この期間を**潜伏期**という。潜伏期は興奮が神経を伝わる時間や神経末端での興奮の伝達などに費やされる。

② **収縮期と弛緩期** 単収縮の時間はカエルの骨格筋で約 0.1 秒程度である。また，ふつうは，収縮がピーク(極大)に達するまでの時間(**収縮期**)のほうが，弛緩に要する時間(**弛緩期**)より短い。

〔補足〕 1 本 1 本の筋繊維は全か無かの法則 (→ *p*.342) にしたがうが，筋繊維ごとに閾値が異なるので，筋繊維が多数集まった筋肉では，刺激の強さによって収縮の大きさが異なる。

4 筋収縮のエネルギー 筋収縮の直接のエネルギー源は ATP であるが，ATP は筋肉内にはごく少量しか貯蔵されていない。

① 筋肉内には**クレアチンリン酸** (クレアチン～Ⓟ) とよばれる高エネルギー物質があり，ATP の分解でできた ADP は，クレアチンリン酸から～Ⓟを受け取って ATP にもどる。

② 筋肉内に蓄えられているグリコーゲンは呼吸によって分解され，ATP ができる。安静時には，クレアチンは，この ATP から～Ⓟを受け取ってクレアチンリン酸にもどる。

③ 激しい運動ではグリコーゲンが嫌気的に分解される解糖によって ATP がつくられ，それとともに**乳酸**ができる。

④ できた乳酸は，その約 1/5 がミトコンドリアに送られ，クエン酸回路に入って完全に酸化されて ATP をつくる。この ATP のエネルギーで，残りの約 4/5 の乳酸がグリコーゲンにもどされ(再合成され)，筋肉に再貯蔵される。

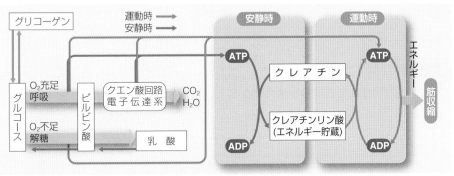

▲ 図 7-57　筋収縮のエネルギー

C　繊毛と鞭毛 ★

1 繊毛と鞭毛 ヒトの精子は 1 本の鞭毛をもっており，ミドリムシやゾウリムシなどの単細胞生物は鞭毛や繊毛で泳ぐ。繊毛も鞭毛も構造としては同じもので，長いものが少数はえている場合を**鞭毛**，短いものが多数はえている場合を**繊毛**とよびならわしている。

繊毛は細胞小器官の１つであり，細胞膜が細胞表面から細くつき出して，その中に**軸糸**という構造がある。軸糸の断面を見ると，中心に管が２本，周辺に８の字形の管が９本ある**9+2構造**をもっている。どちらの管も微小管とよばれるもので，中心のものは**中心微小管**，まわりの８の字形のもの（２本の微小管がくっついてできている）は周辺微小管とよばれる（図7-58）。

2 繊毛（鞭毛）の運動　隣りあった周辺微小管どうしが滑りあうことによって，繊毛の動きが生じる（８の字の一方から腕のようなものが２本出ているが，これで隣りの微小管をつかんで動かす）。滑る際には，ATPのエネルギーを使う。

　繊毛は，まっすぐに伸びて弧を描くように打って水をかき，もどるときには，折れ曲がりながら表面近くをもどる。鞭毛はいろいろなパターンの動き方をする。精子の場合，根もとから毛先へと波を送って水を押す。クラミドモナス（単細胞の緑藻）は２本の鞭毛を，平泳ぎのように動かして水をかく。ミドリムシは鞭毛の動かし方を変えて，前進・後退・側方への移動を行う（図7-59）。

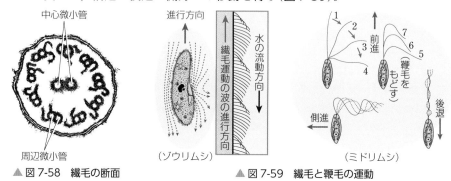

▲ 図7-58　繊毛の断面　　　　　　　　▲ 図7-59　繊毛と鞭毛の運動

　D　内分泌腺と外分泌腺　★

　汗を分泌（排出）する汗腺や消化液を分泌する**消化腺**などの**外分泌腺**と，ホルモンを分泌する**内分泌腺**も，刺激に応じて反応を示す効果器の１つである。

　外分泌腺も内分泌腺もともに上皮が落ちこんでできる。外分泌腺には体外（汗腺のように本当の体外もあるし，消化腺のように消化管内という体外もある）に開口する**排出管**があり，分泌物はそれを通って体外に分泌される。これに対して

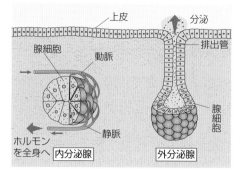

▲ 図7-60　内分泌腺と外分泌腺

内分泌腺には排出管がなく，分泌物（ホルモン）は腺細胞から体液中に直接分泌される。

E　発光器官と発電器官　★

1 発電器　シビレエイ (本州中部以南の海に分布) などの電気魚は，外敵の攻撃を受けたりすると，**発電器官**を支配している神経が興奮し，発電器官の放電が起こる。シビレエイでは 30 ～ 70 V，**デンキウナギ** (アマゾン川に生息) では約 800 V，**デンキナマズ** (アフリカ熱帯域の河川) では約 400 V もの電圧を発生する。

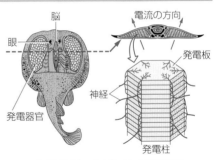

▲ 図 7-61　シビレエイの発電器

　発電器官は，**発電板** (発電細胞) が多数柱状に積み重なった**発電柱**がいくつも集まった構造をしている。1 個の発電板の発生する電圧はおおよそ 150 mV であるが，発電板を 1 個の乾電池として発電柱はそれが直列に多数つながっているものと考えると，発電板の数に応じて全体として高い電圧が発生することが理解できる。

2 発光器　ホタル (昆虫類) では**発光器官**があり，発光器には気管と神経が分布している。神経から興奮が伝わると発光細胞が作動して，発光物質**ルシフェリン**が化学反応を起こし光を発する。ゲンジボタルやヘイケボタルの雄は光を明滅させながら飛ぶ。特定の間隔で光が明滅すれば，同種の雄であることがわかり，雌は光って反応する。こうしてホタルは光で愛を語る。

▲ 図 7-62　ホタルの発光器官

F　色素胞と体色変化　★

　エビ・カニ (甲殻類)，カレイ・メダカ (魚類)，カエル (両生類) などでは，皮膚中に**色素胞**とよばれる枝分かれした細胞がある。この細胞は**色素果粒**をたくさんもっており，色素果粒が中央に集中しているときには細胞は透明に見えるが，果粒が枝の先まで分散して広がると色がついて見える。つまり，体色変化が起こるとき，色素胞の細胞の形には変化は起こらず，細胞内の果粒の動きによって色が変わるのである。

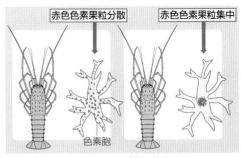

▲ 図 7-63　エビ類の体色変化

　この変化は，エビ・カニや両生類では**ホルモン**によって，魚類では**ホルモン**と神経によって調節されている。

動物の行動

A　動物の行動　★

　動物の個体の動きが，その個体の生活に何らかの意味づけができる場合（例えば生存や繁殖に意味があるなど），その動きを**行動**という。

　行動は，大別すると，生まれながらにそなわっている**生得的行動**と，生まれてから後の経験などにもとづく**学習**による行動とに分けることができる。

B　定　位　★★

　動物は，食物を獲得したり，敵から逃避したりするために移動する。動物が，特定の刺激を手がかりとして，一定の方向を定めることを**定位**という。定位には，走性のような原始的で単純なものから，鳥の渡りのように大規模なものまでさまざまなものが含まれる。

1 走性　魚が流れに逆らって川をのぼったり，夜間にガが電灯に集まってきたりするような，動物が刺激に対して方向性のある行動を示す場合を**走性**という。

　刺激源に近づく場合を**正（＋）の走性**といい，遠ざかる場合を**負（－）の走性**という。

　走性は，刺激の種類によって次のように分けられる。

種　類	刺激	例	備　　考
光走性	光	＋：大部分の昆虫，魚類 －：アメーバ，ミミズ	誘蛾灯，集魚灯はこの性質の利用 ミドリムシは強光に－，適当な光に＋
化学走性	化学物質	＋：ハエ，シダの精子 －：アメーバ	シダの精子は卵から分泌されるリンゴ酸に＋，ゾウリムシは強酸に－，弱酸に＋
重力走性	重力	＋：ミミズ（重力方向へ進む） －：ゾウリムシ，マイマイ	満水して栓をした試験管を逆に立てても中のゾウリムシは重力に逆らって上部へ
流れ走性	水流	＋：ミジンコ，水生昆虫，魚類	魚類では側線とともに視覚も強く関係
電気走性	電流	－：ゾウリムシ（－極へ進む）	－極側の繊毛の運動方向が逆転するため

2 夜行性動物の定位　**(1) ピット器官**　マムシなどのヘビ類は暗闇でもネズミを捕らえることができる。ヘビ類は，**ピット器官**とよばれる特別な赤外線受容器をもっている。これは $0.003\,℃$ の違いでも識別できる高感度のもので，ネズミなど（恒温動物で周囲より体温が高い）が放射している赤外線を，左右1対のピット器官で受け取る。ちょうど眼が両眼視によって奥行きがわかるように，熱源までの距離もわかるので，まったくの暗闇でも，獲物の場所を正確に特定することができる。

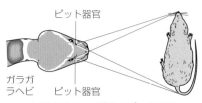

ピット器官

ガラガラヘビ　　ピット器官

▲ 図 7-64　ヘビ類のピット器官

(2) **コウモリの反響定位**　コウモリは，暗闇でも飛んでいる昆虫を捕食でき，障害物をかわして飛ぶことができる。彼らは超音波の鳴き声（パルス）を発射し，それが標的に当たって帰ってくる反響音を聞くことにより，標的までの距離やその動きを知ることができる。これを**反響定位（エコロケーション）**という。

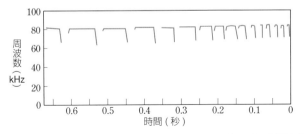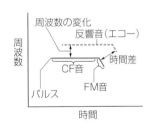

▲ 図7-65　コウモリの反響定位

　図7-65はキクガシラコウモリが飛びながら昆虫に近づいていくときに発した一連のパルスの例である。ふつうに飛び回っているときには，パルスを1秒に数回の頻度で発するが，獲物を感知するとパルス数が増え，獲物に接近するにしたがって1秒間に100回以上にまで増える。

　1パルスは，周波数が一定に保たれた比較的長い部分（CF音）と，パルス終了直前の周波数が下がっていく短い部分（FM音）とからなっている（図7-65右）。コウモリは，FM音からパルスと反射音の時間差を求めて標的までの距離を算定する。また，CF音から周波数差を求めて標的の移動速度を算定する。

補足　標的が動いていると反響音の周波数が変わるし，相手が羽ばたいている昆虫なら，羽の上下により反響音の周波数が周期的に変化する。コウモリはこうしたずれをFM部分から検出し，標的の移動速度や標的が昆虫かどうかを判断する。

(3) **フクロウの音源定位**　メンフクロウは，獲物が立てたわずかな音を左右の耳で比較し，音の発生源が左右上下のどの位置にいるかを特定することにより，暗闇でも狩りをすることができる。左右方向（水平方向）の定位には音が左右の耳に到達するときのわずかな時間差を用いており，上下方向（垂直方向）の定位には左右の耳で聞く音の強度差を用いている。

　メンフクロウの耳の位置は左右で高さと向きが異なっており，右耳は上方からくる音に感度がよく，左耳は下方からくる音に感度がよい。このため，到達する音の強度が左右の耳で異なるようになっている。

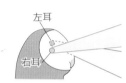

▲ 図7-66　音の時間差と強度差

　時間差の情報と強度差の情報は，脳内の異なる神経回路で別々に分析され，最終的に統合される。メンフクロウは中脳の特定の部分（下丘外側核）に，聴覚による空間の地図を形成することにより，音の発生源の方向を知ることができる。

（4） **渡り** 鳥類には，繁殖地と越冬地などの間を決まった季節に移動する**渡り**という行動を示すものがある。このとき，目的地の方向への定位に，**太陽コンパス**を用いている例がある。

かごに入れられたホシムクドリは，渡りをする季節になると，頭を目的地の方向に向ける。ただしそれは太陽が見える場合であり，曇っていて太陽が見えない場合には頭を向ける方向はばらばらになる。鏡を用いて太陽の見える方向をずらしてやると，頭を向ける方向もその分だけずれる。つまりホシムクドリは，太陽コンパス（→ *p*.365）を用いて目的地の方向を定めているのである。

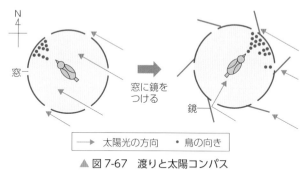

▲ 図 7-67　渡りと太陽コンパス

このとき，太陽の位置は時刻により変わっていくが，ホシムクドリは，体内にある生物時計（→ *p*.366）を用いて太陽の位置を補正している。

夜間に渡る鳥では星座を用いて方向を決めるものもいる（**星座コンパス**）。また，地球の磁場を感じ，これを定位に用いるものもいる（**磁場コンパス**）。

補足 一度渡りを経験したものでは地形を学習によって覚えており，それを手がかりとして方向を決める場合もある。

C　イトヨの行動　★★★

イトヨ（トゲウオの一種）の雄は，繁殖期になると巣をつくってそのまわりに縄張りをもち，侵入する他の雄を攻撃する。オランダの**ティンバーゲン**は，イトヨを用いて特定の行動を引き起こす刺激がどのようなものであるかを研究した。

（1）**攻撃行動とかぎ刺激**　イトヨの雄は，発情期に腹が赤くなる（婚姻色という）。そこで，図7-68のようないろいろな模型をイトヨの縄張りに入れてみると，形は似ていなくても，**腹が赤ければ攻撃行動を起こすこと**がわかった。

ある特徴的な刺激（この場合は腹が赤い）が動物に定まった

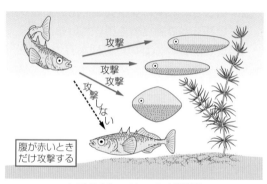

▲ 図 7-68　イトヨの攻撃行動

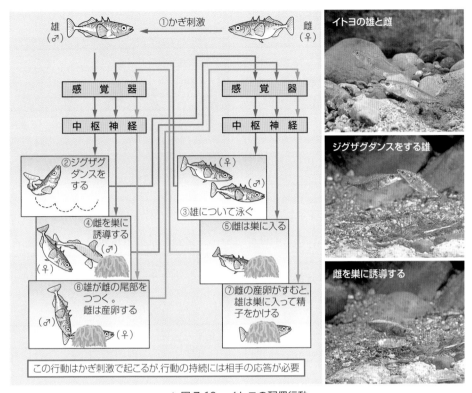

▲ 図7-69　イトヨの配偶行動

行動を引き起こす場合，このような刺激を**かぎ刺激（信号刺激，サイン刺激）**とい
う。

(2) **配偶行動**　雌雄が出会い，求愛して交尾し，つがいを維持していく過程で示す
行動を総称して**配偶行動**という。イトヨの配偶行動は，図7-69のように行われる。

①，② 発情期の雌雄が出会い，卵で膨らんだ雌の腹をかぎ刺激として雄がジグザ
グダンスをする。

③ ジグザグダンスを見た雌はこれに応答して雄について泳ぐ。

④ 雌の応答を感じとった雄は，雌を巣に誘導する。

⑤，⑥ 巣に入った雌の尾部を雄がつつくと産卵する。

⑦ 産卵した雌が出ると，雄が巣に入って精子をかける。

　以上のことから，個々の行動は個々のかぎ刺激によって引き起こされるが，一
連の行動が維持されるためには，**相手の応答が必要**であると考えられる。

　1つの行動が相手の次の行動のかぎ刺激となり，それに対する行動がまた自分
のかぎ刺激となり，このようなくり返しによって次々と行動が進んで，一連の複
雑な行動が成り立っている。

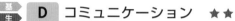

D コミュニケーション ★★

1 フェロモン 動物体内でつくられて
それが体外に分泌され，同じ種類の他の
個体に特定の行動や分化を起こさせる物
質を**フェロモン**という。昆虫でいろいろ
の例が知られている。

(1) **カイコガの性フェロモン** カイコガ
の雄は雌の尾部（誘引腺）から分泌され
る**性フェロモン**の刺激で雌に近づき，
交尾を行う。雄は雌のフェロモンに対

▲図7-70 カイコガの雌とその誘引腺

して，正の化学走性を示すわけである。この場合，雄の触角を切り取ると交尾行
動が行われなくなるので，性フェロモンの化学受容器は触角にあることがわかる。

(2) **ゴキブリの集合フェロモン** ゴキブ
リの直腸からふんの中に分泌されるフ
ェロモンで仲間を集めるので，**集合フ
ェロモン**とよばれる（ゴキブリ捕りに
応用されている）。

(3) **アリの道しるべフェロモン** 偵察に
歩きまわっていたアリが食物をみつけ
ると，そこから巣に帰りながら地面に
つけるフェロモンで，これは直腸から
分泌され，肛門から放出される。巣か

▲図7-71 アリの道しるべフェロモン

ら出た仲間のアリは，このフェロモンを頼りにして食物のある場所へいくことが
できるので，**道しるべフェロモン**とよばれる。

(4) **警報フェロモン** シロアリなどでは，侵入者を知らせる**警報フェロモン**もある。

2 ミツバチのダンス ドイツのフリッシュは，ミツバチが仲間にえさ場（蜜）のあ
る場所を知らせる独特の方法を明らかにした。

(1) **円形ダンス** えさ場が近くにあるときには，それをみつけて巣箱に帰ってきた
偵察バチは，最初は左にまわり，次は右にまわるという**円形ダンス**を行う（図
7-72 左）。

(2) **8の字ダンス** 巣箱から100m以上離れた場所にえさ場があるときは，帰って
きた偵察バチは，垂直の巣板の上で，図7-72右のような**8の字ダンス**を行う。
このとき，巣板の上方を太陽の方向として，8の字の直線部分の向きでえさ場の
ある方向を示す。また，ダンスの速さがえさ場までの距離を伝える（遠いほどダ
ンスの速さが遅くなる）。

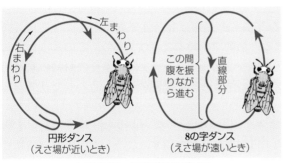

円形ダンス
（えさ場が近いとき）

8の字ダンス
（えさ場が遠いとき）

▲ 図7-72　ミツバチのダンス

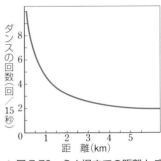

▲ 図7-73　えさ場までの距離とダンスの速さ

(3) **太陽コンパス**　太陽の位置をもとに行動の方向を決めることを**太陽コンパス**という。ミツバチの場合には，8の字ダンスの直線部分が方向を伝えるコンパス（羅針盤）の役目をしている。

A　えさ場が太陽の方向と一致しているときには，8の字の直線部分を上向きに進む。

B　えさ場が太陽と反対の方向に一致しているときには，直線部分を下向きに進む。

C　えさ場が太陽の右60°の方向にあるときには，直線部分を時計の2時の方向に進む。

D　えさ場が太陽の左120°の方向にあるときには，直線部分を時計の8時の方向に進む。

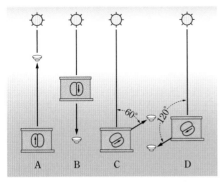

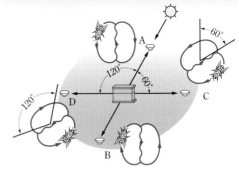

▲ 図7-74　8の字ダンスの直線部分の方向とえさ場のある方向

補足　昆虫は8〜9個の視細胞からなる個眼が多数（数千個）集まってできた複眼を1対ももっている（→ p.331）。ミツバチは視覚によって，特定の一方向に振動する光（**偏光**）を知ることができる。そのため，ミツバチは巣箱の中から直接空は見えないにもかかわらず，巣箱の入口からの光で太陽の方向を知り，8の字ダンスの方向を決めることができる。

1 行動の周期性 ハトやスズメなど多くの鳥類は昼行性であるが，コウモリ，フクロウ，ゴキブリなどは夕方になると活動を始める夜行性であり，このような活動の日周性は広く見られる。また，冬眠や鳥の渡り（→ p.362），多くの動物の繁殖期などの1年を単位とする**年周性**や，海の生きものには潮の干満に合わせたリズムも見られる。

2 概日リズム 多くの動物は，暗黒で温度の変化もないような，環境の変化を排除した恒常状態におかれても，約1日周期の活動を示す。こうした内因的な活動リズムを**概日リズム（サーカディアンリズム）**という。概日リズムは24時間より少しずれた周期のことが多く，動物種によって異なる。ヒトでは，個人差はあるが，おおよそ25時間周期であることが多い。

3 生物時計 生物体には概日リズムをつくり出す何らかの時間測定機構があると考えられ，このような生物体が備えている時間計測機構を**生物時計（体内時計）**という。哺乳類の場合には，脳の**視交さ上核**（視床下部の視神経交さ部のすぐ上にある部分）の神経細胞に概日リズムをきざむ時計が存在している。

この時計は，自身では約1日の周期を示すが，日の出や日没という明るさの変化をもとに毎日時刻合わせを行うことによって，地球の自転による明暗周期に同調している。

補足 時差ぼけ 海外旅行で時差のある場所に移動したときに経験する時差ぼけは，体内時計と現実の時刻とがずれることにより生じる。

4 生物時計の調節 われわれの睡眠・覚醒のリズムは顕著な1日の周期を示すが，それに深く関わっているのが，松果体から分泌される**メラトニン**とよばれるホルモンである。松果体は視交さ上核からの情報を受けて，暗期にはより多くのメラトニンを分泌する。

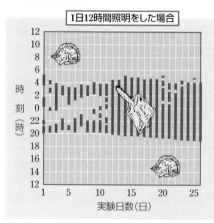
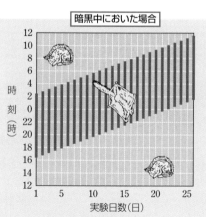

▲ 図 7-75 モモンガの日周活動（線の太い部分が活動した時間を示す）

1 学習 刺激や経験によって，動物の行動が変化したり，新しい行動を示すようになることを**学習**という。学習には，**慣れ・条件づけ・刷込み**などがある。

2 慣れと鋭敏化 (1) **慣れ** アメフラシ（軟体動物）の水管[1]に触れると，えらを引っこめる反射行動（**えらの引っこめ反射**）を示すが，くり返し触れるとだんだんえらを引っこめなくなる。このように，同じ刺激を何度もくり返し与えたとき，やがて同じ刺激には反応しなくなることを**慣れ**という。慣れは，単純な学習の一例である。

(2) **慣れのしくみ** アメフラシの慣れは，感覚神経と運動神経との間のシナプスにおいて，分泌される神経伝達物質の量が減ることによって起こる（図7-76c）。

(3) **鋭敏化** あらかじめ尾部に電気刺激を与えておくと，本来なら引っこめ反射を起こさないような弱い刺激を与えた場合でも，水管は引っこむようになる。これは**鋭敏化**とよばれる反応である。

(4) **鋭敏化のしくみ** 尾の感覚神経から入力を受けている介在ニューロンが水管の感覚ニューロンに作用し，水管の感覚ニューロンに興奮が起こりやすくなる。この介在ニューロンは神経伝達物質としてセロトニンを分泌する。セロトニンが水管の感覚ニューロンの受容体に結合すると，運動ニューロンへと分泌される神経伝達物質の量が増え，このため運動ニューロンが強く興奮しやすくなり，弱い刺激でもえらを引っこめるようになる（図7-76d）。

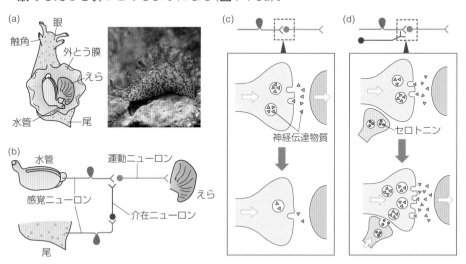

▲ 図7-76 アメフラシの慣れと鋭敏化のしくみ

1) アメフラシは水管を通して取りこんだ海水を，えらの上を流して呼吸している。水管に触れると，えらと水管を外とうの下に引っこめる。

(5) **短期記憶と長期記憶**　与えられた情報を，ある時間保持する現象を**記憶**とよぶ。アメフラシの記憶は，持続する時間によって，**短期記憶**と**長期記憶**とに分けることができる。

　例えば，鋭敏化の効果は，尾部への電気刺激が1回だけの場合は効果の続く期間も短く，数分で記憶は失われてしまう（短期鋭敏化）。一方，尾部への電気刺激を一定の回数で数日間続けると，効果は何日も持続するようになる（長期鋭敏化）。

　短期記憶では，水管の感覚ニューロンでの活動電位の持続時間が延長した結果として神経伝達物質の分泌量が増大するが，長期記憶では，新たなタンパク質合成が起こり，シナプス数の増加などの構造的変化に伴って神経伝達物質の分泌量が増大している（図7-77）。

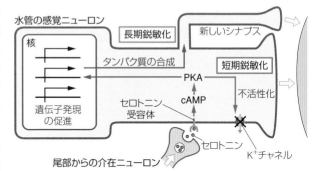

▲ 図7-77　短期鋭敏化と長期鋭敏化のしくみ

(a) **短期鋭敏化**　介在ニューロンから分泌されたセロトニンが水管の感覚ニューロンにある受容体に結合すると，cAMPの合成が促進される。cAMPはタンパク質リン酸化酵素（PKA）を活性化する。活性化したPKAは一部のK$^+$チャネルをリン酸化して不活性化する。すると，活動電位の降下抑制により持続時間が延長して，その結果，神経伝達物質の分泌量も増加する。

(b) **長期鋭敏化**　PKAが核内へも移動し，転写の調節タンパク質をリン酸化する。すると，調節タンパク質は特定の遺伝子の発現を活性化する。つくられたタンパク質によって新たなシナプスがつくられるなどの形態的変化が起こり，神経伝達物質の分泌量が増加する。

　補足 **陳述記憶と非陳述記憶**　記憶を陳述記憶と非陳述記憶に分類することがある。陳述記憶は，事実や出来事が意識にのぼる形で思い出されるもので，ふつう「記憶」とよんでいるものである。非陳述記憶は経験を通して獲得される習熟のようなもので，例えば，自転車の乗り方や暗算のしかたを覚えていることである。慣れ，鋭敏化，条件づけなどの学習により形成された記憶は非陳述記憶に含まれる。

3 古典的条件づけ　イヌに肉片を見せると，イヌは唾液を分泌する（これは生得的な反応）。一方，ベルの音を聞かせても，唾液の分泌は起こらない。ロシアの**パブロフ**は，イヌに肉片（無条件刺激）を与えると同時にベルの音（条件刺激）を聞かせるという操作をくり返し行う（条件づけという）と，やがてイヌはベルの音を聞いただけでも唾液を分泌するようになることを発見した（図7-78）。このように，**無条件刺激**（無条件で反応を引き起こす刺激）と**条件刺激**（反応とはもともと無関係で，条件づけられてはじめて反応を引き起こす刺激）とを対にして与え続けたときに，これらが連合されて条件刺激のみで反応が起こるようになる現象のことを**古典的条件づけ**という。

パブロフの実験で古典的条件づけが成立したのは，イヌの大脳の聴覚中枢と唾腺との間に本来はなかった新しい連絡経路が形成されたためである。

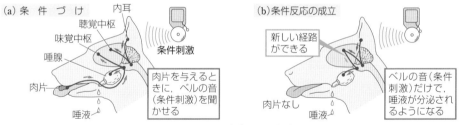

▲ 図7-78　パブロフの実験

4 **オペラント条件づけ**　（1）**スキナーの実験**　スキナー（アメリカ）はレバーが押されるとえさが出るようにした特別な箱にネズミを入れて実験を行った。ネズミは箱の中を動きまわっているうちに，あるとき偶然にレバーを押してしまう。するとえさが出て，ネズミはそれを食べ，また動きまわる。こうしたことをくり返すうちに，レバーを押すこととえさが手に入ることとが連合して学習され，ネズミは空腹時にレバーを押し続ける行動をとるようになる。このように，自発的に起こった動物の行動が，その直後の環境の変化（報酬や罰）と連合して学習される現象を**オペラント条件づけ**（試行錯誤学習）という。

▲ 図7-79　スキナーの実験

（2）**迷路学習**　迷路を通りぬけるようにネズミに練習させると，はじめは間違った道に曲がる回数が多いが，試行錯誤をくり返すうちに学習し，しだいに少ない間違いで出口に到達するようになる。

補足 **罰と学習効果**　試行錯誤学習の過程において，誤りの回数や所要時間の変化を記録した図7-80（右）のようなグラフを**学習曲線**という。ネズミの迷路学習では，出口にえさをおいたり，失敗すると罰として電気ショックを与えたりすると，学習効果は著しく向上する。

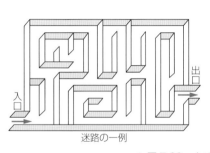

迷路の一例

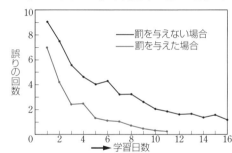

▲ 図7-80　ネズミの迷路学習と学習曲線

5 刷込み　ニワトリやカモ・ガチョウ・アヒルなどのひなは，ふ化後，親鳥のあとをついて歩く。オーストリアの**ローレンツ**は，自分の手でふ化させたガチョウのひなが，彼のあとをいつもついてくることに気づいた。生まれてすぐに接した動くものなら，追う対象は親でないものでもよく，風船や模型の自動車を動かしてやると，そのあとをひなは追う。それらを追う対象として記憶したからである。このように，生後のごく早い時期に与えられた刺激と結びついて，特定の行動を引き起こす対象が記憶されることを**刷込み**という。

　刷込みは，生得的要素（生まれてすぐに見たもののあとを追う）と学習の要素（見たものを覚える）の両方を含んでいる行動である。また，一度刷込まれると変更がききにくく，生後の特定の時期にしか成立しない。

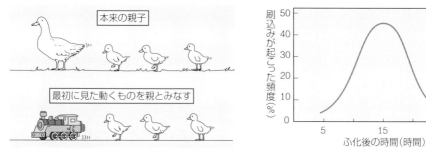

▲ 図7-81　アヒルの刷込み

6 さえずり学習　ある種の鳥（スズメの仲間の雄が多い）は繁殖期になると，その種に特有の求愛歌（**さえずり**）を歌う。さえずりをまったく聞かせずにウタスズメを育てると，貧弱な歌しか歌えないが，同種のさえずりと他種のさえずりを聞かせて育てると，きちんと同種のさえずりを歌うようになる。つまり，自分の種のさえずりがどのようなものか，生得的にわかっているのである。

　ウタスズメは，さえずりの「鋳型」を脳の中にもって生まれる。ところが，この鋳型はいいかげんなもので，幼鳥のときに親のさえずりを聞いて鋳型を完成させる。

　そしてさらに成鳥になってさえずり始めたときに，自分の歌を耳で聞いてこの鋳型と照合し，それに合うように練習して歌を完成させていく。この時期に内耳を破壊すると，さえずりは上達しない。

　さえずりの学習にも生得的な要素と学習の要素とが含まれている。

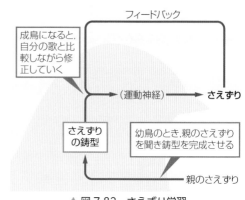

▲ 図7-82　さえずり学習

発 展　行動と遺伝子

　センチュウ，ショウジョウバエ，マウスなどでは，特定の遺伝子が行動に及ぼす影響が調べられている。例えば，センチュウには集団でえさを食べる会食型と，個体ごとにばらばらにえさを食べる孤食型の2つの型があるが，この違いは，たった1個の遺伝子の違いによる。その遺伝子がつくるタンパク質を構成するアミノ酸1個が異なるだけで摂食行動が変わってしまうのである。

　このように，特定の遺伝子がある特定の行動を支配する場合がある。ただし，多くの行動は複数の遺伝子の支配を受けると考えられている。また，学習などによる行動においては，遺伝子ばかりではなく，環境の影響もきわめて大きい。ヒトの1卵性双生児の比較から，さまざまな行動指標のうち，遺伝的要因の影響を受けているものは30～50%だといわれている。

7 知能行動　動物が一度も経験していない事態に対しても，単なる偶然ではないと認められるような合目的的な行動をとる場合，それを**知能行動**とよぶ。

(1) **見通し**　いくつかの動物に金網ごしにえさをおくと，① ニワトリは金網に突進してさわぐだけでえさにありつけないが，② イヌははじめは金網に突進するが，試行を重ねるうちに迂回するようになり，③ サルははじめから迂回してえさにありつく（図7-83）。サルのこのような行動を見通し行動という。見通しは哺乳類など高等な動物に見られるもので，知能の初歩的なものと考えられている。

▲ 図7-83　動物の種類と見通し行動

(2) **サルの見通し行動**　サルや類人猿は，棒などを使って手の届かないところにあるバナナを引き寄せることができる。また，棒で遊んだことのあるサルのほうが，棒をさわったことのないサルよりも短時間でバナナを引き寄せることができる。このように，サルやヒトなどの大脳皮質の発達した動物では，試行錯誤することなく，経験や学習を基礎に状況を判断して適切な行動をとることができ，経験の積み重ね（洞察学習）によって問題解決に要する時間を短くすることができる。

▲ 図7-84　見通し作業

第8章

植物の環境応答

1 植物の生活と反応
2 休眠と発芽の調節
3 成長の調節
4 花芽形成の調節
5 水分の調節

6 植物の防御機構
7 植物の受精と発生

ツユクサの気孔

1 植物の生活と反応

　多くの動物は，運動することで場所を移動し，食物を捕らえ，有性生殖を行う。それに対して植物は，芽生えた場所で一生を過ごす固着性であり，受動的にでもある程度の移動ができるのは胞子や種子のときだけである。

A 植物の生活

　種子植物の一生には，種子から発芽した後，光合成を行って植物体を成長させる**栄養成長期**，有性生殖をするために花や実を発達させる**生殖成長期**，親植物体を離れた種子が分散し発芽に至るまでの**種子期**からなり，それぞれの時期で特有の環境要因(環境刺激)への応答が見られる(図 8-1)。

　栄養成長期は発芽から始まる。発芽には休眠を解く温度・光・水分などの環境要因が必要となる。発芽した植物は，光や重力などの環境要因を感知しながら成長し，光合成に適した形態を形成する。光合成のための資源として，葉では光，根では水と無機塩類を十分に吸収できるような形態が形成される。

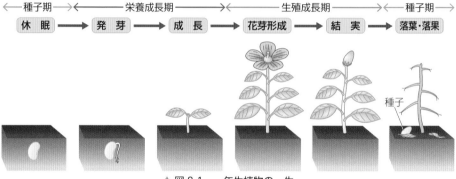

|←─種子期─→|←──栄養成長期──→|←──生殖成長期──→|←─種子期─→|
|休　眠 → 発　芽 → 成　長 → 花芽形成 → 結　実 → 落葉・落果|

種子

▲ 図 8-1　一年生植物の一生

生殖成長期は花芽の形成から始まり，受粉・受精が成功すると果実が成長する。多くの植物でそれらのタイミングは，温度や日長によって決まる。果実に含まれる種子は休眠した状態で親植物体から離れ，風や動物などによって分散・移動する。

B 環境からの刺激の受容と反応

1 環境要因の受容と反応　光や温度などの外界からの環境要因は，細胞にある受容体によって感知される。受容体で感知された外界の情報は，植物ホルモンを介して植物体内を伝えられ，細胞内で遺伝子発現の活性化などを引き起こす。こうした一連の過程を通して，植物は外界からの環境要因に反応している（図8-2）。

▲ 図8-2　植物における刺激の受容から反応まで

2 光受容体　植物にとって光は，光合成の資源としてだけではなく，環境要因としても重要である。外界からの光を受容し，さまざまな反応を引き起こすきっかけとなるタンパク質を**光受容体**といい，フィトクロムやフォトトロピン，クリプトクロムなどがある。光受容体は，特定の波長の光を受容すると構造を変化させる。フィトクロムは赤色光を，フォトトロピンとクリプトクロムは青色光を受容すると構造が変化する。植物は，このようにして周囲の環境にある光の種類を識別する。

3 植物ホルモン　植物の体内でつくられ，植物体内での情報伝達にはたらく低分子の有機化合物を総称して**植物ホルモン**といい，次の表のようなものがある。

ホルモン	おもな合成部位	おもなはたらき
オーキシン	頂芽，若い葉，花	伸長成長の促進と抑制，屈性，果実の肥大成長促進，頂芽優勢，離層形成抑制
ジベレリン	頂芽，若い葉，花，種子	伸長成長促進，種子の休眠解除・発芽促進
サイトカイニン	根など	茎葉の分化，細胞分裂の促進
アブシシン酸	種子，果実，老化葉，根	種子の休眠誘導・発芽抑制，乾燥ストレスへの耐性（気孔の閉鎖）
エチレン	果実，老化葉	果実の成熟促進，離層形成の促進
ブラシノステロイド	さまざまな器官	成長・分化の促進
ジャスモン酸	葉（食害部位）	食害への抵抗性
サリチル酸	葉（感染部位）	病原菌への感染抵抗性
ストリゴラクトン	根	側芽の成長抑制
システミン	葉（食害部位）	食害への抵抗性

A 種子の休眠 ★★

　種子には，休眠した胚が含まれている（→ *p*.393）。休眠の継続は，種皮が水や酸素をほとんど通さないことや，**アブシシン酸**による発芽の抑制などによるものである。休眠が解かれた種子は，適温で吸水できれば発芽するが，発芽のタイミングを逃すと再び休眠が誘導されることもある。

B 種子の発芽

1 休眠の解除　ハスやオオマツヨイグサなどの種子の種皮は厚くて水を通しにくい。そのため，これらの種子は長い間水につけておかないと発芽しない。種子は一般に，親の植物体を離れてもすぐには発芽せず，芽生えの成長に適した環境を感知して休眠を解除し発芽する。例えば，春に発芽する種子の休眠は，湿った状態で低温を経験すると解ける。明るい環境で育つ先駆樹種や雑草の種子は，そのような環境に特有の地表面温度の変化を休眠の解除に必要とする。

▲ 図8-3　古代ハス（大賀ハス）
千葉県検見川の約2000年前の堆積物中からみつかったハスの種子を，大賀博士が発芽させるのに成功した。

2 種子の発芽　休眠が解かれた種子の発芽には，水・温度・酸素が必要である。これは，発芽のための盛んな代謝には酵素のはたらきと多くのエネルギーが必要だからである。酵素は水に溶けてはじめてはたらき，適温で能率よくはたらく。また，呼吸には酸素（O_2）が不可欠である。

　こうした条件がそろうと，まず種子が吸水を始め，胚から**ジベレリン**が放出される。ジベレリンは，糊粉層の細胞にある受容体に結合し，**アミラーゼ遺伝子の発現を促進**する。糊粉層の細胞で合成されたアミラーゼは胚乳に分泌され，そこに貯められているデンプンなどの栄養源を加水分解する。胚は，分解産物である糖やその他の栄養分を利用して発芽し，成長していく。

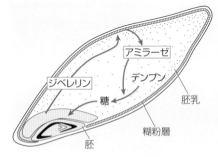

▲ 図8-4　種子の発芽

補足 　種子の休眠を維持するアブシシン酸は，ジベレリンによるアミラーゼ遺伝子の転写促進に対して阻害的にはたらく。ジベレリンおよびアブシシン酸はそれぞれ受容体との結合を介して細胞に作用する。ジベレリンによる促進作用がアブシシン酸の阻害作用よりも強ければ，アミラーゼ遺伝子の発現が促進されて，種子の発芽が起こる。

3 **光による発芽の調節** （1）**光発芽種子** 種子の中には，光が当たらないと発芽しない種子，つまり**光発芽種子**がある。栄養分をあまりもたず，土に埋まると発芽しても地上に葉を広げることのできない微小な種子に光発芽種子が多い。

補足 種子が土に埋まっている深さを検知するしくみとしては変温感受性があり，地表近くの昼夜の温度較差を検知している。

（2）**光の波長と発芽** レタスの種子などの光発芽種子では，① 赤色光を当てると発芽するが，② 遠赤色光を当てると発芽しない。これは，種子の胚に**フィトクロム**という色素タンパク質があり，これに赤色光が当たると発芽を促進する P_{FR} 型（遠赤色光吸収型）に変わり，遠赤色光が当たるともとの P_R 型（赤色光吸収型）にもどるためである。赤色光が十分な環境では，P_R 型のフィトクロムは赤色光を吸収して活性化されて P_{FR} 型となり，核

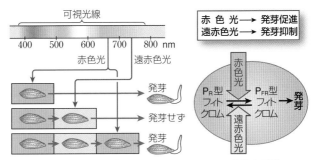

▲ 図 8-5 光の波長によるフィトクロムの変化と発芽

内に移行して発芽のための遺伝子発現を促す。

補足 日中の太陽光のもとでは，赤色光と遠赤色光の割合はほぼ等しい。しかし他の植物個体が日陰をつくると，赤色光の割合が減り，遠赤色光の割合が増える。これは，葉に含まれる光合成色素が赤色光(R)を多く吸収し，遠赤色光(FR)はあまり吸収しないためである。このため，他の植物個体の陰となる場所では，FR に対する R の比 (R/FR 比) が低下する。R/FR 比は，上層や周囲にある葉量や植物の密度の指標となる。フィトクロム全量中の P_R 型と P_{FR} 型の比率は，植物に当たっている光の R/FR 比に応じて決まる。

Column 🌱 いろいろな休眠と発芽

カボチャなどの種子は，光によって発芽が抑制される**暗発芽種子**である。暗発芽種子では，フィトクロムが種子の成熟する過程や貯蔵期間中に P_{FR} 型に変化するため，暗黒であっても発芽する。

休眠の解除までに長時間を要する種子の場合には，アブシシン酸量の高い状態が続き，たとえ P_{FR} 型ができても発芽を促進するジベレリンの合成が抑制されていたり，発芽を阻害する物質を種皮などに含んでいたりする。このような種子では，アブシシン酸量の低下，もしくはジベレリン量の増加が起こるまで発芽が遅れる。

さらにマメ科植物の多くのものや，ハス，クルミなどに見られる，種皮が硬い種子（硬実種子）では，吸水が起こらず，そのため水分量が足りなくてフィトクロムの活性化も起こらない。しかし，種皮が腐食したり，あるいは熱せられたり機械的に除かれることではじめて吸水が起こり，休眠が打破される。

A 植物の成長

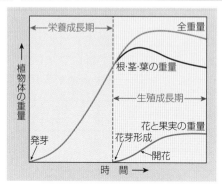

栄養成長期

全重量

植物体の重量

根・茎・葉の重量

生殖成長期

花と果実の重量

発芽　　花芽形成
　　　　　　開花

時　間 →

▲ 図8-6　個体の成長曲線

1 成長曲線　植物のうち，1年で枯れる一年生植物では，個々の植物の成長を測定すると，一般的に図8-6に赤い太線で示したような横に引きのばされた**S字状**の曲線になる。

(1) **栄養成長**　植物は発芽すると茎をのばし葉を広げて成長する。この時期が**栄養成長期**である。

(2) **生殖成長**　植物体の特定の部位(花のできるところ)に**分化**が起こって花芽ができ，**生殖成長**が始まる。花が咲き実を結ぶまでの時期を**生殖成長期**という。

B 屈性と傾性　★★★

植物は成長に伴って屈曲を起こす場合がある。

1 屈性　刺激がくる方向に対して決まった方向に植物が屈曲する場合を**屈性**といい，刺激のくる方向へ屈曲する場合を**正(＋)の屈性**，刺激とは反対の方向へ屈曲する場合を**負(－)の屈性**という。屈性は，刺激の種類によって次のようなものがある。

種　類	刺　激	例
光屈性	光	＋：茎，葉，イネ科植物の幼葉鞘　　－：根
重力屈性	重　力	＋：根　　　　　　　　　　　　　－：茎，イネ科植物の幼葉鞘
化学屈性	化学物質	＋：花粉管(胚珠からの分泌物)，根(薄い陰イオン)，菌糸(養分)
水分屈性	湿　度	＋：根，花粉管
接触屈性	接　触	＋：エンドウの巻きひげ

2 傾性　刺激の方向とはかかわりなく運動が起こる場合を**傾性**という。屈性と同様に，刺激の種類によって次のようなものがある。

種　類	刺　激	例
光傾性	光	タンポポ・マツバギクの花の開閉運動(昼－開く，夜－閉じる)
温度傾性	温　度	チューリップ・クロッカス・フクジュソウの花の開閉運動(温度が高くなる－開く，低くなる－閉じる)
接触傾性	接　触	モウセンゴケ(食虫植物)の葉の粘液を分泌する毛の運動

補足　光屈性は**屈光性**，光傾性は**傾光性**とよばれることもある。また同様に，重力屈性は**屈地性**，化学屈性は**屈化性**，水分屈性は**屈水性**とよばれることもある。

C　屈性の研究とオーキシン　★★★

　屈性の研究に伴って植物の成長を促進する物質の存在が明らかになった。

1 ダーウィンの実験　イギリスのダーウィンは，図8-7のようにクサヨシ（イネ科植物）の幼葉鞘に一方から光を当てる実験を行い，幼葉鞘の先端部が光を感じ，それよりも下の部分が屈曲することを明らかにした。

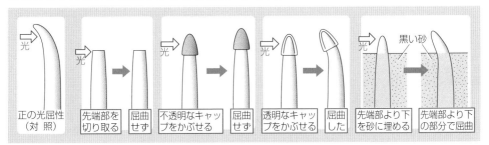

▲ 図8-7　ダーウィンの実験

2 ボイセンイエンセンの実験　ボイセン イエンセンは，マカラスムギ（アベナ）の幼葉鞘を用いて図8-8左のような実験を行い，幼葉鞘の成長に影響を与える物質が幼葉鞘の先端部で合成され，これが光の当たらない側を下方に移動して屈曲が起こると考えた。

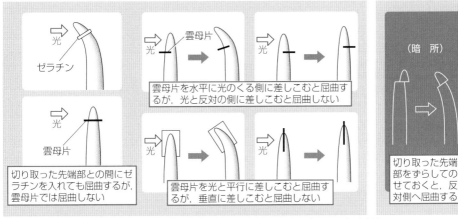

▲ 図8-8　ボイセン イエンセンの実験（左）とパールの実験（右）

3 パールの実験　図8-8右のような実験から，屈曲は，先端部で合成される成長促進物質の不均一な分布によると考えられるようになった。

4 ウェントの実験　ウェントは，マカラスムギの幼葉鞘の先端部を切り取り，それをのせておいた寒天片を切り口の片側に寄せてのせると，幼葉鞘は寒天片をのせたのと反対の側に屈曲し（→次ページ，図8-9），先端部を長くのせておいた寒天片ほど屈曲の度合いが大きくなることを発見した。

ウェントの実験の結果から，植物の成長を促進する物質は，寒天の中にしみこむことのできる水溶性の比較的安定な物質であることが明らかになった。この物質は，1939年，オランダの**ケーグル**によって化学構造がはっきりしないまま**オーキシン**と名づけられた。

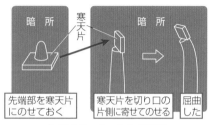

▲ 図 8-9　ウェントの実験

暗所　寒天片

暗所

| 先端部を寒天片にのせておく | 寒天片を切り口の片側に寄せてのせる | 屈曲した |

D　オーキシン　★★★

1 オーキシンの実体　オーキシンとよばれた物質の実体は，その後の研究から**インドール酢酸**（**IAA**）という化学物質であることがわかった。

（補足）オーキシンには，インドール酢酸のほかに，人工的に合成された**ナフタレン酢酸**や**2,4-D**（2,4-ジクロロフェノキシ酢酸）があり，インドール酢酸とはたらきも化学構造もよく似ている。

2,4-D は，イネ科植物に無害な濃度でも，広葉の雑草には強く作用し，異常成長を起こして枯死させるので，水田や麦畑の除草剤として用いられている。

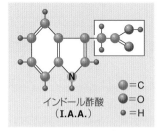

インドール酢酸（**I.A.A.**）

　●=C　●=O　○=H

▲ 図 8-10　インドール酢酸の化学構造

Column 🌱　幼葉鞘（子葉鞘）

双子葉植物の種子の内部には，胚乳に包まれた胚があり，胚の先には通常は 2 枚の子葉がある。吸水して発芽すると，茎頂分裂組織がその 2 枚の子葉の根元にはさまれた位置を占め，茎葉を開く（図 8-11）。

一方，単子葉植物の種子の内部では，子葉は 1 枚で子葉の基部が広がって胚の他の部分をすっぽりとおおっている。これが幼葉鞘であり，吸水すると，根はその幼葉鞘の基部を突き破り，幼葉鞘は刀の鞘のように伸びて外に出て筒状の形になる（図 8-12）。この幼葉鞘から，やがて緑色の本葉（第 1 葉）が出てくる。

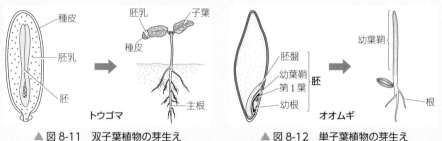

▲ 図 8-11　双子葉植物の芽生え　　　▲ 図 8-12　単子葉植物の芽生え

2 **オーキシンの作用**　① 細胞壁の性質を変えて伸びやすくし，細胞内への水の透過を大きくする（細胞の伸長成長を促進する）。

② 呼吸を促進する。　③ 細胞分裂を促進する。　④ 発根を促進する。

⑤ 落葉・落果を防止する。　⑥ 側芽の成長を抑制する（頂芽優勢）。

3 **光屈性とオーキシン**　幼葉鞘の先端部でつくられたオーキシンは，光の当たらない側に輸送され，その後，さらに基部に向かって輸送される。このため，オーキシンは，光の当たる側と当たらない側とで，その濃度分布にかたよりが生じている。

オーキシンには細胞の伸長成長を促進するはたらきがある。オーキシン濃度の高い側（陰側）は，光が当たっていてオーキシン濃度の低い側よりも大きく伸長成長するため，光の方向に曲がる。

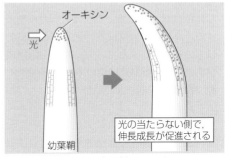

▲ 図 8-13　光屈性とオーキシン

4 **極性移動**　幼葉鞘の先端部でつくられたオーキシンは下方（基部方向）へ移動するが，図 8-14 の実験からわかるように，上方には移動しない。このように，方向性がある物質の移動を**極性移動**という。

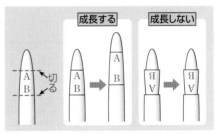

▲ 図 8-14　オーキシンの移動の極性

極性移動には 2 種類の輸送タンパク質が関わっている。茎や根の個々の細胞の上面（先端側）や側面にはオーキシンの**取りこみ輸送体**（AUX）が局在し，下面（基部側）には**排出輸送体**（PIN）が局在している。オーキシンは上面や側面のAUX タンパク質によって細胞内に取りこまれ，下面にある PIN タンパク質により細胞壁に排出される。次に下側に隣接した細胞の上面や側面のAUX タンパク質によって再び細胞内に取りこまれ，さらに排出が起こり，これがくり返される結果，先端側から基部側に向かってのオーキシンの極性移動が起こるのである（図 8-15）。

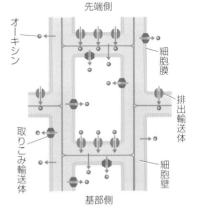

▲ 図 8-15　極性移動のしくみ

補足　幼葉鞘では，光受容体であるフォトトロピンが青色光を受け取ると，PIN の分布が変化する。その結果，オーキシンが光の当たる側から陰側へと輸送される。

1 細胞成長 植物個体全体の成長過程では，初期には細胞分裂による細胞数の増加が起こり，後半には個々の細胞の体積が増加する**細胞成長**が起こる。細胞成長では，体積が数十倍に増えるにもかかわらず，細胞成長における体積の増加分のほとんどは液胞の体積増加に依存している。つまり，細胞成長の過程では，細胞外から液胞内に水分が取りこまれており，これを**吸水成長**という。吸

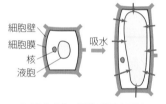

▲ 図 8-16　細胞成長と吸水

水成長には，細胞壁の伸びやすさ(伸展性)と内外の浸透圧の差異が関係している。

2 細胞成長のしくみ オーキシンは，細胞膜にあるプロトンポンプというタンパク質にはたらきかけることにより，水素イオン (プロトン) の細胞外への放出を促進する。すると，細胞外の水素イオン濃度が上昇し，細胞壁が酸性化する(pH が下がる)。細胞壁には水素イオン濃度が高くなると活性を示すようになる**エクスパンシン**というタンパク質がある。細胞壁を構成するセルロース微繊維とこれらの間を埋める成分(ヘミセルロースなどの多糖成分や糖タンパク質)は水素結合で結びついており(→ p.73)，活性化したエクスパンシンはこの水素結合を切断する。これにより，細胞壁の固い構造がゆるみ，細胞の体積が増大できるようになる。

　他方で水素イオン放出に伴ってカリウムチャネルを介したカリウムイオンの細胞内への取りこみが促進され，細胞内の浸透圧が上昇し，それによって細胞内へ水が流入して，吸水成長が起こる。

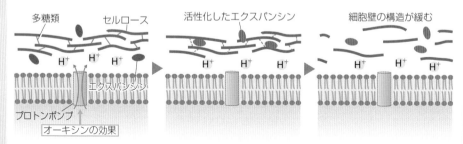

▲ 図 8-17　細胞成長のしくみ

3 細胞成長の方向 細胞の成長には方向性がある。**ジベレリン** (→ p.374) がはたらくと，セルロース微繊維が茎の軸に対して垂直の方向に配向される。すると，細胞はオーキシンの作用により縦方向に成長するため，茎は細くなる。一方で，別の植物ホルモンである**エチレン** (→ p.394) が作用すると，セルロース微繊維は茎と並行な方向に配向され，細胞が横方向に成長するため，茎は太くなる。

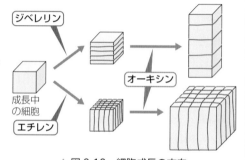

▲ 図 8-18　細胞成長の方向

5 器官による感受性の違い　図8-19に示したように，植物の器官（根・茎）によって，オーキシンの作用における最適濃度が異なる。左図の促進と抑制の間の横線は培地にインドール酢酸を加えないで育てた場合（対照実験）を意味し，これより成長が大きければ促進，成長が劣れば抑制である。

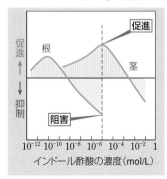

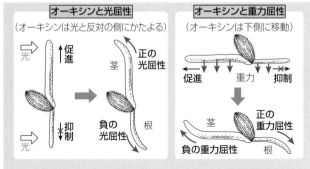

▲ 図8-19　オーキシンの器官による感受性の違い（左）と光屈性・重力屈性とオーキシン（右）

6 重力屈性　植物を水平に倒しておくと，重力によってオーキシンが下方へ移動して濃度が高くなり，茎は重力の方向とは反対の方向に屈曲する（**負の重力屈性**）。一方，根では，高濃度のオーキシンが成長を抑制するため，重力の方向に屈曲する（**正の重力屈性**）。

　根の根冠の細胞には**デンプン粒**を含む細胞小器官である**アミロプラスト**（白色体）があり，これが重力の変化を感知するための平衡石としてはたらく。アミロプラストは重力の方向に移動するので，植物を横に倒すと下方へ移動する。それに応じて，オーキシン輸送体の配置も変化する。根まで輸送されたオーキシンは，水平方向に移動してから折り返し，伸長部へと運ばれる。重力によって配置が変化したオーキシン輸送体は，下方へのオーキシンの移動を促し，これにより，伸長部の成長が抑制され，正の重力屈性が起こる。

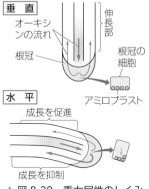

▲ 図8-20　重力屈性のしくみ

7 頂芽優勢　茎の先端部（頂芽）で成長が促進されるオーキシン濃度では，側芽の成長は抑制される。図8-21のような実験から，頂芽でつくられたオーキシンがそれより下方の側芽の成長を抑制していると考えられる。このような状態を**頂芽優勢**という。

先端の芽が伸び，下の芽は伸びない

先端の芽を切り取ると，下の芽は伸び始める

切り口にオーキシンを含ませた寒天をのせると，下の芽は伸びない

▲ 図8-21　頂芽優勢

4 花芽形成の調節

基生 **A　花芽形成の調節**　★★★

　多くの種子植物では，種ごとに開花の季節が決まっている。これは，光や温度などの条件によって花芽の形成が調節されるからである。

1 光周性　植物は，花芽形成（開花）と日長（明期の時間）との関係から下表のような3つに分けることができる。また，このような日長（実際には暗期の時間の長さ）によって花芽形成などが影響を受ける現象を**光周性**という。

2 限界暗期　花芽形成の光周性では，図 8-23 に示した光中断実験から実際には**連続する暗期の長さ**が関係しており，花芽形成に必要な長日植物では最長の，短日植物では最短の暗期の長さを**限界暗期**という。

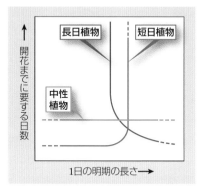

▲ 図 8-22　明期の長さと開花

種　類	特　　　　徴	植　物　例
長日植物	1日の暗期が一定時間（約 10 ～ 13 時間）以下になると花芽を形成。春～初夏が開花期	アブラナ，ホウレンソウ，キャベツ，ダイコン，コムギ，アヤメ
短日植物	1日の暗期が一定時間（約 8 ～ 10 時間）以上になると花芽を形成。夏～秋が開花期	アサガオ，コスモス，ダリア，ダイズ，アサ，キク，イネ，オナモミ
中性植物	日長と関係なく花芽を形成	ナス，ワタ，トマト，ハコベ，タンポポ

補足 ① **限界暗期の長さ**　花芽形成に必要な限界暗期の長さは植物の種によって異なる。長日植物のサトウダイコンでは暗期が 13 時間以下，ホウレンソウでは 10 ～ 11 時間以下で，短日植物のオナモミは 9 時間以上で花芽形成が始まる。また，これは温度によっても変化する。

② **長日処理と短日処理**　人為的な照明によって暗期を短くした長日条件下に植物をおくことを**長日処理**といい，暗期を長くした短日条件下に植物をおくことを**短日処理**という。

　これらの処理によって，本来の開花期とは異なる時期に花を咲かせることができる。

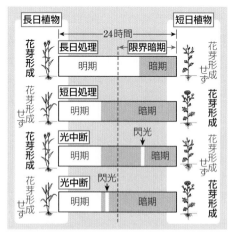

▲ 図 8-23　暗期と花芽の形成

Laboratory　オナモミによる光周性の実験

オナモミはキク科の多年生植物で，日本全土に分布し，秋に花を咲かせる短日植物である。花芽の形成には1日9時間以上の連続した暗期が必要であることが次の実験からわかる。

方法と結果　① 1枚の葉だけを黒いビニールでおおって短日処理を行う。→植物体全体で花芽が形成された。

② すべての葉を取り除いて短日処理を行う。→花芽は形成されなかった。

③ 2本のオナモミを接ぎ木し，一方の枝の先端の葉に短日処理を行う。→両方の枝で花芽が形成された。

④ ③と同様に接ぎ木をしたオナモミの一方の枝の基部に，環状除皮（茎の周囲を輪状に傷つけて，形成層より外側をはぎとること）を施し，その枝の先端の葉に短日処理を行う。→短日処理を行った枝の環状除皮から先の部分には花芽が形成されたが，接ぎ木をしたもう一方の枝には花芽が形成されなかった。

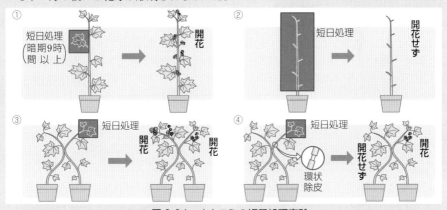

▲ 図8-24　オナモミの短日処理実験

MARK　①，②の結果から，日長刺激を受けとるのは葉であり，1枚の葉で受容された日長刺激は植物体全体に伝わること（1枚の葉を短日処理したら植物体全体で花芽が形成された），③，④の結果から，花芽形成の原因となる物質は師管を通って移動すること（環状除皮によって師部が除かれると移動できない）がわかる。

3 光中断　短日植物のキクやアサガオでは，花芽形成には8時間以上の連続した暗期が必要であるが，8時間以上の暗期があっても，その途中でごく短い時間の閃光を当てると花芽形成は起こらない（図8-23）。このような光によって暗期を中断することを**光中断**という。光中断の実験から，短日植物の花芽形成には限界暗期以上の**連続する暗期が必要**であることがわかった。

補足　短日植物では，暗期を閃光で中断しても，光中断の効果が現れる。しかし，長日植物では，暗期をかなり長い時間の光で中断しないと，花芽を形成する効果が現れない。

> 光周性→連続する暗期が重要
> （光中断で暗期の効果なし）

4 光周性とフィトクロム　明期・暗期の長さは葉で受容される。光中断に有効な光は赤色光（波長660nm）であるが，赤色光を照射した直後に**遠赤色光**（波長730nm）を当てると光中断の効果が打ち消される。このことから，暗期の長さの受容には，葉に含まれる**フィトクロム**（→ p.375）が関係していると考えられている。

5 花成ホルモン　光刺激を感じとるのは葉のフィトクロムであるが，花芽を形成するのは芽である。つまり，花芽形成を誘導する物質は葉でつくられて芽に移動する必要がある。このような花芽形成促進物質は**花成ホルモン（フロリゲン）**とよばれ，その実体はタンパク質である。葉で合成されたフロリゲンは芽に移動し，細胞の遺伝子発現を調節して芽を花芽へと分化させる。

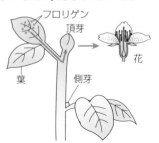

▲ 図8-25　フロリゲンのはたらき

6 春化と春化処理　コムギでは，日長のほかに温度も花芽形成に関係している。秋まきコムギは冬の低温にさらされないと開花結実しない。これは，低温が花芽形成に必要な生理的変化を起こさせるためと考えられ，この現象を**春化**という。また，発芽した種子を人工的な低温下に一定期間おいたものを春に畑にまいても開花結実させることができ，こうした処理を**春化処理**という。

発展　フロリゲンの発見

　1937年に旧ソ連のチャイラヒャンは，葉でつくられた物質が茎頂まで運ばれて花芽形成を誘導するとの考えを提唱し，そのような物質を花成ホルモン"フロリゲン"と名づけた。フロリゲンの実体は長い間わからなかったが，近年になってその正体が明らかになってきた。

　ゲノム研究が進んだ長日植物であるシロイヌナズナでは，1999年に花芽形成に必要な遺伝子座 **FT**（Flowering locus T）が同定され，FT遺伝子と命名された。FT遺伝子の発現はシロイヌナズナの花芽が形成される長日条件下でのみ誘導され，しかも葉の維管束（師部）周辺に発現部位が局在していた。さらにFTタンパク質とGFP（→ p.201）を融合させて観察した実験から，このタンパク質が茎頂に移動することや，接ぎ木した植物間を長距離移動して花芽形成を誘導することが証明され，茎頂まで長距離移動するシグナル物質であるフロリゲンとされた。

　一方で，短日植物であるイネでは，フロリゲンとして**Hd3a**というタンパク質が同定された。さらにHd3aと結合するタンパク質として細胞質に存在するフロリゲン受容体と核内に存在する調節タンパク質が同定され，これら3つが複合体（フロリゲン活性化複合体）を形成することもわかった。こうしたことから，イネの葉でつくられるHd3aは茎頂まで移動し，そこで茎頂細胞内に輸送され，細胞質にあるフロリゲン受容体に結合した後，核内に移行して調節タンパク質と複合体を形成し，花芽形成に関連する遺伝子発現を誘導すると考えられる。

花の形成と遺伝子 ★★

種子は休眠後，必要な条件がそろうと発芽して植物体をつくり，やがて花芽が分化して花が形成される。

1 花の構造遺伝子 花は植物の生殖器官である。双子葉植物の場合，花は 4 種の構造（花器官）から構成されており，茎の一部につく。これらの器官は外から中心に向かって，がく・花弁・おしべ・めしべの順で同心円状に配置されている。動物と同様に植物にも**ホメオティック遺伝子**があり，これらの配置を決めている。

2 ABC モデル 花の形成に関わるホメオティック遺伝子には遺伝子 A，B，C の 3 つがある。同心円状の 4 つの領域（外側から順に①，②，③，④とする）にどの花器官ができるかは，3 つのクラスのホメオティック遺伝子が以下のような組み合わせではたらくことによって決まる。このしくみは **ABC モデル**とよばれる。

（1）遺伝子 A が単独ではたらくと，がくが形成される。

（2）遺伝子 A と遺伝子 B がはたらくと，花弁が形成される。

（3）遺伝子 B と遺伝子 C がはたらくと，おしべが形成される。

（4）遺伝子 C が単独ではたらくと，めしべが形成される。

補足 遺伝子 A，B，C ははたらく領域が異なる。B は領域②と③ではたらく。A と C はすべての領域ではたらく可能性があるが，A と C は互いに抑制しあう。つまり，A は，領域①，②では C のはたらきを抑制し，逆に領域③，④では C によって抑制される。

補足 ABC モデルは，シロイヌナズナの突然変異体の研究によって提唱された。遺伝子 A が欠損すると，領域①では C がはたらくため，そこはめしべとなり，また領域②では B と C がはたらいて，おしべが形成される。ABC すべてのクラスの遺伝子が欠損すると，全部の花器官が葉になる。こうした結果は，花器官が葉から進化したものだという考えを支持している。

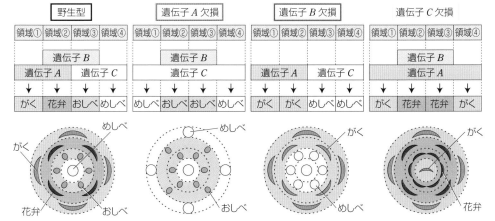

▲ 図 8-26 シロイヌナズナのホメオティック遺伝子のはたらきと変異体の構造（ABC モデル）

A **植物と水**

植物にとっての水の重要性　(1) 植物体を構成する細胞の膨圧を維持し，形態を保持する。水不足になると，細胞の膨圧が維持できなくなり，しおれが起こる。(2) 光，二酸化炭素とともに，光合成に必要である。(3) 土壌から無機塩類を吸収するためには，水に溶けた状態で根から吸収する必要がある。(4) 葉からの蒸散によって，根から水を吸収するための駆動力を生み出し，体内の水分上昇を可能にする。

B **水の吸収**　★

1 根毛からの吸水　土壌中の水と養分(無機塩類)は，根の先端部にある**根毛**から吸収される。

2 吸水のしくみ　植物細胞の外側にある細胞壁は全透性で水も塩類も自由に通すが，その内側にある細胞膜は，塩類(Na^+，Cl^-，K^+，NO_3^- など)は通すが，大きなスクロース分子($C_{12}H_{22}O_{11}$)は通さない。この選択的透過性（→ p.65）のため，① 塩類は拡散によって移動し，膜内外で濃度が等しくなると移動は止まる（図 8-27 a）。しかし，② スクロース分子は細胞外に出られず，細胞内の濃度は外液より高くなる。そのため，細胞内の浸透圧が高くなり，外から水が入る。すると，塩類の濃度も下がるので，拡散によって塩類も入ってくる。

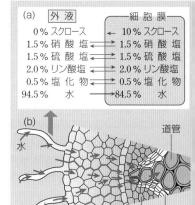

▲ 図 8-27　根毛での吸水のしくみ

3 道管への移動　根の組織では，根毛→皮層の細胞→木部の細胞の順に糖分の濃度が高くなっている。内側の細胞ほど浸透圧が高く吸水力が大きいので，水は根毛から道管へと流れ，道管の中の水をおし上げる。このおし上げる圧力が**根圧**であり，1 ～ 2 気圧程度である。

C **水の上昇**　★★

1 葉の吸水力　(1) **蒸散**　植物体から水が水蒸気となって蒸発する現象を**蒸散**という。蒸散には気孔から行われる**気孔蒸散**と，葉の表面のクチクラを通して行われる**クチクラ蒸散**とがある。光合成や呼吸のガス交換（CO_2 と O_2）のため，葉肉細胞の表面は常に水でぬれているので，細胞間隙も水蒸気で飽和した状態にある。ガス交換のために気孔を開くと，水蒸気は気孔から外界へと拡散していく（気孔蒸散）。

(2) **気孔の開閉のしくみ** 植物に光が当たると気孔が開く。光受容体のフォトトロピンが青色光を受容すると，気孔の孔辺細胞に K^+ が流入して孔辺細胞の浸透圧が上昇し，吸水が起こる。気孔の孔辺細胞は内側の細胞壁が特に厚くなっているので，吸水して膨れると，細胞壁の厚いところは伸びにくいが薄いところは伸びやすいので，外側へそり返って気孔が開く。

逆に，植物体の水分が欠乏すると，植物ホルモンの1つである**アブシシン酸**が急速に合成され，K^+ を細胞外に排出して孔辺細胞の浸透圧の低下を促すため，水が細胞外へ出て膨圧が下がり，気孔は急速に閉じる。

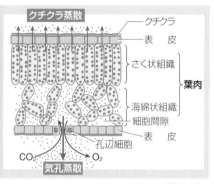
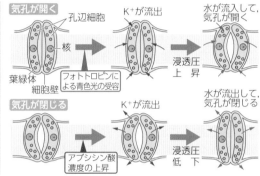

▲ 図 8-28　葉の断面と気孔の開閉

(3) **蒸散と吸水力** 蒸散はガス交換の必要上，やむを得ず起こる現象といえるが，蒸散によって生じる細胞内の浸透圧の増大が，大きな吸水力を生んでいる。その吸水力は 10（草本）〜 20 気圧（木本）ほどにもなる。道管（木部の通道組織）の抵抗がないものとすると，10 気圧の吸水力で約 100 m の高さまで水は上がる。

2 高所への水の上昇 植物の中には，ユーカリやセコイアのように高さが 100 m 以上になるものもある。そのような高木の先端にも葉はついている。水はそこまで上昇して蒸散する。この水分の上昇には，**根圧**も関係しているが，**水分子の凝集力**（→ p.85）と葉の細胞に生じた**吸水力**が大きな役割をする（蒸散凝集力説）。すなわち，根から道管を通って葉の細胞まで，水分子の凝集力によって切れることなく水の柱がつながっており，葉の吸水力によって最上部の葉まで水が引き上げられる。

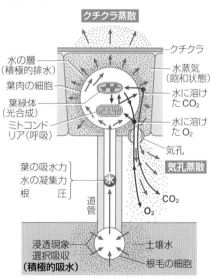

▲ 図 8-29　水の上昇と蒸散

1 水分のバランス ふつう，植物体内には約 50 ～ 90％の水分が含まれている。植物体内で円滑に代謝が行われるためには，一定量の水分が常に保たれていなければならない。この水分は，根の**吸水速度**と水が植物体内を**通過する速度**と葉からの**蒸散速度**の 3 つのつり合いによって保たれる。

2 水分が欠乏したとき 土壌中に水分が少なくなったり（吸水しにくい），晴天で気温が高く風が強く吹いていたり（蒸散が高まる）すると，体内の水分が欠乏し，葉はしおれる。

(1) **気孔を閉じる** 水分が欠乏すると，**アブシシン酸**のはたらきによって気孔が閉じ，クチクラ蒸散だけになる。クチクラ蒸散は気孔蒸散の 1/10 ～ 1/30 程度である。

(2) **吸水力の増加** 水分が欠乏して葉の細胞から水分が失われると，細胞内の濃度が高まり浸透圧が高くなるので，大きな吸水力が生じ，根からの吸水も増加する。

　補足 **枯死** 気孔を閉じてもクチクラ蒸散があるので，土壌の水分が欠乏すると植物はしだいに水を失う。全含水量の 60％以上を失うと，再び水を与えても回復できずに枯死する。

3 水分が多すぎるとき 植物はふつうは，体内に水分が多すぎるために害を受けることはない。水分が十分にあるときは，気孔もいっぱいに開き，より多くの CO_2 を取りこんで，盛んに光合成ができる。しかし，根圧による吸水が大きすぎるような場合，草本植物などでは，葉の先端にある水孔から排水することもある。

▲ 図 8-30 イチゴの葉の排水

4 湿度と気孔の開閉 野外では，日射・湿度・風などが大きく変化するが，気孔の開閉や蒸散量もそれに応じて変化する。それに伴い，光合成速度も変化する(図 8-31)。

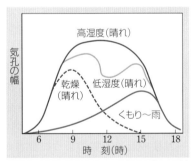
▲ 図 8-31 気孔の幅・日射・湿度の関係

(1) **晴れ—高湿度** 気孔もいっぱいに開くが，午後遅くなるとじょじょに閉じる。

(2) **晴れ—低湿度** 湿度が低いと，蒸散のため水分が欠乏を始める昼前には気孔が閉じ始め，正午ごろにはかなり閉じる。しかし，やがて吸水力が増大してバランスがとれると，また少し開いて夜には閉じる。

(3) **晴れ—乾燥** 空気が乾燥していると，蒸散量も大きいので，水分の欠乏が早く起こり，気孔が閉じ始めるのも早く，正午すぎには完全に閉じてしまう。

(4) **くもり～雨** 曇天や雨天で湿度が高く，光が弱いと，光合成の速度が遅い。それでも，葉の中の CO_2 量が減少するにつれて，気孔もだんだん開く。夕方になって暗くなり光合成が止まると，気孔も閉じる。

6 植物の防御機構

A 食害に対する防御 ★

　植物の葉などで昆虫などによる**食害**が起こると，食害部位では直ちに**システミン**とよばれる植物ホルモンができ，これが近傍の細胞にはたらきかけて脂肪酸の一種のリノレン酸から**ジャスモン酸**という植物ホルモンが合成される。ジャスモン酸は，維管束や葉肉細胞にはたらきかけて特定の遺伝子発現を調節し，タンパク質分解酵素の阻害物質（**プロテイナーゼ・インヒビター**）の合成を促進する。プロテイナーゼ・インヒビターを取りこんだ昆虫は，消化不良を起こすため，食害が抑制される。

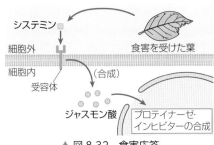

▲ 図 8-32　食害応答

　[補足] このような食害応答のしくみは，食害を受けた葉だけではなく，周囲の健全な葉でも 30 分以内に起こる。これは，ジャスモン酸が師部を伝わって同じ植物個体内を移動することに加え，食害部位で合成される揮発性のジャスモン酸誘導物質（**ジャスモン酸メチル**）が空気中を伝わって周囲の植物にも食害の情報を伝達するためである。

B 病原菌に対する防御 ★

　病原菌などに由来し，植物に防御反応を誘導する物質を**エリシター**という。植物はエリシターの受容体を複数もっており，そこにエリシターが結合すると，感染防御に関わる特定の遺伝子が発現し，さまざまな防御機構が活性化される。

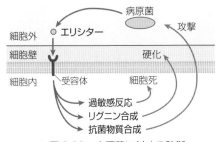

▲ 図 8-33　病原菌に対する防御

1 過敏感反応　植物では病原菌が感染すると**過敏感反応**とよばれる現象が起こる。病原菌の侵入を受けると短時間（感染後，数秒から数分）のうちに活性酸素が生成され，感染部位の細胞やその周囲の細胞を細胞死に追いやる反応が起こる。これにより，病原菌が拡散するのを防ぐ。

2 細胞壁の硬化　病原菌の侵入に対して，リグニンの合成が促進される。リグニンは細胞壁を硬化して，物理的な防御を強化する。

3 抗菌物質の合成　さまざまな抗菌物質の合成も促進される。抗菌物質としてはたらく二次代謝産物を**ファイトアレキシン**といい，植物種によってさまざまなものがある。また，カビに抗菌的にはたらくグルカナーゼやキチナーゼのような加水分解酵素の合成も促進される。

基生

A 被子植物の配偶子形成と受精 ★★★

　被子植物は，形や色が多様な目立つ花をつける。花は，雄性生殖器官のおしべと雌性生殖器官のめしべをもつ。被子植物の有性生殖においては，動物同様，雄性配偶子と雌性配偶子とが合体して受精が起こる。雄性配偶子にあたるのが**精細胞**[1]，雌性配偶子にあたるのが**卵細胞**である。

1 花粉と胚のうの形成 **（1）花粉形成**　花がまだつぼみの時期に，おしべのやくの中の**花粉母細胞**（$2n$）が減数分裂を行って4個の細胞（n）からなる**花粉四分子**となる。花が開くころになると，花粉四分子のそれぞれの細胞は，さらに細胞分裂をして成熟した**花粉**となるが，この分裂は不均等であり，一方の細胞は細胞質が非常に少なく，この小さい細胞が，もう一方の大きい細胞に包含される。つまり，成熟した花粉では，大きな**花粉管細胞**（核として花粉管核をもつ）の中に，**雄原細胞**（核として雄原核（n）をもつ）が入れ子状に入った形となる。花粉は雄性配偶体に相当する。

重要

$$母細胞 \ から \begin{cases} 花粉四分子 \Rightarrow 花粉4個 \\ 胚のう細胞1個 \Rightarrow 胚のう1個 \end{cases}$$

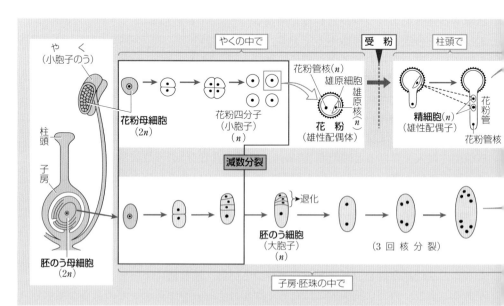

▲ 図 8-34　被子植物の生殖細胞の形成と重複受精

(2) **胚のう形成**　若いめしべの子房内には**胚珠**が入っている。胚珠中には**胚のう母細胞**($2n$)があり，減数分裂すると，1個の**胚のう細胞**(n)と，3個の小さな細胞になる（こちらは後に退化）。胚のう細胞は，核分裂を3回行って，8個の核をもつ細胞になる。その後，細胞質の分裂が起こり，新たに細胞膜が形成されて7個の細胞となり，**胚のう**ができあがる。これらの細胞は，胚のうの珠孔側の端に卵細胞（1個）と**助細胞**（2個）が，その反対の端に3個の**反足細胞**が，そして中央に1個の**中央細胞**（これは**極核**を2個もっている）が配置される。胚のうは雌性配偶体に相当する。

2　重複受精　花粉がめしべの柱頭につくことを**受粉**という。花粉は柱頭で発芽して花粉管を伸ばし，雄原細胞はこの中を移動中に分裂して2個の**精細胞**(n)となる。花粉管が伸びて胚のうに到達すると先端が破れ，精細胞の1個は卵細胞と受精し，もう1個は**中央細胞**（2つの極核をもつ）と受精する。このように，被子植物では2組の受精が同時に起こり，これを**重複受精**という[2]。

　受精により卵細胞の核は$2n$に，中央細胞の核（胚乳核）は$3n$となる。卵細胞は**胚**へと発生し，中央細胞は**胚乳**になる。

> **重要**
>
> 重複受精 {
>   卵細胞(n)＋精細胞(n)　⇒　$2n$の受精卵　⇒　胚($2n$)
>   中央細胞(極核2個，$n+n$)＋精細胞(n)　⇒　胚乳($3n$)

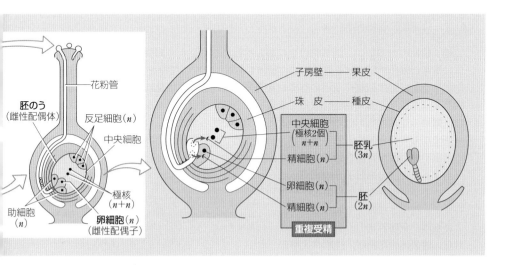

....
1) 多くの裸子植物でも花粉管内に精細胞ができるが，イチョウとソテツでは**精子**ができる。
2) 花粉管核は重複受精の過程で退化する。なお，裸子植物では重複受精は行われない。

発 展　花粉管誘引のしくみ

　めしべの先端（柱頭）についた花粉は発芽し，花粉管を伸ばしながら長い花柱の中を進み，やがて胚珠中の胚のうにたどりつく。花粉管を胚のうまで導くしくみは**花粉管誘引**とよばれ，花粉管を誘引する何らかの物質が存在すると考えられ，その物質の実体が追究されてきた。日本の東山哲也らは，トレニアという被子植物を使った実験から，誘引物質の本体である低分子量のタンパク質を特定した。

　このタンパク質は，釣りの際に用いられる疑似餌になぞらえてルアーと名づけられた。ルアータンパク質は助細胞で分泌され，花粉管は，分泌されたルアータンパク質をめがけて伸長していく。レーザーを使って助細胞を破壊しておくと，花粉管の誘引は適切に起こらないことから，花粉管誘引には助細胞が必須であることがわかる。

　ルアーには種特異性が見られ，トレニアのルアーは，トレニアと近縁の植物であるアゼトウガラシの花粉管を誘引しない。

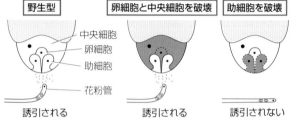

▲ 図 8-35　助細胞のはたらきを調べる実験

　補足　誘引は多段階で起こるらしい。まず花柱による誘導によって胚のうの近くまで花粉管が伸びていき，最後は胚のうの出す物質に誘引されると考えられている。

発 展　自家不和合性

　被子植物の大多数は，同じ花の中におしべとめしべをもつ両性花を咲かせる。同じ植物体に雄花と雌花を咲かせる雌雄同株の植物もある。自らの花粉を受粉（自家受粉）して受精が起こると，野生型遺伝子とのヘテロ接合では表現型として現れないような有害性をもつ突然変異遺伝子がホモ接合になって発現し，子孫が虚弱で育たない可能性が高まる。花には，雌雄の生殖器官の位置や成熟のタイミングをずらすなど，自家受粉を避けるためのさまざまなしくみが見られる。さらに，自家受粉しても受精が妨げられる生理的な性質である自家不和合性を発達させているものも少なくない。

　自家不和合性の遺伝子（S遺伝子）には，いくつかの異なる対立遺伝子が存在する。花粉と柱頭とで同じ遺伝子型であれば，花粉管誘引や受精が妨げられる。他個体の花粉は，柱頭のS遺伝子とは異なる対立遺伝子をもっていることが多く，排除されることなく受精できる。

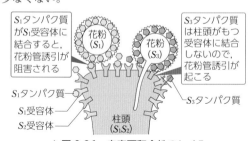

▲ 図 8-36　自家不和合性のしくみ

1 胚の成長　受精した卵細胞は細胞分裂をくり返す。最初の分裂でできた2個の細胞のうちの一方(胚細胞)からは，球形の胚球が形成される。これが成長すると，**子葉，幼芽，胚軸，幼根**からなる**胚**となる[1]。

2 胚乳の発達　胚の発生に伴い，助細胞も反足細胞も退化する。中央細胞は**胚乳**となる。中央細胞の胚乳核が核分裂をくり返して多核の細胞となり，その後，この核を1つひとつ包むように細胞壁ができて胚乳が形成される。

3 種子の完成と休眠　胚や胚乳の発達に伴って，それらを内部に包みこんでいた珠皮が**種皮**となり，**種子**が形成される。さらに，種子から分泌される植物ホルモンのはたらきで，その外側を包んでいた子房壁が発達して**果皮**となり，**果実**ができる。種子が完成すると，胚はその中で一時期**休眠**する。

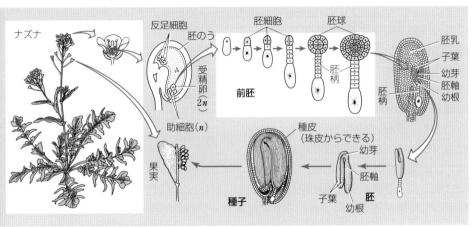

▲ 図8-37　ナズナ(被子植物)の胚の発生と種子の形成

4 有胚乳種子と無胚乳種子　胚乳に栄養分がたくわえられているのが**有胚乳種子**である(カキ，トウゴマ，トウモロコシなど)。一方，ナズナやエンドウ，クリなどでは，いったん胚乳ができるが，その栄養分を胚が吸収して子葉にたくわえるため，胚乳のない**無胚乳種子**となる。

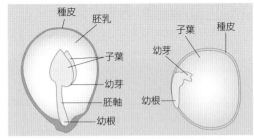

▲ 図8-38　有胚乳種子(左)と無胚乳種子(右)

1) 胚球とならないもう一方の細胞からは，胚球につながる柄状の**胚柄**ができる。これは胚に栄養分を送るなどのはたらきがある。胚の完成に伴い，胚柄は退化する。

1 果実の形成 受精の直後からはじまる果実の成長の初期には，細胞分裂が活発に行われる。その後は，細胞の伸長・肥大によって果実が大きく育つ。この時期の**果実**には，オーキシン，ジベレリン，サイトカイニンといった植物ホルモンが多く含まれ，細胞分裂や細胞伸長が調節される。

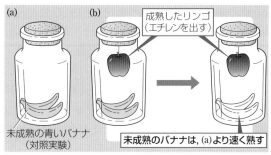

未成熟の青いバナナ（対照実験）
成熟したリンゴ（エチレンを出す）
未成熟のバナナは，(a)より速く熟す

▲ 図 8-39 エチレンとバナナの果実の成熟

果実が成熟すると，リンゴ，モモ，トマト，カキ，バナナなどの果実（クライマクテリック型果実）では，気体の植物ホルモンである**エチレン**が劇的に合成され，果実の成熟を促進する（図 8-39）。

2 落葉・落果 老化した葉や成熟した果実などは植物体から離れて落ちる（落葉や落果）。これは，葉柄の軸を横切って**離層**とよばれる組織が形成されるためである。離層の形成にも**エチレン**がかかわっている。離層形成部位の細胞でエチレンが受容されると，細胞壁分解酵素が合成され，離層組織の細胞壁が分解・

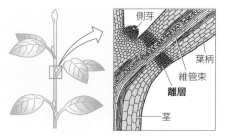

側芽
葉柄
維管束
離層
茎

▲ 図 8-40 離層形成

軟化して落葉や落果が起こる。こうしたエチレンの作用は，**オーキシン**によって抑制されている。落葉や落果は，老化によってオーキシン濃度が低下すると起こる。

Column ☂ 真果と偽果

子房だけが発達してできた果実を**真果**，子房以外の器官から発達した部分をも含んでいるものを**偽果**とよぶ。

リンゴは偽果である。食べる部分は花托が発達したもので，芯の部分が真果に対応する。イチゴの偽果では，表面にある小さなつぶつぶが真果に相当し，食べる部分は花托が発達したものである。

真 果	偽 果

胚のう
子房壁┐
胚珠 ├子房
花托

内果皮┐
中果皮├子房壁が成長した部分
外果皮┘
種子
がく
カキ

花托が成長した部分
真の果実
がく
イチゴ

がく
子房が成長した部分（真の果実）
種子
リンゴ

▲ 図 8-41 真果（カキ）と偽果（イチゴとリンゴ）

第4編

生物の集団

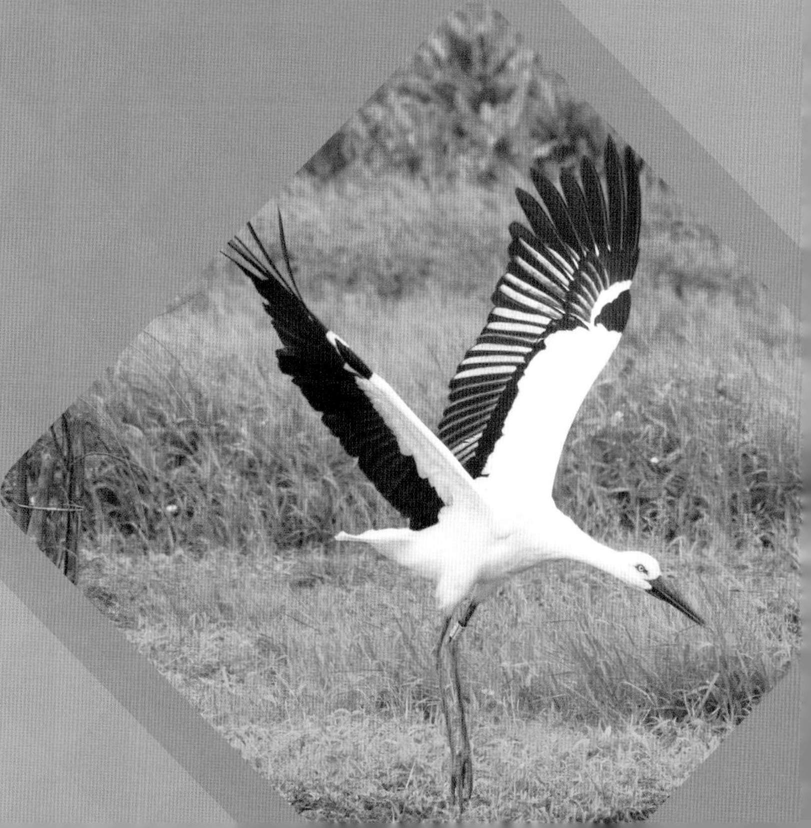

第9章

植生の多様性と分布

1 環境と植物の生活
2 さまざまな植生
3 植生の遷移
4 気候とバイオーム

大木と幼木

1 環境と植物の生活

A 環境と植物 ★

1 環境 生物は，環境からさまざまな影響を受けると同時に，その活動によって環境を変化させる。ある特定の生物に注目すると，他の生物を含め，その生物と何らかの関係が認められるものすべてが**環境**である。環境は，さまざまな要素 (**環境要因**) から成り立っており，大きく**非生物的環境要因** (無機的環境要因) と**生物的環境要因**とに分けることができる。

非生物的環境要因としては，光，温度，空気，水，土壌などがある。生物的環境要因とは，まわりにいる生物たちであり，食物を奪い合う同種の生物，捕食

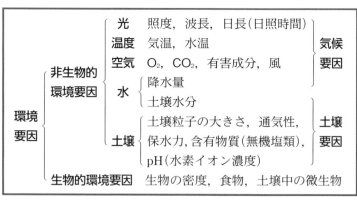

			光	照度，波長，日長(日照時間)	
環境要因	非生物的環境要因		温度	気温，水温	気候要因
			空気	O_2, CO_2, 有害成分，風	
		水	降水量		
			土壌水分		
		土壌	土壌粒子の大きさ，通気性，		土壌要因
			保水力，含有物質(無機塩類)，		
			pH(水素イオン濃度)		
	生物的環境要因		生物の密度，食物，土壌中の微生物		

者，すむ場所を提供する生物などがある。生物は，その形態や機能などが，その生物のおかれた環境のもとでの生活によく適合しており，これを**適応**という。

補足 生物が，非生物的環境から影響を受けることを**作用**といい，これとは逆に生物が生活をすることによって非生物的環境に影響を与えることを**環境形成作用**という (→ *p.*421)。例えば，植物は，光が当たる (作用) と光合成を行い，できた酸素を大気中に放出する (環境形成作用)。また，生物どうしが互いに影響を及ぼしあうことを**相互作用**という。

B 光合成と植物の生活 ★★★

1 環境要因と光合成 光合成は，光のエネルギーを化学エネルギーに変換するしくみである（→ p.98）。光合成に影響する**非生物的環境要因**には，光・温度・二酸化炭素・水・窒素やリンを含む無機塩類などがある。光合成に影響する**生物的環境要因**としては，葉を食べる虫などの捕食者や，光や水を奪いあう競争相手となる植物などがある。

2 光の強さと光合成 植物は光合成によって，二酸化炭素を吸収しながら，一方で動物と同じように呼吸も行って酸素を吸収して二酸化炭素を放出している。単位時間当たりの光合成量（光合成速度）は単位時間に吸収されるCO_2量や排出されるO_2量によって測定することができる。

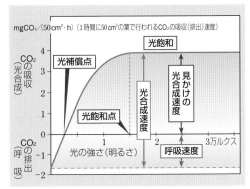

▲ 図9-1　光 - 光合成曲線

① **光が弱いとき** 光合成によるCO_2吸収速度は小さく，呼吸によるCO_2排出速度が大きいと，差し引きのCO_2吸収速度はマイナスになり，CO_2が排出される。

② **光補償点** 図9-1の約2500ルクスの光の強さでは，CO_2吸収速度は0になり，CO_2の吸収（光合成）もCO_2の排出（呼吸）も行われていないように見える。これは，光合成によるCO_2の吸収速度と呼吸による排出速度とがつりあっているためで，このときの光の強さを**光補償点**という。光補償点以下の光の強さでは，光合成による有機物生産より呼吸による消費が増えるため，植物は長くは生きられない。

③ **見かけの光合成速度** 植物は，大気中のCO_2ばかりでなく，自身の呼吸で生じたCO_2も光合成に利用する。そのため，測定できるCO_2吸収速度（植物が体外から吸収したCO_2量）は，**見かけの光合成速度**を示している。したがって，植物が行った実際の**光合成速度**は，見かけの光合成速度に呼吸速度を加えたものになる。

④ **光飽和** 光合成速度は光の強さに応じて大きくなるが，光の強さがある程度以上になるとグラフは水平になり，光合成速度は一定になる。この状態を**光飽和**といい，光飽和になりはじめの光の強さを**光飽和点**という。

補足 光が強くなると，一般に呼吸速度は減少するが，ここでは呼吸速度を一定とした。

CHART

真の姿 は 見かけ と 呼　吸

光合成速度 ＝ 見かけの光合成速度 ＋ 呼吸速度

---

3 陽生植物と陰生植物　光‐光合成曲線は，植物の種類や植物が生育する環境によって異なっている。

(1) **陽生植物と陰生植物**　日当たりのよい場所でないと生育できない植物を**陽生植物**とよぶ。陽生植物は乾燥に強く，強い日差しのもとでの光合成速度が大きい。

これに対し，日陰でも生育できる植物を**陰生植物**とよぶ。陰生植物は弱い光のもとでも光合成能力が比較的高く，光補償点，光飽和点ともに低い。

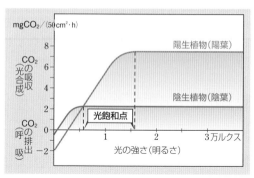

▲ 図 9-2　陽生植物と陰生植物の光‐光合成曲線

　　例　**陰生植物**：コケ類，シダ類，アオキ，ヤツデなど。
　陽生植物：ススキ，アカマツ，クリ，シラカンバなど。

(2) **陽葉と陰葉**　同じ植物でも，ヤツデやブナでは，強光のもとで生育した葉は厚く，さく状組織が発達した**陽葉**になるが，弱光のもとで生育した葉は薄く，さく状組織の発達がわるい**陰葉**になる。

陽葉は最大光合成速度が大きく，強い光のもとで能率よく光合成を行うが，光補償点が高く，呼吸速度も大きいので，弱光のもとでは生活しにくい。一方，陰葉は最大光合成速度も小さいが，呼吸速度も小さく，日陰の明るさ(約1万ルクス)でも光合成による生産が呼吸による消費を上まわる。

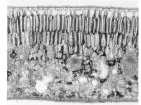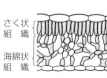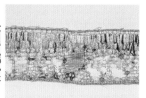

▲ 図 9-3　ヤツデの陽葉(左)と陰葉(右)

	光合成速度	光飽和点	補　償　点	呼吸速度
陽生植物・陽葉	大	高い	高い(1000 ～ 2000 ルクス)	大
陰生植物・陰葉	小	低い	低い(100 ～ 500 ルクス)	小

(3) **陽樹と陰樹**　光が十分当たる場所でなければ芽生えが育たない樹木を**陽樹**，芽生えが日陰でも生育できる樹木を**陰樹**とよぶ。陰樹には，森林の低木として一生を日陰で過ごすものと，成長すると明るい環境のもとでよく育つようになるブナなどの高木がある。

C　生産構造　★

1 葉の形と配置　植物が光合成によって有機物をつくることを**物質生産**という。光合成はおもに葉で行われるため，葉が受ける光の量(受光量)は，物質生産に大きく影響する。葉の形やその配置は，それぞれの植物種にとって，受光量にかかわる重要な戦略である。

　植物の葉は，へん平な形か細い針状である。いずれも，体積当たりの受光面積を大きくできる形をしている。葉に当たる太陽の光には，太陽から直接くる**直射光**と大気中の塵などで反射された**散乱光**がある。それらを全体として多く受けるには，それぞれの葉はなるべくほかの葉の陰にならないように，角度や位置をずらして立体的に配置される必要がある。

　葉を高い位置に掲げるためには，非同化器官である枝や茎が多く必要であり，コストがかかる。他方，光合成に必要な環境が整っていない低温期や乾季などの季節に葉を維持することもコストになる。葉を空間的にも時間的にも効率よい光合成ができるように配置することは植物の重要な戦略である。

▲ 図9-4　植物の葉(左：クロマツ，右：ブナ)

2 生産構造　物質生産の面から見た植生 (ある場所の植物全体) の構造を**生産構造**という。葉の垂直的な配置は，生産構造の重要な特性の1つである。光を多く受けることのできる高い位置に多くの葉をつければそれらの葉の光合成速度は増すが，葉を支持する茎の呼吸による消費が増え，また下方の葉が陰になって光合成速度が低下する。**同化器官**(葉)および**非同化器官**(茎，葉柄，花，実，幹，枝など)の，高さが異なる層別の配置とそれぞれの層に届く光の相対照度を示した図が**生産構造図**であり，**層別刈取法**による調査のデータを用いて作成する。

(1) **層別刈取法**　方形区(例えば1m×1m)を設けて四隅にポールをたて，植物の地上部を最上部から地表まで高さ別に層別に刈り取り，同化器官と非同化器官とに分けて，それぞれの乾燥重量を測る。また，刈り取る前にそれぞれの層の相対的な光量(相対照度など)を測っておく。

(2) **生産構造図**　それぞれの高さの層の同化器官と非同化器官の乾燥重量の値を柱状グラフで表し，光の強さも合わせて表示する。草本植生の場合，生産構造は大きく**イネ科型**と**広葉型**に分けられる(図9-5)。

(3) **イネ科型**　細葉が株もとから斜めに立ち上がるイネ科の植物では，光が地表近くまで届く。同化器官に比べ非同化器官の比率が小さく，物質生産の効率が高い。
　例　ススキ，イネ，アシ(ヨシ)，チカラシバ，チガヤなど。

(4) **広葉型** 広葉が茎の上部に多くつく。植生の上層で光は使われてしまい，下層には十分に届かない。そのため，下層の葉は，見かけの光合成速度がきわめて低くなるか負になり，枯死して脱落する。また，同化器官に対して非同化器官の割合が大きいため，イネ科型ほど効率のよい物質生産ができない。しかし，イネ科型の植物と競争した場合，密に茂った上層の葉が光を独占するので有利である。

　例 オナモミ，ダイズ，アカザなど。

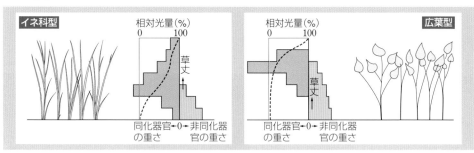

▲ 図9-5　生産構造図（イネ科型と広葉型）

3 競争 同種，異種を問わず，植物が密に生育していると，光・水・養分などをめぐって**競争**が起こる。

(1) **種内競争** 同種間の競争では，密度が高いほど，光・水・養分などを奪い合うので各個体が小さくなる。このため，全体としての成長量では違いがほとんどない（**最終収量一定の法則**）。

　ソバの苗を密度を変えて育てると，どの場合も1か月半ほどで，全体では約500gまで成長した（図9-6）。

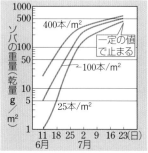

▲ 図9-6　ソバの栽培密度と成長

(2) **種間競争** 異なる種間の競争では，光をめぐる競争のため，どの種が植生内のどの高さに葉を繁らせるかが重要になる。多くの陽生の草本植物は，出遅れて背の高い植物の陰になると，成長が妨げられる。

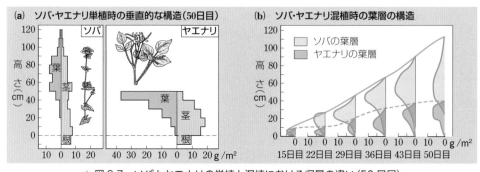

▲ 図9-7　ソバとヤエナリの単植と混植における収量の違い（50日目）

ソバとヤエナリは，別々に栽培すると両者の物質生産力はほとんど同じである。ところが，両者を同じ畑に同じ本数ずつ混植すると，圧倒的にソバが優勢になる。これは，ソバのほうが高さの成長においてまさっているためである（図 9-7）。

D 生活形 ★

1 生活形 植物は生活する場所の環境に適した生活様式をもつため，異なる分類群に属していても，同様の環境のもとでは似た形をとることが多い。このような，生活様式を反映した形態にもとづいて生物を類型化したものを**生活形**という。植物の生活形は，**葉**（同化器官），それを支える**茎**，水と養分を吸収する**根**の形態や割合などにより類型化される。

2 ラウンケルの生活形 ラウンケル（デンマーク）は，低温で光合成が抑制される冬季の形態，特に**休眠芽**（植物が越冬のためにつける芽）の地表面からの位置によって生活形を分類した。

　植物の生活形の割合は気候帯と明瞭な関係がある。熱帯多雨林では，休眠芽が地表から高い位置にある**地上植物**が多い。高山や寒帯では**地表植物・半地中植物**（休眠芽が雪や落ち葉に保護されるため，寒冷や乾燥に強い）や**地中植物**（地表の凍結に強い）が多い。砂漠には，乾季を種子の形で生きのびる**一年生植物**が多く見られる。

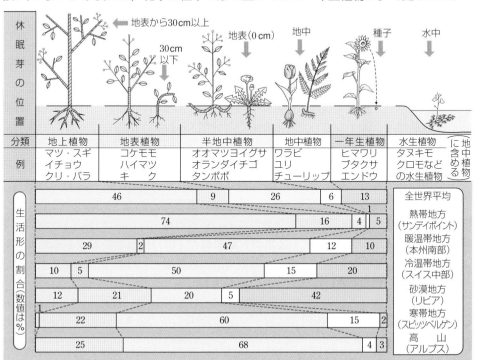

▲ 図 9-8　ラウンケルの生活形と各地の気候帯における生活形の割合

基生

A 植生とその構造 ★★

1 植生 極地などごく特殊な場所を除き，地球上の陸地の大部分には植物が生えている。ある場所の地表をおおう植物の集まりを**植生**とよぶ。植生には地域ごとに大きな違いが認められる。その違いには，気温や降水量などの環境の違いだけでなく，その土地の過去の出来事なども反映されている。

2 植生の分類 (1) **相観** 植生の全体をながめたときの外観を**相観**という。相観をおもに特徴づけるのは，背が高く植生を広くおおっている植物(**優占種**)である。植生には，優占種以外にも多くの植物種が含まれ，その組合わせもそれぞれの植生を特徴づけている。相観はその地域の気温と降水量にも対応しており，似た環境のもとではよく似た相観の植生が見られる。植生は相観にもとづいて**森林**，**草原**，**荒原**に大別できる。森林ではブナやシイなどの樹木が，草原ではススキなどのイネ科植物が優占する。

森林　草原　荒原

▲ 図9-9　森林・草原・荒原

(2) **優占種** 植生の中で，植物体が高く，茎が多く，葉をたくさんつけており，上から見て地面をおおっている程度が大きい植物を**優占種**という。優占種は，その場所における**生物量**(→ p.423)の大きい植物であるともいえる。ある植生における優占種は，測定しようとする植生に一定の大きさの**方形区**(**コドラート**)をいくつか設け，方形区ごとに，生えている植物のそれぞれの種類について**被度**(各植物の葉が地表面をおおっている割合)と**頻度**(各植物が出現した方形区の数の割合)から優占度を計算して決める。

3 階層構造 植生の内部では，光が上方の葉などにさえぎられ，下方ほど暗くなる。その他の環境要因にも垂直方向の変化があり，高さ別の層(階層)にそれぞれ葉を茂らせる植物の種類は一般に異なる。これを**階層構造**という。

　森林には特に明瞭な階層構造が見られる。日本の発達した森林(自然林)の地上部分では，**高木層・亜高木層[1]・低木層・草本層**の4層の階層構造が認められる。これらに，コケ植物や菌類が生息する地表付近の**地表層**(**コケ層**)と土壌が発達する**地中層**(**根系層**)を加えると全部で6層の階層構造になる。

　補足 森林において，樹木の葉の茂っている部分を**樹冠**という。樹冠がつながり合って森林の最上部をおおっている場合には，その部分を**林冠**という。また，林内の地表面に近い部分を**林床**という。

---

1)照葉樹林では，亜高木層は見られないことが多い。

Laboratory　植生の調査

次のようにして，植生の優占種を調べることができる。

方法 ① 方形区を設定する（右図では1辺10cmの方形区を10個設けてある）。
② 生えている植物名を調べる。
③ 各方形区（I～X）について，被度と頻度を，右下のような表をつくって，測定しながら記入する。被度は次の被度記号を使って表す。

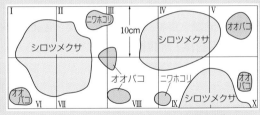

▲ 図9-10　植生の調査（校庭や空地の例）

$$1=\frac{1}{20}以下，\ 2=\frac{1}{20}\sim\frac{1}{4}，\ 3=\frac{1}{4}\sim\frac{1}{2}，\ 4=\frac{1}{2}\sim\frac{3}{4}，\ 5=\frac{3}{4}以上$$

④ 平均被度（各被度の平均）を出す。
⑤ 最高を100として被度％と頻度％を出し，それらを平均して優占度を出す。

種 類	被 度										平均被度	被度 %	頻度 %	優占度
	I	II	III	IV	V	VI	VII	VIII	IX	X				
シロツメクサ	3	3	2	5	2	3	3	2	3	3	2.9	100	100	100
オ オ バ コ	—	1	1	—	2	2	1	2	—	2	1.1	37.9	70	54
ニワホコリ	—	2	1	—	—	—	—	1	2	—	0.6	20.7	40	30

結果 表の結果が得られる。優占度が最高のもの（この植生ではシロツメクサ）が優占種。

MARK ふつう，方形区の大きさは，草原で1m，森林で10mを1辺とするが，植生の高さを1辺とする場合もある。

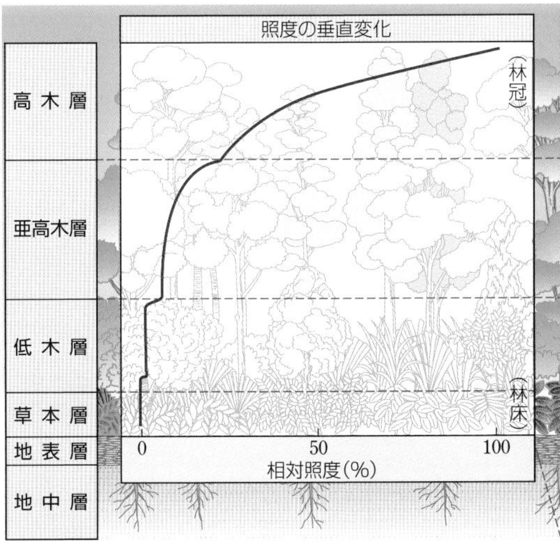

	照度の垂直変化	照葉樹林（暖温帯）	夏緑樹林（冷温帯）	針葉樹林（亜寒帯）
高木層		スダジイ クスノキ タブノキ	ブナ ミズナラ	エゾマツ シラビソ
亜高木層		スダジイ アラカシ ヤブツバキ	イタヤカエデ ヤマモミジ	ウラジロモミ シラカンバ
低木層		ヤブツバキ ヤブニッケイ ヒサカキ アオキ	クロモジ ユズリハ シャクナゲ ハイイヌツゲ	ナナカマド ムシカリ
草本層 地表層		ヤブコウジ ヤブラン ベニシダ ジャノヒゲ	カタクリ チシマザサ ヤマソテツ	サンカヨウ ハリブキ ツバメオモト
地中層				

相対照度(%)

▲ 図9-11　森林の階層構造

B 森 林 ★

　樹木が相観をつくる植生が**森林**である。階層構造がよく発達した森林では，植物，動物ともに多様であり，個体数も多い。

1 森林の分類　森林は，**熱帯多雨林・亜熱帯多雨林・照葉樹林・夏緑樹林・硬葉樹林・雨緑樹林・針葉樹林**などに分けられる（→ *p*.414）。

2 森林の種類と階層構造　高温・多湿で多くの樹木が競争しながら旺盛に成長する熱帯多雨林では，樹木の背丈（樹高）が高く，また，高木層の上にさらに樹冠を突出させる超高木層が見られ，地上に 7 ～ 8 層もの階層構造が認められることもある。一方，亜寒帯に見られる針葉樹林や，スギ・ヒノキなどの人工林では，高木の種類も階層も少なく構造が単純である。

3 森林内の明るさと植物　林冠のよく発達した熱帯の森林（熱帯多雨林）などの内部は暗く，林床にまで達する光量は林冠に達する光量の 1％以下になる。下層ではそのような暗い条件に耐える植物しか生育できない。一方，落葉樹からなる森林では，季節によって森林内の明るさが大きく変化し，落葉樹が葉を落とす季節には林床まで明るくなり，春だけ葉をつける春植物などの下層の植生が豊かである。

(1) **ブナ林**　日本の夏緑樹林（落葉広葉樹林）帯の代表的な森林であるブナ林は，冬は落葉するので春先まで林床が明るいが，夏に葉を茂らせると暗くなる。

(2) **マツ林**　針葉樹のマツは常緑樹であるが，土壌の発達がわるく，過湿，乾燥，貧栄養（肥料分の不足）など植物の生育にとって条件のよくないところにまばらに生えるので，マツ林では下層まで光が比較的よく届く。

(3) **カシ林**　広葉樹でしかも常緑樹のカシ林では，1 年を通じて林内は暗い。

4 森林の生産構造　光合成を行う葉の多くが林冠に集中し，この部分で上から降りそそぐ光エネルギーのほとんどが吸収される（図

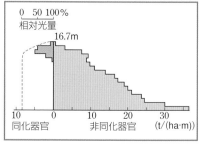

▲ 図 9-12　ヒノキ林の生産構造

9-12）。幹や枝など大量の非同化器官をもつことも，森林の生産構造の特徴である。特に，材木を生産するためにつくられた人工林はその傾向が強い。

5 森林の物質生産　物質生産の大部分は，林冠を形成する葉で行われる。樹木の種類によって，葉の寿命や葉面積指数などが異なり，物質生産にも違いがある。一般に，森林では葉面積指数が 2.5 以上となり，光は無駄なく葉層で吸収される

▼ 表 9-1　森林の樹林とその葉量

種　　類	葉面積指数	葉の寿命	葉量
カラマツ林	2.5 ～ 4.5	1 年	3t/ha
落葉広葉樹	3 ～ 6	1 〃	3 〃
マ ツ 林	3.5 ～ 6	2 〃	7 〃
モ ミ 林	5 ～ 10	5 〃	18 〃

ため，樹木の生産量が大きい。

> 【補足】**葉面積指数** ある土地の一定面積上にある植物のすべての葉の面積の合計をその面積で割った数値を**葉面積指数**という。

6 森林と動物 森林には，鳥類や哺乳類などいろいろな動物がすんでいる。オオタカやトビは高木層に営巣し，クマゲラやキジバトなどは亜高木層や低木層に営巣するなど，特定の階層を使って生活するものが多い。土壌中には，いろいろな土壌動物や微生物が生活している。このように，動物にとっても，林冠から土壌中へと，生活場所の階層構造ができている。

C 草原と荒原 ★

　気温が低い，降水量が少ない，水はけがわるいなど，樹木の生育に適さない場所では，草本植物が植生の相観をつくり，**草原**となる。湿地の草原は**湿原**という。さらに温度が低いなど，植物の生育に適さない場所では，特定の植物がまばらにしか生えない**荒原**となる。

1 草原 降水量の少ない大陸の内陸部には草原が発達しやすい。草原の発達する地域は地球の陸地の約 1/4 の面積を占める。森林が発達しやすい気候のもとでも，大形の草食動物の採食が森林の発達を抑えて草原を維持させる。人間が放牧地や採草地として畜産に利用している草原もそうである。草原をつくるのは主として**イネ科植物**である。イネ科植物は**ひげ根**がよく発達して乾燥に強い。また，成長が速く，動物の踏みつけや採食によく耐える。世界的に最も大規模な草原として，**サバンナ**（熱帯・亜熱帯）と**ステップ**（温帯）がある。

(1) **サバンナ（熱帯草原）** 乾季の乾燥が厳しい熱帯地域や亜熱帯地域に発達する。わずかに低木をまじえた**疎林**としての相観をもつ草原。アフリカ中部などでよく発達し，ブラジルのものは**カンポ**とよばれる。

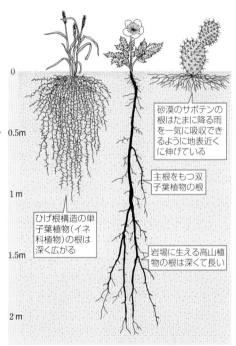

砂漠のサボテンの根はたまに降る雨を一気に吸収できるように地表近くに伸びている

主根をもつ双子葉植物の根

ひげ根構造の単子葉植物（イネ科植物）の根は深く広がる

岩場に生える高山植物の根は深くて長い

▲ 図 9-13　草本の根の構造

(2) **ステップ（温帯草原）** 冬季は寒冷で夏季には乾燥する温帯地域に発達する草原。狭義にはロシア南部の黒土地帯のものをさすが，広義には，北米中央部の**プレーリー**や南米アルゼンチンの**パンパス**など，同様の特徴をもつ草原が含まれる。

(3) **日本の草原**　日本列島は気候条件から森林におおわれやすいが，高緯度の地域や高山，河川域などに，シバやススキなどの草原やオギやヨシなどの湿原が発達する。それらの多くは，人間の利用・管理によって維持されてきたものである。

山地草原	火山のすそに発達。ススキ・チガヤなど
高山草原	お花畑といわれる高山の寒冷地に発達。ハクサンイチゲなど
大形多年生草原	背丈の高い草本からなり，亜高山帯に発達。オオイタドリ・ヤナギランなど
高層湿原	雨量が多く，低温の山地のミズゴケを主とする湿原。ミズゴケ類・ツルコケモモ・モウセンゴケ・ミズバショウなど。尾瀬ヶ原・八島ヶ原などが有名
低層湿原	低地の浅い池や沼のほとりの湿原。ヨシ（アシ）・マコモ・スゲなど

(補足) **火入れ**　草原の枯れた植物を，火で焼き払うことを**火入れ**という。日本のススキやオギの草原，ヨシ原などは，茅（ススキ・オギ）や葦（ヨシ）などの利用のための管理として，古くから火入れが行われてきた。草原のうち，人によって管理されているものを**草地**という。草地は，多くの場合，火入れや刈り取りの利用を止めると森林へ移行する。

(4) **草原の階層構造**　草原では，おもな葉層である**草本層**[1]と**地表層・地中層**だけで比較的単純である。

(5) **草原の生産構造**　草原では，同化器官と非同化器官の割合に大きな差はない。図9-14に示すように，ヨシ原やオギ原などのイネ科植物を主とする植生では，葉面積指数は大きいが（10をこえることもある），葉が立っているので，比較的下層にまで光が届く。落葉樹林と同様，春，火入れ後でイネ科草本の芽が伸びる前の明るい環境を利用する春植物も多い。

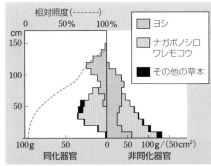

(補足) **生産力の高いヨシやオギ**　草丈が高い大形イネ科草本のヨシは，日本各地の沼や河岸にふつうに見られる植物である。水辺の環境は開けていて，水と光が十分にあり，底泥には養分も多いので，生産力が大きい。なお，日本の大形イネ科草本としては，ヨシ原より土壌水分がやや少ない場所にはオギが生育し，さらに乾いた場所にはススキが生える。これらの生産力の大きさは，バイオマス燃料の材料として世界的にも注目されている。

▲ 図9-14　草原の生産構造（上）とヨシの群生（下）

1) 丈の高い草の層（第一草本層）と丈の低い草の層（第二草本層）が見られる場合もある。

2 荒原 降水量が非常に少ない地域や極端に低温の地域では，植物がまばらにしか生えない**荒原**(地表をおおう植物の被度が30%以下)が見られる。

(1) **熱帯と温帯の荒原** 降水量に比べて温度も高く蒸発量の多い乾燥地域には**砂漠**が見られる。そこには，硬葉・多肉茎をもち，保水力の大きいサボテン科やトウダイグサ科の植物がごくまばらに生育する。海岸砂丘の砂の移動が激しい場所にも，根がよく発達した多肉の海浜植物が生える荒原が見られる。

(2) **寒帯** 森林限界線より北の極地には，ミズゴケ類や地衣類からなる**ツンドラ**や，わずかな雪上藻をもつ氷原が見られる。高山の万年雪をもつ地域にも局地的な荒原が見られる。

▲ 図 9-15　サボテン

乾荒原	亜熱帯や温帯の低雨量の乾燥地(砂漠)。サボテン科・トウダイグサ科など
寒地荒原	極地近くの荒れ地(ツンドラ)。夏の間は草原となるものもある。ミズゴケ類やハナゴケなどの地衣類が主で，これを食べるトナカイなどがすむ
海岸荒原	海岸などの塩分の多い荒れ地(塩沼地)。ハママツナ・アッケシソウなど
転移荒原	砂がたえず移動する砂丘地帯の荒原。コウボウムギ・ハマヒルガオなど
岩質荒原	高山の溶岩地帯の荒原。コケ類が主である

D 土 壌 ★

　陸上の植物は土壌に根をはって，水や栄養塩類を吸収する。このため，土壌の性質や状態は，そこに成立する植生に大きな影響を与える。土壌は，風化された岩石や火山灰などの鉱物，枯れた植物体(植物遺体)の有機物，さらに土壌生物のはたらきによって生成した有機物などからなる複雑な混合物である。

　森林や草原で土壌の垂直断面を観察すると，土壌の成り立ちがよくわかる。地表付近には，分解が十分には進んでいない落ち葉など，枯死した植物体が層をつくっている。その下には，それらが土壌動物や微生物のはたらきによって分解されてできる**腐植**に富んだ層が見られる。さらにその下には，風化した岩石などからなる鉱物質を主とする層があり，さらに深いところには風化されていない母岩が見られる。それぞれの層の厚さや性質は，その場所の母岩の種類のほか，植生の遷移(→ p.410)の段階によって異なる。

① 落葉・落枝の層

② 腐植に富む層

③ 岩石が風化した層

岩 石

▲ 図 9-16　土壌の構造

［補足］泥炭 低温で水分含量が多い嫌気的な条件のもとでは，植物遺体の分解速度が遅く，植物遺体が**泥炭**となって蓄積する。高層湿原 (→ p.406) はミズゴケ由来の泥炭が積もってできたものである。

E 水 界 ★

水界は，大きく**海洋**と**陸水**（湖沼・河川など）に分けられる。海洋は地球表面の約70%を占め，その深さは1万mをこえる場所もある。海洋に存在する水の量は陸水の約1万倍にも達する。海水は約3.5%の塩分を含むが，陸水は0.1%以下であり，生物にとっての環境は大きく異なる。

1 水生生物 水中で生活する生物 (**水生生物**) は，その生活様式によって，次のように分けられる。

(1) **プランクトン（浮遊生物）** 水中を浮遊して生活する生物で，クロレラなどの植物プランクトンやゾウリムシやミジンコなどの動物プランクトンに大別される。

(2) **ネクトン（遊泳生物）** 水中を自由に泳ぎまわる生物で，おもに遊泳力の強い魚類やクジラ類などがこれにあたる。

(3) **ベントス（底生生物）** 水底に固着したり，はいまわって生活する生物で，水草などの植物，海藻類，貝類やウニ・ナマコなどの動物がこれに含まれる。

2 海の生物 海洋は，陸地との関係から，**海浜域・浅海域・外洋域**に分けられ，それぞれを利用する特有の生物が見られる。

(1) **海浜域** 大潮のときの**高潮線（満潮線）**と**低潮線（干潮線）**との間を**潮間帯**とよぶ。潮間帯には，フジツボ・イガイなどの固着生物やアサリやゴカイなどが生活する。

(2) **浅海域** 陸地からの栄養塩類の流入が多いため，**植物プランクトンや海藻類**がよく繁殖する。水中に入った光は水に吸収されるが，光の波長によって吸収のされ方が異なり，長波長の赤色光より短波長の青紫色光のほうが深いところまで届く。どの波長の光をよく捉えるかは海藻のもつ光合成色素によって異なり，浅いところにはアオサやミルなどの**緑藻類**が生育し，やや深いところにはコンブやワカメなどの**褐藻類**が，さらに深いところにはテングサやツノマタなどの**紅藻類**が分布する。

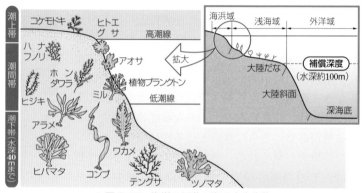

▲ 図 9-17 海洋の区分と海の水生生物

(3) **外洋域**　表層にはプランクトンが生活するが，一般に栄養塩類が乏しく，その量は浅海域より少ない。海中にも複雑な地形と多様な環境があり，海溝などの**深海域**には，高圧で暗黒という深海特有の環境に適応した魚類などの動物が生息する。そこでの食物網（→ p.422）は，表層から降ってくる**マリンスノー**とよばれるプランクトンの排出物や死骸に依存している。また，熱水噴出孔付近に生息するハオリムシは体内に共生させている化学合成細菌がつくる有機物に依存している。

3 湖沼の生物　光が水底まで届く**沿岸帯**には，ヨシ・ガマなどの**抽水植物**やアサザやヒシなどの**浮葉植物**，クロモなどの**沈水植物**が生育する。それより沖の**沖帯**では，緑藻・ケイ藻・シアノバクテリアなどの植物プランクトンが繁殖し，それらを捕食するミジンコやワムシなどの動物プランクトンも見られる。

温帯地域では，湖沼の鉛直方向の成層構造が季節によって変化する。

(1) 夏には，暖められて軽くなった水からなる**表水層**，水深とともに水温が低下する**変温層**，低温で深さ方向の温度変化の少ない**深水層**の3層が認められ，表水層と深水層の間での水の循環はほとんど起こらない。

(2) 冬には，一年を通じて温度があまり変わらない**深水層**と外気温に冷やされ**結氷**する**表水層**の2層に分かれる。

(3) 春と秋に，表層近くの水の温度が4°C（水の比重が最も大きくなる温度）になると，表水層と深水層との

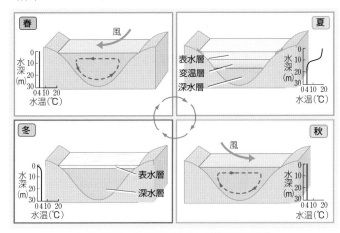

▲ 図 9-18　湖の成層構造と季節による変化

比重の違いがなくなり，あるいは逆転して，水の上下方向の循環が起こる。この循環により水底にたまっていた**栄養塩類**が表層へと運ばれ，プランクトンの大発生（**ブルーム**）が見られることがある。

一年中温度が高い地域の湖や地球温暖化の影響で表層水の温度が4°Cに下がらない湖では，上下方向の水の循環が起こらない。水底に有機物や栄養塩類がたまり，分解の際に酸素が消費され，水底付近が無酸素・低酸素状態になることもある。

> 水の比重は 4°C で最大
> →表水層の水は 4°C になると下に沈み，
> 上下方向の循環が起こる

A 遷 移 ★★★

　植生は，時間とともにその構成種を変化させる。その移り変わりを**遷移**（植生遷移）という。火事，地すべり，河川の氾濫などの自然の出来事や人間による破壊がなければ，植生はやがて比較的安定した状態に落ちつく。これを**極相**（**クライマックス**）という。土壌の条件などさまざまな環境条件や周囲から供給される種子の量などにより，遷移の進み方や極相における植生の構成種などは個々に異なる。

1 一次遷移　隆起した島や噴火でできた溶岩台地など，土壌のない裸地から始まる遷移を**一次遷移**という。一次遷移は**乾性遷移**（陸上での遷移）と**湿性遷移**（水域から始まる遷移）に分けられる。

(1) **乾性遷移**　固まった溶岩などの上に地衣類やコケ植物が生育し始めると，荒原ができる。それらの作用と岩石の風化で土壌が形成されると，草本（ヨモギやススキなどの陽生植物）が生育できるようになり草原となる。そこに明るい環境を好む低木（ヤシャブシやハコネウツギなど）やアカマツなどの陽樹が侵入してしだいに**陽樹林**となる。植生が発達すると地表面付近が暗くなり，陽樹の芽生えは成育できなくなる。一方，陰樹の芽生えは，樹林の内部の明るさでも芽生えが生育

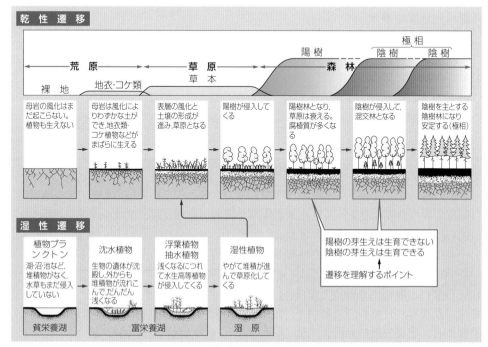

▲ 図 9-19　乾性遷移と湿性遷移

できるため，しだいに陰樹（シイ類やカシ類など）が多くなる。**陰樹林**になると相観の大きな変化がなくなる。このような比較的安定した状態が**極相（クライマックス）**である。日本の暖温帯の溶岩上から始まる遷移では極相に達するまで数百年かかる。

(2) **湿性遷移**　湖沼などから出発する遷移である。植物の遺体や陸地からの流入物が堆積して浅くなり，栄養塩類が蓄積される。しだいに富栄養化して水生植物が繁茂し，その植物遺体と分解物（泥）がたまって**陸地化**が進み**湿原**となる。陸地化がさらに進むと草原ができる。その後の遷移は，乾性遷移と同様である。

▲ 図 9-20　湿原

一　次　遷　移

〔乾性遷移〕　裸地 → 地衣類・コケ植物→草原 ＼
　　　　　　　　　　　　　　　　　　　　　　　　　　陽樹林→陰樹林（極相）
〔湿性遷移〕　貧栄養湖→富栄養湖→湿原→草原 ／

　伊豆大島における一次遷移の例

　伊豆大島の三原山については，『日本書紀』以来，何度にもわたる噴火の記録が残っている。一番新しい噴火は 1986 年，その前の噴火は 1950 年に起こっている。それぞれ異なる時代の噴火で流れ出た溶岩の上の現在の植生を調べることにより，遷移の時間経過を推定できる。

　噴火後 10 年を経ると，ハチジョウイタドリ（タデ科）・シマタヌキラン（カヤツリグサ科）・ススキなどがまばらに生える荒原（図の地点 I）となる。江戸時代の安永の大爆発（1778 年，図の地点 II）で裸地になった場所は，現在では，オオバヤシャブシやハコネウツギの低木林になっている。『日本書紀』に記された 684 年の噴火で裸地になった場所は，今では，陽樹の高木と陰樹の低木の混交林となっている（地点 III）。高木としてはオオシマザクラ・ミズキ・エゴノキなど，低木としてはヒサカキ・シロダモ・ヤブニッケイ・ヤブツバキなどが見られる。少なくとも 4000 年前から噴火の影響を受けていない場所は，スダジイやタブノキなどの陰樹の高木の照葉樹林となっており，極相林とみなすことができる（地点 IV）。

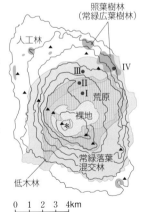

▲ 図 9-21　伊豆大島の植生図
　　　　　（1961 年のもの）

2 二次遷移　森林の伐採跡地や山火事跡，放棄された畑などから始まる遷移を**二次遷移**という。最初から土壌が発達しているこれらの場所では，土壌中の種子や栄養体(地下茎や根)などから植生が発達する。このため，一次遷移に比べると，短い時間で極相に達する。二次遷移で成立する林を**二次林**という。

(1) **放棄農地からの遷移**　土壌中には草本の種子が多く含まれており，風で飛んでくる種子の供給も多く，裸地→草原→陽樹林→陰樹林へとすみやかに遷移する。

(2) **伐採跡地からの遷移**　日本の森林の土壌中にはヌルデ，アカメガシワなどの先駆樹種の種子が多く含まれているため，伐採跡地→(草原)→陽樹林→陰樹林へと遷移する。草原の段階を十分に経ないで進行することも多い。

[補足]　**萌芽林**　定期的に伐採される薪炭林や雑木林では，コナラ，ミズナラ，クヌギなど切り株からの萌芽が旺盛に成長するので，十数年で再び伐採が可能なまでに回復する。下草や落ち葉が肥料として利用されるなど，継続的に人の手が加えられると遷移は進まない。

> 重要
> 一次遷移：土壌がない状態からスタート，飛来する種子で発達
> 二次遷移：土壌がある状態からスタート，土壌中の種子で発達

3 遷移のしくみ　一次遷移では，初期には，植物も土壌もない裸地に，裸地の過酷な条件(高温・乾燥・貧栄養)に耐えられる**先駆植物(パイオニア植物)**がいちはやく侵入して生育を始める。先駆植物は風で散布される胞子や小さな種子を大量に生産する。

先駆植物が生育して地表をおおうと，裸地の高温・乾燥が緩和される。また，その遺体が分解されるなどして有機物に富む土壌が形成され，栄養塩類や水を保持する条件が向上すると，先駆植物以外の植物が生育できるようになる。また，鳥類や哺乳類が生活の場とするようになると，そのはたらきによりさらに多様な低木や樹木の種子が運ばれ，森林が発達する。一方，先駆植物は，発芽と芽生えの成長に明

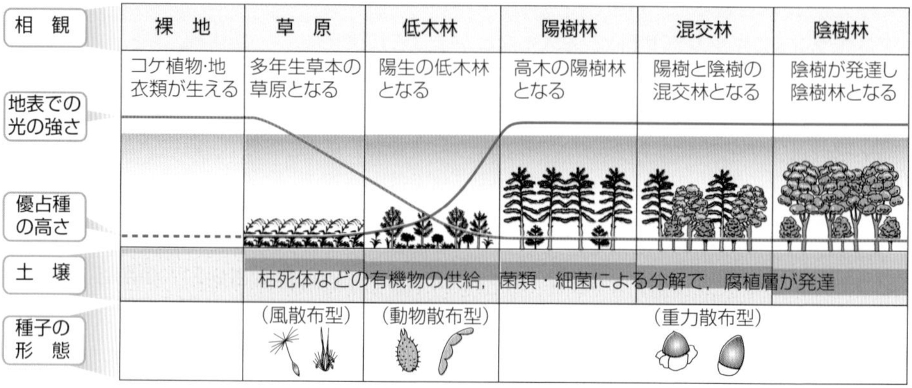

相　観	裸　地	草　原	低木林	陽樹林	混交林	陰樹林
	コケ植物・地衣類が生える	多年生草本の草原となる	陽生の低木林となる	高木の陽樹林となる	陽樹と陰樹の混交林となる	陰樹が発達し陰樹林となる
地表での光の強さ						
優占種の高さ						
土　壌		枯死体などの有機物の供給，菌類・細菌による分解で，腐植層が発達				
種子の形態		(風散布型)	(動物散布型)	(重力散布型)		

▲ 図9-22　遷移のしくみ

るい環境が必要なため，やや暗い環境でも成長できる種が交代して優占するようになる。遷移の後の時期に現れてくる種ほど，発芽や芽生えの成長における光の要求性が低い（耐陰性が高い）。そのため，植生が発達すればするほど，より耐陰性の高い種が優占するようになる。すなわち，それぞれの時点での植生がつくる環境に適した樹種が入ってきて交代し，やがて，親木の下でもその子どもが育つ陰樹林となる。極相林を形成する植物種を**極相種**とよぶ。

> 補足 現実の遷移の進行は，順序が固定的に定まっているわけではない。種子や栄養体の残存の程度や外からの移入の可能性に応じて異なり，初期のうちから樹木が入ってくることもある。極相林も決して遷移の終着点ではなく，ダイナミックに変化し続ける森林もある。

4 ギャップとかく乱 **ギャップ**とは，植生のすき間のことで，密生した植生が除かれてできる地表面まで明るい場所である。森林にも草原にも自然の作用で大小さまざまなギャップができる。こうした，植生を破壊する作用を**かく乱**という。火山の噴火による山火事や泥流，地震の際の地滑り，雪崩などは，広範囲の森林を破壊して広大なギャップをつくり出す。台風などによる樹木の風倒や河川水の氾濫による植生の破壊や土砂の堆積がつくるギャップもある。人間による伐採や草刈りなどもギャップをつくる。極相林の中にも大小さまざまなギャップがつねに存在し，そこではギャップ特有の明るい環境を利用して陽生植物が生育している。それらの植物が成長して，地表面まで光が十分に届かなくなると，ギャップに依存する植物は生育できなくなり，耐陰性の高い植物にその場を譲る。植生の遷移は，大規模なギャップ形成によって引き起こされる植生の移り変わりであると見てもよい。

▲図9-23　ギャップ

発展　種子を目覚めさせるギャップの環境シグナル

　土壌中の先駆植物の種子は，休眠しながらギャップができるのを待ち続け，ギャップができたことを示す環境の変化を生理的に感知して発芽する。森林などの発達した植生内では，昼夜の温度較差が小さく温度は安定している。ところが，ギャップが形成されると，地表面付近に存在する種子にとっての温度環境が大きく変化する。晴れている場合には，ギャップの地表面における日較差は数十℃にも達し，昼間は40℃をこえる高温になることもある。こうした，ギャップ特有の大きな日較差や昼間の高温などは，種子が休眠から目覚めて発芽する際のシグナルとなる。そのため，かく乱によって芽生えの生育に適した明るい環境がつくられた場合に，そのタイミングを逃さずに発芽できる。例えば，先駆植物のヌルデは，裸地における初夏の昼間の高温や山火事の熱などで休眠が解除されて発芽する。

4 気候とバイオーム

　地球上には，気候帯に対応して相観の異なるさまざまな植生が分布している。それぞれの植生およびそこで暮らす動物などを含めた生物のまとまりを**バイオーム**（**生物群系**）という。

A 世界のバイオーム ★★

　それぞれのバイオームを相互に区別する気候要因は，植物の成長に大きな影響を与える**気温**と**降水量**である。右図は，主要なバイオームの年平均気温と年降水量，およびそれらの範囲を示した**気候図**（**クライモグラフ**）である（図9-24）。年平均気温と年降水量の間には密接な関係があり，すべてのバイオームは，気候図の下部の三角形のいずれかの範囲内に含まれる。

　補足　バイオームどうしの境界では連続的に変化する。

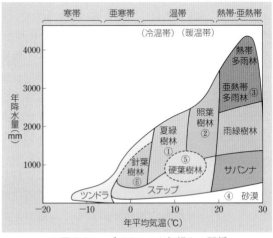

▲ 図9-24　バイオームと気候との関係
（図中の色と番号は図9-25と対応している）

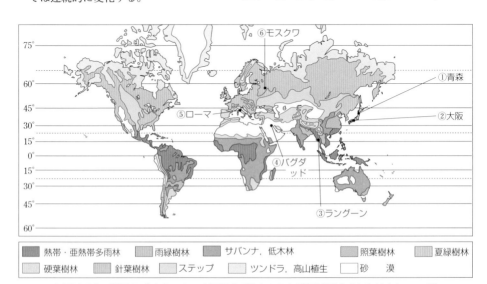

▲ 図9-25　世界のバイオームの水平分布（図中の色と番号は図9-24と対応している）

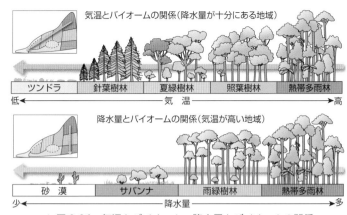

気温とバイオームの関係（降水量が十分にある地域）

| ツンドラ | 針葉樹林 | 夏緑樹林 | 照葉樹林 | 熱帯多雨林 |

低 ←――――――――――― 気温 ―――――――――――→ 高

降水量とバイオームの関係（気温が高い地域）

| 砂漠 | サバンナ | 雨緑樹林 | 熱帯多雨林 |

少 ←――――――――――― 降水量 ―――――――――――→ 多

▲ 図 9-26 気温とバイオーム，降水量とバイオームの関係

補足 **降水量とバイオーム** 気温の高い地域では，降水量の多いほうから少ないほうへと変化するにつれ，**熱帯多雨林→雨緑樹林→サバンナ→砂漠** と分布する。

1 森林のバイオーム 気温が比較的高く降水量の多い地域では樹木が生育し，**森林**が発達する。

(1) **熱帯多雨林** 年平均気温がおよそ20℃以上，年間降水量がおよそ3000mm以上で一年を通じて温暖で降水量が多い地域には熱帯多雨林が発達する。常緑広葉樹の高木がうっそうと茂り，樹木の種類がきわめて多く，何

▲ 図 9-27 熱帯多雨林

層にもわたる複雑な階層構造が形成されるという特徴がある。高木層は 30 ～ 40m にまで達し，林冠を突き抜けて 50m に達するものもある。つる植物や樹上に着生する植物（**着生植物**）が多い。それらの葉や樹液などを食物とするきわめて多くの種類の昆虫が生息している。昆虫以外の動物（哺乳類，両生類，鳥類）にとっても多様な生息環境が存在する。地球上において最も生物の多様性が大きいバイオームである。

(2) **亜熱帯多雨林** 一年中降水量の多い亜熱帯の地域に見られ，東南アジアに多い。熱帯多雨林に比べると高木層の発達がやや劣り，森林を構成する樹種数も少ない。

補足 **マングローブ林** 熱帯や亜熱帯の潮が満ちると海水に浸かるような河口付近に発達する。この特殊な環境に生理的に適応した**オヒルギ**，**メヒルギ**などの樹林により構成される。

▲ 図 9-28 マングローブ林

(3) **雨緑樹林**　熱帯・亜熱帯のうち，季節による降水量の変動が大きく，雨季と乾季の区別が明瞭な地域に見られる。雨季に葉をつけ，乾季に落葉するチークなどの落葉広葉樹が優占種となる。

　[補足]　チークは家具材として用いられることで有名である。

▲図 9-29　雨緑樹林

(4) **照葉樹林**（**常緑広葉樹林**）　年平均気温が比較的高い暖温帯の地域に見られる。クチクラ層が発達し，硬くて光沢のある葉（照葉）をもつシイ類，カシ類，タブノキなどの常緑広葉樹が優占種となる。落葉樹や針葉樹が混じることが多い。

▲図 9-30　照葉樹林

(5) **夏緑樹林**（**落葉広葉樹林**）　年平均気温が比較的低い冷温帯の地域に見られる。冬に落葉するブナ，ミズナラ，カエデ類などの落葉広葉樹が優占種となる。冬に葉を落とすことによって無駄なエネルギー消費を抑え，冬の低温・乾燥に耐えるように適応している。

▲図 9-31　夏緑樹林

(6) **硬葉樹林**　夏は雨が少なく乾燥し，冬には比較的温暖で雨の多い地中海沿岸地域に見られる。厚いクチクラ層の発達した，硬くて小さめで常緑の葉をもち，乾燥に強い。コルクガシ，オリーブ，ゲッケイジュなどが優占種となる。

▲図 9-32　硬葉樹林

(7) **針葉樹林**　亜寒帯や亜高山帯に広がり，常緑の針葉樹からなる。トウヒ類やモミ類が優占種となる。森林を構成する樹種数が少なく，広大な地域に1，2種の樹木のみが分布する。シベリアでは，冬季に葉を落とす落葉針葉樹のカラマツ類も見られる。

▲図 9-33　針葉樹林

2 草原のバイオーム　気温は比較的高いが樹木が生育できるだけの降水量がない地域には**草原**が分布する。

(1) **サバンナ**（**熱帯草原**）　熱帯・亜熱帯で、降水量が少なく乾季の乾燥が激しい地域に分布する。乾燥に適応したイネ科・カヤツリグサ科の草本が草原をつくり、アカシアなどトゲのある低木が点在する。キリンやシマウマなどの大形の植物食性動物とそれを捕食するライオンなどの動物食性動物が多く生息する。

▲ 図 9-34　サバンナ

(2) **ステップ**（**温帯草原**）　降水量の少ない地域や放牧のさかんな地域に広がる草原で、ステップ（ユーラシア）、プレーリー（北アメリカ）、パンパス（南アメリカ）など地域固有の名称がある。おもにイネ科草本が優占種となる。小麦・トウモロコシなどの単一栽培農地が広がる穀倉地帯となっているところも多い。

▲ 図 9-35　ステップ

3 荒原のバイオーム　気温が極端に低い地域や降水量が極端に少ない地域では草原も分布できず、**荒原**となる。

(1) **ツンドラ**（**寒地荒原**）　極地に近い地域など極端に気温の低い地域に分布する。きわめて低温のため土壌の発達が遅く、栄養分が少ないため、多くの植物は生育することができないが、**永久凍土**の土壌の上にコケ植物、地衣類（藻類と菌類の共生体）などがまばらに生える。ジャコウウシ、トナカイなどの動物が生息する。

▲ 図 9-36　ツンドラ

(2) **砂漠**（**乾荒原**）　降水量が少ない熱帯、亜熱帯、温帯地域に広がる。ごくまばらに、貯水組織の発達したサボテンやトウダイグサ科の多肉植物や地下深く根をはる低木が生える。また、ごくまれな降雨の直後のみに芽生えて数週間以内に花や種子をつける短命の草本植物が一時的に植生をつくる場所もある。

▲ 図 9-37　砂漠

標高の高い山脈が南北に長く走る日本列島では，緯度や標高に応じて気候に違いがあり，多様なバイオームが見られる。日本のおもなバイオームは，亜熱帯雨林，照葉樹林，夏緑樹林，針葉樹林などの森林である[1]。日本列島を南から北へと水平に，あるいは低地から高地へと垂直に移動するにつれて，シイ類やカシ類が優占する照葉樹林からブナが優占する夏緑樹林へとバイオームが移行する。緯度の変化に応じて見られるバイオームの分布を**水平分布**といい，標高に応じて見られるバイオームの分布を**垂直分布**という。

日本の生物相が世界有数の豊かさを誇っているのは，狭い国土にこのような多様なバイオームが見られることにもよる。

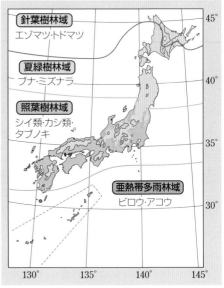

▲ 図 9-38　日本のバイオームの水平分布

[補足] **暖かさの指数**　降水量が十分で森林バイオームが発達する地域でどのバイオームとなるかは，「暖かさの指数」（1 年のうち月平均気温が 5℃ 以上の月について，月平均気温から 5℃ を引いた値を合計した値）を使うと予測できる。15 未満ではツンドラ，15 ～ 45 では針葉樹林，45 ～ 85 では夏緑樹林，85 ～ 180 では照葉樹林，180 ～ 240 では亜熱帯多雨林，240 以上では熱帯多雨林となる。

1 水平分布　バイオームの分布はおもに気温と降水量で決まることが多いが，日本では降水量が十分あるため，バイオームの水平分布は主として各地の気温によって決まる。

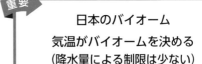

日本のバイオーム
気温がバイオームを決める
（降水量による制限は少ない）

(1) **亜熱帯多雨林**　琉球列島や小笠原諸島では，ビロウ・アコウ・ヘゴなどが生育する**亜熱帯多雨林**が見られる。河口部ではヒルギ類からなるマングローブ林（耐塩性をもつ）が見られる。

(2) **照葉樹林**　九州・四国から本州中部にかけては，クチクラ層の発達した葉（照葉）をもつシイ類・カシ類・タブノキ・クスノキ・ヤブツバキなどの常緑広葉樹からなる**照葉樹林**が見られる。

(3) **夏緑樹林**　本州東北部から北海道の南西部まででは，ブナ・ミズナラ・カエデ

1) 地下水が停滞するような場所では，森林は発達せずに多様な規模の湿地が見られる。

類などの落葉広葉樹からなる**夏緑樹林**が見られる。

(4) **針葉樹林** 北海道東部では，常緑の**針葉樹林**が見られ，エゾマツやトドマツなどが生育する[2]。

2 垂直分布 標高が100m増すごとに，気温は0.5〜0.6℃ずつ下がるので，高さによってバイオームも変化する。このような**垂直分布**における植物の分布限界の高さは，高緯度地方ほど低くなり，また同じ山岳では南面より北面のほうが低い。中部山岳地帯では，海抜に応じて次のように変化する。

(1) **丘陵帯（低地帯）** 海抜700mぐらいまでシイ類・カシ類・ツバキなどの照葉樹林が分布する。水平分布の暖温帯に相当する。

(2) **山地帯（低山帯）** 海抜700〜1700mぐらいの範囲には，ブナ・ミズナラ・シラカンバなどの**夏緑樹林**が分布する。水平分布の冷温帯に相当する。

(3) **亜高山帯** 海抜1700〜2500mぐらいの範囲には，シラビソ・コメツガなどの**針葉樹林**が分布する。ダケカンバ

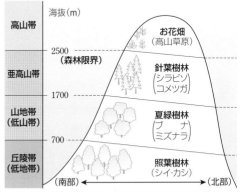

▲ 図9-39 バイオームの垂直分布（日本中部）

などの落葉広葉樹も混じる。水平分布の亜寒帯にあたる。高山で森林が成立しなくなる限界線を**森林限界**といい，日本ではたいていここでハイマツ林に移行する。2600m付近では樹高が低くなり，やがて**高木限界**に達する。

(4) **高山帯** 森林限界よりも上の地帯では高木は生育せず，ハイマツなどの低木林や**お花畑（高山草原）**が広がる。

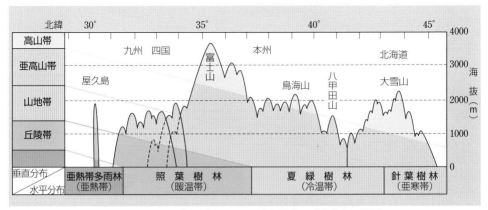

▲ 図9-40 日本のバイオームの水平分布と垂直分布の関係

2) 実際には，針葉樹に落葉樹が混ざっている混交林が多い。

第10章

生態系とその保全

1 生態系とそのはたらき
2 物質循環とエネルギーの流れ
3 人間活動と生態系の保全

1 生態系とそのはたらき

基生 **A 生態系とその構造** ★★

1 生態系 ある空間内で生活するすべての生物 (**生物群集**) とそれらにとっての非生物的環境を1つのまとまり (**システム**) としてとらえたものが**生態系 (エコシステム**) である。生態系にはさまざまなはたらきが認められるが, ① **物質循環** (→ *p*.427), ② **エネルギーの流れ**(→ *p*.429)はそれらの中でも基本的なものである。

2 生態系の構成要素 生態系は非生物的環境と生物群集からなる。生物群集を構成する生物は, 生態系における役割に応じて, **生産者・消費者・分解者**が存在すると考えることができる。

(1) **非生物的環境** 気候要因 (光・温度・大気・水など), 土壌要因 (土壌粒子の大きさ・無機塩類・pH・保水力・通気性など) などからなる。

(2) **生産者** 植物は光合成によって, 二酸化炭素・水・栄養塩類などの無機物から炭水化物・脂肪・タンパク質などの有機物を生産する。このように, 無機物を取りこんで有機物を生

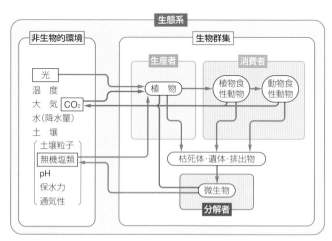

▲ 図 10-1 生態系の構造

産する独立栄養生物(→ p.100)を**生産者**という。

例 植物，藻類，植物プランクトン，光合成細菌，化学合成細菌など。

(3) **消費者** 生産者がつくった有機物を，直接または間接的に食べて生活する従属栄養生物(→ p.100)を**消費者**という。生産者を直接食べる動物が**一次消費者**で，これは植物食性の動物である。その植物食性動物を食べる動物食性の動物が**二次消費者**，その動物食性動物を食べる動物食性動物は**三次消費者**である。さらに高次の消費者がいる場合もある。

(4) **分解者** 植物の枯死体や動物の遺体や排出物を分解して無機物に変える微生物（菌類と細菌）を**分解者**という。有機物を無機物に分解し，生産者が再び利用できるようにする。

注意 分解者と消費者の区別は，必ずしも明らかでない場合がある。例えば，稲わらなどの煮出し汁に繁殖する枯草菌（細菌）は，煮出し汁の有機物を無機物に変える分解者であるが，その枯草菌をゾウリムシが食べ，ゾウリムシがミジンコの，ミジンコがフナの食物になる場合，枯草菌は一次消費者の役割を担っていることになる。ゾウリムシは二次消費者，ミジンコは三次消費者，フナは四次消費者である。

3 **環境と生物のはたらきあい** 生態系において，非生物的環境と生物は互いに影響を及ぼしあっている。非生物的環境が生物に影響を与えることを**作用**といい，反対に，生物が生活することによって非生物的環境に影響を与えることを**環境形成作用**という。

例 光合成は，光・温度・水などの影響を受ける（作用）が，一方で，酸素を放出することによって大気の構成に影響を与える（環境形成作用）。また，大きく成長した樹木は，その葉で日光をさえぎることによって，周囲に日陰という環境を形成する。日陰では陽地を好む植物は育つことができない。別の植物がつくり出す環境を利用して暮らす植物も見られ，パイナップルのような着生植物は，地面よりは光の届きやすい樹木の枝に生える。

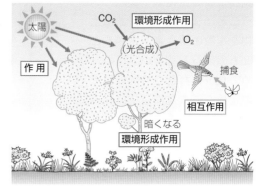

▲ 図 10-2 作用・環境形成作用・相互作用

補足 生物どうしも互いに影響を及ぼし合っており，これを**相互作用**という。食物連鎖(→ p.422)をなす食う食われるの関係は，異種生物間の相互作用である。異種生物間の相互作用には食う食われるの関係以外にも，植物が動物に生活場所を提供したり，昆虫が植物の花粉を運んだりするなど，さまざまな関係が見られる。また，同種の個体間にも，すむ場所をめぐっての競争(種内競争)など，さまざまな相互作用が見られる。

B 食う食われるの関係 ★★

1 被食者−捕食者相互関係 動物は食物（植物か動物）を食べなければ生きていけない。食うほうの生物を**捕食者**，食われる食物となる生物を**被食者**といい，両者の関係を**被食者−捕食者相互関係**という。

2 食物連鎖 捕食者自身は別の捕食者に食べられて被食者にもなる。こうした一連の被食者-捕食者の相互の関係は，ひとつながりの鎖に例えることができ，これを**食物連鎖**という。

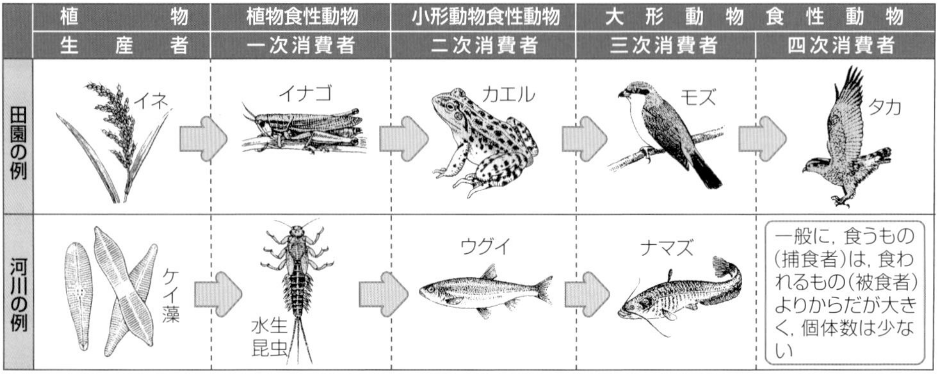

	植　　　　物	植物食性動物	小形動物食性動物	大　形　動　物　食　性　動　物	
	生　　産　　者	一次消費者	二次消費者	三次消費者	四次消費者
田園の例	イネ	イナゴ	カエル	モズ	タカ
河川の例	ケイ藻	水生昆虫	ウグイ	ナマズ	一般に，食うもの（捕食者）は，食われるもの（被食者）よりからだが大きく，個体数は少ない

▲ 図 10-3 食物連鎖の例

3 食物網 捕食者はふつう，食物となる生物が1種類ということはない。また，ある生物を複数の捕食者が食べることもめずらしくない。そのため，食う食われるの関係はその全体を見ると網目状に絡み合う複雑な関係（**食物網**）となる。

（補足）**天敵** ある動物Aが特定のBに捕食されたり寄生されたりして殺されるとき，BをAの**天敵**という。Bは他の動物の場合もあれば，細菌などの寄生者の場合もある。

（補足）寄生では，食べるほうのからだが小さく，食べられ

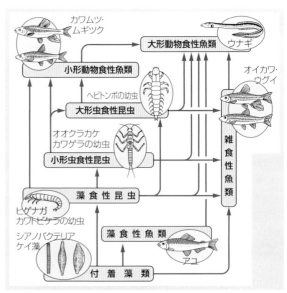

▲ 図 10-4 河川での食物網の例（奈良県吉野川）

る生物の体内に入っているが，これも食う食われるの関係の一種と見ることができる。

C 生態ピラミッド ★★

1 栄養段階 生産者を第一段階とし，食物連鎖に沿って，食べる側を食べられる側の一段上として数えた段階が**栄養段階**である。

① 第一栄養段階＝生産者　　② 第二栄養段階＝一次消費者
③ 第三栄養段階＝二次消費者　　④ 第四栄養段階＝三次消費者

2 生物量 その場所に存在する生物の総量を**生物量**（**バイオマス**）という。生物量は，単位面積当たりの重量（主として乾燥重量）やエネルギー量などで表され，**現存量**などとよばれることもある。

3 生態ピラミッド 食うものと食われるものの量（個体数・生物量・生産量）を，生産者から栄養段階ごとに高次になるほど上に積み上げて棒グラフで描くとピラミッドの形になる（図 10-5）。これを**生態ピラミッド**とよぶ。生態ピラミッドには次の 3 つがある。

(1) **個体数ピラミッド** 各栄養段階に存在する個体数を横棒の長さで表し，順に積み上げていったもの。低次の段階ほど個体数が多いのが原則。

(2) **生物量ピラミッド** 各栄養段階の生物量を用いて示したもの。個体数ピラミッドと同様，低次のものほど生物量（現存量）が多く，上にいくほど少なくなる。

(3) **生産力ピラミッド（エネルギーピラミッド）** 各栄養段階での単位時間・単位面積当たりの生産量を用いて表したもので，生産量は通常エネルギーに換算して表示する。これは，1 段階上の栄養段階の消費者が利用可能なエネルギー量である。生態系におけるエネルギーの流れを表しているので**エネルギーピラミッド**ともよばれる。栄養段階が 1 つ上がるごとに，利用可能なエネルギーは 5 ～ 20％になる。

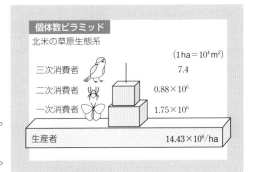

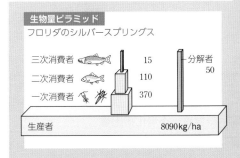

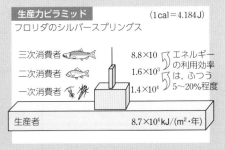

▲ 図 10-5　3 種の生態ピラミッド

個体数ピラミッドの逆転 ふつう，被食者は捕食者よりからだが小さく，被食者の個体数は捕食者の個体数より多い。しかし，からだの大きな生物に小さな生物が寄生する場合などには，個体数の関係は逆になる。すなわち，1本のサクラの木にケムシがついて葉を食べ，そのケムシにコマユバチが寄生し，さらにコマユバチにダニが寄生するような場合である。しかし，このような場合でも，生物量ピラミッドやエネルギーピラミッドについては正常なピラミッド形になる。

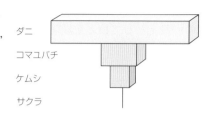

▲ 図 10-6　個体数ピラミッドの逆転

D　物質生産　★★

生産者である植物が，光合成によって有機物をつくりだすことを**物質生産**という。

1 生産者の物質収支 (1) **総生産量と純生産量** 光合成によってつくりだされた有機物の総量を**総生産量**といい，総生産量から植物自身の呼吸で消費する**呼吸量**を差し引いたものが**純生産量**である。

(2) **成長量** 短期間では**純生産量＝成長量**と考えることもできるが，長い期間では動物に捕食されたり一部が枯死したりするので，純生産量から捕食者に食べられる量（**被食量**）と植物体の枯れ落ちる量（**枯死量**）を差し引いたものが**成長量**になる。

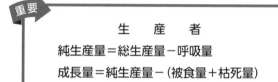

重要

生　産　者

純生産量＝総生産量－呼吸量

成長量＝純生産量－（被食量＋枯死量）

2 消費者の物質収支 消費者は，直接または間接に生産者を食べて育つ。

(1) **同化量** 消費者である動物は，1段下位の栄養段階の生物を捕食するが，一部は不消化で排出される。**摂食量**（**捕食量**）から**不消化排出量**を差し引いたものが**同化量**である。

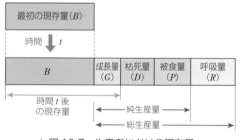

▲ 図 10-7　生産者における現存量・生産量・成長量の関係

(2) **成長量** 消費者は，1段上位の動物に食べられるので，成長量は右のようになる。

重要

消　費　者

同化量＝摂食量－不消化排出量

成長量＝同化量－（呼吸量＋被食量＋死滅量）

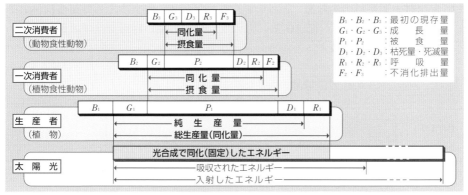

▲ 図10-8　生産者と消費者の物質収支（エネルギーピラミッドの内わけ）

E　いろいろな生態系の生産量　★

(1) 地球全体の生産量　地球全体での純生産量は，乾燥重量にして年間約170兆kg
であり，そのうちの約2/3が陸上で，1/3が海洋で生産される。海洋は，地球の
表面のほぼ2/3をおおっているが，生産量は1/3であり，陸上より生産力は低い。
　陸上で，最も高い生産力（年間純生産量）は，熱帯多雨林と耕作地で見られる。
陸上では，一般に高緯度ほど生産力が低いが，これは温度と光が物質生産に大き
く影響することによる。砂漠では，水不足のため生産力が低い。
　陸水域では湿地や沼地にも生産力の高い場所が見られる。これに対し海洋では，
栄養塩類に富む海水が海底から湧きあがってくるところ（湧昇流のあるところ）や
陸から栄養塩類が流れこむ入江やサンゴ礁域での生産力が高い。海洋では概して，
リンや窒素などの栄養塩類が制限要因になっているためである。

生態系		地球上の全面積 (10^6 km²)	純生産量（g/m²・年） 最小 - 最大	純生産量（g/m²・年） 平均
陸地	熱 帯 多 雨 林	17	1000 - 3500	2200
	耕 作 地	14	100 - 3500	650
	温 帯 林	12	600 - 2500	1240
	草 原	24	200 - 2000	790
	ツンドラと高山	8	10 - 400	140
	砂 漠	42	0 - 250	40
水圏	サ ン ゴ 礁	0.6	500 - 4000	2500
	沼 地 と 湿 地	2	800 - 3500	2000
	入 江	1.4	200 - 3500	1500
	湖 と 川	2	100 - 1500	250
	湧 昇 流	0.4	400 - 1000	500
	外 洋	332	2 - 400	125

（2）**熱帯林と温帯林の生産量**　森林の総生産量は大きいが，中でも熱帯多雨林のそれは他に比べて大きい（図10-9）。しかし，気温の高い熱帯では呼吸量も大きいので，純生産量で比較すると両者の差は小さくなる。

　補足　森林と草原　森林の総生産量は，一般に草原より大きいが，森林は呼吸量も大きいので，両者を純生産量で比べると，大きな差はない。

（単位はkg／（m²·年））

熱帯多雨林の総生産量は温帯林の約2.4倍だが，純生産量は1.3倍。成長量では，温帯林が熱帯多雨林の約3.1倍になる

▲ 図10-9　熱帯林と温帯林の物質収支

　補足　林齢と生産量　図10-9の熱帯林は高齢林であるため，枯死量が多い。反対に，図の温帯林は幼齢林であるため，死んだ材の部分に比べて生産に関与する葉の量が多い。したがって成長量では，温帯林（若齢林）のほうが大きくなる。

　一般に1つの森林でも，林齢を経るにつれて総生産量も純生産量も増加するが，材の量が増える老齢林になると減少する（図10-10）。

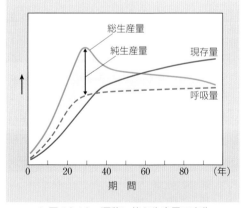

▲ 図10-10　遷移に伴う生産量の変化

（3）**水界の生産量**　光は水により吸収され，また浮遊物によっても散乱・吸収されるため，ある深さ（**補償深度**）で植物プランクトンの純生産量が0になる（光合成量と呼吸量とが等しくなる）。このため，水界での光合成は浅い部分のみに限られる。補償深度は，プランクトンなどの浮遊物の量により大きく変わるが，栄養塩類に富んだ植物プランクトンの多い湖（富栄養湖）で1〜2m，外洋で最大100m程度である。

　海洋は，地球の表面積の約70％を占めている。この海洋のうちの9割以上は外洋域であるが，外洋域の生産力は，面積当たりにするとごく低い（温帯林の1/10）。これは，外洋域の水中の栄養塩類が乏しく，その結果，光合成が抑制されるためである。

A 炭素(C)と窒素(N)の循環 ★

炭素と窒素は，生物のからだをつくっている有機物の主要な元素で，生態系では，生物群集と非生物的環境の間を循環している。

1 炭素循環 グルコース($C_6H_{12}O_6$)・スクロース($C_{12}H_{22}O_{11}$)・デンプン($C_6H_{10}O_5)_n$ などの有機物はすべて，炭素(C)の連なった骨格をもつ化合物で，その炭素のおおもとは，大気中や水中の無機物である二酸化炭素(CO_2)である。

(1) **炭素の取りこみ** 大気中には，CO_2 が体積にして 0.04％程度含まれている。また，CO_2 は水に溶けやすく，水中にはおもに炭酸水素イオンの形で溶けこんでいる。大気中や水中の CO_2 は植物(生産者)の光合成によって取りこまれ，デンプンなどの有機物になる。

[補足] 炭素同化(炭酸同化) 植物などが外界から二酸化炭素を取りこみ，デンプンなどの有機物を合成するはたらきを**炭素同化**という。

(2) **生物群集内での移動** 植物が動物(消費者)に食べられると，有機物は動物に移る。また，植物や動物の枯死体や遺体・排出物中の有機物は，土壌中の菌類と細菌(分解者)に移る。

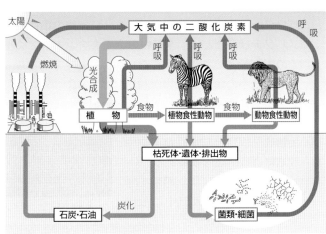

▲ 図 10-11　炭素の循環

(3) **呼吸と CO_2 の放出** 生産者も消費者も分解者も呼吸をする。有機物の炭素は呼吸によって酸化されて CO_2 になり，大気中にもどる。このようにして炭素は生物群集と非生物的環境との間を循環している。

(4) **化石燃料の燃焼** 化石燃料の石炭や石油は，過去の光合成産物が化石化したものであるので，掘り出されて燃やされると CO_2 に変わり，大気中に放出される。

[補足] 大気中に存在する炭素の総量は約 7400 億 t であるが，そのうちの約 1100 億 t が毎年，陸上の植物に取りこまれ，有機物に変えられる。取りこまれたうちの約半分(500 億 t)が植物と動物の呼吸により大気にもどり，残り半分は土壌中の微生物などを経て分解され，やはり大気にもどる。結局，大気中の炭素は，ほぼ 7 年に 1 度は植物の体内を通過することになる。ちなみに人間が化石燃料を燃やすことにより大気中に放出される炭素量は年間約 55 億 t である。このように，現在では人間活動が炭素循環の大きな駆動要因となっている。

2 窒素循環　タンパク質や核酸などの有機窒素化合物に含まれる窒素(N)のおおもとは，植物が土壌中から吸収した無機窒素化合物である。

(1) **窒素の取りこみ**　植物(生産者)は，根を通して土壌中の硝酸イオン(NO_3^-)やアンモニウムイオン(NH_4^+)を吸収し，それをもとにタンパク質や核酸などをつくる。

　補足　窒素同化　生物が外界から無機窒素化合物を取りこみ，自身のからだに必要な有機窒素化合物につくり変えるはたらきを**窒素同化**という。

(2) **生物群集内での移動**　炭素の場合と同様に，植物が動物(消費者)に食べられると，窒素化合物は動物に移る。また，動植物の枯死体や遺体・排出物中の窒素化合物は，土壌中の菌類と細菌(分解者)に移り，アンモニウムイオンへと分解され，さらに**硝化菌(亜硝酸菌・硝酸菌)**によって硝酸イオンに変えられる。その後，これらは再び植物に利用される。

(3) **空中窒素の固定**　大気中には約80%もの窒素が含まれているが，窒素分子N_2は安定な物質なので，多くの生物はこれを直接利用できない。土壌細菌の**アゾトバクター**や**クロストリジウム**，マメ科植物の根に共生する**根粒菌**，ある種の**シアノバクテリア**などは，空気中の窒素をアンモニアにする。これを**窒素固定**という。

その固定量はそれほど多くないが，大気中の窒素を生物が利用できる形に変え，生物群集内にもちこむ役割は重要である。無生物的な固定として，雷の空中放電による硝酸形成もある。

(4) **脱窒**　土壌中には，硝酸イオンをN_2に変えて大気中に放出する**脱窒素細菌**がいる。この作用を**脱窒(脱窒素作用)**という。

(5) **肥料工場での固定**　現代では，電力を使用して工業的に大気中のN_2を水素と化合させ，化学肥料をつくって農地で大量に使用しているため，生物界を循環する窒素の総量が大幅に増加している。

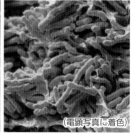

(電顕写真に着色)

▲ 図10-12　ダイズの根の根粒(左)と根粒菌(右)

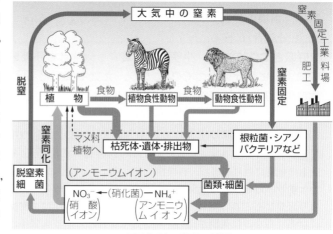

▲ 図10-13　窒素の循環

B エネルギーの流れ ★

■1 生態系内でのエネルギーの流れ 植物（生産者）によって，有機物の化学エネルギーに変換された光エネルギーは，① 生産者自身の呼吸によって使われ，② 生産者から食物連鎖にそって移動するエネルギーも，各栄養段階の生物の呼吸で使われ，最終的には**熱**となって生態系外へ放散される。③ 各栄養段階の遺体や排出物から菌類と細菌（分解者）に取り入れられたエネルギーも，分解者の呼吸で使われて，やはり最終的には，熱となって放散される。このように，**エネルギーは生態系の中を流れ，元素と異なり循環はしない。**

[補足] 図 10-15 は，北アメリカのブナ - マツ林での調査結果である。この森林は $10kg/m^2$ の生物量（乾量）をもち，年間 $1m^2$ 当たりの総生産量は 2.65 kg，呼吸量は 1.45 kg であるから，純生産量は 1.2 kg になる。このうち，被食量は 30 g，枯死量は 670 g であるから，成長量は 500 g になり，腐植層の 50 g と合わせて 550 g が生態系に貯蔵される。

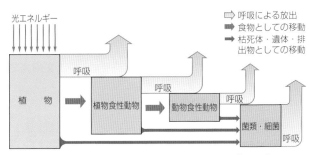

凡例：
⇨ 呼吸による放出
➡ 食物としての移動
➡ 枯死体・遺体・排出物としての移動

▲ 図 10-14　生態系内を通りぬけるエネルギーの流れ

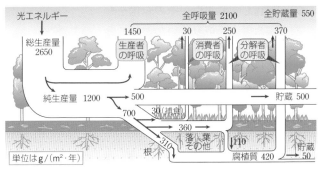

▲ 図 10-15　ブナ - マツ林の総生産量の動き

■2 生産者のエネルギー利用効率 生産者によって利用されるエネルギーの利用効率は次の式で表される。利用効率は，葉が若く最も光合成が盛んなときで 3 ～ 4％程度で，ふつうは 1 ～ 2％。太陽の光エネルギーのうち光合成で化学エネルギーに変えられて生態系を流れるのは 1 ～ 4％。

$$生産者のエネルギー利用効率 = \frac{総生産量}{流入太陽エネルギー量} \times 100\%$$

■3 栄養段階間転換効率 消費者が栄養を取りこむとき，利用可能なエネルギーの何％を利用しているかを表す値を**栄養段階間転換効率（生態転換効率）**といい，ふつう次の式で表される。栄養段階間転換効率は 5 ～ 20％である。

$$栄養段階間転換効率 = \frac{その栄養段階のもつエネルギー量}{1 つ前の栄養段階のもつエネルギー量} \times 100\%$$

A 生態系のバランス ★

　生態系の個体数や生産量は，環境の変化などの影響によりたえず変動しているが，その変動の幅がそれほど大きくなければ，やがて生態系はもとの状態にもどる。例えば，植生を破壊する**かく乱**が起こっても，周囲の植生から種子などが供給されたり，土壌中の種子が発芽したりすれば，遷移によってやがて同じような植生が回復する（→ *p*.410）。このように，生態系は，外力の作用に対して，もとの状態にもどろうとする**復元力**（回復力，レジリエンス）を備えている。生態系に生じる変動の幅が一定の範囲内におさまっていることを**生態系のバランス**という。

　しかし，最近では，人間活動による環境の改変があまりに大きく，バランスが保たれる範囲をこえて生態系が変化してしまい，その変化をもたらした外力を取り除いたとしても容易にはもとにはもどらなくなってしまう場合がある。草原の砂漠化などはその例である。

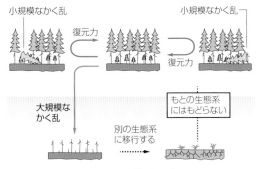

▲ 図 10-16　生態系のバランス

　[補足]　生態系は生物多様性（→ *p*.442）が高いほど，そのバランスを保ちやすい。例えば，草原が干ばつのときには，草の種類が多い草原のほうが，少ない場合よりも，大きな生産力が維持されやすい。これは，種の数が多ければ，それらの種の中に乾燥に耐えるものが含まれることに加え，根のはり方がたがいに異なるものも多く存在するようになり，全体として土壌中の水を無駄なく利用できるためである。一方，植生を構成する植物の種類が多いと，それらを食物とする動物の種類も多くなり，複雑な食物網が発達する。このため，何らかの理由である種が失われても，同じ捕食者の食物になる生物が何種類も存在するので全体としての変化は小さくなる。

B 人類と生態系 ★

　人類の歴史のほとんどにおいて，ヒト（ホモ・サピエンス）は自然の生態系の一員として生活してきた。一万年ほど前に，一部の地域で動植物の栽培と飼育によって食料を生産する農耕が始まると，ヒトによる強い管理下で，作物が優占する農耕地が広がった。

　18 世紀までは世界の人口は 5 億人程度であり，農耕地が広がってもその面積が少ない時代には，自然の生態系に及ぼす影響は限られていた。19 世紀に入ると人口は爆発的に増加し，2011 年には 70 億人をこえた。この人口増加と経済発展に伴

い，森林の伐採や，海や干潟の埋め立てによる農地開発が盛んになり，自然の生態系とは構成要素も機能も大きく異なる農耕地や放牧地が急速に拡大した。他方，人工的な環境が広がるきわめて特殊な生態系といえる都市が各地に発達した。

科学・技術の発達は，大規模な開発など，効率のよい自然の改変を可能にし，しだいに人口１人当たりのエネルギーや資源の消費の多い生活が広がった。特に，産業革命以降の200年間で，人類のエネルギー消費量は加速度的に増大した。現在のおもなエネルギー源は化石燃料であり，その燃焼に伴って放出される大量の二酸化炭素が大気中に蓄積し続けている。

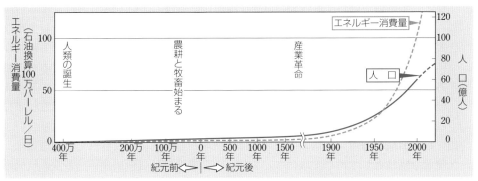

▲ 図 10-17　世界の人口増加とエネルギー消費量の増加

発展　エコロジカルフットプリント

　　人々が生活に必要とする主要な生物資源を確保したり，大気に排出された二酸化炭素を吸収したりするために必要となる地表面積の合計値を**エコロジカルフットプリント**といい，地球の収容力を考える上での１つの目安とされている。その値は，1980年代に地球の全地表面積（つまり地球１個分）をこえ，2000年になると20％ほど超過するまでに増加した。化石燃料の使用によって放出された二酸化炭素が大気中に急速に蓄積しつつあるのは，このような地球の限界をこえた消費による。

　　１人当たりの値を国別に計算すると，アメリカ合衆国では約8ha，日本やヨーロッパの国々は5ha程度となる。発展途上国の中には，その値が0.5haに満たない国もある。地球環境の悪化は，人口の増加だけが問題なのではなく，先進国の浪費型のライフスタイルこそが真の問題であることがわかる。

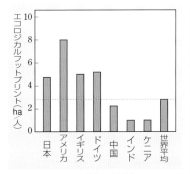

▲ 図 10-18　国別１人当たりのエコロジカルフットプリント (2007年)

1 農耕と生態系　農耕は，多くの場合特定の作物のみを栽培する。効率のよい生産のため，同じ作物ばかりが育つ「単一栽培」の農地が広がり，農薬や化学肥料が多用されると，次のような不都合が起こる。

(1) **生態系の単純化**　もともとは気候や地形など自然の条件に応じて森林や湿原などが混ざり，それぞれの生態系にさまざまな生物が暮らしていた場所でも，小麦畑やトウモロコシ畑などに改変され，農地だけが広大な面積を占めるようになると，生物にとっての環境条件が均一化し，ごく限られた生物しかすめなくなる。最近では，熱帯林が伐採されてアブラヤシなどのプランテーションが開発されるなど，生物種が豊かな地域での急速な単純化が進行している。

(2) **農薬使用の影響**　雑草や作物を食べる昆虫を排除するために除草剤や殺虫剤などの農薬が使用されると，雑草や害虫以外の生物まで減らしてしまい，生態系が単純化してしまう。雑草や害虫の中には農薬に対する抵抗性を進化させるものもあり，農薬に抵抗性を獲得した雑草や害虫が大発生して，農作物に被害を与える場合がある。また，かつて使用された農薬には，土壌や河川・海に分解されずに残留しているものもあり，これらは環境汚染の一因となっている（→ *p.*439）。

(3) **物質循環の阻害**　自然の生態系では，土壌から植物に吸収された無機塩類は，落葉や落枝として再び土壌にもどる。しかし農地では収穫に伴い，多量の無機塩類も生態系の外にもち去られるので，これを肥料として補う必要が生じる。

(4) **肥料の流出**　化学肥料として与えた無機塩類は，植物に吸収しつくされるわけではなく，雨水とともに河川・湖沼などに流入して**富栄養化**を招き，水質汚濁の原因になる（→ *p.*438）。

(5) **土砂の流出**　農地は耕され，また地面を植生がおおっている割合が小さく，地面が露出しているため，表面の土壌は激しい雨水によって流出しやすい。また，乾燥して風埃となることによっても失われる。

2 熱帯林の消失　農地の開発や伐採などの人間活動によって，熱帯多雨林やマングローブ林などの熱帯林の消失が，近年大規模に進行している。

(1) **焼き畑農業と新たな開発**　熱帯多雨林では，昔から**焼き畑農業**が行われてきた。かつては，焼いた森林の跡地を畑として2〜3年用いると次の場所へ移動し，20年ぐらいして森林が回復した頃にもとの場所にもどっていた。しかし近年になり，休閑期の短縮化，大規模農地の開発，過放牧などによって，もとの森林への回復がのぞめない荒廃地をつくりだすようになった。

(2) **熱帯林の破壊と自然災害**　熱帯林では一年中温度が高いために，微生物による有機物の分解速度が大きい。そのため，表土の層が浅く，植生が失われると熱帯特有の強い雨（スコール）によって土壌流出が起こりやすい。大規模な熱帯林の伐採により，洪水や土砂くずれなどの災害が頻発するようになった。

(3) **マングローブ林の消失**
マングローブ林は，熱帯・亜熱
帯の海岸や河口に見られる植生
であり，林内の水中には，多く
の種類の魚類やカニ・エビ・貝
類などが生息する。しかし，近
年，燃料用の乱伐，水田や養殖
池の開発などで失われている。

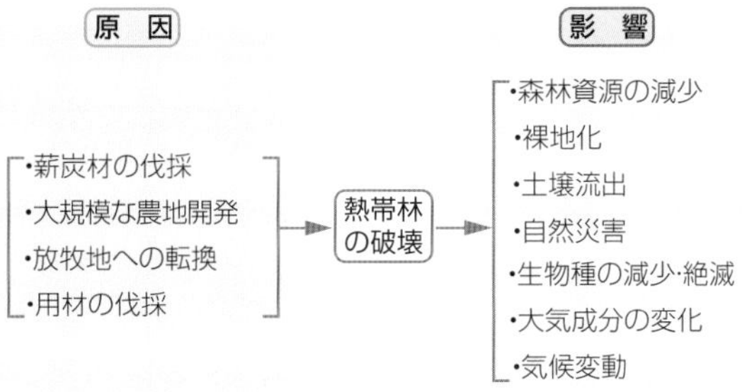

原 因　　　　　　　　　　　　　　影 響

・薪炭材の伐採
・大規模な農地開発　　→　熱帯林　→　・森林資源の減少
・放牧地への転換　　　　　の破壊　　・裸地化
・用材の伐採　　　　　　　　　　　　・土壌流出
　　　　　　　　　　　　　　　　　　・自然災害
　　　　　　　　　　　　　　　　　　・生物種の減少・絶滅
　　　　　　　　　　　　　　　　　　・大気成分の変化
　　　　　　　　　　　　　　　　　　・気候変動

▲ 図 10-19　熱帯林破壊の原因とその影響

(4) **野生生物種の宝庫**　熱帯林の
生態系には，地球上の全生物種の 1/2 以上がすむ。このため，野生生物種の遺伝
子の宝庫として重要である。したがって，熱帯林の消失は野生生物種の絶滅を招
き，貴重な遺伝資源を失うことになる（→ p.446）。

(5) **大気成分と気候への影響**　熱帯林は，盛んな光合成によって CO_2 を吸収し，植
物体中に有機物として炭素 (C) を貯留している。熱帯林の大規模な破壊は，こう
した炭素の CO_2 としての放出や，光合成による炭酸同化の低下を招く。それに
より，地球の温暖化など，大気成分や気候への影響をもたらす（→ p.446）。

3 砂漠化の進行　　人口の増加により，農耕や牧畜に適さない降水量の少ない乾燥
地にも，多くの人々が住まざるを得なくなった。その結果，家畜の過放牧などのく
り返しによって植生が失われ，**砂漠化**が起こるようになった。毎年 6 万 km^2（九州
と四国を合わせたくらいの面積）もの土地が砂漠化しており，砂漠化の影響を受け
ている地域は，陸地総面積の約 35% にも及ぶといわれている。

農地の砂漠化を灌漑によって防止する試みが広く行われているが，蒸発が盛んな
乾燥地帯では土壌表面への塩類集積という問題が生じている。灌漑水や土壌に含ま
れる塩分が土壌表面に濃縮蓄積すると，植物が塩害で育たなくなる。

4 都市の拡大　　都市への人口集中が進み，都市はますます拡大している。都市の
人工生態系としての特殊な環境下で生活できる生物は限られる。

(1) **単純な生態系**　都市では，生産者となる植物は，公園の樹木や街路樹・庭の樹
木などと，繁殖力の旺盛な草本植物（世界中で広く見られる外来生物が多い）など
に限られている。また，定住する動物はヒトとペット動物以外は，おもにゴキブ
リ・ネズミ・スズメ・カラス・ハトなど都市環境に適応しているものに限られる。

(2) **廃棄物の発生**　都市は，ヒトを含む生態系の消費者に必要な食物・生活必需物
資・工業原料などを，遠く離れた地域の農耕地や海や森林などの生産物に依存し
ている。また，ヒトは食物として摂取するエネルギー以外にも，多量のエネルギ
ーを使う。そのため，都市には大量の物資とエネルギーが流れこむが，それらが
消費されると，膨大な量のごみと排気ガス・汚水などの排出物・廃棄物が産み出
される。それらの処理過程で周辺の生態系に大きな影響を及ぼすこともある。

C 大気汚染 ★ ★

1 大気汚染 生物体にとって有害となる物質が大気中に増えることを**大気汚染**という。大気には，**窒素 (N_2) 78%，酸素 (O_2) 21%**のほかに，アルゴン，二酸化炭素 (CO_2)，ネオン，ヘリウムなどがごく微量に含まれ，一定の割合を保っている。しかし最近では，化石燃料の燃焼に由来する CO_2 濃度の増加に加え，工場や火力発電所の排煙，住宅やビルの暖房の排煙，自動車の排気ガスなどに由来する各種の汚染物質が増加している。

2 光化学スモッグ 排気や煙の中の窒素酸化物 NO_x は，紫外線による光化学反応によって，オゾン・アルデヒド・**PAN**(パーオキシ・アセチル・ナイトレート)といった酸化力の強い物質(**オキシダント**)に変化する。また，SO_2 は，空気中の H_2O と光化学反応を起こして**硫酸ミスト**になる。オキシダントや硫酸ミストを含む大気は**光化学スモッグ**とよばれ，地上に降ると生物に害を与える。

3 二酸化炭素の増加と温暖化 大気中の CO_2 濃度の増加が続いている。増加の約 3/4 は化石燃料の燃焼が原因であり，残りの大部分は森林の伐採や燃焼による。

(1) **温室効果** 太陽の放射エネルギーの大部分は可視光線で，そのほぼ 1/2 が地表面に達して地表面を温める。温められた地表面からは赤外線の形で熱 (エネルギー) が放射されるが，大気中の水蒸気や CO_2 など[1]はこれを吸収して再び地表に放射するため，地表付近の気温は温暖に保たれる。これを大気の**温室効果**という。CO_2 などの増加によって温室効果が強まり，地球の温暖化が進行しつつある。IPCC(気候変動に関する政府間パネル)の第 6 次報告では，2021 年以降の 40 年間に平均気温が 1.5°C 以上上昇する可能性が非常に高いと予測されている。平均気温の上昇は，豪雨や干ばつなどを頻発させたり，海水膨張や極地の氷の融解による海水面の上昇によって，多くの島や都市を水没させたりするおそれがある。

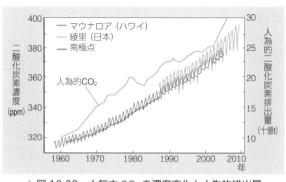

▲ 図 10-20　大気中 CO_2 の濃度変化と人為的排出量

(2) **温暖化の防止** 温暖化を防止もしくは緩和するためには，CO_2 濃度増加のおもな原因である石油や石炭などの化石燃料の消費量を減らす必要がある。そのためには，省エネルギー技術や**再生可能エネルギー**(太陽光発電・風力発電・バイオマスエネルギーなど，自然エネルギーともいう)の

1) **温室効果ガス** 大気中の**メタン**(CH_4)・対流圏オゾン(O_3)・**フロン**・**一酸化二窒素**(N_2O；亜酸化窒素)なども，二酸化炭素と同様の温室効果の作用をもち，まとめて**温室効果ガス**とよばれる。
2) **フロン** クロロフルオロカーボンの略。炭素・フッ素・塩素などの化合物で，20 世紀になって人工

開発にも努めなければならない。同時に，CO_2 を吸収する森林や湿地などの植生の保護や有機物として炭素を蓄積している土壌の保全も重要である。

　1997 年，京都議定書 ($\rightarrow$ *p.*448) が締結され，2008 ～ 2012 年の 5 年間に，先進工業諸国全体で，二酸化炭素・メタン・一酸化二窒素 (N_2O)[1] の排出量を，少なくとも 5%（1990 年を基準として）削減することが目標とされた。また，2015 年には，発展途上国を含むすべての主要排出国の間でパリ協定が締結され，産業革命以降の世界平均気温を 2°C 未満に抑制することに加え，21 世紀後半までに温室効果ガスの排出量と森林などによる吸収量とを均衡させること（カーボンニュートラル）が目標として掲げられた。

4 オゾン層の破壊　地球大気の成層圏（地上約 10 ～ 50 km の層）には，オゾン (O_3) が比較的多い**オゾン層**があり，生物に有害な紫外線を吸収して地表面に届かないようにしている。近年，南極上空やオーストラリア上空で**オゾンホール**とよばれるオゾン層の希薄な部分が観測されるようになった。この原因は，スプレーなどに使われていた**フロン**[2] ガスが，上空で紫外線によって分解され，生じた塩素原子によっ

てオゾンが破壊されるためである。近年，フロンガスの発生を抑える取り組みが各国で進められている。

　紫外線は遺伝子の本体である DNA に傷害を与えるため，オゾン層の破壊によって地表面の紫外線が強まると，皮膚がんや白内障の発生率が高まったり，農作物の生育が阻害されたりすると考えられている。

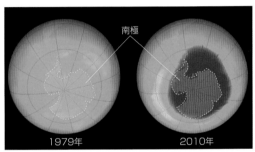

南極

1979年　　2010年

▲ 図 10-21　南極上空のオゾンホール

5 酸性雨　雨水の pH は 5.6 程度の弱酸性である（自然の状態でも CO_2 が溶けこんでいるため）。近年，工場などの排煙や自動車の排気ガスに含まれる硫黄酸化物 (SO_x) や窒素酸化物 (NO_x) などから生成される酸性物質が雨水に溶けこんで，**pH が 5.6 以下になることがあり，このような雨を酸性雨**という。

　酸性雨は湖沼や土壌を酸性化する。湖沼が酸性化すると，魚などが減少したりする。土壌が酸性化すると，土壌中のカルシウムなどが失われ，植物の生育に支障をきたすとともに，アルミニウムなどの金属イオンが溶け出し，植物の根に害を与えるため，森林が枯れたりする。こうした被害は世界各地で見られたが，最近では，SO_x や NO_x の発生を抑える技術が普及し，先進国では問題が解決しつつある。

的に合成された物質である。スプレーの噴射剤のほか，冷蔵庫やエアコンの冷媒，電子回路など精密機器の洗浄剤などとして大量に利用された。フロンにはいろいろな種類があるが，1992 年のモントリオール議定書により，種類ごとに順次，使用禁止となっている。

人口の増加や産業の発達によって，生活排水・し尿・工場排水・農業排水が河川・湖沼・海洋などに流れこみ，**水質汚濁**が起こっている。

1 水質汚濁の判定　水質汚濁の判定には，色・透明度・電導度・pH・無機塩類量・硫化水素量・シアン化合物量・重金属量など，目的に応じていろいろな指標が用いられるが，一般に次の4つがよく知られている。

(1) **DO**（Dissolved Oxygen；**溶存酸素量**）　水に溶けこんでいるO_2を溶存酸素という。光合成が盛んに行われていたり，波立ちの激しいところでは，O_2量も多い。ふつうは5～10ppm，汚水は1ppm以下。

(2) **BOD**（Biochemical Oxygen Demand；**生物化学的酸素要求量**）　水中の有機物が細菌によって分解されたときに消費されるO_2量を測定し，ppmで表したもの。採取した水をO_2飽和水で希釈し，びんにつめて20℃に保ち，好気性細菌をはたらかせて5日間放置し，その間に消費されたO_2量を測定する。BODの値が大きいと，有機物量も多いことになる。水道水は1ppm以下，5ppm以上は飲用不適。

(3) **COD**（Chemical Oxygen Demand；**化学的酸素要求量**）　有機物を過マンガン酸カリウム（$KMnO_4$）などの酸化剤で酸化し，消費されるO_2量をppmで表したもの。BODを測定する方法では結果が出るのに5日もかかるので，CODを測定する方法が補助的に用いられる。

(4) **生物学的水質判定**　生物は種類によって水質汚濁に対する耐性が異なることを

▼ 表10-1　水の汚濁階級と指標生物の出現状態

汚濁階級		大変きたない水	きたない水	少しきたない水	きれいな水
特性	有機物の量	高分子化合物が非常に多い	高分子が分解されアミノ酸が多い	アミノ酸も分解しアンモニアが多い	すべて分解され存在しない
	DO（溶存酸素量）	全然ない	かなりある	かなり多い	多い
	BOD（生物化学的酸素要求量）	非常に高い（10ppm以上）	高い（10～5ppm）	かなり低くなる（5～2.5ppm）	低い（2.5ppm以下）
	H_2Sの形成	強い	弱い	ない	ない
	細菌数	大量に存在（100万以上/mL）	多い（10万以上/mL）	少なくなる（10万以下/mL）	少ない（100以下/mL）
指標生物（＊印昆虫）	ヒラタカゲロウ＊	いない	いない	種類も数も少ない	種類も数も多い
	シロタニガワカゲロウ＊	いない	いない	いる	いる
	カワゲラ＊	いない	いない	ほとんどいない	種類も数も多い
	ヒゲナガカワトビケラ＊	いない	いない	いても少ない	いる
	セスジユスリカ＊	いると非常に多い	いる	少ない	いない
	ミズムシ（甲殻）	いると非常に多い	いると多い	少ない	いる
	イトミミズ（環形）	少ない	いる	少ない	いない
	シマイシヒル（環形）	いる	いると多い	少ない	いない

利用し，生物の種類から水質を総合的に判定する方法。汚濁の限られた範囲にすみ，汚濁の程度を知る手がかりとなる生物を**指標生物**という（表10-1）。化学的方法では水を採取した時点の水質しかわからないが，生物はそこで生活しているので，長期間の汚濁の影響が現れる。

2 自然の浄化作用　有機物を含んだ汚水が流入しても，量がそれほど多くなければ，そこにいる細菌などの微生物によって分解され，汚濁の原因となることはない。これを**自然浄化（自浄作用）**といい，そのしくみはおおよそ次のように考えることができる。

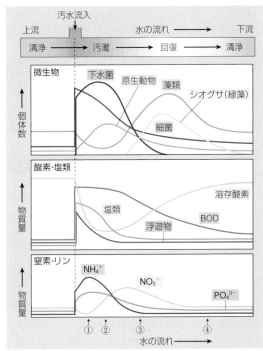

▲ 図10-22　河川での自然浄化のしくみ

① 汚水流入点付近の下流では，有機物の増加によって**細菌**が増加し，その呼吸によって盛んに酸素が消費されるので，溶存酸素量は少なくなる。また，タンパク質の分解により NH_4^+ も増加する。

② ①の下流では，細菌を捕食する原生動物が増加して，細菌は減少する。また，硝化菌のはたらきによって，NO_3^- が増加する。

③ ②の下流では，無機塩類の増加によって**ケイ藻**や**緑藻**が増加し，光合成によって酸素が放出されるので，溶存酸素量が増える。

④ さらに下流では，無機塩類の減少とともに藻類も減少し，もとのようなきれいな河川水になる。

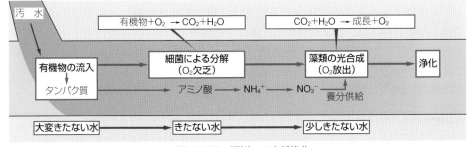

▲ 図10-23　河川での自然浄化

3 水質汚濁と富栄養化　自然浄化の限度をこえる
多量の汚水が流れこむと，河川や湖沼は，N・P・K
などの栄養塩類が増加して**富栄養化**する。富栄養化
した水域には，植物プランクトンがよく繁殖して生
産量も大きくなる。ただし最近では，田畑に使われ
た化学肥料やし尿・P を含む中性洗剤・工場排水な
どが流入し，急激な富栄養化が起こるので，特殊な
プランクトンが大発生し，**アオコ**や**赤潮**とよばれる
現象が起こり，問題となっている。

▲図 10-24　赤潮の発生

(1) **アオコ（水の華）**　極端に富栄養化した淡水域に植物プランクトンが異常発生し，
　　水が緑色に色づき，浮きかすができた状態。主として微小なシアノバクテリアに
　　よって起こる。

(2) **赤潮**　極端に富栄養化した海水域に植物プランクトンが異常発生し，水を赤褐
　　色や褐色に変えた状態。ケイ藻・ムシモ・ツノモ・海産のミドリムシなどが増え
　　て赤い色になる。

(3) **低酸素化**　大量発生したプランクトン
　　が大量に死ぬと，分解に大量の酸素が消
　　費されて水中が酸欠状態となり，魚など
　　が大量に死ぬことがある。例えば，メキ
　　シコ湾では，毎年夏に広大な低酸素水域
　　が発達するが，主要な原因はミシシッピ
　　ー川流域の農業地帯から流入する富栄養
　　化した排水であると考えられている。

農業地帯

ミシシッピー川流域

メキシコ湾低酸素水域

▲図 10-25　メキシコ湾低酸素水域とミシシッピー川

4 内分泌かく乱物質　人類はさまざまな化合物をつくりだし，それらは農薬や廃
棄物などとして，さまざまな形で環境に放出されている。それらの中には，微量で
動物のホルモンの作用に影響を与えるものがあり，**内分泌かく乱物質**（**環境ホルモ
ン**）とよばれる。野生生物において，内分泌かく乱物質が原因と疑われる異常の多
くは，水中や水辺で生活している動物で観察されている。

　生殖現象に影響する内分泌かく乱物質は，種の存続に影響しかねないため，特に
問題となる。例えば，雌のイボニシ（海にすむ巻き貝）に雄の生殖器官が生じる現象
が報告され，これは**有機スズ**[1]が原因ではないかと推定されている。フロリダの湖
では，ワニの卵のふ化率の低下や，雄の生殖器官が矮小化する異常が観察され，こ
れは湖内に流入した DDT などの有機塩素系の農薬が原因として疑われている。

---

1) 有機スズは，船底に固着生物が付着するのを防ぐ目的で，船の塗料として使われているものである。
内分泌かく乱物質としてはほかに，ごみの焼却で生じる**ダイオキシン**，電気機器の絶縁体や印刷インク
などに使われた **PCB**，プラスチックに含まれている**ビスフェノール A** などがあげられる。

補足 DDTは，細胞内にある**エストロゲン**(→ p.298)の受容体に結合し，エストロゲンと同様のはたらきをすることにより，動物の内分泌系をかく乱すると考えられている。

E 土壌汚染 ★

　土壌の中では，微生物や小動物が生態系をつくり，有機物の分解(無機化)などのはたらきを営む。最近では，堆肥のかわりに化学肥料が用いられ，さらに農薬が多用されるようになり，土壌の生態系のはたらきが損なわれがちである。

1 化学肥料の害　化学肥料を使い，土壌に有機物を与えないと，ミミズなどの土壌動物や微生物の種類および生物量が減少して土壌生態系が単純化し，土壌中の生物による土壌形成のはたらきが衰える。そのため保水性・通気性・肥料成分の保持力が低下して土質が悪化する。

2 農薬の害　現在は使用が禁止されているDDTやBHCなどの有機塩素系の殺虫剤やヒ素・有機水銀系の殺菌剤は，土壌中に残留し，牛乳や米から母乳に混入して，乳幼児に健康被害をもたらすなどの被害が生じた。最近では，カメムシによる斑点米被害を抑制するためなどにネオニコチノイド系の農薬が多く使われているが，ミツバチ・アカトンボの大量死など，昆虫などへの影響が疑われている。

3 廃棄物による汚染　塩化ビニルモノマー，六価クロムなどの廃棄物が土壌を汚染し，人体に取りこまれると，肝臓がんや肺がんなどをひき起こすおそれがある。そのほか，廃棄物には**トリクロロエチレン・ダイオキシン・PCB・アスベスト**(石綿)など各種の有害成分が含まれていることがあるので危険である。

F 生物濃縮 ★★

1 生物濃縮　生物が外界から取りこむ物質の中には，通常の代謝によって，あるいは分解や排出のしくみをもたないために体内に蓄積するものがある。また，そのような物質が蓄積した生物を，食物としてくり返し取りこむことにより，上位の消費者では，さらに体内濃度が高くなることがある。このように，食物連鎖を通じて，特定の物質が体内に入り，環境中より高濃度で

▼ 表10-2　生物濃縮で問題となった物質の例

物質名	発生源	症状など
水銀(Hg)	メチル水銀を含んだ工業排水	中枢神経疾患(水俣病)
カドミウム(Cd)	亜鉛精錬所の排水電池などのごみ焼却	腎障害，骨軟化症(イタイイタイ病)
PCB	インクなどに使用工業排水やごみ処理水	皮膚肝臓障害，四肢脱力
DDT	有機塩素系殺虫剤農薬。衛生害虫の駆除	毒性や内分泌かく乱物質の疑い
BHC	有機塩素系殺虫剤イネの害虫の駆除	イネ，さらに母乳などに高濃度に濃縮

蓄積することを**生物濃縮**という。特に脂肪に溶けやすい物質は体外に排出されにくいため，生物濃縮が起こりやすい(DDTやPCBなど)。

2 DDTの生物濃縮

DDTは代表的な殺虫剤で，第二次大戦後わが国でも農薬として大量に使われた。ヒトに対する毒性は比較的弱いといわれたが，残留性が強く，生物濃縮によって高次消費者では高濃度になり問題化した。高濃度のDDTは神経系に影響を与え，肝臓・腎臓などに障害を起こす。日本など先進国では使用が禁止されている。

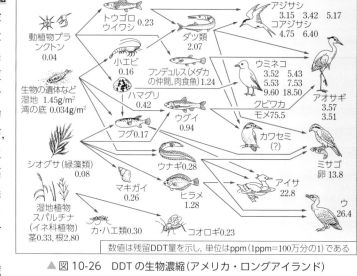

▲ 図10-26　DDTの生物濃縮（アメリカ・ロングアイランド）

図中のラベル：
トウゴロウイワシ 0.23／動植物プランクトン 0.04／小エビ 0.16／生物の遺体など 湿地 1.45g/m² 湾の底 0.034g/m²／ハマグリ 0.42／フグ0.17／シオグサ（緑藻類）0.08／湿地植物 スパルチナ（イネ科植物）茎0.33，根2.80／マキガイ 0.26／カ・ハエ類0.30／ダツ類 2.07／フンデュルス（メダカの仲間，肉食魚）1.24／ウグイ 0.94／ウナギ 0.28／ヒラメ 1.28／コオロギ0.23／アジサシ 3.15 3.42 5.17／コアジサシ 4.75 6.40／ウミネコ 3.52 5.43 5.53 7.53 9.60 18.50／クビワカモメ75.5／カワセミ（?）／アオサギ 3.57 3.51／ミサゴ 卵13.8／アイサ 22.8／ウ 26.4

数値は残留DDT量を示し，単位はppm（1ppm＝100万分の1）である

3 メチル水銀の生物濃縮

工場排水に混じって河川や海に流れこんだ無機水銀（Hg）は，河底や海底で生じたメチル基（CH_3-）と反応して**メチル水銀**になる。これは毒性が非常に高く，体内に入ると脳や神経系に蓄積し，手足のしびれや変形・筋肉の萎縮などを起こす。熊本県八代海沿岸の水俣で発生した**水俣病**や新潟県阿賀野川河口付近で起きた**第二水俣病**（新潟水俣病）は，メチル水銀が原因である。

▼ 表10-3　図10-26から抜き出したDDTの濃縮率の例

例1	食物連鎖	シオグサ	→	ウグイ	→	アオサギ
	含有量(ppm)	0.08		0.94		3.54（平均）
	濃縮率	1	:	12	:	44

例2	食物連鎖	プランクトン→	トウゴロウイワシ→	ダツ類→	アジサシ
	含有量(ppm)	0.04	0.23	2.07	3.91（平均）
	濃縮率	1	: 6	: 52	: 98

補足 カドミウムの害　富山県神通川流域では，排水中のカドミウムがイネなどを経て人体に蓄積したことが原因と考えられる**イタイイタイ病**が発生した。

基生　## G　外来生物の影響と対策　★

1 外来生物
もともとその生態系に含まれていなかった生物を**外来生物**（**外来種**）という。外来生物の中には，生態系や人間の健康，産業などへ被害を及ぼすものがあり，これらを**侵略的外来生物**という。侵略的外来生物による被害の事例は世界的に急増している。

2 外来生物の生態系への導入
意図的に導入される場合と意図せずに導入される場合がある。

(1) **意図的な導入**　毒蛇であるハブを駆除する目的で沖縄島や奄美大島に導入されたフイリマングースや，釣りのために放たれたブラックバスやブルーギル，緑化工事に用いられるシナダレスズメガヤやイタチハギなどがある。

(2) **非意図的な導入**　大量の物資の頻繁な移動に伴って起こる。日本への穀物の主要な輸出国であったアメリカからは，輸入したダイズやトウモロコシに混ざって，オオブタクサやアレチウリがもたらされた。

[補足]　日本から海外へ渡った生物が侵略的外来生物として猛威をふるっている場合もある。例えば，オーストラリアの海域では，日本から来たワカメが侵略的外来生物として猛威をふるっている。これは，日本の港で積み荷を下ろした船が，軽くなった船のバランスをとるために，海洋生物の混入した海水を積みこみ，それを自国の海域で廃棄したことによる。

3 外来生物の定着　農地，市街地，人為的に改変された沿岸域など，在来の生物がすみづらい環境に適応している外来生物は，競争から免れ，侵入・定着に成功しやすい。外来の生物は，病害生物や天敵などの影響を受けにくく（生態的に開放されている），在来の生物よりも生き残りやすい。

4 外来生物の影響　(1) **生態系への影響**　捕食，競争，雑種の形成，病原生物のもちこみなどによって，在来生物の局所的な絶滅をもたらす。ため池や水路などに普通に見られるアメリカザリガニやウシガエルは，多くの水生昆虫や水草などの在来種を局所的に絶滅させる。

(2) **健康への影響**　日本ではスギやヒノキの花粉症のほかに，初夏に花粉症にかかる人が少なくないが，原因はネズミムギなどの外来牧草の花粉である。

(3) **産業活動への影響**　外来の雑草や害虫は農業に影響を与える。また，カワヒバリガイは，水力発電所の取水口に大量に固着し，利水施設に経済被害をもたらす。

5 外来生物に対する対策　日本では，2005年に，**外来生物法**（特定外来生物による生態系等に係る被害の防止に関する法律）が施行された。この法律では，生態系や人類の生命，農林水産業などに被害を及ぼす，もしくはそのおそれのある外来生物を**特定外来生物**として指定しており，それらの輸入や栽培・飼育が規制されている。また，これら以外の外来生物についても**要注意外来生物**としてリストアップしている。特定外来生物は，問題を起こしている外来生物のうちのごく一部にすぎない。

フイリマングース　　　ウシガエル　　　アレチウリ

▲ 図 10-27　特定外来生物の例

1 生物多様性 地球上に生息する生物は実に多様である。これを**生物多様性**という。生物多様性とは，種の数が多ければ多様だというだけでなく，遺伝子レベルや，生態系レベルでの多様性をも含んだ概念である。遺伝子，種，生態系のどのレベルにおいても，生物多様性の低下が著しい現在，生物多様性を保全し，持続可能な形で利用していくことは，国際的にも重要な目標となっている。

(1) **遺伝的多様性** 同種の個体の間にも，形や色彩や大きさの違い，癖などの行動の違いといった「個性」がある。それらの違いは遺伝的変異によっていることが多いため，これを**遺伝的多様性**（種内の多様性）という。生物の種内には，表現形質として表れることのない遺伝的変異もあり，遺伝マーカー（DNA の特定の塩基配列など）で定量的に把握できる。遺伝的多様性が大きいと，生息環境に多少の変動が起こっても，それに対応できる個体が含まれる可能性が大きくなり，種が存続しやすい。また同じ種どうしでも，山や海などによって地理的に離れている場合，たがいの遺伝子構成に違いがあることが多い（地理的変異）。

(2) **種多様性** 生態系には，動物，植物から細菌まで，多様な種が存在している。これを**種多様性**という。種多様性は生物種の名称のリストで表すことができる。しかし，種数ばかりでなく，それぞれの種の存在量（優占度）も考慮した多様度などで定量的に表すこともでき，一般に，ある種が偏ることなく，多様な種がそれぞれ均等に含まれているほど多様度が高い。

(3) **生態系多様性** 森林や草原，河川，海など，生物にとっていろいろと異なった生息環境があることを**生態系多様性**という。これには，バイオームの多様さ，種間関係の多様さ，物質生産や物質循環の多様さ，人間の土地利用による生態系の違いなどを含む。ある地域の中でも，生態系多様性が高いほど，そこにすむ生物種の多様性も高くなる。

▲ 図 10-28　生物多様性

2 かく乱　生態系に動的な変化を引き起こす作用のことを**かく乱**という。植物体や植生を破壊する作用や優占種が独占していた資源が放出されることを意味する。

　自然のかく乱は，火山の噴火，地震による地滑り，河川の氾濫，津波などによって引き起こされる。陸域と水域の境界域ともいえる沿岸や河川の氾濫原は，小規模で頻度の大きい冠水などに加えて，津波や氾濫などによる低頻度で大規模なかく乱も起こりやすい。

[補足]　**人為的かく乱**　かく乱は，自然状態で起こるものばかりではない。例えば，森林伐採，焼き畑，草刈りなどのように，ヒトの活動によって引き起こされるものもあり，これらは**人為的かく乱**とよばれている。

3 中規模かく乱説　かく乱は，競争によって排除されていた種に再生の機会を与えることによって共存する種の多様性を高める。しかし，あまりに大規模のかく乱は，多くの種に壊滅的な影響を与え，むしろ種の多様性を低下させてしまう。一方，かく乱がまったく起こらなければ，種間競争（→ p.469）によって，競争に強い種だけが生き残り，種多様性はやはり低下する。すなわち，頻度や規模において中程度のかく乱が一定の頻度で起こる場合には，種の多様性がもっとも大きくなることが期待される（**中規模かく乱説**）。実際に中規模かく乱説があてはまる例が多く知られている。

(1) **ギャップ**　広大な森林が，伐採などによってすべて消失すれば，そこにすんでいた生物種も多くが失われ，生物多様性は低下してしまう。ところが，適度な大きさと頻度のギャップ（→ p.413）が生じる中程度なかく乱（森林の部分的な消失）であれば，そこに陽樹などが侵入して生育でき，森林全体でみた場合，むしろ生物多様性は増加している。

(2) オーストラリアのある島のサンゴ礁において，波浪の強さの異なる場所で生きたサンゴの被度を調べると波浪の弱いところほど被度が大きかった。ところが，そのサンゴの被度と種数の関係を調べると，被度が 20 ～ 30％の場所で最も種数が多く（つまり多様性が高く），それ以下の場所や以上の場所では少ないことがわかった。波浪が弱いと，競争力の大きい

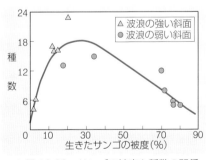

▲ 図10-29　サンゴの被度と種数の関係

サンゴが競争力の小さいサンゴを排除して種数が少なくなり，波浪が強い場所には波浪に抵抗性のあるサンゴしかすめないので種数が少なくなると考えられる。そのため，波浪によるかく乱が中程度の場所でサンゴの種多様性が最も高くなると解釈することができる。

I 生物種の絶滅 ★

1 種の絶滅 同じ種に属する個体は，地域ごとに集団（個体群→ p.450）をつくって暮らしている。種の絶滅は，それらすべての個体の消失を意味する。現在では，多くの種が絶滅の危機に瀕している。人類が認識する間もなくこの地球から永久に失われる種も相当数にのぼると推測されている。種というものは永久に存続するものではなく，いつかは絶滅するものではあるが，今日の絶滅はかつてない勢いで起こっており，生物多様性の低下が地球環境問題の1つとなっている。

2 絶滅の過程 (1) **絶滅の原因** 種の絶滅は，自然の環境変化などが原因である場合もあるが，現在では，人間活動の影響による絶滅のおそれが高まっている。おもな原因としては，① 生息地の消失（開発や森林伐採や湿地の埋め立てなど）。② 乱獲・過剰利用。③ 外来生物（人間が導入した生物による絶滅）。④ 環境汚染などである。このうち，生息地の消失は最も深刻な原因である。

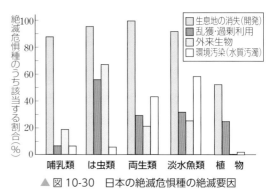

▲ 図 10-30 日本の絶滅危惧種の絶滅要因

(2) **生息地の分断化** 生息地の消失は，単に生息のための土地面積が減少することを意味するのではない。宅地の開発などによって道路などが建設されると，もともと連続的であった生息地が**分断化**（細分化）される。ある生物種のグループ（個体群）は，生息地の分断化によって各グループに含まれる個体数が減少し，**孤立化**する（このような個体群を**局所個体群**という）。生息地の分断化が進むと，局所個体群どうしの交流が失われてしまい，局所個体群の絶滅は促進される。

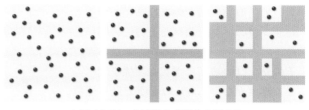

▲ 図 10-31 生息地の分断化と孤立化

(3) **絶滅の渦** 個体数が少なくなると，種の絶滅の危険が高まる。それは，偶然のできごとによってすべての個体が死んでしまったり，繁殖に失敗する可能性が生じることによる。さらに個体数の少ない小さな個体群（局所個体群）では，つがいの相手が限られ，近親者どうしが交雑することになりがちで，生存力や繁殖力の劣る子どもが生まれやすい。これを**近交弱勢**とよぶ。共通の祖先から受けついだ劣性の有害な突然変異遺伝子がホモ接合体になって発現することが主要な原因と

考えられている。近親者でなければ同じ有害突然変異を共有していることは希だからである。個体数が少なくなるとこれらの原因で生存や繁殖がうまくいかず，遺伝的多様性が減少し，いっそう個体数が減少する。このような個体数減少の正のフィードバックを，中心に向かって範囲を狭めながら加速する渦の運動にみたてて**絶滅の渦**とよぶ。

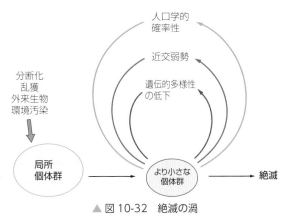

▲ 図 10-32　絶滅の渦

補足　アリー効果　個体数が多いと，資源を奪い合う種内競争が激しくなり，密度効果（→ p.455）によって個体の生存・繁殖の成功は不利になる。一方，個体数が少なすぎても，それはそれで不都合が生じる。例えば，群れをつくって生活する動物の場合，個体数が少なくなると，群れから離れた場合に捕食者に見つかりやすくなるので，捕食者に対する警戒に多くの時間を割かなければならなくなり，食物を十分にとれなくなる。また，個体数が少ないと，相性のよい配偶相手を見つけることが難しくなり，有性生殖においても不利になる。このように，種の存続にはある一定以上の個体群密度が必要であり，これは**アリー効果**とよばれる。個体数が減少してアリー効果が失われれば，さらにその種は絶滅へ向かって加速することになる。

3　キーストーン種　生物群集には，多くの種と直接・間接の関係をもち，その種が存在するかどうかで生物多様性に大きな影響を及ぼす種が含まれていることがある。そのような種を**キーストーン種**という。ペインは，ある海岸の岩礁帯における野外実験により，その岩礁帯ではヒトデがキーストーン種であることを明らかにした。

　岩礁には，ヒザラガイ，カサガイ，イガイ，フジツボ，カメノテなどがカイメンや藻類とともに付着して生活している。ムラサキイガイとフジツボ類は巻貝のイボニシに捕食される。また，これらの動物のすべてがヒトデに捕食される（図10-33）。ペインは，北アメリカの海岸の岩礁帯に設けた長さ約8m，深さ2mの実験区から数年間にわたって定期的にすべてのヒトデを取り除いた。すると，隣接する対照区では種の構成が変わらな

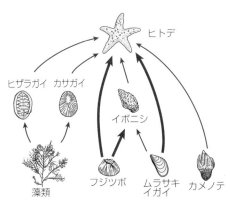

▲ 図 10-33　ペインの実験

いのに対し，実験区では大きな変化が生じた。まず，はじめの数か月はフジツボが増えて岩礁をおおった。それに引き続き，ムラサキイガイが岩礁をおおった。藻類は，岩礁上の生育空間を失って激減して4種が消えた。それを食べていたヒザラガイ2種とカサガイ2種が消え，結局，15種の岩礁生物は8種にまで減少した。この実験から，ヒトデの捕食によって，空間を占有する競争力の大きいムラサキイガイやフジツボが岩礁をおおいつくすことが抑制され，そのことによって藻類が生えることができ，それらを食べるヒザラガイやカサガイが共存できることが明らかにされた。すなわち，岩礁における最高次の捕食者であるヒトデが，下位の多種生物の共存を可能にし，種の多様性を増大させる**キーストーン種**だったのである。

4 **絶滅危惧種**　近い将来，絶滅のおそれのある種を**絶滅危惧種**という。また，野生状態で個体数が特に少ないものを**稀少種**という。絶滅危惧種が希少種とは限らない。日本の**レッドデータブック**に掲載されている種の中には，メダカやタガメなど，かつては農業地域でごく普通に見られた種が多く含まれている。

コウノトリ　　メダカ　　タガメ

▲ 図10-34　絶滅危惧種の例

5 **なぜ生物多様性を守るのか**　① **経済的価値**　衣食住の必需品のほとんどは，生物が提供してくれるものだった。生物はわれわれに食料を提供してくれる。衣料も合成繊維が現れるまでは木綿や絹のように，生物由来のものであった。住にしても，木材は生物であるし，セメントなどの原料である石灰岩は生物由来のものである。また，医薬品の多くは植物や微生物のつくりだしたものである。現在利用されている生物以外にも，まだ活用されていないが有用な生物が多く存在すると推測される。例えば，害虫駆除のために天敵として使えるもの，薬になる物質をつくる植物や微生物，農作物の品種改良に役立つ植物など。これらは人間のために役立つ可能性を秘めた遺伝子をもつ生物であり，**遺伝資源**として貴重なものと考えることができる。多様な遺伝子を保つことは，人類の可能性を保っておくために必要なことなのである。

② **生態系の安定**　生物多様性が高い生態系ほど安定している(→ *p.430*)。

③ **生態系のめぐみ**　多様な生態系がそのはたらきを通じて，さまざまなめぐみ (利益) をわれわれに提供してくれる。森林は二酸化炭素を酸素に変え，雨水を蓄え

て洪水を防いでくれる。海は二酸化炭素を吸収し，気温の変動を緩和し，漁獲物を提供してくれる。さらに，例えば美しいサンゴ礁の海は，ダイビングの楽しみを与えてくれ，観光資源となるなど，レクリエーションの機会も提供する。

④ **感性・精神へのめぐみ**　朝にはさまざまな鳥がさえずり，快適に目覚めさせてくれる。四季おりおりの花が目を楽しませてくれ，さまざまな旬の食べ物が日々の食卓をいろどってくれる。多様な生物がいるからこそ，私たちの心や生活は豊かになる。

〔補足〕 **生態系サービス**　「生態系がそのはたらきを通じて人間に提供するあらゆる利益」と定義される生態系サービスは，上記の①から④をより整理された形で提示している。生態系サービスは通常，**資源供給サービス**（衣食住・エネルギーをささえるサービス），**調節サービス**（安全で快適な環境の提供），**文化的サービス**（精神・文化面でのあらゆるサービス），および**基盤的サービス**（生態系のはたらき全体をささえるサービス）などに分類される。

Column 🍃　イースター島の悲劇

　モアイ像で知られるイースター島。絶海の孤島に巨大な石の彫像をつくった文明は，木によって滅びた。

　無人だったこの小さな島（伊豆大島ほど）に，数十名のポリネシア人がカヌーで到着したのが5世紀。移住民たちは，血縁の近いものが氏族をつくり，よく組織された社会を発達させた。彼らは宗教に熱心だった。それぞれの氏族が祭りの場所をもち，競い合ってモアイ像を飾っていった。木が次々と伐採された。丸太を敷き詰め，それをコロとして重さ数十トンの石像を運んだのである。農地をつくるためにも森林が伐採された。1500年頃までに人口は約7000人に達したが，その時点で木はほとんど残っていなかった。入植の際に島にもちこまれたラットがヤシの木の実や芽生えを食べてしまい，伐採後，森林が再生しなかったのである。

　森林がなくなったため，土壌が浸食され，作物の収穫量が減り，大量の餓死者がでた。島から逃げ出そうにも，カヌーをつくる木も残っていなかった。社会は崩壊し，戦いが起こり，人口は激減した（共食いまでしたという）。木の家屋はつくれず，洞窟生活に追いこまれていった。島民は未開人となりはて，過去の偉大な文化も伝わらなくなった。この島に来たヨーロッパ人が，どうやって石像を石切場から運んだかと聞いたときにも，石像が自分で歩いて行ったのだと答えたという。

　直接役に立っていないように見えながら，われわれの生存を支えてくれている自然の大切さ，宗教という最も人間らしい「高級な活動」が，結局，人間を滅ぼしたことの皮肉さ。これらを肝に銘じ，資源の限られた島とみなすこともできる地球で，イースター島の悲劇をくり返さないようにしなければならない。

▲ 図10-35　現在のイースター島

　ヒトは生態系の一員であり，生物多様性の要素を持続可能なかたちで利用することが必要である。これは1人ひとりの生き方・価値観が関わる問題であるとともに，自然資源の利用やその利益配分といった問題とも関わっているため，国際的な政治の問題でもある。

1 国際的な取り組み　自然や環境を守ろうという気運は，国際的に高まっている。1992年が節目の年であった。

(1) **リオ・デ・ジャネイロ宣言**　1992年，リオ・デ・ジャネイロで開かれた国連環境開発会議（地球サミット）で，**持続可能な開発**の指針が宣言された。この中で，人類は自然と調和して健康で生産的な生活を送る権利があるとされ，開発においては，環境の保護は欠くことのできない部分であり，現在と将来の世代の公平を満たすように開発すべきだと書かれている。

(2) **生物多様性条約**　1992年の地球サミットで署名され，日本をはじめ世界193か国がこの条約に入っている（2010年現在）。条約の冒頭に，「生物の多様性が有する内在的な価値並びに生物の多様性及びその構成要素が有する生態学上，遺伝上，社会上，経済上，科学上，教育上，文化上，レクリエーション上及び芸術上の価値を意識し」とあり，続いて，生物多様性の保全が人類の共通の関心事であることを確認している。2010年には，第10回締約国会議（COP10）が日本で開催され，名古屋議定書や愛知目標（愛知ターゲット）が採択された。

(3) **気候変動枠組条約**　1992年の国連環境開発会議[1]で，温室効果ガスの濃度を安定化させるために，155か国によって署名されたもの。条約締結国の第3回会議が京都で1997年にもたれ，温室効果ガスの排出を，先進国全体で2012年までに少なくとも5.0%削減する（1990年比）という**京都議定書**がつくられた。また，2015年には，**パリ協定**が採択され，発展途上国を含むすべての主要排出国は，産業革命以降の世界の平均気温の上昇を2.0℃より十分低い基準まで抑制し，さらに努力目標として1.5℃未満に抑制することが定められた。

補足　その他の国際条約としては，**ワシントン条約**（絶滅のおそれのある野生動植物の種の国際取引に関する条約）や**ラムサール条約**（特に水鳥の生息地として国際的に重要な湿地に関する条約）などがある。

2 日本の取り組み　日本では，環境保護を目的として，1993年に**環境基本法**が制定された。この中で，国は環境に影響を及ぼすと認められる施策の策定・実施に当たっては，環境保全を充分に配慮しなければならないとしている。それを受けて1997年に制定された環境影響評価法では，大規模な開発を行う際，事前にその環境に対する影響を予測・評価する環境評価（**環境アセスメント**）を義務づけ，その評価をもとにその開発を許可するかどうかを決める手続きを定めた。また，2008年

---

1)ここでは，森林保護のための**森林原則声明**も採択された。

には，生物多様性の保全を目的とした生物多様性基本法が制定された。

3 地域の取り組み　生物多様性を保全し，劣化した生態系をよみがえらせるための自発的な活動が市民や自治体，研究者などの協力のもとに各地で取り組まれている。それらを支援するための法律として「自然再生推進法」(2003年施行)や「地域における多様な主体の連携による生物の多様性の保全のための活動の促進等に関する法律(生物多様性保全活動促進法)」も整備されている。欧米では，このような活動の歴史は100年以上にもわたり，近年では，大規模な自然再生のプロジェクトが展開している。

4 1人ひとりの取り組み　われわれ1人ひとりが日常生活において，環境に負荷をかけない生き方をしなければならない。省エネ，リサイクル，食べ残しを少なくするなど，努力すべきことは多いが，基本的にどのようにふるまえばよいかは，生物と生態系の特徴をわきまえることから学ぶことができる。これからは，たとえ1個人といえども，地球環境を視野に入れた生活スタイルが要求される。

発展　模範的なシステムとしての里山とその保全

　日本列島の身近な自然の代表ともいえる里山(さとやま)は，丘陵地や河川の氾濫原の自然に私たちの祖先が手を加えて整備し，維持してきた固有性の高い複合的な生態系である。雑木林，鎮守の森，屋敷林，植林地などの森林，萱場や採草地などの草地，ため池，水田，それらを結ぶ用水路など，多様な環境が組み合わされ，高い生物多様性を誇る。異なる環境に異なる生物が生息することに加え，幼生の時代には水中で暮らし成長すると林や草原で暮らすトンボやカエル，森林に営巣しえさを草原で採る猛禽類など，異なる環境にまたがって生きる動物も生活できるからだ。そのような環境の組み合わせは，伝統的な農業と暮らしにおける自然物の必要性に応じたものである。

　里山に見られる生物多様性と持続性は，人による定期的な刈り取りや伐採などの管理に依存するところが大きい。里山では，近世からすでに「模範的な」生態系管理が実施され，それは，おそらく世界にも類を見ない健全性と持続性を誇る優れたシステムであった。

　しかし，近年になって，化学肥料，燃料革命，農薬，圃場整備，開発といった近代化の波が押し寄せると，里山生態系とその管理の体系が崩壊した。それに伴いかつての身近な生き物の多くが絶滅危惧生物となり，それと引きかえにさまざまな外来生物が侵入している。地方色豊かな里山や水辺の景色が，外来植物の生い茂る画一的な荒れ地の景色へと変わってしまった。最近では，里山を保全・再生して地域の発展に活かそうという取り組みが各地で活発に展開している。

▲ 図 10-36　里山の風景

第11章

個体群と生物群集

1 個体群とその成長
2 個体群内の関係（種内関係）
3 異種個体群間の関係（種間関係）

ペンギンの群れ

1 個体群とその成長

A 個体群と環境 ★★

1 個体群 カラスやミツバチのように，同じ種の個体が集まって群れをつくって生活しているものもいれば，トラやクマのように，ふだんは個体が単独で生活しているものもいる。しかし，いずれの場合でも，同じ種の個体どうしは繁殖などを通して直接・間接に関係し合う。ある地域にすむ，同じ種の個体の集まりを**個体群**とよぶ。個体群は，それぞれ出生率・死亡率・移出入率・個体群密度・分布様式・年齢構成・性比・遺伝的構成などによって特徴づけられる。

2 生物群集 生物は同種の個体だけでなく，異種の個体ともさまざまな関係をもちながら生活している。一定地域内で互いに関係をもちながら生活している生物の集団すべてをひとまとめにして**生物群集**という。生物群集は，動物個体群の集まりである動物群集と植物個体群の集まりである植物群集（植物群落）からなる。生物群集は，その場所の非生物的環境によって，構成する種・個体群が決められるとともに，さまざまな種間関係によって構成・維持される。

3 生態系 生物群集と非生物的環境をあわせて1つのシステムとしてみたものを**生態系**という。生物群集は，生態系に含まれる生物の集まりであるといえる。

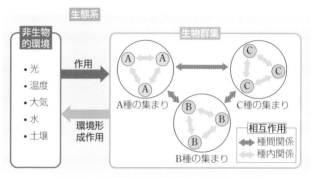

▲ 図 11-1 個体群・生物群集・生態系の関係

発展 生物の環境適応

　生物の行動，形（形態的性質），はたらき（生理的性質）などが，その生物がおかれた環境のもとでの生活によく適したものになっていることを**適応**という。

1 行動的適応　動物にはさまざまな行動的適応が見られる。

(1) 鳥類には，季節による温度変化や食物の不足が原因で季節的な移動（渡り，→ *p*.362）をするものがある。

(2) コウモリは哺乳類であるが，からだが小さく体温が変わりやすい。そのため，寒いところから暖かいところに移住したり，温度があまり変化しない洞窟や屋根裏を越冬のための隠れ場にしている。

2 形態的適応　生物の形態の多くは，環境への適応であると考えられる。

(1) ライチョウやエチゴウサギは，冬には体色を白く変え，敵をうまくあざむく。

(2) 植物の葉は，上方からくる光を受けやすいように平面状か針状である（→ *p*.399）。

3 生理的適応　体内の生理的なしくみの多くが，環境への適応であると理解できる。

(1) 淡水魚の体液濃度はまわりの水よりも高いので，水は体内に浸透する。一方，海水魚の体液濃度はまわりの海水よりも低いので，水が体内から奪われる関係にある。魚はこれをうまく生理的に調節している。

(2) 砂漠にすむカンガルーネズミは，代謝水をうまく利用して高張の尿を排出し，長時間1滴の水も飲まずに生活している（→ *p*.118）。

4 温度に対する適応　例外もあるが，動物に見られる温度に対する適応については，動物の体積に関する**ベルクマンの規則**，からだの突出部の大きさに関する**アレンの規則**，体色に関する**グロージャーの規則**が知られている。

(1) **ベルクマンの規則**　暖かいところの動物のからだは小さく，寒いところの動物のからだは大きい。これは，大形になるほど体表面積／体重の値が小さくなり，体重当たりの放熱量を少なくすることができるからであると考えられる。

(2) **アレンの規則**　耳・首・足・尾などのからだの突出部は，寒いところに生息している動物ほど小さくなる。これは，突出部が小さいほど失われる熱が少なくなるためと考えられている。

(3) **グロージャーの規則**　温暖で湿潤な気候では体色は暗色に，寒冷で乾燥した気候では明色になる（これには例外も多い）。

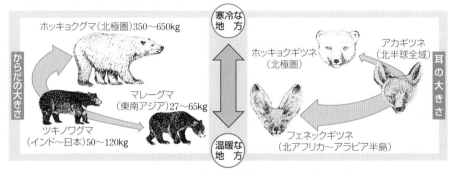

▲ 図 11-2　ベルクマンの規則の例（左）とアレンの規則の例（右）

B 個体群密度と個体群の成長 ★★★

個体群の大きさは，その個体群を構成する個体の総数で表される。これは，その種がそこでどれだけ繁栄しているかの指標となる。ただし，現実には個体群の境界がはっきりしない場合が多く，指標として一定空間当たりの個体数などを用いることが多い。

1 個体群密度 ある個体群の単位空間当たりの個体数を**個体群密度**という。個体群の生活空間を S（生活する面積や体積で表す），構成する個体数を N とすると，個体群密度 $D=N/S$ となる。

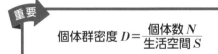

重要

$$個体群密度\ D=\frac{個体数\ N}{生活空間\ S}$$

2 個体数の測定法 （1）**区画法** 最も多く用いられている個体群密度の測定法である。図11-3のような区画をつくり，そのうちの何区画かについて実際に測定を行い，それから全体を推測する。図の青色の6区画に計13個体いるので，6：13＝30：N の式から，30区画全体では，$N=65$ 個体いると推定できる。この方法は，植物やあまり動きまわらない動物に適用できる。

（2）**標識再捕法** ネズミのように，行動範囲が広く（よく動きまわり），密度が低く，また，穴の中にいて見つけにくいような動物では，**標識再捕法**が用いられる[1]。

例えば，ある草原のあちこちにわなをしかけて10匹のネズミが捕獲できたら，それらに標識をつけて再び草原に放す（図11-4）。何日か後に同じ草原にわなをしかけて40匹捕獲でき，そのうち6匹が標識つきであったとしたら，この草原のネズミの個体数は $N：10=40：6$ の式から，$N=67$ 匹と推定することができる。

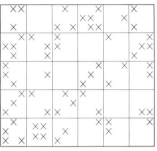

▲ 図11-3 区画法による個体数の測定

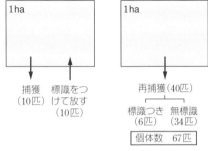

▲ 図11-4 標識再捕法による個体数の測定

---

1) この方法は，① 標識したことにより個体の行動パターンに変化が見られない，② 調査期間中に調査地内とまわりの地域との間で個体の出入りがない，などの条件を満たす場合に使用できる。また，動物の多くは，1日のうち活動時間や行動範囲が決まっているので，2回目の捕獲は，1回目の捕獲と同じ時刻に同じ場所で行う必要がある。

3 個体の分布　個体群は同種の個体の集まりであるが，個体群の中での各個体の分布様式にもさまざまなものがある。

(1) **ランダム分布**（機械的分布）　風で飛ばされるような小さな種子をつくる植物や，個体間に特別な誘引や反発がない動物では，各個体の分布はほかの個体とは無関係に決まり，全くランダムになる。

(2) **一様分布**（均一分布）　なわばり（→p.460）をもつ動物のように，個体間に何らかの反発がはたらく場合には，ランダム分布よりも疎密の度合の小さい均一な分布になる。

(3) **集中分布**　個体が生息域の特定の領域に集中した分布で，自然界で最もよく見られる。群れ（→p.460）をつくる動物や，アリなどの社会を形成する動物（→p.464）では，集中分布になる。また，植物でも，大きな種子や栄養生殖（→p.211）によって増える種類では，集中分布になる。

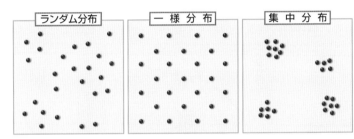

▲ 図11-5　個体の分布様式

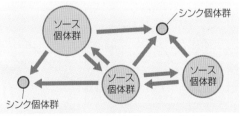

発展　メタ個体群

　同種の個体は1つの生息地だけに固まり，孤立して生活しているわけではなく，空間的に離れた場所に分かれて小さな個体群（パッチ，局所個体群という）を複数つくっていることも多い。これら複数のパッチが互いに個体の移出入で結ばれている場合，こうしたパッチの集まりを**メタ個体群**という。

　メタ個体群を構成する個体群には，環境に恵まれ成長がさかんな個体群（**ソース個体群**）もあれば，環境が厳しく負の成長（時間とともに個体数が減少）をするため，ソース個体群からの個体の供給で維持される個体群（**シンク個体群**）もある。局所的にシンク個体群の絶滅が起こった場合，ソース個体群が存在すれば，個体の移入によってシンク個体群の新生が起こり，結果的にメタ個体群は維持される。

▲ 図11-6　メタ個体群と個体の移出入

4 個体群の成長　個体群は，生活環境に恵まれ十分な食物があれば，個体数や個体群密度が増加する。これを**個体群の成長**といい，そのようすを表したグラフを**個体群の成長曲線**という。

　キイロショウジョウバエの雌雄各1個体をびんに入れて飼育すると，しばらくして個体数が急激に増えていく。この個体数の増加はいつまでも続くことはなく，やがて増加の速度がにぶり，グラフは水平になる。すなわち，成長曲線は横に引きのばされた**S字状**の曲線になる（図11-7）。この形の曲線を**ロジスティック曲線**とよぶ。このように，成長曲線が上昇を続けず頭打ちになるのは，個体数が増えすぎると，食物の不足や生活空間の減少・排出物の増加などにより，生育環境が悪化し，個体群の成長が抑えられるからである。ある環境のもとで生育可能な最大の個体数を**環境収容力**という。食物の量や利用可能な空間の大きさで環境収容力が決まる。また，個体群の成長を抑制する環境からの作用を**環境抵抗**ということがある。

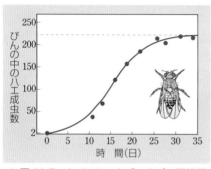

▲ 図 11-7　キイロショウジョウバエ個体群
　　　　　の成長曲線

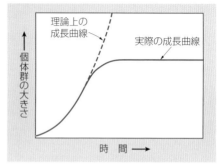

▲ 図 11-8　個体群の成長曲線

補足　大腸菌などの細菌は，環境が良好なら20分に1回ずつ分裂するので，20分ごとに1匹→2匹→4→8→16……と増え続け，24時間後には 4.7×10^{21} 匹，重さにして2000tにもなる計算になる。そのように増えたと仮定して描いたグラフが図11-8の理論上の成長曲線だが，実際にはそうはならない。大腸菌の場合もS字状になる。

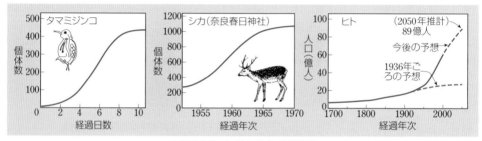

▲ 図 11-9　いろいろな成長曲線

　動物の種類によってカーブは異なるが，どれもS字状になる点では一致している。しかし，世界の人口は増加し続けているが，やがて環境収容力に達して増加は頭打ちになると考えられる。

5 密度効果 個体群密度が高くなると，限られた資源をめぐっての個体間の**競争**（**種内競争**）が激しくなり，出生率の低下や死亡率の増加が起こり，増殖率が低下する。また，個体群密度は増殖率以外にも，個体の形態や生理・行動などに影響を及ぼすことがあり，このような効果を総称して**密度効果**とよぶ。

① ショウジョウバエやアズキゾウムシでは，個体群密度が低いほど増殖率が高く，高密度になると増殖率が低下する（図11-10）。

② アワヨトウ（ガの仲間で，幼虫はイネの害虫）では，密度が高いほうが幼虫の体重が軽く活動的になり，これは高密度への適応と考えられる（表11-1）。

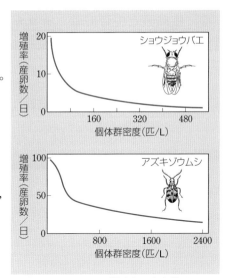

▲ 図11-10 増殖率と密度効果

6 相変異 ワタリバッタは，ふつうは平地に分散して生活しているが，大発生して幼虫期に個体群密度が異常に高くなると，密度効果によって幼虫の内分泌活動に変化が起こる。そのため，体色・はねの長さ・胸部形態などが，低密度のときとは違った個体に成長する（図11-11）。このような成虫は集団をつくり，空中を大移動して，農作物に大きな被害を与えたりする。

▼ 表11-1 アワヨトウの密度効果

		低密度	高密度
幼虫	体　色	黄緑～赤褐	黒に白帯
	体　重	重　い	軽　い
	摂食量	少ない	多　い
	活動性	不活発	活動的
成虫	寿　命	短　い	長　い

このような，同一種の個体で，形態や色彩・行動などが，個体群密度によって著しく変化する現象を**相変異**といい，低密度のときに見られる型を**孤独相**，高密度で出現する型を**群生相**という。相変異は，アブラムシやヨトウガ，ウンカなどの昆虫でも見られる。

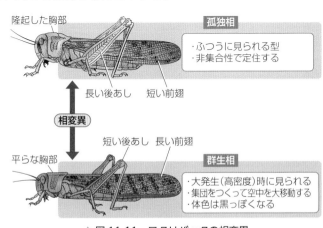

▲ 図11-11 ワタリバッタの相変異

C 生命表と生存曲線 ★★★

1 生命表 動物の1回の産卵（産子）数は，1から数億個まで，種類によってさまざまである。

同時に産まれた卵（子）や種子が，その後，時間とともにどれだけ死んで数が減少していくかを表にしたものを**生命表**とよぶ。

▼表11-2 いろいろな動物の産卵（子）概数

	種名（生息地）	産卵（子）数
軟 体動 物	カ キ の 一 種（海）	7万
	モノアラガイ（淡）	500
節 足動 物	イ セ エ ビ（海）	40万～50万
	ザ リ ガ ニ（淡）	50
	モンシロチョウ（陸）	300～400
魚 類	マ イ ワ シ（海）	5万～8万
	マ ン ボ ウ（海）	2億
	フ ナ（淡）	10万～20万
両生類	トノサマガエル（淡）	1000
鳥 類	シジュウカラ（陸）	6～11
哺乳類	ア カ ギ ツ ネ（陸）	（産子）5
	ニ ホ ン ザ ル（陸）	（産子）1

▼表11-3 アメリカシロヒトリの生命表

発育段階	はじめの生存数	期間内の死亡数	期間内の死亡率（%）
卵	4287	134	3.1
ふ化幼虫	4153	746	18.0
一齢幼虫	3407	1197	35.1
二齢幼虫	2210	333	15.1
三齢幼虫	1877	463	24.7
四齢幼虫	1414	1373	97.1
七齢幼虫	41	29	70.7
前 蛹	12	3	25.0
さなぎ	9	2	22.2
羽化成虫	7	7	100.0

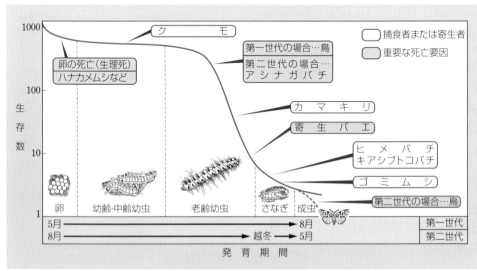

▲ 図11-12 アメリカシロヒトリの生存曲線とおもな死亡要因

アメリカシロヒトリは，年2回産卵する。5月ごろ産卵されて8月ごろ成虫になるものを第一世代という。第二世代は8月ごろ産卵され，さなぎのまま越冬し，翌年の5月ごろに成虫になる。

　生命表の生存数をグラフにしたものを**生存曲線**という。

　例えば，表 11-3 はアメリカシロヒトリの生命表で，これをグラフにすると図 11-12 のような生存曲線が得られる。これを見ると，アメリカシロヒトリでは，幼齢から中齢幼虫時には死亡率が低い。これは集団で巣網をつくってその中で生活するためと考えられる。しかし，その後は，鳥などによる捕食や寄生バチの寄生などによって，大半が成虫になる前に死亡することがわかる。

　飢えや病気，事故，捕食による死亡などのない場合の寿命が，その生物の生理的寿命である。ただし，自然界ではこれをまっとうできる個体はほとんどない。幼齢期ほど飢えや病気，捕食により死ぬ危険性が高く，そのため，親がどれだけ幼齢期に世話をするかで生存曲線の形が大きく変わる。親の世話には，大きい卵や子を産んで，飢えや捕食に耐えられるようにすることも含まれる。世話が十分になるほど産む卵数は少なくなる。生存曲線は，図 11-13 に示した 3 つの型に区別される。

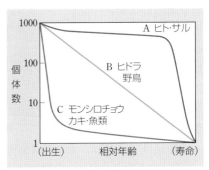

▲ 図 11-13　生存曲線の 3 つの型

① **幼齢期の死亡率が低い**　ヒトのように幼齢期に十分な親の保護を受ける動物では，幼齢期の死亡率が低く，大部分が老齢期になり，生理的寿命が近づいてから死ぬ場合が多く，図の A の曲線で示される**晩死型**になる。大形の哺乳類に多く見られる。

② **各時期の死亡率が一定**　鳥類では親が抱卵・ふ化させ，幼鳥の世話をするので，病死や被食死の割合は生涯を通じて一定している。このような場合には，図の B で示される**平均型**になる。ヒドラのように出芽で増えるものなど，ある程度成長してから独立するものがこれにあたる。

③ **幼齢期の死亡率が高い**　カキやマイワシなどのように多数の卵を産み，幼齢期はプランクトンとして親の保護を受けずに水中で浮遊生活をする動物は，幼齢期の死亡率がきわめて高く，図の C で示される**早死型**になる。雑草もこの型である。

補足　生存曲線ではふつう，横軸は生理的寿命を 100 として相対年齢で表し，縦軸は産卵（産子）数を 1000 として対数目盛り（1 ～ 10，10 ～ 100，100 ～ 1000 が等間隔になる）で表す。

例　**3 種のハチの幼虫期の保護と生存曲線**　ハバチは親が葉に卵を産みつけるだけなので C 型，ジガバチは親が他の昆虫を捕らえて子の食物として蓄えるという方法で保護するので B 型，ミツバチははたらきバチが幼虫に食物を与えて育てるので，幼虫期の死亡率が低く，ヒトによく似た A 型になる（図 11-14）。

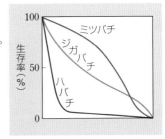

▲ 図 11-14　3 種のハチの生存曲線

1　齢構成　個体群は，いろいろな発育段階の個体から成り立っている。個体群の構成員を発育段階や年齢別に分け，段階ごとの個体数（または個体数の割合）を示したものを，個体群の**齢構成**という。ふつう，雌雄を分けて表す。

性別の各年齢構成を，層状に積み上げて示したものを**年齢ピラミッド**とよぶ（図11-15）。生殖可能な齢の個体数と，その雌雄の比率を見ると，その個体群が，今後発展するか衰退するかを推測することができる。

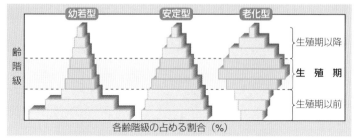

▲ 図 11-15　年齢ピラミッドの 3 つの型

年齢ピラミッドは，若年層（生殖前の若い個体）の大小により 3 つの型に分けられる。

(1)　**幼若型**　若年層が多いため，生殖期の個体数の増加が見こまれるので，発展期にあるといえる。

(2)　**安定型**　若年層と老年層の割合がよくつり合い，生殖期の個体数にあまり変化が見られないので，安定していると予想される。

(3)　**老化型**（**老齢型**）　老年層が多く時間とともに生殖期の個体数が減少するので，衰退期にある。

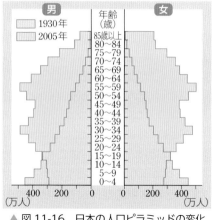

▲ 図 11-16　日本の人口ピラミッドの変化

補足 **人口ピラミッド**　各国の人口の年齢ピラミッドを描いてみると，将来の人口を予測することができる。日本は，1930 年には幼若型で人口が増えたが，近年は増加率が下がり，社会の高齢化が大きな問題になっている。

基
生　　**E**　個体群密度の変動　★

個体群は環境からいろいろな作用を受け個体群密度はたえず変動しているが，長期的に見れば，ある一定の範囲内に保たれていることが多い。

個体群密度の変動は，気象条件の変動などさまざまな原因で引き起こされる。例えば，天候がよく木の実が豊作だった年は，それを食物とする動物が増える。早死型の生存曲線を示すものでは，幼齢時の生存率の変化が成体の個体群密度に大きく影響するため，幼生に都合のよい気象条件のもとで大発生が起こる場合がある。

1 食物量による変動　食物の量は個体数に大きな影響を及ぼす。ハツカネズミで次の実験がある。

(1) **移出（脱出，分散）**　ハツカネズミの雄・雌 5 匹ずつを地下室に放ち，1 日 250 g の食物で生活させた。ネズミは繁殖が速く 8 か月目ごろまでは個体数がどんどん増加したが，定量の食物ではまかないきれなくなった 9 か月目ごろから，室外に脱出する数が急に増加した（図 11-17）。

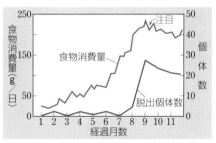

▲ 図 11-17　食物を制限したとき

(2) **出生率低下**　次に，部屋の出口を閉じ，移出を防いだ場合には，食物量の限界をこえた 6 か月目ごろから個体数は減少し始めた（図 11-18）。これは出生率の低下による。食物の不足が個体群の成長を抑制し，個体群密度は出生率の変化で一定の範囲内に維持されることがわかる。

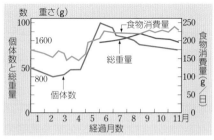

▲ 図 11-18　出口をふさいだとき

2 個体群の季節的変動　日本のように温帯にある湖沼では，春と秋に植物プランクトンの増殖が見られる。

(1) **春の増殖**　水は 4℃ のときに最も重い。冬は 4℃ の水が湖底にあり，それより低温の水や氷が表層にある。春になって表層水の温度が上がり，湖水全体がほぼ 4℃ になると，風などで表層水と底層水が混ざり合い，水の循環が起こる。そのため，無機塩類の多い底層の水が光のよく届く表層へ運ばれるので植物プランクトンが増える。

(2) **夏の衰退**　春の増殖で無機塩類を使ってしまうため，夏には植物プランクトンは少なくなる（少なくなるのは，動物プランクトンに食べられるせいもある）。動物プランクトンは，春の終わりから夏に増える。窒素固定を行うある種のシアノバクテリアはある程度増殖する。

(3) **秋の増殖**　秋に表層水の温度が下がって 4℃ に近づくと，それが沈みこんで水の循環が起こる。そのため，無機塩類が表層に運ばれ，植物プランクトンは再び増える。

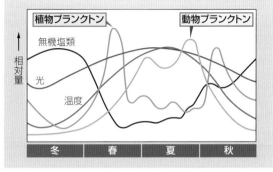

▲ 図 11-19　プランクトンの消長と環境要因

2 個体群内の関係（種内関係）

A 群　れ ★

1 群れ　同じ場所に集まり，多少とも統一的な行動をとる動物の個体群を**群れ**という。

(1) **群れの利点**　群れをつくると，有性生殖の機会や成功率が高まる，食物を見つけやすくなる，捕食者から逃れやすくなる，などの利点がある。

(2) **群れによる防衛力の向上**　群れをつくると，目の数が増えるため接近する捕食者をより早く見つけることができる。図 11-20 のように，ハトの群れが大きいほど，より早くタカの接近を知ることができる。

（補足）群れをつくると，食物不足，排出物による汚染などの不利益も生じる。利益が不利益を上回る場合に群れると考えられている。

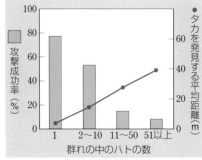

▲ 図 11-20　ハトの群れの大きさと防衛力

2 協同　関係し合う個体のすべてに有利な結果が生じる場合を**協同**という。群れ・群体・社会をつくって生活する動物や，植物の苗木などの間で見られる。

(1) **群体**　分裂や出芽（無性生殖）でできた新個体が互いに離れずにからだの一部がくっつき合っている個体群を**群体**という。サンゴやカツオノエボシは，群体をつくる。群体は捕食に強い（一部を捕食されても回復する）。また，カツオノエボシでは栄養摂取・生殖・刺激に対する反応などの面で，個体間の分業が行える。

(2) **苗木**　苗木などは密植したほうが互いに協同し，雨風をしのぐのでよく育つ。

（補足）異なる種どうしの協同は共生と同義である（→ p.471）。

B 縄張り ★★★

1 縄張り　動物が日常的に動きまわる範囲を**行動圏**とよぶ。隣り合った個体の行動圏は，ある程度重なり合うが，行動圏の中の一定の範囲には他者（同種の他個体）の侵入を許さず，そこを防衛する場合があり，そのような空間を**縄張り**（**テリトリー**）とよぶ。魚類・は虫類・哺乳類・昆虫類でふつうに見られる。

　縄張りの役目は動物により異なる。おもなものは，繁殖地や配偶者の確保・卵や子の防衛のための**繁殖縄張り**である（トンボ・ライチョウなど）。アユ・アメンボの場合は食物の確保であり，このような縄張りを**採食縄張り**とよぶ。繁殖と採食の両方をかねそなえたものもある（シジュウカラ・ライオンなど）。縄張りは個体がもつのがふつうだが，つがいや群れでもつ例もある。

補足 縄張りの防衛には，直接の戦いによるものの他に，目立つ姿勢をとっての威嚇，尿やフェロモンによって縄張りを誇示するなどのやり方もある。

(1) **アユの縄張り**　アユは川底の小石に付着しているケイ藻やシアノバクテリアなどを食べる。川の瀬の部分では，各個体がそれぞれ 1m² 内外の空間を占有して，縄張りをもつ（**縄張りアユ**）。アユの密度が高いときには，縄張りをもてなかったアユが，淵の部分に何匹も群れをつくって生活する（**群れアユ**）。これらは，淵の川底にたまる藻類を食べている。

　図 11-22 から，アユは，ある程度までは密度が高くなるにしたがって縄張りをつくる率も高くなるが，高密度ではほとんど群れアユとなることがわかる。高密度では，縄張りへの侵入者を追い払うのに時間をとられすぎ，充分に摂食できなくなり，縄張りをもつ利益がなくなるからであると考えられる。

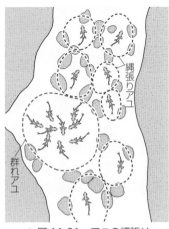

▲ 図 11-21　アユの縄張り

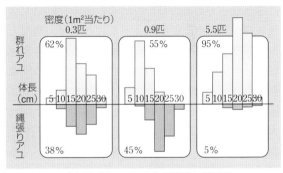

▲ 図 11-22　アユの生息密度と縄張り

補足 **アユの友づり**　縄張りアユは，他のアユやウグイなどが入ってくると追い払う。この習性を利用して，つり糸の先におとりアユをつけて泳がせ，追い払おうとして近づいてくるアユを，えさのついていないつり針に引っかけてつり上げる方法がアユの友づりである。

2 縄張りの大きさ　縄張りから得られる利益（食物や繁殖の機会など）は，縄張りが大きいほど増大していくが，それらを十分に利用することが困難になってくるため，やがて頭打ちになる。また，縄張りが大きいほど，侵入者の数も多くなり，それらを縄張りから追い払ったりするコストが急激に増大する。このため，これらの差が最大となるときの大きさが，最も適当な縄張りの大きさとなる。

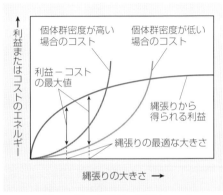

▲ 図 11-23　縄張りの利益とコスト

　繁殖のための雌個体と雄個体の**つがい**の関係（配偶関係）は一般的な種内関係であり，他の個体とあまり関係をもたず単独で生活する動物にもつがいの関係だけは存在する。つがいのあり方は，子どもの成育にどのようなかかわりをもつか，繁殖の周期，雌雄のからだの大きさの違い，群れをつくるのか，単独で生活するのか，雌が配偶相手をどのように選ぶのかなどとも関係し，多様なあり方が見られる。

1　乱婚制　雌雄の個体それぞれが多数の異性と交尾をするような配偶のあり方をいう。雄は，自分の子どもを特定することが難しく，子育てには参加しない。ヒトに近縁なチンパンジーは乱婚であり，母親だけが子育てをする。

2　一夫多妻制　雄が多くの雌を独占して交尾を行う。1頭もしくはごく少数の雄と多数の雌がつがいをつくるような場合は**ハーレム**とよばれる。ゾウアザラシのように雄どうしでの雌の獲得をめぐる競争（闘争）によって関係が維持される場合，雄は大きなからだ，動物によっては長い牙，角などを進化させている。これに対して，シオカラトンボのように，繁殖にとってよい環境条件に恵まれた空間を強い雄が確保し，そこにやってくる複数の雌と交尾することによって一夫多妻制が成立する例もある。

3　一妻多夫制　一夫多妻制ほど一般的ではない。ジョロウグモは，雌のからだが大きく，食物を確保するための網を張るが，そこに複数の小さな雄が居候しており，雌はその雄たちと交尾して多数の子どもをつくる。

4　一夫一妻制　つがい関係が特定の雄と雌の個体の間で結ばれ，子どもの世話や保護を協力して行う。哺乳類や鳥類の一部に見られる。つがい関係が長期にわたって続く場合と1繁殖期の間だけ持続する場合とがある。

Column ⚥　共同繁殖

　一夫一妻制の鳥類では，親ではない個体が子の世話に関与する**共同繁殖**が広く認められる（哺乳類や魚類にも例がある）。共同繁殖は，兄姉にあたる血縁の個体が**ヘルパー**として親の子育てを手伝う**血縁ヘルパー型**と，ヘルパーが血縁個体とは限らない**非血縁ヘルパー型**とに分けられる。

　自分の子ではなく弟妹を世話する血縁ヘルパーの行動は，直接自分の繁殖の成功につながることはない。このような自己犠牲にも見える行為は**利他行動**とよばれる。ミツバチのはたらきバチや一部の鳥類などに見られる血縁ヘルパーは，自分と遺伝子の共通性が高い弟妹の成長を助けることによって，自分の遺伝子を次世代に残しているのである。一方，血縁のない非血縁ヘルパーの利他行動は，繁殖集団に身をおくことで将来の自分のつがい関係の確保につなげたり，育児経験を積んで自分の子育ての成功率を高めるなどの理由で説明される。

D 順 位 ★★

1 順位 群れをつくる個体間に優劣の序列（順位）ができ、それによって秩序が保たれる現象を**順位**という。群れることによって、さまざまな利点が生まれるが、一方、食物や生殖をめぐっての争いも生じやすい。順位が確定すると、群れ内部の関係が安定し、無用な争いが避けられる。

▼ 表11-4　ニワトリ（雌）のつつきの順位

個体	つつく数	つつかれる個体					
A	6羽	B	C	D	E	F	G
B	4羽		C		E	F	G
C	4羽			D	E	F	G
D	4羽	B			E	F	G
E	2羽					F	G
F	1羽						G
G	0羽						

(1) **ニワトリのつつきの順位** 何羽かのニワトリを一緒のおりで飼うと、つつき合いをして順位が決まる（つつくほうが優位、つつかれるほうが劣位）。いったん順位が決まると、つつかれる個体は、逆につつき返すことはなく、えさを食べる際には、高順位のものから順にえさをとる。

(2) **ニホンザルの群れ** ニホンザルの群れでは、**マウンティング**（背乗り）という行動が見られる。優位の個体が劣位のものの上に乗り、自分が優位であることを示し、順位が保たれている。

　大分県高崎山で調べられたところでは、群れの中心部に最高位の**ボス**がいて、その近くに雌ザル・乳幼児ザル・子どもザルがいる。またそのまわりに若者ザルとボス見習いザル（順位の低い雄）がおり、周辺部をかためている。若者ザルとボス見習いザルは、群れの見張りや、外敵に対する警戒などを受けもっている。餌づけされたニホンザルの群れでは、順位だけでなく、さまざまな地位や役割・分業が観察される。

　図11-25 に示したように、子どもから成長するにしたがって矢印（雄：青、雌：赤）のように地位が移動するが、雌ザルは中心部から外には出ない。それぞれの地位は固定したものではなく、ボスも役に立たなくなるとその地位を奪われる。雄ザルにはひとりザルとなって群れから離れて生活するものが多い。

▲ 図11-24　マウンティング

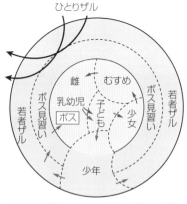

▲ 図11-25　ニホンザルの群れの構造

　ハチ・アリ・シロアリなどでは，同種の血縁個体が密に集まって，**コロニー**とよばれる高度に組織化された集団をつくって生活しており，**社会性昆虫**とよばれる。コロニー内で生殖を行うのは1匹（もしくは数匹）であり，他のほとんどはワーカー（採食・巣づくり・子育てをする）や兵士（巣の防衛をする）である。これらの昆虫では，個体間に形態変化を伴う極端な分化が起こり，コロニー内で分業が行われている。

1 ミツバチの社会　ミツバチは，女王バチ1匹，雄バチ数百〜数千匹，ワーカー（はたらきバチ）数万匹がコロニーで生活している。

　女王バチは産卵を行う（毎日約2000個）。その子である雄バチは春から夏の繁殖期に他のコロニーで新しく生まれた女王と交尾し，それがすむと

女王バチ　雄バチ　はたらきバチ
▲ 図11-26　ミツバチ

死ぬ。雌であるワーカーは蜜を集め，巣をつくり，幼虫を育て，女王の世話をするなど多くの仕事を行うが，個体ごとの仕事が1つに決まっているわけではなく，羽化してからの日数に従って，だいたい決まった順序で一定の仕事を行っている。

　受精卵から発生した $2n$ の幼虫が**ローヤルゼリー**（ワーカーの頭部の腺から分泌される物質）を多量に与えられると女王バチに，少ししか与えられないとワーカーになる。ワーカーは，女王バチが分泌する**女王物質**（フェロモンの一種）によって卵巣の成熟を抑えられており，不妊である。未受精卵（n）から単為発生した幼虫は雄バチになる。女王バチは原則として年に一度交尾し，精子は貯精のうに蓄えられる。

2 シロアリの社会　シロアリは，王アリ（雄）・女王アリ（雌）・兵アリ・ワーカー（はたらきアリ）に分かれている。ヤマトシロアリでは，5〜6月ごろ，多くは雨の翌日に，はねをもった有翅虫が群がって朽木の上などに現れ，雌雄のペアができると，婚姻飛行に飛び立つ。やがて地上に下り，はねを切り落とし，王アリと女王アリとなり，すみかを求めて走りまわる。すみかがみつかると穴を掘り，女王アリは1日に2〜3個の卵を産む。やがてこれから，ワーカーと兵アリができ，社会生活を営む。ワーカーと兵アリには生殖能力はない。

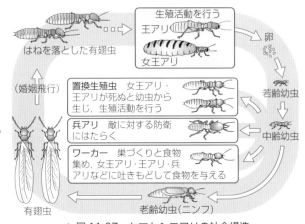

はねを落とした有翅虫

生殖活動を行う
王アリ
女王アリ

（婚姻飛行）

置換生殖虫　女王アリ・王アリが死ぬと幼虫から生じ，生殖活動を行う

兵アリ　敵に対する防衛にはたらく

ワーカー　巣づくりと食物集め，女王アリ・王アリ・兵アリなどに吐きもどして食物を与える

有翅虫

老齢幼虫（ニンフ）

卵

若齢幼虫

中齢幼虫

▲ 図11-27　ヤマトシロアリの社会構造

血縁度と包括適応度

　社会性昆虫では，雌は女王のみが生殖を行って子孫を残し，ワーカーはもっぱら女王の子を育てることに貢献する。

1 血縁度　個体どうしが共通の祖先から受け継いだ同じ遺伝子を共有している度合を**血縁度**という。二倍体生物 ($2n$) の場合，ある特定の遺伝子 A を母親 ($2n$) から受け継ぐ確率は $1/2$ である。また，父母を同じくするある姉妹 (兄弟) が，母親由来で遺伝子 A を受け継ぐ確率も $1/2$ である。

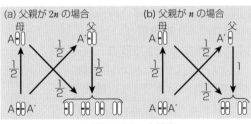

▲ 図 11-28　血縁度

よって，姉妹間で母親から特定の同じ遺伝子 A を受け継ぐ確率は，$1/2×1/2=1/4$ となる。同様に，姉妹が父親由来で特定の遺伝子 A' を受け継ぐ確率は $1/4$ である。よって，姉妹間の血縁度は，$1/4+1/4=1/2$ となる。

　ミツバチでは雄は未受精卵から発生するために半数体 (n) である。女王バチ ($2n$) から生まれる雌のワーカー ($2n$) どうしは，母親から同じ遺伝子を受け継ぐ確率が $1/4$ である。一方，父親由来の場合は $1/2$ (特定の遺伝子 A' を父親から受け継ぐ確率が $1/2$ で，姉妹は確率 1 で同じ遺伝子を受け継ぐので，$1/2×1=1/2$) であり，血縁度は，$1/4+1/2=3/4$ となる。したがって，ワーカーどうしの間では自分の子どもとの間よりも高くなる。

2 包括適応度　適応度は，残した子どもの数によって表され，適応度が高い個体は，その遺伝子を多く次世代に残すことになる。特定の遺伝子をどれだけ次世代に残せるかまでを含めて適応度を表したものが**包括適応度**である。血縁度が高い個体の繁殖を手助けすることは，自分のもつ遺伝子を残すことと同様に，包括適応度を高めるのに役立つ。ワーカーは女王バチが子どもを多く残すことを助けることで自分のもつ遺伝子を多く残していることになる。

F　競争 (種内競争)　★

　同種の個体は，生活に必要な資源が同じなので，それらを獲得するために**競争** (**種内競争**) が起こる。競争は，動物ではおもに食物や配偶者・生活空間をめぐって，植物ではおもに生活空間・光・水・養分をめぐって起こり，密度効果が生じる。

1 共倒れ型　個体がそれぞれ勝手に資源 (食物や光・水など) を利用する結果，どの個体も一様に成長がわるくなり，極端な場合には共倒れする。草原の植物食性動物などでその例が見られる。

2 競り合い型　一部の個体が資源を確保し，残りの個体は資源を利用できない場合，個体群密度は安定した状態に保たれる。縄張りをもつ動物などで見られ，植物ではこれによって自然に間引きが行われる。

　注意　競争は，生活上の要求がよく似た異種個体との間でも起こる (→ p.469)。

3 異種個体群間の関係（種間関係）

A 捕食と被食 ★★

1 捕食者と被食者 食う食われるの関係（→ *p*.422）において，食うほうを**捕食者**，食われるほうを**被食者**という。

2 捕食・被食と個体数変動 （1）**ゾウリムシとミズケムシの培養実験**

① **共倒れ** ゾウリムシ（被食者）とミズケムシ（捕食者）を水槽で一緒に培養すると，ミズケムシは食物であるゾウリムシを食べつくし，やがて食物がなくなり絶滅する。

② 水槽に繊維くずなどを入れてゾウリムシの隠れ場所をつくってやると，食べつくすことなくミズケムシが絶滅した後，隠れ場所に生き残ったゾウリムシが増える。

③ **共存** ①の条件下でも，3日ごとにゾウリムシとミズケムシを1匹ずつ新たに加えてやると，両者は数を変動させつつ**共存**する。

　自然界では，ある個体群の個体数が減少すると，隣接した環境の個体群から個体が移入してくることが多く（→ *p*.453），このことが特定の個体群の絶滅する可能性を小さくしていると考えられている。

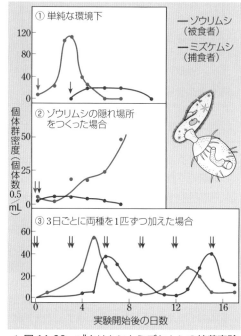

▲ 図 11-29　ゾウリムシとミズケムシの培養実験

（2）**被食者と捕食者の周期的変動** 捕食者が特定の被食者をおもに食べている場合，被食者と捕食者との間に，個体数の周期的な変動が見られることがある。

　オレンジを入れた飼育箱に，カブリダニの一種と，その食物となるハダニ（オレンジを食べるコウノシロハダニ）とを入

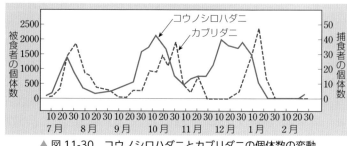

▲ 図 11-30　コウノシロハダニとカブリダニの個体数の変動

れると，ハダニは食いつくされてしまう。しかしオレンジから別のオレンジへと，ハダニは移ることができるが，捕食者が移動しにくいような仕掛けをつくると，両者は共存し周期的な数の変動を示す。このとき，被食者の変動に遅れて，捕食者の変動が見られる。

(3) カンジキウサギとオオヤマネコの変動

カナダの寒い地方には，カンジキウサギとそれを食物にするオオヤマネコが共存している。図11-31は，毛皮会社にもちこまれた毛皮の買い入れ記録からつくられたものである。

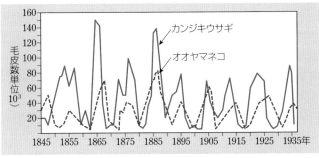

▲ 図11-31　カンジキウサギとオオヤマネコの個体数の変動

① **カンジキウサギの周期的変動**　カンジキウサギには，ほぼ10年を1周期とした変動が見られる。ウサギが増加すると，その食物となる植物が減ることおよび捕食者であるオオヤマネコが増えることの両方によってウサギの数が減少し，というようにしてこの周期がつくられていると考えられている。

② **オオヤマネコの変動**　一般に，捕食者は食物となる動物が増えると個体数が増加し，食物が減ると減少する。オオヤマネコの増減の原因は，食物であるカンジキウサギの増減にあると考えられる。

3 間接効果　食う食われるの関係は，捕食者と被食者の二者間の直接的な関係だけではない。二者間の関係には直接的には関係しなくとも第三者を介して間接的に及ぶことがある。これを**間接効果**という。

例えば，沿岸域において，ウニはコンブを直接食べるが，ウニを好んで食物にするラッコが生息していればコンブはウニの食害を受けることは少ない。しかし，かつてカルフォルニア沿岸では，毛皮をとるためにラッコが乱獲され，主要な捕食者のいなくなったウニが大発生し，それらによってコンブが食べつくされてしまった。すなわち，コンブとラッコの間には直接の関係はないが，ラッコは，ウニを介してコンブに大きな間接効果をもたらしたということになる。多くの沿岸域の生物は，主要な一次生産者であるコンブに食物やすみかを依存しているため，さらに多様な生物への間接効果が及んだ。

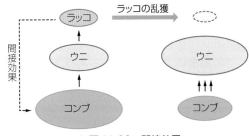

▲ 図11-32　間接効果

1 生態的地位　多くの種で構成されている生物群集の中では，ある種は，どのような生物を捕食し，どのような生物に捕食されるか，どのような場所にすみ，どのような時間帯に活動するかがほぼ決まっている。つまりその種が生物群集の中で占める地位が決まっているとみることができ，それを**生態的地位**（**ニッチ**[1]）という。生態的地位には，食物環境と関連した**食物的地位**と，生息する環境と関連した**場所的地位**のほか，同じ場所を使っていても活動時間帯が異なるなど，多様な要素が含まれる。例えば，タカとフクロウは食性もすむ場所も似ているが，活動時間が違うため，違う生態的地位を占める。

　食物，場所，活動時間など，いずれかの点で生態的地位の異なる種どうしは共存しやすい。逆に，完全に生態的地位が同じ種は同じ場所で共存することはできないと考えられている（**競争的排除の法則**）。その場合は，少しでも競争力の大きい種が，生活に必要な資源を独占してしまうからである。

2 生態的同位種　異なる地域の生物群集で比較すると，同じような生態的地位をもつ生物が見られ，これらを**生態的同位種**という。

(1) ピューマはアメリカ大陸，ライオンはアフリカ大陸に広く分布するが，両者は大形の植

▼表11-5　各大陸の草原における哺乳類の生態的同位種の例

大　　陸	大形植物食性哺乳類	穴を掘る小・中形植物食性哺乳類	中・大形動物食性哺乳類
北アメリカ	バイソン	プレーリードッグ	ピューマ
ユーラシア	野生ウマ	キヌゲネズミ	ハイイロネコ
アフリカ	シマウマ	アフリカハタリス	ライオン
オーストラリア	大形カンガルー	ウォンバット	フクロオオカミ[2]

物食性動物を捕食し，食物連鎖の最も上位に位置している点（食物的地位）でも，草原から森林にかけてすむ点（場所的地位）でも似ている。

(2) ハチドリはアメリカ大陸の熱帯，タイヨウチョウはアフリカやアジアの熱帯に分布し，どちらも比較的小形で花蜜食である。

ハチドリ（約10cm。アメリカ大陸の熱帯に分布。花蜜食）

タイヨウチョウ（約15cm。アフリカやアジアの熱帯に分布。花蜜食）

▲図11-33　ハチドリとタイヨウチョウ

---

1) ニッチ（niche）とは，英語で，花瓶などを飾るために壁にもうけたくぼみのこと。
2) フクロオオカミは絶滅した種である。
3) *P* はゾウリムシの属名 *Paramecium*（パラメシウム）を示す。

C 競争（種間競争）　★★★

　同種個体群を構成する各個体は，生活上の要求が一致しているので，特に過密状態では激しい**競争**（**種内競争**）が起こる。同様に，種は異なっていても，食物やすみかなどが同じ，すなわち生態的地位が似ていると，**競争**（**種間競争**）が起こる。

1 実験室での競争　実験室では，環境条件を単純化できるので，明快な結果が出る。競争に負けたほうの種は共存できずに絶滅する（**競争的排除**）。

(1) **ヨツモンマメゾウムシとアズキゾウムシ**
　どちらもアズキを食べて生活する。この2種類の昆虫を同じ容器内で飼うと，食物を奪い合う。換気が良好な環境（図11-34A）では，その条件に適したアズキゾウムシが，一方，換気が不良な環境（図11-34B）では，ヨツモンマメゾウムシが競争に勝って残る。

(2) **ゾウリムシとヒメゾウリムシ**　生活様式が似ているゾウリムシ（*P.caudatum*）^{カウダーツム}[3]）と，やや小形のヒメゾウリムシ（*P.aurelia*）^{アウレリア}の2種類を同じ容器内で培養すると，食物となる細菌の奪い合いが起こり，ヒメゾウリムシが競争に勝って増殖し，時間がたつとゾウリムシが絶滅する（図11-35）。しかし，

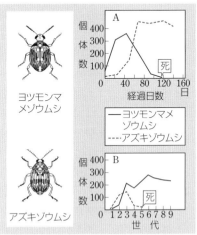

▲ 図11-34　ヨツモンマメゾウムシとアズキゾウムシの混合飼育

どちらも単独で培養したものでは，そのようなことは起こらない。

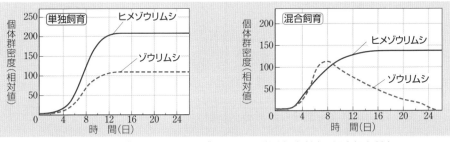

▲ 図11-35　ゾウリムシとヒメゾウリムシの単独飼育（左）と混合飼育（右）

2 自然界での競争　自然界では環境が多様であるため，競争が起こっても環境条件しだいでどちらが勝つかは変わる。負けそうな個体群はすむ場所を変えることもできるため，実験室での競争のような，絶滅は起こりにくい。

3 植物での競争　植物は動けないので，光合成に必要な光の奪い合いの競争が起こりやすい。背の低い植物が背の高い植物の陰になると，衰えたり枯れたりする（→ *p.*400）。

4 資源の分割 よく似た生活様式をもつ2種以上の生物が，競争の結果，生息場所を違えている現象を**すみわけ**という。また，食物の種類や採食場所を違えている現象を**食いわけ**という。これらは，生態的地位をずらすことで競争を避けて，共存しているとみることもできる。

(1) **イワナとヤマメのすみわけ** イワナとヤマメは，夏期の平均水温13 ～ 15℃のあたりを境にすみわけている。一方のみが生息する川では，この境界をこえて分布する。

一般に日本の河川では，最上流からイワナ域，ヤマメ域，ウグイ・オイカワ域，コイ域が区別できるなど，すみわけが見られる。すみわけによって食物の種類も変わる結果，食いわけも起こる。

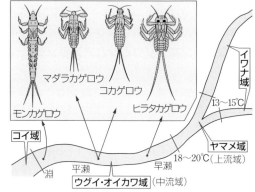

▲ 図11-36 淡水魚とカゲロウ類のすみわけ

(2) **カゲロウ類のすみわけ** 流れの速い早瀬の部分にはヒラタカゲロウの幼虫が生息し，イワナやヤマメの食物となっている。やや流れのゆるやかな中流域ではコカゲロウやマダラカゲロウの幼虫が多く，ウグイやオイカワの食物となる。下流の砂の中ではモンカゲロウの幼虫が多い。

(3) **アユ・オイカワ・カワムツのすみわけ** アユとオイカワは石につく藻類を食べ，カワムツはおもに昆虫を食べる。アユが川にいない時期とアユが海から上ってくる初夏とでは，3種の相互関係に違いが見られる。

① **アユのいない場合** 藻類を食べるオイカワは明るい瀬を好み，昆虫食のカワムツは淵を好む。両者にすみわけが見られる。

② **アユのいる場合** 最優占種のアユが藻類の多い瀬にすみつき，オ

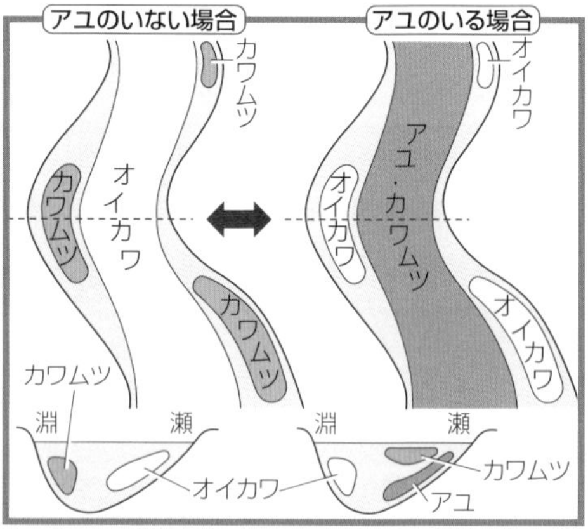

▲ 図11-37 アユ・オイカワ・カワムツのすみわけ

イカワはアユに追われて淵にすむようになる。オイカワに追い出されたカワムツは瀬に出るが，アユとは食性が異なるために共存できる。

(4) **ヒメウとカワウの食いわけ** 河口付近の海で食物をとるヒメウとカワウでは，ヒメウは浅い場所にいるイカナゴやニシン類を食べ，カワウは水底にいるエビ類やヒラメを食べている。

D 共生と寄生 ★★

1 共生 異種の生物どうしが，一方もしくは両方の利益となるような密接な関係を結び，同じ場所で共に暮らしている現象を**共生**という。

(1) **相利共生** 双方が明らかに利益を得ている共生関係。

① アブラムシ(アリマキ)はアリによって保護され，アリに栄養分を与える。

② 造礁サンゴの細胞内には褐虫藻とよばれる単細胞の藻類が共生している。サンゴは褐虫藻から光合成産物をもらい，褐虫藻はサンゴに安定したすみかを提供されるとともに，リンや窒素をもらう。

③ クマノミはイソギンチャクから安全なすみかを提供してもらい，イソギンチャクを食べる魚(例えばチョウチョウウオ)を追い払う。

④ 地衣類は，菌類と藻類の共生体である。菌類は水分やリン，窒素などの無機塩類を与え，藻類は光合成産物を与える。

⑤ マメ科植物は，根粒菌に水分と光合成産物を与え，根粒菌が空中から固定した窒素化合物をもらう。

⑥ 虫媒花は昆虫に花粉を運んでもらって繁殖を助けられ，昆虫に蜜や花粉などの食物を与える。

⑦ 樹木は果実を与え，それを食べる鳥や哺乳類は，他の場所で糞をしたり，はき出すことにより種子の散布を助ける。

(2) **片利共生** 片方だけが利益を得ている共生。

① カクレウオはフジナマコの体内に隠れる。

② コバンザメはサメやエイに付着し保護を受け，食物のおこぼれをもらう。

▲ 図11-38 共生(左から；アリとアブラムシ，クマノミとイソギンチャク，コバンザメとエイ)

2 寄生 生物が，その栄養を他の生物体の一部からとって生活することを**寄生**という。寄生するほうを**寄生者**，されるほうを**宿主**といい，宿主は害を受ける。

例 ① **外部寄生** 表皮に寄生するノミ・シラミ・ダニ・ヤドリギ・ハクセン菌など。

(注)ヤドリギは，光合成も行う半寄生植物であるが，全くの寄生植物もある。

② **内部寄生** 体内に寄生するカイチュウ・サナダムシ・マラリア原虫，赤痢菌・結核菌など。

▼表 11-6　相互作用(種間関係)のまとめ(＋：利益，－：害，０：無関係)

種間関係	利　害　関　係		例　な　ど
捕食－被食関係	＋(捕食者)	－(被食者)	植物と植物食性動物，植物食性動物と動物食性動物
競　　争	－	－	生活様式の似た種間では，すみわけ・食いわけが起こる
共生 相利共生	＋(共生者)	＋(共生者)	アリとアブラムシ，マメ科植物と根粒菌，虫媒花と昆虫
共生 片利共生	＋(共生者)	0(宿　主)	カクレウオとフジナマコ
寄　　生	＋(寄生者)	－(宿　主)	カ・ヤドリギ(外部寄生)，カイチュウ・赤痢菌(内部寄生)
中　　立	0(独　立)	0(独　立)	シマウマとダチョウ
片害作用	0(妨害者)	－(被害者)	アオカビ(ペニシリン)と細菌

▲ 図 11-39　寄生(左から；ヤドリギ，アオムシに寄生するコマユバチ，ナメコ)

E　その他の関係　★

1 中立関係　どちらにも有利・不利の関係が生じない共存のしかたを**中立関係**という。食草が十分にある場合の植物食性動物 (サバンナのシマウマとダチョウなど) の間に見られる。

2 片害作用　ある生物の分泌物が他の生物に毒として作用を及ぼすなどの不利益をもたらすことを**片害作用**という。防衛手段である場合が多い。

(1) **抗生物質**　アオカビの一種はペニシリンを分泌し，まわりの細菌を殺す。放線菌(細菌)には，ストレプトマイシンを分泌し，細菌などを殺すものがある。このような，微生物によってつくられ他の微生物の生育を阻害する物質を**抗生物質**といい，細菌性の病気の治療に大いに利用されている。

(2) **他感作用 (アレロパシー)**　セイタカアワダチソウは，根から他の植物の成長を抑制する物質を分泌する。また，砂漠の植物にも，根から有害物質を出して他の植物を排除し，乏しい雨水の吸収面積を確保するものがある。

(3) **水の華と赤潮**　プランクトンが大繁殖して**水の華**(淡水)や**赤潮**(海水)をつくったときに，有毒物質の分泌が起こる場合があり，他の生物が害を受ける。

▲ 図 11-40　セイタカアワダチソウ

第5編

生物の進化と系統

第12章

生物の起源と進化

ゾウガメ

---

1 | 生命の起源

 A 生命の誕生と化学進化 ★★

　現在の地球環境において，無生物から生物が生じることはないとされている。では，どうやって生命が，この地球上に生まれ出たのだろうか。

1 原始地球と海の誕生　地球は約46億年前に誕生した。誕生後まもない地球には微惑星が次々に衝突し，その熱で地表は非常な高温になった。また，水蒸気や二酸化炭素，窒素などからなる原始大気が形成された。衝突する微惑星が減るにつれて温度が下がり，**マグマオーシャン**[1]が固まって原始地殻が形成された。さらに温度が下がると大気中の水蒸気が雨となって降り注ぎ，原始海洋ができた。

2 化学進化　生命が誕生する以前に，まず，生命を構成するための材料になる有機化合物が，無機化合物からつくられた段階があった。まず簡単な低分子の有機化合物がつくられ[2]，それが原始海洋中にたまっていき，さらにそれらは変化を受けて，タンパク質や核酸などの複雑な有機物が形成されていった。そ

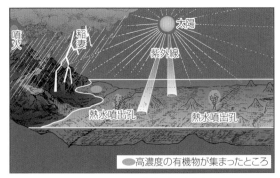

▲ 図 12-1　原始地球の想像図

してさらにそれらが組織化され，生命が生まれたという考えがある。この生命誕生までの化学物質の生成過程を，**化学進化**という。

---

1) マグマオーシャン　地球の表面が溶けてできた，マグマからなる海。
2) アミノ酸や核酸の塩基は，彗星や隕石などによって地球の外からもたらされたと考える人もいる。

（1）**低分子有機化合物の化学進化**　二酸化炭素（CO_2），一酸化炭素（CO），窒素（N_2），メタン（CH_4），アンモニア（NH_3），水素（H_2），水（H_2O）など，簡単な分子が原料となり，まず低分子の有機化合物である糖・アミノ酸・ヌクレオチドなどが合成されたと考えられている。

　　合成にはエネルギーが必要であるが，原始地球では，活発な火山活動による熱，地表まで届く強い宇宙線や太陽からの紫外線，空中放電（雷）など，現在の地球環境とは違って，合成のためのエネルギー供給源は多かったと想像される。

（2）**ミラーの実験**　原始地球の環境下で，無機物から，生体を構成する有機物ができてくる可能性をはじめて実験的に示したのが，アメリカのミラーである（1953年）。彼は，原始の大気[3]をまねた混合気体（メタン・アンモニア・水素・水蒸気）を図12-2のような装置に封入し，熱を加えながら装置内を循環させ，途中で6万ボルトという高圧で放電を1週間続けたところ，液は赤褐色に変わり，中にはグリシンやアラニンなどの数種類のアミノ酸や，尿素などの有機物ができていた。

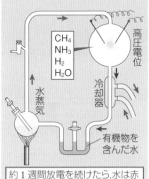

約1週間放電を続けたら、水は赤褐色になりアミノ酸ができてきた

▲ 図12-2　ミラーの実験装置

　　その後，多くの研究者が混合気体の組成を変え，放電や熱以外にもいろいろなエネルギーの与え方を試した結果，アミノ酸や，核酸を構成する5種類の塩基，有機酸，リボースなどの糖，ATPなど，生物のからだを構成する基本的な成分のほとんどができることがわかってきた。

　　最近，化学進化の起こった場所として，海底の**熱水噴出孔**が注目されている。深海の探索により，地下のマグマで温められて高温（350℃以上）になった熱水が噴出している場所が発見された。熱水にはメタン・アンモニア・水素・硫化水素などが高い濃度で含まれていた。高温・高圧の環境下にあるので物質の合成が起こりやすく，また，合成された物質は，周囲の海水で冷やされるため分解をまぬがれる。原始海洋では，いたるところにこのような場所があったと想像でき，そのような場所で化学進化が起こった可能性は大いにあったと考えられる。

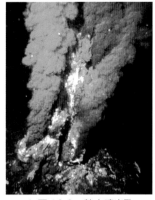

▲ 図12-3　熱水噴出孔

3）ミラーの想定とは異なり現在では，原始大気はおもに二酸化炭素・水蒸気・窒素からなっていたと考えられているが，それらを材料としても，有機物が合成されることは，後の研究によって確かめられている。いずれにしても原始大気中に酸素が含まれていなかったことに注目。

こうして，原始海洋中に蓄積した低分子の有機化合物は，高濃度・高温・高圧などの環境でさらに反応し，タンパク質や核酸などの高分子の有機化合物になっていったと考えられる。

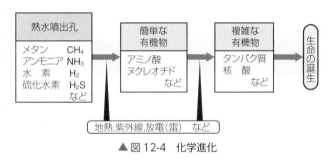

熱水噴出孔	簡単な有機物	複雑な有機物	生命の誕生
メタン　　CH₄ アンモニア NH₃ 水　素　　H₂ 硫化水素　H₂S など	アミノ酸 ヌクレオチド など	タンパク質 核　酸 など	

地熱,紫外線,放電(雷)　など

▲ 図 12-4　化学進化

3 生命の誕生　化学進化によって高分子の有機化合物ができても，それらがまとまって生命体となるためには，まだいくつかの問題があった。中でも重要なものは，① 細胞としてのまとまりの形成と代謝系の発達，② 自己増殖能力の獲得，である。

(1) **細胞としてのまとまりの形成と代謝系の発達**　からだの構成材料ができただけでは，まだ不十分である。物質は，そのままにしておけば拡散していってしまうので，膜で仕切りをつくって袋状にし，その中に物質を高濃度に集めてまとめておくと化学反応が起こりやすい。高分子化合物の溶液においては，条件により，コロイド粒子が集まって独立した液滴を形成することがある。この液滴が**コアセルベート**である。コアセルベートは膜につつまれた袋状になったり，内部に物質を取りこんで物質を濃縮したり，成長したり分裂したりする。また，酵素を加えてコアセルベートをつくると，外から加えた有機物を取りこんで代謝するなど，あたかも細胞を思わせるようなはたらきを示す。ロシアの**オパーリン**は，このコアセルベートのような段階を経て細胞が誕生したと考えた(1936 年)。

(2) **自己増殖**　膜で囲まれて代謝を行うコアセルベートが生命体となるためには，自己増殖の能力を獲得する必要がある。生物の自己増殖は，DNA の自己複製と，遺伝情報が発現して合成されるタンパク質によっている。

核酸には DNA と RNA とがあり，RNA は酵素であるタンパク質と，遺伝情報がかきこまれている DNA とをつなぐ役割をしている。つまり DNA の情報を RNA に転写してタンパク質をつくっているが，直接 DNA からタンパク質をつくれば RNA は必要がないように思われる。では，なぜ RNA があるのだろうか。

この疑問について，「原始地球においては，RNA が遺伝情報と酵素としてのはたらきのどちらも果たしていた時代があった」という考え方がある。このように想定した時代を **RNA ワールド**という。この考えは，1982 年にアメリカのチェックが，酵素としてはたらく RNA (リボザイム)があることをみつけたことにより，強く支持されるようになった。RNA が触媒作用と遺伝情報の伝達の両方を行っていた時代があったが，その後，触媒作用はより機能の高いタンパク質に譲り渡し，遺伝情報の保持と伝達はより安定した分子である DNA に譲り渡して，RNA

Laboratory　コアセルベートをつくる実験

材料 試験管，ゼラチン，アラビアゴム，塩酸，スライドガラス，カバーガラス，顕微鏡。

方法 ① 試験管にゼラチンを 0.1g 入れ，これに水 10mL を加えてよく溶かす。

② 他の試験管に同じくアラビアゴム 0.1g を入れ，水 10mL を加えて溶かす。

③ 3本目の試験管には水 10mL を入れ，これに塩酸 0.8mL を加えて，うすい塩酸溶液をつくる。

④ ①と②の溶液（ゾル溶液）を混合する。

⑤ ④で混合したゾル溶液に③の塩酸溶液を 1 滴ずつ加え，白濁したら加えるのを止める。

⑥ ⑤の白濁した液を顕微鏡で観察する。

MARK ゼラチンはタンパク質の一種であり，アラビアゴムは炭水化物の一種である。ともに高分子化合物である。

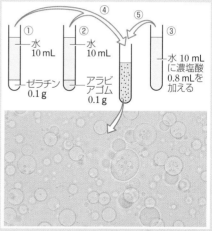

▲ 図 12-5　コアセルベートをつくる実験

自身は DNA とタンパク質の橋渡しをする役割を行う現在のような世界（**DNA ワールド**）になったと考えられている。

このように，自己増殖の能力を獲得したコアセルベートのような構造体が，最初の生命体になったと考えられる。

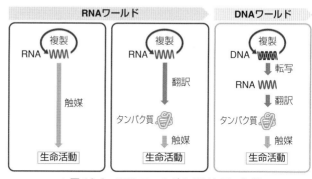

▲ 図 12-6　RNA ワールドと DNA ワールド

補足 チェックはテトラヒメナ（原生動物）の rRNA ができていく過程を調べていた。rRNA は分子量の大きな前駆体として転写され，不要部分が切除されて完成する。この切除反応は，rRNA 自身が触媒としてはたらくことにより起こることをチェックは見いだした。それまで，生体内で触媒としてはたらくのは，タンパク質だけだと考えられていたが，RNA にも触媒としてはたらくものがあることがわかった。チェックは，このような RNA を**リボザイム**と名づけた。リボザイムには，自分自身の分子構造の変化を触媒するものと，自分自身は変化せずに他の分子にはたらきかけるものと，2 種類がある。

基生

A 進化の歴史 ★

1 進化 1つの生物の系統に起こる変化を**進化**という。これは,「生物集団の遺伝的性質が時間とともに変化すること」という視点でとらえることができる。また,「長期にわたる種の形成と絶滅の歴史」という視点で進化をとらえることも可能である。この節では,生命の誕生以降の歴史を見ていこう。

〔補足〕進化とは,一般的にいえば,単純なものからより複雑なものへ,また,より環境に適応したものへと進んでいくことである。ただし,地球の環境はいつも一定ではなく,大きな変化をくり返してきた。地球環境の大変化のたびに,それまで繁栄していた種の絶滅と,新たな種の誕生をくり返してきたのが進化の歴史である。進化の歴史とは,決してよりすぐれたものへと直線的に進歩してきた歴史ではない。

2 地質時代 地球上に最初の堆積岩ができてから現在にいたるまでの期間を**地質時代**という。

(1) **相対年代** 地層の上下関係と,それぞれの地層に含まれる化石に基づいて,地質時代を,古いほうから,**先カンブリア時代,古生代,中生代,新生代**に大別する。このような区分を**相対年代**という。

(2) **絶対年代** 今から何年前というように,年数で表す方法を**絶対年代**という。

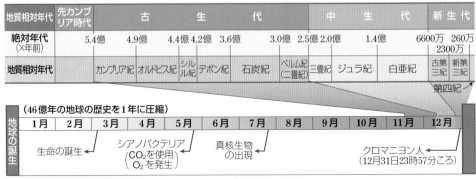

地質相対年代	先カンブリア時代	古　　　生　　　代						中　　生　　代			新 生 代
絶対年代 (×年前)	5.4億	4.9億	4.4億 4.2億 3.6億		3.0億	2.5億 2.0億	1.4億			6600万 260万 2300万	
地質相対年代		カンブリア紀	オルドビス紀	シルル紀	デボン紀	石炭紀	ペルム紀(二畳紀)	三畳紀	ジュラ紀	白亜紀	古第三紀 新第三紀 第四紀

地球の誕生	(46億年の地球の歴史を1年に圧縮)											
	1月	2月	3月	4月	5月	6月	7月	8月	9月	10月	11月	12月
	生命の誕生←		シアノバクテリア (CO₂を使用 O₂を発生)			真核生物の出現					クロマニヨン人← (12月31日23時57分ころ)	

(46億年の地球の歴史を1年に圧縮)

生命の誕生←　シアノバクテリア(CO_2を使用 O_2を発生)　真核生物の出現　クロマニヨン人←(12月31日23時57分ころ)

▲ 図 12-7　地質時代の区分

CHART

燗(カン)しておるぞ	しるこもお盆	石炭ストーブ	にこにこ
カンブリア紀	シルル紀 デボン紀	石炭紀	二畳紀
オルドビス紀			(ペルム紀)

みなさん	重箱	白菜	みんなが	しあわせ
三畳紀	ジュラ紀	白亜紀 第三紀		第四紀

　放射性同位体を使う年代測定法が開発されるまでは，地層の年代は，その地層に含まれる化石の研究と，地層の重なり具合から判定して決められていた。そのため，新旧の順序はわかっても，何年前かという年代決定はできなかった。

　放射性同位体を用いる方法はキュリー夫人による放射性崩壊の発見がもとになっている。ウラン U^{238} のような放射性同位体は不安定であり，一定の速度で崩壊して別の物質（鉛など）に変わり，このような変化を放射性崩壊という。放射性崩壊によって，もとの放射性同位体の量がちょうど半分に減るまでの時間を**半減期**という。放射性同位体を含む鉱物が形成されてまもなく，それが岩石中に閉じこめられたとすると，放射性崩壊によってできてくる物質も岩石中にたまっていく。もとの物質と，崩壊してできた物質の量の比を調べれば，半減期をもとに，その岩石の絶対的な年代が推定できる。

▼ 表 12-1　年代測定に使われる放射性同位体

親→子	半減期（億年）
$^{40}K \rightarrow {}^{40}Ar$	12.6
$^{87}Rb \rightarrow {}^{87}Sr$	480
$^{235}U \rightarrow {}^{207}Pb$	7.13
$^{238}U \rightarrow {}^{206}Pb$	45.1
$^{14}C \rightarrow {}^{14}N$	（5730 年）

1 カリウム・アルゴン法　カリウム ^{40}K は 12.6 億年という半減期をもち（表 12-1），崩壊するとアルゴン ^{40}Ar に変わる。岩石中の両者の含有比を調べると，その岩石ができてから何年たったかがわかり，地質年代が決定できる。

2 ルビジウム・ストロンチウム法　ルビジウム ^{87}Rb は 480 億年という長い半減期をもっているので，カリウム・アルゴン法で測定できないような古い岩石の年代測定に用いられる。

B　先カンブリア時代の生物　★★

　地球の誕生は約 46 億年前，生物の誕生は約 38 ～ 40 億年前と考えられている。まず単細胞の原核生物が誕生し，次いで約 20 億年前に真核生物が登場した。さらに約 10 億年前に多細胞生物が生まれた。古生代のはじめのカンブリア紀（約 6 億年前）に，爆発的に多様な生物が登場した。古生代より前を**先カンブリア時代**とよぶ。

注意　生命の歴史に関する研究は進展途上であり「最古の○○生物は X X 年前」とは，現時点でみつかっている一番古い（もしくは，ある人が一番古いと主張していてそれに同調する専門家が多い）化石があるという意味であり，今後の研究で変わる可能性は大いにある。

1 最初の生物　38 億年前の岩石中に，最古の生命の痕跡と考えられる有機炭素が発見されている（この解釈には異論もある）。また，最古の生物化石だと主張されているものがいくつかあるが（例えば 35 億年前や 37 億年前の微化石），それらが本当に生物なのか，生物だとしたらどんな生物だったかについては議論が続いている。

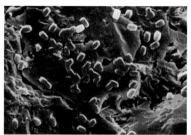

▲ 図 12-8　35 億年前の細菌類の化石

例えば，初期の生物は原核生物であったとされているが，従属栄養の嫌気性細菌だったのか，独立栄養生物だったのかという議論がされている。また，独立栄養だったという説でも，光合成を行うシアノバクテリアだったとする説や，海底の熱水噴出孔で放出されるメタンや水素を用いる細菌だったとする説もある。

　補足 分子系統樹（→ p.503）から，最古の生物は，高温環境に適応した細菌であり，熱水噴出孔に生息していたのではないかという説が提唱されている。

2 シアノバクテリアの登場　約 20 〜 30 億年前の地層から，薄い層が何層にも積み重なって球状や柱状の構造になった**ストロマトライト**という岩石が大量にみつかっている。同様の

ものは現在でもシアノバクテリアによって形成されている（オーストラリアの海岸など）。そのため，30 億年ほど前までには，光合成を行って酸

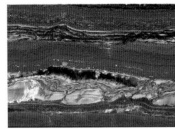

▲ 図 12-9　原始生物がつくったストロマトライト（左，断面）と，現生のシアノバクテリアがつくったストロマトライト（右）

素を発生するシアノバクテリアが現れたと考えられる[1]。その後，シアノバクテリアは大繁栄し，その結果，大量の酸素が水中に放出された。酸素は海中に溶けていた鉄と反応し，酸化鉄となって沈殿し，こうして形成されたのが**縞状鉄鉱層**だとされている。シアノバクテリアによってさらに放出された酸素は海水中に溶け，また大気中にも酸素がしだいに蓄積していった。

3 好気性細菌の進化　海水中に酸素が蓄積し始め，呼吸を行える環境がつくられて，好気性細菌が進化したと考えられる。

4 真核生物の出現　真核細胞と思われる，約 20 億年前の化石がみつかっている。その真核生物の細胞小器官であるミトコンドリアと葉緑体は，宿主になった細胞の中に，他の生物が入りこみ共生（**細胞内共生**）して生じたというのが**共生説**である[2]。

　まず，アーキア（古細菌，→ p.521）に近い嫌気性の単細胞生物の中に，好気性細菌が入りこんでミトコンドリア

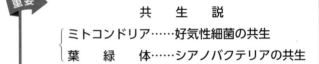

重要

共　生　説

ミトコンドリア……好気性細菌の共生
葉　緑　体……シアノバクテリアの共生

になった。こうしてできた，ミトコンドリアをもつ真核単細胞生物の中に，さらにシアノバクテリアが入りこんで，葉緑体になったと考えられている（図 12-10）。

---

1) 35 億年前には，すでにシアノバクテリアがいたのではないかという考えもある。
2) アメリカのマーグリスが唱えた説で，細胞内共生説ともいう。

Column 𝚼 細胞の大きさ・からだの大きさ・酸素の濃度

　細胞の大きさは，細胞内を物質がどれだけの速さで運ばれるかによって制限を受ける。ふつう，酸素などの分子は，拡散によって表面から細胞の中心部に運ばれるが，運ばれる距離が長いほど，中心部に達するのに時間がかかる。そのため，中心部も一定の代謝速度を維持するには，細胞はむやみに大きくはなれない。

　進化するということは，新しい機能を獲得することである。それには，（酵素などの）新たな分子を入れるためのスペースが必要であり，からだのサイズを大きくする必要がある。多細胞化すれば，細胞の数を増やすことにより，からだのサイズを増大でき，増やした細胞に新しい機能を当てはめて分業すればよい。

　真核生物の細胞は，原核生物より大きい。原核生物の共生により真核生物ができたともいわれるが，それは，細胞の中で分業し（核・ミトコンドリア・葉緑体のように），さらに細胞を大きくすることにより，機能を増やしたとみることもできる。分業と大きさの増大が，細胞レベルでも，多細胞の個体レベルでも起こったのが，進化の一面と考えることもできる。

　もし環境中の酸素濃度が高くなれば，細胞が大きくなっても中心部まで酸素が供給できるし，からだが大きくなってもからだの中心部まで酸素を供給できる。そのため，真核生物への進化や，多細胞生物への進化は，環境の酸素濃度の増加が引き金になったのではないかという考えもある。

【補足】　ミトコンドリアや葉緑体が別の生物だった証拠として，① どちらも独自のDNAをもっていること，② 独自に分裂して増えること，③ 二重の膜で包まれていること，④ DNAの塩基配列を比べると，ミトコンドリアは好気性細菌に，葉緑体はシアノバクテリアに似ていること，などがあげられる。

5 多細胞生物の出現　多細胞生物は10億年ほど前に出現したと考えられている。真核生物は単細胞の段階で，植物・菌類・動物の系統への分化が

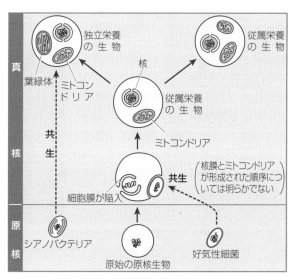

▲ 図 12-10　共生説による原始生物の進化

それぞれ見られるため，多細胞化はこれらの系統で独立に起こったことだと考えられている。

6 生物の進化と大気中のO₂　シアノバクテリアが進化し，その光合成によってO₂の発生が始まり，やがて真核生物の藻類が進化し，大気中のO₂が増加した。さらに，大気中のO₂は紫外線によりO₃（オゾン）に変わり，**オゾン層**が発達した。それにより地表に届く紫外線（DNAを破壊するため有害）が遮断され，生物が陸上で生存することが可能な量にまで下がった。また，二酸化炭素はシアノバクテリアの死骸のまわりに炭酸カルシウムとして沈殿し，大気中のCO₂濃度は減少した。このようにして生物が陸上へ進出する環境がととのっていったのである。

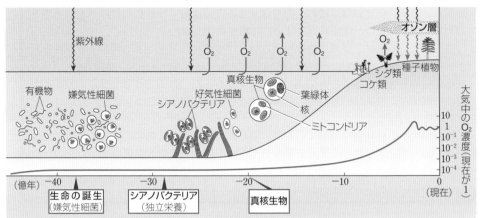

▲ 図12-11　生物の進化と地球環境の変遷

7 エディアカラ生物群　エディアカラ丘陵（オーストラリア）の先カンブリア時代最後の地層から多くの化石が発見され，これらはその地名をとって**エディアカラ生物群**とよばれる。これらは浅海性の大形多細胞動物であるが（1mにもなるものがある），どれも薄い（数mm〜1cm）へん平な形をしていた。硬い組織（歯や殻）をもっていないため，この時代には捕食性動物が存在しなかったと考えられている。クラゲ

▲ 図12-12　エディアカラ生物群

など，現生生物と似たものもあるが，多くは現生の生物群との類縁関係はわかっていない。子孫を残さず絶滅した仲間だったと考える人が多い。

(補足) からだがへん平ということは，これらが海水から直接酸素や栄養を吸収していたことを想像させる。また，からだがへん平で放射状のものが多いことから，移動能力はあまり高くなかったと考えられる。

全球凍結

　地球の表面が数百万年にわたりすべて凍りついてしまう，**全球凍結（スノーボールアース）**が，過去に３度も起こったのではないかという説がある。過去の氷河の堆積物が，当時のどの緯度で堆積したかを古地磁気から推測すると，赤道付近だったというのがおもな根拠である。大気中の温室効果ガスの濃度が，何らかの理由で低下したとすれば，地球全体が凍りつくというシミュレーションモデルがいろいろ提出されている。最初の全球凍結は約22億年前，次が約7億年前，最後が約6.5億年前であり，この非常事態を生物は生きのびてきたことになる。すべての水が凍りついてしまったら生きてはいられない。火山のところだけは氷が溶けていたのだろうとか，赤道付近の氷は薄く，下の凍っていない海水では氷を通して差しこむ光で光合成が可能だったのではないか，などと想像されている。真核生物の登場は最初の全球凍結終了のすぐ後，大形多細胞生物の登場は最後の全球凍結終了のすぐ後のことであり，全球凍結とこれらの生物進化上の重要な出来事とが関係していたのではないかと推測されている。

C　古生代　★★

　古生代に入ると，堆積岩が多くなり，化石も多く出るようになる。

■1 カンブリア紀の大爆発　カンブリア紀（古生代最初の時代，約5.4億年前から）には，多様な海中の動物たちが出現した。短い間に爆発的に種類が増えたため**カンブリア紀の大爆発**とよばれる。カナダのバージェス頁岩（カンブリア紀前期のもの）から発見された**バージェス動物群**とよばれる化石にはさまざまなものがあり，その約2/3は，現生のどの動物門にも属さないものたちである。このころになると，捕食性

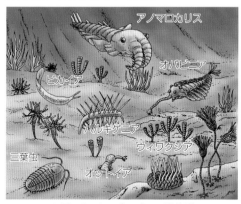
▲ 図12-13　バージェス動物群

の動物が出現した。また，カルシウムを含む硬い殻をもったものも現れたが，これは捕食者に対抗するためだったと考えられている。

　補足　チェンジャン（澄江）動物群　中国雲南省澄江県からもバージェス動物群とよく似ているが1000万年以上早いものがよい保存状態で発見されており，**チェンジャン（澄江）動物群**とよばれている。バージェス動物群と共通していない動物も含まれており，中でも特筆に値するのが無顎類のミロクンミンギアである。これは「最初の脊椎動物」とよばれることがある。

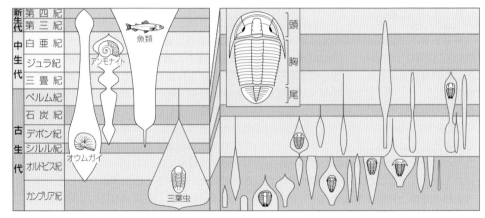

▲ 図12-14　化石動物の盛衰(左)と古生代の三葉虫(右)

2 海中の無脊椎動物　カンブリア紀には，現生の海生無脊椎動物の祖先の大部分が出現した。

(1) **三葉虫**　古生代の代表的な無脊椎動物で節足動物の仲間。カルシウムを含む外骨格をもつ。古生代の示準化石 (→ p.496) として重要。多くの種類が出現と盛衰をくり返したので，化石から古生代各紀の地層がわかる。古生代の終わりに絶滅した。

(2) **脊索動物**　脊索というからだの前後に走るしなやかな棒状の構造をもつもので，現生のものでは，ナメクジウオ (頭索動物) がこの仲間の最も古いものである。頭索動物は魚のような外形をもつが明瞭な頭部はない。バージェス動物群やチェンジャン動物群には，頭索動物が含まれている。

3 無顎類　脊索動物の中で，頭部をもつが，あごはもたない**無顎類**(がく)が進化した。カンブリア紀初期のチェンジャン動物群にこの仲間が含まれている。口から水とともに海底の有機物などを吸いこんで，食物をえらでこし取って食べ，あまり活発には泳がない動物だった。

現生の無顎類にはヌタウナギとヤツメウナギがいる。ヤツメウナギは脊椎があるがヌタウナギにはない。魚類を脊椎動物の系譜の最古のものと考えると，ヌタウナギなど無顎類の一部は，厳密には魚類ではないが，ふつうはこれを魚類に含める場合もある。

カンブリア紀後期から3億年にわたって繁栄した無顎類にコノドントがいる。また，オルドビス紀には，頭部が骨の板でできたよろいでおおわれ，**かっちゅう魚**ともよばれる無顎類がいた。

補足　かっちゅう魚は分類群の名前ではなく，同じく体表が骨の板でおおわれ，デボン紀に栄えたあごのある魚 (板皮類) もかっちゅう魚とよばれている。

4 魚類

(1) **あごの進化** オルドビス紀中期には，あごのある原始的な魚類(**板皮類**)が現れた。あごは，えらを支える骨(鰓弓)が変化して生じた。あごをもつようになったことで，獲物をとらえたり，ものを食いちぎって食べられるようになった。

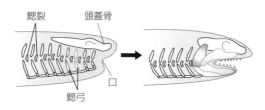

▲ 図 12-15　あごの進化

(2) **魚類の時代** デボン紀は魚類の時代といわれる。さまざまな魚類が繁栄し，現生の魚類である**軟骨魚類**(サメの仲間)と**硬骨魚類**の祖先は，この時期に出そろった。硬骨魚には大別して2つのグループ，**条鰭類**(平たいひれをもつもの)と**肉鰭類**[1](肉質で葉状のひれをもつもの)がある。現在では条鰭類が繁栄しているが，古生代では肉鰭類のほうが主流であり，肉鰭類からデボン紀後半に，手足のある動物が進化した。

▲ 図 12-16　シーラカンス(現生の総鰭類[1])

条鰭類のひれの骨

肉鰭類のひれの骨

▲ 図 12-17　硬骨魚類のひれの骨の分化

5 生物の上陸

シルル紀までには，大気中の酸素濃度が現在の 1/10 をこえたと考えられている。この濃度をこえると，オゾン層が充分に発達して陸上でも生物が生存できる環境になるといわれている。そのため，まず植物が陸上に進出し，それから無脊椎動物，続いて脊椎動物が上陸した。

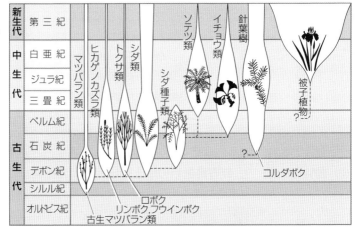

▲ 図 12-18　植物の出現と盛衰

---

1)肺魚の仲間(**肺魚類**)とシーラカンスの仲間(**総鰭類**)を合わせて**肉鰭類**という。

(1) **植物の上陸**　植物はシャジクモ類(→ p.528)から進化したと考えられている。

① **陸上への適応**　陸上へ進出するためには、水の調達と乾燥への対策・重力に負けないからだの支えが必要だった(水中では浮力がはたらくため、からだの支えはあまり問題にならない)。そのため植物は、水を調達するための根や根毛、それを運ぶための維管束、乾燥しないようにする表皮組織とクチクラ層、からだを支えるための細胞壁と維管束、空気を取り入れるための気孔、乾燥に耐えられる胞子のうなどを発達させた。

▲ 図 12-19　古生代の森林の想像図

② **最古の植物**　細胞の破片や胞子の化石から、植物はオルドビス紀中期(4億7千万年前)ごろから出現したと思われる。現在知られている最古の植物の化石は、4億年前(シルル紀)の**ク
ックソニア**である。根も葉もなく茎だけで、枝分かれした茎の先に胞子のうをつける高さ数cmほどの小形のもので、水辺にはえていた。

デボン紀に入ると、リニアなどの**古生マツバラン類**が現れた。これも根も葉もなく茎だけで、茎の先に胞子のうをつけるものだったが、維管束をもち、クチクラ層が発達し、気孔をもっている。デボン紀後期には、**リンボクやフウインボク**(ヒカゲノカズラ類)・**ロボク**(トクサ類)などの、根も葉もあり大木に育つ木生シダ類の仲間が進化し、森林を形成した。同じ頃、最初の**種子植物**(裸子植物)も現れた。植物が地表をおおって盛んに光合成をしたので、大気中の二酸化炭素濃度は減少し、酸素濃度は現在の値に達した。

石炭紀は温暖・湿潤で、二酸化炭素と酸素の濃度も現在より高く、高さ数十メートルにもなる木生シダ類が大森林を形成した。石炭紀後期は、地球の歴史上、どの時期よりも多くの植物の分類群(→ p.530)が見られている。

古生代最後のペルム紀になると気候が乾燥・寒冷化し、大形の木生シダ類はそれに適応できずに衰退し、種子植物(裸子植物)がとってかわった。それは、種子が乾燥・寒冷の季節を、休眠してやりすごすことができたためである。

(2) **動物の上陸**　① **無脊椎動物の陸上進出**　最初に上陸したのは無脊椎動物だった。シルル紀の末期には、ムカデやクモに近縁のもの(節足動物)が現れた。また、デボン紀前期には**昆虫類**が現れ、デボン紀中期になると、さまざまな節足動物が見られるようになった。石炭紀後期には、巨大な節足動物(羽を広げた幅が70cmもある原始的なトンボなど)が現れた。

② **四肢をもった動物**　硬骨魚の中の肉鰭類から四肢をもった動物(四足動物)が進化した。肉鰭類は硬い内部骨格と原始的な肺をもち、骨のあるひれが四肢へ

と変化した。デボン紀後期に四足動物の化石がみつかっているが，これらは水生の動物だった。

③ **両生類の誕生** デボン期後期の地層から，イクチオステガなどの最古の両生類の化石がみつかっている。両生類は，その後1億年にわたって繁栄

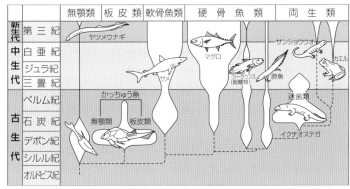

▲ 図 12-20　魚類と両生類の進化

した。両生類は水と陸と両方の環境を必要とし，水中生活と縁を切れなかった。

④ **羊膜類の登場** 両生類から，胚が羊膜で包まれた卵を生む羊膜類が現れた。初期の羊膜類（デボン紀終期頃には存在したらしい）は，両生類に比べ，より乾燥した環境で暮らしていた。羊膜卵は両生類の卵より丈夫な卵殻をもち，陸上という乾燥した環境にも耐えられる。胚の外側に羊膜・しょう膜・尿のう・卵黄のうといった**胚膜**があり，卵殻内という閉鎖的な環境でも，ガス交換，老廃物の処理（貯蔵），栄養分の胚への輸送などを支障なく行える。羊膜類の中から，は虫類と哺乳類がそれぞれ独立に進化した。

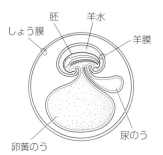

▲ 図 12-21　胚膜

⑤ **は虫類の誕生** 石炭紀の最後の時期に，は虫類の化石が発見されている。ペルム紀には，さまざまなは虫類が現れた。

(3) **ペルム紀の大絶滅－古生代の終わり** 2億5千万年前，地球の歴史上最大の大量絶滅が起きた。海では三葉虫やフズリナ（紡錘虫）をはじめ多くの無脊椎動物，陸ではシダ種子植物（→ *p.497*）の多くが絶滅した。ここで古生代が終わり，中生代となる。

古生代
〔動物〕三葉虫の盛衰と絶滅，魚　類—両生類—は虫類出現
　　　　（オルドビス）（デボン）（石　炭）

〔植物〕藻類繁茂，植物上陸，種子植物出現，木生シダの大森林
　　　　（シルル）　　（デボン）　　　（石　炭）

中生代は，は虫類と裸子植物の時代だった。

[補足] **大陸移動**　古生代末には，すべての陸地が1つの大きな大陸（パンゲア）にまとまっていた。中生代ジュラ紀の初期（2億年前）に入ると，これが分裂し始め，地球は温暖化した。大陸の分離による地理的隔離や海岸線の増大，気候の変化などが，中生代の生物の進化に大きな影響を与えたと考えられる。

[1] 動物　陸では，は虫類が大いに栄え，その中から鳥類が出現した。

(1) **は虫類**　は虫類は乾燥に耐えられる以下の特徴をもち，水辺から遠く離れて陸生化を完成させた。

　① 体表をうろこ（または甲ら）でおおい，体表から水を失いにくくした。

　② 体内受精を行い，胚は羊膜で包まれ，その外側に硬い殻をもつ乾燥しにくい卵を産むようになった。

(2) **恐竜の繁栄**　双弓類は中生代に適応放散した。陸上だけではなく，泳ぐもの（魚竜）や飛ぶもの（翼竜）も現れたが，槽歯類（テコドントなど）を原始的な祖先とする主竜類（ワニ類，翼竜類，竜盤類，鳥盤類など）は特に栄えた。竜盤類と鳥盤類が**恐竜類**であり，巨大なものが出現した。

▲ 図 12-22　中生代の想像図

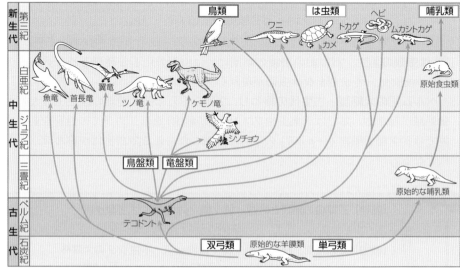

▲ 図 12-23　羊膜類の進化

(3) **鳥類の出現**　は虫類の竜盤類から鳥類が進化した。鳥には羽毛があり，歯をもたないところが，は虫類とは異なる。羽毛は，は虫類のうろこが変化したものであり，近年，中国で羽毛をもつ恐竜の化石が多種類発見された。羽毛は，飛行の前に進化したものであり，保温，カモフラージュ，求愛のディスプレイなどの機能があったと考えられている。

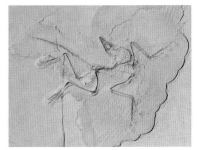

▲ 図 12-24　シソチョウの化石

　　ドイツのジュラ紀後期の石灰岩（1 億 5000 万年前）中から発見された最古の鳥が**シソチョウ**（始祖鳥）である。シソチョウは羽毛の生えた翼をもち，高速の飛行が可能だったと想像されている。ただし歯があり，翼にはかぎ爪のついた長い指があり，尾骨の発達した長い尾があるところは，は虫類の形質をまだ残していた。

(4) **哺乳類の出現**　哺乳類は，**単弓類**[1]という羊膜類から生じた。単弓類はペルム紀に繁栄していたが，中生代に入ると恐竜類におされて衰退した。中生代の三畳紀中期に，単弓類から哺乳類が進化した。初期の哺乳類はからだが小さく（ネズミやリス程度），夜行性だったと想像されている。哺乳類は中生代の間に多様化したが，は虫類の陰で，あまり目立つ存在ではなかった。

(5) **アンモナイト**　海ではタコやイカと同じ仲間（軟体動物の頭足類）の**アンモナイト**が栄えた。アンモナイトは，成長するにつれて新しい殻をつぎ足していってらせん状に巻いた殻をつくっていく。つぎ足した部分と古い部分との仕切り（縫合線）の形で種類が分類できる。デボン紀に出現し，中生代に繁栄と衰退をくり返し，中生代の終わりに絶滅した。中生代の代表的な示準化石である。

▲ 図 12-25　アンモナイトの化石

2 植物　ジュラ紀にはソテツ・イチョウ・針葉樹のような**裸子植物**が栄えた。被子植物は白亜紀前期までに現れ（被子植物の花粉と思われる化石が当時の地層から発見されている），白亜紀の間に多様化し，分布を広げた。

重要

中生代

　〔動物〕は虫類の時代（恐竜），鳥類・哺乳類出現，アンモナイト

　〔植物〕裸子植物の時代（ソテツ類・イチョウ類・針葉樹），被子植物出現

---

1) かつてはは虫類とされていたが，最近では，は虫類には分類しない。

3 中生代末の大絶滅 中生代に大いに栄えた恐竜の多くやアンモナイトなどが，中生代の終わり（6500万年前）に絶滅した。この原因は巨大隕石の衝突だったと考えられている。この衝突説は，中生代と新生代を区切る地層の境目に灰が堆積しており，そこにはイリジウム（地球にはごく微量しかないが，隕石には多量に含まれている元素）が大量に存在することを証拠として，アルヴァレズ父子によって提出された（1980年）。その後，メキシコのユカタン半島地下に直径180kmほどの巨大クレーターの存在が確認され，現在，次のような絶滅のシナリオがかなり確実視されている。

▲ 図12-26 巨大隕石の衝突

ユカタン半島に，直径約10kmの隕石が衝突した。衝突により放出されたエネルギーは広島型原爆の10億倍ほどだと推定されている。衝突直後，大火災・大地震・大津波が起こり，衝突で砕け散った塵や火災の煙により，数か月から数年にわたって光がさえぎられ，「衝突の冬」とよばれる寒冷化が起こった。光合成による物質生産が止まり，植物食性動物とそ

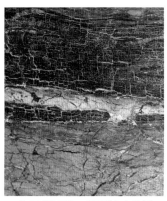

▲ 図12-27 イリジウムの層

れを食べる動物食性動物の多くが絶滅した。また，衝突地点が硫酸塩岩を多く含む地帯だったため，衝突で溶けた硫黄が大気中にまき散らされ，酸性雨となり海を酸性化させた。石灰質の殻をもつ生物は酸に弱いため，特に多くのものが絶滅した。

Column ✆ 生き残ったは虫類たち

恐竜は絶滅したが，同じは虫類でもワニやカメの祖先は生き残った。これはどう説明できるだろうか。光がさえぎられれば光合成生物を基底とする食物連鎖に属する動物は甚大な影響を受ける。しかし，死んだ生物を食べるところからはじまる食物連鎖（腐食連鎖）に属する動物への影響はそれほどではないだろう。淡水生態系では，腐食連鎖が大きな部分を占めるから，ワニやカメが生き残ったことは説明できるだろう。また，哺乳類も，生物遺体を食うもの（昆虫など）を食物として生き残ったと考えられる。

▲ 図12-28 現生のは虫類

E　新生代　★

　新生代は，哺乳類と被子植物の時代である。

1 動物　すでに中生代の三畳紀
（トリアス紀）に，現生の哺乳類の
3つの仲間（**有袋類**：カンガルーの
仲間・**単孔類**：カモノハシの仲間・
有胎盤類（真獣類）：それ以外の哺
乳類）の祖先が現れていたが，哺
乳類が栄えるのは，恐竜が絶滅し
て以後の新生代になってからで，
生じた生態的地位の空白を埋める
ように急速に多様化が進んだ。ま
た，中生代に登場した鳥類も繁栄
した。

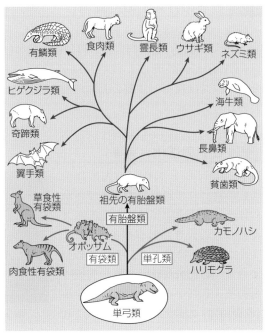

▲ 図 12-29　哺乳類の進化

　新生代は，今からあまり時代が
離れていないため，化石も多く出
土する。ウマやゾウでは，その原
始的なものから連続的な化石がみ
つかっており，進化の跡を化石に
よって明確にたどることができる
（→ p.497）。

2 植物　中生代の白亜紀に出現した**被子植物**は，新生代に入って大いに発展した
が，裸子植物は衰退した。被子植物は受粉や種子の散布に昆虫や鳥類・哺乳類を利
用し，動物と互いに影響を及ぼし合いながら進化した（**共進化**，→ p.509）。花は大
形化・複雑化して目立つようになり，多様化が進んだ。

　第三紀は温暖であったが，約3500万年前から寒冷化して熱帯雨林が衰退し，中
緯度付近に草原ができた。こうした環境の変化に伴い，樹上生活をしていた霊長類
から人類が現れてきた。第四紀になると氷期と間氷期をくり返した。生物は，氷期
には北から南に，間氷期には南から北へと移動し，この間に古い種の大部分は絶滅
してしまった。

新生代 {
　〔動物〕哺乳類の時代（①単孔類，②有袋類，③有胎盤類→原始食虫類→各種哺乳類）
　　　　　　　　　　　　　　　　　　　　　　　　　　└→霊長類→ヒト
　〔植物〕被子植物の時代（木本植物→草本植物）
}

3 人類の進化

A ヒトの分類上の位置

　分類の階層では，一番下から種，属，科，目と階層が上がっていく（→ p.519）。ヒトという種は，霊長目，ヒト科，ヒト属のヒト（種）である。ヒトという種の学名（→ p.519）はホモ・サピエンス（*Homo sapiens*）である。ホモは属名でヒトという意味。サピエンスは種を示す賢いという形容詞。「賢い人」という名前をもったものがわれわれヒトである。

B ヒトの進化 ★★

1 霊長類 ヒトやサルの先祖は白亜紀の終わりの**原始食虫類**までさかのぼる。原始食虫類は，現生のネズミくらいの大きさのツパイ（キネズミ）に似た動物であり，胎盤をもつすべての哺乳類（有胎盤類）の先祖でもある。それから現生のキツネザル（曲鼻猿類）の仲間が進化した。これ

▲ 図 12-30 ツパイ（左）とキツネザル（右）

らの祖先生物は樹上で生活し，夜行性だったと考えられている。樹上で多様化をとげた一群の生物群が霊長類（サル類）である。

中生代			新　　生　　代							
三畳紀	ジュラ紀	白亜紀	古第三紀			新第三紀		第　　四　　紀		
			暁新世	始新世	漸新世	中新世	鮮新世	更　新　世	完　新　世	

（万年前）6600　　　　　　　　　　2300　　530　　260　　　　　　　1

原始食虫類	ライオン		いろいろな有胎盤類
	モグラ		食　虫　類
	ツパイ		ツ パ イ 類
	キツネザル		曲 鼻 猿 類
	クモザル		広 鼻 猿 類
	ニホンザル		いろいろな狭鼻猿類
	テナガザル		類人猿
	オランウータン		
	チンパンジー		
	ヒト		人　類

▲ 図 12-31　霊長類の進化

2 類人猿　中新世（2300 年前〜530 万年前）の中期には気候は比較的温暖であり，多くの類人猿が出現し繁栄した。現生の類人猿にはテナガザル類・オランウータン・ゴリラ・チンパンジー類がいる。チンパンジーがヒトに最も近く，DNA の塩基配列を比べると違いは 1% ほどしかない。チンパンジーの系統とヒトの系統が分かれたのは約 700 万年前ごろとされている。

3 人類　**(1) 猿人**　チンパンジーの系統から分かれた初期の人類を**猿人**とよび習わしている。猿人はアフリカで進化した。アフリカのチャドでみつかった約 700 万年前の**サヘラントロプス・チャデンシス**は，その最初期の人類化石である。約 440 万年前の**ラミダス猿人**（アルディピテクス・ラミダス）はエチオピアで全身骨格が発見された。**直立二足歩行**をしたが，生活はもっぱら樹上だったらしい。

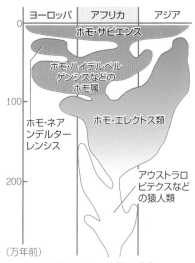

▲ 図 12-32　人類の進化

　猿人として最もよく知られているのがアウストラロピテクス属である。**アウストラロピテクス・アファレンシス**（アファール猿人）の化石でルーシーという愛称をもったものが特に有名で，骨格の半分近い骨が残っている。約 318 万年前のもので，骨盤の形から女性であること，歯から 20 才くらいだったことがわかる。

　人類の際だった特徴は，大きな脳と直立二足歩行である。アファール猿人が二足で歩いた足跡化石が残っており，直立二足歩行していたのは確実であるが，脳の容積は小さく（約 500 cm³）チンパンジーとほぼ同じ大きさであった。このことから，直立二足歩行という特徴は，脳の巨大化の前に起こったと考えられる。

(2) ヒト属　約 240 万年前にアフリカで，アウストラロピテクスのなかまからヒト属（ホモ属）が進化した。**ホモ・エレクトス**は約 190 万年前にアフリカに登場し，アジアやヨーロッパに広がった。ジャワで発見された化石人類である**ジャワ原人**や北京で発見された**北京原人**はこの仲間である[1]。脳容積は猿人と現代人の中間（約 1000 cm³）。加工した握り斧（剝片石器）を使い，火を使用していた。

(3) ネアンデルタール人　約 40 万年前，われわれとよく似たタイプのヒト属が現れた。**ネアンデルタール人**（ホモ・ネアンデルターレンシス）である。骨格は頑丈で，筋肉も強く，歯も大きく，顔も頑丈であった。脳容積はわれわれと同じ程度の大きさ（約 1500 cm³）で，良質の石器を用い，埋葬の跡があるため宗教的観念ももっていたと考えられる。ネアンデルタール人は約 3 万年前に姿を消した。

1) アフリカのものをホモ・エルガスターとし，それがアジアで特殊化したもの（北京原人やジャワ原人のもの）だけをホモ・エレクトスとよぶ研究者もいる。

(4) **ヒト**　約20万年前になると，**ヒト（ホモ・サピエンス）**がアフリカに登場し，10万年ほど前にアフリカを出て，その後，全世界に広がった。

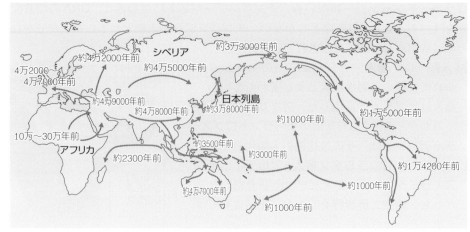

▲ 図12-33　ヒト（ホモ・サピエンス）の拡散

C　人類の特徴　★★

①霊長類の特徴　霊長類は樹上生活に適応しており，手と眼と脳に適応の特徴が見られる。人類も，祖先のもっていたこれらの特徴を保持している。

(1) **手**　爪が，かぎ爪ではなく平爪であり，また，親指が他の4本の指と向かい合う配置になっている（**拇指対向性**）。これらは枝をしっかりつかむ上での適応である。

(2) **眼**　枝から枝へと飛び移る際には，距離を正確に計る必要がある。霊長類の眼は顔の側面ではなく前面に並んでついており，両眼の視野が大きく重なり，**立体視**のできる範囲が広がっている。

(3) **脳**　哺乳類は，は虫類とくらべてより大きな脳をもっているが，哺乳類の中でも，霊長類とクジラ類とが特に大きな脳をもっている。枝から枝へと飛び移る生活は，立体視による正確な位置の測定（感覚）と正確なジャンプ（運動）とを必要とし，運動と感覚とを連合させる脳の発達を促したと想像されている。

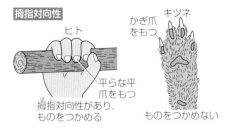

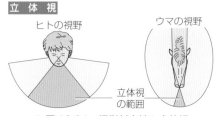

▲ 図12-34　拇指対向性と立体視

2 人類の特徴　人類は，他の霊長類とは以下の点で区別される。

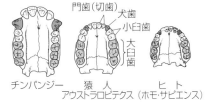

▲ 図 12-35　上あごの比較

(1) **直立二足歩行**　直立二足歩行[1]に伴い，胸部が左右に広がってへん平になり，骨盤も短く幅広く横に広がり，大腿骨が発達し，頭骨と首をつなぐ部分（**大後頭孔**）が類人猿に比べて前方に移動して頭部の真下中央にくるようになった。脊柱はS字形に湾曲し，後肢は指が短くなり対向性を失い，かかとと土ふまずができて足はアーチ状になり，二足歩行に適した形になった（脊柱のS字状の湾曲や足のアーチは，歩行時のショックを吸収する）。

(2) **脳容積の増加**　チンパンジーや猿人の脳容積は約 $500\,cm^3$ であるが，それが約 3 倍になった（現代人は約 $1500\,cm^3$）。

(3) **道具と火の使用**　人類以外では火を使う動物は知られていない。

(4) **精神と知能の発達**　直立二足歩行と，道具や火を使うことが刺激となって，しだいに脳が大きくなり，精神と知能も発達した。

(5) **歯の変化**　犬歯が小さくなり，歯列が放物線を描く（図 12-35）。

(6) **頭骨の変化**　頭頂が高くなり，おとがいができてくる。

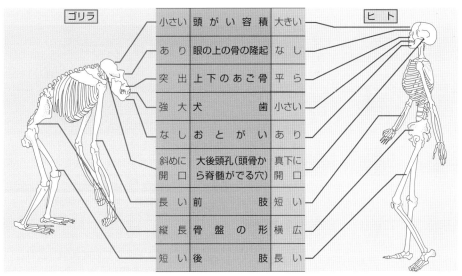

ゴリラ		ヒト
小さい	頭 が い 容 積	大きい
あ り	眼の上の骨の隆起	な し
突 出	上下のあご骨	平 ら
強 大	犬　　歯	小さい
な し	お と が い	あ り
斜めに開口	大後頭孔（頭骨から脊髄がでる穴）	真下に開口
長 い	前　　肢	短 い
縦 長	骨 盤 の 形	横 広
短 い	後　　肢	長 い

▲ 図 12-36　類人猿（ゴリラ）とヒトの比較

1) なぜ直立二足歩行になったかについては，手に道具や食物をもって運ぶことにより二足で歩かざるを得なくなった，草原では立ったほうがからだが直射日光で過熱しにくい，立ったほうが眼の位置が高くなるので遠くが見えて捕食者に気づきやすいなど，さまざまな仮説がある。

4 進化の証拠

　生命は，ほぼ40億年の長い進化の歴史をもっている。進化には，日常生活の時間よりはるかに長い時間がかかるため，目の前で進化を実証することは難しい。しかし，進化を示す確固たる事実は存在する。

A 化石に見られる進化の事実 ★★

1 化石　大昔の生物が，石になって地中から発見されたものを**化石**という。化石はふつう，水底の土砂に埋もれた生物の遺体が，地殻の隆起によって地上に現れ，発見される。足跡や排出物の化石，また，シベリアの

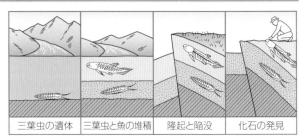

▲ 図12-37　化石のでき方と発見

| 三葉虫の遺体 | 三葉虫と魚の堆積 | 隆起と陥没 | 化石の発見 |

奥地で発見されるマンモスのように凍結したまま肉まで残っているものも化石に含まれる。化石が多く出現するのは，生物がかなり進化して骨格などの化石として残りやすい構造をもつようになってからである。そのため，先カンブリア時代の化石は非常に少ない。

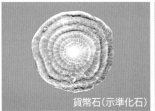

三葉虫(示準化石)　　　　貨幣石(示準化石)　　　　クサリサンゴ(示相化石)

▲ 図12-38　いろいろな化石

2 示準化石　三葉虫やアンモナイトのように，ある限られた時代のみに大いに栄え(分布範囲が広く)，生存年代が短い生物の化石は，その化石を含む地層の年代を決める規準として使えるので，**示準化石**(標準化石)といわれる。

▼ 表12-2　おもな示準化石

地質時代	示　準　化　石
古生代	三葉虫，フズリナ(紡錘虫)，フウインボク，リンボク，ロボク
中生代	恐竜，アンモナイト，ソテツ類
新生代	マンモスなどの哺乳類，貨幣石(原生動物有孔虫)，被子植物

3 示相化石　ある地層ができた当時の自然環境を知る手がかりとなる化石を**示相化石**という。例えば，サンゴ礁の化石は，かつて水のきれいな暖かい浅い海であったことを示している。

4 **中間型の化石**　系統的に異なる2つの生物のグループをつなぐ中間的な形質をもつ化石が存在することがあり，両者が共通の祖先から進化して分かれてきたことを示している。

(1) **シソチョウ** は虫類と鳥類をつなぐ化石。翼に3本の指をもち，歯や尾骨があるなど，は虫類の特徴を残しているが，体表に羽毛があり翼をもつので，原始的な鳥類であると考えられている。

(2) **シダ種子植物**（ソテツシダ）　種子をつくらないシダ植物と，種子をつくる種子植物とをつなぐ化石（古生代石炭紀に繁栄してペルム紀から三畳紀に絶滅）。外部形態や維管束はシダ植物に似ているが，葉にソテツに似た種子をつける。

5 **系統化石**　連続した地層を調べると，ある種類の生物が，次々と変化していく過程を示す一連の化石が得られることがある。これを**系統化石**とよぶ。ウマ・ゾウ・サイなどの例が有名で，進化の事実と傾向がよくわかる。

例　**ウマの系統化石**　ウマの祖先は森林にすむ小形の動物であったが，気候変動による草原の拡大に伴い，草原へと進出した。ウマの仲間は，しだいにからだが大形化し，指の本数が減っていった。これらは草原という硬い平らな地面を速く走ることへの適応である。また臼歯も複雑化していき，歯の表面にセメント質をもつようになったが，これは樹木の若葉（柔らかいもの）からイネ科植物の草（硬いもの）へと食物を変えたことへの適応である。

① **ヒラコテリウム（エオヒップス）**　ウマの原始型。小犬ぐらいの大きさ。前肢の指は4本，後肢の指は3本。古第三紀の始新世の北米に生息。

② **メソヒップス**　やや大きくなり，前後肢とも指は3本。第三紀の漸新世に生息。

③ **メリキップス**　ひづめのついた3本の指のうち真ん中が大きくなり，歯の表面にセメント質ができる。新第三紀の中新世に生息。

④ **プリオヒップス**　指は前後肢とも1本。鮮新世に生息。

⑤ **エクウス**　現在のウマに近くなる。第四紀の更新世に生息。

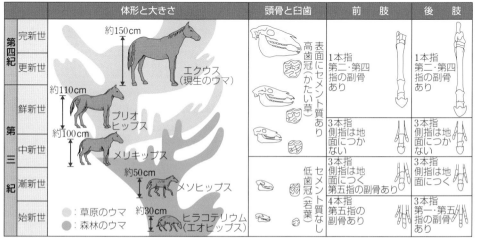

▲ 図12-39　化石から見たウマの進化

B 発生学上の事実 ★★

違う動物でも，発生の過程が似ていたり，幼生が互いに似ていることから，進化の道すじが推定できる。

■1 脊椎動物の個体発生 脊椎動物の個体発生の，特にごく初期においては，どれもよく似た形をしている（図 12-40）。このことから，脊椎動物は共通の祖先から進化したことが推測できる。

① **発生反復説** "個体発生は系統発生をくり返す"という説を**発生反復説**といい，脊椎動物の初期発生の類似性をもとにしてドイツの**ヘッケル**が唱えた（1866 年）。個体発生とは，卵から親になる発生の過程，系統発生とは，ある種が進化の過程で形態的・遺伝的に変化してきた道すじである。系統発生を個体発生時にくり返すというのが，発生反復説である。

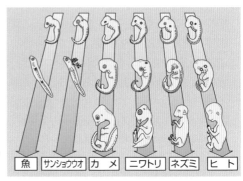

▲ 図 12-40 脊椎動物の個体発生の比較

魚｜サンショウウオ｜カ メ｜ニワトリ｜ネズミ｜ヒト

補足 発生反復説はそのような傾向があるという程度であり，すべての生物に厳密にあてはまるわけではない。しかし，個体発生と進化の関係に目を向けさせる先駆的な役割を果たした。

② **ヒトの胎児のえら孔** ヒトの胎児にも，発生の初期にはえら孔に相当するものがあり，水中生活をしていた祖先から進化してきたことを示している。

③ **ニワトリの胚発生における窒素の排出** 体内でタンパク質が分解されると，アンモニア（NH_3）ができる。ニワトリの胚は，発生初期には**アンモニア**をそのまま尿のう中に排出するが，しばらくたつとおもに**尿素**を排出するようになり，最終的には**尿酸**をおもに排出するようになる。成体の排出物は，魚類では**アンモニア**，両生類では**尿素**，は虫類・鳥類では**尿酸**である。つまり，ニワトリ胚に見られる排出物の変化は，魚類から両生類，は虫類を経て鳥類へと進化した際に起こった変化と同じ順番である。

■2 無脊椎動物の幼生 ゴカイ（環形動物）とアサリ（軟体動物）を比べると，成体はまったく似ていない。しかし，幼生はどちらも，からだのまわりと頭頂に繊毛があり，コマのような形をしている**トロコフォア幼生**であり，きわめてよく似ている（図 12-41）。

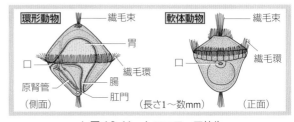

環形動物 繊毛束 — 胃 — 口 — 繊毛環 — 原腎管 — 腸 — 肛門 （側面）

軟体動物 繊毛束 — 繊毛環 — 口 （長さ1〜数mm） （正面）

▲ 図 12-41 トロコフォア幼生

1 相同器官 はたらきや外形が違っていても，その根本的な構造が解剖学的にも，発生学的にも一致しているものを**相同器官**という。相同器官をもつ生物どうしは，共通の祖先から進化したものと考えられる。

(1) **脊椎動物の前肢** ヒトの腕，ネコの前肢，クジラの胸びれ，コウモリの翼，ハトの翼などは，はたらきや外形は違っているが，内部構造は基本的に同じで，相同器官である。

(2) **カラタチのとげとヤマノイモのむかご** どちらも茎の変形したもので，相同器官である。

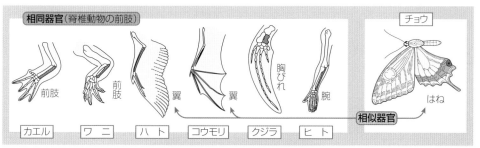

▲ 図 12-42　相同器官と相似器官

2 相似器官 はたらきや外形が似ていても，根本的な構造や起源の異なるものを**相似器官**という。類縁関係が近いことの証拠にはならない。

(1) **コウモリの翼とチョウのはね** コウモリの翼は前肢の変化したもので内骨格があるが，チョウのはねは表皮から分化した突起であり，これらは相似器官である。コウモリとチョウの類縁関係は遠い。

(2) **サツマイモのいもとジャガイモのいも** サツマイモのいもは根の変化した塊根^{かいこん}，ジャガイモのいもは地下茎の変化した塊茎^{かいけい}。サツマイモはヒルガオ科，ジャガイモはナス科で類縁関係は遠い。

3 痕跡器官 近縁の仲間では機能をもっているが，ある動物においては痕跡的になっていて，そのはたらきが十分でない器官を**痕跡器官^{こんせき}**という。クジラの後肢やニシキヘビの後肢などは退化した痕跡器官であり，どちらの動物も，機能する後肢をもつ先祖から進化してきたことがわかる。

　ヒトにもさまざまな痕跡器官がある。眼の瞬膜（水中での眼の保護）・犬歯・おやしらず・胸毛・虫垂・尾骨・動耳筋など。

退化 も 進化

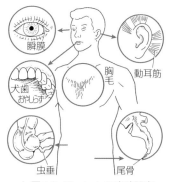

▲ 図 12-43　ヒトの痕跡器官

現生生物の分布や適応のしかたを調べると，進化を示す事実がみつかる。

1 大陸移動説 陸続きで移動が可能な範囲には，共通の動物が分布しているが，地質時代に早くから孤立したオーストラリアのような大陸や，高い山脈・海などで隔てられたところでは，気候が似ていても，他の場所には見られない固有種が多く存在する。

ドイツの気象学者**ウェゲナー**は，1912 年に**大陸移動説**を唱え，現在の各大陸は，古生代末にはひとかたまりの大陸だったとして，これを**パンゲア**と命名した。やがてパンゲアは，南北の 2 つの大陸(北の**ローラシア大陸**と南の**ゴンドワナ大陸**)に分裂し始めた。このうち，ローラシア大陸からは，後に北アメリカとユーラシア(インドを除く)となる大陸が分裂した。ゴンドワナ大陸はまず東西の 2 つのゴンドワナ大陸に分離し，その後，西ゴンドワナ大陸はアフリカ大陸と南アメリカ大陸へと分離し，東ゴンドワナ大陸はインド亜大陸，南極大陸，オーストラリア大陸へと分離した。

この大陸移動説をもとに，どこにどのような化石が存在するかを予測できる。パンゲアが分かれる前に進化した陸上生物の化石は，広くどの大陸においても発見できるが，パンゲアが分裂した後に進化した生物の化石は，その分裂した大陸だけにしか分布していないと予測できる。この予測は実際に正しいことがわかっており，進化の証拠の 1 つと考えられている。

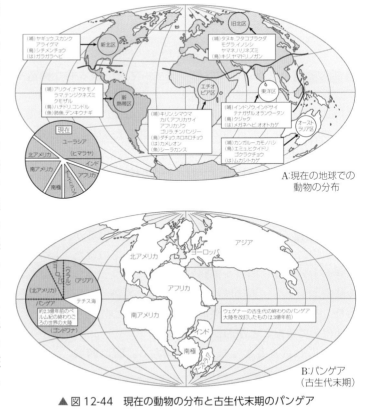

A:現在の地球での動物の分布

B:パンゲア(古生代末期)

▲ 図 12-44　現在の動物の分布と古生代末期のパンゲア

E 分類学上の事実 ★

1 中間型生物 化石にも中間型があるが，現生の生物にも２つまたはそれ以上の分類群を結びつける種類がみつかっている。例えば，オーストラリア産のカモノハシは，体毛があり，母乳で子を育てるという点では，まさに哺乳類であるが，卵を産み，総排出腔をもつなど，は虫類の特徴ももっている。

▲ 図 12-45 カモノハシ（単孔類）

2 生きている化石 地質時代に繁栄していた生物が，現在でも限られた場所で生き残っている場合，これを**生きている化石**（遺存種）という。生体を詳しく調べることができるので，進化や系統をたどるうえで役に立つ。

(1) **シーラカンス** 肉鰭類には，肺魚の仲間とシーラカンスの仲間（総鰭類）がある（→ p.485）が，総鰭類の唯一の生き残りがシーラカンスである。四肢をもった動物の進化を考える上で重視されることがある。

▲ 図 12-46 カブトガニ

(2) **カブトガニ** デボン紀から中生代のはじめまで繁栄し化石も多い。現在では瀬戸内海とアメリカ東岸にのみ残存している。甲殻類よりもクモ類に近く，幼生は三葉虫に似ている。

(3) **ヤツメウナギ** シルル紀に繁栄した無顎類に近いもので，あご骨がなく，口は丸い。新潟・富山などの日本海に生息し，食用になる。

(4) **メタセコイア** 化石は近畿地方の新生代初期の地層から多く出る。これをもとに，三木茂により 1941 年メタセコイアと命名された。ところが，その５年後中国奥地で生きたものがみつかり，現在では珍しいというので，日本各地に植えられている。さし木でよくつく。アケボノスギともいう。

▲ 図 12-47 メタセコイア

(5) **イチョウ** 原産地は中国。日本へは鎌倉時代に輸入されたともいわれる。この仲間は中生代のジュラ紀に種類も増え大いに栄えたが，白亜紀にはほとんど絶滅し，現在ではイチョウ１種のみが残っている。精子ができる点など，原始的な形質をもっている。

▲ 図 12-48 イチョウ

F 分子に見られる事実 ★★

　生物は，からだを構成している分子や化学反応に注目すると，どの生物でもほぼ同じであるが，生物の形はさまざまである。生化学的に見れば共通性，形態学的に見れば多様性が目につく。

　体内の分子や生化学的な反応には共通点が多い。例えばどの生物も，① 遺伝物質として DNA をもつ，② エネルギー物質として ATP を利用する，③ タンパク質は L-アミノ酸のみからなる，④ 呼吸の反応はすべて解糖系を経由する，⑤ 光合成では光化学系 I が共通する，などである。このことは，すべての生物は単一の祖先から発していることの有力な証拠となっている。

　しかし，生化学的性質にも多少の変化が生じている。例えば，① 同じはたらきをするタンパク質のアミノ酸配列，② DNA の塩基配列，③ 血清反応，④ 動物の窒素排出物，⑤ クロロフィルなどに，系統や種類による差が見られ，これらは進化と系統を考える証拠になる。特に DNA には生命の歴史がかきこまれていると考えられ，それを読み解く作業が盛んに行われている。

1 ヘモグロビンと進化　脊椎動物の呼吸色素であるヘモグロビンは 4 本の鎖（サブユニット）からできている。そのうちの 1 本（α 鎖）は約 140 個のアミノ酸からなっているが，そのアミノ酸の並び方を比べると，ヒトとゴリラとでは 1 か所しか違っていない。また，ヒトとウシとでは 17 か所違い，カモノハシとでは 37 か所，イモリとでは 62 か所，コイとでは 68 か所，サメとでは 79 か所が違う。このように，系統のかけはなれたものほど，アミノ酸配列により多くの違いが見られる。これは，共通の祖先がもっていた同じヘモグロビンの遺伝子が，系統が分かれてから時間とともに別々に変化し，その結果アミノ酸配列にも違いが生じたと考えると理解できる。

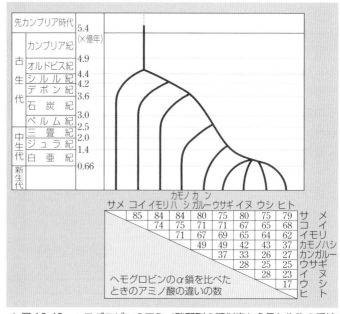

▲ 図 12-49　ヘモグロビンのアミノ酸配列の類似度から見た生物の系統

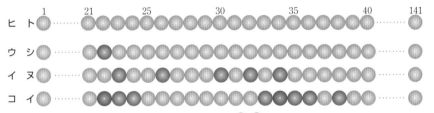

	1	21	25	30	35	40	141
ヒ ト							
ウ シ							
イ ヌ							
コ イ							

●● はヒトのヘモグロビン鎖と異なるアミノ酸

▲ 図 12-50　脊椎動物のヘモグロビンの比較（α鎖のアミノ酸配列）

[補足] 分子時計　アミノ酸の変化した数と，化石から知られる2つの系統の生物が分かれた時期とから，アミノ酸が1個変わるのにどれだけ時間がかかるかを計算できる。計算の結果，アミノ酸が変化していく速度は一定であることがわかった。そのために，アミノ酸の違いをもとに，2つの生物がいつ共通の祖先から別れてきたかという，分岐の年代を推測することができる。アミノ酸のおきかわる速度を時計として使えるので，分子の進化に関するこの性質を**分子時計**とよぶ。

2 シトクロムcと進化　電子伝達物質であるシトクロムcは，呼吸を行うすべての生物に存在し，104個のアミノ酸からできている（共通性）。そして，そのうちの35個はすべての生物に共通であるが，残りのものはそれぞれ生物によってアミノ酸の種類に違いが見られる（多様性）。

(1) **共通部分の存在**　共通部分はシトクロムcの本来のはたらきを維持するために必須の箇所であり，ここが変異した生物は死滅し，子孫への継承が行われない（機能的制約）。これに対し，機能的に重要でないアミノ酸ほど変化しやすい。

[補足] DNAの塩基配列についても同様で，例えばイントロンなどの塩基配列は変化の速度が大きい。また，同義置換では指定するアミノ酸の種類は変化しないので，タンパク質の機能に関わらず，DNAでは起こりやすい。

(2) **分子系統樹**　生物体の構成分子をもとにしてつくった系統樹を**分子系統樹**という。シトクロムcの一次構造（アミノ酸配列）の相違をもとにつくられた系統樹を図12-51に示した。これは，他の多くの知見をもとにつくられた系統樹と大すじで一致する。

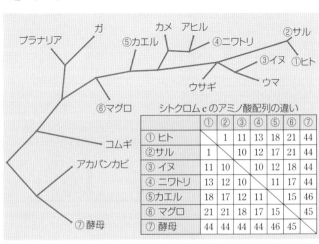

シトクロムcのアミノ酸配列の違い

	①	②	③	④	⑤	⑥	⑦
① ヒト		1	11	13	18	21	44
② サル	1		10	12	17	21	44
③ イヌ	11	10		10	12	18	44
④ ニワトリ	13	12	10		11	17	44
⑤ カエル	18	17	12	11		15	46
⑥ マグロ	21	21	18	17	15		45
⑦ 酵母	44	44	44	44	46	45	

▲ 図12-51　シトクロムcのアミノ酸配列の類似度から見た生物の系統

5 進化のしくみ

A いろいろな進化説 ★★

　化石やその他の証拠などから，生物の進化は疑う余地のない事実である。しかし，そのしくみ（何が原因で，どのようにして進化が起こるのか）の解明には困難が伴う。進化という長い時間のかかるものは，直接，実験によって確かめることができず，推論しかできないからである。

1 ラマルクの用不用説　18世紀の中ごろまでは，生物の種は変化しないと広く信じられていた。それに対して，生物が進化することを明確に述べ，進化論を体系づけようとしたのはフランスの**ラマルク**である（著書『**動物哲学**』；1809年）。進化のしくみとして，彼は**用不用説**を唱えた。その中で彼は，よく使われる器官は発達し，発達した形質が子孫に伝えられて（獲得形質の遺伝），進化が起こるとした。

2 ダーウィンの自然選択説　イギリスの**ダーウィン**は，ビーグル号に乗船して世界各地を旅した。彼は，ガラパゴス諸島でフィンチやゾウガメを観察し，少しずつ違うフィンチのさまざまな種は，もとになった1つの種から進化したと考えるとよく理解できることに気がついた。さらに彼は，古くから人類は，有用な変異の個体を選択（**人為選択**）して多様な家畜や栽培植物の品種をつくってきたことに着目し，**自然選択説**を唱えた（著書『**種の起源**』；1859年）。その中で彼は，① 生物は多くの子を産むが，それらの間には形質の違い（変異）が見られる，② これらのうちの，より環境に適したものが生き残って子孫を残す，③ 自然選択の結果，適した形質が子孫に伝えられ，このような変化が積み重なって進化が起こる，と考えた。

用不用説：キリンの祖先は木の葉を食べていたが,高いところの木の葉を食べるために前足と首をのばすことをくり返すうちに,前足と首がのびてきて,この形質が代々積み重ねられて現在のキリンになった。

自然選択説：背の高いものや低いものが生まれるが,前足や首の長いものほど高いところの木の葉を食べるのに有利で,このような個体が自然選択によって残り,それが代々くり返されて現在のキリンになった。

▲ 図 12-52　用不用説と自然選択説によるキリンの進化

つまり，進化のしくみとして，遺伝する変異が存在することと，それが自然選択を受けること，の2つを考えたことになる。

③ ド フリースの突然変異説　オランダの**ド フリース**はオオマツヨイグサを代々自家受精させて栽培していたが，その中にさまざまな変異が突然生じ，それが遺伝することを発見した。彼はこの現象を**突然変異**とよび，突然変異によって新しい種が急速に生じるとする**突然変異説**を唱えた。この説の問題点は，突然変異にはさまざまなものがあり（つまり，突然変異に方向性はない），なぜ適応的な性質のものが進化するのかを説明できない点である。

> **[補足] 突然変異**　同じ種であっても，個体間には変異による形質の違いがある。生物が進化するためには，変異によって新しい形質が生じ，それが遺伝しなければならない。変異には遺伝しない**環境変異**と，遺伝する**遺伝的変異**とがある。遺伝的変異は**突然変異**（→ p.180）によって生じ，これが進化にかかわる。

B　現代の進化説　★★★

20世紀に入って，遺伝と遺伝子についての理解が大いに進んだ。その知識をもとに，遺伝の法則とダーウィンの自然選択とを結びつけ，進化を総合的に理解しようとする**総合説**が唱えられた。

その際，主役になったのが**集団遺伝学**だった。これは，互いに繁殖している個体からなる集団内で，遺伝的な変異がどのように変化するかを扱う学問である。総合説は自然選択や突然変異以外にも，**遺伝的浮動**や**隔離**など，さまざまな要因を総合的にとらえて進化を理解しようとする立場であり，現代の進化説の主流である。

① 集団遺伝学　第4章で学んだ遺伝の法則は，親の形質がどのように子に伝わるかという，いわば個人の

> **進　化 ＝ 生物集団の遺伝子構成の変化**

問題についてであった。しかし，日本人全体で考えると，ある形質はどんな割合を示し，それがどう遺伝していくかという問題もある。このような，集団の遺伝子構成を研究する遺伝学の分野が**集団遺伝学**である。

ここでは，集団遺伝学の基礎となるハーディ・ワインベルグの法則を学んでみよう。これは変化（進化）のまったく起こらない集団を仮定した場合の法則である。集団遺伝学的に見れば，進化とは，生物集団の遺伝子構成が時間とともに変化することと定義できる。変化のない場合の知識を基礎にして考えると，変化を起こす原因，すなわち進化の原動力（要因）がどのようなものかが見えてくる。

② 集団遺伝とメンデル遺伝　ヒトの耳あかの遺伝では，湿性が乾性に対して優性である。これをメンデルの一遺伝子雑種の遺伝から判断すると，図12-53のように F_2 では湿性が

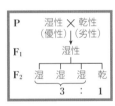

▲図12-53　耳あかの遺伝の仮定

乾性の３倍になってしまう。しかし，図はF_1が自家受精する場合のことで，ヒトのように自由に結婚し合う集団ではこのようなことは起こらない。現実に日本人の集団では約80%が乾性で，その比率は変わらない。

③ 遺伝子プール　あるメンデル集団[1]に属する全個体の遺伝子の総和を**遺伝子プール**という。生物はふつう，ある地域の中で有性生殖によって遺伝子を交換し合っている。そのため，個体は遺伝子プールにある遺伝子を分け合って成り立っている。集団内で特定の遺伝子が増減すると，遺伝子プールの構成が変わるが，これが進化の最初の段階となる。

④ ハーディ・ワインベルグの法則　① ある程度集団の個体数が大きく，② ほかの集団との間で個体の移入や移出がなく，③ 問題とする遺伝子に突然変異が起こらず，④ 自然選択が行われず，⑤ 交配が自由に行われる場合（メンデル集団である場合），集団内の対立遺伝子Aとaの比率は世代を重ねても変化しない。これが**ハーディ・ワインベルグの法則**である[2]。逆にいえば，これらの条件が満たされている環境がくずれることによって，集団内の遺伝子構成の頻度が変化し，進化が起こるということになる。

証明　一方の対立遺伝子Aの頻度をp，もう一方の対立遺伝子aの頻度をqとする（遺伝子頻度は，全体を１としたときの割合で表す。ここでは対立遺伝子としてAとaだけを考えているから，$p+q=1$となる）。

配偶子ができる際，精子も卵も，Aをもつものの頻度はp，aをもつものの頻度はqであるから，表12-3に示すように，次代の個体の中で，

遺伝子型AAになる個体の頻度はp^2，

遺伝子型aaになる個体の頻度はq^2，

遺伝子型Aaになる個体の頻度は$2pq$　となる。

つまり，$(pA+qa)^2$の展開式　$p^2AA+2pqAa+q^2aa$　となる。

したがって，遺伝子Aの頻度は，

AA個体の$2p^2$（AAはAを２つもつから２倍する）と，Aa個体の$2pq$を足したものとなり，

$$2p^2+2pq=2p(p+q)=2p$$　である。

遺伝子aの頻度は，同様に，

$$2pq+2q^2=2q(p+q)=2q$$　である。

そこで対立遺伝子Aとaの頻度の比率は

$$2p:2q=p:q$$

となり，親の集団と変わらない。

これがハーディ・ワインベルグの法則である。このように対立遺伝子の頻度が，世代が変わっても変化しない集団は，**遺伝子平衡**にあるという。

▼ 表12-3　次代の比率

卵＼精子	pA	qa
pA	p^2 AA	pq Aa
qa	pq Aa	q^2 aa

遺伝子　♂$(A+a)×$♀$(A+a)$
　　　　$=AA+2Aa+aa$

頻度　$(p+q)(p+q)$
　　　$=p^2+2pq+q^2$

---

1) 交配が自由に行われ，遺伝子の交流が完全に自由である集団を**メンデル集団**という。
2) イギリスの数学者ハーディとドイツの物理学者ワインベルグによって，1908年，別々に発見された。

重要

ハーディ・ワインベルグの法則

特定の条件を満たす集団では，対立遺伝子の比は世代を重ねても変化しない

問題学習　　　　　　　　　　　　　　　　　　**集団遺伝に関する計算(1)**

　人口 200 人，男女同数が住んでいるある離れ島で，全員に PTC ペーパーテスト[3] を行ったところ，苦味を感じない人が 50 人であった。苦味を感じる人のうち，PTC 不感遺伝子をもつ人は理論上何人いるか。ただし，PTC 不感は性に関係のない遺伝で，1 対の対立遺伝子が関係し，劣性ホモ接合体(aa)のときだけ発現する。

考え方　この集団内の遺伝子 A の頻度を p，遺伝子 a の頻度を q，$p+q=1$ とする。Aa をもつ人の人数を求めよというのが題意である。AA，Aa，aa の遺伝子型をもつ人の割合は次のような式で表すことができる。

$$(pA+qa)^2 = p^2 AA + 2pq Aa + q^2 aa$$

つまり，遺伝子型 AA の頻度は p^2，

遺伝子型 Aa の頻度は $2pq$，

遺伝子型 aa の頻度は q^2，

になっているはずである。

　200 人中に PTC 不感 (aa) は 50 人であるから

$$q^2 = \frac{50}{200} = \frac{1}{4} \qquad \therefore \ q = \frac{1}{2} = 0.5$$

$$\therefore \ p = 1-q = 1-0.5 = 0.5$$

したがって，Aa の頻度は

$$2pq = 2 \times 0.5 \times 0.5 = 0.5$$

よって，人数は 200 人×0.5＝**100 人** 答

問題学習　　　　　　　　　　　　　　　　　　**集団遺伝に関する計算(2)**

　ヒトの MN 式血液型には，M 型・N 型・MN 型の 3 つがあり，これは優劣のない 1 対の対立遺伝子 M と N によって決定される。日本人では M 型の人が 36％であった。M および N の遺伝子頻度は何％か。また，MN 型，N 型の人の頻度は何％か。

考え方　MN 式血液型では，遺伝子型と表現型の間には，次の関係がある。

$MM \to$ M 型，$MN \to$ MN 型，$NN \to$ N 型

　遺伝子 M の頻度を p，遺伝子 N の頻度を q，$p+q=1$ とすると，MM，MN，NN の遺伝子型をもつ人の割合は

$$MM : MN : NN = p^2 : 2pq : q^2$$

になっているはずである。

　M 型が 36％であるから

$$p^2 = \frac{36}{100} = 0.36 \qquad \therefore \ p = 0.6$$

$$\therefore \ q = 1-p = 1-0.6 = 0.4$$

したがって，MN 型の人の頻度は

$$2pq = 2 \times 0.6 \times 0.4 = 0.48$$

また，N 型の人の頻度は

$$q^2 = 0.4^2 = 0.16$$

答　**M の頻度 60％，N の頻度 40％**

MN 型の頻度 48％，N 型の頻度 16％

3）PTC（フェニルチオカルバミド）をしみこませた紙をなめさせると（PTC ペーパーテスト），強い苦味を感じる人と，味を感じない人（不感）とに分かれる。

⑤ 遺伝子頻度の変化　突然変異のような，個体で起こった遺伝子の変化が集団内に広がっていき，その集団全体の遺伝子構成の頻度が変わることで進化は起こる。遺伝子プール中で，その遺伝子の頻度が変化（増加）していく要因として，**自然選択**と**遺伝的浮動**（→ *p*.510）が考えられている。

（→ *p*.510）

C　自然選択　★★

① 自然選択　突然変異では，生存に有利なものや不利なものが無作為に生じる。遺伝子型の異なる個体間で，生存能力や繁殖能力に違いがあれば，有利なほうの個体が子孫を多く残す。これが**自然選択**である。

　自然選択において，ある個体がどれだけ有利かは**適応度**[1]で表す。適応度の高い遺伝子型を含む生物集団に自然選択がはたらき，世代を重ねるごとに有利な変異が集団中に広がり，進化が起こる。遺伝子に注目すれば，自然選択により，遺伝子プール内で有利な遺伝子の頻度が増加するということである。突然変異という無作為に起こるものが進化に結びつくのは，自然選択がはたらくからであり，自然選択は進化を方向づけるものである。

② 適応と進化　現在地球上に見られる生物はどれも，その形態的・生理的な性質が，おかれた環境のもとで生きて繁殖していくのに都合よくできている。この現象を**適応**という（→ *p*.451）。適応は，環境に適応した形質が自然選択によって集団中に広まった結果である。つまり，生物はそれぞれの環境に適応するように進化しており，これを**適応進化**という。

(1) **工業暗化**　オオシモフリエダシャクには，明色型と，突然変異によって生じた暗色型がある。イギリスのマンチェスターでは，1848 年にはオオシモフリエダシャクの暗色型の占める割合は 1％であった。しかし，工業化の進んだ 1898 年には，暗色型が

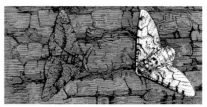

▲ 図 12-54　オオシモフリエダシャクの工業暗化

99％に増加していた（**工業暗化**）。これは，大気汚染により，木の幹に生えていた白色の地衣類が生育できなくなり，その結果，木の幹が黒っぽくなることで，黒い幹に止まった明色型のガは目立つため鳥に捕食されやすくなり，ガの集団中の遺伝子頻度に大きな変動が生じたためである。

(2) **擬態**　周囲の環境や生物などに形態や色彩が似ていることを**擬態**という。擬態によって，捕食者からみつかりにくくなり，捕食される機会が減少するため，より多くの子を残すことが可能となる。

▲ 図 12-55　コノハカマキリの擬態

(3) **性選択**　コクホウジャクの雄の尾は長く，生存に不利である
ように見える。ところが，雌は尾の短い雄よりも尾の長い雄を
好んで選択する傾向があるため，尾の長い雄のほうが繁殖の機
会が多く，その結果，尾の長い雄が集団に広まった。このよう
に，個体による配偶成功の違いに起因して繁殖に有利な形質が
集団中に広まることを**性選択**という。

(4) **共進化**　植物は地面に固着しているため，有性生殖の相手を
みつけ，子孫を広くばらまくためには，それなりの工夫がいる。
被子植物は，風を使って花粉を飛ばすだけではなく，昆虫類な
どに花粉を運んでもらうやり方も備えている。目立つ花をつけ，
運んでもらう報酬を与える蜜腺を発達させて，昆虫をよぶ。花
粉がまじってしまわないように，協力してくれる昆虫が同じ種
の花だけ訪れるように，花はさまざまな機構を備えるようにな

▲図12-56　コク
ホウジャクの雄

り，それに応じて昆虫の口器も蜜を吸いやすいような形状に進化していった。こ
のように，異なる種どうしが互いに影響を及ぼしあいながらともに進化すること
を**共進化**という。

3 適応放散　ある生物から，さまざまな環境への適応によって多様な生物が現れ
てくることを**適応放散**という。その結果，生物はさまざまな生態的地位（→ p.468）
を占めてすみわけている。

オーストラリア大陸は，パンゲア
（→ p.500）では南極大陸を介して南
アメリカとつながっていて，有袋類
の祖先がそこからオーストラリア大
陸へと移動してきたが，その後オー
ストラリア大陸は孤立した。そのた
め，オーストラリア大陸では，有袋
類が適応放散した。一方，オースト
ラリア大陸以外の大陸では，有胎盤
類が現れたため，有袋類はほぼ絶滅
し，有胎盤類が適応放散してさまざ
まな生態的地位を占めるようになっ
た。オーストラリア大陸の有袋類と，
ほかの大陸の有胎盤類を比べると，

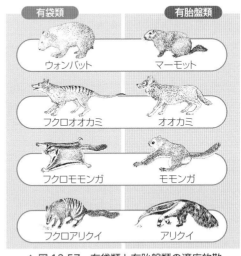

有袋類　　　　　　　　　　　有胎盤類

ウォンバット　　　　マーモット

フクロオオカミ　　　オオカミ

フクロモモンガ　　　モモンガ

フクロアリクイ　　　アリクイ

▲図12-57　有袋類と有胎盤類の適応放散

同じ生態的地位のものは，よく似た形態をもっている（収束進化）。

1）ある変異型の母親が生んだ子の総数（生殖年齢まで生きのびて子孫をつくる能力のある子の総数）をそ
の変異型の適応度とする。

4 収束進化 系統を異にする生物でも，同じような環境におかれると同じような自然選択が起こり，大変よく似た形態や習性をもったものに進化する。この現象を**収束進化**(収れん)という。

(1) **は虫類・鳥類・哺乳類** 中生代には，は虫類が栄え，適応放散した(→ p.488)。新生代には，は虫類に代わって鳥類や哺乳類が適応放散した(→ p.491)。飛行の生活へと進化したものは，翼竜(は虫類)もカモメ(鳥類)もコウモリ(哺乳類)も同じような形態をとるようになった。また，水中生活へと進化したものは，魚竜(は虫類)もペンギン(鳥類)もイルカ(哺乳類)もよく似た形態をとるようになった。

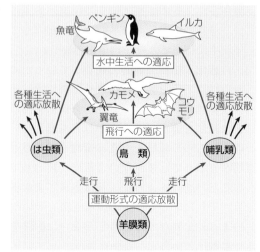
▲図12-58 は虫類・鳥類・哺乳類の収束進化

(2) **サボテンとハナキリン** 砂漠に生えるサボテン(サボテン科)とハナキリン(トウダイグサ科)は，どちらも多肉で同じような形態をしている。

D 遺伝的浮動 ★★

1 中立説 自然選択説によれば，集団内に蓄積される遺伝子は，自然選択を受けた有利なものばかりのはずである。ところがDNAやタンパク質という分子レベルでの進化では，生存や繁殖に有利でも不利でもなく，自然選択と関係のない突然変異が一定の確率でたえず起こり，これが集団内に蓄積されることがある。**木村資生**は，このような中立的な遺伝子の変化が形質として現れる場合があり，進化に関与するのだとする**中立説**を唱えた(1968年)。

2 遺伝的浮動 小さな集団においては，たまたま偶然に，ある遺伝子をもったものが多く生き残ったり，ある遺伝子が子に広く伝わったりすることが起こることがある。すると，集団内で，その遺伝子の頻度が大きく増加する。このように，偶然によってある集団内での遺伝子頻度が変化することを**遺伝的浮動**という(図12-59)。

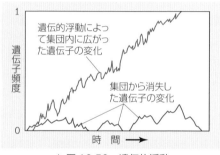
▲図12-59 遺伝的浮動

図 12-60 のように，突然変異で新たな対立遺伝子（赤丸で示す）が生じたとする。10 個体からなるこの集団で，5 個体だけが，子を 2 個体ずつ産むと仮定する（赤丸の遺伝子と白丸の遺伝子には適応度の違いはないと仮定）。子を産める個体を無作為に選ぶとすると，たまたまこの図の例のように，赤丸で示した遺伝子をもつものが，数世代後には 100% になることが起こり得る。ただし，対立遺伝子間に適応度の違いが大きい場合には，自然選択のほうが，遺伝子頻度の変化により大きく寄与する。

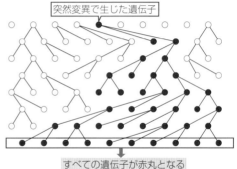

突然変異で生じた遺伝子

すべての遺伝子が赤丸となる

▲ 図 12-60　遺伝的浮動による遺伝子頻度変化のモデル

③ びん首効果　ある集団において，個体数の少ない時期が数世代続くと，遺伝的浮動の作用が強くはたらき遺伝子頻度の変動が大きくなる。これが**びん首効果**[1] である。びん首効果の結果，遺伝的多様性が減り，場合によって有害な遺伝子の頻度が上がる。

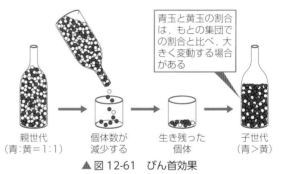

青玉と黄玉の割合は，もとの集団での割合と比べ，大きく変動する場合がある

親世代
（青：黄＝1：1）

個体数が減少する

生き残った個体

子世代
（青＞黄）

▲ 図 12-61　びん首効果

E　種分化とそのしくみ　★★

① 種分化　新しい種は，もとになる種の集団から分かれて形成される。新種が生じる過程を**種分化**とよぶ。種の定義にはいろいろあるが，よく使われるものは「種とは互いに交配可能な自然の集団」（→ p.514）というものである。互いに交配不可能な自然の集団は，**生殖的隔離**の状態にある。つまり，集団間に遺伝的差違が生じ，結果として交配不可能になる過程が種分化である。

（補足）**大進化と小進化**　種内における遺伝的変化を**小進化**という。小進化は，栽培植物や飼育動物などにおいて実際に観察することができる。一方，新たに種を形成するような大きな進化を**大進化**という。現在のところ，進化の機構について説明できるのは，小進化についてのみである。

---

1) びんの中にいろいろな色の球が入っていても，びんの細い口から数個振り出すと，たまたま同じ色ばかり出て，びんの中の色の割合がそのまま反映されないことがある。このような現象に例えて，びん首効果と名づけられている。

2 隔離　集団間で遺伝子の交流が妨げられることを**隔離**という。生殖的隔離はその１つである。また，同種の集団と集団との間に，海などがあり，地理的要因や気候的要因によって自由な往来が妨げられている場合，**地理的隔離**があるという。例えば，新たに海ができ，１つの集団が地理的隔離を受けると，隔離された集団は別々に遺伝子構成が変化し，種分化が起こりやすくなる。

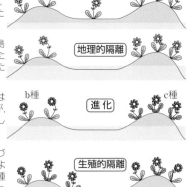

広い地域の異なる環境に，同種のa種が生育していた

海面の上昇によって，A島とB島に分かれたので，たがいに交配できなくなった　**地理的隔離**

自然選択の結果，A島にはその環境に適応したb種が，B島にはその環境に適応したc種が生じた　**進化**

海面の下降によって陸つづきになり，種子の散布によって混生したが，b種とc種はすでに交配できなくなっていた　**生殖的隔離**

▲ 図12-62　隔離による種の分化

　地理的隔離によって種分化が起こることを**異所的種分化**という。

3 同所的種分化　地理的に隔離されていない場合でも種分化が生じることがあることが知られており，これを**同所的種分化**という。

　例　ツヅレサセコオロギには，外形などがそっくりなナツノツヅレサセコオロギという別種がある。これらは同じ地域に生息しているが，繁殖時期がそれぞれ異なっているため，自然状態では交配することがなく，これは同所的種分化の例と考えられる。

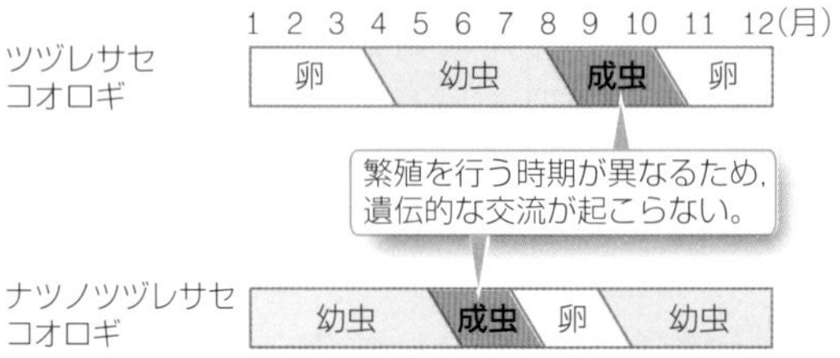

ツヅレサセコオロギ	1 2 3 4 5 6 7 8 9 10 11 12(月) 卵 / 幼虫 / 成虫 / 卵

繁殖を行う時期が異なるため，遺伝的な交流が起こらない。

ナツノツヅレサセコオロギ	幼虫 / 成虫 / 卵 / 幼虫

▲ 図12-63　ツヅレサセコオロギの生活史の比較

4 倍数性　近縁の種・変種・品種などの間でゲノムが重複している現象を**倍数性**という。動物では，例外的に単為生殖のもの(ホウネンエビ・シャクトリガなど)に倍数性が見られるが，植物ではきわめて広く見られ，被子植物の1/3は倍数種といわれている。倍数種は，表12-4に示すように同じ属内の近縁の種間に多く見られる。

▼ 表12-4　被子植物の倍数系列

属　名	種の染色体数($2n$)
キ　ク	18, 36, 54, 72, 90($9x$)
タバコ	24, 48, 72　　　($12x$)
コムギ	14, 28, 42　　　($7x$)
トマト	24, 36, 48　　　($12x$)

　例　**コムギ類の種分化**　コムギのゲノムは７個の染色体からなるが(図12-64)，実験的に二粒系コムギ($2n=28$)とタルホコムギ($2n=14$)を交配したところ，現在のパンコムギと同じ異質六倍体($2n=42$)が得られた。このことから，染色体の倍数化によって，新種や変種ができていく(進化する)１つの道すじが明らかとなった。

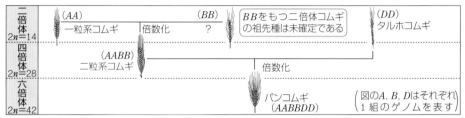

▲ 図 12-64　パンコムギの進化

5 品種改良　人為的な交配による選択によって**品種改良**が行われ，新しい品種が生まれている。また，現在見られる家畜や栽培植物は長い年月にわたって人為選択が行われ，イノシシからブタがつくられたように，遺伝的にも形質が固定したものができている。品種改良も進化の 1 つの実験例といえる。

発展　発生と進化

　新口動物（→ *p.542*）において，からだの前後軸形成に関わるホメオティック遺伝子（Hox 遺伝子）は，前方を支配するものから順に，Hox1，Hox2，…，と，似たもの 13 個が同一染色体上に並んでいる。ところが，同じ新口動物でも，前後軸のはっきりしないウニやホヤでは，この並び方がかなり変化しており，このことがからだの大きな形態変化をもたらしたと考えられている。

　Hox 遺伝子の再編成には，遺伝子の重複や逆位，転座などが重要である。遺伝子重複で遺伝子のコピーが生じると，片方の遺伝子に突然変異が起こっても，もう片方の遺伝子で本来の機能をまかなえるため，これが遺伝子の多様化を促進することにつながっている。

補足　**エボ・デボ**　遺伝子のレベルで発生学と進化学を統合しようとする学問分野は一般に**エボ・デボ**(Evo-Devo)とよばれている。これは，進化生物学(evolutionary biology)のエボと，発生生物学(developmental biology)のデボをくっつけた名前である。ショウジョウバエのホメオティック遺伝子が，マウスのものとほぼ同じだという発見が契機となり，この分野が発展した。それまで，かけはなれた分類群では，形をつくる遺伝子はまったく異なっていて比較しても意味がないと想像されていたが，そうではなく，対応する遺伝子の比較から，異なる形質の進化を，遺伝子の変化として理解できるようになったのである。

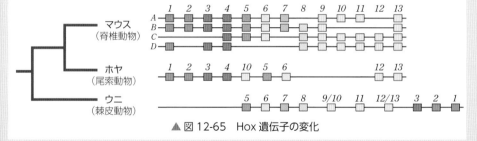

▲ 図 12-65　Hox 遺伝子の変化

第13章

生物の系統

1 生物の系統と分類
2 細菌とアーキア
3 真核生物（原生生物）

4 真核生物（植物）
5 真核生物（菌類）
6 真核生物（動物）

イルカ

---

1 生物の系統と分類

A 種 ★

1 種という言葉 種は英語では species と訳される。これは，もともとはラテン語で「外見」や「形」の意味があり，specere（よく見る）という動詞がもとになってできた単語である。目で見て，これは同じ仲間だと認識できるものが種だという発想が，この言葉の背景にある。

2 種の定義 種とは，「互いに交配して子孫を残し，それは他のそのような集団から生殖的に隔離されている自然集団」とされる。これはマイアにより定義された生物学的種概念とよばれるもので，現在では最も広く使われている。種は，系統や分類を考えるうえで，基本的な単位となるものである。

> **例** ウマとロバの子はラバとよばれる。ところが，ラバには生殖能力がなく，子孫を残すことができない。よって，ウマとロバは生殖的に隔離されており，別種と見なされる。

B 生物の多様性と連続性 ★

1 生物の多様性 地球上に生存している生物として，現在，約190万以上の種が報告されている。これほど科学の発達した時代でも，まだ種として報告されていない生物がたくさん存在しており，それは研究しつくせないほど生物が多様であることの証拠である。この生物の**多様性**は，さまざまな環境に適応した新たなものをつくり出してきた，生命の歴史の結果なのである。

2 生物の連続性 （1）**生物の系統** 生物は多様性が見られる一方で，背骨をもつ，維管束をもつなど，**共通性**をもっているものがある。その中では，より陸上の生活に適応したものが歴史の過程で現れてきたという**連続性**（維管束植物の場合なら，シダ植物→裸子植物→被子植物）を認識することができる。

このような生物の共通性や連続性をもとに，多様な生物を分類し，類縁関係を明らかにすることで，生物が進化してきた道すじ（経路）がわかってくる。この道すじを**系統**という。

(2) **系統樹**　新しい種は，もとになる種から分かれて進化する。つまり木の枝が分かれるように，新しい種が分岐してくる。進化の道すじは，枝分かれをくり返していくものであり，その道すじを図に示すと木のようになる。これが**系統樹**である。系統樹の幹は共通の祖先を表し，分かれた点が近くの枝ほど，類縁関係が近い。

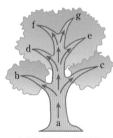

▲ 図 13-1　系統樹

　[補足]　ドイツのヘッケルは，いろいろな生物の類縁関係を整理して，その系統を 1 本の樹木のような図（→ p.520）に表した（1866 年）。

　[補足] **系統樹のつくり方**　系統樹のつくり方にはさまざまな方法が考案されている。例えば，分岐分類という方法では，生物の形質を 2 つに分け，祖先からそのまま受けついだ形質を祖先形質（原始形質），祖先にはない新しく獲得した形質を子孫形質（派生形質）とする。そして，子孫形質を共有しているものを同じ系統のものとしてまとめ，子孫形質をもつ仲間が，子孫形質をもたないものから，新しい枝として分岐したと考えて系統樹を作成する。

C　生物の系統の推定　★★

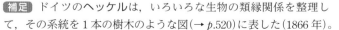

　伝統的な生物の分類は，似たものを仲間としてまとめていく作業である。そのようにしてまとめたものが，そのまま系統を反映していれば問題はないが，そうはならないこともある。そのため，たえず系統を考慮し，分類体系と系統とが矛盾しないように修正していく必要がある。

1 系統の推定　生物の系統を推定するにはいろいろな方法があるが，どの方法においても基本となるのは，系統関係を確かめたいものの間で比較することである。何に注目して比較するかは，次のようなものがある。

① **形態**　形態に基づく分類と系統の推定は古くから行われており，今でも最も基本的な方法である。外部の形や内部の構造を比較して系統を論じるのが**比較形態学**とよばれる学問分野で，ここでは相同（→ p.499）という概念が重視される。

② **細胞の構造**　光学顕微鏡や電子顕微鏡を用い，細胞の微細な構造や染色体数を比較して系統を推定するやり方がある。

③ **生化学的特徴**　からだを構成している物質や代謝産物の生化学的な比較も，系統の推定に用いられる。

④ **発生**　動物の発生の様式を比較して系統を推定する。これは**比較発生学**とよばれる学問分野である。

⑤ **アミノ酸配列や塩基配列**　近年，タンパク質のアミノ酸配列や，DNA や RNA の塩基配列に基づく系統の推定法が開発され，系統学に大きな変化をもたらした。

2 細胞の構造の比較　光学顕微鏡や電子顕微鏡の発達で，細胞内の構造がよりくわしく調べられたことにより，細胞には，大形の細胞（数十μm）で，内部に**核**やミトコンドリアや葉緑体のような細胞小器官をもつ**真核細胞**と，小形（数μm）で，**核**はなく（染色体は核膜で包まれてはおらず），細胞小器官をもたない**原核細胞**の2種類があることが明らかになった。

原核細胞をもつ生物を**原核生物**，真核細胞をもつ生物を**真核生物**とし，これらを別の系統として，生物を大きく2つに分けることができる。原核生物は真核生物に比べて，より単純な構造をもち，化石もより古い時代の地層から出現することから，原核生物のほうがより古くから存在しており，それをもとにして真核生物が進化してきたと考えられている（共生説→ *p*.480）。

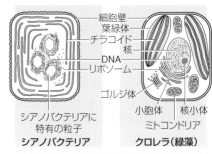

▲ 図 13-2　原核細胞（左）と真核細胞（右）

3 生化学的特徴の比較　(1) **細胞壁の生化学**　真核生物には，細胞壁をもつもの（藻類・植物・菌類）と細胞壁をもたないもの（動物・ゾウリムシなど単細胞生物の一部）がいることから，かつては細胞壁をもつものを**植物**，もたないものを**動物**としてグループ分けしていた。ところが，その後，細胞壁の成分が調べられると，植物や藻類の細胞壁はセルロースやヘミセルロースが主成分であるのに対し，菌類ではキチン質などが主成分であることがわかった。このことから**菌類**が，植物や藻類とは別の系統として考えられるようになった。

(2) **クロロフィルの生化学**　光合成を行う生物は，ふつう，複数の**光合成色素**をもっている（下表）。**クロロフィル** *a* はシアノバクテリアをはじめ藻類や植物が共通してもつ光合成色素である。緑藻と植物は，これに加えて**クロロフィル** *b* をもつという共通性があることから，緑藻と植物が同じ系統であり，緑藻の仲間から植物が進化してきたと考えられていた。

光合成色素 ＼ 生物群		シアノバクテリア	紅藻類	ケイ藻類	褐藻類	緑藻類	コケ植物	シダ植物	種子植物
クロロフィル	*a*	○	○	○	○	○	○	○	○
	b					○	○	○	○
	c			○	○				
フィコエリトリン		△	○						
フィコシアニン		○	△						

○：色素を含むことを示す。△：含量は少ない。

4 動物の発生様式の比較　進化論が登場してすぐに，ヘッケルは「個体発生は系統発生をくり返す」と考え（発生反復説；→ *p*.498），発生をもとに系統樹をつくった。

それ以来，発生は動物の系統を考える上で重視されている。動物を大きく系統に分けるとき，特に注目される発生上の特徴に，以下のようなものがある。

① **原口の位置**　原口（原腸陥入が起こる部分）がそのまま口になる**旧口動物**と，原口が肛門となり，新たに別の位置に口が生じる**新口動物**がある。旧口動物には，へん形動物・環形動物・節足動物・軟体動物などが含まれ，新口動物には棘皮動物や脊索動物などが含まれる。

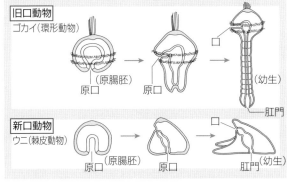

▲ 図 13-3　旧口動物と新口動物

② **胚葉**　発生の初期に，卵割によって形成された細胞が並んでシート状の構造をつくる。これが**胚葉**である。多細胞動物のほとんどは3種類の胚葉（内胚葉・中胚葉・外胚葉）をもつ**三胚葉性の動物**であるが，刺胞動物は中胚葉をもたない**二胚葉性の動物**である。また海綿動物は，はっきりとした胚葉をもたない**無胚葉性の動物**である。

③ **体腔のでき方**　三胚葉性の動物では，体壁と消化管との間に，**体腔**とよばれる空間が形成される。体腔には，胞胚腔がそのまま体腔となる**原体腔**と，中胚葉起源の細胞でおおわれてできる**真体腔**がある。

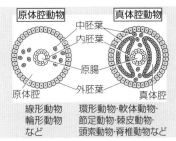

▲ 図 13-4　原体腔と真体腔

　また，真体腔には体腔がどのように形成されるかによって**裂体腔**と**腸体腔**の2種類がある。中胚葉性の細胞塊（端細胞に由来）が裂けるようにして隙間ができ，それが体腔になるのが裂体腔で，原腸の先端部の壁がふくれ，それがくびれてできるのが腸体腔である。裂体腔動物は旧口動物に，腸体腔動物は新口動物にほぼ対応する。

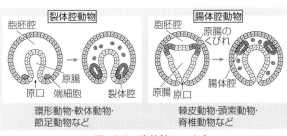

▲ 図 13-5　真体腔のでき方

補足　原体腔が埋まってしまって空間をほとんど残さない場合を**無体腔**といい，空間がある場合を**偽体腔**という。

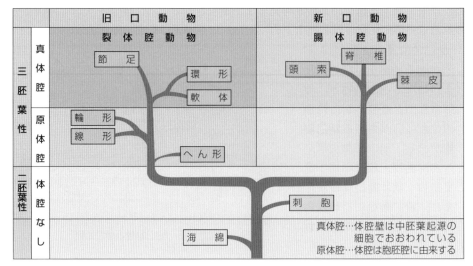

▲ 図 13-6 体腔と動物の系統

④ **幼生** 環形動物と軟体動物の共通の幼生である**トロコフォア**のように，よく似た形の幼生期を経るものがあり，これらは系統的に近縁であると考えられている。このように，幼生の形態も系統関係を考える上で重視されている（→ p.498）。

⑤ **羊膜** 脊椎動物では，胚が発生するときに**羊膜**がつくられる羊膜類（は虫類・鳥類・哺乳類）と，つくられない無羊膜類（魚類・両生類）とがある。羊膜は胚を包む袋状の膜で，袋の中は**羊水**で満たされており，胚は水に浸った環境におかれている（→ p.487）。このため，羊膜類では両生類のように生殖時期に水のある環境にもどる必要がなくなった。羊膜は，陸上生活への適応の産物である。

⑤ 核酸の塩基配列の比較 遺伝子には進化の歴史が書きこまれており，遺伝子の塩基配列の比較から系統を推測しようとするのが**分子系統学**である。塩基配列の変化はタンパク質のアミノ酸配列にも反映されるため，アミノ酸配列を比べる方法もある（→ p.502）。分子系統学により，形の比較だけではわからなかった系統関係が明らかになってきた。

基生

D 生物の分類 ★★

① 人為分類と自然分類 生物を分類するには，共通点をもつものどうしをグループにまとめていく。何が共通かは，まとめようとする人の視点によって，もちろん変わる。例えば，食用か薬用か，有毒か無毒かなどによって分けることもできる。このような分け方は，人が何かの目的のために便宜的に行う分類であり，**人為分類**という。これに対して，生物の類縁関係に基づいて分類する方法を**自然分類**という。生物学ではできるだけ自然の類縁関係にそって分類し，最終的には，生物の系統を正しく反映した分類（系統分類）の体系をつくることを目指している。

2 分類の単位と段階　生物の分類の基本単位は**種**である（→*p*.514）。リンネは主著『自然の体系』（1758年）の中で，種より上位に，**属**，**目**，**綱**という分類単位を定めることによって，生物を段階的にグループ化していった。彼はこのような階層構造をもつ分類体系の中に，すべての生物を位置づけようと試みた。

　この方法は現在に引き継がれ，今では，**ドメイン**，**界**，**門**，**綱**，**目**，**科**，**属**，**種**という8つの階層の単位を用いて分類が行われている（図13-7）[1]。

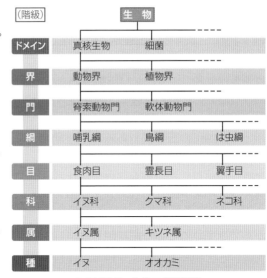

▲ 図 13-7　生物の分類階級

3 学名　生物のよび名は，同じ生物でも国や地方によって異なっている。そこで学術的な種の名前は世界共通の**学名**によって表記される。学名のつけ方は，国際的な約束（命名規約）によって定められており，現在ではリンネの確立した**二名法**が用いられている。

　二名法は，**属名**と**種小名**という2単語で表され，ふつうラテン語が用いられる。属名は名詞であるため，最初の文字を大文字で表し，種小名はふつうは形容詞であるため小文字で表す。例えば，ヒトの学名は *Homo sapiens*，ネコは *Felis silvestris* である。ヒトやネコという日本語の名前は**和名**とよばれる。

Column 🍄　分類学の父リンネ

　リンネ（1707 ～ 1778年）は，スウェーデンの博物学者・医師。ウプサラ大学医学教授。二名法を確立し，分類学の発展に大いに貢献した。リンネは，雄ずい（おしべ）の数をもとに植物を分類した。これは人為分類ではあるがわかりやすいため，大いに賞賛された。リンネは自然を記述しつくそうと，多くの標本を集め名前をつけた。自らラップランドに採集旅行にでかけており，また弟子を世界中に派遣して生物を採集させた。その中の1人，ツンベリー（スウェーデン）はオランダ人になりすまして鎖国下の日本に入りこんで採集し，『日本植物誌』を著した。

---

1) 必要に応じて門の次に亜門，綱の次に亜綱というような細かい段階を設け，種の下には亜種・変種・品種が設けられる。

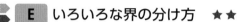

E いろいろな界の分け方 ★★

1 二界説 生物を，**植物界**と**動物界**の2つの界に分けて分類しようとする考えを**二界説**という。動くもの（＝動物）と動かないもの（＝植物）に分ける。これは口があってものを食べるもの（＝動物）と食べないもの（＝植物）と分けてもよく，私たちの自然な感覚にそった分類で，昔からある分類法である。

2 三界説 次に登場したのが**ヘッケル**（→ p.498）の**三界説**である。この背景には顕微鏡の発明がある。顕微鏡により，目に見えない単細胞の生物たちが，いろいろと存在することがわかってきた。そして，生物のからだは細胞からできているという**細胞説**も登場してきた。単細胞の生物と多細胞の生物とは大きく異なっている。そこで彼は単細胞の生物を新たに別の界とし，生物を**植物界・原生生物界・動物界**の3つに分けた。

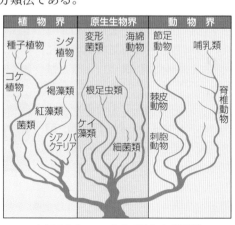

▲図13-8　ヘッケルの表した系統樹

3 五界説 細胞の構造や生活史などの研究が進み，核が核膜で包まれている**真核生物**と核膜をもたない**原核生物**は，非常に異なっていることがわかってきた。これをふまえて**ホイッタカー**により**五界説**が提唱された。彼は，単細胞生物を**原核**

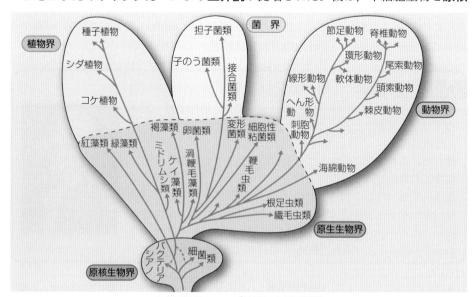

▲図13-9　マーグリスによる五界説

生物界(モネラ界)と原生生物界(＝単細胞の真核生物)に分けた。また、菌類が従属栄養であるという点に注目し、独立栄養である植物界から独立させ、多細胞生物を**菌界・植物界・動物界**に分けた。さらに、マーグリスは、藻類を植物界から原生生物界に移し、植物界を陸上に生息する植物のみに限定した。マーグリスの五界説では、原生生物界は、動物・植物・菌類のどれにも属さない残りの真核生物の寄せ集めた雑多な分類群になってしまっている。

4 3ドメイン説 ウーズは rRNA の塩基配列を比較することにより、同じ原核生物でも、メタン生成菌の仲間がほかの細菌とは大きく異なることを見いだした。そこで、界より上位の分類階層としてドメインを設定し、すべての生物を、**細菌（バクテリア）**ドメイン、**アーキア（古細菌）**ドメイン、**真核生物**ドメインの3グループに

大別する**3ドメイン説**を提唱した（1990年）。真核生物ドメインには、原生生物界・植物界・菌界・動物界が属する。そして、真核生物は、細菌よりもアーキア（古細菌）に近い系統であることになる（図13-10）。

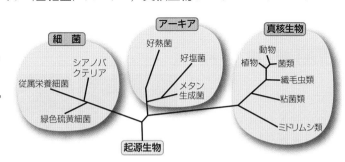

▲ 図 13-10　ウーズの3ドメイン説

発展　真核生物のスーパーグループ説

　五界説における原生生物界は、雑多な真核生物の寄せ集めである点に問題があった。そこで近年、分子遺伝学的情報や細胞生物学的情報に基づき、真核生物をスーパーグループに分ける考えがアドルらにより提案されている。この試みは現在進行形で未完成な状況であり、グループ分けは今後も変更される可能性が大いにある。

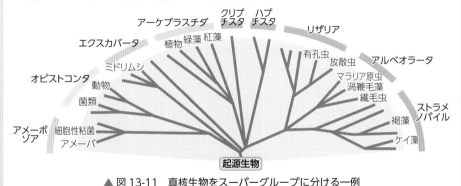

▲ 図 13-11　真核生物をスーパーグループに分ける一例

2 細菌とアーキア

原核細胞とは，膜で囲まれた**核**という構造物をもっていない細胞のことで，原核細胞からなる生物が**原核生物**である。原核生物は**細菌**（**バクテリア**）と**アーキア**（**古細菌**）に大別される。

> 原核生物は原核細胞でできている

原核細胞の特徴：① 核膜や核小体がない。② ミトコンドリア，葉緑体，ゴルジ体などの細胞小器官がない。③ 鞭毛をもつものがあるが，真核細胞のものとは微細構造が異なっている。④ 原形質流動が見られない。⑤ 単細胞で生活し，からだはふつうの真核細胞より小さく，1〜数 μm である。⑥ 分裂によって増えるが，有糸分裂は見られない。

A 細 菌 ★★

細菌は，バクテリアや真正細菌ともよばれる。従属栄養のものが多いが，独立栄養のものもある。

1 従属栄養細菌 酸素を用いた呼吸を行う好気性細菌や，発酵を行う乳酸菌などのほかに，窒素固定を行うもの（マメ科植物の根に共生している根粒菌，土中のアゾトバクターなど）

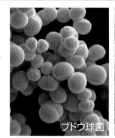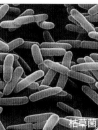

▲ 図13-12　細菌（左：球菌，中：桿菌，右：らせん菌）

もいる。

> **例** 根粒菌・アゾトバクター・クロストリジウム（窒素固定），乳酸菌（乳酸発酵），酢酸菌（酢酸発酵），大腸菌，コレラ菌，枯草菌，肺炎球菌，ブドウ球菌，スピロヘータ菌，ピロリ菌，炭疽菌など。

2 独立栄養細菌 独立栄養の細菌には，光合成を行う**光合成細菌**と化学合成を行う**化学合成細菌**とがある。

光合成細菌には，緑色硫黄細菌・紅色硫黄細菌・シアノバクテリアなどがいる。シアノバクテリア以外の光合成細菌がもつ光合成色素は，真核生物のものとは異なる**バクテリオクロロフィル**で，光合成に水ではなく，硫化水素を利用する。

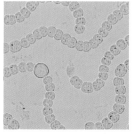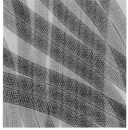

▲ 図13-13　シアノバクテリア（左：ネンジュモ，右：ユレモ）

シアノバクテリアは，ラン藻やラン細菌ともよばれる。単細胞のものがほとんどだが，細胞が糸状に並んで糸状体をつくるものもある。シアノバクテリアの特徴は，植物とよく似た酸素発生型の光合成を行う点にある。細胞小器官としての葉緑体はないが，チラコイド膜をもっている。光合成色素としては，**クロロフィル *a***のほかに，多量のフィコシアニン（青色）[1] と少量のフィコエリトリン（紅色）をもつ。また，シアノバクテリアにも窒素固定を行うものがある。

> **例** 亜硝酸菌・硝酸菌（化学合成），硫黄細菌・鉄細菌（化学合成），緑色硫黄細菌・紅色硫黄細菌（光合成），アナベナ・ネンジュモ（窒素固定），ユレモ，スイゼンジノリ（食用）など。

> **補足** シアノバクテリアは光合成細菌に含めず，別のグループとして扱う場合もある。

B　アーキア　★

　アーキアの中には，高温の場所，塩濃度の高い場所，極度に酸性や塩基性の場所など，極限環境にすむものが多い。例えば，熱水噴出孔や火山などにすむ超好熱菌や，塩田や塩湖などにすんでいる高度好塩菌，田や沼などの嫌気的環境にすむメタン生成菌などがいる。

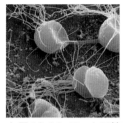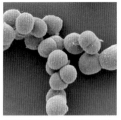

▲ 図 13-14　アーキア（左：超好熱菌，右：高度好塩菌）

> **例** メタン生成菌，超好熱菌，高度好塩菌など

　アーキアと細菌とではいくつかの重要な違いがある。例えば，細菌は，細胞壁の重要な構成成分としてペプチドグリカンをもつが，アーキアはもたない。これ以外にも，タンパク質合成での最初のアミノ酸がメチオニンであることや，DNA 結合ヒストンをもつことなど，アーキアは細菌に比べて，真核生物と共通する部分が多い。rRNA の塩基配列の解析から，アーキアと真核生物の共通祖先と，細菌とがまず分岐し，その後，アーキアと真核生物とが分かれたと考えられている。

	細　菌	アーキア	真核生物
核　膜	な　し	な　し	あ　り
膜の脂質	エステル脂質	エーテル脂質	エステル脂質
細胞壁のペプチドグリカン	あ　り	な　し	な　し
ヒストン	な　し	あ　り	あ　り
イントロン	ま　れ	ときにあり	あ　り
翻訳開始のアミノ酸	フォルミルメチオニン	メチオニン	メチオニン

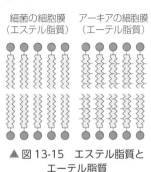

▲ 図 13-15　エステル脂質とエーテル脂質

---

1) シアノバクテリアのシアノは青いという意味。藍藻は，藍（青）色の藻類という意味。ほとんどのシアノバクテリアは青緑色をしているが，青はフィコシアニンの色である。

3 真核生物（原生生物）

　真核生物のうち，植物界・菌界・動物界以外のものが**原生生物**とされており，この人為的なグループは雑多なものの寄せ集めである。単細胞のものと，多細胞であっても組織や器官が発達せず，発生の過程で胚を形成しない，単純なからだの構造をもつものたちである。原生生物の仲間には，**原生動物・粘菌類・卵菌類・藻類**などがある。

A 原生動物 ★

　単細胞の真核生物のうち，動物的特徴（動く，ほかの生物や有機物を食物とする，葉緑体と細胞壁をもたないなど）を示すものを便宜上，原生動物とよんでいる。

1 鞭毛虫類　運動器官として鞭毛（1本～多数）をもつ。寄生性のものが多いが，自由生活のものもいる。

　　例　えり鞭毛虫（海岸近くの海中でふつうに見られる。1本の鞭毛をもち，その根元が襟のようになっている），トリパノソーマ（1本の鞭毛とからだ全長にわたる波動膜をもち，ヒトや家畜・野生動物に寄生して睡眠病を起こす），ケカムリ（多数の鞭毛をもち，シロアリの腸内にすみ，セルロースを分解する）など。

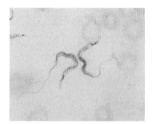

▲ 図13-16　トリパノソーマ

2 アメーバ類　根足虫類ともいう。からだの形が一定せず，進行方向に仮足をのばして移動する。寄生性のものと，淡水・海水・土壌中で自由生活するものとがある。

　　例　アメーバ，有孔虫（石灰の硬い殻をもち，殻にあいたたくさんの小孔から仮足をのばして，それで動き摂食をする。沖縄の海岸で見られる星砂は有孔虫バキュロジプシナの死んだ殻。バキュロジプシナは単細胞であるが，光合成する藻類を体内に共生させている），放散虫，タイヨウチュウなど。

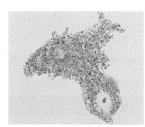

▲ 図13-17　アメーバ

3 繊毛虫類　からだ（細胞）の表面に多くの繊毛があり，それを使って泳ぐ。収縮胞・細胞口・食胞などの細胞小器官が発達している。繊毛は泳ぐために使われるだけではなく，例えばラッパムシの場合には，繊毛で水流を起こし，水流にのってくるバクテリアやその他の微細な粒子を捕らえて食べる。

　　例　ゾウリムシ，ラッパムシ，ツリガネムシなど。

4 胞子虫類　寄生性で胞子をつくる。病原体となるものが多い。

　　例　マラリア原虫（マラリアの原因となる）など。

▲ 図13-18　ゾウリムシ

① 細胞性粘菌と変形菌（狭義の粘菌，真正粘菌ともいう）がある。どちらもアメーバ状のからだをもつ時期があり，アメーバなどに近縁だと考えられている。② 栄養生活の時期と生殖の時期が区別でき，栄養生活のときのからだを栄養体とよぶ。栄養体は固形物を摂取し細胞内消化を行う。③ 膜に包まれた胞子を形成する。鞭毛をもつ遊走細胞を形成するものがある。

1 細胞性粘菌　① 栄養体は単核のアメーバ状細胞（単細胞）である。腐植土中や糞などの有機物の上に生じる。② 生殖はアメーバ状の細胞が集合して偽変形体を形成し（細胞は融合してはいない），全体が1匹の虫のように行動して，子実体を形成し，柄の先端に胞子をつける。③ 鞭毛をもつ細胞は知られていない。

例 タマホコリなど。

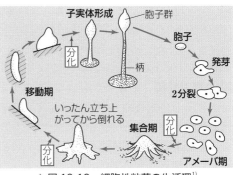

▲図13-19　細胞性粘菌の生活環[1]

2 変形菌　① からだは変形体とよばれるアメーバ状のかたまりで，細胞壁がなく多核体である。② 多少湿った場所の枯れた植物体上に生じ，変形体は流動しながら細菌や有機物を食べて生活する。③ 変形体は子実体となり，膜で包まれた胞子（n）をつくる。④ 胞子が発芽すると不等長の1～2本の鞭毛をもつ遊走子になる。遊走子は鞭毛を失い，配偶子となって接合し，変形体（$2n$）に発達する。

例 ムラサキホコリなど。

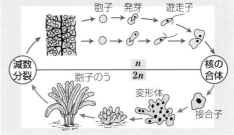

▲図13-20　ムラサキホコリの生活環

C　卵菌類

① 栄養体は単細胞か菌糸。② 遊走子は羽形とむち形の2本の鞭毛をもつ。鞭毛の形などから，ケイ藻類や褐藻類に近縁だと考えられている。

例 ミズカビ，ワタカビなど。

補足 **ミズカビの生活環**　ミズカビは菌糸の先端に遊走子のうができ，中から遊走子が泳ぎ出す。これがスルメなどにつくと，菌糸をのばす（無性生殖）。有性生殖は，菌糸の一部に造卵器と造精器ができ，造精器から受精管がのび出して，卵に精核を送りこんで行われる（鞭毛をもつ精子はできない）。受精卵が発芽するときに減数分裂が起こる。

....

1) 生物が生まれてから死ぬまでを，生殖細胞を仲立ちとして1つの環に表したものを**生活環**という。

D 藻 類 ★★

葉緑体をもち，光合成を行う原生生物が藻類である。単細胞のものも多細胞のものもいる。水中に生育し，大形のものは海生である。植物と異なり，表面のクチクラ層や維管束がなく，根・茎・葉の分化も見られない。藻類の分類は，光合成色素，光合成産物，葉緑体の構造，遊走子やその鞭毛の形，細胞分裂の様式などに注目して行われる。

1 ミドリムシ類 クロロフィル a と b をもつ。細胞壁を欠き，鞭毛で泳ぎ回るので原生動物に入れられることもある。光に集まる正の光走性を示す（強い光には負の光走性）。縦に分裂して無性生殖をする。

> 例 ミドリムシ，ウチワヒゲムシなど。

2 渦鞭毛藻類 クロロフィル a と c のほかに特殊なカロチノイド色素をもち，橙色をしている。チラコイドは三重，光合成によってデンプンをつくる。からだ（細胞）を赤道のように一周する横溝と，それに直角に走る縦溝があり，横溝の中には，からだを一周している鞭毛（横鞭毛）が 1 本入っている。縦溝には，下（細胞の後方）に向かってもう 1 本の鞭毛が入っている。横鞭毛の運動でからだが回転し，縦鞭毛の運動でからだが前進する。そのため全体としては渦を巻いて進むので渦鞭毛藻類とよ

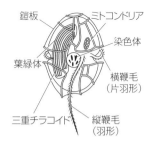

▲ 図 13-21 渦鞭毛藻類（ムシモ）

ばれる。渦鞭毛藻類は，からだが何枚かの硬い板（鎧板）ですっぽりとおおわれ，鎧を着たようになっている。

> 補足 海や内湾にプランクトンとして大発生し（赤潮とよばれる），魚や貝類を殺し，水産・養殖業に大きな損害を与えるほか，これを食べた貝類の体内に毒素を蓄積し（貝毒），人がその貝類を食べると中毒を起こす（カキやホタテガイの産地では常に監視していて，貝毒が発生すると出荷停止になる）。
>
> 例 ツノモ，ムシモ，ヤコウチュウ（ルシフェリンとルシフェラーゼをもち，発光する）など。

3 ケイ藻類 クロロフィル a と c をもち，チラコイドが三重である点では渦鞭毛藻類に似るが，含んでいるカロチノイド色素が異なるので黄色を呈する。ケイ酸質の殻（細胞壁であり，この殻は被殻とよばれる）でおおわれた単細胞性の藻類で，被殻は，弁当箱のようにふたと本体とが組み合わさった上下 2 個の殻で構成されている。水中をただよう浮遊性のものと，付着性のものとがいる。鞭毛はもたないが，油脂を蓄えるため浮力が生じ，浮遊できる。

> 例 ハネケイソウ，ツノケイソウなど。

---

1) 生活環において，有性生殖を行う世代を**有性世代**，無性生殖を行う世代を**無性世代**といい，生活環に 2 つ以上の異なる世代が交互に現れることを**世代交代**という。また，生活環のうちで，核相が n の単相世代（n 世代）と $2n$ の複相世代（$2n$ 世代）が交互に現れることを**核相交代**という。

補足 ケイ藻の増大胞子形成（有性生殖）ケ
イ藻は，分裂をして無性生殖で増えるとき，
新しい殻を内側につくるので，分裂すれば
するほど小さくなる。ある大きさになると
減数分裂によって配偶子をつくり，配偶子
は殻を脱ぎ捨て接合し，接合子は吸水して
増大し増大胞子を形成する。増大胞子の中
に新しく殻ができ，大きさを回復する。

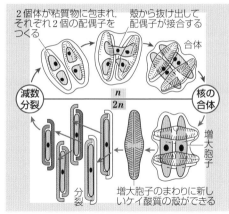

▲ 図 13-22　ハネケイソウの増大胞子形成

4 褐藻類　① ほとんどが海生。② か
らだは数十メートルにもなる巨大なもの
も存在する。③ クロロフィルaとcを
もつ。多量のフコキサンチン（カロチノ
イド色素の一種）をもつため褐色に見え
る。④ 光合成産物は単糖類のマンニトールと多糖類のラミナラン。⑤ 高い濃度で
ヨウ素を含む。⑥ 単相の配偶体と複相の胞子体の間で世代交代[1]をするのが基本。
ただしヒバマタの仲間（ホンダワラやアカモク）では，配偶体（n世代）が消失してい
る（つまり複相生物であり，この点では動物と同じ）。

補足 ワカメの生活環　配偶体はごく小さく，
目に見えて食用になる部分は胞子体。つまり
ワカメは世代交代をする（この点ではシダ植
物と同様）。胞子体の基部（俗にめかぶとよば
れる部分）に遊走子のうがつくられ，減数分
裂の結果，生じる遊走子（n）から，配偶体（n）
ができる。配偶体に卵や精子ができ，そこで
受精が起こる。受精卵が発生して胞子体（$2n$）
となる。コンブも同じ生活環をもつ。

例 コンブ・ワカメ・ヒジキ（食用），ホン
ダワラ，アミジグサ，ムチモ，ヒバマタなど。

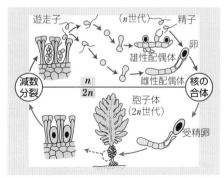

▲ 図 13-23　ワカメの生活環

Column 🍄 藻類の進化と葉緑体の獲得

　細胞内共生により葉緑体を獲得した祖先の真核単細胞生物から，緑藻や紅藻が進化
してきた。藻類の進化にはこれとは別のルートもあった。葉緑体をもった藻類を，さ
らに従属栄養の真核単細胞
生物が取りこんで葉緑体と
し，新たに藻類となったも
のたちで，褐藻，ケイ藻，
渦鞭毛藻，ミドリムシなど
がこれにあたる。

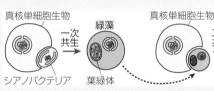

▲ 図 13-24　ミドリムシの進化と細胞内共生

5 紅藻類 ① ほとんどが海生。② からだは糸状・葉状・樹枝状など，さまざまな形のものがある。③ クロロフィルは*a*のみをもつ。光合成の補助色素として多量のフィコエリトリンをもつため紅色に見える。補助色素としてフィコシアニンももつ。④ 光合成産物は紅藻デンプン。⑤ 生活環のどの時期にも鞭毛をもつ細胞が現れない。精子にも鞭毛がなく不動精子とよばれる。

> **例** アサクサノリ（乾海苔，食用），テングサ（寒天の原料），ツノマタ（壁材料の糊），フノリ（布地用の糊）など。

> **補足** **アサクサノリの生活環** 9〜10月ごろ，海底の貝殻に穴を掘って生活している糸状体（胞子体，$2n$）から胞子（殻胞子）が放出される。殻胞子は減数分裂をへて幼芽となり，ノリの本体である葉状体（配偶体，n）へと生育する（これを海苔にすいて乾海苔をつくる）。2〜3月ごろ葉状体の縁辺部に卵と精子ができ，受精卵は分裂して果胞子になる。果胞子が海底に落ちると，発芽して貝殻にもぐりこみ，糸状体に育つ。

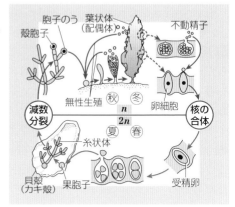

▲ 図13-25　アサクサノリの生活環

6 緑藻類 ① 単細胞，細胞群体，多細胞の糸状体・葉状体のものなどがある。② 海生のものは大形，淡水生は微細なものが多い。土壌中や万年雪の中，樹皮や建物の表面で生活するもの，地衣類の共生藻になっているものなど，いろいろある。③ クロロフィル*a*と*b*をもつ。④ 無性生殖では分裂，遊走子，からだの一部が切れて増える，など。⑤ 有性生殖では同形配偶子接合，異形配偶子接合，受精など。

> **補足** 胞子体（$2n$）は葉状をしているが，そのからだの縁の部分の細胞が分化して遊走子母細胞になり，減数分裂を行って4個の遊走子（n）をつくる。遊走子は岩石に付着して発芽し，育つと配偶体（n）になる。

> **例** 〈単細胞〉クラミドモナス，ミカヅキモなど。
> 〈細胞群体〉ボルボックスなど。
> 〈多細胞〉アオミドロ，アオサ，マリモ，アオノリ，ミルなど。

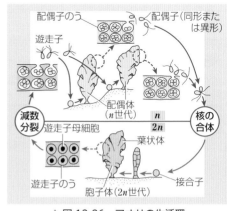

▲ 図13-26　アオサの生活環

7 シャジクモ類 広い意味では緑藻の仲間とされることもある。植物はシャジクモ類から進化してきたと考えられている。
① 淡水生。② 節から車軸状に枝が出る。③ クロロフィル*a*と*b*をもつ。④ n世

代が発達。世代交代はしない（2n世代はない）。⑤ 造卵器ができ、受精する点では進化しているが、単相世代のみである点は原始的。⑥ 無性生殖は、からだの一部が切れて増えるか、仮根から新芽が出る。⑦ 根・茎・葉の区別があるように見えるが、維管束はない。

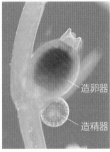

造卵器
造精器

▲ 図13-27　シャジクモ

　このグループが特に注目されるのは、シャジクモに近縁のものから植物が進化したと考えられているからである。シャジクモと植物が似ている点は、細胞分裂の様式（核膜が崩壊する、細胞板ができる）、鞭毛の根元の構造、ある酵素がシャジクモと植物だけに存在する、など。核酸の塩基配列を用いた分子系統学でも、近縁であることが裏づけられている。

　例 シャジクモ（湖や池に生息、細胞が大きく原形質流動の観察に用いられる）、フラスコモなど。

発展　藻類の色

1 光合成色素　紅藻、褐藻、緑藻は、その名のとおり体色が違っており、これは光合成色素の違いを反映している。クロマトグラフィーで光合成色素を分析すると、すべての藻類は共通の光合成色素としてクロロフィル a をもっているが、それに加え、紅藻はフィコエリトリン、褐藻はクロロフィル c とフコキサンチン、緑藻（およびシャジクモ）はクロロフィル b をもっている。

2 補色適応説　藻類の体色と生息場所には一定の関係が見られることが多い。おおざっぱにいえば、紅藻は水深の深いところ、緑藻は浅いところ、褐藻は中間の水深に生えている。19世紀末、ドイツのエンゲルマンはどの波長の光が光合成に有効かを調べ、緑藻では赤色光、褐藻では青色光と青緑色光、紅藻では緑色光が最も有効なことを示した。つまり体色と補色の関係にある波長の光が有効であった（体色として色が見えるということは、その色の波長は吸収せずに反射しているということである）。赤い光は海水に吸収されやすいため、浅いところで吸収されつくしてしまい、緑色光が最も深いところまで到達する。だから、効率よく吸収できる波長の光が届く深さにそれぞれの藻類が生息し、その結果、緑藻は浅海に多く、紅藻は深いところに、褐藻は中間に、という垂直分布が生じる。これを**補色適応説**という[1]。

---

1) 補色適応説で多くの場合は説明がつくが、浅いところでも日陰には紅藻が見られることもあり、波長以外に光量も分布に関係すると考えられている。また、南と北とでも分布が違い、日本の沿岸では南方にいくにしたがい、褐藻よりも緑藻の比率が高くなる。つまり藻類の分布にはさまざまな要因が関わっていると考えられ、補色適応はあくまで分布を決める要因の1つである。

植物は陸上における光合成の担い手である。植物は，**コケ植物，シダ植物，種子植物**に分けられる。コケ植物には**維管束がない**が，シダ植物と種子植物は維管束をもち，維管束をもつシダ植物と種子植物とを合わせて**維管束植物**という。また，コケ植物とシダ植物は胞子で増えるが，種子植物は種子で増える。このように，維管束の有無と生殖法とが，植物を分類する重要な基準となる。また，これらの特徴は，陸上での乾燥や重力に耐えることと関係する。

シャジクモ　コケ植物　シダ植物　裸子植物　被子植物

子房

種子

維管束

陸上への進出

祖先生物

▲図13-28　植物の系統樹

植物の中では最も原始的である。生育場所は地上・岩上・樹上などで，からだは小さく，あまり目立たない。維管束をもたず，根・茎・葉の分化が見られないものも多い[1]。また，気孔もない。

コケ植物は大きくは**蘚類・苔類・ツノゴケ類**に分けられる。明りょうな世代交代が見られ，野外で目につく大きい植物体は配偶体（n 世代）である（この点がシダ植物や種子植物と異なる）。配偶体の造卵器中で卵がつくられ，造精器中で精子がつくられる。精子は雨の日に，雨水によって造卵器内の卵の近くまで運ばれ，そこから精子は 2 本の鞭毛を使って泳いで卵にたどりつく。

受精卵は発生して胚になり，胚は配偶体の上で配偶体から栄養をもらいながら成長し，胞子体（$2n$ 世代）になる。

▲図13-29　スギゴケ

▲図13-30　ゼニゴケ

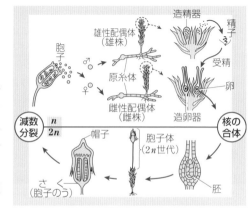
▲図13-31　スギゴケの生活環

胞子体はそのまま配偶体の上に寄生し続ける。その後，胞子体の先端に胞子のうが形成され，その中で減数分裂が起こり，胞子 (n) がつくられる。胞子は風によって散布され，発芽し，次代の配偶体へと成長する。

例 〈苔類〉ゼニゴケ (世代交代，無性芽でも増える)，〈ツノゴケ類〉ツノゴケ，〈蘚類〉スギゴケ (世代交代)・ミズゴケなど。

B シダ植物 ★

維管束が分化し，真の根・茎・葉が区別できる。この点においては種子植物と共通である。また，シダ植物は胞子で増えるが，これはコケ植物と共通である。植物は，胞子から種子へ，維管束をもたない状態からそれを発達させた状態へと進化した。シダ植物はコケ植物と種子植物との中間的な進化段階のものである。

▲ 図 13-32　イヌワラビの前葉体

シダ植物はマツバラン類・ヒカゲノカズラ類・トクサ類・シダ類の 4 つに分けられる。前の 3 つは，化石で発見されるものとあまり変わっておらず，生きている化石とよばれている。最も多いのはシダ類である。

シダ植物には明りょうな世代交代が見られ，配偶子 (卵と精子) をつくる配偶体 (**前葉体**，n 世代) と，胞子をつくる胞子体 (2n 世代) の 2 つがある。どちらも独立した生活体であり，この 2 つの世代が交代する。ただし，大きくて目につく植物体は，胞子体のほうである。その中にできる胞子は通常，風によって運ばれ，

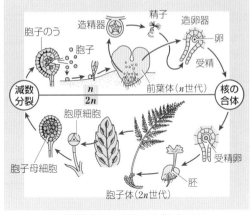
▲ 図 13-33　イヌワラビの生活環

地面に落ち，発芽し，ハート形の小さな前葉体 (配偶体) になる。次に前葉体の裏側に造精器と造卵器ができ，造精器の中にできる精子 (n) が水中を泳いで造卵器内の卵と受精する。受精卵 (2n) は発生して胚となり，シダの本体 (胞子体) へと大きく成長する。

例 〈トクサ類〉スギナ，〈シダ類〉ワラビ・ゼンマイ，リンボク (化石) など。

----

1) コケ植物は維管束をもたないが，大形のコケでは，水を通す細長い仮道管に似た細胞が見られる。また，スギゴケのように葉と茎の分化が見られるものもある。スギゴケには根のような部分もあるが，これは仮根とよばれるものである。

種子により繁殖する植物。維管束がよく発達し，根・茎・葉が分化している。花という特別な器官が形成され，種子ができる（種子植物は花の咲く植物でもある）。種子植物は**裸子植物**と**被子植物**の２つに分けられ，種類は被子植物が圧倒的に多い。

　補足　種子とは，幼い胞子体が種皮に包まれ，休眠状態にあるものである。

1 裸子植物　① 花は雌雄の区別のある単性花で，雄花は穂状，雌花は球果状になり，ふつう花被（花びらやがく片）はない。② 胚珠はへん平な心皮（めしべをつくる葉）の上に裸出している。③ イチョウとソテツの類にはむち形鞭毛をもつ精子ができるが，マツやスギでは退化している。④ すべてが木本で，木部は仮道管からなり，ふつう道管はない。

　例　イチョウ（精子，n の胚乳），アカマツ（陽樹），スギ・ヒノキ（陰樹），ハイマツ（高山）など。

　補足　**胚乳の形成**　裸子植物では，受精に先立って，卵の成熟と同時に胚乳もできてしまう。そのため，胚乳の核相は n である（被子植物では $3n$）。

　補足　**イチョウの精子の発見**　イチョウには，多数の鞭毛をもつ精子ができる。このことを発見し

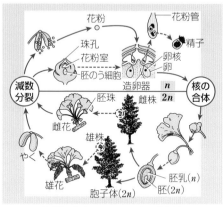

▲ 図 13-34　イチョウの生活環

重要

　　イチョウとソテツでは**精子**形成
　　（マツ・スギなどでは**精細胞**）
裸子
植物　**重複受精は行わない → 胚乳は n**
　　花粉四分子と胚のう細胞は n の胞子
　　花粉（管）と胚のうは n の配偶体
　　（n 世代が $2n$ 世代に寄生）

たのは，日本の平瀬作五郎である（1896 年）。この発見によって，シダ植物と裸子植物とが系統的に近い関係にあることがわかったわけで，偉大な発見であった。

　イチョウは，化石としては世界各地で見られるが，野生のものは中国だけにあり，生きている化石ともいえる。日本のものは栽培種である。

2 被子植物　裸子植物から進化したもので，植物の大半を占め，陸上で最も多様化を示している植物である。その理由としては，乾燥によく耐える生殖過程（被子性と重複受精）・目立つ花（昆虫との共進化を可能にした）などがあげられる。

被子植物の特徴： ① 単性花か両性花。② ふつう花被（花びらやがく片）がある。③ 胚珠は心皮でつくられた子房に包まれている。④ 花粉四分子（n）は小さいほうの胞子（小胞子），胚珠の中にできる胚のう細胞（n）は大きいほうの胞子（大胞子）に

あたる。⑤　花粉は雄性配偶体，胚のうが雌性配偶体に相当する。植物体は胞子体（$2n$）である。⑥　n 世代が $2n$ 世代に寄生しているかたちになっている。⑦　重複受精（→ $p.391$）が行われる。⑧　被子植物は双子葉類と単子葉類とに分けられる。

《双子葉類》①　子葉は 2 枚。②　葉は単葉か複葉で網状脈。③　維管束は輪状で形成層があり，肥大成長する。④　花は 4 弁か 5 弁が基本数。⑤　離弁花類と合弁花類に分けられる。

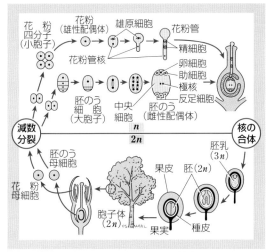

▲ 図 13-35　サクラの生活環

例　〈離弁花類〉ブナ，コナラ，シイ，サボテン，モウセンゴケ（食虫植物），アブラナ・ダイコン（長日植物），シロイヌナズナ，エンドウ（メンデル遺伝），ダイズ（短日植物），オオマツヨイグサ（突然変異）など。

〈合弁花類〉スイカ，ヘチマ，ネナシカズラ（寄生），マルバアサガオ（不完全優性），トマト・ナス（中性植物），タヌキモ（食虫植物），タンポポ，アサガオ・オナモミ・キク・コスモス（短日植物）など。

> **重要**
>
> 被子植物
> - 重複受精を行う → 胚乳は $3n$
> - 花粉四分子と胚のう細胞は n の胞子
> - 花粉（管）と胚のうは n の配偶体
>   （n 世代は $2n$ 世代に寄生）

《単子葉類》①　子葉は 1 枚。②　葉は単葉で平行脈。③　維管束は散在し，形成層はないので，肥大成長しない。④　花は 3 弁が基本数。

例　オオカナダモ（光合成実験，原形質流動），タマネギ（細胞分裂，原形質分離），チューリップ，ムラサキツユクサ，イネ，トウモロコシ，マカラスムギ（オーキシンの実験）など。

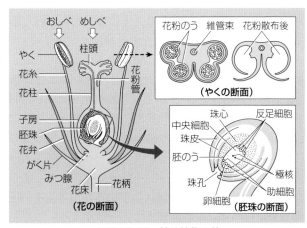

▲ 図 13-36　被子植物の花

5 　真核生物（菌類）

　菌類（細菌と区別し真菌ともいう）は長い間，植物の仲間に入れられてきた。なぜなら，固着して動かず，細胞壁をもち，胞子をつくる点が植物とよく似ていたからである。しかし従属栄養であることや分子系統学の成果から，近年は植物とは違う独立の生物群として扱われる。菌類は分解者として，生態系で重要な役割を担っており，栄養分を体外で分解し，それを吸収する。

A 菌類のからだと生殖 ★

(1) **分類**　有性生殖の様式により，接合菌類・子のう菌類・担子菌類などに分けられる。有性生殖が知られていないもの（不完全菌類）もある。

(2) **無性生殖**　菌糸の先端に，体細胞分裂により胞子（分生子など）ができる。

(3) **有性生殖**　配偶子（卵や精子など）はつくらないが，菌糸が接合（体細胞接合）して $2n$ 体をつくり，減数分裂により，子のう胞子や担子胞子をつくる。

(4) **菌糸**　からだ（栄養体）は菌糸とよばれる，細胞が連なった糸状の構造でできている。倒木や動物の遺体や糞，腐植の多い土中などに菌糸をのばし，栄養分を吸収する。生きている生物に寄生するものもいる。菌糸が多数集まり，**子実体**（いわゆるキノコ）をつくるものがいる。担子菌に多いが，子のう菌にもキノコをつくるものがいる。子実体は，胞子をつくってばらまきやすい構造になっている。

(5) **細胞壁と隔壁**　キチンを主成分とする細胞壁をもつ（他にキトサンやセルロースなどの炭水化物を含む）。菌糸には多くの場合，細胞と細胞の間に仕切り（隔壁）ができるが，完全に仕切られることはない。

B 菌類の種類 ★

1 ツボカビ類　① 菌類の中で最も原始的な分類群。② 菌類で唯一生活史の中で遊泳細胞をもつ。遊泳細胞は 1 本の鞭毛をもつ点で動物界の遊走細胞（精子）と共通であり，これは菌界と動物界の近縁性を示唆する。③ ほとんどの種は水中や土壌中にすむ。さまざまな生物に寄生する。

2 接合菌類　① 多くは腐生[1]。② 栄養体は管状菌糸体（n）であり，隔壁をもたない。③ 有性生殖においては，菌糸の一部が配偶子のうをつくり，配偶子のうどうしの接合（体細胞接合）により，厚い細胞壁をもつ接合胞子をつくる。これが発芽し，減数分裂を経て胞子をつくり，栄養体へと発生する。④ 増殖はもっぱら無性生殖による。菌糸の一部が立ち上がり，その先端に胞子のうができ，その中で減数分裂を行わずに栄養胞子をつくって増える。

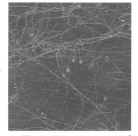

▲ 図 13-37　クモノスカビ

　例　クモノスカビ，ケカビなど。

③ 子のう菌類 ① 栄養体は隔壁のある多細胞性菌糸でできている。植物体に腐生や寄生するものが多い。② 成長した菌糸の先端が，体細胞分裂により無性的に胞子をつくる。この胞子は分生子とよばれる（もちをちぎるように分生的にできるため）。③ 有性生殖では，子のう内に子のう胞子を8個つくる。④ 子実体をつくるものがある（アカパンカビやチャワンタケなど）。

> [補足] **アカパンカビの生活環**　ふつうは隔壁のある多核の菌糸で増える。また，菌糸の一部にできる分生子や，これより小形の小胞子によっても無性的に繁殖する。有性生殖は，まず菌糸が組織のように集まって造のう器になり，それから受精毛ができると，それに別の株（図13-38では+の株）の分生子または小胞子が受精する（分生子や小胞子が精子の代役をする。特別に雄性生殖細胞はできない）。受精がすむと，そこからn+nの菌糸（図では緑色に着色）がのび，その先端の細胞の2核が融

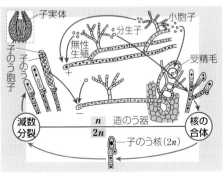

▲ 図13-38　アカパンカビの生活環

合を起こし，2nの子のう核になり，これが減数分裂を行って8個の子のう胞子（n）が子のうの中につくられる。そのころには多数の子のうを入れる子実体も完成する。

> [例] 酵母（アルコール発酵，日本酒醸造），アカパンカビ（栄養要求株，ビードルとテイタムの一遺伝子一酵素説），アオカビ，コウジカビ，セミタケ（ニイニイゼミのさなぎに寄生，冬虫夏草の一種），アミガサタケなど。

④ 担子菌類 ① 菌糸に隔壁があり，胞子が発芽してできる単相で細胞内に1個の核をもつ一次菌糸と，一次菌糸どうしが接合してできる単相の2個の核（n+n）をもつ二次菌糸の2種類がある。② 二次菌糸のみでキノコ（子実体）をつくる。③ 子実体のひだの部分の二次菌糸の先端で核融合が起こり2nの核ができ，減数分裂の結果，単相（n）の担子胞子が4個できる。

> [例] マツタケ，シイタケ，シメジ，ツキヨタケ（発光），サルノコシカケなど。

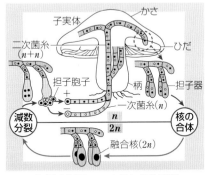

▲ 図13-39　マツタケの生活環

⑤ 地衣類　緑藻またはシアノバクテリアと菌類（子のう菌または担子菌）が共生し，あたかも1種の生物であるかのようにふるまう。菌類は緑藻やシアノバクテリアにすみかを与え，代わりに光合成産物を受けとる。遷移の初期の裸地に，いち早く入りこむものや，高山，極地など，厳しい環境に適応している種もある。ふつうは粉芽（体表面にできる菌と藻の混じった粉のようなもの）によって無性的に増える。

> [例] ウメノキゴケ，サルオガセ，イワタケ，ハナゴケ，リトマスゴケなど。

1）生物の遺体や排出物などを栄養源とする生活様式。

6 | 真核生物（動物）

　捕食をし，従属栄養で生活する多細胞生物を**動物**とよぶ。動物は，胚葉の区別がない**無胚葉性**のもの，**二胚葉性**（外胚葉と内胚葉）のもの，**三胚葉性**（外胚葉，内胚葉，中胚葉）のものに大きく分けられる。

　三胚葉性のものには**旧口動物**と**新口動物**とがあり（→ p.517），旧口動物には2つの大きなグループがある。1つは線形動物（→ p.540）や節足動物（→ p.541）を含むグループで，脱皮するという特徴があるため**脱皮動物**とよばれる。もう1つは**冠輪動物**である。冠輪の「冠」は，摂食や呼吸で用いる多数の細かい触手が環になって王冠の形になった触手冠という構造が口のまわりにあるもので，貝のような2枚の殻をもち，生きている化石とよばれるシャミセンガイ（腕足動物）がこれの仲間[1]に入る。また，冠輪の「輪」のほうは，トロコフォア（担輪子）型の幼生[2]をもつ軟体動物（→ p.539）や環形動物（→ p.540）が含まれることを意味する。

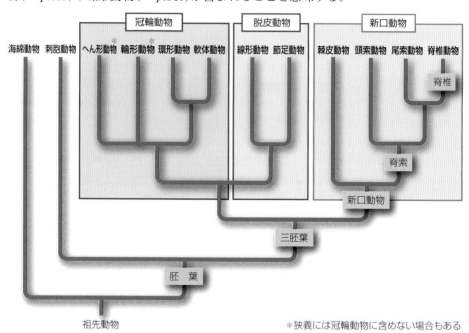

▲ 図 13-40　動物の分子系統樹の一例

＊狭義には冠輪動物に含めない場合もある

補足 かつては，環形動物と節足動物とは共通のグループに入れられてきた。どちらも体節をもつという共通点をもっているためである。ところが，リボソームRNAの塩基配列に基づく分子系統学の結果では，これらは異なるグループになる。これは，環形動物と節足動物とで，体節が独立に進化したことを意味している。

1 海綿動物　① 海生で固着性（淡水生もいる）。② 原始的で，神経・感覚器はない。収縮する細胞はあるが，筋肉とよべるものはない。からだは内外2層の細胞層からなり（ただし胚葉の分化はない），内部に，骨片（内骨格）・変形細胞などがある。③ えり細胞（1本の鞭毛が生え，その根元を取り巻いて学生服のカラー（えり）のような構造をもつ）で水中から食物をこしとって食べる。

例　ダイダイイソカイメン，クロイソカイメン，ホッスガイ，カイロウドウケツ（中にいつもエビが2匹いる）など。

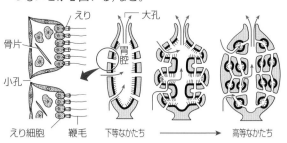

▲ 図13-41　海綿動物

1) 触手冠をもつものには，ほかにホウキ虫動物があり，まとめて触手動物（触手冠動物）とよばれる（いずれも本書では扱っていない）。
2) トロコフォア幼生は，環形動物と軟体動物に共通に見られるプランクトン性の幼生。「トロコ」は車輪，「フォア」はもつという意味。腹側に口，後端に肛門，頂板には長い繊毛の束がついている。

発展　単細胞動物から多細胞動物へ

　多細胞動物は，えり鞭毛虫類という単細胞生物から進化したと考えられている。えり鞭毛虫は，1本の鞭毛と，そのつけ根をとりまくえりをもっている。えりは，細胞の表面から突き出た細い毛が輪状に並んでできている。鞭毛の動きによって流れを起こし，これにのって流れてきた細菌や有機物の粒子を，えりの細い毛でこしとって食べる。多細胞動物の最も原始的なものである海綿動物は，えり細胞で食物をこしとって食べるが，このえり細胞は，えり鞭毛虫とそっくりである。ほかの分類群の動物にも，えり細胞によく似た細胞が見られる。ところが，植物や（えり鞭毛虫以外の）単細胞生物にはそのようなものはない。この事実は，えり鞭毛虫類から動物が進化したことを強く示唆している。遺伝子の塩基配列の比較によっても，また，情報伝達経路や接着タンパク質の類似性などによっても，この考えは支持されているが，これとは別の考え方も存在している。

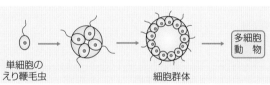

▲ 図13-42　細胞群体起源説

B 二胚葉性の動物 ★

1 刺胞動物 ① からだは内外二層の細胞層とその間の間充織からなる二胚葉性の動物。形は放射相称。② 海生 (淡水生のものもいる)。③ 固着性のポリプ型と水中を漂うクラゲ型があり, 両方の型の間を世代交代するものもある。④ 動物食性で, 触手で食物を捕らえる。刺胞とよばれる毒液の入った細胞小器官をもち, 接触の刺激を受けると小さな針が飛び出して毒液を注入する。捕食と防衛の役目をしている。

⑤ 筋肉・散在神経系・感覚器をもつが, 排出器はもたない。

例 ヒドラ (出芽), ミズクラゲ, イソギンチャク, サンゴ(群体), ウミエラなど。

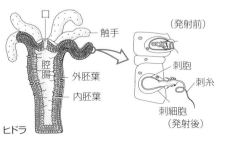

▲ 図 13-43　刺胞動物(ヒドラ)

C 旧口動物 ★

三胚葉性の動物のうち, 原口がそのまま口になる動物を**旧口動物**という。旧口動物には, **へん形動物, 輪形動物, 軟体動物, 環形動物, 線形動物, 節足動物**などが含まれる。

1 へん形動物 ① からだは背腹に平たく (扁形動物の扁は薄くて平らという意味), 前後軸のある左右相称。② 無体腔。③ 頭部の分化した動物の中では最も単純な体制をもつ。かご形神経系。④ 循環系はない。腸が枝分かれして組織の末端まで栄養分を運ぶ。肛門はなく, 原腎管から直接排出物をこし出す。⑤ 自由生活のもののほかに, 寄生生活のものもいる。

例 サナダムシ・ジストマ(寄生性), プラナリアなど。

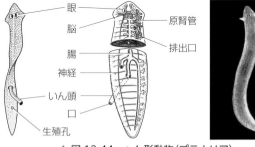

▲ 図 13-44　へん形動物(プラナリア)

2 輪形動物 ① 顕微鏡でないと見えない大きさなので原生動物と間違われるが, 多細胞動物である。偽体腔。② からだの先端に繊毛冠があり, これで摂食や運動をする。繊毛冠が車輪のように見えるのでワムシの名がある。③ 大半は淡水中に

すむが海生のものもある。④ **単為発生をする。**

例 ツボワムシ（養殖魚のえさ）など。

補足 ワムシの成体は、環形動物と軟体動物に共通の幼生であるトロコフォア幼生と似ており、ワムシはこれらと類縁関係があるとする考えもある（→ p.498）。

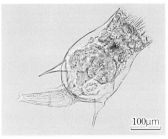

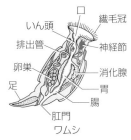

▲ 図 13-45 輪形動物（ワムシ）

3 軟体動物 ① 動物界で節足動物に次ぐ大きな分類群。多くは海生だが、淡水や陸にもすむ。② 外とう膜に包まれたからだをもつ。外とう膜がカルシウム（Ca）を分泌して殻（外骨格）をつくるものが多い。③ 外とう膜と体壁の間の外とう腔に、肛門と排出器が開口、えらがある。④ 体節はない。⑤ トロコフォア幼生の次にベリジャー幼生を経る。ベリジャー幼生に殻ができると、やがて水底に沈み、変態して成体になる。

例 〈二枚貝類〉左右2枚の殻で包まれ、おの状の足をもつ。アサリ、シジミ、ハマグリ、アカガイ、アコヤガイ（真珠の養殖）など。

〈腹足類〉らせん状の殻をもつ。マイマイ（＝カタツムリ）、ナメクジ（陸生、殻なし）、サザエ、アワビ、カワニナ（淡水生）、アメフラシ・ウミウシ（海生、殻なし）など。

〈頭足類〉殻は退化。頭部と腹部からなり、頭部からあしがはえる。イカ、タコ、アンモナイト（化石）、オウムガイ（殻をもつ）など。

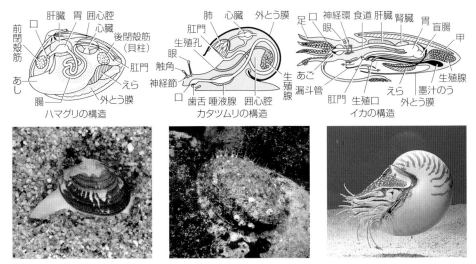

▲ 図 13-46　軟体動物（写真は、左からハマグリ、アワビ、オウムガイ）

4 環形動物 ① からだは細長く多数の体節からなる。② 消化管と体壁の間の空所は中胚葉で囲まれた**真体腔**。③ 各体節ごとに，体腔には1対の排出のための管（腎管）が開く。④ はしご形神経系。⑤ 血管系は閉鎖型。⑥ トロコフォア幼生を経る。

例 ゴカイ（海づりのえさ），ケヤリムシ，ヒル（血を吸う），ミミズなど。

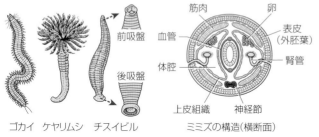

ゴカイ ケヤリムシ チスイビル ミミズの構造（横断面）

▲ 図 13-47 環形動物

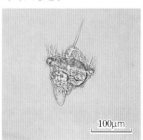

▲ 図 13-48 トロコフォア幼生

5 線形動物 ① 偽体腔。左右相称の円柱形をしており，体表に厚いクチクラをもつ。② 消化管は1本の管で，肛門がある。③ 4回脱皮して成虫になる。④ 自由生活のセンチュウ（線虫）は海底の砂泥中や陸の土中に，きわめて多数生息している。寄生生活のカイチュウなどもいる。⑤ からだに体節はない。

補足 **カイチュウの生活環** 卵が生野菜などといっしょにヒトの口から入り，腸でふ化する。幼虫は腸壁を破って体内に侵入し，血管やリンパ管を通って肝臓→心臓→肺にきて，肺胞を破って気管に出る。気管からのどに出て再び消化管に入りこんで小腸上部に寄生し，成体になる。雄は小さく，雌は大きい。雌は卵製造器といわれるほど多量の卵を産み続ける。

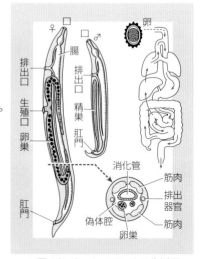

▲ 図 13-49 カイチュウの生活環

例 *C.elegans*（実験材料として用いられるセンチュウの一種），カイチュウ（ヒトに寄生），十二指腸虫（ヒトの十二指腸に寄生），フィラリア（ヒトのリンパ管，イヌ・ネコの皮下・胃壁に寄生，5〜13cm，中間宿主はアカイエカ），マツノザイセンチュウ（マツ枯れ病を起こす）など。

補足 寄生生活をする動物は，すべて旧口動物であり，新口動物にはいない。

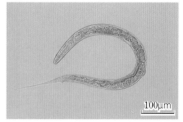

▲ 図 13-50 センチュウ

6 節足動物 ① 全動物種の8割を占める。② からだは体節からなり，昆虫類では頭・胸・腹の3部に分かれる。キチン質の外骨格をもち，成長に際して脱皮する。③ 各体節からは肢（あし）が出る。肢には節（関節部）がある（これが名前の由来）。肢は頭部では触角や口器になる。④ はしご形神経系。

▲図 13-51　イセエビ

例　〈甲殻類〉エビ・カニの仲間。ミジンコ（単為発生），フジツボ，カメノテ，ザリガニ（体色変化），ウミホタル（発光），イセエビ，サワガニなど。

〈クモ類〉クモ・ダニの仲間。カブトガニ（生きている化石），サソリ，イエダニなど。

〈ヤスデ（倍脚）類[1]〉ヤスデの仲間

〈ムカデ（唇脚）類[1]〉ムカデ・ゲジの仲間

〈昆虫類〉翅をもたないもの（無翅類）から，現在の昆虫の大部分を占める翅のあるもの（有翅類）が進化した。脱皮により成長するが，有翅類は成虫になると脱皮しない。有翅類はさらに不完全変態をするものと，完全変態をするものに分けられる。後者にはさなぎの時期があるが，前者にはない。

（不完全変態のもの）モンカゲロウ，カワゲラ，トンボ，バッタ，イナゴ，コオロギ，カマキリ，ゴキブリ，シロアリ（社会性昆虫），シラミ（人畜に寄生），アブラムシ（アリマキ，単為発生）など。

（完全変態のもの）ウスバカゲロウ，トビケラ，カイコガ，モンシロチョウ，ショウジョウバエ（唾腺染色体，染色体地図，伴性遺伝），ユスリカ（唾腺染色体），イエバエ，ノミ，ミツバチ（社会性昆虫，8の字ダンス，単為発生），アリ（社会性昆虫，道しるべフェロモン），ホタル（発光）など。

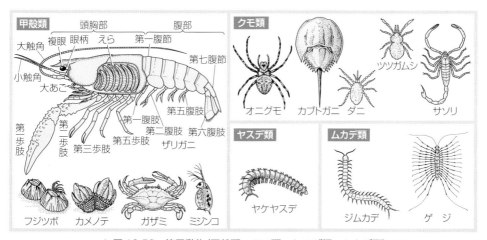

▲図 13-52　節足動物（甲殻類・クモ類・ヤスデ類・ムカデ類）

1）ヤスデ類（各体節に2対のあしをもつ）とムカデ類（各体節に1対のあしをもつ）を合わせて多足類とすることもある。

D 新口動物 ★★

三胚葉性の動物のうち，原口が成体の肛門側となり，別の位置に新たに口ができる動物を**新口動物**という。新口動物には，**棘皮動物**と**脊索動物**とがある。

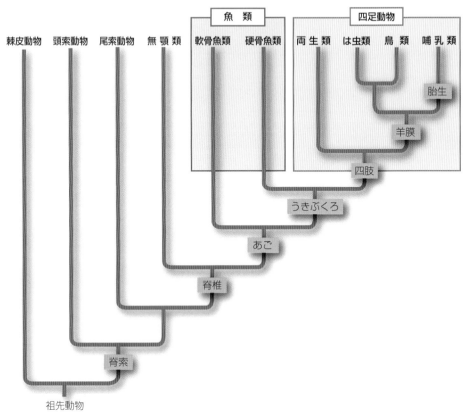

▲ 図 13-53　新口動物の系統樹

1 棘皮動物　① 5 放射相称（星形）の外形。② 皮膚の中に骨が埋まった内骨格（骨が埋まっていて棘のような皮だから棘皮動物とよばれる）。③ 放射状に配置された水管系をもち，これで呼吸・循環・排出などを行う。④ 運動は管足によって行う。

▲ 図 13-54　棘皮動物

　例　ウミユリ（生きている化石），ナマコ（食用），ヒトデ，ウニ（発生）など。

2 脊索動物 脊索動物は脊索をもち，消化管のはじめの部分にえら孔をもつ。この仲間には，**頭索動物**（ナメクジウオなど），**尾索動物**（ホヤなど），**脊椎動物**（ヒトなど）がある。脊椎動物では，脊索もえら孔も発生の初期だけに現れ，発生が進むと脊索は脊椎で置き換えられ，えら孔は消失する。ホヤにおいても脊索をもつのは幼生期だけである。

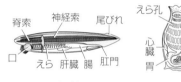

▲ 図 13-55　頭索動物と尾索動物

ナメクジウオ　　　　　マボヤ

補足 半索動物をこの仲間に加え，脊椎をもたない脊索動物をまとめて原索動物とする考えもあったが，半索動物に脊索と相同な構造があるかどうかは不確かであり，原索動物という分類群が使われることは少なくなった。

3 脊椎動物 ① 左右相称の細長いからだをもち，からだの中軸には，多くの脊椎からなる背骨をもつ。② 閉鎖血管系で，心臓は発達して数室に分かれ，血液はすべてヘモグロビンを含み赤色をしている。③ 頭部には脳が発達し，頭骨に包まれて保護されている。④ 脊椎・筋肉・神経などにおいて，似たものが前後にくり返していることから，体節構造をもつと考えてよい。⑤ 消化管と泌尿生殖系が同じ腔所に開口する総排出腔をもつが，硬骨魚類と哺乳類[1]は別々に開口する。

例 〈無顎類〉口にはあごがなく，終生脊索が消失しない。ヤツメウナギなど。
〈軟骨魚類〉尾びれが上下不相称，えらぶたがない。骨格は軟骨。サメ，シビレエイなど。
〈硬骨魚類〉尾びれが上下相称，えらぶたがある。骨格は硬骨。フナ，メダカ，コイ，ウナギ，
　　アユ，デンキウナギなど。
〈両生類〉幼生は水中で生活し，えらで呼吸する。変態して成体になると，肺呼吸をする。
　　羊膜は生じない。心臓は 2 心房 1 心室。イモリ，カエル，サンショウウオなど。
〈は虫類〉鳥類や哺乳類と同じく，発生中に羊膜ができる（羊膜類）。表皮性のうろこをもち，
　　心臓は 2 心房 1 心室だが，心室に不完全な隔壁がある。トカゲ，ヤモリ，ヘビ，ワニなど。
〈鳥　類〉皮膚に羽毛があり，哺乳類と同じく心臓は 2 心房 2 心室で恒温動物。ニワトリ（胚
　　膜の形成），ライチョウ（高山に生息），スズメ，ハト，ワシなど。
〈哺乳類〉子を母乳で育て（乳腺をもつ），単孔類以外は胎生。カモノハシ（単孔類）・カンガ
　　ルー，クジラ，ウシ，ウマ，ゾウ，ネズミ，トラ，サル，オランウータン，ゴリラなど。

▲ 図 13-56　脊椎動物（左からヤツメウナギ，イモリ，オランウータン）

1）ただし，単孔類（カモノハシの仲間）は排出の孔が 1 つ（単孔）である。

1 ひれ・羽・脚　移動運動能力の高い動物の代表は，脊椎動物と昆虫である。どちらも筋肉と骨の組み合わせで，外界に力を及ぼして運動する（筋肉がエンジン，骨がトランスミッションと車輪の役割）。運動の様式は水中か陸上か空中かで変わる。水と空気とは流体であり，さらさら流れていくものだから，流体を押して反作用で進むためには，大量の流体を押す必要がある。ひれや羽は平たい形をしており，表面積が大きい。面積の大きいものを動かせば，大量の流体を押しやることができるからである。脊椎動物の脚はひれが変化したものである。ひれは平たいが脚は細長い円柱形で，地面に接する面積は小さい。陸地は固体であり流れていくことはなく，脚で地面を蹴るということは地球を丸ごと蹴ることになるから，脚先の面積が広い必要はない。また，脚は長いほど筋肉の収縮速度を増幅することができるため，結局，脚は細長い形をとる。

2 背骨と体腔　**(1) 背骨**　脊椎動物は，筋肉で骨を動かして効率よく運動する。背骨は脊椎骨が関節を介してつらなっており，関節部で曲がることができるが，全体としての長さは変わらない硬い棒である。背骨がなぜ必要なのかは，筋肉の性質を考えるとわかる。筋肉は，縮むことはできるが，自力で伸びることはできない。だから，筋肉は必ず骨でできた関節の両側にペアで配置され，一方の筋肉が縮んだら他方は伸びているという具合になっている。骨は，一方の筋肉が縮んだ際に，骨を介してもう一方の筋肉を引き伸ばすはたらきをしているのである。脊椎動物の祖先は，骨のない細長い動物（ミミズ形の動物）であり，これがからだの中心に1本の硬い棒を通して，この両側に筋肉を配置することにより，からだを左右にふって，力強く泳ぐことができるようになった。

(2) 体腔　硬い骨をもっていない動物たち（例えばミミズのような環形動物）においては，体腔が骨の代わりをして移動運動を可能にしている。

　体腔は，体内の中央にある水のつまった袋である。つまり，水のつまった長風船を考えればよい（風船の壁に，風船の太さを変える環状筋と長さを変える縦走筋という，2種類の体壁筋があるとする）。風船をにぎれば（環状筋が縮めば）細く長くなる。これは水の体積が一定のため，細くなれば長くならざるを得ないからである（このとき，縦走筋は引き伸ばされている）。次に，縦走筋が縮んで風船が短くなれば，風船は太くなる（このとき，環状筋は引き伸ばされている）。つまり，水が一方の筋肉の収縮力を他方の筋肉に伝えて引き伸ばしているのであり，ちょうど，関節部の骨が果たしている役割を水が果たしていることになる。このような水のはたらきを静水力学的骨格（静水骨格）という。ミミズの運動を見ればわかるが，短く太くなったり，細く長くなったりをくり返し，ぜん動しながら前進していく。このように，体腔は骨のない動物が運動するために進化してきたものだと考えられている。

3 幼生の運動　成体とはまったく違った形の幼生をもつものがある。特に海のものに多い。海中では流れがあるため，小さい幼生でも遠くまで移動できる。そのため，種の分散を幼生時代に行うものが多い（陸上では，自力で移動せざるを得ないため，移動能力の大きい成体時に種の分布を広げる）。小形の動物は繊毛や鞭毛を使って泳ぐ。大形のものは筋肉を使う。移動運動の手段が異なることも，海生生物において幼生と成体の形態が大きく違っている理由の1つと考えられる。

A 物質の構成粒子

1 分子と原子 物質を細かく分けていくと，やがてそれ以上分割するとその物質の性質が失われる最小の粒子に到達する。そのような粒子を**分子**という。化学反応が起こると物質の性質は変わり，分子も変化する。これは，分子を構成している基本的な粒子，つまり**原子**の組み合わせが変わったためである。原子は化学的な方法ではそれ以上分割できない。原子の種類（**元素**）は 100 種類ほどある。

2 原子の構造 原子は直径が 0.1 ～ 0.3 nm ほどのきわめて小さい粒子で，**原子核**とそのまわりをまわる**電子**とから構成されている。原子核は**陽子**と**中性子**とからなるが，原子核に含まれる陽子の数はそれぞれの元素に固有のもので，この陽子の数を**原子番号**という。陽子は 1 単位の正の電気をもち，中性子は電気を帯びていない。

電子は 1 単位の負の電気をもち，原子は陽子と等しい数の電子をもっているので，原子全体としては電気的に中性である。

陽子と中性子の質量はほぼ等しいが，電子の質量はそれらのほぼ 1/1840 であるので，原子の質量のほとんどは原子核が占めている。

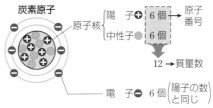

▲ 図 巻末 -1　原子の構造

3 同位体 同じ元素の原子であるのに，質量の異なるものがある。これは，中性子の数が異なるためで，このような原子を**同位体（アイソトープ）**という。同位体どうしの化学的な性質はほとんど同じである。原子がもつ陽子と中性子の数の合計（**質量数**という）を原子記号（元素記号）の左肩に書いて，同位体を区別している。

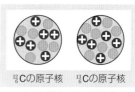

▲ 図 巻末 -2　同位体

同位体には放射能をもつものがあり，**放射性同位体（ラジオアイソトープ）**という。

4 基（原子団） 化学反応のときに，変化しないでまとまって行動する原子の集まりを**基（原子団）**という。硝酸基 ($-NO_3$)，カルボキシ基 ($-COOH$)，アミノ基 ($-NH_2$) などがある。

5 イオン 中性の原子も，電子が飛び出したり，電子を取り入れたりするので，電気を帯びた原子ができる。これが**イオン**である。電子が 2 個飛び出すと，2 単位の正の電気をもった**陽イオン**（例えば Ca^{2+}）になり，電子を 1 個取りこむと，1 単位の負の電気をもった**陰イオン**（例えば Cl^-）になる。アンモニウムイオン（NH_4^+），硝酸イオン（NO_3^-），水酸化物イオン（OH^-）など，基（原子団）がイオンになっているものもある。

B 粒子の質量と物質量

1 原子量 質量数 12 の炭素原子 ($^{12}_{6}C$) の質量を 12 と定め，これを基準として表した元素ごとの原子の相対質量を**原子量**という。右の表におもな元素の概略値を示す。

元 素 名		原子量
水　　素	H	1
炭　　素	C	12
窒　　素	N	14
酸　　素	O	16
ナトリウム	Na	23
リ　　ン	P	31

元 素 名		原子量
硫　　黄	S	32
塩　　素	Cl	35.5
カリウム	K	39
カルシウム	Ca	40
鉄	Fe	56
ヨ ウ 素	I	127

2 分子量 分子を構成している原子の原子量の総和を**分子量**という。分子量は，分子式と原子量から求められる。イオンの式量も同様に求められる。

> **例** グルコース　$C_6H_{12}O_6 = 12 \times 6 + 1 \times 12 + 16 \times 6 = 180$

3 アボガドロ数 原子量は $^{12}_{6}C = 12$ を基準にしたものであるから，各元素の原子量に g をつけた質量の中に含まれる原子の数は，すべての元素について等しく，6.02×10^{23} 個になることがわかっている。これは分子やイオンでも同様で，分子量やイオンの式量に g をつけた質量の中に 6.02×10^{23} 個の分子やイオンが含まれている。この 6.02×10^{23} を**アボガドロ数**という。

4 物質量 アボガドロ数 (6.02×10^{23}) 個の原子・分子・イオンなどの粒子の集団を 1 モル (記号 mol) という。また，モルを単位として表した物質 (構造粒子) の量を**物質量**という。

　　H_2O の分子量は 18 であるから，水 1 mol の質量は 18 g である。

5 気体 1 mol の体積 どんな気体でも，同温・同圧のとき，同体積中には同数の分子が含まれている (アボガドロの法則)。0°C，1 気圧 (標準状態) のとき，気体 1 mol (気体分子 6.02×10^{23} 個を含む) の体積はつねに 22.4 L である。

6 物質の濃度 (1) **質量パーセント濃度** 溶液に溶けている溶質の質量を百分率 (%) で表した濃度。

(2) **モル濃度** 溶液 1 L 中に溶けている溶質の物質量 (mol) で表した濃度。

C 化学反応式

1 化学反応式 物質の化学変化を化学式で表したものを**化学反応式**という。化学反応式は $2H_2 + O_2 \longrightarrow 2H_2O$ のように，左辺に反応物，右辺に生成物の化学式をかき，係数をつけて左右両辺の各原子の数を等しくする。

2 化学反応式が表す量的関係 窒素 N_2 と水素 H_2 とからアンモニア NH_3 ができるときの量的な関係は，右のようになる。

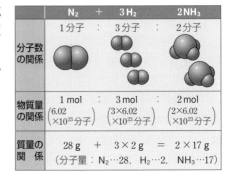

	N_2	+	$3H_2$		$2NH_3$
分子数の関係	1分子	:	3分子	:	2分子
物質量の関係	1 mol (6.02×10^{23}分子)	:	3 mol ($3 \times 6.02 \times 10^{23}$分子)	:	2 mol ($2 \times 6.02 \times 10^{23}$分子)
質量の関係	28 g	+	3×2 g	=	2×17 g

(分子量：$N_2 \cdots 28$，　$H_2 \cdots 2$，　$NH_3 \cdots 17$)

D 電解質と水素イオン濃度

1 電離 塩化ナトリウム(NaCl)を水に溶かすと，大部分がナトリウムイオン(Na^+)と塩化物イオン(Cl^-)に分かれる。これを
$NaCl \longrightarrow Na^+ + Cl^-$ と表す。このように物質を水に溶かすとき，イオンに分かれることを**電離**といい，電離する割合を**電離度**という。

2 酸・塩基・塩 電離してH^+を放出する物質を**酸**，OH^-を放出する物質を**塩基(アルカリ)**という。酸と塩基が反応(中和)して水とともに生じる物質が**塩**である。無機塩類の塩はこの意味。酸や塩基は電離度の大小によって，強酸・弱酸，強塩基・弱塩基に分ける。

3 電解質と非電解質 水に溶けて電離する物質を**電解質**，電離しない物質を**非電解質**という。電解質溶液は電気を通し，非電解質溶液は通さない。

> **例** 電解質：酸，塩基，塩　非電解質：尿素，スクロース，エタノール

4 水の電離 純水(H_2O)もわずかに電離して，水素イオン(H^+)と水酸化物イオン(OH^-)に分かれている。これを $H_2O \longrightarrow H^+ + OH^-$ と表すことからもわかるように，H^+濃度(**水素イオン濃度**，$[H^+]$で表す)とOH^-濃度(**水酸化物イオン濃度**，$[OH^-]$で表す)とは等しく，常温で $[H^+]=[OH^-]=1\times10^{-7}$mol/L。

　純水だけでなく，電解質が溶けても$[H^+]$と$[OH^-]$の積は一定で，次のようになる。
$$[H^+][OH^-]=(1\times10^{-7})^2=1\times10^{-14}(\text{mol/L})^2$$

5 酸性・中性・アルカリ性 水溶液中の$[H^+]$と$[OH^-]$が等しいとき，**中性**という。この中性の水溶液に酸を加えると，酸はH^+を放出するので，$[H^+]$は高まるが，一方$[H^+]$と$[OH^-]$との積は一定であるから，この溶液の$[OH^-]$は低下する(OH^-はH^+と結合してH_2Oになる)。このような $[H^+]>[OH^-]$ の溶液を**酸性**という。また，逆に $[H^+]<[OH^-]$ の溶液を**アルカリ性**という。

6 水素イオン濃度とpH 水溶液中の$[H^+]$が決まれば$[OH^-]$も決まるので，水溶液中の**水素イオン濃度**$[H^+]$だけで酸性・アルカリ性の程度を表すことができる。この場合，$[H^+]$を用いる代わりに，$[H^+]$の逆数の対数をとって表した pH(**水素イオン指数**)を用いると，簡単に表現できる。

$$pH=\log\frac{1}{[H^+]}=-\log[H^+]$$

　中性では $[H^+]=10^{-7}$mol/L であるから，pHで表すと $pH=-\log10^{-7}=7$ となる。
　したがって，酸性($[H^+]>10^{-7}$mol/L)では $pH<7$ となり，アルカリ性($[H^+]<10^{-7}$mol/L)では $pH>7$ となる。

$[H^+]$	10^{-1}	10^{-2}	10^{-3}	10^{-4}	10^{-5}	10^{-6}	10^{-7}	10^{-8}	10^{-9}	10^{-10}	10^{-11}	10^{-12}	10^{-13}	$[H^+]$
pH	1	2	3	4	5	6	7	8	9	10	11	12	13	pH
強酸性			**pH<7** **酸性**		弱酸性		**pH=7** **中性**	弱アルカリ性			**pH>7** **アルカリ性**		強アルカリ性	

索　引

※人名は色文字，最初に参照すべきページは太字で示してあります。

Fifth column:

◆ 著　　　者
　　本川　達雄
　　鷲谷いづみ

初版
第 1 刷　1969年 5 月30日　発行
新制版（新生物 I ）
第 1 刷　1973年 3 月25日　発行
新制版（新生物）
第 1 刷　1983年 2 月 1 日　発行
新制版（新生物 I B・II ）
第 1 刷　1995年 4 月 1 日　発行
新制版（新生物 I ）
第 1 刷　2004年 4 月 1 日　発行
新課程版（新生物）
第 1 刷　2013年 2 月 1 日　発行
新課程版
第 1 刷　2023年 2 月 1 日　発行
第 2 刷　2024年 2 月 1 日　発行

◆ 表紙デザイン
　　有限会社アーク・ビジュアル・ワークス（川島絵里）

◆ 本文デザイン
　　株式会社ウエイド（六鹿沙希恵，稲村穣）

◆ 写真提供（敬称略・五十音順）
　　アーテファクトリー，amanaimages，黒岩常祥，
　　ゲッティイメージズ，玄武洞ミュージアム / タナカスタジオ，
　　コーベット・フォトエージェンシー，国立科学博物館，鈴木孝仁，
　　ニコンソリューションズ，日本電子株式会社，PPS 通信社，
　　©YCU-CDC，amana/Hydroid

ISBN978-4-410-11886-9

チャート式®シリーズ　新生物　生物基礎・生物
発行者　　星野泰也
発行所　　数研出版株式会社
本　社　　〒 101 - 0052　東京都千代田区神田小川町 2 丁目 3 番地 3
　　　　　　　　　　　　　　　〔振替〕00140 - 4 - 118431
　　　　　〒 604 - 0861　京都市中京区烏丸通竹屋町上る大倉町 205 番地
　　　　　〔電話〕代表 (075) 231 - 0161
ホームページ　https://www.chart.co.jp
印　刷　　寿印刷株式会社

231202

生物学史

年　代	人　　名（国名）	業　　績（『　』内は著書）
前4世紀	アリストテレス（ギ）	動物の分類・観察を行い，生物学の最初の体系化を行う。生物学の創始。
15世紀	レオナルド ダ ヴィンチ（伊）	人体解剖や化石の研究を行う。
1628	ハーベイ（英）	血液の循環を実験的に証明。実験医学の祖。〔1651：『動物発生論』を著し，後成説を提唱
1648	ファン ヘルモント（ベ）	植物の成長の原因は水であると結論（死後出版された著書に記載）。
1661	マルピーギ（伊）	カエルの肺で，毛細血管内の血液循環を発見。
1665	フック（英）	『ミクログラフィア』を著し，細胞（cell）の発見と命名。
1674	レーウェンフック（蘭）	原生動物・細菌を発見。〔1677：ヒトの精子を発見〕。
1735	リンネ（スウ）	『自然の体系』を著し，近代分類学を創始。〔1758：二名法を確立〕
1765	スパランツァーニ（伊）	自然発生説を否定。〔1783：胃液の消化作用についての実験〕
1774	プリーストリー（英）	植物体から酸素が発生することを確認。
1777	ラボアジェ（仏）	呼吸が燃焼と同じ現象であることを発見。
1779	インゲンホウス（蘭）	植物が光を受けたとき酸素を発生することを発見。
1796	ジェンナー（英）	種痘法を発見。
1804	ソシュール（ス）	光合成に二酸化炭素が利用されることを発見。
1831	ブラウン（英）	細胞の核を発見。
1838	シュライデン（独）	植物体について，細胞説を提唱。
1839	シュワン（独）	動物体について，細胞説を提唱。
1855	ベルナール（仏）	肝臓がグリコーゲンをつくることを発見。〔1865：『実験医学序説』を著し，生物学の実験的研究の方法論を記述〕
1857	パスツール（仏）	乳酸発酵とアルコール発酵の研究。〔1861：微生物の自然発生説を実験的に否定。1885：狂犬病ワクチンを完成〕
1858	フィルヒョー（独）	『細胞病理学』を著し，細胞は細胞分裂によって生じることを解明。
1859	ダーウィン（英）	『種の起源』を著し，自然選択説を提唱。
1864	ザックス（独）	光合成が葉緑体で行われることを発見。
1865	メンデル（オ）	遺伝の法則を発見。〔当時は認められなかった〕
1882	メチニコフ（露）	白血球の食作用を発見。
1887	パブロフ（露）	胃液分泌神経（迷走神経）の存在を証明。〔1903：条件反射の研究〕
1900	ド フリース（蘭），コレンス（独），チェルマク（オ）	それぞれ独立にメンデルの遺伝の法則を再発見。〔メンデルの業績が高く評価されるようになった〕
1901	ド フリース（蘭）	突然変異説を唱えた。
1901	高峰譲吉（日）	アドレナリンの結晶化に成功。
1903	サットン（米）	染色体の行動とメンデルの遺伝の法則を結びつけた連鎖説を提唱。
1907	ラウンケル（デ）	植物の生活形を分類。
1910	ボイセン イエンセン（デ）	マカラスムギの幼葉鞘で光屈性の実験。〔1918：現存量のピラミッドを考案〕
1916	クレメンツ（米）	『植物の遷移』を著し，遷移説を体系化。
1919	パール（蘭）	植物体内にもつ成長促進物質が光屈性の原因であることを証明。
1921	レーウィ（独）	交感神経と迷走神経の末端から分泌される化学物質の存在を解明。
1924	シュペーマン（独）	イモリの胚の移植実験で，形成体を発見。
1925	マイヤーホフ（独）	解糖の経路を発見。
1926	モーガン（米）	キイロショウジョウバエの遺伝の研究で，遺伝子説を確立。
1926	黒沢英一（日）	イネのばか苗病の原因物質としてジベレリンを発見。